Rechnungswesen Schritt für Schritt

Lösungen

Ao. Univ.-Prof. Mag. Dr. Michaela Schaffhauser-Linzatti

Universität Wien

facultas

Bibliografische Information Der Deutschen Nationalbibliothek

Die Deutsche Nationalbibliothek verzeichnet diese Publikation in der Deutschen Nationalbibliografie; detaillierte bibliografische Daten sind im Internet über http://dnb.d-nb.de abrufbar.

Lösungsheft zu Schaffauer-Linzatti, Rechnungswesen Schritt für Schritt
4. Auflage 2019

facultas Universitätsverlag, 1050 Wien

Satz: SOLTÉSZ. Die Medienagentur.
Druck: Facultas Verlags- und Buchhandels AG
Printed in the EU
ISBN 978-3-7089-1791-7

Liebe Lernende!

Das vorliegende Lösungsheft ist so aufgebaut, dass Sie die Lösungen aller Rechenbeispiele nachvollziehen können; bei möglichen Stolpersteinen erhalten Sie Hinweise.

Falls Sie zu anderen Lösungen als die im Buch vorgegebenen kommen, freue ich mich über eine email: michaela.linzatti@univie.ac.at; Antwort folgt!

Die Theoriefragen werden durch das Buch abgedeckt. Es werden daher keine Lösungen angeboten; Sie sind aufgefordert, die entsprechenden Kapitel genau zu studieren und mit diesem Wissen die Lösungen abzuleiten!

Viel Erfolg beim Studieren der grundlegenden Kenntnisse des Rechnungswesens!

Michaela Schaffhauser-Linzatti

2/0-1: Zur verbalen Diskussion.

2/0-2: Füllen Sie die Tabelle hinsichtlich Ausweis (auf der Rechnung) und Höhe von Umsatzsteuer und Vorsteuer aus! Kreuzen Sie an, ob Umsatzsteuer oder Vorsteuer vorliegt. Wie hoch ist der Betrag? Begründen Sie Ihre Entscheidung!

Werte exkl. Allfälliger Umsatzsteuer	**USt.**	**VSt.**	**Betrag USt/VSt**	**Begründung**
Verkauf des privaten Motorrades um 22.000 €			–	Keine, privat
Leistungsverrechnung des Veterinärmediziners für die Behandlung eines Meerschweinchens um 30 €	X			Ärzte
Ausstellung einer Rechnung über 200 € an einen Kleinstunternehmer		X	40	
Einkaufsrechnung einer Studentin über „Fachliteratur" über 16 €			–	Keine, privat
Entnahme des Erste-Hilfe-Koffers aus der eigenen Ordination für den Urlaub in Höhe von 120 €	X		24	
Einkauf eines Hotels von Bettzeug über 1.000 €		X	200	
80% Privatnutzung des Hauses mit Ordination; insg. 2 Mio €			80.000	Ordination 20% = 160.000
Verkauf von Mensaessen um insg. 3.000 €	X		300	Lebensmittel mit 10% besteuern
Entnahme von Büromaterial im Wert von 100 € ohne Beleg			–	Beleg ausstellen!
Verkauf von Großgeräten nach Russland über 70.000 €			–	Keine, Ausland
Verkauf von Heilkräutern an Großkunden über 1.500 €	X		300	
Ausstellung einer Rechnung für medizinische Leistungen an einen Privatpatienten aus Litauen über 600 €			–	
Bezahlung eines MBA-Kurses durch eine Studentin über 4.000 €	X		800	
Ausstellung einer Consulting-Rechnung über 2.500 € als einzige Rechnung im Geschäftsjahr			–	Frei, da unter 30.000

3/0-1: Eigenkapital I

Bilanz

Gebäude	50.000	Eigenkapital	25.000
Maschinen	35.000	Verbindlichkeiten	60.000
	85.000		85.000

Das Eigenkapital beträgt 25.000 €. (50.000 + 35.000 – 60.000)

3/0-2: Eigenkapital II

Bilanz

	Anfang	Ende	Differenz		Anfang	Ende	Differenz
Gebäude	6.700	6.540	–160	Eigenkapital	**3.300**	3.300	0
Auto	1.000	1.070	70	Gewinn	0	**550**	550
Maschine	430	540	110	Bankkredit	5.195	5.200	5
Handelsware	0	130	130				
Selbst erstellte Produkte	290	110	–180				
Kassa	75	660	585				
Bilanzsumme	8.495	9.050	555		8.495	9.050	555

3/0-3: Zuteilung von Positionen (in €) I

a)

Position	**Betrag**	**Bilanz**	**G&V**	**Aktiv**	**Passiv**
10.000 Stück Ware	2.100	X		X	
Abfertigungsrückstellungen	380	X			X
Abschreibungen IAV+SAV	320		X	X	
ARA	21	X		X	
Bestandsveränderungen	400		X	X	X*
Erträge aus Wertpapieren	1.200		X		X
Gebäude	3.000	X		X	
Gewinn	?	***X1***	***X2***	***X2***	***X1***
Gewinnvortrag	9		X		X
Kapitalrücklagen	1.450	X			X
Kassa	140	X		X	
Maschinen	560	X		X	
Materialaufwand	1.200		X	X	
Nennkapital	2.500	X			X
Offene Kundengebühren	400	X		X	
Offene Lieferrechnungen	700	X			X
PC, Sessel, Drucker	460	X		X	
Pensionsrückstellungen	280	X			X
Personalaufwand	900		X	X	
PRA	2	X			X
Software	160	X		X	
Sonstige betriebliche Erträge	400		X		X
Steuern EE	280		X	X	

Position	**Betrag**	**Bilanz**	**G&V**	**Aktiv**	**Passiv**
Umsatzerlöse	2.560		X		X
Wertpapiere	140	X		X	
Zinsaufwendungen	600		X	X	
Zinserträge	400		X		X

* Aufgrund des positiven Vorzeichens wird im Folgenden mit einer positiven Bestandsveränderung weitergerechnet. Grundsätzlich kann diese Position Aufwand oder Ertrag sein (siehe Kapitel 7).

b)

Bilanz

Anlagevermögen		Eigenkapital	
Software	160	Nennkapital	2.500
Gebäude	3.000	Kapitalrücklage	1.450
Maschinen	560	**Gewinn**	**1.669**
Betriebs- und Geschäftsausstattung	460	Rückstellungen	
Wertpapiere des Anlagevermögens	140	Abfertigungsrückstellungen	380
Summe Anlagevermögen	*4.320*	Pensionsrückstellungen	280
Umlaufvermögen		Verbindlichkeiten	
Vorräte	2.100	Verbindlichkeiten LL	700
Forderungen LL	400		
Kassa	140		
Summe Umlaufvermögen	*2.640*		
Aktive Rechnungsabgrenzungsposten	21	Passive Rechnungsabgrenzungsposten	2
Bilanzsumme	6.981	Bilanzsumme	6.981

G&V

Materialaufwand	1.200	Umsatzerlöse	2.560
Personalaufwand	900	Bestandsveränderungen	400
Abschreibungen IAV+SAV	320	Sonstige betriebliche Erträge	400
Zinsaufwendungen	600	Erträge aus Wertpapieren	1.200
Steuern EE	280	Zinserträge	400
Gewinn	**1.669**	Gewinnvortrag	9
	4.969		4.969

c)

Bilanz: Summe Aktive – Summe Passiva 6.981 – 5.312 = 1.669
G&V: Summe Erträge – Summe Aufwendungen 4.968 – 3.300 = 1.669

3/0-4: Zuteilung von Positionen (in €) II

a)

Konto	Betrag	Bilanz	G&V	Aktiv	Passiv
Außerplanmäßige Abschreibung auf immaterielle Anlagegegenstände	89		X	X	
Bank	70	X		X	
Bebaute Grundstücke	600	X		X	
Büromaschinen, EDV	130	X		X	
Dividendenerträge aus Aktien des Anlagevermögens	501		X		X
Eigenkapital	200	X			X
Fachliteratur	17	X		X	
Forderungen aus Lieferungen und Leistungen Inland	560	X		X	
Forderungen aus Lieferungen und Leistungen Währungsunion	310	X		X	
Gehälter	480		X	X	
Kassa	90	X		X	
Kumulierte Abschreibungen	230	X		X*	
LKW	248	X		X	
Löhne	186		X	X	
Luftmatratze	83	X		X	
Planmäßige Abschreibung auf Sachanlagen	40		X	X	
Rutsche	67	X		X	
Sonstige betriebliche Erträge	448		X		X
Umsatzerlöse Inland (10%)	250		X		X
Umsatzerlöse Inland (20%)	980		X		X
Verbindlichkeiten Finanzamt	90	X			X
Verbindlichkeiten Mayer	350	X			X
Verbindlichkeiten Müller	240	X			X
Verbindlichkeiten Schmied	460	X			X
Verbrauch von bezogenen Teilen	290		X	X	
Verbrauch von Kleinmaterial	35		X	X	
Wasserball	52	X		X	
Zinsaufwand für Bankkredite	402		X	X	

* Das Konto steht auf der Aktivseite der Bilanz, wird aber auf der Passivseite gebucht.

b)

Bilanz

Anlagevermögen		Eigenkapital	200
Grundstück	600	Gewinn	**657**
Maschinen	248		
Betriebs- und Geschäftsausstattung	147	Verbindlichkeiten	
– Kumulierte AvA*	–230	Verbindlichkeiten LL	1.050
Summe Anlagevermögen	*765*	Sonstige Verbindlichkeiten	90
Umlaufvermögen			
Vorräte	202		
Forderungen LL	870		
Summe Umlaufvermögen	*1.072*		
Kassa	160		
Bilanzsumme	1.997		1.997

* Die kumulierten Abschreibungen sind in einer Bilanz normalerweise nicht ersichtlich, sondern werden vorab vom Anlagevermögen abgezogen.

G&V

Materialeinsatz	325	Umsatzerlöse	1.230
Personalaufwand	666	sonstige betriebliche Erträge	448
Abschreibungen IAV+SAV	129	Dividendenerträge	501
Zinsaufwand	402		
Gewinn	**657**		
	2.179		2.179

c) Der Gewinn beträgt 657 €.

3/0-5: Tagesabschluss

a) 30 – 0,50 (= 5*0,1) + 75 (3*25) – 6 (= 2*3) – 7 + 23 + 5 – 17 = 102,50

b) Tisch 20 + Kannen 10 (= 5*10 – 3*10 – 1*10) + Tassen 3 (= 2*3 – 1*3) + Kassa 102,50 = 135,50

c)
Erlös 103,00 (= 3*25 + 1*23 + 1*5)
– Aufwand – 60,50 (= 5*0,1 + 3*10 + 1*10 + 1*3 +17)
Gewinn = 42,50

3/0-6: Brillenhändler

a)

Nr.	Geschäftsvorgang	Einbeziehen	Nicht einbeziehen
1	Am Anfang des Jahres besitzt es ein Haus um 2.000 €, 8 Brillen um insgesamt 800 € und ein Girokonto mit 900 €. Alle Zahlungen werden per Überweisung getätigt. Das Unternehmen verfügt über keinerlei Fremdkapital.		X
2	Es kauft einen Computer um 400 €.		X
3	Es kauft eine weitere Brille um 100 €.	X	
4	Es nimmt einen Kredit in Höhe von 750 € auf.		X
5	Es zahlt 50 € Kredit zurück.		X
6	Es verkauft 7 Brillen um insgesamt 1.300 €.	X	
7	Seine Verkäuferin erhält 350 €.	X	
8	Es zahlt für den Kredit 30 € Zinsen.	X	
9	Der Wertverlust des Gebäudes und des Computers beträgt je 100 €.	X	
10	NEU: Es werden 150 € an einen Lieferanten bezahlt, der Brillen bereits in der Vorperiode geliefert hat und das Unternehmen den Betrag schuldig geblieben ist.	X	
11	NEU: Die Zahllast wird sofort am Ende der Geschäftsperiode beglichen.		X

b) Der Gewinn beträgt 470 €.

3. Brilleneinkauf	– 100
6. Brillenverkauf	+ 1.300
7. Lohnzahlung	– 350
8. Kreditzinsen	– 30
9. Wertverlust	– 200
10. Zahlung früherer Einkäufe	– 150
= Gewinn	+ 470

c) Der Kontostand des Girokontos beträgt am Ende der Periode 2.020 €.

	(–) USt./ (+) VSt.	Kontobewegung	Kontostand
1. Anfangsbestand			+ 900
2. Computer	+ 80	– 400 x 1,2 = – 480	+ 420
3. Brilleneinkauf	+ 20	– 100 * 1,2 = – 120	+ 300
4. Kreditaufnahme	kein USt.	+ 750	+1.050
5. Kreditrückzahlung	kein USt.	– 50	+ 1.000
6. Brillenverkauf	– 260	+ 1.300 x 1,2 = + 1.560	+ 2.560
7. Lohnzahlung	kein USt.	– 350	+ 2.210
8. Kreditzinsen	kein USt.	– 30	+ 2.180
9. Wertverlust		(unbar, keine Zahlung)	
10. Finanzamt		+ 80 + 20 – 260 = – 160	+ 2020

3/0-7:

Bilanz

	Anfang GJ	Ende GJ		Anfang GJ	Ende GJ
Anlagevermögen			Eigenkapital		
Computer	1.200	800	Nennkapital	5.075	5.072
Software	–	750	Gewinn		**1.470**
Summe	*1.200*	*1.550*	*Summe*	*5.075*	*6.542*
Umlaufvermögen			Fremdkapital		
CDs	75	132	Verbindlich-keiten	–	30
Forderungen	800	0			
Kassa	3.000	1.210	*Summe*	–	*30*
Girokonto	–	3.680			
Summe	*3.875*	*5.022*			
Bilanzsumme	5.075	6.572		5.075	6.572

G&V

WLAN	40	Umsatzerlöse	2.400
Miete	120		
Handelswareneinsatz	90		
Strom	30		
Abschreibung	650		
Gewinn	**1.470**		
	2.400		2.400

a) Ergänzung zu 6: Der Kunde blieb den Betrag schuldig, das EPU hatte daher Forderungen.

b) Computer = 1.200 – 400
Software = 1.000 – 250
CDs = 75 + 150 –90 –3
Forderungen = 800 – 800
Kassa = 3.000 – 1.000 – 190 – 40 – 600
Girokonto = 600 + 800 + 120 + 2.400

c) Nennkapital = Vermögen

d) Nennkapital = 5.072 – 3

e) Abschreibung = 400 + 250

f) Gewinn:
i) 6.572 – 5.072 – 30 = 1.470
ii) 2.400 – 40 – 120 – 90 – 30 – 650 = 1.470

4/1-1: Ansatz Garage

X1:	historische AHK	5.000	
	p. AvA (½ Jahr)	– 500	
	Restbuchwert X1	4.500	
X2:	Restbuchwert X1	4.500	
	p. AvA	– 1.000	
	Restbuchwert X2	3.500	= fortgeschriebene AHK

Potenzieller Verkaufspreis		4.900	
a)	Nachbau	4.800	keine Abwertung, keine Zuschreibung; Bilanzansatz 3.500
b)	Nachbau	2.700	Abwertung 3.500 – 2.700 = 800; Bilanzansatz 2.700

4/1-2: Ansatz Maschine

X1:	Kaufpreis – Skonto	295
	Anschaffungsnebenkosten (Transport)	40
	Anschaffungsnebenkosten (Einbau)	20
	historische AHK	355

a) Die Maschine wird mit 355 € aktiviert.

b)

p. AvA X1	355 : 6	=	59,17
Restbuchwert X1	355 – 59,17	=	295,83
p. AvA X2	355 : 6	=	59,17
fortgeschriebene AHK X2	295,83 – 59,17	=	236,67
Marktwert X2			220,00
ap. AvA X2	236,67 – 220	=	16,67

4/1-3: Ansatz Werkbank

Jahr	Restbuchwert	Kumulierte AvA	AvA	Fortgeschriebene AHK	Berechnung
1	583,33	116,67	–116,67	583,33	700/6 = 116,67 p. AvA
2	140	560	–116,67 –326,67	466,67	583,33-116,67-140 ap. AvA
3	350	350	–35 +245	350	140/4 = 35 p. AvA Zuschreibung: 350-(140-35) = 245

4/1-4: Ansatz Werkshalle

	Kalkulation X1	Nachkalkulation X1	Kalkulation X2
Materialeinzelkosten	500	300	150
Materialgemeinkosten	200	200	60
Fertigungseinzelkosten	900	900	200
Fertigungsgemeinkosten	1.800	1.800	400
Sonderkosten	–	–	100
Ansatzpflichtige Herstellungskosten	3.400	3.200	910
Fremdkapitalzinsen	39,67	39,67	15,93
Ansatzfähige Herstellungskosten	3.439,67	3.239,67	925,93
		Abwertung: 200	

Fremdkapitalzinsen X1: (3.400*0,07*2)/12 = 39,67
Fremdkapitalzinsen X2: (910*0,073)/12 = 15,93

Aktivierung/Ansatz

a)	3.400	oder	3.439,67
b)	3.200	oder	3.239,67
c)	3.200 + 910 = 4.110	oder	3.239,67 + 925,93 = 4.165,60

4/1-5: Zuschreibung Gebäude

historische AHK	2.000
fortgeschriebene AHK X3	1.880 (= 2.000 – 40 – 40 – 40)
Restbuchwert X3	1.664,58 (= 1.700 – 1.700 : 48)
Marktwert X3	1.900

→ Zuschreibung auf maximal **1.880** (fortgeschriebene AHK)

4/1-6: Zuschreibung Einkaufszentrum

Jahr	Rest-buchwert	Kumulierte AvA	AvA	Fortgeschrie-bene AHK	Berechnung
1	900,00	100,00	–100,00	900,00	100 p. AvA
2	250,00	750,00	–100,00 –550,00	800,00	100 p. AvA 900 – 100 – 250 = 550 ap. AvA
3	218,75	781,25	–31,25	700,00	250/8 = 31,25 p. AvA
4	600,00	400,00	–31,25 +412,50	600,00	31,25 p. AvA Zuschreibung: 600 – (218,75 – 31,25) = 412,50

4/1-7: Software

a) 3.200 €

b) 3.000 €

4/1-8: Restbuchwert

Jahr	Rest-buchwert	Kumulierte AvA	AvA	Fortgeschriebene AHK	Erläuterung
1	275	25	25	25	AvA = 300/6 = 50/Jahr ½-Jahres-AvA
2	225	75	50	50	
3	**175**	125	50	50	

Der Restbuchwert Ende X3 beträgt 175 €.

4/1-9: Kumulierte Abschreibung

Jahr	Rest-buchwert	Kumulierte AvA	AvA	Fortgeschriebene AHK	Erläuterung
1	560.000	140.000	140.000	140.000	Ganzjahres-AvA 700.000/5 = 140.000
2	420.000	280.000	140.000	140.000	
3	280.000	**420.000**	140.000	140.000	

Die kumulierten Abschreibungen Ende X3 betragen 420.000 €.

4/1-10: Fortgeschriebene Anschaffungs- und Herstellungskosten

Jahr	*Rest-buchwert*	*Kumulierte AvA*	p. AvA	Fortg. AHK	*AvA*	*Erläuterung*
1	*140.000*	*10.000*	10.000	140.000	*10.000*	*Ganzjahres-AvA* *150.000/15 = 10.000*
2	*130.000*	*20.000*	10.000	130.000	*10.000*	
3	*64.800*	*85.200*	10.000	120.000	*p. AvA 7.700* *ap. AvA 57.500*	*1. Halbjahr* *p. AvA: 10.000 : 2 = 5.000* *→ RBW: 130.000 – 5.000 = 125.000* 150.000*0,45 = 67.000 *ap. AVA 57.500* *2. Halbjahr* *67.500 : 12,5 : 2 = 2.700*
4	*59.400*	*90.600*	10.000	**110.000**	*5.400*	*AvA = 64.800/12 = 5.400*

Die fortgeschriebenen AHK Ende X4 betragen 110.000 €. Alle kursiv gedruckten Werte sind nicht notwendig für Ihre Berechnungen! (nur übungshalber hinzugefügt)

4/1-11: Veränderung der Nutzungsdauer

a)

Jahr	Rest-buchwert	Kumulierte AvA	AvA	Erläuterung
1	656,25	43,75	43,75	½-Jahres AvA 700/8 = 87,50/2 = 43,75
2	568,75	131,25	87,5	
3	481,25	218,75	87,5	
4	393,75	306,25	87,5	
5	196,875	503,125	196,875	AvA = RBW/RND = 393,75/2 = 196,875*
6	0	700	196,875	
7	0	700		

* Zur besseren Nachvollziehbarkeit 3 Kommastellen

b)

Jahr	Restbuch-wert	Kumulier-te AvA	AvA	Erläuterung
1	656,25	43,75	43,75	½-Jahres AvA 700/8 = 87,50/2 = 43,75
2	568,75	131,25	87,5	
3	481,25	218,75	87,5	
4	393,75	306,25	87,5	
5	328,125	371,875	65,625	AvA = RBW/RND = 393,75/2 = 196,875
6	262,5	437,5	65,625	
7	196,875	503,125	65,625	
8	131,25	568,75	65,625	
9	65,625	634,375	65,625	
10	0	700	65,625	

4/1-12: Bewertung Reifen

a) Bilanzansatz: 950*2.300 = 2.185.000
b) Bilanzansatz: 950*1.920 = 1.824.000

4/1-13: Bewertung Ringmappen

Lagerwert 4,00 €
Wiederbeschaffungspreis: 3,80 €
Verkaufspreis 6,00 €

Eine Ringmappe wird mit 3,80 € bewertet.

4/1-14: Bewertung Auslandsforderungen

a) 250.000*1,10 = 275.000
b) 250.000*1,13 = 282.500

4/1-15: Fremdwährungskredit

a) 250.000*1,15 = 287.500
b) 250.000*1,17 = 292.500

4/1-16: Abschreibung Kostenrechnung I
a) lineare Abschreibung

Jahr	AvA	Kumulierte AvA	Rest-buch-wert	Erläuterung
1	260	260	1.240	(1.500 – 200)/5 = 260
2	260	520	980	
3	260	780	720	
4	260	1.040	460	
5	260	1.300	200	

b) geometrisch-degressive Abschreibung:
$p = 100*(1 - (200/1.500)^{1/5}) = 33,17$

Jahr	AvA	Kumulierte AvA	Rest-buch-wert	Erläuterung
1	497,55	497,55	1.002,45	a_1 = 1.500*33,17% = 497,55
2	332,51	830,01	669,94	a_2 = 1.002,45*33,17% = 332,51
3	222,22	1.052,23	447,77	a_3 = 669,94*33,17% = 222,22
4	148,53	1.200,76	299,24	a_4 = 447,77*33,17% = 148,53
5	99,26	1.300,02*	199,98*	a_5 = 299,24*33,17% = 99,26

* Rundungsfehler

c) arithmetisch-degressive Abschreibung:
d = (1.500 – 200)/(1 + 2 + 3 + 4 + 5) = 86,66

Jahr	AvA	Kumulierte AvA	Rest-buch-wert	Erläuterung
1	433,33	433,33	1.066,66	86,66*5
2	346,66	779,99	720,00	86,66*4
3	259,99	1.039,99	460,00	86,66*3
4	173,33	1.213,33	286,66	86,66*2
5	86,66	~1.300,00	~200,00	86,66*1

d) leistungsabhängige Abschreibung: (1.500 – 200)/100 = 13/Stk

Jahr	AvA	Kumulierte AvA	Rest-buch-wert	Erläuterung
1	221	221	1.279	X1: AvA = 17*13 = 221
2	416	637	863	17% X2: AvA = 32*13 = 416
3	273	910	590	32% X3: AvA = 21*13 = 273
4	247	1.157	343	19% X4: AvA = 19*13 = 247
5	143	1.300	200	11% X5: AvA = 11*13 = 143

4/1-17: Abschreibung Kostenrechnung II

i) Buchhaltung

Jahr	AvA	Kumulierte AvA	Rest-buch-wert	Erläuterung
1	1.050	1.050	3.150	AvA = 4.200/4 = 1.050
2	1.050	2.100	2.100	Schrottwert darf nicht angesetzt werden, Vorsichtsprinzip
3	1.050	3.150	1.050	
4	1.050	4.200	0	

ii) Kostenrechnung

a) lineare Abschreibung

Jahr	AvA	Kumulierte AvA	Rest-buch-wert	Erläuterung
1	975	975	3.225	AvA = (4.200 – 300)/4 = 975
2	975	1.950	2.250	Schrottwert muss angesetzt werden
3	975	2.925	1.275	
4	975	3.900	300	

b) geometrisch-degressive Abschreibung:

$p = 100*(1 - (300/4.200)^{1/4}) = 48{,}30$

Jahr	AvA	Kumulierte AvA	Rest-buch-wert	Erläuterung
1	2.028,60	2.028,60	2.171,40	X1 AvA: 4.200*48,30% = 2.028,6
2	1.048,79	3.077,39	1.122,61	X2 AvA: 2.171,4*48,30% = 1.048,79
3	542,22	3.619,61	580,39	X3 AvA: 1.122,61*48,30% = 542,22
4	280,33	3.899,94	300,00	X4 AvA: 580,39*48,30% = 280,33

c) arithmetisch-degressive Abschreibung:

d = (4.200 – 300)/(1 + 2 + 3 + 4) = 390

Jahr	AvA	Kumulierte AvA	Rest-buch-wert	Erläuterung
1	1.560	1.560	2.640	390*4
2	1.170	2.730	1.470	390*3
3	780	3.510	690	390*2
4	390	3.900	300	390*1

d) leistungsabhängige Abschreibung:

(4.200 – 300)/100 = 39

Jahr	AvA	Kumulierte AvA	Rest-buch-wert	Erläuterung
1	1.365	1.365	2.835	35% X1: AvA = 39*35 = 1.365
2	1.170	2.535	1.665	30% X2: AvA = 39*30 = 1.170
3	819	3.354	846	21% X2: AvA = 39*21 = 819
4	546	3.900	300	14% X2: AvA = 39*14 = 546

iii) lineare Abschreibung, da geringste Kosten

iv)

Jahr	AvA	Kumulierte AvA	Rest-buch-wert
1	75	75	75
2	75	150	150
3	75	225	225
4	75	300	300

5/0-1: Anlagevermögen I

3.5.	0 Büromöbel 2 Vorsteuer	4.000 800	→	2 Kassa	4.800

5/0-2: Anlagevermögen II

1.6.	0 Maschine 2 Vorsteuer	1.333,33 266,67	→	2 Kassa	1.600

5/0-3: Anlagevermögen III

2.7.	0 Grundstück	2000	→	2 Bank	2.000

Achtung: bei Grund und Boden keine USt!

5/0-4: Umlaufvermögen I

5.4.	1 PC 2 Vorsteuer	1.000 200	→	2 Kassa	1.200

5/0-5: Umlaufvermögen II

4.9.	1 Tische 2 Vorsteuer	6.000 1.200	→	3 Verbindlichkeiten LL	7.200
11.9.	3 Verbindlichkeiten LL	7.200	→	2 Bank	7.200

5/0-6: Umlaufvermögen III

2.4.	1 Kugelschreiber 2 Vorsteuer	37,50 7,50	→	2 Bank	45

5/0-7: Einkauf Aufwand I

12.5.	5 Materialaufwand 2 Vorsteuer	250 50	→	2 Kassa	300

5/0-8: Einkauf Aufwand II

12.5.	7 Dienstleistung durch Dritte 2 Vorsteuer	3.000 600	→	2 Bank	3.600

5/0-9: Einkauf Aufwand III

7.10.	5 Wasser 2 Vorsteuer	1.500 300	→	3 Verbindlichkeiten Wasserwerk	1.800
28.10.	3 Verbindlichkeiten Wasserwerk	1.800	→	2 Bank	1.800

5/0-10: Verkauf Handelsware I

12.5.	2 Kassa	300	→	4 Umsatzerlöse 3 Umsatzsteuer	250 50

5/0-11: Verkauf Handelsware II

17.2.	2 Forderungen LL	72	→	4 Umsatzerlöse 3 Umsatzsteuer	60 12
21.2.	2 Bank	72	→	2 Forderungen LL	72

5/0-12: Verkauf Handelsware III

13.10.	2 Kassa	2.400	→	4 Umsatzerlöse 3 Umsatzsteuer	2.000 400
13.10	Forderungen LL	7.200	→	4 Umsatzerlöse 3 Umsatzsteuer	6.000 1.200
18.10.	2 Bank	7.200	→	2 Forderungen LL	7.200

5/0-13: Verkauf Dienstleistung I

14.9.	2 Bank	3.600	→	4 Umsatzerlöse 3 Umsatzsteuer	3.000 600

5/0-14: Verkauf Dienstleistung II

29.3.	2 Forderungen LL	4.000	→	4 Umsatzerlöse 3 Umsatzsteuer	3.333,33 666,67
2.4.	2 Bank	4.000	→	2 Forderungen LL	4.000

5/0-15: Kredit

1.2.	2 Bank	10.000	→	3 Bankverbindlichkeiten	10.000
1.8.	3 Bankverbindlichkeiten 8 Zinsaufwand	10.000 150	→ →	2 Bank 2 Bank	10.000 150

5/0-16: Zahllast I

2 VSt	
240	21
350	Saldo: 1.029
460	

3 USt	
78	680
Saldo: 1.722	900
	220

	3 Zahllast	1.029	→	2 Vorsteuer	1.029
	3 Umsatzsteuer	1.722	→	3 Zahllast	1.722
	3 Zahllast	693	→	3 Verbindlichkeiten Finanzamt	693

5/0-17: Zahllast II

2 VSt	
880	66
430	Saldo: 1.954
710	

3 USt	
45	480
Saldo: 1.555	900
	220

	3 Zahllast	1.954	→	2 Vorsteuer	1.954
	3 Umsatzsteuer	1.555	→	3 Zahllast	1.555
	2 Forderungen Finanzamt	399	→	3 Zahllast	399

5/0-18: Abschlussbuchungen I

KtoKl.	Ktobezeichnung	Betrag	an	KtoKl.	Ktobezeichnung	Betrag
9	SBK	3.400		0	DV-Programme	3.400
8	Erträge aus Beteiligungen	76		9	G&V	76
9	Eigenkapital	40.000		9	SBK	40.000
9	G&V	910		6	Gehälter	910
4	Umsatzerlöse	5.782		9	G&V	5.782
9	SBK	23.800		0	Gewährte Darlehen	23.800
9	SBK	5.000		1	Unfertige Erzeugnisse	5.000
3	Verbindlichkeiten Kommunalsteuer	1.240		9	SBK	1.240
4	Aktivierte Eigenleistungen	5.325		9	G&V	5.325
3	Verbindlichkeiten Kreditkarten	4.567		9	SBK	4.567
9	G&V	870		7	Telefon- und Internetgebühren	870
9	G&V	2.340		8	Zinsaufwand für Bankkredite	2.340

5/0-19: Abschlussbuchungen II

a)

KtoKl.	Kontobezeichnung	Betrag
7	Abschreibungen SAV	200
3	Bankverbindlichkeiten	220
4	Bestandsveränderungen	100
8	Dividendenerträge	280
9	Eigenkapital	900
2	Forderungen	700
0	Gebäude	130
2	Kassa	70
0	Maschinen	500
5	Materialaufwand	1.635
6	Personalaufwand	830
3	Rückstellungen	310
0	Software	100
8	Steuern EE	40
4	Umsatzerlöse	2.440
3	Verbindlichkeiten LL	160
1	Vorräte	170
8	Zinsaufwand	35

b)

	9 SBK	100	→	0 Software	100
	9 SBK	130	→	0 Gebäude	130
	9 SBK	500	→	0 Maschine	500
	9 SBK	170	→	1 Vorräte	170
	9 SBK	700	→	2 Forderungen	700
	9 SBK	70	→	2 Kassa	70
	9 Eigenkapital	900	→	9 SBK	900
	3 Rückstellungen	310	→	9 SBK	310
	3 Bankverbindlichkeiten	220	→	9 SBK	220
	3 Verbindlichkeiten LL	160	→	9 SBK	160
	9 G&V	1.635	→	5 Materialaufwand	1.635
	9 G&V	830	→	6 Personalaufwand	830
	9 G&V	200	→	7 Abschreibung SAV	200
	9 G&V	35	→	8 Zinsaufwand	35
	9 G&V	40	→	8 Steuern EE	40
	4 Umsatzerlöse	2.440	→	9 G&V	2.440
	4 Bestandsveränderung	100	→	9 G&V	100
	8 Dividendenerträge	280	→	9 G&V	280
	9 G&V (Gewinn)	80	→	9 SBK	80

c)

Bilanz

0 Software	100	9 Eigenkapital	900
0 Gebäude	130	9 Gewinn	80
0 Maschine	500	3 Rückstellungen	310
1 Vorräte	170	3 Bankverbindlichkeiten	220
2 Forderungen	700	3 Verbindlichkeiten LL	160
2 Kassa	70		
Bilanzsumme	1.670		1.670

G&V

5 Materialaufwand	1.635	4 Umsatzerlöse	2.440
6 Personalaufwand	830	4 Bestandsveränderung	100
7 Abschreibung SAV	200	8 Dividendenerträge	280
8 Zinsaufwand	35		
8 Steuern EE	40		
9 Gewinn	80		
Bilanzsumme	2.820		2.820

	0 Software	100	→	9 EBK	100
	0 Gebäude	130	→	9 EBK	130
	0 Maschine	500	→	9 EBK	500
	1 Vorräte	170	→	9 EBK	170
	2 Forderungen	700	→	9 EBK	700
	2 Kassa	70	→	9 EBK	70
	9 EBK	900	→	9 Eigenkapital	900
	9 EBK	80	→	9 Gewinn	80
	9 EBK	310	→	3 Rückstellungen	310
	9 EBK	220	→	3 Bankverbindlichkeiten	220
	9 EBK	160	→	3 Verbindlichkeiten LL	160

5/0-20: Beispiel Jahresabschluss I

(0)	9 EBK	100	→	9 Eigenkapital	100
	1 Ware	100	→	9 EBK	100
(1a)	2 Kassa	360	→	4 Umsatzerlöse 3 USt	300 60
(1b)	5 Handelswareneinsatz	100	→	1 Ware	100
(1c)	3 USt	60	→	3 Zahllast	60
	3 Zahllast	60	→	2 Kassa	60
(2a)	9 SBK	300	→	2 Kassa	300
	9 Eigenkapital	100	→	9 Schlussbilanzkonto	900
(2b)	9 G&V	100	→	5 Handelswareneinsatz	100
	4 Umsatzerlöse	300	→	9 G&V	300
(3)	9 Bilanzgewinn	200		9 Eigenkapital	200
(4)	Keine Buchungen				
(5)	2 Kassa	300		9 EBK	300
	9 EBK	300		9 Eigenkapital	300

5/0-21: Beispiel Jahresabschluss II

1.	1 Haus	2.000	→	9 EBK	2.000
	1 Brillen	800	→	9 EBK	800
	2 Bank	900	→	9 EBK	900
	9 EBK	3.700	→	9 Eigenkapital	3.700
2.	0 Computer 2 VSt	400 80	→	2 Bank	480
3.	1 Brillen 2 VSt	100 20	→	2 Bank	120
4.	2 Bank	750	→	3 Verbindlichkeiten Bank	750
5.	3 Verbindlichkeiten Bank	50	→	2 Bank	50
6.	2 Bank	1.560	→	4 Umsatzerlöse 3 USt	1.300 260
7.	6 Personalaufwand	350	→	2 Bank	350
8.	8 Zinsaufwand	30	→	2 Bank	30
9.	5 Handelswareneinsatz	700	→	1 Brillen	700
	3 USt	260	→	3 Zahllast	260
	3 Zahllast	100	→	2 VSt	100
	3 Zahllast	160	→	3 Verbindlichkeiten Finanzamt	160
	9 SBK	2.000	→	0 Haus	2.000
	9 SBK	400	→	0 Computer	400
	9 SBK	200	→	1 Brillen	200
	9 SBK	2.180	→	2 Bank	2.180
	9 Eigenkapital	3.700	→	9 SBK	3.700
	3 Verbindlichkeiten Bank	700	→	9 SBK	700
	3 Verbindlichkeiten Finanzamt	160	→	9 SBK	160
	9 G&V	700	→	5 Handelswareneinsatz	700
	9 G&V	350	→	6 Personalaufwand	350
	9 G&V	30	→	8 Zinsaufwand	30
	4 Umsatzerlöse	1.300	→	9 G&V	1.300
	9 Gewinn		→	9 SBK	

Bilanz

0 Haus	2.000	9 Eigenkapital	3.700
0 Computer	400	9 Gewinn	220
1 Brillen	200	3 Verbindlichkeiten Bank	700
2 Bank	2.180	3 Verbindlichkeiten Finanzamt	160
Bilanzsumme	4.780		4.780

G&V

5 Handelswareneinsatz	700	4 Umsatzerlöse	1.300
6 Personalaufwand	350		
8 Zinsaufwand	30		
9 Gewinn	220		
	1.300		1.300

5/0-22: Gesamtbeispiel Svenda AG

a)

1.1.	2 Bank	2.600	→	9 EBK	2.600
	2 Kassa	1.000	→	9 EBK	1.000
	9 EBK	3.000	→	9 Nennkapital	3.000
	9 EBK	600	→	3 Garantierückstellungen	600

Eröffnungsbilanz

2 Bank	2.600	9 Nennkapital	3.000
2 Kassa	1.000	3 Garantierückstellungen	600
Bilanzsumme	3.600		3.600

b)

	1 Ware 2 VSt	600 120	→	2 Kassa	720
	3 Garantierückstellungen	500	→	3 Verbindlichkeiten Kunde	500
	0 Maschine 2 VSt	2.000 400	→	3 Verbindlichkeiten Verkäufer	2.400
	3 Verbindlichkeiten Kunde	500	→	2 Bank	500
	2 Forderungen LL	840	→	4 Umsatzerlöse 3 USt	700 140
	3 Garantierückstellung	100	→	4 Erträge aus der Auflösung von Rückstellungen	100
	6 Personalaufwand 2 Vorsteuer	800 160	→	2 Bank	960
	5 Materialaufwand 2 Vorsteuer	400 80	→	3 Verbindlichkeiten Lieferant	480
	7 Abschreibung Sachanlagen*	250	→	0 Maschine	250
	5 Handelswareneinsatz	270	→	1 Ware	270
	7 Abschreibung Forderungen	200	→	2 Forderungen LL	200
	7 Fremdwährung Kursverlust	500	→	3 Verbindlichkeiten Verkäufer	500

* direkte Abschreibung (siehe Kapitel 7)

c)

31.12.	3 Zahllast	760	→	2 VSt	760
	3 USt	140	→	3 Zahllast	140
	2 Sonstige Forderungen	620	→	3 Zahllast	620
	9 SBK	1.750	→	0 Maschine	1.750
	9 SBK	330	→	1 Ware	330
	9 SBK	640	→	2 Forderungen LL	640
	9 SBK	620	→	2 Sonstige Forderungen	620
	9 SBK	280	→	2 Kassa	280
	9 SBK	1.140	→	2 Bank	1.140
	9 Nennkapital	3.000	→	9 SBK	3.000
	3 Verbindlichkeiten Verkäufer	2.900	→	9 SBK	2.400
	3 Verbindlichkeiten Lieferant	480	→	9 SBK	480
	9 G&V	400	→	5 Materialaufwand	400
	9 G&V	270	→	5 Handelswareneinsatz	270
	9 G&V	800	→	6 Personalaufwand	600
	9 G&V	250	→	7 Abschreibungen Sachanlagen	250
	9 G&V	200	→	7 Abschreibung Forderungen	200
	9 G&V	500	→	7 Fremdwährung Kursverlust	500
	4 Umsatzerlöse	700	→	9 G&V	700
	4 Erträge aus der Auflösung von Rückstellungen	100	→	9 G&V	100
	9 SBK (Eigenkapital/ Verlust)	1.620	→	9 G&V	1.620

d)

Bilanz

0 Maschine	1.750	9 Nennkapital	3.000
1 Ware	330	9 Verlust	–1.620
2 Forderungen LL	640	3 Verbindlichkeiten Verkäufer	2.900
2 Sonstige Forderungen	620	3 Verbindlichkeiten Lieferant	480
2 Kassa	280		
2 Bank	1.140		
	4.760		4.760

G&V

5 Materialaufwand	400	4 Umsatzerlöse	700
5 Handelswareneinsatz	270	4 Erträge aus der Auflösung von Rückstellungen	100
6 Personalaufwand	800	9 Verlust	–1.620
7 Abschreibungen Sachanlagen	250		
7 Abschreibung Forderungen	200		
7 Fremdwährung Kursverlust	500		
	2.420		2.420

5/0-23: Zusammenfassendes Beispiel

a)

1.1.	2 Kassa	20.000	→	9 Eigenkapital	20.000
2.2.	2 Bank	17.000	→	2 Kassa	17.000
3.3.	0 PC 2 VSt	2.000 400	→	2 Kassa	2.400
4.4.	7 Mietaufwand	10.000	→	2 Bank	10.000
5.5.	2 Forderungen	36.000	→	4 Umsatzerlöse 3 Umsatzsteuer	30.000 6.000
15.5.	2 Bank	36.000	→	2 Forderungen	36.000
6.6.	i) keine Buchung				
	ii) wenn Geld für private Zwecke per Überweisung entnommen wird, dann wird vereinfacht gebucht:				
	9 Eigenkapital	5.000	→	2 Bank	5.000
7.7.	5 Materialaufwand 2 VSt	600 120	→	2 Bank	720

b) (Unter Annahme ii)

	3 Zahllast	520	→	2 Vorsteuer	520
	3 Umsatzsteuer	6.000	→	3 Zahllast	6.000
	3 Zahllast	5.480	→	3 Verbindlichkeiten Finanzamt	5.480
	9 SBK	2.000	→	0 PC	2.000
	9 SBK	600	→	2 Kassa	600
	9 SBK	37.280	→	2 Bank	37.280
	9 Eigenkapital	15.000	→	9 SBK	15.000
	3 Verbindlichkeiten Finanzamt	5.480	→	9 SBK	5.480
	9 G&V	600	→	5 Materialaufwand	600
	9 G&V	10.000	→	7 Mietaufwand	10.000
	4 Umsatzerlöse	30.000	→	9 G&V	30.000
	9 Gewinn	19.400	→	9 SBK	19.400

c)

Bilanz

0 PC	2.000	9 Eigenkapital	15.000
2 Kassa	600	9 Gewinn	19.400
2 Bank	37.280	3 Verbindlichkeiten Finanzamt	5.480
Bilanzsumme	39.880		39.880

G&V

5 Materialaufwand	600	4 Umsatzerlöse	30.000
7 Mietaufwand	10.000		
9 Gewinn	19.400		
	30.000		30.000

5/0-24: Wiederholung aus Kapitel 3: Bewertung: Tagesabschluss

8h	0 Tisch	20,00	→	9 EBK	20,00
	1 Kannen	50,00	→	9 EBK	50,00
	2 Kassa	5.480,00	→	9 EBK	5.480,00
	9 EBK	100,00	→	9 Eigenkapital	100,00
9h	5 Materialaufwand 2 VSt	0,50 0,10	→	2 Kassa	0,60
10h	2 Kassa	60,00	→	4 Umsatzerlöse 3 USt	50,00 10,00
	2 Forderungen LL	30,00	→	4 Umsatzerlöse 3 USt	25,00 5,00
11h	1 Tassen 2 VSt	6,00 1,20	→	2 Kassa	7,20
12h	9 Eigenkapital	7,00	→	2 Kassa	7,00
13h	2 Kassa	30,00	→	2 Forderungen LL	30,00
14h	2 Kassa	33,60	→	4 Umsatzerlöse 3 USt	28,00 5,60
15h	7 Mietaufwand 2 VSt	17,00 3,40	→	2 Kassa	20,40

6/0-1: Barzahlung Käufer

1.7.	7 Transportaufwand 2 Vorsteuer	30 6	→	2 Kassa	36

6/0-2: Barzahlung Verkäufer

9.4.	2 Kassa	480	→	4 Umsatzerlöse 3 Umsatzsteuer	400 80

6/0-3: Banküberweisung Käufer I

3.4.	0 Maschine 2 Vorsteuer	800 160	→	3 Verbindlichkeiten	960
13.4.	3 Verbindlichkeiten	960	→	2 Bank	960

6/0-4: Banküberweisung Käufer II

4.1.	1 Produkt A 2 Vorsteuer	1.410 282	→	2 Bank	1.692

6/0-5: Banküberweisung Käufer III

2.7.	7 Dienstleistung 2 Vorsteuer	100 20	→	2 Kassa 3 Verbindlichkeiten	36 84
5.7.	3 Verbindlichkeiten	84	→	2 Bank	84

6/0-6: Banküberweisung Verkäufer I

8.3.	2 Bank	4.536	→	4 Erlöse aus dem Abgang von Anlagen 3 Umsatzsteuer	3.780 756

6/0-7: Banküberweisung Verkäufer II

1.4.	2 Forderungen LL	72	→	4 Umsatzerlöse 3 Umsatzsteuer	60 12
5.4.	2 Bank	72	→	2 Forderungen LL	72

6/0-8: Banküberweisung Verkäufer III

3.8.	2 Kassa 2 Forderungen LL	24 36	→	4 Umsatzerlöse 3 Umsatzsteuer	50 10
7.8.	2 Bank	36	→	2 Forderungen LL	36

6/0-9: Sofortiger Skonto Käufer

	1 Handelsware 2 Vorsteuer	9 1,8	→	2 Kassa	10,8

6/0-10: Sofortiger Skonto Verkäufer

	2 Kassa	10,8	→	4 Umsatzerlöse 3 Umsatzsteuer	9 1,8

6/0-11: Skonto Käufer Anlagevermögen I

4.9.	0 Maschine 2 Vorsteuer	100 20	→	3 Verbindlichkeiten LL	120
10.9.	3 Verbindlichkeiten LL	120	→	2 Bank 0 Maschine 2 Vorsteuer	116,4 3 0,6

6/0-12: Skonto Verkäufer Anlagevermögen I

4.9.	2 Forderungen LL	120	→	4 Umsatzerlöse 3 Umsatzsteuer	100 20
10.9.	2 Bank 4 Skontoaufwand 3 Umsatzsteuer	116,4 3 0,6	→	2 Forderungen LL	120

6/0-13: Skonto Käufer Anlagevermögen II

5.3.	0 Maschine 2 Vorsteuer	5.000 1.000	→	3 Verbindlichkeiten LL	6.000
12.3.	3 Verbindlichkeiten LL	6.000	→	2 Bank 0 Maschine 2 Vorsteuer	5.700 250 50

6/0-14: Skonto Verkäufer Anlagevermögen II

5.3.	2 Forderungen LL	6.000	→	4 Umsatzerlöse 3 Umsatzsteuer	5.000 1.000
12.3.	2 Bank 4 Skontoaufwand 3 Umsatzsteuer	5.700 250 50	→	2 Forderungen LL	6.000

6/0-15: Skonto Käufer Umlaufvermögen

1.6.	1 Mappen 2 Vorsteuer	1.000 200	→	3 Verbindlichkeiten LL	1.200
10.6.	3 Verbindlichkeiten LL	1.200	→	2 Bank 1 Mappen 2 Vorsteuer	1.164 30 6

6/0-16: Skonto Verkäufer Umlaufvermögen

1.6.	2 Forderungen LL	1.200	→	4 Umsatzerlöse 3 Umsatzsteuer	1.000 200
10.6.	2 Bank 4 Skontoaufwand 3 Umsatzsteuer	1.164 30 6	→	2 Forderungen LL	1.200

6/0-17: Mengenrabatt Käufer I

7.3.	1 Taschen 2 Vorsteuer	993,60 198,72	→	2 Kassa	1.192,32

6/0-18: Mengenrabatt Verkäufer I

7.3.	2 Kassa	750,72	→	4 Umsatzerlöse 3 Umsatzsteuer	625,60 125,12

6/0-19: Mengenrabatt Käufer II

4.8.	0 Maschinen 2 Vorsteuer	1.400 280	→	3 Verbindlichkeiten	1.680
15.8.	3 Verbindlichkeiten LL	1.680	→	2 Bank 0 Maschine 2 Vorsteuer	1.512 140 28

6/0-20: Mengenrabatt Verkäufer II

4.8.	2 Forderungen	1.680	→	4 Umsatzerlöse 3 Umsatzsteuer	1.400 280
15.8.	2 Bank 4 Erlösberichtigung 3 Umsatzsteuer	1.512 140 28	→	2 Forderungen LL	1.680

6/0-21: Mengenrabatt Käufer III

5.9.	1 Ware 2 Vorsteuer	630 126	→	2 Kassa	756
10.9.	3 Verbindlichkeiten LL ODER 2 Sonstige Forderungen	37,80	→	1 Ware 2 Vorsteuer	31,50 6,30

6/0-22: Mengenrabatt Verkäufer III

4.8.	2 Kassa	756	→	4 Umsatzerlöse 3 Umsatzsteuer	630 126
15.8.	4 Erlösberichtigung 3 Umsatzsteuer	31,50 6,30	→	2 Forderungen LL ODER 3 SonstigeVerbindlich- keiten	37,80

6/0-23: Kreditkarte Käufer

7.2.	1 Produkt A 2 Vorsteuer	2.130 426	→	3 Verbindlichkeiten Kreditkarte	2.556
7.3.	3 Verbindlichkeiten Kreditkarte	2.556	→	2 Bank	2.556

6/0-24: Kreditkarte Verkäufer

9.3.	2 Forderungen Kreditkarte	777,60	→	4 Umsatzerlöse 3 Umsatzsteuer	648,00 129,60
9.4.	2 Bank 7 Provision Kreditkarte 2 Vorsteuer	730,94 38,88 7,78	→	2 Forderungen Kreditkarte	777,60

6/0-25: Anzahlung Käufer

7.5.	3 Verbindlichkeiten LL	60.000	→	2 Bank	60.000
	1 Geleistete Anzahlung 2 Vorsteuer	50.000 10.000	→	3 Interimskonto geleistete Anzahlung	60.000
20.5.	1 Ware 2 Vorsteuer	100.000 20.000	→	3 Verbindlichkeiten LL	120.000
	3 Interimskonto geleistete Anzahlungen	60.000	→	1 Geleistete Anzahlung 2 Vorsteuer	50.000 10.000
14.6.	3 Verbindlichkeiten LL	60.000	→	2 Bank	60.000

6/0-26: Anzahlung Verkäufer

5.9.	2 Kassa	2.400	→	2 Forderungen LL	2.400
	2 Interimskonto erhaltene Anzahlung	2.400	→	3 erhaltene Anzahlung 3 Umsatzsteuer	2.000 400
7.9.	2 Forderungen LL	6.000	→	4 Umsatzerlöse 3 Umsatzsteuer	5.000 1.000
	3 Erhaltene Anzahlung 3 Umsatzsteuer	2.000 400	→	2 Interimskonto erhaltene Anzahlung	2.400
27.9.	2 Bank	3.600	→	2 Forderungen LL	3.600

6/0-27: Verzugszinsen Käufer

14.3.	1 Ware 2 Vorsteuer	500 100	→	3 Verbindlichkeiten	600
24.8.	3 Verbindlichkeiten LL 8 Verzugszinsen (Aufwand)	600 5	→	2 Bank	605

Achtung: monatliche Umrechnung der Zinsen 0,02*5:12

6/0-28: Verzugszinsen Verkäufer

14.3.	2 Forderungen LL	600	→	4 Umsatzerlöse 3 Umsatzsteuer	500 100
24.8.	2 Bank	605	→	2 Forderungen LL 8 Verzugszinsen (Ertrag)	600 5

Achtung: monatliche Umrechnung der Zinsen 0,02*5:12

6/0-29: Mahnspesen Käufer

1.7.	7 Dienstleistungen durch Dritte 2 Vorsteuer	650 130	→	3 Verbindlichkeiten LL	780
10.8.	3 Verbindlichkeiten LL 7 Mahnspesen	780 5	→	2 Bank	785

6/0-30: Mahnspesen Verkäufer

1.7.	2 Forderungen LL	780	→	4 Umsatzerlöse 3 Umsatzsteuer	650 130
10.8.	2 Bank	785	→	2 Forderungen LL 4 Mahnspesen (Ertrag)	780 5

7/0-1: Kauf Anlagevermögen I

	0 Maschine 2 VSt	100.000 20.000	→	2 Kassa	120.000

X	**c)** RBW	**d)** kum. AvA	**b)** AvA	**e)**			
1	90	10	10	7 p. AvA	→	0 Kum. AvA Maschine	10
2	70	30	20	7 p. AvA	→	0 Kum. AvA Maschine	20
3	50	50	20	7 p. AvA	→	0 Kum. AvA Maschine	20
4	30	70	20	7 p. AvA	→	0 Kum. AvA Maschine	20
5	10	90	20	7 p. AvA	→	0 Kum. AvA Maschine	20
6	0	100	10	7 p. AvA	→	0 Kum. AvA Maschine	10

7/0-2: Kauf Anlagevermögen II

2.11.	0 Plotter 2 VSt	9.000 1.800	→	3 Verbindlichkeiten LL	10.800
7.11.	3 Verbindlichkeiten LL	10.800	→	2 Bank 0 Plotter 2 VSt	10.476 270 54
31.12.	7 p.AvA	727,50	→	0 kum. AvA Plotter	727,50

(9.000 – 270) = 8.730/6 = 1.455 Ganzjahres-AvA 727,50 Halbjahres-AvA

7/0-3: Renovierung und nachträgliche Anschaffungs- und Herstellungskosten
8.000/(1 + 3) = 2.000 Fassade; 6.000 Umbau

Fassade	7 Renovierungsaufwand 2 VSt	700 140	→	2 Kassa	840
Umbau 20.9.	0 Gebäude 2 VSt	900 180	→	2 Kassa	1080

Bisherige Nutzung: 2 Jahre 1.7. Restnutzungsdauer: 4 Jahre

bisherige Nutzungsdauer: 1,5 Jahre .

		1.1.		31.12
AvA		–1.500		–1.612,50
Kum. Ava 4.500			6.000	7.612,50
RBW 13.500			12.000	
			+900	
			12.900	11.287,50

18.000/6 = 3.000 AvA/Jahr
1.1. bisherige Nutzung: 1,5 Jahre
Kumulierte AvA: 3.000*1,5 = 4.500
Restbuchwert: 18.000 – 4.500 = 13.500

30.6. Abschreibung 1.Halbjahr	3.000/2 =	1.500
Kumulierte AvA	4.500 + 1.500 =	6.000
Restbuchwert	13.500 – 1.500 =	12.000
1.7. nachträgliche AHK		+900
Restbuchwert ab 1.7.		12.900

Abschreibung: 14.000/3 = 4.666,67/2 = 2.333,33

31.12.

Restbuchwert 1.7.	12.900,00
–Abschreibung 2. Halbjahr	–1.612,50
Restbuchwert 31.12.	11.287,50

Kumulierte AvA 30.6.	6.000,00
+ Abschreibung 2. Halbjahr	+ 1.612,50
Kumulierte AvA 31.12.	7.612,50

Abschreibung 1. Halbjahr	1.500,00
Abschreibung 2. Halbjahr	1.612,50
Abschreibung gesamt	3.112,50

31.12.	7 p. AvA	3.112,50	→	0 Kum. AvA Gebäude	3.112,50

7/0-4: Verkauf Anlagevermögen I

5.5.X1	0 Maschine 2 VSt	640 128	→	2 Kassa	768
31.12. X1	7 p. AvA	160	→	0 Kumulierte AvA Maschine	160
31.12. X2	7 p. AvA	160	→	0 Kumulierte AvA Maschine	160
3.4.X3	7 p. AvA	80	→	0 Kumulierte AvA Maschine	80
	0 Kumulierte AvA Maschine	400	→	0 Maschine	400
	7 Buchwert abgegangener Anlagen	240	→	0 Maschine	240
	2 Kassa	372	→	4 Erlöse aus dem Anlagenverkauf 3 USt	310 62
	4 Erträge aus dem Anlagenverkauf	240	→	7 Buchwert abgegangener Anlagen	240
	4 Erlöse aus dem Anlagenverkauf	310	→	4 Erträge aus dem Anlagenverkauf	310

7/0-5: Verkauf Anlagevermögen II

7.9.X1	0 Maschine 2 VSt	640 128	→	2 Kassa	768
31.12. X1	7 p. AvA	80	→	0 Kumulierte AvA Maschine	80
31.12. X2	7 p. AvA	160	→	0 Kumulierte AvA Maschine	160
4.4.X3	7 p. AvA	80	→	0 Kumulierte AvA Maschine	80
	0 Kumulierte AvA Maschine	320	→	0 Maschine	320
	7 Buchwert abgegangener Anlagen	320	→	0 Maschine	320
	2 Kassa	372	→	4 Erlöse aus dem Anlagenverkauf 3 USt	310 62
	4 Erträge aus dem Anlagenverkauf	320	→	7 Buchwert abgegangener Anlagen	320
	4 Erlöse aus dem Anlagenverkauf	310	→	4 Erträge aus dem Anlagenverkauf	310
	7 Verluste aus dem Anlagenverkauf	10	→	4 Erträge aus dem Anlagenverkauf	10

7/0-6: Verkauf PC

2.12.X1	0 PC 2 VSt	1.500,00 300,00	→	2 Kassa	1.800,00
31.12.X1	7 p. AvA	187,50	→	0 Kumulierte AvA PC	187,50
31.12.X2	7 p. AvA	375,00	→	0 Kumulierte AvA PC	375,00
3.4. X3	7 p. AvA	375,00	→	0 Kumulierte AvA PC	375,00
	0 Kumulierte AvA PC	937,50	→	0 PC	937,50
	7 Buchwert abgegangener Anlagen	562,50	→	0 PC	562,50
a)	2 Kassa	240,00	→	4 Erlöse aus dem Anlagenverkauf 3 USt	200,00 40,00
	4 Erlöse aus dem Anlagenverkauf	200,00	→	4 Erträge aus dem Anlagenverkauf	200,00
	4 Erträge aus dem Anlagenverkauf	562,50	→	7 Buchwert abgegangener Anlagen	562,50
	7 Verluste aus dem Anlagenverkauf	362,50	→	4 Erträge aus dem Anlagenverkauf	362,50
b)	2 Kassa	960,00	→	4 Erlöse aus dem Anlagenverkauf 3 USt	800,00 160,00
	4 Erlöse aus dem Anlagenverkauf	800,00	→	4 Erträge aus dem Anlagenverkauf	800,00
	4 Erträge aus dem Anlagenverkauf	562,50	→	7 Buchwert abgegangener Anlagen	562,50

7/0-7: Selbst erstelltes Anlagevermögen I

a) Minimierung der Abschreibung

Materialeinzelkosten	120.000
Materialgemeinkosten (120.000*0,5)	60.000
Fertigungseinzelkosten	80.000
Fertigungsgemeinkosten (80.000*2)	160.000
Ansatzpflichtige Herstellungskosten	420.000

Abschreibung: 420.000/25/2 = 8.400

	5 Materialaufwand 2 VSt	120.000 24.000	→	2 Kassa	144.000
	6 Personalaufwand 2 VSt	80.000 16.000	→	2 Kassa	96.000
1.12.	0 Lagerraum	420.000	→	4 Aktivierte Eigenleistung	420.000
31.12.	7 p. AvA	8.400	→	0 Kumulierte AvA Lagerraum	8.400

b) Maximierung der Abschreibung

Ansatzpflichtige Herstellungskosten	420.000
Freiwillige Sozialleistungen	70.000
Ansatzfähige Herstellungskosten	490.000

Abschreibung: 490.000/25/2 = 9.800

	5 Materialaufwand 2 VSt	120.000 24.000	→	2 Kassa	144.000
	6 Personalaufwand 2 VSt	80.000 16.000	→	2 Kassa	96.000
	6 Personalaufwand 2 VSt	70.000 14.000	→	2 Kassa	84.000
1.12.	0 Lagerraum	490.500	→	4 Aktivierte Eigenleistung	490.500
31.12.	7 p. AvA	9.810	→	0 Kumulierte AvA Lagerraum	9.810

7/0-8: Selbst erstelltes Anlagevermögen II

a)

Materialeinzelkosten	8.000	
Materialgemeinkosten	4.800	
Fertigungseinzelkosten	12.000	
Fertigungsgemeinkosten	18.000	
Sonderkosten	900	
Ansatzpflichtige Herstellungskosten	**43.700**	
Fremdkapitalzinsen (43.700*7%*3/12)	764,75	← **Wahlmöglichkeit**
Ansatzfähige Herstellungskosten	**44.464,75**	

b)

	5 Materialaufwand 2 VSt	8.000,00 1.600,00	→	2 Kassa	9.600,00
	6 Personalaufwand 2 VSt	12.000,00 2.400,00	→	2 Kassa	14.400,00
	5 Materialaufwand 2 VSt	900,00 180,00	→	2 Kassa	1.080,00
	8 Zinsaufwand	764,75	→	2 Kassa	764,75
	0 Lagerhalle	44.464,75	→	4 Aktivierte Eigen-leistung	44.464,75
c) X1	7 p. AvA	1.111,62	→	0 Kumulierte AvA Lagerhalle	1.111,62
X2	7 p. AvA	2.223,24	→	0 Kumulierte AvA Lagerhalle	2.223,24

Kumulierte AvA:		Restbuchwert:	
X1	1.111.62	X1	43.353,13
X2	3.334,86	X2	41.129,89

d) 41.129,84 – 1.111,62 = 40.018,27

e)

	7 p. AvA	1.111,62	→	0 Kumulierte AvA Lagerhalle	1.111,62
	0 Kumulierte AvA Lagerhalle	4.446,48	→	0 Lagerhalle	4.446,48
	7 Buchwert abgegange-ner Anlagen	40.018,27	→	0 Lagerhalle	40.018,27
	7 Verluste aus dem Ab-gang von Anlagen	40.018,27	→	7 Buchwert abgegange-ner Anlagen	40.018,27

7/0-9: Geringwertige Wirtschaftsgüter

a)	7 Büromaterial 2 VSt	60,00 12,00	→	2 Bank	72,00
b)	0 GwG 2 VSt 7 AvA GwG 0 Kumulierte AvA GwG	17,00 3,40 17,00 17,00	→ → →	2 Bank 0 Kumulierte AvA GwG 0 GwG	20,40 17,00 17,00
c)	0 Bildschirme 2 VSt 7 p. AvA	1.050,00 210,00 350,00	→ →	2 Bank 0 Kumulierte AvA Bild-schirme	1.260,00 350,00
d)	1 Mäuse 2 VSt	200,00 40,00	→	2 Bank	240,00

7/0-10: Handelsware I

4.6.	1 Handelsware 2 VSt	51.000 10.200	→	2 Kassa	61.200
1.7.	2 Kassa	72.000	→	4 Umsatzerlöse 3 USt	60.000 12.000
31.12.	5 Handelswareneinsatz	34.000	→	1 Handelsware	34.000
	7 Abschreibung Vorräte	980	→	1 Handelsware	980

Handelswareneinsatz: 2.000*17 = 34.000
(3.000 Stück – 980 Stück)*(17 – 16) = 980

Abwertung:		Schwund
Lagerwert	17 €	3.000
Einkaufspreis	**16 €**	– 2.000
Verkaufspreis	28 €	1000
		– 980
		20

7/0-11: Handelsware II

2.1.	1 Krücken 2 VSt	1.200 240	→	2 Kassa	1.440
5.4.	2 Kassa	234	→	4 Umsatzerlöse 3 USt	195 39
6.7.	2 Kassa	2.160	→	4 Umsatzerlöse 3 USt	1.800 360
8.8.	1 Krücken 2 VSt	2.320 464	→	2 Kassa	2.784
31.12.	5 Handelswareneinsatz	990	→	1 Krücken	990
	7 Abschreibung Vorräte	87	→	1 Handelsware	87
	7 Abschreibung Vorräte	2,80	→	1 Handelsware	2,80

	Zukauf	Abgang	Soll-EB	Ist-EB	Schwund	Abwertung
2.1.	40*30	3*30 30*30	7*30	7*30		7*(30 – 29,60) = 2,80
8.8.	80*29		80*29	77*29	3*29	
	3.520	990	2.530	2.443	87	2,80

7/0-12: Handelsware III

a) Berechnung nach gleitendem Durchschnittspreisverfahren

	Menge	Preis	Menge × Preis	
AB	2.500	60	150.000	
2.3.	+6.000	55	330.000	
	8.500	56,47	48.000	
4.5.	–6.500	56,47	367.055	
	2.000	56,47	112.940	
19.5.	+12.000	58	696.000	
	14.000	57,78	808.940	
1.6.	–8.000	57,78	462.251	
	6.000	57,78	346.680	
4.6.	+10.000	62	620.000	
Soll-EB	16.000	60,42	966.720	(Rundungsdifferenzen)
Ist-EB	15.500	60,42	936.510	
Schwund	500	60,42	30.210	
Abwertung	15.500	(60,42 – 60)	6.510	

Der Handelswareneinsatz beträgt: 367.055 + 462.251 = 829.306 €.

Bewertung nach FIFO-Verfahren

	Anfangsbestand	2.3.	19.5.	4.6.
	2.500*60	6.000*55	12.000*58	10.000*62
4.5.	–2.500*60	–4.000*55		
	0	2.000*55		
1.6.		–2.000*55	–6.000*58	
Soll-Endbestand		0	6.000*58	10.000*62
Schwund			–500*58	
Abwertung				10.000*(62 – 60)
Ist-Endbestand			5.500*58	10.000*60

Der Handelswareneinsatz beträgt: 150.000 + 330.000 + 348.000 = 828.000 €.

b)

2.3.	1 Taschenrechner 2 VSt	330.000 66.000	→	2 Kassa	396.000
4.5.	2 Kassa	702.000	→	4 Umsatzerlöse 3 USt	585.000 117.000
19.5.	1 Taschenrechner 2 VSt	696.000 139.200	→	2 Kassa	835.200
1.6.	2 Kassa	883.200	→	4 Umsatzerlöse 3 USt	736.000 147.200
4.6.	1 Taschenrechner 2 VSt	620.000 124.000	→	2 Kassa	744.000
31.12.	5 Handelswareneinsatz	829.306	→	1 Taschenrechner	829.306
oder	5 Handelswareneinsatz	828.000	→	1 Taschenrechner	828.000
	7 Abschreibung Vorräte	30.210	→	1 Taschenrechner	30.210
	7 Abschreibung Vorräte	6.510	→	1 Taschenrechner	6.510
oder	7 Abschreibung Vorräte	29.000	→	1 Taschenrechner	29.000
	7 Abschreibung Vorräte	20.000	→	1 Taschenrechner	20.000

7/0-13: Wh von 4/1-12: Bewertung Reifen

a)

3.1.	1 Reifen 2 VSt	2.000.000 400.000	→	2 Bank	2.400.000
	1 Reifen 2 VSt	500.000 100.000	→	2 Bank	600.000

b) i)

31.12.	7 Abschreibung Vorräte	125.000	→	1 Reifen	125.000
	7 Abschreibung Vorräte	190.000	→	1 Reifen	190.000

Schwund: (1.000 – 950)*2.500 = 125.000

Lagerpreis Reifen	2.000 + 500	2.500
Einkaufspreis per 31.12.	(2.000 – 10%) + 500	2.300
Verkaufspreis per 31.12.	**3.500 – 20%**	**2.800**
Abwertung Reifen	2.500 – 2.300	200*950 = 190.000

ii)

31.12	7 Abschreibung Vorräte	125.000	→	1 Reifen	125.000
.	7 Abschreibung Vorräte	551000	→	1 Reifen	551.000

Schwund: (1.000 – 950)*2.500 = 125.000

Lagerpreis Reifen	2.000 + 200	2.500
Einkaufspreis per 31.12.	(2.000 – 10%) + 500	2.300
Verkaufspreis per 31.12.	**2.400 – 20%**	**1.920**
Abwertung Reifen	2.500 – 1.920	580*950 = 551.000

c) i) Bilanzansatz: 950*2.300 = 2.185.000
ii) Bilanzansatz: 950*1.920 = 1.824.000

7/0-14: Wh von 4/1-14: Bewertung: Bewertung Ringmappen

7.9.	2 Kassa	936	→	4 Umsatzerlöse 3 USt	780 156
31.12.	5 Handelswareneinsatz	520	→	1 Ringmappen	520
	7 Abschreibung Vorräte	40	→	1 Ringmappen	40
	7 Abschreibung Vorräte	12	→	1 Ringmappen	12

Schwund: (200 – 150 – 60)*4 = 40
Abwertung: 60*(4 – 3,80) = 12

7/0-15: Bewertung von Diesel

a)

Zukauf 1	1 Diesel 2 VSt	580 116	→	2 Kassa	696
Verkauf 1	2 Kassa	420	→	4 Umsatzerlöse 3 USt	350 70
Zukauf 2	1 Diesel 2 VSt	1.200 240	→	2 Kassa	1.440
Verkauf 2	2 Kassa	336	→	4 Umsatzerlöse 3 USt	280 56
Verkauf 3	2 Kassa	168	→	4 Umsatzerlöse 3 USt	140 28
Verkauf 4	2 Kassa	252	→	4 Umsatzerlöse 3 USt	210 42
Zukauf 3	1 Diesel 2 VSt	1.776 355,20	→	2 Kassa	2.131,20
Verkauf 5	2 Kassa	1.302	→	4 Umsatzerlöse 3 USt	1.085 217

b+c)

1. Identitätspreisverfahren:

	Zukauf	Abgang	Soll-EB	Ist-EB	Schwund	Abwertung
Tank 1	20*29	10*29 + 4*29	6*29	4*29	2*29	
Tank 2	40*30	8*30 + 6*30	26*30	24*30	2*30	24*(24 – 23,4)
Tank 3	60*29,60	31*29,60	29*29,60	20*29,60	9*29,60	20*(29,60 – 29,40)
Summe	3.556	1.743,60	1.812,40	1.428	384,40	18,40

Wiederbeschaffung 29,40
Verkaufspreis 35,00

Bilanzansatz	116,00	Tank1
	705,60	Tank2
	588,00	Tank3
	1409,60	

31.12.	5 Handelswareneinsatz	1.743,60	→	1 Diesel	1.743,60
	7 Abschreibung Vorräte	384,40	→	1 Diesel	384,40
	7 Abschreibung Vorräte	18,40	→	1 Diesel	18,40

2. Gleitendes Durchschnittspreisverfahren

	Menge	Preis	Menge × Preis
1. Zukauf	20	29,00	580,00
1. Abfassung	10	29,00	–290,00
	10	29,00	290,00
2. Zukauf	40	30	1.200,00
	50	29,80	1.490,00
2. Abfassung	–8	29,80	–238,40
3. Abfassung	–4	29,80	–119,20
4. Abfassung	–6	29,80	–178,80
	32	29,80	953,60
3. Zukauf	60	29,60	1.776,00
	92	29,67	2.729,60
5. Abfassung	–31	29,67	–919,77
Soll-Endbestand	61	29,67	1.809,87
Ist-Endbestand	48	29,67	1.424,16
Schwund	13	29,67	385,71
Abwertung	48	(29,67 – 29,40)	12,96

Bilanzansatz = 1.411,20

31.12.	5 Handelswareneinsatz	1.746,17	→	1 Diesel	1.746,17
	7 Abschreibung Vorräte	385,71	→	1 Diesel	385,71
	7 Abschreibung Vorräte	12,96	→	1 Diesel	12,96

3. Gewogenes Durchschnittspreisverfahren

	Menge	Preis	Menge × Preis
1. Zukauf	20	29,00	580,00
2. Zukauf	40	30,00	1.200,00
3. Zukauf	60	29,60	1.776,00
	120	29,63	3.556,00
Ist-EB	48	29,63	1.422,24
Abgang	72	29,63	2.133,36
Abwertung	48	(29,67 – 29,40)	11,04

Bilanzansatz = 1.411,20

31.12.	5 Handelswareneinsatz	2.133,36	→	1 Diesel	2.133,36
	7 Abschreibung Vorräte	11,04	→	1 Diesel	11,04

4. FIFO-Verfahren

	1. Zukauf	2. Zukauf	3. Zukauf
	20*29,00	40*30,00	60*29,60
1. Abfassung	10*29,00		
2. Abfassung	8*29,00		
3. Abfassung	2*29,00	2*30,00	
4. Abfassung		6*30,00	
5. Abfassung		31*30,00	
Soll-Endbestand	0	1*30,00	60*29,60
Ist-Endbestand	0	0	48*29,60
Schwund		1*30,00	12*29,60
Abwertung		80*(4,70 – 4,30)	48*(29,60 – 29,40)

Bilanzansatz = 1.411,20

31.12.	5 Handelswareneinsatz	1.750	→	1 Diesel	1.750
	7 Abschreibung Vorräte	385,20	→	1 Diesel	385,20
	7 Abschreibung Vorräte	9,60	→	1 Diesel	9,60

7/0-16: Koffer

a)

3.4.	1 Koffer 2 VSt	13.200 2.640	→	3 Verbindlichkeiten LL	15.840
13.4.	3 Verbindlichkeiten LL	15.840	→	2 Bank 1 Koffer 2 VSt	15.364,80 396 79,20
5.6.	2 Kassa	29.160	→	4 Umsatzerlöse 3 USt	24.300 4.860

b)

31.12.	5 HWE	11.342,70	→	1 Koffer	11.342,70
	7 Abschreibung Vorräte	420,10	→	1 Koffer	420,10
	7 Abschreibung Vorräte	20,20	→	1 Koffer	20,20

AB	100*40	=	4.000
Zugang	300*(44 – 3%) 42,68	=	12.804
	400* 816.804/400) 42,01	=	16.804
Abgang	–270*42,01	=	1.342,70
Soll-EB	30*42,01	=	1.260,30
Ist-EB	20*42,01	=	840,20
Schwund	10*42,01	=	420,10
Abwertung	20*(42,01 – 41) 1,01	=	20,20

c)

Bilanzansatz = 20*41 = 820 €

7/0-17: Selbsterstellte Erzeugnisse I

a)

	5 Materialaufwand 2 Vorsteuer	4.000 800	→	2 Kassa	4.800
	6 Personalaufwand 2 VSt	2.000 400	→	2 Kassa	2.400
	2 Kassa	32.400	→	4 Umsatzerlöse 3 USt	27.000 5.400

b)

Materialeinzelkosten	2,00
Materialgemeinkosten	0,40
Personaleinzelkosten	1,00
Personalgemeinkosten	0,30
Herstellungskosten pro Flasche	3,70

	Menge	Preis	Menge × Preis
AB	1.200	3,70	4.440
Produktion	2.000	3,70	7.400
– Verkauf	1.800	3,70	6.660
Soll-EB	1.400	3,70	5.180
Ist-EB	1.340	3,70	4.958
Schwund	60	3,70	222
Abwertung	1.340	(3,70 – 3,40)	402

31.12.	1 Putzmittel	(200*3,70) 740	→	4 Bestandsveränderung	740
31.12.	7 Abschreibung Vorräte	222	→	1 Putzmittel	222
	7 Abschreibung Vorräte	402	→	1 Putzmittel	402

7/0-18: Selbsterstellte Erzeugnisse II

a)

	5 Materialaufwand 2 Vorsteuer	4.000 800	→	2 Kassa	4.800
	6 Personalaufwand 2 VSt	2.000 400	→	2 Kassa	2.400
	2 Kassa	50.400	→	4 Umsatzerlöse 3 USt	42.000 8.400

b)

Materialeinzelkosten	2,00
Materialgemeinkosten	0,40
Personaleinzelkosten	1,00
Personalgemeinkosten	0,30
Herstellungskosten pro Flasche	3,70

	Menge	Preis	Menge × Preis
AB	1.200	3,70	4.440
Produktion	2.000	3,70	7.400
–Verkauf	2.800	3,70	10.360
Soll-EB	400	3,70	1.480
Ist-EB	380	3,70	1.406
Schwund	20	3,70	74
Abwertung	380	(3,70-3,40)	114

31.12.	4 Bestandsveränderung (800*3,70)	2.960	→	1 Putzmittel	2.960
	7 Abschreibung Vorräte	74	→	1 Putzmittel	74
	7 Abschreibung Vorräte	114	→	1 Putzmittel	114

c)

Bilanzansatz: 380*3,40 = 1.292

7/0-19: Schadensfall

Materialeinzelkosten	15,00
Materialgemeinkosten	1,50
Fertigungseinzelkosten	9,00
Fertigungsgemeinkosten	10,80
Herstellungskosten/Dose	36,30

a)

	5 Materialaufwand 2 Vorsteuer	225.000 45.000	→	2 Bank	270.000
	6 Personalaufwand 2 VSt	135.000 27.000	→	2 Bank	162.000
	2 Bank	624.000	→	4 Umsatzerlöse 3 USt	520.000 104.000

	Menge	Preis	Menge × Preis
AB	3.150	36,30	114.345
Produktion	15.000	36,30	544.500
–Verkauf	13.000	36,30	471.900
Soll-EB	5.150	36,30	186.945
Ist-EB	5.000	36,30	181.500
Schwund	150	36,30	5.445
Abwertung	5.000	(36,30 – 36,10)	1.000

31.12.	1 Dosen	72.600	→	4 Bestandsveränderung	72.000
	7 Abschreibung Vorräte	5.445	→	1 Dosen	5.445
	7 Abschreibung Vorräte	1.000	→	1 Dosen	1.000

b)

	5 Materialaufwand 2 Vorsteuer	225.000 45.000	→	2 Bank	270.000
	6 Personalaufwand 2 VSt	135.000 27.000	→	2 Bank	162.000
	2 Bank	864.000	→	4 Umsatzerlöse 3 USt	720.000 144.000

	Menge	Preis	Menge × Preis
AB	3.150	36,30	114.345
Produktion	15.000	36,30	544.500
–Verkauf	18.000	36,30	653.400
Soll-EB	150	36,30	5.445
Ist-EB	0	36,30	0
Schwund	150	36,30	5.445
Abwertung	0		

31.12.	4 Bestandsveränderung	108.900	→	1 Dosen	108.900
	7 Abschreibung Vorräte	5.445	→	1 Dosen	5.445

7/0-20: Lageraufzeichnungen

a)

3.2.	1 Baumwolle 2 VSt	48.000 9.600	→	3 Verbindlichkeiten LL	57.600
4.3.	2 Forderungen LL	67.200	→	4 Umsatzerlöse 3 USt	56.000 11.200
5.4.	1 Baumwolle 2 VSt	12.000 2.400	→	3 Verbindlichkeiten LL	14.400
6.5.	2 Forderungen LL	8.400	→	4 Umsatzerlöse 3 USt	7.000 1.400
7.6.	2 Forderungen LL	8.400	→	4 Umsatzerlöse 3 USt	7.000 1.400

b) 1. Identitätspreisverfahren

	Zukauf	Abgang	Soll-EB	Ist-EB	Schwund	Abwertung
AB	200*20	200*20	0	0		
1. Zukauf	2.000*24	1.600*24	400*24	396*24	4*24	
2. Zukauf	400*30	200*30	200*30	198*30	2*30	198*(30 – 26)
	64.000	48.400	15.600	15.444	156	792

31.12.	5 Handelswareneinsatz	48.400	→	1 Baumwolle	48.400
	7 Abschreibung Vorräte	156	→	1 Baumwolle	156
	7 Abschreibung Vorräte	792	→	1 Baumwolle	792

Bilanzansatz: 14.652 €.

2. Gleitendes Durchschnittspreisverfahren

	Menge	Preis	Menge × Preis
1.1. AB	200	20	4.000,00
3.2. 1. Zukauf	2.000	24	48.000,00
	2.200	23,64	52.000,00
4.3. 1. Verkauf	–1.600	23,64	–37.818,18
	600	23,64	14.181,82
5.4. 2. Zukauf	400	30	12.000,00
	1.000	26,18	26.1818,82
6.5. 2. Verkauf	–200	26,18	–5.236,36
7.6. 3. Verkauf	–200	26,18	–5.236,36
Soll-EB	600	26,18	15.709,10
Ist-EB	594	26,18	15.550,92
Schwund	6	26,18	157,08
Abwertung	594	(26,18 – 26)	106,92

(Rundungsdifferenzen)
Bilanzansatz: 594*26 = 15.444,00

31.12.	5 Handelswareneinsatz	48.290,90	→	1 Baumwolle	48.290,90
	7 Abschreibung Vorräte	157,08	→	1 Baumwolle	157,08
	7 Abschreibung Vorräte	106,92	→	1 Baumwolle	106,92

3. Gewogenes Durchschnittspreisverfahren

	Menge	Preis	Menge × Preis
1.1. AB	200	20	4.000
3.2. 1. Zukauf	2.000	24	48.000
5.4. 2. Zukauf	400	30	12.000
	2.600	24,62	64.000
Ist-EB	594	24,62	14.624,28
Abfassungen	2.006	24,62	49.387,72
Abwertung	0		

31.12.	5 Handelswareneinsatz	59.338,48	→	1 Baumwolle	59.338,48

Bilanzansatz: 594*24,62 = 14.624,28

4. FIFO-Verfahren

	Anfangsbestand	1. Zukauf	2. Zukauf
	200*20	2.000*24	400*30
Verkauf 4.3.	–200*20	–1.400*24	
	0	600*24	
Verkauf 6.5.		–200*24	
		400*24	
Verkauf 7.6.		–200*24	
Soll-EB		200*24	400*30
Schwund		–6*24	
Ist-EB		194*24	400*30
Abwertung			400*(30 – 26)

Bilanzansatz: 15.056

31.12.	5 Handelswareneinsatz	47.200	→	1 Baumwolle	47.200
	7 Abschreibung Vorräte	144	→	1 Baumwolle	144
	7 Abschreibung Vorräte	1.600	→	1 Baumwolle	1.600

7/0-21: Kühlschränke

	Kauf	Ist-EB	HWV	Schwund	Abwertung	Bilanzansatz
Lieferung 30.5.	70*570	4*570	**66*570**		66*(500 – 490)	66*(490 + 70)
Lieferung 2.6.	**430*590**	296*590	129*590	5*590	129*(520 – 490)	129*(490 + 70)
	500 Stk	300 Stk	195 Stk	5 Stk	4.530 €	109.200 €

Abwertung ohne Transportspesen!

30.5.	1 Kühlschränke 2 VSt	35.000 7.000	→	2 Kassa	42.000
	1 Kühlschränke 2 VSt	4.900 980	→	2 Kassa	5.880
2.6.	1 Kühlschränke 2 VSt	223.660 44.720	→	2 Kassa	268.320
	1 Kühlschränke 2 VSt	30.100 6.020	→	2 Kassa	36.120
30.7.	2 Kassa	187.200	→	4 Umsatzerlöse 3 USt	156.000 31.200
31.12.	5 Handelswareneinsatz	113.730	→	1 Kühlschränke	113.730
	7 Abschreibung Vorräte	2.950	→	1 Kühlschränke	2.950
	7 Abschreibung Vorräte	4.530	→	1 Kühlschränke	4.530

7/0-22: Lipizzaner und Riesenräder

- Lipizzaner:

Materialeinzelkosten	4,00
Materialgemeinkosten	0,40
Fertigungseinzelkosten	7,00
Fertigungsgemeinkosten	14,00
Herstellungskosten/Stk	25,40

7.3.	2 Bank	1.440.000	→	4 Umsatzerlöse 3 USt	1.200.000 240.000
9.8.	2 Bank	840.000	→	4 Umsatzerlöse 3 USt	700.000 140.000

	Menge	Preis	Menge × Preis
AB	0		
Produktion	70.000	25,40	1.778.000
–Verkauf	60.000	25,40	–1.524.000
Soll-EB	10.000	25,40	254.000
Ist-EB	9.970	25,40	253.238
Schwund	30	25,40	762
Abwertung	0		

Bilanzansatz: 253.238 €

31.12.	1 Lipizzaner	254.000	→	4 Bestandsveränderung	254.000
	7 Abschreibung Vorräte	762	→	1 Lipizzaner	762

- Riesenräder

5.12.	1 Riesenräder 2 VSt	97.000 19.400	→	2 Bank	116.400
31.12.	7 Abschreibung Vorräte	1.940	→	1 Riesenräder	1.940
	7 Abschreibung Vorräte	4.990	→	1 Riesenräder	4.990

Schwund: 200*9,70 = 1.940
Abwertung: 9.980*(9,70 – 9,20) = 4.990

7/0-23: Rücksendung

23.5	1 Regenschirm 2 VSt	242,5 48,5	→	2 Bank	291
27.5	2 Bank	116,5	→	1 Regenschirm 2 VSt	97 19,4
30.5.	2 Forderung	118,8	→	4 Umsatzerlöse 3 USt	99 19,8
2.6.	4 Umsatzerlöse 3 USt	29,7 5,94	→	2 Forderung	35,64

7/1-1: Folgebewertung von 4/1-1: Ansatz Garage

1.9.	5 Materialaufwand 2VSt	5.000 1.000	→	2 Kassa	6.000
31.12.X1	0 Garage	5.000	→	4 Aktivierte Eigenleistung	5.000
	7 p. AvA	500	→	0 Kumulierte AvA Garage	500
31.12.X2	7 p. AvA	1.000	→	0 Kumulierte AvA Garage	1.000

a)

Restbuchwert: 3.500
Marktwert: 4.900
Nachbau: 4.800
→ keine außerplanmäßige Abschreibung

b)

Restbuchwert: 3.500
Marktwert: 4.900
Nachbau: 2.700
→ außerplanmäßige Abschreibung 3.500 – 2.700 = 800

	7 außerplanmäßige AvA	800	→	0 Kumulierte AvA Garage	800

7/1-2: Fortsetzung von 4/1-2: Ansatz Maschine

2.5.X1	0 Maschine 2 VSt	295,00 59,00	→	2 Kassa	354,00
	0 Maschine 2 VSt	40,00 8,00	→	2 Kassa	48,00
	0 Maschine 2 VSt	20,00 4,00	→	2 Kassa	24,00
31.12.X1	7 p. AvA	59,17	→	0 Kumulierte AvA Maschine	59,17
31.12.X2	7 p. AvA	59,17	→	0 Kumulierte AvA Maschine	59,17

Restbuchwert: 236,67
Marktwert: 220
→ außerplanmäßige Abschreibung 236,67 – 220 = 16,67

	7 außerplanmäßige AvA	16,67	→	0 Kumulierte AvA Maschine	16,67

7/1-3: Fortsetzung von 4/1-3: Ansatz Werkbank

6.6.X1	0 Werkbank 2 VSt	700,00 140,00	→	2 Kassa	840,00
31.12.X1	7 p. AvA	116,67	→	0 Kumulierte AvA Werkbank	116,67
31.12.X2	7 p. AvA	116,67	→	0 Kumulierte AvA Werkbank	116,67
31.12.X2	7 außerplanmäßige AvA	326,67	→	0 Kumulierte AvA Werkbank	326,67

Restbuchwert Ende X1	583,33
Restbuchwert Ende X2 vor ap.AvA	466,67
Marktwert Ende X2	140,00
→ außerplanmäßige Abschreibung	326,67

31.12.X3	Abschreibung RBW/ND	140/4 = 35
	Restbuchwert vor Zuschreibung	140 – 35 = 105

31.12.X3	7 p. AvA	35	→	0 Kumulierte AvA Werkbank	35

Fortgeschriebene AHK:
700 – 116,67(X1) – 116,67(X2) – 116,67(X3) = 350
Zuschreibung: 350 – 105 = 245

31.12.X3	0 Kumulierte AvA Werkbank	245,00	→	4 Erträge aus der Zuschreibung zu Anlagevermögen	245,00
31.12.X4	7 p. AvA	116,67	→	0 Kumulierte AvA Werkbank	116,67

Abschreibung = RBW/ND = 350/3 = 116,67

7/1-4: Fortsetzung von 4/1-4: Ansatz Werkshalle

1.11.X1	5 Materialaufwand 2 VSt	500 100	→	2 Bank	600
	6 Personalaufwand 2 VSt	900 180	→	2 Bank	1.080

Kalkulation siehe 4/1-4. Im Folgenden wird der ansatzfähige Wert gewählt. Üben Sie auch mit dem ansatzpflichtigen Wert!

31.12.X1	8 Fremdkapitalzinsen	39,67	→	2 Bank	39,67
	0 Anlagen im Bau	3.439,67	→	4 Aktivierte Eigenleistung	3.439,67
	7 ap. AvA	200,00	→	0 Kumulierte AvA Anlagen im Bau	200,00
1.3.X2	5 Materialaufwand 2 VSt	150,00 30,00	→	2 Bank	180,00
	6 Personalaufwand 2 Vorsteuer	200,00 40,00	→	2 Bank	240,00

	5 Materialaufwand 2 VSt	100,00 20,00	→	2 Bank	120,00
	8 Zinsaufwand	15,93	→	2 Bank	15,93
	0 Anlagen im Bau	925,93	→	4 Aktivierte Eigenleistung	925,93
	0 Werkshalle	4.365,60	→	0 Anlagen im Bau	4.365,60
	0 Kumulierte AvA Anlagen im Bau	200,00	→	0 Kumulierte AvA Werkshalle	200,00
31.12. X2	7 p. AvA	595,09	→	0 Kumulierte AvA Werkshalle	595,09

7/1-5: Fortsetzung von 4/1-5: Zuschreibung Gebäude

historische AHK	2.000	
fortgeschriebene AHK X3	1.880	(= 2.000 – 40 – 40 – 40)
Restbuchwert X3	1.664,58	(= 1.700 – 1.700 : 48)
Marktwert X3	1.900	
Zuschreibung auf maximal	1.880	

31.12.X3	0 Kumulierte AvA Gebäude	215,42	→	4 Erträge aus der Zuschreibung zum Anlagevermögen	215,42

7/1-6: Fortsetzung von 4/1-6: Zuschreibung Einkaufszentrum

1.3.X1	0 Einkaufszentrum	1.000	→	4 Aktivierte Eigenleistung	1.000
31.12.X1	7 p. AvA	100	→	0 Kumulierte AvA Einkaufszentrum	100
31.12.X2	7 p. AvA	100	→	0 Kumulierte AvA Einkaufszentrum	100
	7 ap. AvA	550	→	0 Kumulierte AvA Einkaufszentrum	550

Restbuchwert Ende X2 nach p. AvA: 1.000 – 200 =	800
Marktwert Ende X2	250
→ außerplanmäßige AvA	550

31.12.X3	7 p. AvA	31,25	→	0 Kumulierte AvA Einkaufszentrum	31,25

p. AvA = 250/8 = 31,25

31.12.X4	7 p. AvA	31,25	→	0 Kumulierte AvA Einkaufszentrum	31,25
	0 Kumulierte AvA Einkaufszentrum	412,50	→	4 Erträge aus der Zuschreibung zum Anlagevermögen	412,50

Fortgeschriebene AHK: 1.000 – (100*4) =	600
Restbuchwert vor Zuschreibung Ende X4: 250 – (31,25*2) =	187,50
Zuschreibung	412,50

7/1-7: Fortsetzung von 4/1-7: Software

8.6.X1	0 Software 2 VSt	3.000 600	→	2 Kassa	3.600
	Keine Aktivierung des selbst programmierten Teils				
31.12.X1	7 p. AvA	600	→	0 Kumulierte AvA Software	600
31.12.X2 **a)**	Keine Aktivierung des selbst programmierten Teils				
	7 p. AvA	342,86	→	0 Kumulierte AvA Software	342,86

AvA: RBW/RND = 2.400/7 = 342,86

31.12.X2 **b)**	0 Software	500	→	4 Aktivierte Eigenleistung	500
	7 p. AvA	414,29	→	0 Kumulierte AvA Software	414,29

AvA: RBW/RND = (2.400 + 500)/7 = 141,29

7/1-8: Anlagespiegel

	Historische AHK 1.1.	Zugänge	Abgänge	Kum. AvA	RBW	RBW Vorjahr	AvA
28.12.	3.000	200	1.200	**1.920**	80	800	595
30.12.	**0**	**20**	**0**	**5**	**15**	**0**	**5**
Summe	3.000	220	1.200	1.925	95	800	600

Berechnung Kumulierte AvA 28.12.

Historische AHK	3.000
+ Zugänge	+200
– Abgänge	–1.200
– kum. AvA	–1.920
RBW Ende	80

7/1-9: Bewertung von Forderungen

	7 Abschreibung Forderungen 3 USt	22.500 4.500	→	2 Forderungen Mayer	27.000

7/1-10: Wh von Kapitel 4: Bewertung: Bewertung Auslandsforderungen

Kurs bei Aktivierung: 250.000*1,13 = 282.500

a) Kurs am Bilanzstichtag 250.000*1,10 = 275.000
Abwertung 7.500 (= 282.000 – 275.000)

	7 Abschreibung Forderungen	7.500	→	2 Forderung	7.500

b) Kurs am Bilanzstichtag 250.000*1,16 = 290.000
keine Aufwertung

7/1-11: Bilanzerstellung

Aktiva	
A. Anlagevermögen	
I. Immaterielles Anlagevermögen	90.718
II. Sachanlagevermögen	
1. Grundstücke	213.469
2. Maschinen	126.181
3. Betriebs- und Geschäftsausstattung	155.633
III. Finanzanlagevermögen	
3. Beteiligungen	470.051
5. Wertpapiere des Anlagevermögens	130.795
6. Ausleihung	65.191
	1.252.038
B. Umlaufvermögen	
I. Vorräte	
1. Roh-, Hilfs- und Betriebsstoffe	58.593
3. fertige Erzeugnisse	20.593
II. Forderungen	
1. Forderungen LL	141.087
2. Forderungen gegenüber verbundenen Unternehmen	59.727
IV. Kassa	14.811
	294.811
C. Aktive Rechnungsabgrenzung	5.567
Bilanzsumme	1.552.416

8/1-1: Rechnungsabgrenzungen

1. Aktives Transitorium

15.10.X1	7 Versicherungsaufwand	72.000	→	2 Bank	72.000
31.12.X1	2 Aktive Rechnungsabgrenzung	60.000	→	7 Versicherungsaufwand	60.000
Jän X2	7 Versicherungsaufwand	60.000	→	2 Aktive Rechnungsabgrenzung	60.000

2. Passives Transitorium

Sep X1	2 Bank	57.600	→	4 Mieterträge 3 USt	48.000 9.600
31.1.X1	4 Mieterträge	32.000	→	3 Passive Rechnungsabgrenzung	32.000
Jän X2	3 Passive Rechnungsabgrenzung	32.000	→	4 Mieterträge	32.000

3. Passive Antizipation

2.5.X1	7 EDV-Aufwand 2 n.n.v. VSt	12.000 2.400	→	3 Sonstige Verbindlichkeiten	14.400
	7 EDV-Aufwand 2 VSt	6.000 1.200	→	3 Sonstige Verbindlichkeiten	7.200
30.4.X2	3 Sonstige Verbindlichkeiten	21.600	→	2 Bank	21.600

Hier wird eine andere Reihenfolge der Buchungen zum Rechnungsausgleich als im Textteil gezeigt; beide Varianten sind möglich.

4. Aktive Antizipation

31.12.X1	2 Sonstige Forderungen	13.200	→	4 Patenterträge 3 n.n.v. USt	11.000 2.200
1.2.X2	2 Sonstige Forderungen 2 Bank	1.200 14.400	→ →	4 Patenterträge 3 USt 2 Sonstige Forderungen	1.000 200 14.400

5. Aktives Transitorium

2.5.X1	8 Zinsaufwand	42.000	→	2 Bank	42.000
31.12.X1	2 Aktive Rechnungsabgrenzung	14.000	→	8 Zinsaufwand	14.000
Jän X2	8 Zinsaufwand	14.000	→	2 Aktive Rechnungsabgrenzung	14.000

6. Aktive Antizipation

21.12.X1	2 Sonstige Forderungen	12.000	→	4 Mietertrag 3 n.n.v. USt	10.000 2.000
1.3.X2	2 Sonstige Forderungen 2 Bank	2.400 14.400	→ →	4 Mieterträge 3 USt 2 Sonstige Forderungen	2.000 400 14.400

7. Passive Antizipation

31.12.X1	7 Reinigungsaufwand 2 n.n.v. VSt	225.000 45.000	→	3 Sonstige Verbindlich- keiten	270.000
1.4.X2	7 Reinigungsaufwand 2 VSt	75.000 15.000	→	2 Sonstige Verbindlich- keiten	90.000
	3 Sonstige Verbindlich- keiten	360.000	→	2 Bank	360.000

8. Passives Transitorium

1.6.X1	2 Bank	72.000	→	4 Patenterträge 3 USt	60.000 12.000
31.12.X1	4 Patenterträge	25.000	→	3 Passive Rechnungs- abgrenzung	25.000
31.5.	3 Passive Rechnungs- abgrenzung	25.000	→	4 Patenterträge	25.000

8/1-2: Rückstellungen

Mai X1	7 Rechts- und Bera- tungsaufwand 2 VSt	300.000 60.000	→	3 Verbindlichkeiten LL	360.000
31.12.X1	7 Garantieaufwand	1.000.000	→	3 Garantierückstel- lungen	1.000.000
Jän X2	3 Garantierückstel- lungen	1.000.000	→	3 Verbindlichkeiten LL 4 Erträge aus der Auf- lösung von Rückstel- lungen	800.000 200.000
Mai X2	3 Verbindlichkeiten LL	800.000	→	2 Bank	800.000

8/1-3: Wh von Kapitel 4: Bewertung: Bewertung Auslandsforderungen

Kurs bei Passivierung: 250.000 x 1,15 = 287.500

a) Kurs am Bilanzstichtag: 250.000 x 1,12 = 280.000

b) Kurs am Bilanzstichtag: 250.000 x 1,17 = 292.500

Abwertung: 5.000 = (292.500 – 287.500)

	7 Kursverlust	5.000	→	3 Fremdwährungs- verbindlichkeiten	5.000

8/1-4: Verbindlichkeiten

a)

Datum	Soll	Betrag		Haben	Betrag
1.9.X1	2 Bank	1.420	→	3 Verbindlichkeiten Bank	1.420
31.12.X1	3 Verbindlichkeiten Bank	852	→	2 Bank	828
				4 Fremdwährungsgewinn	24
	8 Zinsaufwand	41,10	→	2 Bank	41,40
	Erläuterung: 1.000*0,09*4/12*1,38; keine Aufwertung				
30.6.X2	3 Verbindlichkeiten Bank	568	→	2 Bank	588
	7 Fremdwährungsverlust	20			
	8 Zinsaufwand	26,46	→	2 Bank	26,46
	Erläuterung: 400*0,09*6/12*1,47				

b)

Datum	Soll	Betrag		Haben	Betrag
1.9.X1	2 Bank	1.420	→	3 Verbindlichkeiten Bank	1.420
31.12.X1	3 Verbindlichkeiten Bank	852	→	2 Bank	828
				4 Fremdwährungsgewinn	24
	8 Zinsaufwand	41,10	→	2 Bank	41,40
	7 Fremdwährungsverlust	24	→	3 Verbindlichkeiten Bank	24
30.6.X2	3 Verbindlichkeiten Bank	584	→	2 Bank	588
	7 Fremdwährungsverlust	4			
	8 Zinsaufwand	26,46	→	2 Bank	26,46
	Erläuterung: 400*0,09*6/12*1,47				

8/1-5: Weiterführung von Kapitel 7: Vermögen: Bilanzerstellung

Passiva	
A. Eigenkapital	
I. Grundkapital	151.027
II. Kapitalrücklage	
1. gebundene	171.463
2. nicht gebundene	274.264
III. Gewinnrücklage	5.500
IV. Bilanzgewinn	***250.707***
	852.961

B. Rückstellung	
1. Rückstellungen für Abfertigungen	35.688
2. Pensionsrückstellungen	12.525
4. Sonstige Rückstellungen	23.760
	71.973
C. Verbindlichkeiten	
1. Anleihen	175.000
2. Verbindlichkeiten geg. Kreditinstituten	228.911
4. Verbindlichkeiten LL	62.495
6. Verbindlichkeiten geg. verbundenen Unternehmen	58.772
8. Sonstige Verbindlichkeiten	100.615
	625.793
D. Rechnungsabgrenzungsposten	1.689
Bilanzsumme	1.552.416

9/1-1: Gewinn- und Verlustrechnung: Gesamtkostenverfahren

Umsatzerlöse	53.562
– Bestandsveränderung	– 471
+ Aktivierte Eigenleistung	220
+ Sonstige betriebliche Erträge	200
– Materialaufwand	– 24.553
– Personalaufwand	– 3.974
– Abschreibungen IAV und SAV	– 1.735
= Betriebsergebnis	23.249
Beteiligungserträge	3.223
– Aufwendungen aus Beteiligungen	– 1.607
– Zinsaufwand	– 1.333
= Finanzergebnis	283
= Ergebnis vor Steuern	23.532
– Steuern EE	– 820
= Ergebnis nach Steuern = Jahresüberschuss	22.712
+ Auflösung Kapitalrücklage	370
– Dotierung Gewinnrücklage	– 588
– Verlustvortrag	– 17
= Bilanzgewinn	22.477

9/1-2: Gewinn- und Verlustrechnung: Umsatzkostenverfahren

Umsatzerlöse	9.132
– Herstellkosten	– 7.179
= Bruttoergebnis vom Umsatz	1.953
– Vertriebskosten	– 1.632
– Verwaltungskosten	– 867
= Betriebsergebnis	– 546
Finanzerträge	1.276
– Aufwendungen aus Beteiligungen	– 1.432
= Finanzergebnis	– 156
= Ergebnis vor Steuern	–702
– Steuern EE	– 127
= Ergebnis nach Steuern = Jahresfehlbetrag	– 829
+ Auflösung Gewinnrücklage	2.000
+ Gewinnvortrag	38
= Bilanzgewinn	1.209

9/1-3: Betriebsüberleitungsbogen Erträge I

	Pagatorischer Ertrag	–	+	Kalkulatorische Leistung
Zinsertrag	30	1,50		28,50
Umsatz	400		60	460
Auflösung Gewinnrücklage	20	20		0
Gewinnvortrag	15	15		0
Zuschreibung Anlagevermögen	0		17	17
	465	–36,50	+77	**505,50**

9/1-4: Betriebsüberleitungsbogen Erträge II

	Erlöse 12 Monate	1 Monat	–	+	Leistungen	Berechnung
Umsatzerlöse	4.800	400	80	166,67	486,67	40 – 20%*80 2.000/12 = 166,67
Zuschreibung				50	50	6.000*1,1 = 6.600 600 Aufwertung/12 = 50
Bestandsveränderung	700	58,33	2,92		55,41	58,33*0,95 = 55,41
Erträge aus Auflösung Gewinnrücklage	170	14,17	14,17		0	kein Leistungscharakter
Gewinnvortrag	30	2,50	2,50		0	kein Leistungscharakter
	5.700	475	99,59	216,67	592,08	

Die Differenz beträgt 117,08 €.

9/1-5: Kalkulatorische Abschreibungen I

Ende	X1	X2	X3	X4	X5
Wert der Maschine Abschreibung	330	363	399,30	439,23 **87,85**	483,15

AvA = historische AHK/ Nutzungsdauer   60*5 = 300 € Anfang X1

9/1-6: Kalkulatorische Abschreibungen II

Pagatorische Abschreibung p.a.: 8*2 = 16 = AvA/Jahr : 12 = 1,33 AvA/Monat
Kalkulatorische Abschreibung: 48/10 = 4,80 AvA/Jahr : 12 = 0,40 AvA/Monat
Abweichung: 1,33 – 0,40 = 0,93/Monat

9/1-7: Kalkulatorische Abschreibungen III

300*5 = historische AHK = 1.500
(1.500*70.000)/200.000 = 525 €

9/1-8: Betriebsüberleitungsbogen Aufwand I

Aufwand		–	+	Kosten	Berechnung
Materialaufwand	600		60	660	600*10% = 60
Abschreibung	200		30	230	200*15% = 30
Dotierung Gewinnrücklage	130	130		0	kein Kostencha- rakter
Steuern EE	30	30			kein Kostencha- rakter
	960	160	90	890	

Die Differenz beträgt 70 € (Die Kosten sind um 70 € geringer als die Aufwendungen).

9/1-9: Betriebsüberleitungsbogen Aufwand II

Aufwand		–	+	Kosten	Berechnung
Material- aufwand	60.000		6.000	66.000	60.000*0,1 = 6.000
Abschrei- bung	100.000		2.187,50 30.000	42.187,50 90.000	Gebäude 40.000*135/128 = 42.187,50 Maschine 60.000*6*20.000/80.000 = 90.000
Personal- aufwand	200.000	200.000			
Löhne (Arbeiter)			42.000	42.000	Arbeiter 50 52 –2 +3 –4 55 46 46/55 = 0,84 200.000 * 0,25 * 0,84 = 42.000 Lohn 8.000 Lohn- nebenkosten
Gehalt (An- gestellte)			118.500	118.500	
Lohn- und Gehaltsne- benkosten			8.000 + 81.500	89.000	Angestellte 50 52 –3 +4 –5 56 44 44/56 = 0,79 200.000 * 0,75 * 0,79 = 118.500 Gehalt 81.000 Gehalts- nebenkosten
Dotierung Gewinn- rücklage	7.000	7.000			
Steuern EE	4.000	4.000			
	371.000	211.000	288.187,50	448.087,50	

9/1-10: Betriebsüberleitungsbogen

Erlöse		–	+	Leistung	Berechnung
Erträge aus Beteiligungen	120			120	
Erträge aus der Auflösung von Rücklagen	190	190		0	
Gewinnvortrag	10	10		0	
Umsatzerlöse	4.000			4.000	
	4.320	200		4.120	

Aufwand		–	+	Kosten	Berechnung
Abschreibungen	1.600	300	160	14,60	2.400/8 = 300 AvA Maschine 2.400*0,2/3 = 160
Materialaufwand	1.200	240		960	
Personalaufwand	1.800			1.800	
Versicherungsaufwand	60			60	
Zinsaufwendungen	140		80	220	2.000*0,04 = 80
Kalkulatorisches Risiko	0		40	40	
	4.800	540	280	4.540	

Anleihen sind keine Positionen der Gewinn- und Verlustrechnung, sondern werden in der Bilanz ausgewiesen und somit nicht im Betriebsüberleitungsbogen übergeleitet.

	Pagatorische Größe	–	+	Kalkulatorische Größe
Erlöse	4.320	100		4.120
– Aufwand	4.800	540	280	4.540
	–480	–340	–280	–420

Die Differenz beträgt 60 €, dh. der Verlust in der Kostenrechnung ist um 60 € geringer als in der Buchhaltung.

9/1-11: Zuschlagssatz

	Material	Fertigung	Verwaltung
Gemeinkosten	20	30	40
Einzelkosten	40	20	10
Zuschlagsbasis			20 + 30 + 40 + 20 = 110
Zuschlagssatz			**40/110 = 36,36 %**

9/1-12: Variable Herstellkosten

	Gesamtkosten	Fixkosten	Variable Kosten	Material	Fertigung	Verwaltung
Materialkosten	600	400	200	[100]		
				70	20	10
Personalkosten	800	50	750		[200]	
				55	110	385
Gemeinkosten				125	130	395
Zuschlagsbasis				100	50 Mh	Herstellkosten = 555
Zuschlagssatz				125%	2,60 €/Mh	395/555 = 71,17%

Zu Personal: 750 – 200 = 550; 1:2:7 = 10; 550/10 = 55; 55*1 = 55; 55*2 = 110; 55*7 = 385
Herstellkosten: 100 + 125 + 200 + 130 = 555

9/1-13: Primäre Gemeinkosten

Abschreibung	5 €
Fertigung	7 €
Material	3 €
Zinsen	1 €
Primäre Gemeinkosten	16 €

9/1-14: Umlage I

	M	F	VW	WK	
Primäre Gemeinkosten	20	30	40	10	
Menüs	*4*	*5*	*6*	*1*	*10/(4+5+6) = 0,67*
Umlage sekundäre Gemeinkosten	4*0,67= 2,68	5*0,67= 3,35	6*0,67= 4,02	–10	Probe: Summe = 10 (Rundungsdifferenzen)

9/1-15: Umlage II

Es werden 5 + 12 + 3 = 20 Menüs umgelegt.

9/1-16: Umlage III

10.000/(500 + 700 + 3.000 + 200) = 2,27 € Umlage pro Kilometer

9/1-17: Betriebsabrechnungsbogen

	Gesamtkosten	Fixkosten	Variable Kosten	Material	Fertigung	Verwaltung	Vertrieb	Transport
Material	900	200	700	[100]				
					171,45	214,29	128,58	85,71
Personal	1.600	320	1.280		[580]			
				200	300	150	50	
Abschreibung	600			48	312	102	96	42
Primäre Gemeinkosten				248	783,45	466,29	274,58	127,72
Gefahrene km				*600*	*1.000*	*700*	*7.600*	
Sekundäre Gemeinkosten				7,74	12,90	9,03	98,05	–127,72
Gemeinkosten				253,74	796,35	475,32	372,63	
Zuschlags-/Verrechnungsbasis				100	5.000 Mh	1.700,09	200 Aufträge	
Zuschlags-/Verrechnungssatz				**253,74 %**	**0,16 €/Mh**	**27,96 %**	**1,86 €/Auftrag**	

Material: 700 – 100 = 600

	4 + 5 + 3 + 2 = 14
	600/14 = 42,86
Umlage Transport:	127,72/(600 + 1.000 + 700 + 7.600) = 0,0129
Herstellkosten:	100 + 253,74 + 550 + 796,35 = 1.700,09

9/1-18: Kalkulation I

Materialeinzelkosten	5 €
Materialgemeinkosten (20%)	1 €
Fertigungseinzelkosten	3 €
Fertigungsgemeinkosten (100%)	3 €
Herstellkosten	12 €

9/1-19: Kalkulation II

Materialeinzelkosten	20 €
Materialgemeinkosten (10%)	2 €
Fertigungseinzelkosten	30 €
Fertigungsgemeinkosten (100%)	30 €
Sonderkosten	4 €
Herstellkosten	86 €
Verwaltungsgemeinkosten (40%)	34,40 €
Vertriebsgemeinkosten (3:5)	0,60 €
Selbstkosten	121 €

9/1-20: Kalkulation III

a) 40 + 20% = 48 € (Selbstkosten)

b) 45 + 20% = 54 € (Nettobarpreis)

C) 48 + 20% = 57,60 (Bruttoverkaufspreis)

9/1-21: Kalkulation IV

Selbstkosten	200 €
Gewinnzuschlag	40 €
Nettobarpreis	240 €
Skonto 240*5/95	12,63 €
Nettoverkaufspreis	252,63 €

9/1-22: Kalkulation V

Selbstkosten	20 €
Gewinnzuschlag (40%)	8 €
Nettobarpreis	28 €
Skonto 28*3/97	0,87 €
Nettoverkaufspreis	28,87 €

9/1-23: Vollkostenrechnung versus Teilkostenrechnung

Variable Materialeinzelkosten	2,00 €
Variable Materialgemeinkosten (20%)	0,40 €
Variable Fertigungseinzelkosten	2,50 €
Variable Fertigungsgemeinkosten (130%)	3,25 €
Maschinenstunden 600/100 * 20/60	2,00 €
Variable Herstellkosten	10,15 €
Variable Verwaltungsgemeinkosten (15%)	1,52 €
Variable Vertriebsgemeinkosten (25%)	2,54 €
Variable Selbstkosten	14,21 €
Gewinnzuschlag (20%)	2,82 €
Variabler Nettobarpreis	17,05 €
Skonto (5%)	0,90 €
Nettoverkaufspreis	17,95 €
USt (20%)	3,59 €
Bruttoverkaufspreis auf Basis variabler Kosten	21,54 €

9/1-24: Deckungsbeitrag

Materialeinzelkosten	1 €
Materialgemeinkosten (150%)	1,50 €
Personaleinzelkosten (3:2)	1,50 €
Personalgemeinkosten (70%)	1,05 €
Sonderkosten	0,30 €
Herstellkosten	5,35 €
Verwaltungs- und Vertriebsgemeinkosten (20%)	1,07 €
Selbstkosten	6,42 €
Skonto 15 – 5%	0,75 €
Nettoverkaufspreis	7,17 €

Deckungsbeitrag mit Skonto: 15 – 7,17 = 7,83 €
Deckungsbeitrag ohne Skonto: 15 – 6,42 = 8,58 €

9/1-25: Periodenerfolgsrechnung I

	Mit Bausteinen		Ohne Bausteine kurzfristig	
	Bausteine	Puppe	Bausteine	Puppe
Verkaufspreis	4,30	9,90		9,90
Variable Kosten	2,30	4,20		4,20
Deckungsbeitrag	2,00	5,70		5,70
Menge (Stk)	3.000	2.000		500
Deckungsbeitrag I	6.000	11.400		2.850
Fixkosten	–7.000	–2.000		–2.000
Deckungsbeitrag II	–1.000	9.400		850
Unternehmensfixkosten	–1.000			–1.000
Periodenergebnis	–7.400			–150

a) Der Periodengewinn beträgt 7.400 €.

b) Das langfristige Periodenergebnis wäre mit –150 € negativ

c) Das kurzfristige Periodenergebnis nach Schließung der Bausteine wäre mit –1.150 € negativ, weil die Fixkosten nicht sofort abgebaut werden können.

9/1-26: Periodenerfolgsrechnung II

	Mit Kinderrädern		Ohne Kinderräder	
	Luxusräder	Kinderräder	Luxusräder	Kinderräder
Verkaufspreis	7	3	7	
Variable Kosten	4	1,50	4	
Deckungsbeitrag/h	3	1,50	3	
Stunden	1.000	400	900	
Deckungsbeitrag I	3.000	600	2.700	
Fixkosten	–2.100	–800	–2.100	
Deckungsbeitrag II	900	–200	600	
Unternehmensfixkosten		–300	–300	
Periodenergebnis		400	300	

a) Der Periodengewinn beträgt 400 €.

b) Der Periodengewinn ohne Kinderräder beträgt 300 €.

9/1-27: Break-Even-Analyse

	LKW I	LKW II
0 – 200.000 km	100.000 + 2,5x = 70.000 + 3,10x x = 50.000 km Bis 50.000 km Fahrleistung ist LKW II günstiger, zwischen 50.000 km und 200.000 km LKW I.	
200.000 – 250.000 km	100.000 + 2,50*200.000 + 4.000 + 2,50x = 70.000 + 3,10*200.000 + 3,10x $x = -143.333,\dot{3}$	
250.000 – 300.000 km	100.000 + 2,50*200.000 + 4.000 + 2,50*50.000 + 2,5x = 70.000 + 3,10*200.000 + 3,10 + 50.000 +2,4x 729.000 + 2,5x = 835.000 + 2,4x x = 116.000 Der BEP wäre bei 250.000 + 116.000 km und somit außerhalb der Kostenfunktion. Daher ist zwischen 250.000 km und 300.000 km LKW I immer günstiger.	
Ab 300.000 km	854.000 + 2,80x = 995.000 + 2,40x 0.40x = 111.000 x = 277.500 Der BEP liegt bei 300.000 + 277.500 = 577.500 km. Bis 577.500 km ist LKW I günstiger, ab dann LKW II.	

11/0-1: Gesamtbeispiel Spielzeugproduzent

a) Eröffnungsbilanz und Eröffnungsbilanzkonto

Eröffnungsbilanz

0 Gebäude	13.200	9 Eigenkapital	16.920
0 Werkbank	3.500	3 Verbindlichkeiten Banken	4.000
0 PC	2.000	3 Verbindlichkeiten LL	6.950
1 Handelsware A	2.170		
2 Kassa	4.000		
2 Girokonto (Bank)	3.000		
	27.870		27.870

Anmerkung: Anlagevermögen wird in der Bilanz mit dem Restbuchwert ausgewiesen. Bei indirekter Abschreibung sind auf dem Konto die historischen Werte sowie auf dem Unterkonto „Kumulierte AvA zu…“ die Kumulierte AvA ausgewiesen. Der Restbuchwert des Anlagevermögens errechnet sich wie folgt:

	AvA/Jahr	Kumulierte AvA	Restbuchwert
Gebäude	22.000/5 = 4.400	8.800	13.200
PC	4.000/4 = 1.000	2.000	2.000
Werkbank	4.500/9 = 500	1.000	3.500

Das Eigenkapital errechnet sich aus: 27.870 – 4.000 – 6.950 = 16.920

Eröffnungsbilanzkonto

9 Eigenkapital	16.920	0 Gebäude	13.200
3 Verbindlichkeiten Banken	4.000	0 Werkbank	3.500
3 Verbindlichkeiten LL	6.950	0 PC	2.000
		1 Handelsware A	2.170
		2 Kassa	4.000
		2 Girokonto (Bank)	3.000
	27.870		27.870

b) Eröffnungsbuchungen

1.1.	0 Gebäude	22.000	→	9 EBK	22.000
	0 Werkbank	4.500	→	9 EBK	3.500
	0 PC	4.000	→	9 EBK	2.000
	1 Handelsware A	2.170	→	9 EBK	2.170
	2 Kassa	4.000	→	9 EBK	4.000
	2 Girokonto (Bank)	3.000	→	9 EBK	3.000
	9 EBK	16.920	→	9 Eigenkapital	16.920
	9 EBK	4.000	→	3 Verbindlichkeiten Banken	4.000
	9 EBK	6.950	→	3 Verbindlichkeiten LL	6.950
	9 EBK	8.800	→	0 Kumulierte AvA Gebäude	8.800
	9 EBK	2.000	→	0 Kumulierte AvA PC	2.000
	9 EBK	1.000	→	0 Kumulierte AvA Werkbank	1.000

c) laufende Buchungen

4.1.	1 Handelsware A 2 Vorsteuer	1.410 282	→	2 Bank	1.692

9.1. Verkauf Maschine
Restbuchwert 1.1. des laufenden Geschäftsjahres: 3.500
historische Anschaffungs- und Herstellungskosten: 4.500, Kauf im Mai vor 2 Jahren
Nutzungsdauer: 9 Jahre

- Bisherige Abschreibung bis 1.1.: 2 Jahre
  Abschreibung des laufenden Geschäftsjahres: ½ Jahr

Abschreibung p.a. = 4.500/9 = 500€

- 500*2,5 = 1.250 Kumulierte AvA bei Verkauf
- Restbuchwert bei Verkauf: 4.500 – 1.250 = 3.250
  oder 3.500 – 250 = 3.250

9.1.	2 Bank	4.536	→	4 Erlöse aus dem Anlagenverkauf 3 Umsatzsteuer	3.780 756
	7 planmäßige Abschreibung	250	→	0 Kumulierte AvA Werkbank	250
	0 Kumulierte AvA Werkbank	1.250	→	0 Werkbank	1.250
	7 Restbuchwert abgegangener Anlagen	3.250	→	0 Werkbank	3.250
	4 Erlöse aus dem Anlagenverkauf	3.780	→	4 Erträge aus dem Anlagenverkauf	3.780
	4 Erträge aus dem Anlagenverkauf	3.250	→	7 Restbuchwert abgegangener Anlagen	3.250
6.2.	2 Kassa	5.208	→	4 Umsatzerlöse 3 Umsatzsteuer	4.340 868
7.3.	0 Maschine 2 Vorsteuer	5.000 1.000	→	3 Verbindlichkeiten LL	6.000
	0 Maschine 2 Vorsteuer	200 40	→	2 Kassa	240
14.3.	3 Verbindlichkeiten LL	6.000	→	2 Bank 0 Maschine 2 Vorsteuer	5.820 150 30
29.3.	2 Bank	10.000	→	3 Verbindlichkeiten Bank	10.000
3.5.	5 Materialaufwand 2 Vorsteuer	1.500 300	→	2 Bank	1.800
12.6.	2 Forderungen Kreditkarten	777,60	→	4 Umsatzerlöse 3 Umsatzsteuer	648 129,60
	7 Transportaufwand 2 Vorsteuer	30 6	→	2 Kassa	36
	2 Bank 7 Provisionen 2 Vorsteuer	730,94 38,88 7,78	→	2 Forderungen Kreditkarten	777,60
5.8.	2 Kassa	8.400	→	4 Umsatzerlöse 3 Umsatzsteuer	7.000 1.400

d) Abschlussbuchungen

31.12.	7 planmäßige Abschreibung	4.400	→	0 Kumulierte AvA Gebäude	4.400
	7 planmäßige Abschreibung	1.000	→	0 Kumulierte AvA PC	1.000
	7 planmäßige Abschreibung	1.010	→	0 Kumulierte AvA Maschine	1.010

Nebenrechnung Abschreibung Maschine: (5.000 – 3%)+200 = 5.050/5 = 1.010

	5 Handelswareneinsatz	3.177,25	→	1 Handelsware A	3.177,25
	7 Abschreibung Vorräte	44,75	→	1 Handelsware A	44,75
	7 Abschreibung Vorräte	14	→	1 Handelsware A	14

Nebenrechnung: gleitendes Durchschnittspreisverfahren (Rundungsdifferenzen möglich)

	Menge	Preis	Menge × Preis
Anfangsbestand	500	4,34	2170
1. Zukauf	300	4,70	1410
	800	4,48	3580
1. Abfassung	–620	4,48	–2774,50
	180	4,48	805,50
2. Abfassung	–90	4,48	–402,75
Soll-Endbestand	90	4,48	402,75
Ist-Endbestand	80	4,48	358
Schwund	10	4,48	44,75
Abwertung	80	(4,48 – 4,3)	14

Alternativ möglich: FIFO-Verfahren

	Anfangsbestand	1. Zukauf	
	500*4,34	300*4,70	3580
1. Abfassung	500*4,34	120*4,70	2734
2. Abfassung		90*4,70	423
Soll-Endbestand	0	90*4,70	
Ist-Endbestand	0	80*4,70	
Schwund		10*4,70	47
Abwertung		80*(4,70 – 4,30)	32

Alternativ:

	5 Handelswareneinsatz	3.157	→	1 Handelsware A	3.157
	7 Abschreibung Vorräte	47	→	1 Handelsware A	47
	7 Abschreibung Vorräte	32	→	1 Handelsware A	32

	1 Produkt B	100	→	4 Bestandsveränderung	100
	7 Abschreibung Vorräte	25	→	1 Produkt B	25
	7 Abschreibung Vorräte	1,50	→	1 Produkt B	1,50

Nebenrechnung:

	Menge	Preis	Menge × Preis
Anfangsbestand	0		
Produktion	300	5	1500
Verkauf	280	5	1400
Soll-Endbestand	20	5	100
Ist-Endbestand	15	5	75
Schwund	5	5	25
Abwertung	15	(5 – 4,90)	1,50

	3 Zahllast	1.605,78	→	2 Vorsteuer	1.605,78
	3 Umsatzsteuer	3.153,60	→	3 Zahllast	3.153,60
	3 Zahllast	1.547,82	→	3 Verbindlichkeiten Finanzamt	1.547,82
	9 Schlussbilanzkonto	22.000	→	0 Gebäude	22.000
	9 Schlussbilanzkonto	5.050	→	0 Maschine	5.050
	9 Schlussbilanzkonto	4.000	→	0 PC	4.000
	9 Schlussbilanzkonto	344	→	1 Handelsware A	344
	9 Schlussbilanzkonto	73,50	→	1 Produkt B	73,50
	9 Schlussbilanzkonto	17.332	→	2 Kassa	17.332
	9 Schlussbilanzkonto	8.954,94	→	2 Bank	8.954,94
	9 Eigenkapital	16.920	→	9 Schlussbilanzkonto	16.920
	3 Verbindlichkeiten Bank	14.000	→	9 Schlussbilanzkonto	14.000
	3 Verbindlichkeiten LL	6.950	→	9 Schlussbilanzkonto	6.950
	3 Verbindlichkeiten Finanzamt	1.547,82	→	9 Schlussbilanzkonto	1.547,82
	0 Kumulierte AvA Gebäude	13.200	→	9 Schlussbilanzkonto	13.200
	0 Kumulierte AvA PC	3.000	→	9 Schlussbilanzkonto	3.000
	0 Kumulierte AvA Maschine	1.010	→	9 Schlussbilanzkonto	1.010
	9 Gewinn- und Verlustrechnung	1.500	→	5 Materialaufwand	1.500
	9 Gewinn- und Verlustrechnung	3.177,25	→	5 Handelswareneinsatz	3.177,25
	9 Gewinn- und Verlustrechnung	38,88	→	7 Provisionen	38,88
	9 Gewinn- und Verlustrechnung	85,25	→	7 Abschreibung Vorräte	85,25
	9 Gewinn- und Verlustrechnung	6.660	→	7 planmäßige Abschreibung	6.660
	9 Gewinn- und Verlustrechnung	30	→	7 Transportaufwand	30
	4 Umsatzerlöse	7.468	→	9 Gewinn- und Verlustrechnung	7.468
	4 Erträge aus dem Anlagenverkauf	530	→	9 Gewinn- und Verlustrechnung	530
	4 Bestandsveränderung	100	→	9 Gewinn- und Verlustrechnung	100

	9 Gewinn	1.126,62	→	9 SBK (Eigenkapital/ Gewinn)	1.126,62

e) Provisorische Bilanz und Gewinn- und Verlustrechnung

Bilanz

0 Gebäude	(22.000 – 13.200)	8.800,00	9 Eigenkapital	16.920,00
0 Werkbank	(5.050 – 1.010)	4.040,00	9 Gewinn	1.126,62
0 PC	(4.000 – 3.000)	1.000,00	3 Verbindlichkeiten Banken	14.000,00
1 Handelsware A		344,00	3 Verbindlichkeiten LL	6.950,00
1 Produkt B		73,50	3 Verbindlichkeiten Finanzamt	1.547,82
2 Kassa, Bank	(17.332 + 8.954,94)	26.286,94		
		40.544,44		40.544,44

G&V

5 Materialaufwand	1.500,00	4 Umsatzerlöse	11.988,00
5 Handelswareneinsatz	3.177,25	4 Erträge aus dem Anlagenverkauf	530,00
7 Provisionen	38,88	4 Bestandsveränderung	100,00
7 Transportaufwand	30,00		
7 planmäßige Abschreibung	6.660,00		
7 Abschreibung Vorräte	85,25		
Gewinn	1.126,62		
	12.618,00		12.618,00

f) Der Gewinn beträgt 1.126,62 €.

11/0-2: Gesamtbeispiel Textilhändler

a) Eröffnungsbilanz und Eröffnungsbilanzkonto

Eröffnungsbilanz

0 Gebäude	47.500	9 Eigenkapital	68.500
1 Handelsware	6.000	3 Verbindlichkeiten gegen Banken	12.000
2 Kassa	2.000	3 Verbindlichkeiten LL	4.000
2 Bank	29.000		
	84.500		84.500

Eröffnungsbilanzkonto

9 Eigenkapital	68.500	0 Gebäude	47.500
3 Verbindlichkeiten gegen Banken	12.000	1 Handelsware	6.000
3 Verbindlichkeiten LL	4.000	2 Kassa	2.000
		2 Bank	29.000
	84.500		84.500

b) Eröffnungsbuchungen

1.1.	0 Gebäude	50.000	→	9 EBK	50.000
	1 Handelsware	6.000	→	9 EBK	6.000
	2 Kassa	2.000	→	9 EBK	2.000
	2 Bank	29.000	→	9 EBK	29.000
	9 EBK	68.500	→	9 Eigenkapital	68.500
	9 EBK	12.000	→	3 Verbindlichkeiten gegen Banken	12.000
	9 EBK	4.000	→	3 Verbindlichkeiten LL	4.000
	9 EBK	2.500	→	0 Kumulierte AvA Gebäude	2.500

c) laufende Buchungen

7.7.	0 Regalsystem 2 Vorsteuer	7.000 1.400	→	3 Verbindlichkeiten LL	8.400
	0 Regalsystem 2 Vorsteuer	600 120	→	2 Kassa	720
	0 Regalsystem 2 Vorsteuer	400 80	→	2 Kassa	480
17.7.	3 Verbindlichkeiten LL	8.400	→	2 Bank 0 Regalsystem 2 Vorsteuer	8.148 210 42
2.8.	7 Reinigungsaufwand 2 Vorsteuer	600 120	→	2 Bank	720
18.8.	2 Forderungen LL	12.960	→	4 Umsatzerlöse 3 Umsatzsteuer	10.800 2.160
21.8.	4 Umsatzerlöse 3 Umsatzsteuer	2.400 480	→	2 Forderungen LL	2.880
	7 Abschreibung Vorräte	800	→	1 Handelsware	800
22.8.	2 Bank 4 Skontoaufwand 3 Umsatzsteuer	9.777,60 252 50,40	→	2 Forderungen LL	10.080
4.9.	1 Handelsware 2 Vorsteuer	12.500 2.500	→	2 Bank	15.000
12.10.	2 Bank	33.600	→	4 Umsatzerlöse 3 Umsatzsteuer	28.000 5.600
15.10.	1 Handelsware 2 Vorsteuer	2.400 480	→	2 Bank	2.880
31.10.	3 Verbindlichkeiten Bank	1.000	→	2 Bank	1.000
31.12.	8 Zinsaufwand	473,33	→	2 Bank	473,33

Nebenrechnung:
10 Monate: 12.000*4%*4/12 = 400
2 Monate: 11.000*4%*10/12 = 73,33

d) Abschlussbuchungen

31.12.	7 planmäßige Abschreibung	1.000	→	0 Kumulierte AvA Gebäude	1.000
	7 planmäßige Abschreibung	486,88	→	0 Kumulierte AvA Regalsystem	486,88

Nebenrechnung:
[(7.000 – 210) + 600 + 400]/(8*2) = 486,88

31.12.	5 Handelswareneinsatz	12.412	→	1 Handelsware	12.412
	7 Abschreibung Vorräte	960,80	→	1 Handelsware	960,80
	7 Abschreibung Vorräte	565,60	→	1 Handelsware	565,60

Nebenrechnung (Rundungsdifferenzen möglich)

	Menge	Preis	Menge × Preis
Anfangsbestand	300	20	6.000
1. Abfassung	–180	20,00	–3.600
	120	20	2.400
Abschreibung	40	20,00	800
	120	20,00	2.400
1. Zukauf	500	25,00	12.500
	620	24,03	14.900
2. Abfassung	–400	24,03	–9.612
	220	24,03	5.288
2. Zukauf	100	24,00	2.400
Soll-Endbestand	320	24,02	7.688,00
Ist-Endbestand	280	(24,02 – 22)	6.725,60
Schwund	40	24,02	960,80
Abwertung	280	(24,02 – 22)	565,60

Handelswareneinsatz:
(180 – 40)*20+400*24,03 = 12.412

Alternativer Ansatz:

	Anfangsbestand	1. Zukauf	2. Zukauf
	300*20	500*25	100*24
1. Abfassung	140*20		
Abschreibung	40*20		
	120*20		
2. Abfassung	120*20	280*25	
Soll-Endbestand	0	220*25	100*24
Schwund		40*25	
Ist-Endbestand	0	180*25	100*24
Abwertung		180*(25 – 22)	100*(24 – 22)

Handelswareneinsatz: 120*20 + 120*20 + 280*25 = 12.200
Schwund: 1.000
Abwertung: 740

	3 Zahllast	4.658	→	2 Vorsteuer	4.658
	3 Umsatzsteuer	7.229,60	→	3 Zahllast	7.229,60
	3 Zahllast	2.571,60	→	3 Verbindlichkeiten Finanzamt	2.571,60
	3 Verbindlichkeiten Finanzamt	2.571,60	→	2 Bank	2.571,60
	9 Schlussbilanzkonto	50.000	→	0 Gebäude	50.000
	9 Schlussbilanzkonto	7.790	→	0 Regalsystem	7.790
	9 Schlussbilanzkonto	6.161,60	→	1 Handelsware	6.161,60
	9 Schlussbilanzkonto	800	→	2 Kassa	800
	9 Schlussbilanzkonto	41.584,67	→	2 Bank	41.584,67
	9 Eigenkapital	68.500	→	9 Schlussbilanzkonto	68.500
	3 Verbindlichkeiten Bank	11.000	→	9 Schlussbilanzkonto	11.000
	3 Verbindlichkeiten LL	4.000	→	9 Schlussbilanzkonto	4.000
	0 Kumulierte AvA Gebäude	3.500	→	9 Schlussbilanzkonto	3.500
	0 Kumulierte AvA Regalsystem	486,88	→	9 Schlussbilanzkonto	486,88
	9 Gewinn- und Verlustrechnung	12.412	→	5 Handelswareneinsatz	12.412
	9 Gewinn- und Verlustrechnung	600	→	7 Reinigungsaufwand	600
	9 Gewinn- und Verlustrechnung	2.326,40	→	7 Abschreibung Vorräte	2.326,40
	9 Gewinn- und Verlustrechnung	1.486,88	→	7 planmäßige Abschreibung	1.486,88
	9 Gewinn- und Verlustrechnung	252	→	4 Skontoaufwand	252
	9 Gewinn- und Verlustrechnung	473,33	→	8 Zinsaufwand	473,33
	4 Umsatzerlöse	36.400	→	9 Gewinn- und Verlustrechnung	36.400
	9 Gewinn	18.849,39	→	9 Schlussbilanzkonto	18.849,39

Bilanz

0 Gebäude	46.500,00	9 Eigenkapital	68.500,00
0 Regalsystem	7.303,12	9 Gewinn	18.849,39
1 Handelsware	6.161,60	3 Verbindlichkeiten Banken	11.000,00
2 Kassa	800,00	3 Verbindlichkeiten LL	4.000,00
2 Bank	41.584,67		
	102.349,39		102.349,39

Gewinn- und Verlustrechnung

5 Handelswareneinsatz	12.412,00	4 Umsatzerlöse	36.400,00
7 Reinigungsaufwand	600,00		
7 Abschreibung Vorräte	2.326,40		
7 planmäßige Abschreibung	1.486,88		
4 Skontoaufwand	252,00		
8 Zinsaufwand	473,33		
Gewinn	18.849,39		
	36.400,00		36.400,00

f) Der Gewinn beträgt 18.849,39 €.

11/0-3: Gesamtbeispiel Sporthändler

a) Laufende Buchungen

2.1.	2 Kassa	200.000	→	9 Eigenkapital	200.000
3.1.	2 Bank	30.000	→	2 Kassa	30.000
5.2.	0 Grundstück	10.000	→	3 Verbindlichkeiten LL	10.000
19.2.	3 Verbindlichkeiten LL	10.000	→	2 Bank	10.000
26.2.	0 Grundstück	1.000	→	2 Bank	1.000
8.3.	5 Materialaufwand 2 Vorsteuer	6.000 1.200	→	2 Kassa	7.200
	6 Personalaufwand	10.000	→	2 Kassa	10.000
	0 Produktionsstätte	18.400	→	4 Aktivierte Eigenleistung	18.400

Nebenrechnung:

Materialeinzelkosten	6.000
Materialgemeinkosten (40%)	2.400
Personaleinzelkosten	10.000
Personalgemeinkosten	nicht gegeben
Herstellungskosten	18.400

2.4.	1 Schi 2 Vorsteuer	10.000 2.000	→	2 Kassa	12.000
5.6.	5 Materialaufwand 2 Vorsteuer	8.000 1.600	→	2 Kassa	9.600
	6 Personalaufwand	5.600	→	2 Kassa	5.600
	5 Materialaufwand 2 Vorsteuer	2.400 480	→	2 Kassa	2.880
7.7.	7 Energieaufwand 2 Vorsteuer	800 160	→	3 Verbindlichkeiten Wienstrom	960
15.8.	1 Schi 2 Vorsteuer	5.600 1.120	→	3 Verbindlichkeiten LL	6.720
29.8.	3 Verbindlichkeiten LL	6.720	→	2 Bank 1 Schi 2 Vorsteuer	6.518,40 168,00 33,60
9.10.	2 Kassa	49.920	→	4 Umsatzerlöse 3 Umsatzsteuer	41.600 8.320
8.11.	1 Schi 2 Vorsteuer	6.400 1.280	→	2 Bank	7.680
16.12.	2 Bank	13.680	→	4 Umsatzerlöse 3 Umsatzsteuer	11.400 2.280

b) Abschlussbuchungen

31.12.	7 planmäßige Abschreibung	1.840	→	0 Kumulierte AvA Produktionsstätte	1.840
	5 Handelswareneinsatz	17.603,20	→	1 Schi	17.603,20
	7 Abschreibung Vorräte	140,96	→	1 Schi	140,96
	7 Abschreibung Vorräte	839,84	→	1 Schi	839,84

Nebenrechnung:

	Menge	Preis	Menge × Preis	
1. Zukauf	200	50	10.000,00	
2. Zukauf	100	54,32	5.432,00	(3% Skonto)
	300	51,44	15.432,00	
1. Abfassung	–260	51,44	–13.374,40	
	40	51,44	2.057,60	
3. Zukauf	80	80	6.400,00	
	120	70,48	8.457,60	
2. Abfassung	–60	70,48	–4.228,80	
Soll-Endbestand	60	70,48	4.228,80	
Ist-Endbestand	58	70,48	4.087,84	
Schwund	2	70,48	140,96	
Abwertung	58	(70,48 – 56)	839,84	

Handelswareneinsatz: 13.374 + 4.228,80 = 17.603,20

Alternativ:

	1. Zukauf		2. Zukauf	3. Zukauf
	200*50		100*54,32	80*80
1. Abfassung	200*50		60*54,32	
		0	40*54,32	
2. Abfassung			40*54,32	20*80
Soll-Endbestand			0	60*80
Ist-Endbestand				58*80
Schwund				2*80
Abwertung				58*(80 – 56)

Handelswareneinsatz: 200*50+60*54,32+40*54,32+20*80 = 17.032
Schwund: 160
Abwertung: 1.392

	1 Stecken	3.840	→	4 Bestandsveränderung	3.840
	7 Abschreibung Vorräte	1.128	→	1 Stecken	1.128

Nebenrechnung:

Materialeinzelkosten	10
Materialgemeinkosten (49%)	4
Personaleinzelkosten	7
Sonderkosten	3
Herstellkosten	24 pro Stecken

Anfangsbestand	0		
Produktion	800	24	19.200
1. Verkauf	–520	24	–12.480
2. Verkauf	–120	24	–2.880
Soll-Endbestand	160	24	3.840
Ist-Endbestand	113	24	2.712
Schwund	47	24	1.128
Abwertung	43>24 daher keine Abwertung		

	3 Zahllast	7.806,40	→	2 Vorsteuer	7.806,40
	3 Umsatzsteuer	10.600	→	3 Zahllast	10.600
	3 Zahllast	2.793,60	→	3 Verbindlichkeiten Finanzamt	2.793,60
	3 Verbindlichkeiten Finanzamt	2.793,60	→	2 Bank	2.793,60

	9 Schlussbilanzkonto	11.000	→	0 Grundstück	11.000
	9 Schlussbilanzkonto	18.400	→	0 Produktionsstätte	18.400
	9 Schlussbilanzkonto	3.248	→	1 Schi	3.248
	9 Schlussbilanzkonto	2.712	→	1 Stecken	2.712
	9 Schlussbilanzkonto	172.640	→	2 Kassa	172.640
	9 Schlussbilanzkonto	15.688	→	2 Bank	15.688
	9 Eigenkapital	200.000	→	9 Schlussbilanzkonto	200.000
	3 Verbindlichkeiten Wienstrom	960	→	9 Schlussbilanzkonto	960
	0 kumulierte AvA Produktionsstätte	1.840	→	9 Schlussbilanzkonto	1.840
	9 Gewinn- und Verlustrechnung	17.603,20	→	5 Handelswareneinsatz	17.603,20
	9 Gewinn- und Verlustrechnung	16.400	→	5 Materialaufwand	16.400
	9 Gewinn- und Verlustrechnung	15.600	→	6 Personalaufwand	15.600
	9 Gewinn- und Verlustrechnung	800	→	7 Energieaufwand	800
	9 Gewinn- und Verlustrechnung	1.840	→	7 planmäßige Abschreibung	1.840
	9 Gewinn- und Verlustrechnung	140,96	→	7 Abschreibung Vorräte	2.108.80
	4 Umsatzerlöse	53.000	→	9 Gewinn- und Verlustrechnung	53.000
	4 Aktivierte Eigenleistungen	18.400	→	9 Gewinn- und Verlustrechnung	18.400
	4 Bestandsveränderung	3.840	→	9 Gewinn- und Verlustrechnung	3.840
	9 Gewinn	20.888	→	9 Schlussbilanzkonto (Eigenkapital/ Gewinn)	20.888

c) provisorische Bilanz und Gewinn- und Verlustrechnung

Bilanz

0 Grundstück	11.000,00	9 Eigenkapital	200.000,00
0 Produktionsstätte	16.560,00	9 Gewinn	20.888,00
		3 Verbindlichkeiten	
1 Schi	3.248,00	Wienstrom	960,00
1 Stecken	2.712,00		
2 Kassa	172.640,00		
2 Bank	15.688,00		
	221.848,00		221.848,00

Gewinn- und Verlustrechnung

5 Handelswareneinsatz	17.603,20	4 Umsatzerlöse	53.000,00
		4 Aktivierte	
5 Materialaufwand	16.400,00	Eigenleistungen	18.400,00
6 Personalaufwand	15.600,00	4 Bestandsveränderung	3.840,00
7 Energieaufwand	800,00		
7 planmäßige			
Abschreibung	1.840,00		
7 Abschreibung Vorräte	2.108,80		
9 Gewinn	20.888,00		
	75.240,00		75.240,00

d) Der Gewinn/Verlust beträgt 20.888 €.

e) Eröffnungsbilanzbuchungen

Eröffnungsbilanzkonto

9 Eigenkapital	200.000,00	0 Grundstück	11.000,00
9 Gewinn	20.888,00	0 Produktionsstätte	16.560,00
3 Verbindlichkeiten			
Wienstrom	960,00	1 Schi	3.248,00
		1 Stecken	2.712,00
		2 Kassa	172.640,00
		2 Bank	15.688,00
	221.848,00		221.848,00

	0 Grundstück	11.000	→	9 Eröffnungsbilanzkonto	11.000
	0 Produktionsstätte	18.400	→	9 Eröffnungsbilanzkonto	18.400
	1 Schi	3.248	→	9 Eröffnungsbilanzkonto	3.248
	1 Stecken	2.712	→	9 Eröffnungsbilanzkonto	2.712
	2 Kassa	172.640	→	9 Eröffnungsbilanzkonto	172.640
	2 Bank	15.688	→	9 Eröffnungsbilanzkonto	15.688
	9 Eröffnungsbilanzkonto	200.000	→	9 Eigenkapital	200.000
	9 Eröffnungsbilanzkonto	960	→	3 Verbindlichkeiten Wienstrom	960
	9 Eröffnungsbilanzkonto	1.840	→	0 Kumulierte AvA Produktionsstätte	1.840

11/1-1:

a) Betriebsüberleitungsbogen
Überleitung der Erträge in Leistungen

Erträge pagatorische Größe	€	– Neutrale Erträge	+ Zusatz-leistung	= Leistung = kalkulatorische Größe
Umsatz	10.000	700		9.300
Bestandsveränderung	300		45	345
Erträge aus Beteiligungen	150			150
Zinserträge	30			30
Auflösung Kapitalrücklagen	63	63		0
Gewinnvortrag	9	9		0
Summe	10.552	–772	+45	9.825

Aufwand = pagatorische Größe	€	– Neutraler Aufwand	+ Zusatz-kosten	= Kosten = kalkulatorische Größe
Materialaufwand	700		140	840
Personalaufwand	795	795		0
Löhne	0		330	330
Gehälter	0		220	220
Lohn- und Gehaltsneben-kosten	0		245	245
Abschreibung	400		200	600
Sonstiger betrieblicher Auf-wand	60			60
Aufwand aus Beteiligungen	70			70
Zinsaufwand	90	70	280	300
Steuern aus Einkommen und Ertrag	117	117		0
Dotierung Gewinnrücklagen	41	41		0
Kalkulatorisches Risiko	0		10	10
Kalkulatorischer Unter-nehmerlohn	0		600	600
Summe	2.273	1.023	2.025	3.275

Nebenrechnungen:

- Abschreibung: AvA = 400, Nutzungsdauer = 5 Jahre →Anschaffungs- und Herstellungskosten = 400*5 = 2.000AvA/km = 2.000/100.000 = 0,02; heuer: 30.000km*0,02 = 600
- Eigenkapitalzinsen: 4.000*0,07 = 280
- Neutraler Zinsaufwand: 1.000*0,07 = 70
- Personalaufwendungen

Jahreswochenzahl	52
Krankheit	–4
Urlaub	–5
gesetzliche Feiertage	–3
Anwesenheitszeit	40

Jahreswochenzahl	52
Urlaubsgeld	4
freiwillige sonstige Leistungen	4
bezahlte Zeit	60

Nebenkostensatz	60/40 = 1,5
Lohnkosten	495/1,5 = 330
Gehaltskosten	300/1,5 = 220
Lohn- und Gehaltsnebenkosten	(495 – 330) + (300 – 220) = 245

b) Betriebsabrechnungsbogen

Kosten	€	Fixkosten	Variable Kosten	Material	Fertigung	Verwaltung	Werksküche
Material	840		840	(500)	300	20	20
Löhne	330	40	290	38,16	(152,63)	76,32	22,89
Gehälter	220	220	0	0	0	0	0
Lohn- und Gehaltsnebenkosten	245	45	200	30	140	10	20
Abschreibung	600	400	200	60	80	30	30
Sonstige betriebliche Erträge	60	60					
Beteiligungsaufwand	70	70					
Zinsaufwand	300	300					
Kalkulatorisches Risiko	10	10					
Kalkulatorischer Unternehmerlohn	600	600					
Primäre Gemeinkosten	3.275	1.745	1.530	128,16	520	136,32	92,89
Sekundäre Gemeinkosten = Umlage				18,78	27,89	46,44	–92,89
Gemeinkosten gesamt				146,94	547,89	182,76	0
Bezugsgröße				500 €	100Mh	1.347,46 €	
Zuschlags- und Verrechnungssatz				29,39%	5,48 €/Mh	24,79%	

Nebenrechnungen:

Löhne: 330 – 40 = 290 5+20+10+3 = 38 290/38 = 7,63
Kontrolle: 5*7,63+20*7,63+10*7,63 +3*7,63 = 290

Abschreibungen: 200/(3+4+1,5+1,5) = 20
Kontrolle: 3*20+4*20+1,5*20+1,5*20 = 200

Umlage: 2+3+5 = 10 Menüs
92,89/10 = 9,29 (Rundungsdifferenzen möglich)
Kontrolle: 2*9,29+3*9,29+5*9,29 = 92,89

Herstellungskosten: 500+146,96+152,63+547,89 = 1.347,46

Zuschlags- und Verrechnungssatz:
Material: 146,94 €/50 € = 29,39%

Fertigung: 547€/100Mh = 5,47 €/Mh
Verwaltung: 182,76 €/1347,46 € = 27,79%

c) Kostenträgerrechnung

Materialeinzelkosten	20,00
Materialgemeinkosten (29,39%)	5,88
Fertigungseinzelkosten	6,00
Fertigungsgemeinkosten	54,80
Sonderkosten	6,00
Herstellungskosten	92,68
Verwaltungsgemeinkosten (24,79%)	22,97
Selbstkosten	115,65
Gewinnzuschlag (40%)	46,26
Nettobarpreis	161,91
Skonto 3%	5,01
Nettoverkaufspreis	166,92
Umsatzsteuer (20%)	33,38
Bruttoverkaufspreis	200,30

11/1-2: Gesamtbeispiel Turbo AG

a) Bilanz

Bilanz

Anlagevermögen		Eigenkapital	
Immaterielles Anlagevermögen	100	Nennkapital	7.000
Sachanlagevermögen		–ausstehende Einlage	–300
Grund, Gebäude	3.650	Kapitalrücklage	400
Maschinen, Fahrzeuge	640	Gewinnrücklage	560
Betriebs- und Geschäftsausstattung	141	Gewinn	708
Finanzanlagevermögen	95		**8.368**
	4.626		
Umlaufvermögen		Rückstellungen	
Vorräte	7.620	Abfertigungsrückstellungen	260
Forderungen		Pensionsrückstellungen	190
Forderungen LL	123		**450**
Sonstige Forderungen	32	Verbindlichkeiten	
Wertpapiere des Umlaufvermögens	111	Verbindlichkeiten gegen Banken	3.200
Kassa	11	Verbindlichkeiten LL	442
	7.897	Sonstige Verbindlichkeiten	62
Aktive Rechnungsabgrenzung	2		**3.704**
		Passive Rechnungsabgrenzung	3
Bilanzsumme	12.525	Bilanzsumme	12.525

b) Gewinn- und Verlustrechnung

Gesamtkostenverfahren:	
Umsatzerlöse	3.500
Bestandsveränderung	200
Sonstige betriebliche Erträge	60
Materialaufwand	–475
Personalaufwand	–1.150
Abschreibung	–800
Sonstige betriebliche Aufwände	–328
Betriebsergebnis	1.007

Umsatzkostenverfahren:

Herstellungskosten der produzierten Menge	1.595
Bestandsveränderung	–200
Herstellungskosten der abgesetzten Menge	1.395
Umsatzerlöse	3.500
Herstellungskosten der abgesetzten Menge	–1.395
Bruttoergebnis vom Umsatz	2.105
Sonstige betriebliche Erträge	60
Vertriebskosten	–726
Verwaltungskosten	–432
Betriebsergebnis	1.007
Beteiligungserträge	280
Zinserträge	120
Zinsaufwand	–75
Finanzergebnis	325
Ergebnis vor Steuern	1.332
Steuern aus Einkommen und Ertrag	–260
Ergebnis nach Steuern = Jahresüberschuss	1.072
Zuweisung zu Rücklagen	**–368**
Gewinnvortrag	4
Bilanzgewinn	708

c) Überleitung Erträge – Leistungen

Ertrag = pagatorische Größe aus G&V		– Neutraler Ertrag	+ Zusatzleistungen	= Leistung = kalkulatorische Größe
Bestandsveränderungen	200			200
Beteiligungserträge	280	70		210
Gewinnvortrag	4	4		0
Umsatzerlöse	3.500	600		2.900
Zinserträge	120			120
Zuschreibungen	60	60		0
Summe Erträge	4.164	734	0	3.430

d) Überleitung Aufwand – Kosten

Aufwand = pagatorische Größe		– Neutraler Aufwand	+ Zusatzkosten	= Kosten = kalkulatorische Größe
Abschreibung	800		80+50,24	930,24
Steuern EE	260	260		0
Materialaufwand	475		95	570
Mietaufwand	110	33		77
Personalaufwand	1.150	1.150		
Lohnkosten			280	280
Gehaltskosten			260	260
Lohn- und Gehaltsnebenkosten			432	432
Energieaufwand	210			210
Versicherungsaufwand	8			8
Zinsaufwand	75	28	167,36	214,36
Zuweisung an Rücklagen	368	368		0
Kalkulatorisches Risiko	0		2+20	22
	3.456	1.839	1.386,60	3.003,60

Nebenrechnungen:
Abschreibungen:
gesamte Abschreibungen: 800
Abschreibung Gebäude: 600
Abschreibung Maschine: 100
Abschreibung sonstige: 100

Abschreibung Gebäude: (600*170)/150 = 680 → +80
Abschreibung Maschine: AvA = 100, ND = 4 → AHK = 400
leistungsabhängige Abschreibung: 400/10.000.000Stk = 0,00004*3.130.000Stk = 125,20 €

Wertanpassung	1	2	3	4	5
Prozentpunkte	100	110	120	130	140

(125,20*120)/100 = 150,24 → +50,24
sonstige Abschreibung: keine Änderungen

Materialaufwand: 475*20% = 95
Mietaufwand: 110*30% = 33

Die Forderungsausstände werden mit 20 als Normalkosten unter kalkulatorischem Risiko angesetzt.
Kredit: 400*7% = 28
Eigenkapitalzinsen: – Opportunitätskosten: 8.368*2% = 167,36

Personalaufwendungen:
Nebenkostensatz: 60/40 = 1,5

Jahreswochenzahl	52
Urlaub	–7
Krankenstand	–4
gesetzliche Feiertage	–1
Anwesenheitszeit	40

Jahreswochenzahl	52
Urlaubsgeld	7
Weihnachtsrenumeration	1
bezahlte Zeit	60

Löhne:420/1,5 →	Lohnkosten	280
	Lohnnebenkosten	140
Gehälter: 390/1,5 →	Gehaltskosten	260
	Gehaltsnebenkosten	130
sonstige Nebenkosten: 40+122 =		162
→ Lohn- und Gehaltsnebenkosten 140+130+162 =		432

Gehaltsvorauszahlung: nicht kostenwirksam

e) Die Differenz zwischen dem Periodenerfolg in der Buchhaltung und der Kostenrechnung beträgt 281,60 €
(4.164 – 3.430) – (3.456 – 3.003,60)

f) Betriebsabrechnungsbogen – primäre Gemeinkosten

g) Innerbetriebliche Leistungsverrechnung

h) Zuschlagssätze

Kosten		Fix	Var	M	F	FP	Wk	Vw	Vt
Materialkosten	570	0	570	(300)		35	45	36	58
Lohnkosten	280	84	196	28	(64)	20	16	44	24
Gehaltskosten	260	260	0						
Lohn- und Gehaltsneben-kosten	432	285	147	21	48	15	12	33	18
Sonstige Kosten	1.461,60	131,67	1.329,93	227,80	51,45	430	27	586,53	7,15
Primäre Ge-meinkosten				276,80	99,45	500	100	699,53	107,15
Umlage = sekundäre Ge-meinkosten				101,16	229,68	–500	–100	61,99	206,77
Summe Ge-meinkosten				377,96	329,13			761,52	313,92
Basis für Zu-schlags- und Verrechnungs-sätze				300	64			1.071,09	50 Auf-träge
Zuschlags- und Verrechnungs-sätze				125,99%	514,26%			71,10%	6,28€/ Auftrag

Nebenrechnung zu f)

Lohnkosten: 280*0,3 84 fix → 196 variabel
7+16+5+4+11+6 = 49 196/49 = 4

Kontrolle: 7*4+16*4+5*4+4*4+11*4+6*4 = 196

Lohn- und Gehaltsnebenkosten: 432–285 → 147 variabel
147/49 = 3
Kontrolle: 7*3+16*3+5*3+4*3+11*3+6*3 = 147

Nebenrechnungen zu g)

Simultanansatz:

580 Fuhrpark = 500+5 Werksküche
50 Werksküche = 100+60 Fuhrpark 2x Menü Werksküche wird ausgelassen
50 WK = 100+60*(500/580+5/580 WK)
WK = 100/50+60/50*(500/580+8/580WK)
WK = 2+1,2*0,86+1,2*0,009
WK = 2+1,03+0,01 WK
0,99 WK = 3,01
WK = 3,04
580 FP = 500+5*3,04
580 FP = 515,20
FP = 0,89

Alternativ:

580 FP = 500 + 5 WK | *10
50 WK = 100 + 60 FP
5.800 FP = 5000 + 50 WK
50 WK = 100 + 60 FP
–50 WK = 5.000 – 5.800 FP
50 WK = 100 + 60 FP
0 = 5.100 – 5.740 FP
5.740 FP = 5.100
FP = 5.100/5.740 = 0,89
M = 3,04

Achtung Rundungsdifferenzen möglich!

Primäre Gemeinkosten	Material	Fertigung	Fuhrpark (500)	Werksküche (100)	Verwaltung	Vertrieb
	100*0,89 4*3,04	200*0,89 17*3,04	5*3,04	60+0,89	15*0,89 16+3,04	205+0,89 8*3,04
Umlage Fuhrpark	89	178	–516,20	53,40	13,35	182,45
Umlage Werksküche	12,16	51,68	15,20	–152	48,64	24,32
Sekundäre Gemeinkosten	101,16	229,68	~0	~0	61,99	206,77

Nebenrechnung zu h)

Materialeinzelkosten	300
Materialgemeinkosten	377,96
Fertigungseinzelkosten	64
Fertigungsgemeinkosten	329,13
variable Herstellungskosten	1.071,09

i) Kosten je Dose Lack

Buchhaltung:

Materialeinzelkosten	15,00
Materialgemeinkosten	1,50
Fertigungseinzelkosten	9,00
Fertigungsgemeinkosten	10,80
Herstellkosten	36,30

Kostenrechnung:

Materialeinzelkosten	15,00
Materialgemeinkosten (~126%)	18,75
Fertigungseinzelkosten	9,00
Fertigungsgemeinkosten (~514%)	46,26
Sonderkosten	8,90
Herstellkosten	97,91
Verwaltungsgemeinkosten (~71%)	69,62
Vertriebsgemeinkosten (6,28/5)	1,26
Selbstkosten	168,79
Gewinnzuschlag (40%)	67,52
Nettobarpreis	236,31
Skonto (3%)	7,31
Nettoverkaufspreis	243,62
Umsatzsteuer (20%)	48,72
Bruttoverkaufspreis	292,34

j) Vergleich Buchhaltung – Kostenrechnung

Herstellkosten Buchhaltung:	36,30
Herstellkosten Kostenrechnung	97,91

- Unterschied durch andere Kalkulationszuschläge, die aus dem BÜB resultieren.
- Kosten in der Kostenrechnung sind weiters höher, weil auch andere Werte einbezogen werden (Sonderkosten, Vertriebs- und Verwaltungsgemeinkosten, Gewinnzuschlag, Skonto)

k) Nein, die Fixkosten sind nicht berücksichtigt.

l) Die Deckung der Fixkosten ist nicht gegeben.

m+n) Konkurrenzangebot: Die Annahme des Angebots kann gerechtfertigt sein, um den Kunden zu halten. Dafür wenig Gewinn; Selbstkosten sind jedenfalls abgedeckt. Mindestangebot: Selbstkosten +20% Umsatzsteuer

o) Periodenergebnis

	A 1 l	A ½ l	B 1 l	B ½ l	M ½ l
Variable Kosten ohne Entsorgung	36	25	14	13	59
Entsorgung	14	10	6	2	8
Variable Kosten	50	35	20	15	67
Verkaufspreis	60	40	50	30	140
Deckungsbeitrag/Stück	10	5	30	15	73
Menge	150	100	700	950	50
Deckungsbeitrag I	1.500	500	21.000	14.250	3.650
Fixkosten I	–2.700		–12.750		–4.250
Deckungsbeitrag II	–700		22.500		–600
Fixkosten II			–5.000		
Deckungsbeitrag III	–700		16.900		
Unternehmensfixkosten	–600				
Periodenergebnis	15.600				

Nebenrechnung zu o)

150*7g+100*5g+700*3g+950*1g+50*4g = 4.800g

9.600 €/4.800 g = 2 €/g

Kontrolle: 150*7*2+100*5*2+700*3*2+950*1*2+50*4*2 = 9.600

Alternativ:

	A 1 l	A 1 l	A ½ l	B ½ l	M ½ l
Deckungsbeitrag I	1.500	21.000	500	14.250	3.650
Fixkosten	–13.000		–11.700		
Deckungsbeitrag II	9.500		6.700		
Unternehmensfixkosten	–600				
Periodenergebnis	15.600				

p) Weiterproduktion oder Einstellung

Insgesamt ist die Lackproduktion positiv. Betrachtet man die Ergebnisse nach Dosengröße, besteht kein Grund für Besorgnis, da alle Deckungsbeiträge positiv sind. Betrachtet man jedoch die Ergebnisse nach Export/Import, so sind sowohl die Autolacke als auch Metallic negativ.

Kurzfristig: Einstellung Export + Metallic

	A 1 l	A ½ l	B 1 l	B ½ l	M ½ l
Deckungsbeitrag/Stück	10	5	30	15	73
Menge	0	0	700	450*	0
Deckungsbeitrag I	0	0	21.000	6.750	0
Fixkosten	–1.800		–12.750		–2.833,33
Deckungsbeitrag II	–1.800		12.166,67 –5.000		
Deckungsbeitrag III	–1.800		7.166,67		
Stilllegungskosten	–1000				
Unternehmensfixkosten	–600				
Periodenergebnis	3.766,67				

* Durch den Zusammenhang zwischen Biolack ½ l und Metallic reduziert sich bei Auflassung von Metallic auch die Absatzmenge von Biolack ½ l.
Kurzfristig verschlechtert sich bei Einstellung der Autolacke das Periodenergebnis.

Langfristig:

	A 1l	A ½ l	B 1l	B ½ l	M ½ l
Deckungsbeitrag I	0	0	21.000	6.750	0
Fixkosten			–12.750 –5.000		
Deckungsbeitrag II + III			10.000		
Unternehmensfixkosten			–600		
Periodenergebnis			9.400		

Auch langfristig verschlechtert sich das Ergebnis.
→ Weiterproduktion!

Schaffhauser-Linzatti

Rechnungswesen Schritt für Schritt

Rechnungswesen Schritt für Schritt

Ao. Univ.-Prof. Mag. Dr. Michaela Schaffhauser-Linzatti

Universität Wien

facultas

Bibliografische Information Der Deutschen Nationalbibliothek

Die Deutsche Nationalbibliothek verzeichnet diese Publikation in der Deutschen Nationalbibliografie; detaillierte bibliografische Daten sind im Internet über http://dnb.d-nb.de abrufbar.

5., überarbeitete Auflage 2023

facultas Universitätsverlag, Stolberggasse 26, 1050 Wien, Österreich

Satz: Wandl Multimedia-Agentur Groß Weikersdorf.
Foto ao.Univ.-Prof. Dr. Michaela Schaffhauser-Linzatti: © Universität Wien/Lichtenegger
Umschlagfoto: Eisenhans, fotolia.com
Druck: Facultas Verlags- und Buchhandels AG
Printed in the EU
ISBN 978-3-7089-2189-1

Vorwort

Liebe Leserin, lieber Leser!

Ich freue mich, dass Sie zu einem Buch über das doch eher als trocken geltende Rechnungswesen gegriffen haben!

Meine Intention ist es seit der ersten Auflage, Ihnen dieses in der Praxis höchstrelevante und spannende Fach auf eine so einfach wie mögliche Weise näherzubringen. Aufbau und Darstellung weichen daher oft von üblichen didaktischen Herangehensweisen ab und fokussieren auf Verständnis, was konsequenterweise manchmal eine Reduktion von Tiefe und Detailgenauigkeit bedeutet. Ich bitte Sie, mir dies im Sinne eines Einführungswerkes nachzusehen!

Das vorliegende Buch baut auf meinen Lehrerfahrungen seit 1994 auf. Jede Überarbeitung wurde an die geltende Rechtslage sowie neue Entwicklungen im Rechnungswesen angepasst. Dabei wird bewusst die nationale Gesetzgebung in den Vordergrund gestellt und die internationalen Standards zurückgestellt, da das UGB nach wie vor die Grundlage der Buchhaltung in Österreich darstellt. Die vorliegende Auflage belässt die vor allem im Hörsaal bewährte Struktur und ist gegenüber der vorhergegangenen inhaltlich aktualisiert. Im Sinne der Kontinuität vor allen für die Studierenden bleiben die Beispiele unverändert; die Lösungen wurden überarbeitet. Fehlerteufel schleichen sich immer wieder ein – ich bitte gleich vorweg um Verzeihung und freue mich, wenn Sie mir direkt Rückmeldung geben!

Ich bedanke mich an dieser Stelle bei allen, die an der Überarbeitung dieser Auflage durch Hinweise und Unterstützung mitgeholfen haben. Besonderer Dank gilt diesmal Prof. Dr. Regina Michalski-Karl für wertvolle fachliche Diskussionen und dem Facultas-Verlag für seine Geduld!

Ao.Univ.-Prof. Dr. Michaela Schaffhauser-Linzatti

Anleitung zur Verwendung dieses Buches

Das vorliegende Buch hat zum Ziel, einen Überblick über die grundlegenden Funktionen des Rechnungswesens zu geben. Es ist vornehmlich als Lehrbuch für Studierende der wirtschaftswissenschaftlichen Studienrichtungen und anderen Studienrichtungen mit betriebswirtschaftlichem Inhalt sowie für Studierende von Erweiterungscurricula an der Universität Wien konzipiert und auf die aktuellen Lehrpläne abgestimmt. Es bietet aber ebenso allen Interessierten die Möglichkeit, sich rasch in die umfangreiche Materie einzulesen und sich einen Überblick für spätere Vertiefungen zu verschaffen. Das Buch erhebt keinen Anspruch auf eine wissenschaftliche Arbeit, sondern versucht, anerkannte Konzepte für Anfänger aufzubereiten. Daher wird auch oft eine eher umgangssprachliche Ausdrucksweise verwendet. Die Zitierweise, alle verwendeten Quellen im Literaturverzeichnis anzugeben und wegen besserer Lesbarkeit auf Fußnoten zu verzichten, folgt den allgemeinen Usancen eines Lehrbuches.

Das vorliegende Buch unterscheidet sich grundlegend von den traditionellen Lehrbüchern im Bereich Rechnungswesen:

1. Erstens wird die starre Einteilung vieler Lehrbücher und Unterrichtsfächer in Buchhaltung, Bilanzierung, Bilanzanalyse und Kostenrechnung aufgegeben. Ganz allgemein wird unter Buchhaltung die Aufzeichnung aller Geschäftsvorgänge innerhalb eines Unternehmens verstanden, während die Bilanzierung diese Werte aus der Buchhaltung um die Inventur und gesetzliche Vorschriften korrigiert. Das vorliegende Buch bezieht sich hauptsächlich auf unternehmensrechtliche Vorschriften des österreichischen Unternehmensgesetzbuches (UGB) und lässt großteils steuerrechtliche Aspekte außer Acht. Die wenigen Paragraphen, auf die konkret Bezug genommen wird, werden im Buch abgedruckt. Für den gesamten Gesetzestext sei auf den Kodex des Österreichischen Rechts, Unternehmensrecht, aktuelle Auflage, bearbeitet von o.Univ.Prof. DDr. A. Weilinger, LexisNexis, verwiesen. Für Details im Bereich der Buchhaltung wird zur Vertiefung die Einführung in die Buchhaltung im Selbststudium von Schneider/Dobrovits/Schneider, aktuelle Auflage, Facultas.wuv, im Bereich Bilanzierung Bertl/Deutsch-Goldoni/Hirschler empfohlen (Achtung: In manchen Bereichen wird in diesem Buch ein anderer, ebenfalls möglicher Lösungsweg präsentiert), im Bereich Kostenrechnung Kemmetmüller/Bogensberger, Handbuch der Kostenrechnung, aktuelle Auflage, facultas.wuv. Zur besseren Visualisierung werden Buchungssätze sowohl in T-Kontenform als auch als Buchungssatz angegeben.

   Buchhaltung und Bilanzierung führen zum Jahresabschluss, der im Rahmen der Bilanzanalyse interpretiert und analysiert werden kann. Aus der Vielzahl von Vorschlägen und Systemen wird hier die Kennzahlenanalyse der Oesterreichischen Nationalbank (OeNB) gewählt, um den Studierenden einen Einblick in österreichische Branchenkennzahlen bieten zu können. Zur praxisnahen Demonstration wird eine Bilanzanalyse der Josef Manner & Comp. AG 2016 durchgerechnet.

Zur Entscheidungsfindung innerhalb des Unternehmens werden die Werte aus der Buchhaltung und Bilanzierung in die Kostenrechnung übergeleitet und für weiterführende Kalkulationen aufbereitet. Dieses Buch skizziert ein mögliches Grundschema vom Ablauf des innerbetrieblichen Rechnungswesens von Kostenartenrechnung und Kostenstellenrechnung zur Kostenträgerrechnung und Erfolgsrechnung.
In der Praxis sind diese Bereiche nicht so scharf voneinander trennbar wie im Lehrbetrieb präsentiert. Sie sollen daher auch für Studierende verschränkt dargestellt werden, wo es aus didaktischen Gründen zielführend und für Anfänger verständlich erscheint.

2. Zweitens deckt das Lehrbuch unterschiedliche Niveaus im Lehr- und Lernfortschritt ab, wodurch ein Einsatz in unterschiedlichen Lehrveranstaltungen ermöglicht ist. Innerhalb der einzelnen Kapitel werden die Lehrziele von sowohl Anfängern als auch von Fortgeschrittenen derart verschränkt dargestellt, dass Anfänger sehen, welche Fragestellungen es aufbauend auf ihren zu erlangenden Grundkenntnissen gibt und wozu diese Grundkenntnisse benötigt werden. Fortgeschrittene Studierende erhalten die Möglichkeit, grundlegende Kenntnisse zu wiederholen und gegebenenfalls auch nur abschnittsweise nachzulernen. Die Differenzierung erfolgt über ein Codesystem: Niveaustufe 0 bezeichnet Beispiele für Anfänger, Niveaustufe 1 Beispiele für Fortgeschrittene. Zu den Rechenbeispielen werden Lösungen inklusive Lösungsweg angegeben, um die Lernerfolge im Selbststudium überprüfen zu können.

3. Drittens werden im abschließenden Kapitel die Teilbereiche anhand eines durchgehenden, vereinfachten Beispiels zur Selbstkontrolle nochmals in ihrem Gesamtzusammenhang dargestellt.

Das vorliegende Buch fasst die Kernfragen des Rechnungswesens zusammen und ordnet sie den drei Teilbereichen zu:

Kapitel 2: Welche **rechtlichen Grundlagen** hat das Rechnungswesen zu berücksichtigen					
	Welche Instrumente verwendet das Rechnungswesen?	Wie hoch ist das **Vermögen** des Unternehmens?	Wie hoch ist das **Kapital** des Unternehmens?	Wie hoch ist der **Erfolg** des Unternehmens?	Wie hoch ist die **Liquidität** des Unternehmens?
Aus Sicht der **Buchhaltung**	Kapitel 3.2.1.	Kapitel 4.2.1. Kapitel 7.2.1..	Kapitel 4.2.1. Kapitel 8.2.1.	Kapitel 4.2.1. Kapitel 9.2.1.	
Aus Sicht der **Kostenrechnung**	Kapitel 3.2.2.	Kapitel 4.2.3. Kapitel 7.2.2.	Kapitel 4.2.3. Kapitel 8.2.2.	Kapitel 4.2.3. Kapitel 9.2.2.	
Aus Sicht der **Bilanzanalyse**	Kapitel 3.2.3.	Kapitel 7.2.3.	Kapitel 8.2.3.	Kapitel 9.2.3.	Kapitel 10
Kapitel 11: Übungsaufgabe **Zusammenhängendes Beispiel**					

Diese Aspekte unterstützen das Ziel des Buches, den Studierenden die Grundlagen des Rechnungswesens intuitiv und von einem wirtschaftlichen, praktischen Verständnis her nahe zu bringen. Zur vereinfachten Lesbarkeit sind unterstützend alle Kapitel gleich strukturiert:
Nach einer Einführung 1. Lernziele, die Lernziele und Inhalte des Kapitels zusammenfasst, folgen die für das Kapitel relevanten 2. Definitionen und Erläuterungen, die durch viele Beispiele und Abbildungen anschaulich erklärt werden. 3. Aufgaben sind in theoretische Fragestellungen ohne Differenzierung der Niveaustufen sowie Übungsaufgaben der Niveaustufen 0 und 1 gegliedert. Lösungen zu diesen Beispielen sind in einem eigenen Lösungsheft angegeben.

4. Weiters weist dieses Buch einen sehr hohen Grad an Visualisierung auf, um den Studierenden Zusammenhänge und Abläufe auch optisch übersichtlich verständlich zu machen.

Ich bedanke mich bei meinen Kolleginnen und Kollegen sowie den Studierenden für wertvolle Hinweise und freue mich weiterhin über Anregungen und Bemerkungen.

Wien, im Oktober 2023 *Michaela M. Schaffhauser-Linzatti*

Inhaltsverzeichnis

Abkürzungsverzeichnis

€	Euro
ø	durchschnittlich
∑AvA	kumulierte Abschreibung von Anlagevermögen
#	Nummer
a.o.	außerordentlich
AB	Anfangsbestand
abgeg.	abgegangen
Abs.	Absatz
abzgl.	abzüglich
AfA	Absetzung für Abnutzung
AG	Aktiengesellschaft
AHK	Anschaffungs- und Herstellungskosten
akt. EL	aktivierte Eigenleistung
AktG	Aktiengesetz
Anl.i.Bau	Anlagen in Bau
ap. AvA	außerplanmäßige Abschreibung von Anlagevermögen
ARA	Aktive Rechnungsabgrenzungsposten
Art.	Artikel
Aufl.	Auflösung
AV	Anlagevermögen
AvA	Abschreibung von Anlagevermögen
B	Bilanz
B2B	Business to Business
BAB	Betriebsabrechnungsbogen
BGA	Betriebs- und Geschäftsausstattung
BST	Bilanzstichtag
BÜB	Betriebsüberleitungsbogen
BW	Buchwert
bzgl.	bezüglich
bzw.	beziehungsweise
Dez.	Dezember
dh.	das heißt
EB	Endbestand
EDV	elektronische Datenverarbeitung
EE	Einkommen und Ertrag
EGT	Ergebnis der gewöhnlichen Geschäftstätigkeit
EK	Eigenkapital
EStG	Einkommensteuergesetz
EU	Europäische Union
exkl.	exklusive
FA	Finanzamt
FAV	Finanzanlagevermögen
FEK	Fertigungseinzelkosten

FGK	Fertigungsgemeinkosten
FIFO	First-In – First-Out
FK	Fremdkapital
FK-i	Fremdkapitalzinsen
Fo	Forderung
fr.SozL	freiwillige Sozialleistungen
G&V	Gewinn- und Verlustrechnung
gem.	gemäß
GJ	Geschäftsjahr
GK	Gesamtkapital
GmbH	Gesellschaft mit beschränkter Haftung
GmbHG	Gesetz über die Gesellschaften mit beschränkter Haftung
GoB	Grundsätze ordnungsmäßiger Buchführung
GU	Gemeinschaftsunternehmen
GV	Gesamtvermögen
GwG	Geringwertige Wirtschaftsgüter
h	Stunde
HGB	Handelsgesetzbuch
HIFO	Highest-In-First-Out
hist.	historisch
HWE	Handelswareneinsatz
i.d.R.	in der Regel
i.e.S.	im engen Sinn
i.w.S.	im weiten Sinn
ia.	im allgemeinen
IAS	International Accounting Standards
IAV	Immaterielles Anlagevermögen
IFB	Investitionsfreibetrag
IFRS	International Financial Reporting Standards
Jän.	Jänner
JÜ	Jahresüberschuss
kfr.	kurzfristig
Kfz	Kraftfahrzeug
KG	Kommanditgesellschaft
KIFO	Konzern In – First Out
km	Kilometer
KRL	Kapitalrücklage
Kto.	Konto
KtoKl.	Kontoklasse
kum.AvA	kumulierte Abschreibung
lfr.	langfristig
LIFO	Last-In-First-Out
LKW	Lastkraftwagen
LL	Lieferungen und Leistungen
LOFO	Lowest-In-First-Out
MAW	Materialaufwand

MEK	Materialeinzelkosten
MGK	Materialgemeinkosten
Mh	Maschinenstunde
MWR	Mehr-Weniger-Rechnung
NAHK	nachträgliche Anschaffungs- und Herstellungskosten
ND	Nutzungsdauer
NK	Nennkapital
n.n.v. USt	noch nicht verrechenbare Umsatzsteuer
n.n.v. VSt	noch nicht verrechenbare Vorsteuer
OeNB	Österreichische Nationalbank
OG	Offene Gesellschaft
ÖVFA	Österreichische Vereinigung für Finanzanalyse und Asset Management
p. AvA	planmäßige Abschreibung von Anlagevermögen
p.a.	per anno
PAW	Personalaufwand
PC	Personal Computer
PRA	Passive Rechnungsabgrenzungsposten
RAP	Rechnungsabgrenzungsposten
RBW	Restbuchwert
RD	Rundungsdifferenz
RHB	Roh-, Hilfs- und Betriebsstoffe
RL	Rücklage(n)
RND	Restnutzungsdauer
Rst.	Rückstellung(en)
S	Saldo
SAV	Sachanlagevermögen
SBK	Schlussbilanzkonto
sog.	so genannte
SOKO	Sonderkosten
soz.	sozial
Steuern EE	Steuern vom Einkommen und Ertrag
Stk.	Stück
str.	steuerrechtlich
t	time, Zeit
Tsd	Tausender
tw.	teilweise
ua.	unter anderem
uä.	und ähnliches
UGB	Unternehmensgesetzbuch
Umbuch.	Umbuchungen
Unverst.	Unversteuert
USt.	Umsatzsteuer
UStG	Umsatzsteuergesetz
uU.	unter Umständen
UV	Umlaufvermögen

va.	vor allem
Vbdl.	Verbindlichkeit
Vorr.	Vorräte
VR-Kto	Verrechnungskonto
VSt	Vorsteuer
VtGK	Vertriebsgemeinkosten
VU	Verbundene Unternehmen
VWGK	Verwaltungsgemeinkosten
WB	Wertberichtigung(en)
Wh	Wiederholung
WP-BT	Wertpapierbeteiligungen
zZ.	zur Zeit
zB.	zum Beispiel

1. Warum benötigt ein Unternehmen Rechnungswesen?

1.1. Lernziele

Dieses Kapitel führt in das betriebliche Rechnungswesen ein. Es stellt einleitend das Rechnungswesen als gesamten Fachbereich in Zusammenhang mit anderen betrieblichen Funktionen eines Unternehmens dar, um anschließend seine Ziele für das Unternehmen zu definieren. Um diese Aufgaben wahrnehmen zu können, wird das Rechnungswesen in Teilbereiche strukturiert. Hier wird einer praxisnahen und im Lehrbetrieb traditionellen Gliederung gefolgt.

1.2. Definitionen und Erläuterungen

Das **betriebliche Rechnungswesen** ist ein Teil der **Betriebswirtschaftslehre**. Es dient der systematischen Erfassung, Gestaltung, Darstellung, Dokumentation und Kontrolle der durch den betrieblichen Leistungsprozess entstehenden Geld- und Leistungsströme.

Der Begriff „betrieblich" ist insoferne entscheidend, als auch andere Orientierungen des Rechnungswesens existieren, zB. das volkswirtschaftlich orientierte Rechnungswesen. Im Rahmen dieses Buches wird ausschließlich auf das betriebliche Rechnungswesen Bezug genommen.

Unabhängig von der organisatorischen Gliederung eines Unternehmens oder der theoretischen Systematisierung der Betriebswirtschaftslehre steht jeder Bereich eines Unternehmens mit dem Rechnungswesen in Kontakt. Nimmt man eine traditionelle Gliederung der Betriebswirtschaftslehre nach Funktionen als Ausgangspunkt, kann man das Rechnungswesen als eine der Querschnittsfunktionen eines Unternehmens sehen:

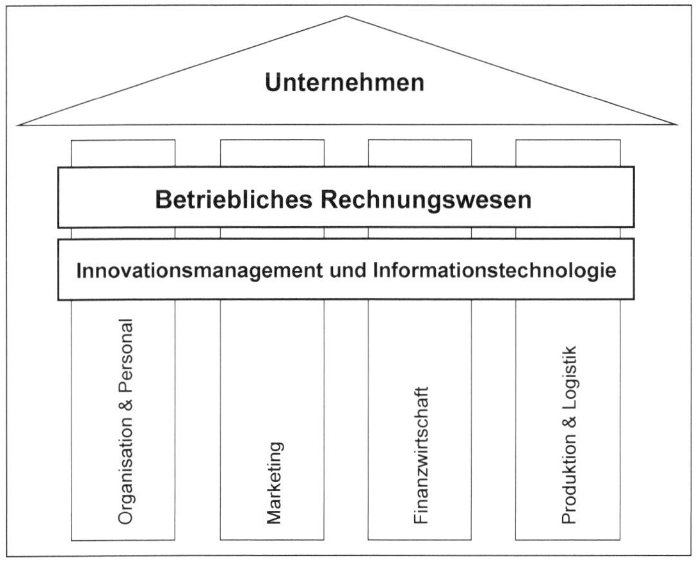

Abbildung 1: Einbettung des betrieblichen Rechnungswesens

Für jeden Unternehmensbereich hat das Rechnungswesen die folgenden Funktionen zu erfüllen:

- Dokumentation und Information
- Bestands- und Erfolgsermittlung
- Kontrolle
- Entscheidungsfindung

Dokumentation und Information

Alle Geschäftsvorgänge eines Unternehmens müssen aufgezeichnet werden. Was nicht schriftlich dokumentiert vorliegt, kann nicht bearbeitet werden und es können die dieses Wissen benötigenden Personen nicht informiert werden. Daher gibt es für viele Bereiche des Rechnungswesens sehr strenge gesetzliche Regelungen, was und wie zu dokumentieren und gegebenenfalls zu veröffentlichen ist. Aber auch abseits der gesetzlich vorgeschriebenen Bereiche ist eine exakte Dokumentation und Informationsweitergabe für ein Unternehmen überlebenswichtig!

Bestands- und Erfolgsermittlung

Jedes Unternehmen muss wissen, was es besitzt, was dieser Besitz wert ist und wie viele Schulden vorhanden sind (Bestandsermittlung) bzw. wie viel Gewinn es aus seiner Leistungserbringung erwirtschaftet (Erfolgsermittlung). Daher ist die Bestands- und Erfolgsermittlung als eine der Kernaufgabe des Rechnungswesens sehr stark gesetzlich reglementiert.

Kontrolle

Eines steht fest: Rechnungswesen ist eng mit Exaktheit und Kontrolle verknüpft. Jeder Arbeitsschritt, jede Rechnung, jede Buchung muss stimmen, damit das System funktioniert, der richtige Bestand und Erfolg ausgewiesen werden, die Informationen stimmen, die gesetzlichen Vorgaben erfüllt werden. Wenn ein noch so kleiner Fehler passiert, können daraus große Folgeschäden für das Unternehmen resultieren, zB. bei der Preisgestaltung, im Einkauf, oder bei Investitionen. Im Bereich Buchhaltung wird der Fehler spätestens zu Jahresende offensichtlich und führt zu langwierigen Nacharbeiten. Daher wird Kontrolle nicht nur regelmäßig im Unternehmen selber durchgeführt, sondern auch von außen, zB. in Form einer Abschlussprüfung.

Die retrospektiv durchgeführte Vergleichsrechnung oder der Soll-Ist-Vergleich können als Teil der Kontrollfunktion gesehen werden. Dabei werden die Ursachen analysiert, warum von Plänen abgewichen wurde bzw. warum Unterschiede zu anderen Vergleichseinheiten, zB. der Konkurrenz oder anderen Filialen, aufgetreten sind.

Entscheidungsfindung

Die Betriebswirtschaftslehre kann auch als Entscheidungsrechnung über betriebliche Vorgänge definiert werden. Das Rechnungswesen leistet zur betrieblichen Entscheidungsfindung wesentliche Beiträge, da es Informationen für die Unternehmensführung aufbereitet und ua. mit folgenden Fragestellungen betraut ist:

- Welche Produkte sollen angeboten werden?
  Die anfallenden Kosten können den einzelnen Produkten, Produktgruppen und Prozessen zugeordnet werden und ermöglichen somit die Zusammenstellung eines optimalen Produktionsprogramms.
- Zu welchem Preis soll verkauft werden?
  Die Preiskalkulation als wesentliche Schnittstelle zum Marketing ermöglicht eine genaue Kalkulation des Verkaufspreises.
- Wie soll produziert werden?
  Die Kostenrechnung bildet die Grundlage zur Kalkulation von Produktionsprozessen und somit auch für Investitionsentscheidungen.
- Wie soll in der weiteren Zukunft die Unternehmensleistung gestaltet werden?
- Wie soll das Unternehmen finanziert werden?

Aufgrund des Umfanges und der Heterogenität dieser Funktionen bedarf das Rechnungswesen einer weiteren Untergliederung. Üblich ist die Gliederung in

- Externes Rechnungswesen
- Internes Rechnungswesen
- Ergänzende Funktionen

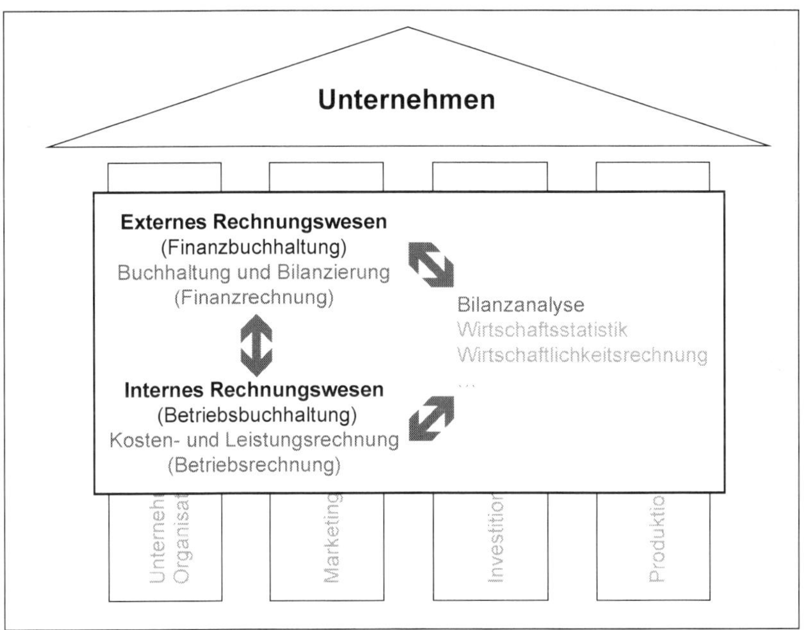

Abbildung 2: Gliederung des betrieblichen Rechnungswesens

Beachte: In Theorie und Praxis werden unterschiedliche Bezeichnungen und Gliederungen verwendet. Es ist wichtig hervorzuheben, dass – unabhängig von der gewählten Gliederung – die Teilbereiche des Rechnungswesens NICHT voneinander getrennt agieren, sondern miteinander eng verknüpft und voneinander abhängig sind. Alle drei Bereiche sind wiederum mit den Funktionsbereichen des gesamten Unternehmens durch ihre Querschnittsfunktion verbunden.

Externes Rechnungswesen

Das **externe Rechnungswesen**, in der Praxis häufig als **Finanzbuchhaltung** bezeichnet, umfasst die Bereiche Buchhaltung und Bilanzierung.

Das externe Rechnungswesen wendet sich an unternehmensinterne Interessierte, zB. Management oder Mitarbeiterinnen und Mitarbeiter anderer Abteilungen, und an unternehmensexterne Interessierte, zB. Aktionäre, Banken oder das Finanzamt. Es ist gesetzlich verpflichtend durchzuführen und ist daher stark reglementiert. Beachte: Auch wenn Aktionäre (Mit-)eigentümer eines Unternehmens sind, gelten sie als externe Personen, da sie keinen direkten Zugang zur Geschäftsführung haben.

Internes Rechnungswesen

Das **interne Rechnungswesen**, in der Praxis häufig als **Betriebsbuchhaltung** bezeichnet, umfasst die Kosten- und Leistungsrechnung.

Das interne Rechnungswesen wendet sich ausschließlich an unternehmensinterne Interessierte, va. an die Unternehmensführung. Da es gesetzlich nicht verpflichtend durchzuführen ist, hat die Unternehmensführung Gestaltungsfreiheit.

In der Praxis und Literatur wird sehr oft der Begriff des Controllings mit dem (internen) Rechnungswesen assoziiert. Es kann ins Rechnungswesen oder Management eingebunden sein oder als Stabsstelle eingerichtet werden.

Das Controlling (vom Englischen to control = steuern) übernimmt auf Grundlage von Daten, die Großteils aus dem Rechnungswesen stammen, die Funktion der Planung, Information und Steuerung und nicht vorrangig Kontrollfunktionen.

Ergänzende Funktionen

Ergänzende Funktionen umfassen ua. die Bilanzanalyse, Planungsrechnung, Wirtschaftsstatistik oder Wirtschaftlichkeitsrechnung.

Diese Funktionen werden in unterschiedlichen Abteilungen wahrgenommen. Im Rahmen dieses Buches wird die Bilanzanalyse hervorgehoben.

1.3. Aufgaben

1.3.1. Theoriefragen

1/T-1: Überlegen Sie, welche Schnittstellen zwischen den einzelnen Bereichen eines Unternehmens und dem Rechnungswesen auftreten und entwickeln Sie dazu Beispiele!

1/T-2: Versuchen Sie, die drei Teilbereiche des Rechnungswesens mit den Funktionen des Rechnungswesens zu verknüpfen! Überlegen Sie sich für jeden Schnittpunkt Beispiele!

1/T-3: Überlegen Sie über die genannten Beispiele hinaus, welche Personen und Personengruppen als unternehmensinterne und unternehmensexterne Interessierte gelten!

1/T-4: Eine Buchhaltungsabteilung kann auch bezeichnet werden als
A. Finanzbuchhaltung.
B. Betriebsbuchhaltung.
C. Controlling.
D. Kostenabteilung.

1/T-5: Die Buchhaltung hat eine Kontroll- und Dispositionsfunktion gegenüber
A. dem Finanzamt.
B. dem Eigentümer.
C. den Arbeitnehmern.
D. den Lieferanten und Kunden.

1/T-6: Aufgaben der Kostenrechnung sind
A. Berechnung des pagatorischen Gewinns.
B. Darstellung der Kosten.
C. Buchprüfung.
D. Entscheidungsrechnung.

1/T-7: Controlling
A. baut auf Zahlen des Rechnungswesens auf.
B. kann eine Stabstelle der Unternehmensführung sein.
C. kann eine Unterabteilung der Kostenrechnung sein.
D. bedeutet Kontrolle.

1/T-8: Überlegen Sie, in welchen Bereichen eines Unternehmens welche Funktionen (Dokumentation und Information, Bestands- und Erfolgsermittlung, Kontrolle und Entscheidungsfindung) besonders wesentlich sind! Wer sind die betroffenen Personen? Was passiert, wenn diese Informationen nicht vorhanden sind?

1/T-9: Reflektieren Sie über Ihr Studium! Treffen diese Funktionen, die das Rechnungswesen erfüllt, auch auf Ihre Leistungserbringung zu? Wie wirken sich Dokumentation und Information, Bestands- und Erfolgsermittlung, Kontrolle und Entscheidungsfindung auf Ihr Studium aus? Wie können Sie diese Funktionen umsetzen?

1.3.2. Beispiele

1/0-1: Reflektieren Sie über Ihren Haushalt! Wie könnten Sie eine Zeitrechnung, Stückrechnung, Planrechnung, Entscheidungsrechnung, Vergleichsrechnung und Kontrollrechnung für Ihren Haushalt einsetzen? Erstellen Sie eine Übersicht über Ihre vergangene Finanzgebarung und Ihre diesbezüglichen Pläne!

2. Welche rechtlichen Grundlagen hat das Rechnungswesen zu berücksichtigen?

2.1. Lernziele

Dieses Kapitel fasst in einem sehr kurz gehaltenen Überblick die wesentlichen gesetzlichen Grundlagen des externen Rechnungswesens, dh. der Buchhaltung und Bilanzierung, zusammen und diskutiert schwerpunktmäßig die Umsatzsteuer.

2.2. Definitionen und Erläuterungen

2.2.1. Anwendungsgebiete

Sowohl Unternehmen als auch die öffentliche Verwaltung benötigen eine Rechnungslegung. Diese hat den jeweiligen Bedürfnissen der Organisationen zu entsprechen und ist daher auch rechtlich unterschiedlich ausgestaltet. Die öffentliche Verwaltung hat mit der Einführung der Voranschlags- und Rechnungsabschlussverordnung 2015 (VRV 2015) ihren Gesamthaushalt im Sinne eines Drei-Komponenten-Systems (Finanzierung-, Vermögens- und Ergebnishaushalt) aufzustellen. Auf europäischer Ebene werden zurzeit die European Public Sector Accounting Standards (EPSAS) erarbeitet. International werden seit 1997 die International Public Sector Accounting Standards (IPSAS) schrittweise entwickelt und umgesetzt. IPSAS und EPSAS basieren auf dem Grundgedanken der International Financial Reporting Standards (IFRS siehe 2.2.2.).

Im Rahmen der VRV 2015 wurde die Kameralistik innerhalb der öffentlichen Verwaltung durch die kommunale Doppik ersetzt. Das Grundgerüst der VRV 2015 ist mit dem UGB vergleichbar, in diesem Buch wird jedoch nicht weiter darauf eingegangen.

Im Rahmen der betrieblichen Rechnungslegung sind abgesehen von einer pauschalen Gewinnermittlung im Sinne des Einkommensteuergesetzes (EStG) eine Einnahmen-Ausgaben-Rechnung oder doppelte Buchhaltung durchzuführen.

2.2.2. Rechnungslegung für Unternehmen

Die rechtlichen Vorschriften für das externe Rechnungswesen in Unternehmen sind in

- internationale
- supranationale
- nationale

Rechtsgrundlagen eingebettet.

Im Folgenden wurden ausgewählte Gesetze und Rahmenwerke dieser drei Ebenen zusammengefasst.

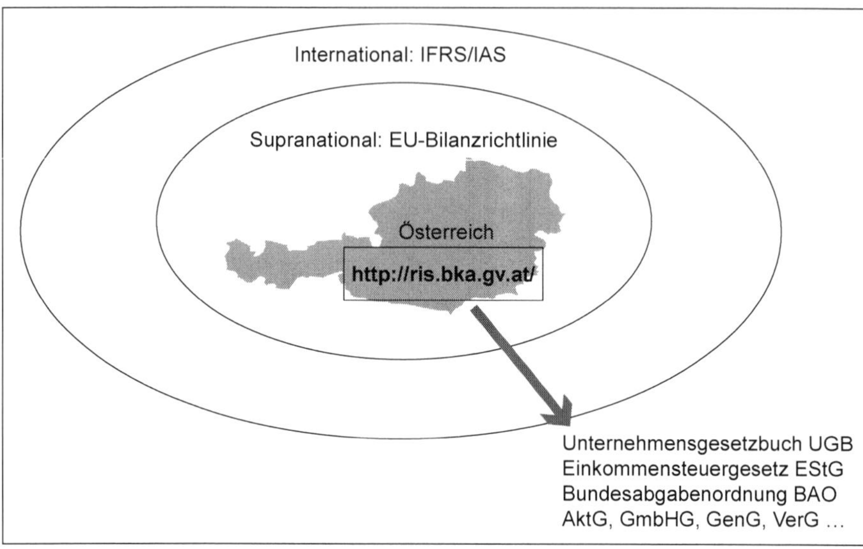

Abbildung 3: Rechtsgrundlagen

Internationale Rechtsgrundlagen

Die internationalen Rechtsgrundlagen umfassen die International Financial Reporting Standards (IFRS) bzw. International Accounting Standards (IAS). Sie haben für die österreichische Buchhaltung insoferne Bedeutung, als kapitalmarktorientierte, dh. börsennotierte, Konzerne gemäß § 245a UGB einen IFRS-Abschluss zu erstellen haben.

Konzernabschlüsse nach international anerkannten Rechnungslegungsgrundsätzen

> ***§ 245a.*** *(1) Ein Mutterunternehmen, das nach Art. 4 der Verordnung (EG) Nr. 1606/2002 betreffend die Anwendung internationaler Rechnungslegungsstandards dazu verpflichtet ist, den Konzernabschluss nach den internationalen Rechnungslegungsstandards aufzustellen, die nach Art. 3 der Verordnung übernommen wurden, hat dabei § 193 Abs. 4 zweiter Halbsatz und § 194 sowie von den Vorschriften des zweiten bis neunten Titels § 247 Abs. 3, § 265 Abs. 2 bis 4, § 267, § 267a und § 267b anzuwenden; der Konzernanhang ist außerdem um die Angaben nach § 237 Abs. 1 Z 6 in Verbindung mit § 266 Z 4, § 237 Abs. 1 Z 3 und § 239 Abs. 1 Z 4 in Verbindung mit § 266 Z 2 sowie § 238 Abs. 1 Z 10 und Z 18 zu ergänzen.*
>
> *(2) Ein Mutterunternehmen, das nicht unter Abs. 1 fällt, kann den Konzernabschluss nach den Rechnungslegungsvorschriften in Abs. 1 aufstellen.*

Die Bedeutung von IFRS-Abschlüssen steigt international und in Österreich. Für österreichische Unternehmen ist dabei zu beachten, dass nach wie vor der österreichische Abschluss nach Unternehmensgesetzbuch (UGB) als Basis für die Steuerbilanz herangezogen wird (siehe Maßgeblichkeitsprinzip). Folglich müssen österreichische Unternehmen, die einen IFRS-Abschluss erstellen, zusätzlich einen UGB-Abschluss vorlegen.

Supranationale Rechtsgrundlagen

Österreich ist Mitglied der Europäischen Union. Daher gelten die entsprechenden Richtlinien des Europäischen Parlaments und des Rates, va. die sogenannte Bilanz-Richtlinie; die Vorschriften wurden in nationales Recht übernommen.

Nationale Rechtsgrundlagen

Die Buchhaltung ist für Unternehmen an zahlreiche österreichische Gesetze gebunden, zB.

- Unternehmensgesetzbuch (UGB)
- Einkommensteuergesetz (EStG)
- Körperschaftsteuergesetz (KStG)
- Bundesabgabenordnung (BAO)
- Rechtsformspezifische Gesetze, zB. Aktiengesetz (AktG), GmbH-Gesetz (GmbHG), Vereinsgesetz (VerG), …
- Umsatzsteuergesetz (UStG)

Im Folgenden wird nur auf das Unternehmensgesetzbuch (UGB) eingegangen, außer es sind inhaltlich Verweise zu anderen gesetzlichen Quellen notwendig. In diesem Kapitel werden im Anschluss an das UGB – quasi als Exkurs – grundlegende Fragen der Umsatzsteuer behandelt.

2.2.3. Unternehmensgesetzbuch

Bedingt durch die verpflichtende Umsetzung der EU-Bilanzrichtlinie wurde mittels Rechnungslegungsänderungsgesetz 2014 (RÄG 2014) das UGB novelliert. Die Vorschriften über die Rechnungslegung sind im Dritten Buch des UGB festgelegt. § 189 UGB normiert, auf wen die Bestimmungen des UGB anzuwenden sind:

- Kapitalgesellschaften
- Eingetragene Personengesellschaften, bei denen
  - alle unmittelbaren oder mittelbaren Gesellschafter mit ansonsten unbeschränkter Haftung tatsächlich nur beschränkt haftbar sind, weil sie entweder Kapitalgesellschaften sind oder
  - kein unbeschränkt haftender Gesellschafter eine natürliche Person oder eine Personengesellschaft mit einer natürlichen Person als unbeschränkt haftendem Gesellschafter ist.
- Alle anderen Unternehmer, die einen gesetzlich definierten Umsatz von 700.000 € pro Geschäftsjahr überschreiten.

Demnach sind gemäß § 189 Abs. 4 UGB nicht betroffen

- Angehörige der freien Berufe, zB. Ärzte oder Steuerberater,
- Land- und Forstwirte, solange sie als Personengesellschaften unternehmerisch tätig sind, ihr Umsatz kleiner als 700.000 € ist. Die Einheitswertgrenze ist mit dem Konjunkturstärkungsgesetz 2020 (KonStG 2020; BGBl. I 2020/96) gefallen,
- die so genannten Überschussrechner gemäß § 2 Abs. 4 Z 2 EStG

sowie

- Börsennotierte Konzernmütter gemäß § 245a UGB

Rechtliche Sonderbestimmungen der Rechnungslegung, zB. im AktG, sind vorrangig vor den UGB-Bestimmungen anzuwenden.
§ 190 UGB normiert grundlegende Vorschriften zur Buchführung:

Führung der Bücher

§ 190. *(1) Der Unternehmer hat Bücher zu führen und in diesen seine unternehmensbezogenen Geschäfte und die Lage seines Vermögens nach den Grundsätzen ordnungsmäßiger Buchführung ersichtlich zu machen. Die Buchführung muss so beschaffen sein, dass sie einem sachverständigen Dritten innerhalb angemessener Zeit einen Überblick über die Geschäftsvorfälle und über die Lage des Unternehmens vermitteln kann. Die Geschäftsvorfälle müssen sich in ihrer Entstehung und Abwicklung verfolgen lassen.*

(2) Bei der Führung der Bücher und bei den sonst erforderlichen Aufzeichnungen hat sich der Unternehmer einer lebenden Sprache zu bedienen. Werden Abkürzungen, Zahlen, Buchstaben oder Symbole verwendet, so muss im Einzelfall deren Bedeutung eindeutig festliegen.

(3) Die Eintragungen in Büchern und die sonst erforderlichen Aufzeichnungen müssen vollständig, richtig, zeitgerecht und geordnet vorgenommen werden.

(4) Eine Eintragung oder eine Aufzeichnung darf nicht in einer Weise verändert werden, dass der ursprüngliche Inhalt nicht mehr feststellbar ist. Auch darf durch eine Veränderung keine Ungewissheit darüber entstehen, ob eine Eintragung oder Aufzeichnung ursprünglich oder zu einem späteren Zeitpunkt gemacht wurde.

(5) Der Unternehmer kann zur ordnungsmäßigen Buchführung und zur Aufbewahrung seiner Geschäftsbriefe (§ 212 Abs. 1) Datenträger benützen. Hierbei muss die inhaltsgleiche, vollständige und geordnete, hinsichtlich der in § 212 Abs. 1 genannten Schriftstücke auch die urschriftgetreue Wiedergabe bis zum Ablauf der gesetzlichen Aufbewahrungsfristen jederzeit gewährleistet sein. Werden solche Schriftstücke auf elektronischem Weg übertragen, so muss ihre Lesbarkeit in geeigneter Form gesichert sein. Soweit die Schriftstücke nur auf Datenträgern vorliegen, entfällt das Erfordernis der urschriftgetreuen Wiedergabe.

Zusätzlich zu den konkreten gesetzlichen Bestimmungen legt § 195 UGB fest, dass der Jahresabschluss den Grundsätzen ordnungsmäßiger Buchführung (GoB) zu entsprechen hat.

Inhalt des Jahresabschlusses

§ 195. *Der Jahresabschluß hat den Grundsätzen ordnungsmäßiger Buchführung zu entsprechen. Er ist klar und übersichtlich aufzustellen. Er hat dem Unternehmer ein möglichst getreues Bild der Vermögens- und Ertragslage des Unternehmens zu vermitteln.*

Für den Jahresabschluss normiert § 222 Abs. 2 UGB weiters, dass gegebenenfalls erforderliche zusätzliche Angaben im Anhang anzuführen sind. Es wird dabei implizit auch auf Grundsätze ordnungsmäßiger Bilanzierung Bezug genommen, die näher determiniert werden.

§ 201 UGB

- Rechtsprechungen über einzelne gesetzliche Bestimmungen
- Allgemein anerkanntem Unternehmerbrauch
- Gutachten und Stellungnahmen der Fachsenate der Kammer der Wirtschaftstreuhänder, des Instituts Österreichischer Wirtschaftsprüfer und des Austrian Financial Reporting Committee (AFRAC)

Die wesentlichen GoBs sind in Kapitel 4: Bewertung aufgezählt.

2.2.4. Umsatzsteuer

2.2.4.1. Definition und Funktionsweise der Umsatzsteuer

Die Umsatzsteuer (USt) ist im Umsatzsteuergesetz (UStG) geregelt. Auf viele Umsätze ist Umsatzsteuer zu bezahlen.

Umsatz ist Zufluss wirtschaftlichen Nutzens, meist Geld, im Rahmen der Geschäftstätigkeit, der ia. zu einer Erhöhung des Vermögens führt (siehe Kapitel 9: Erfolg). Die **Umsatzsteuer** ist eine Netto-Allphasen-Umsatzsteuer mit Vorsteuerabzug. Umgangssprachlich wird sie oft als Mehrwertsteuer bezeichnet.

Der Begriff

- Netto-Umsatzsteuer
- Allphasen-Umsatzsteuer
- mit Vorsteuerabzug

beinhaltet das grundlegende System der Umsatzsteuer, das anhand des folgenden Beispiels (in Anlehnung an Schneider/Dobrovits/Schneider, die Umsatzsteuer beträgt 20 %) gezeigt wird:

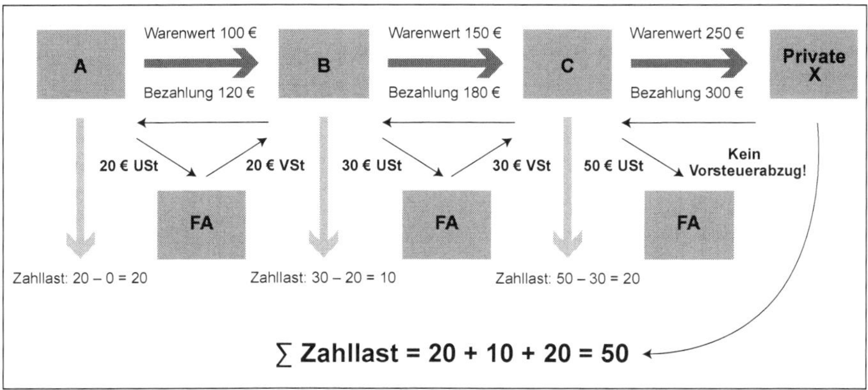

Abbildung 4: System der Umsatzsteuer

Netto-Umsatzsteuer

Netto bedeutet ohne Umsatzsteuerbelastung, dh. exklusive Umsatzsteuer.

Netto bedeutet folglich, dass die Steuer auf das jeweilige Nettoentgelt, dh. den Verkaufspreis exklusive = ohne Umsatzsteuer, berechnet wird. Im Beispiel sind das 100 € bei Firma A, 150 € bei Firma B und 250 € bei Firma C.

Brutto bedeutet mit Umsatzsteuerbelastung, dh. in diesem Fall inklusive Umsatzsteuer.

Brutto bedeutet folglich, dass die Steuer bereits im Verkaufspreis inkludiert ist. Im Beispiel sind das 120 € bei Firma A, 180 € bei Firma B und 300 € bei Firma C.

Im Beispiel zahlt Firma A nichts für ein Produkt (0 €) und verkauft es um 100 € netto, dh. exklusive USt, an Firma B. Firma B zahlt an Firma A 120 € brutto, dh. inklusive USt. Firma B zahlt 120 € für das Produkt und verkauft es um 150 € netto an Firma C. Firma C zahlt an Firma B 180 € brutto.

Firma C zahlt 180 € für das Produkt und verkauft es um 250 € netto an den Privaten X. Der Private X zahlt an Firma C 300 € brutto.

Allphasen-Umsatzsteuer

Der Begriff bedeutet, dass Umsatzsteuer in jeder Phase des Handels anfällt. Davon stammt auch der nicht im Gesetz verwendete Begriff Mehrwertsteuer.

Im Beispiel müssen Firma A, Firma B und Firma C jeweils, wenn sie das Produkt verkaufen, Umsatzsteuer von 20 €, 30 € bzw. 50 € an das Finanzamt abliefern, dh. in allen 3 Phasen des Handels mit dem Produkt fällt Umsatzsteuer an.

Die Firmen bekommen aber auch, so sie dazu berechtigt sind, in jeder Stufe Vorsteuer von 0 €, 20 € bzw. 30 € zurück.

Der Private X liefert keine Umsatzsteuer an das Finanzamt ab, erhält aber auch nichts retour.

Es ist aus dem Beispiel ersichtlich, dass die Umsatzsteuer eine indirekte Steuer ist, weil der Steuerschuldner nicht mit demjenigen, der sie schlussendlich trägt, identisch ist. Steuerschuldner ist derjenige, der die Umsatzsteuer an das Finanzamt abliefert. Firma A, B und C liefern 20 €, 10 € bzw. 20 €, insgesamt 50 € ab, der Private X muss den gesamten Betrag von 50 € tragen. Steuerträger ist derjenige, der eine Lieferung einkauft und den höheren Betrag zahlen muss.

Mit Vorsteuerabzug

Unternehmen dürfen, wenn sie dazu berechtigt sind, die Umsatzsteuer, die sie im Einkauf bezahlt haben, als Vorsteuer vom Finanzamt zurückholen. Die Vorsteuer ist somit nichts anderes als eine bezahlte Umsatzsteuer, die zurückgefordert werden kann!

Im Beispiel hat Firma A 0 € Einkaufspreis für das Produkt und somit keine Umsatzsteuer bezahlt, daher kann es keine Vorsteuer zurückfordern. Folglich überweist A eine Zahllast an das Finanzamt in Höhe von 20 – 0 = 20 €.

Firma B hat 120 € Einkaufspreis für Produkt A und somit 20 € Umsatzsteuer bezahlt. Sie muss 30 € Umsatzsteuer abliefern. Folglich überweist B eine Zahllast an das Finanzamt in Höhe von 30 – 20 = 10 €.

Firma C hat 180 € Einkaufspreis für Produkt A und somit 30 € Umsatzsteuer bezahlt. Sie muss 50 € Umsatzsteuer abliefern. Folglich überweist C eine Zahllast an das Finanzamt in Höhe von 50 – 30 = 20 €.

Der Private X darf als Endverbraucher keine Vorsteuer verrechnen. Er trägt daher die volle Umsatzsteuer von 50 €, dh. er bleibt darauf „sitzen" und muss sie bezahlen. Wäre X ebenfalls ein Unternehmen, dürfte er die Vorsteuer zurückverlangen!

Dieses System garantiert dem Finanzamt, dass die Umsatzsteuer abgeliefert wird, da die Firmen A, B und C (spätestens für die Steuerprüfung) Rechnungen vorlegen müssen und die Verkäufe mit der Umsatzsteuer ersichtlich werden. Dem Finanzamt ist es gleichgültig, wer der Käufer auf der nächsten Stufe ist, es bekommt seine Umsatzsteuer vom Verkäufer. Der Private X ist für das Finanzamt anonym und nicht greifbar.

2.2.4.2. Ausgewählte gesetzliche Bestimmungen

Die Umsatzsteuer gilt als eine der komplexesten Bereiche der Rechnungslegung. Es wird daher in diesem Kapitel nur auf die grundlegende Funktionsweise eingegangen, soweit sie für die weiteren Verbuchungen wesentlich ist. Beachte: Es gibt für (fast) alles Ausnahmen! Es werden folgende gesetzliche Bestimmungen ausgewählt:

- Umsatzsteuerpflicht
- Steuersätze
- Zeitlicher Ablauf

Umsatzsteuerpflicht

Gemäß § 1 Abs. 1 UStG unterliegen folgende Umsätze der Umsatzsteuerpflicht:

1. Lieferungen und sonstige Leistungen, die ein Unternehmer im Inland gegen Entgelt im Rahmen seines Unternehmens ausführt.
2. Eigenverbrauch im Inland
3. Einfuhr von Gegenständen aus dem Drittlandsgebiet (i.a. außerhalb der Europäischen Union), ausgenommen die Gebiete Jungholz und Mittelberg.

Man unterscheidet (siehe auch Schneider/Dobrovits/Schneider):

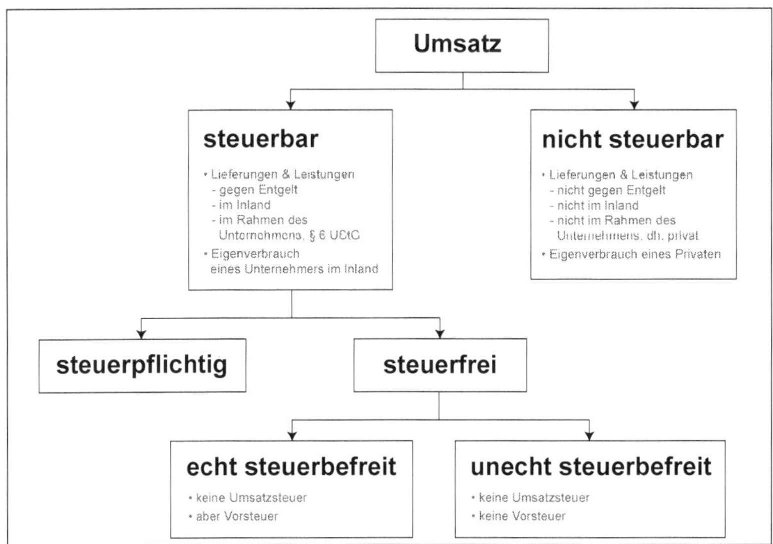

Abbildung 5: Umsatzsteuerpflichtiger Umsatz

- **Steuerbare Umsätze**

Steuerbare Umsätze unterliegen grundsätzlich der Umsatzsteuerpflicht, zB. kauft eine Detailhändler Ware von einem Großhändler, ein Kunde kauft Ware vom Detailhändler, …

Beachte: Als Einfuhr werden grenzüberschreitende Geschäfte mit Ländern bezeichnet, die nicht Mitglied der Europäischen Union sind. Hier gilt die Einfuhrumsatzsteuer (EUSt). Als innergemeinschaftlicher Erwerb werden grenzüberschreitende Geschäfte mit Ländern bezeichnet, die Mitglied der Europäischen Union sind (Ausnahmen siehe § 10 UStG).

- **Nicht steuerbare Umsätze**

Alle anderen Geschäfte sind nicht steuerbar. Davon sind va. die Geschäfte zwischen Privatpersonen betroffen, zB. ein Privater verkauft einem anderen Privaten seinen PKW. Ausgenommen sind auch Werbegeschenke unter 40 €.

- **Steuerbefreite Umsätze**

Bei den Steuerbefreiungen kann zwischen echt steuerbefreit und unecht steuerbefreit unterschieden werden. Zu Details siehe hauptsächlich § 6 UStG und zB. § 21 UStG.

- Bei der echten Steuerbefreiung darf der Unternehmer keine Umsatzsteuer in Rechnung stellen, er erhält aber die Vorsteuer in vollem Ausmaß vom Finanzamt zurück, zB. beim grenzüberschreitenden Frachtverkehr.
- Bei der unechten Steuerbefreiung darf der Unternehmer keine Umsatzsteuer in Rechnung stellen, er erhält aber auch keine Vorsteuer vom Finanzamt zurück, zB. bei Bankgeschäften, Postsendungen, Vermietung von Geschäftsräumen, Ärzten, Kleinunternehmern unter 30.000 € Netto-Umsatz.

Ein Unternehmer mit Umsätzen unter 30.000 € netto p.a. darf auf die unechte Steuerbefreiung verzichten und ist dann für zumindest fünf Jahre nicht steuerbefreit.

Steuersätze

§ 10 UStG normiert die Steuersätze für die Umsatzsteuer und kann wie folgt zusammengefasst werden (Aufzählung nicht vollständig):

- 20 % Normalsatz
- 10 % Ermäßigter Satz für
  - Lebensmittel
  - Land- und forstwirtschaftliche Produkte
  - Bücher, Zeitungen
  - Medikamente
  - Vermietung bestimmter Räumlichkeiten, va. für Wohnzwecke
  - Personenbeförderung
- 13 % Ermäßigter Steuersatz für
  - Teilweise Wein und Weintrauben
  - Bestimmte künstlerische Darbietungen, zB. Theater
- 19 % Normalsteuersatz bzw. 7 % ermäßigter Satz
  - für Unternehmer in den Regionen Jungholz und Mitterberg

Im Rahmen dieses Buches wird aus Gründen der Vereinfachung immer ein Steuersatz von 20 % unterstellt.

Für kleinere Unternehmen gelten gemäß § 14 UStG Pauschalierungen.

Zeitlicher Ablauf

Man unterscheidet nach dem Zeitpunkt der Entstehung der Umsatzsteuerpflicht zwischen

- Sollbesteuerung
- Istbesteuerung

Die untenstehende Tabelle fasst die Zeitpunkte der Entstehung der Umsatzsteuerpflicht zusammen. Zu den einzelnen Begriffen siehe Kapitel 6: Rechnungsausgleich.

<table>
<tr><td>Umsatzsteuerpflicht entsteht Ende des Monats 1 (Monat der Lieferung/Leistung)</td><td>Umsatzsteuerpflicht entsteht Ende des Monats 2 (nachfolgender Monat)</td><td>Umsatzsteuerpflicht entsteht Ende des Monats der Zahlung</td></tr>
<tr><td colspan="3">Sollbesteuerung:
nach Zeitpunkt der Lieferung/Leistung, Zahlungszeitpunkt egal</td></tr>
<tr><td>Lieferung/Leistung, Rechnungslegung</td><td></td><td></td></tr>
<tr><td>Lieferung/Leistung</td><td>Rechnungslegung später als Monat 1</td><td></td></tr>
<tr><td colspan="3">Istbesteuerung:
nach Zahlungszeitpunkt, Zeitpunkt der Lieferung/Leistung egal</td></tr>
<tr><td></td><td></td><td>Vorauszahlung, Anzahlung, Teilzahlung vor Lieferung/Leistung</td></tr>
<tr><td></td><td></td><td>Pflicht: Unternehmen im Bereich Abfallbeseitigung</td></tr>
<tr><td></td><td></td><td>Wechsel zu Soll-Besteuerung möglich:
– Kleinunternehmen mit weniger als 110.000 € Einkünften
– Alle freien Berufe unabhängig von einer Umsatzgrenze</td></tr>
</table>

Abbildung 6: Soll- und Istbesteuerung bei der Umsatzsteuer
(siehe auch Schneider/Dobrovits/Schneider)

2.3. Aufgaben

2.3.1. Theoriefragen

2/T-1: Die österreichische Rechnungslegung, die auch zur Steuerberechnung dient, basiert unter anderem

A. auf dem HGB.
B. auf dem 3. Buch des UGB.
C. auf dem EStG.
D. auf der EU-Bilanzrichtlinie.

2/T-2: Welche rechtlichen Vorschriften muss ein österreichisches Einzelunternehmen in seiner Rechnungslegung berücksichtigen?

A. UGB
B. EStG
C. IAS
D. BAO

2/T-3: Die IAS / IFRS sind anzuwenden auf

A. börsennotierte Aktiengesellschaften.
B. alle Aktiengesellschaften.
C. alle Gesellschaften mit beschränkter Haftung.
D. alle Konzerne.

2/T-4: Die Umsatzsteuer

A. ist innerhalb der EU identisch geregelt.
B. wird auch oft Mehrwertsteuer genannt.
C. ist am Jahresende abzuliefern.
D. entsteht unter anderem aufgrund von Umsatzerlösen.

2/T-5: Die Abkürzung BKA (Österreich)

A. kommt in der URL des RIS vor.
B. steht für Bundeskriminalamt.
C. heißt Bundeskanzleramt.
D. ist ein Amtstitel für Wirtschaftsprüfer.

2/T-6: Die Umsatzsteuersätze in Österreich betragen

A. 19 %.
B. 18 %.
C. 20 %.
D. 10 %.

2/T-7: Wie hoch ist der Steuersatz für Lieferung und Eigenverbrauch von Wein im Rahmen des landwirtschaftlichen Erzeugungsbetriebes?

A. 20 %
B. 25 %
C. 13 %
D. 8 %

2.3.2. Beispiele

2/0-1: Versuchen Sie, das Umsatzsteuerbeispiel mit einer Wurstsemmel nachzuvollziehen! Überlegen Sie, wer die Firmen A, B und C und wer der Private X sein können!

2/0-2: Füllen Sie die Tabelle hinsichtlich Ausweis (auf der Rechnung) und Höhe von Umsatzsteuer und Vorsteuer aus! Kreuzen Sie an, ob Umsatzsteuer oder Vorsteuer vorliegt. Wie hoch ist der Betrag? Begründen Sie Ihre Entscheidung!

	USt	VSt	Betrag USt/VSt	Begründung
Verkauf des privaten Motorrades um 22.000 €				
Leistungsverrechnung des Veterinärmediziners für die Behandlung eines Meerschweinchens um 30 €				
Ausstellung einer Rechnung über 200 € an einen Kleinstunternehmer				
Einkaufsrechnung einer Studentin über „Fachliteratur“ in der Höhe von 16 €				
Entnahme des Erste-Hilfe-Koffers aus der eigenen Ordination für den Urlaub in Höhe von 120 €				
Einkauf eines Hotels von Bettzeug über 1.000 €				
80 % Privatnutzung des Hauses mit Ordination; insg. 2 Mio €				
Verkauf von Mensaessen um insg. 3.000 €				
Entnahme von Büromaterial im Wert von 100 € ohne Beleg				
Verkauf von Großgeräten nach Russland über 70.000 €				
Verkauf von Heilkräutern an Großkunden über 1.500 €				
Ausstellung einer Rechnung für medizinische Leistungen an einen Privatpatienten aus Litauen über 600 €				
Bezahlung eines MBA-Kurses durch eine Studentin über 4.000 €				
Ausstellung einer Consulting-Rechnung über 2.500 € als einzige Rechnung im Geschäftsjahr				

3. Welche Instrumente verwendet das Rechnungswesen?

3.1. Lernziele

Um die vielen unterschiedlichen Ziele, die das Rechnungswesen verfolgt, umsetzen zu können, werden auch viele unterschiedliche Instrumente benötigt. Als Instrument werden hier va. Rechenschemata und Darstellungsformen, zB. Kalkulationstabellen und Berichte, bezeichnet. Die erläuterten Instrumente folgenden drei Schwerpunkten dieses Buches, Buchhaltung und Bilanzierung (überwiegend Doppelte Buchhaltung im Rahmen von Kapitalgesellschaften), Kostenrechnung und Bilanzanalyse. Sie können nicht getrennt voneinander gesehen werden, sondern greifen ineinander über und verweisen aufeinander. Aus Lehrzwecken müssen sie zunächst sukzessiv dargestellt werden, wobei dieses Lehrbuch im Gegensatz zur traditionellen Herangehensweise die Verbindungen und Schnittstellen aufzeigt. Für jeden der drei Bereiche werden die wesentlichen Instrumente vorgestellt, wobei der Überblick und die systematischen Zusammenhänge im Vordergrund stehen und durch rechtliche Grundlagen laut UGB ergänzt werden. Details werden in den nachfolgenden Kapiteln behandelt.

3.2. Definitionen und Erläuterungen

Im Folgenden werden wesentliche Instrumente der drei Bereiche
3.2.1. Buchhaltung/Bilanzierung
3.2.2. Kostenrechnung
3.2.3. Bilanzanalyse
erläutert. Die folgende Abbildung zeigt den Zusammenhang der wesentlichen Instrumente dieser drei Bereiche graphisch:

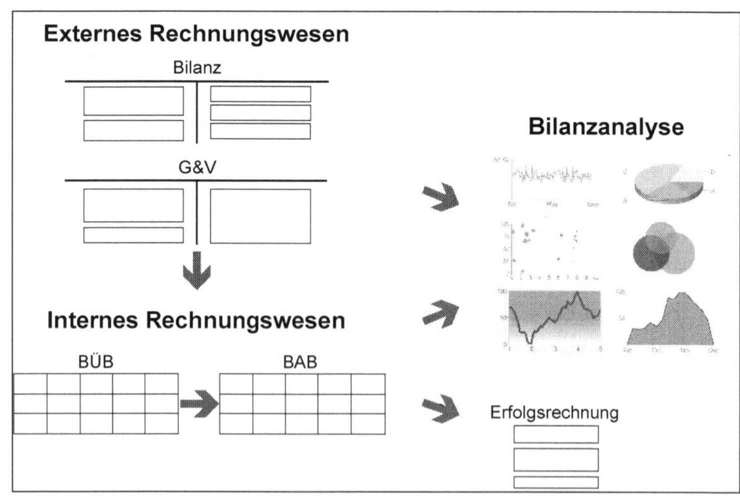

Abbildung 7: Schwerpunkte innerhalb des betrieblichen Rechnungswesens

Im ersten Schritt werden alle Geschäftsvorgänge und Zusammenhänge im externen Rechnungswesen erfasst. Die wesentlichen Instrumente sind die Bilanz und Gewinn- und Verlustrechnung. Im zweiten Schritt werden diese Ergebnisse in das interne Rechnungswesen übergeleitet. Dafür wird hauptsächlich das Instrument des Betriebsüberleitungsbogens verwendet. Die Ergebnisse des Betriebsüberleitungsbogens fließen in den Betriebsabrechnungsbogen ein, der wiederum die Grundlage zur Erfolgsermittlung aus Sicht des internen Rechnungswesens ist. Für beide Bereiche kann unabhängig voneinander in einem dritten Schritt eine Bilanzanalyse durchgeführt werden.

3.2.1. Buchhaltung und Bilanzierung

3.2.1.1. Erscheinungsformen von Abschlüssen

Zuerst wird allgemein die Funktionsweise der wichtigsten Instrumente der doppelten Buchhaltung, Bilanz und Gewinn- und Verlustrechnung, sowie deren Zusammenhang erklärt und anschließend rechtlich eingebettet.

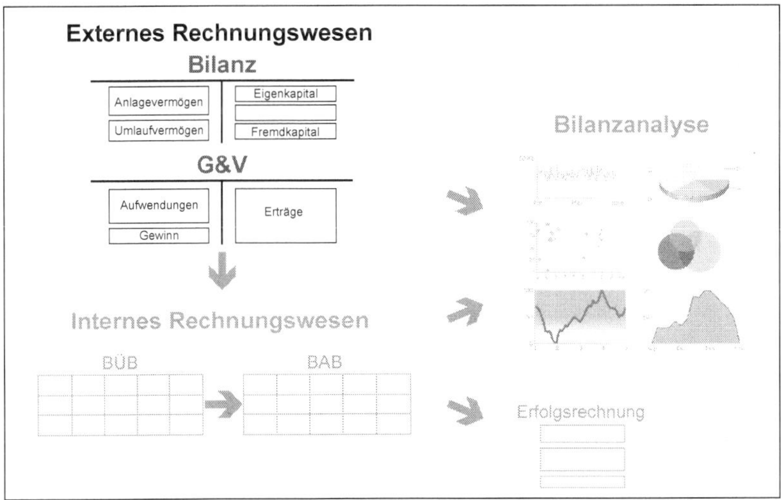

Abbildung 8: Einbettung des externen Rechnungswesens ins betriebliche Rechnungswesen

Vorab wird hier zunächst ein kurzer Überblick über Erscheinungsformen von Abschlüssen gegeben. Verwenden wir zunächst für den Begriff Abschluss die sehr allgemeine Umschreibung „Informationen über eine Geschäftsperiode aus Sicht des externen Rechnungswesens".

In der Praxis ist es notwendig mehrere Abschlüsse zu erstellen. In diesem Zusammenhang wird oft – inkorrekterweise – das Wort Bilanz anstelle Jahresabschluss verwendet. Dieses Buch schließt sich hier tw. dennoch dieser umgangssprachlich üblichen Bezeichnung an. Unterschiedliche Formen von Abschlüssen sind va. deswegen notwendig, um unterschiedlichen gesetzlichen Regelungen Genüge zu tun und um den Ansprüchen unterschiedlicher Zielgruppen gerecht zu werden. Wegen der komplexen Aufgaben und der heterogenen, dh. verschiedenartigen Zielgruppen des Abschlusses können die unterschiedlichen Informationen nicht einheitlich dargestellt werden. Die folgende Gliederung gibt einen Überblick über verschiedene Erscheinungsformen von Abschlüssen:

- Rechtsnorm
  - Freiwillige Bilanz
  - Gesetzliche Bilanzen
- Zeitbezug
  - Planbilanz
  - Istbilanz
- Bilanzadressat
  - Externe Bilanz
  - Interne Bilanz
- Bilanzierungsanlass
  - Ordentliche Bilanz
  - Sonderbilanz
- Umfang
  - Einzelbilanz
  - Konzernbilanz
- Wirtschaftszweig
  - Handels- und Industriebetriebe
  - zB. Banken, Versicherungen

Rechtsnorm

Gemäß Rechtsnorm wird zwischen freiwilligen, dh. gesetzlich nicht vorgeschriebenen, und gesetzlich vorgeschriebenen Abschlüssen unterschieden. Freiwillige Bilanzen werden zur eigenen Information erstellt, zB. Quartalsbilanzen nicht börsennotierter Unternehmen oder Planbilanzen. Gesetzliche Bilanzen, va. die Unternehmensbilanz, ist ex lege im UGB vorgeschrieben und nach den Vorschriften des Gesetzes zu erstellen. So muss die Unternehmensbilanz der Aktiengesellschaft, tw. auch der Gesellschaft mit beschränkter Haftung, veröffentlicht und somit dem gesamten Kreis interessierter Leser zugänglich gemacht werden. Grundlage bildet das UGB, das die für die Bilanzierung relevanten Vorschriften enthält.

Zeitbezug

Gemäß Zeitbezug kann man zwischen Planbilanz und Istbilanz unterscheiden. Während Istbilanzen die Vorgänge der betreffenden Geschäftsperiode aufzeichnen, dienen Planbilanzen, ähnlich einem Finanzplan, der Vorschau auf oder als Vorgabe für die nächste Periode.

Bilanzadressat

Bilanzadressaten können zwischen externen und internen Bilanzen unterscheiden. Externe Bilanzen richten sich an externe Bilanzleser, dh. an unternehmensfremde Personen wie zB. Gläubiger oder Finanzamt. Interne Bilanzen richten sich an interne Bilanzleser, dh. an Personen, die im Unternehmen arbeiten wie zB. die Geschäftsleitung.

Bilanzierungsanlass

Gemäß Bilanzierungsanlass wird zwischen ordentlichen Bilanzen und Sonderbilanzen unterschieden. Zu den ordentlichen Bilanzen, auch Jahresbilanzen genannt, zählen die Eröffnungsbilanz, die Zwischenbilanz und die Schlussbilanz. Sie werden regelmäßig für jede Periode erstellt, zB. am Anfang und Ende oder als Zwischeninformation während des Geschäftsjahres. (Das Wort ordentlich bezieht sich auf die Regelmäßigkeit, nicht auf umgangssprachliche Interpretationen wie korrekt oder übersichtlich!) Sonderbilanzen werden nur zu einem bestimmten Anlass erstellt, zB. Gründung eines Unternehmens, Fusion, Konkurs oder freiwillige Liquidation.

Umfang

Im Rahmen des Umfanges kann zwischen Einzelbilanzen und Konzernbilanzen unterschieden werden.

Jedes Unternehmen ist gemäß seiner im Gesetz definierten Größe und Rechtsform zur Erstellung einer Einzelbilanz verpflichtet. Ein Unternehmen kann auch Teil eines Konzerns sein.

Ein **Konzern** ist ein Zusammenschluss mehrerer rechtlich selbstständiger Unternehmen zu einer wirtschaftlichen Einheit unter einer einheitlichen Leitung, wobei jedes Unternehmen einen eigenen Jahresabschluss zu erstellen hat.

Eine Konzernmutter, dh. das Unternehmen, das einen herrschenden Einfluss auf ein rechtlich selbstständiges Unternehmen, das Tochterunternehmen, ausübt, muss zusätzlich zur Einzelbilanz auch eine Konzernbilanz erstellen, in die alle wesentlichen Beteiligungen einbezogen werden.

Wirtschaftszweig

Gemäß Wirtschaftszweig kann zwischen Handels- und Industriebetrieben sowie zwischen Unternehmensbranchen unterschieden werden, die aufgrund ihrer Geschäftsstruktur nicht wie Handels- und Industriebetriebe behandelt und dargestellt werden können. Für diese Branchen bestehen eigene gesetzliche Regelungen, zB. für Versicherungen und Banken.

Im Rahmen dieses Buches werden ausschließlich ordentliche Einzel-Istbilanzen von Kapitalgesellschaften für externe Bilanzleser auf Basis des UGB behandelt.

Die wichtigsten Berichtsinstrumente für solche Unternehmen sind der Jahresabschluss und der Lagebericht. Bevor auf gesetzliche Bestimmungen eingegangen wird, sollen die wesentlichen Teile des Jahresabschlusses, die Bilanz und die Gewinn- und Verlustrechnung, sowie deren Zusammenhang erläutert werden. Anhand dieses Zusammenhanges werden dann die Eckpfeiler der Doppelten Buchhaltung erklärt. Details, Fachbegriffe und gesetzliche Regelungen folgen in den anschließenden Kapiteln. Vorab wird als Alternative, die für kleine Unternehmen und bestimmte Berufsgruppen erlaubte Form der Gewinnermittlung, die Einnahmen-Ausgaben-Rechnung besprochen.

3.2.1.2. Gewinnermittlung

3.2.1.2.1. Rechengrößen

Um die unterschiedlichen Ansätze der Gewinnermittlung besser zu verstehen, müssen vorab die Rechengrößen des betrieblichen Rechnungswesens definiert werden. Beachte: Dieser Abschnitt umfasst das gesamte Rechnungswesen und ist auch besonders für die Kostenrechnung und Liquidität relevant.

Grundsätzlich unterscheidet man zwischen 4 Rechengrößen-Paaren:

- Einzahlung – Auszahlung
- Einnahme – Ausgabe
- Ertrag – Aufwand
- Leistung – Kosten

Diese Rechengrößen sind Flussgrößen, dh. sie verändern das Vermögen und Kapital entweder positiv (Vermehrung) oder negativ (Verminderung). Diese Betrachtung hängt auch eng mit der Veränderung der Liquidität, dh. der Zahlungsfähigkeit eines Unternehmens, zusammen (siehe Kapitel 10: Liquidität). Einzahlungen und Auszahlungen bzw. Einnahmen und Ausgaben werden auch in Kapitel 6: Rechnungsausgleich diskutiert.

Einzahlung – Auszahlung

Einzahlungen und Auszahlungen verändern den tatsächlichen Geldbestand eines Unternehmens. Zum Geldbestand zählen (umgangssprachlich) nur Münzen und Geldscheine. Zur Bilanzposition Kassa i.w.S. zählen neben dem Bargeld auch Scheck, Wechsel und Girokonto.

Einzahlungen erhöhen den Geldbestand des Unternehmens, dh. es wird Geld in die Kassa i.w.S. einbezahlt.

Auszahlungen verringern den Geldbestand des Unternehmens, dh. es wird Geld aus der Kassa i.w.S. genommen.

Die folgenden Beispiele nehmen die Darstellungen ab Kapitel 5 vorweg.

Beispiel 1: **Einzahlung – Auszahlung**

Ein Unternehmen hat einen Anfangsbestand von 20 € in der Kassa.
1. Einzahlung: Es zahlt 50 € in die Kassa ein.
2. Auszahlung: Es nimmt 30 € aus der Kassa heraus.

- **Einzahlung und Auszahlung**

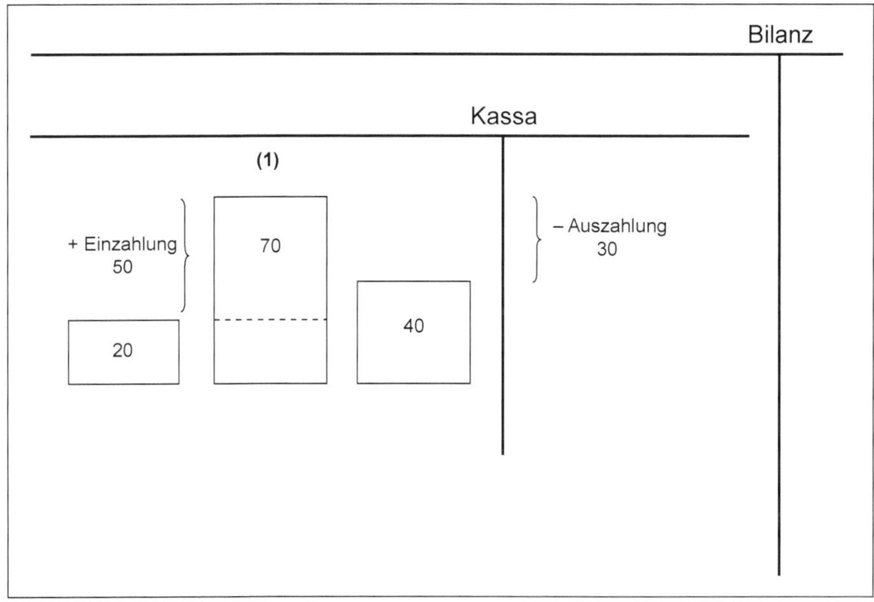

Abbildung 9: Einzahlung und Auszahlung

Erläuterung

Im Fall der Einzahlung erhöht sich der Wert der Kassa von 20 € auf 70 €. Im Fall der Auszahlung sinkt der Wert der Kassa von 70 € auf 40 €.

Einnahme – Ausgabe

Einnahmen und Ausgaben verändern das Geldvermögen eines Unternehmens. Sie entstehen, wenn der Zeitpunkt der Leistungsübergabe nicht gleichzeitig mit dem Zahlungszeitpunkt erfolgt. Geldvermögen wird unterschiedlich definiert, ia. versteht man darunter den Geldbestand, also Kassa i.w.S. sowie Forderungen und Schulden.

Einnahmen erhöhen das Geldvermögen, dh. die liquiden Mittel (Kassa, Girokonto) oder die Forderungen, des Unternehmens.

Ausgaben verringern das Geldvermögen des Unternehmens, dh. die liquiden Mittel oder die Forderungen, bzw. erhöhen dessen Schulden.

Sowohl Einnahmen als auch Ausgaben führen ia. zu einem späteren Zeitpunkt zu Zahlungsströmen, also Einzahlungen und Auszahlungen. Daher sind die Begriffe Einnahme und Ausgabe weiter gefasst und umfassen Einzahlungen und Auszahlungen.

Beispiel 2: **Einnahme – Ausgabe**

Ein Unternehmen hat einen Anfangsbestand von 20 € in der Kassa.

1. Einnahme: Ein Kunde hat Schulden von 50 € (1a) und zahlt später (1b).
2. Ausgabe: Das Unternehmen kauft Ware im Wert von 30 € (2a) und zahlt später (2b).

- **Einnahme**

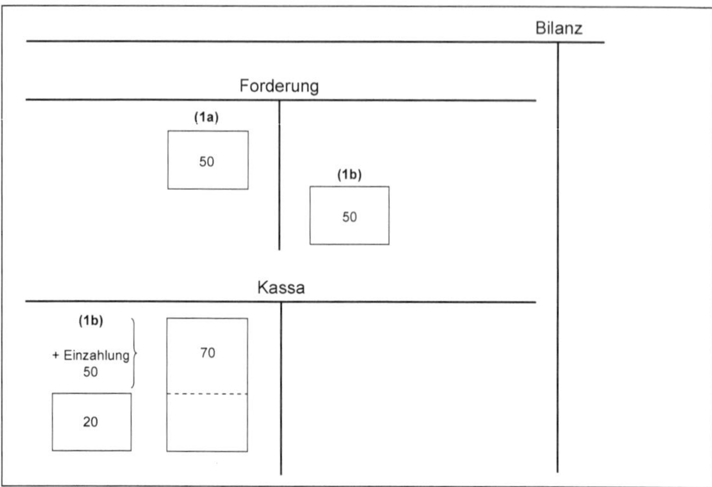

Abbildung 10: Einnahme

Erläuterung

Durch die Entstehung der Schuld des Kunden entsteht eine Forderung in Höhe von 50 € (Schritt 1a). Bei Rückzahlung wird die Forderung aufgelöst und der Wert der Kassa um 50 € erhöht (Schritt 1b).

- **Ausgabe**

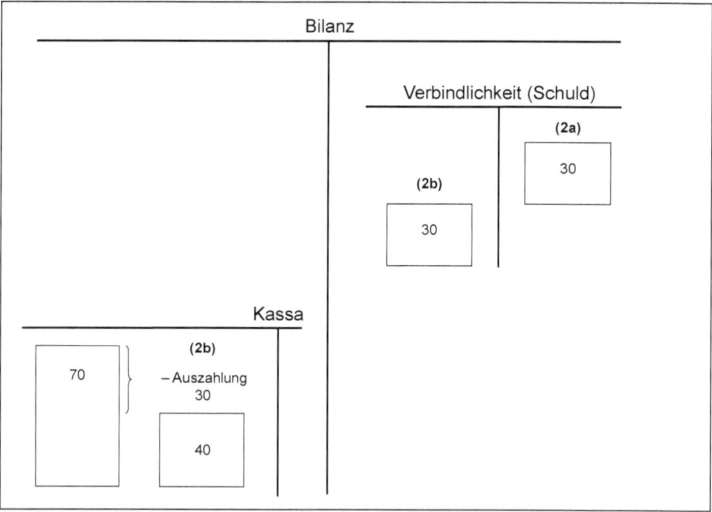

Abbildung 11: Ausgabe

Erläuterung

Durch die Entstehung der Schuld entsteht eine Verbindlichkeit in Höhe von 30 € (Schritt 2a). Bei Begleichung der Verbindlichkeit wird die Schuld getilgt und der Wert der Kassa verringert sich um 30 € (Schritt 2b).

Ertrag – Aufwand

Sowohl Erträge als auch Aufwendungen wurden bereits im Unterpunkt Gewinn- und Verlustrechnung behandelt. Hier Definitionen aus einem anderen Blickwinkel:

Erträge erhöhen das Gesamtvermögen, dh. das Anlagevermögen und das Umlaufvermögen, des Unternehmens und somit das Eigenkapital.

Aufwendungen verringern das Gesamtvermögen, dh. das Anlagevermögen und das Umlaufvermögen, des Unternehmens und somit das Eigenkapital.

Sowohl Erträge als auch Aufwendungen können zu einem späteren Zeitpunkt zu Zahlungsströmen führen, also zu Einzahlungen und Auszahlungen, MÜSSEN ABER NICHT. Es existieren Erträge und Aufwendungen, die NIE zu Zahlungsströmen führen. Daher sind die Begriffe Ertrag und Aufwand weiter gefasst und umfassen nicht nur Einzahlungen und Auszahlungen, sondern auch Einnahmen und Ausgaben. Erträge und Aufwendungen verändern in jedem Fall den Gewinn und Verlust des Unternehmens und betreffen daher immer die Gewinn- und Verlustrechnung. Dies muss bei Einzahlungen und Auszahlungen bzw. Einnahmen und Ausgaben nicht der Fall sein.

Beispiel 3: **Zahlungswirksamer Ertrag – Aufwand**

Ein Unternehmen hat einen Anfangsbestand von 20 € in der Kassa.

1. Ertrag: Ein Kunde kauft Dienstleistung im Wert von 50 € (1a) und zahlt später (1b).
2. Aufwand: Das Unternehmen verbraucht Energie im Wert von 30 € (2a) und zahlt später (2b).

Beachte: Die Kassa ändert sich!

- **Zahlungswirksamer Ertrag**

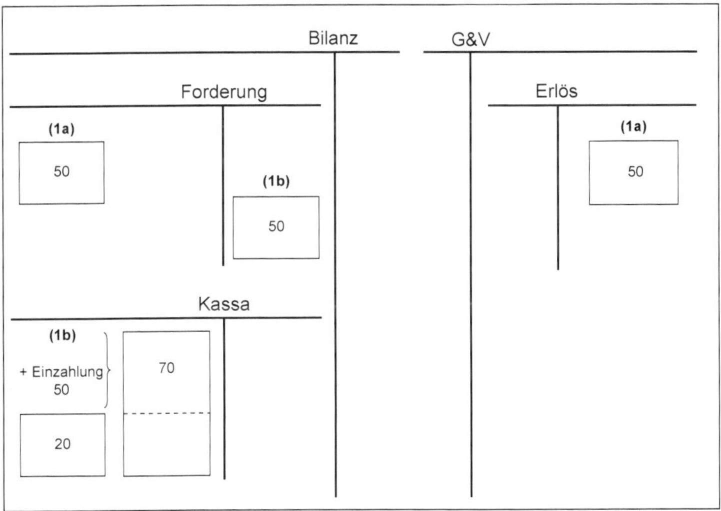

Abbildung 12: Zahlungswirksamer Ertrag

Beachte: Das Konto in der G&V wurde Erlös genannt. Es ist ein ertragserhöhendes Konto. Zum Unterschied Ertrag – Erlös siehe Kapitel 7: Vermögen.

- **Zahlungswirksamer Aufwand**

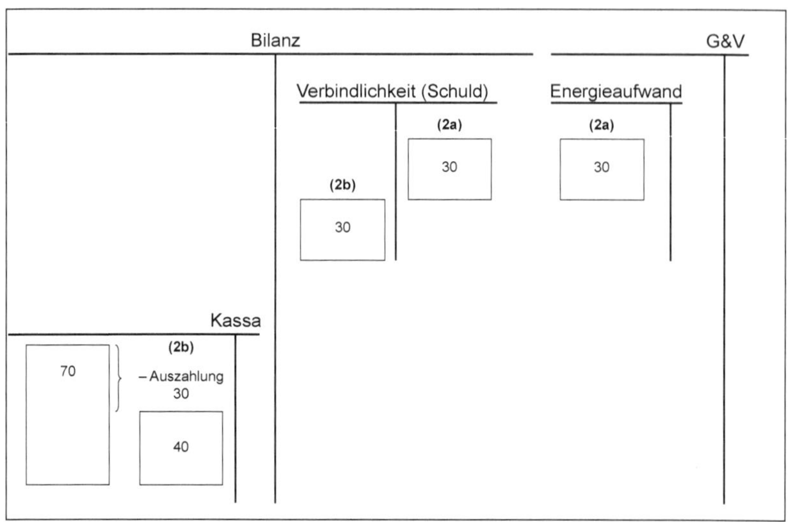

Abbildung 13: Zahlungswirksamer Aufwand

Beispiel 4: **Nicht zahlungswirksamer Ertrag – Aufwand**

Ein Unternehmen hat einen Anfangsbestand von 20 € in der Kassa.

1. Ertrag: Ein Gebäude des Unternehmens im Wert von 10 € steigt um 50 € im Wert.
2. Aufwand: Der LKW eines Unternehmens im Wert von 70 € darf aufgrund gesetzlicher Bestimmungen nicht mehr in der Nacht fahren und verliert daher um 30 € an Wert.

Beachte: Die Kassa ändert sich nicht!

- **Nicht zahlungswirksamer Ertrag**

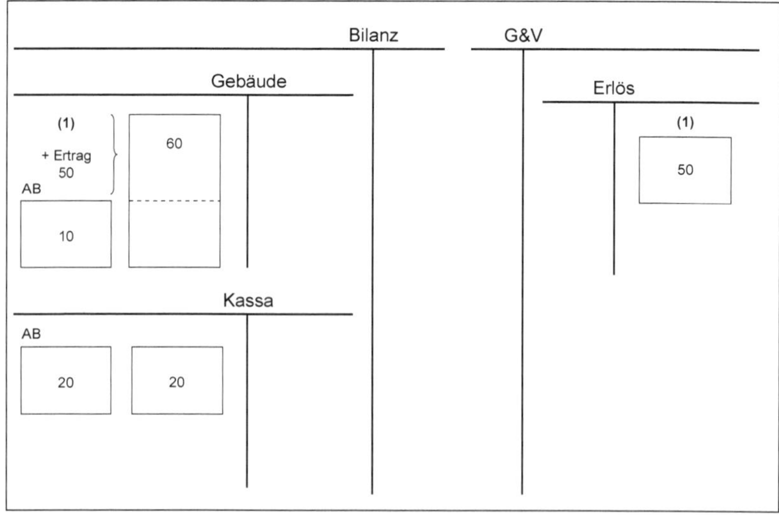

Abbildung 14: Nicht zahlungswirksamer Ertrag

Erläuterung

Der Wert des Gebäudes erhöht sich um 50 €, was eine Erhöhung des Gewinnes um 50 € bewirkt.

- **Nicht zahlungswirksamer Aufwand**

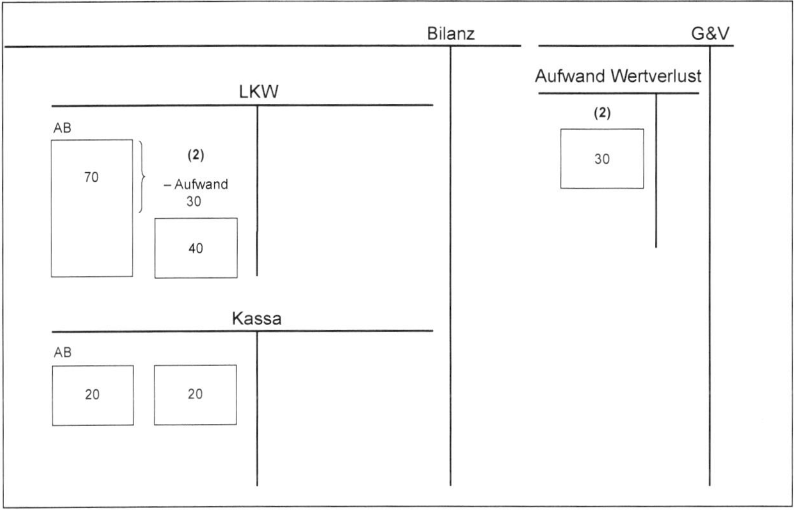

Abbildung 15: Nicht zahlungswirksamer Aufwand

Erläuterung

Der LKW verliert Wert in Höhe von 30 €, was eine Verringerung des Gewinnes, dh. einen Verlust von 30 €, bewirkt.

Leistung – Kosten

Leistungen sind die monetär bewerteten betriebsnotwendigen, periodengerechten und ordentlichen Geschäftserfolge eines Unternehmens.

Kosten sind monetär bewerteter betriebsnotwendiger, periodengerechter und ordentlicher Verbrauch von Gütern und Leistungen.

Leistungen und Kosten beinhalten grundsätzlich dieselben Positionen wie Ertrag und Aufwand. Sie unterscheiden sich allerdings in zwei wesentlichen Punkten.

Erstens sind Leistungen und Kosten ausschließlich Begriffe der Kostenrechnung und kommen in der Sprache der Buchhaltung in dieser Definition und Bewertung nicht vor. (Beachte: Auch in der Buchhaltung wird der Begriff Kosten verwendet, er wird allerdings tw. anders berechnet.)

Zweitens kommen die für die Kostenrechnung benötigten Daten primär aus der Buchhaltung. Die aus den Konten der Gewinn- und Verlustrechnung übernommenen Aufwendungen und Erträge müssen für die Kostenrechnung aus drei Gründen in Kosten und Leistungen übergeleitet, dh. umgerechnet, werden:

- Zeitliche Abgrenzung
- Sachliche Abgrenzung
- Bewertungsmäßige Abgrenzung

Zeitliche Abgrenzung

Das Geschäftsjahr der Buchhaltung beträgt ia. zwölf Monate, während in der Kostenrechnung oft kürzere Perioden herangezogen werden, zB. ein Monat oder Kalkulation pro Auftrag.

Sachliche Abgrenzung

Die Kostenrechnung verfolgt inhaltlich andere Ziele als die Buchhaltung. So stellt zB. die Gewinn- und Verlustrechnung den Erfolg des gesamten Unternehmens dar, wodurch neben den Erträgen und Aufwendungen, welche sich auf die Güter- und Leistungsproduktion beziehen, auch alle betriebsfremden Posten sowie Posten, die für eine gewisse Kalkulation, zB. eines einzelnen Produktes, nicht benötigt werden, enthalten sind. Diese müssen in der Kostenrechnung abgegrenzt werden bzw. es müssen Posten, die in der Buchhaltung aus gesetzlichen Gründen nicht verbucht werden dürfen, in die Kalkulation einbezogen werden.

Bewertungsmäßige Abgrenzung

In der Buchhaltung und der Kostenrechnung kann es zu unterschiedlichen Bewertungsansätzen kommen. Die Bewertungsansätze in der Buchhaltung sind gesetzlich determiniert und beinhalten nur wenige Wahlmöglichkeiten. In der Kostenrechnung kann je nach Ziel der Berechnung ohne jegliche Vorschriften frei bewertet werden.

Das Instrument, in dem diese Überleitung durchgeführt wird, heißt Betriebsüberleitungsbogen.

3.2.1.2.2. Gewinnermittlung mittels Einnahmen-Ausgaben-Rechnung

Die Einnahmen-Ausgaben-Rechnung ist eine sehr einfache Möglichkeit der Gewinnermittlung. Sie darf grundsätzlich nur von Personengesellschaften (keine Kapitalgesellschaften wie zB. AG, GmbH, oder keine natürlichen vollhaftenden Personen wie bei der GmbH&Co KG), kleinen gewerblichen Betrieben (Umsatz < 700.000 € in zwei aufeinanderfolgenden Kalenderjahren), freien Berufen und Land- und Forstwirten (siehe Obergrenzen in Kapitel 2) angewendet werden. Eine freiwillige Unterstellung dieser Gesellschaften und Personen unter die Doppelte Buchhaltung ist immer möglich! Die Einnahmen-Ausgaben-Rechnung wird daher in diesem Buch nur kurz vorgestellt. Zur Definition der hier verwendeten Begriffe siehe va. Kapitel 3.2.2.1.1. Rechengrößen, Kapitel 7 und Kapitel 9.

Im Rahmen der **Einnahmen-Ausgaben-Rechnung** wird der Gewinn bzw. Verlust als betriebliche Einnahmen minus betriebliche Ausgaben berechnet, wobei die betrieblichen Einnahmen und Ausgaben tatsächlich zu- bzw. abgeflossen sein müssen.

Betriebliche Einnahmen
− Betriebliche Ausgaben
= Gewinn/Verlust

Der Begriff „betrieblich“ bedeutet, dass es sich um typische Geschäftsvorgänge des Unternehmens handeln muss. Unter einer betrieblichen Einnahme versteht man einen Geldbetrag, der aus betrieblichen Gründen für eine erbrachte Leistung oder Produktverkäufen den Kassastand oder das Bankkonto erhöht hat (dazu zählen auch Anzahlungen). Typische betriebliche Einnahmen sind zB. Umsatzerlöse aus Warenverkauf. Unter einer betrieblichen Ausgabe versteht man einen Geldbetrag, der aus betrieblichen Gründen für eine eingekaufte Leistung bzw. gekaufte Produkte den Kassastand oder das Bankkonto verringert. Typische betriebliche Ausgaben sind zB. Einkauf von Handelsware, Personal, Miete oder Energie. Aufgenommene Kredite werden nicht berücksichtigt, die zu zahlenden Zinsen sehr wohl. Folglich stellt die Einnahmen-Ausgaben-Rechnung auf Zahlungen ab. Ausnahmen sind Anlagenkäufe, die gemäß § 7 EStG zu periodisieren sind (siehe Kapitel 7); die Abschreibungen gelten als Betriebsausgaben. Weitere für die Einnahmen-Ausgaben-Rechnung wichtige Begriffe sind in Kapitel 3.2.1.2.1. Rechengrößen erläutert.

Ein Einnahmen-Ausgaben-Rechner hat folgende Bücher zu führen:

- Journal (Einnahmen und Ausgaben nach Datum der Zahlungen)
- Kassabuch
- Bankbuch
- Lagerbuch
- Anlagenverzeichnis
- Lohnkonten

Grundsätzlich entsteht die Umsatzsteuerschuld für die Einnahmen immer am Ende des Monats, in dem die Einnahmen getätigt wurden. Die Vorsteuerforderung entsteht immer am Ende des Monats bei erfolgter Lieferung und Rechnungslegung. Nach der Nettomethode sind Umsatzsteuer bzw. Vorsteuer Durchlaufposten, dh. Umsatzsteuer/Vorsteuer werden gleich abgezogen. Nach der Bruttomethode sind sie in die Einnahmen bzw. Ausgaben, also inkl. Umsatzsteuer/Vorsteuer, einzubeziehen. In Beispiel 5 wird der Ansatz nach der Nettomethode vorgestellt.

Beispiel 5: **Einnahmen-Ausgaben-Rechnung**

Ein Ein-Personen-Start-Up Unternehmen (EPU) programmiert Videospiele. Übungshalber wird von einer Umsatzsteuerpflicht ausgegangen. Alle Beträge exkl. 20 % USt.

1. Das EPU beginnt die Geschäftsperiode mit 3.000 € in der Kassa, einem Lagerbestand von 50 CDs im Wert von je 1,50 € und einem Computer um 1.200 €.
2. Es kauft Software im Wert von 1.000 €.
3. Es kauft 100 CDs im Wert von insgesamt 150 €, auf die später die Computerspiele gebrannt werden.
4. Es benötigt einen WLAN-Anschluss um 40 € und bezahlt sofort.
5. Das EPU eröffnet ein Bankkonto und legt aus der Kassa 600 € ein.
6. Ein Kunde hat vorige Geschäftsperiode 20 Computerspiele um insgesamt 800 € gekauft und überweist den Betrag jetzt.
7. Die Büromiete in Höhe von 120 € wird überwiesen.
8. 60 CDs werden um insgesamt 2.400 € per Banküberweisung verkauft.
9. Die Besitzerin entnimmt als Geschenk für ihre Kinder 2 CDs.
10. Das EPU bleibt die Stromrechnung in Höhe von 30 € schuldig.
11. Der Wertverlust des Computers beträgt 400 €, der Software 250 €.
12. Die Zahllast wird sofort überwiesen.

a) Wie hoch sind die Betriebseinnahmen?
b) Wie hoch sind die Betriebsausgaben?
c) Wie hoch ist der Gewinn?
d) Wie hoch ist der Kassenbestand am Ende der Periode?

e) Wie hoch ist der Kontostand am Ende der Periode?
f) Wie hoch ist der Lagerbestand am Ende der Periode?
g) Wie sieht das Anlagenverzeichnis aus?

a) Betriebseinnahmen

6. Verkauf aus Vorperioden	800
8. Verkauf von Computerspielen	2.400
9. Privatentnahme (2.400/60 = 40 €/Spiel)	80
Betriebseinnahmen	3.280

b) Betriebsausgaben

3. Kauf von CDs	150
4. WLAN-Anschluss	40
7. Miete	120
11. Wertverlust	650
Betriebsausgaben	960

Erläuterungen:

2. Die Software ist Anlagevermögen, da sie über mehrere Perioden verwendet wird. Sie darf daher nicht als Betriebsausgabe angesetzt werden.

10. Da die Stromrechnung erst später gezahlt wird, ist sie in diese Periode keine Betriebsausgabe.

c) Der Gewinn beträgt 2.320 € (Betriebseinnahmen – Betriebsausgaben).

d) Der Kontostand am Ende der Periode beträgt 972 €.

Nr	Geschäftsvorgang	–USt/ +VSt	Berechnung	Kassa-bewegung	Stand Kassakonto
AB					3.000
2.	Kauf von Software	+200	1.000*1,2	–1.200	1.800
3.	Kauf von CDs	+30	150*1,2	–180	1.620
4.	Bezahlung von WLAN	+8	40*1,2	–48	1.572
5.	Kassaentnahme			–600	972

Abbildung 16: Einnahmen-Ausgaben-Rechnung: Beispiel Kassabuch

e) Der Kontostand am Ende der Periode beträgt 3.818 €.

Nr	Geschäftsvorgang	–USt/ +VSt	Berechnung	Konto-bewegung	Konto-stand
5.	Einlage			+600	600
6.	Überweisung Vorperiode	–160	800*1,2	+960	1.560
7.	Miete	+24	120*1,2	–144	1.416
8.	CD-Verkauf	–480	2.400*1,2	+2.880	4.296
12.	Überweisung Finanzamt		200 + 30 + 8 – 160 + 24 – 480	–378	3.918

Abbildung 17: Einnahmen-Ausgaben-Rechnung: Beispiel Kontobuch

f) Der Lagerbestand beträgt CDs im Wert von 132 €.

Anfangsbestand	50*1,50	75
Zukauf	100*1,50	150
– Verkauf	60*1,50	–90
– Privatentnahme	2*1,50	–3
Endbestand	88*1,50	132

Abbildung 18: Einnahmen-Ausgaben-Rechnung: Beispiel Lagerbuch

g)

Anlagevermögen	AHK	ND	Abschreibung	RBW
Computer	1.200	3	1.200/3 = 400	1.200 – 400 = 800
Software	1.000	4	1.000/4 = 250	1.000 – 250 = 750

Abbildung 19: Einnahmen-Ausgaben-Rechnung: Beispiel Anlagenverzeichnis

3.2.1.2.3. Gewinnermittlung mittels Doppelter Buchhaltung

In den Zeiten vor dem Einsatz elektronischer Datenverarbeitung (EDV) wurden alle Geschäftsvorgänge in unterschiedlichen Büchern aufgezeichnet. Die alten Bezeichnungen, zB. der Begriff Buch, wurden übernommen und sind bis heute in Verwendung.

Die **Doppelte Buchhaltung** erfasst alle Geschäftsvorgänge zumindest zweifach, dh. doppelt.

Die doppelte Erfassung bezieht sich auf

- Systematische und chronologische Erfassung
- Erfassung zumindest je einmal auf der Soll- und Habenseite
- Bestandsrechnung (Bilanz) und Flussrechnung (Gewinn- und Verlustrechnung)

Systematische und chronologische Erfassung

Die systematische Erfassung, dh. Aufzeichnung, geschieht im so genannten Hauptbuch und bezieht sich auf den Inhalt des Geschäftsvorganges, zB. ein Haus wird gekauft, Handelsware wird verkauft. Die chronologische Erfassung geschieht im so genannten Journal und bezieht sich auf den Zeitpunkt des Geschäftsvorganges, zB. heute wurde Ware übergeben, die in fünf Tagen bezahlt wird. Durch diese doppelte Erfassung kann man jederzeit die Art des Geschäftsvorganges sowie die entscheidenden Zeitpunkte nachvollziehen. In elektronischen Buchhaltungssystemen erfolgt die Erfassung einmalig und wird durch das EDV-System in Hauptbuch und Journal elektronisch zugeteilt.

Erfassung zumindest je einmal auf der Soll- und Habenseite

Auf diesen buchungstechnischen Aspekt wird in Kapitel 5: Sprache der Rechnungslegung eingegangen.

Bestandsrechnung (Bilanz) und Flussrechnung (Gewinn- und Verlustrechnung)

Das Instrument der **Bestandsrechnung**, auch Zeitpunktrechnung genannt, bildet im Sinne der Buchhaltung alles ab, was zu einem bestimmten Zeitpunkt im Unternehmen vorhanden ist.

Das wesentlichste Element der Bestandsrechnung ist die Bilanz. Sie wird üblicherweise in T-Kontenform dargestellt, wobei die auf der linken Seite aufgezeichneten Posten als Aktiva oder Soll-Posten, diejenigen auf der rechten Seite als Passiva oder Haben-Posten bezeichnet werden (International werden zunehmend alle Aktiva und darunter alle Passiva abgebildet.)

Die Aktivposten stellen die Mittelverwendung dar: Wofür wurden die eingesetzten (Geld-)Mittel verwendet? Die Passivposten repräsentieren die Mittelherkunft: Womit wurden die Investitionen finanziert?

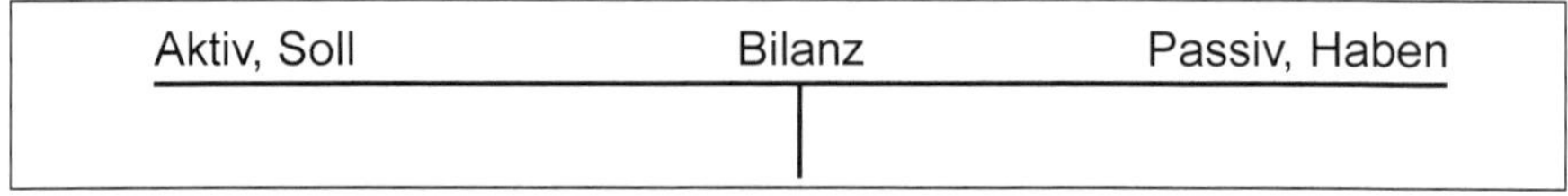

Abbildung 20: Bestandsrechnung – Darstellung mittels T-Konto

Das Instrument der **Flussrechnung**, auch Zeitraumrechnung genannt, bildet im Sinne der Buchhaltung alle erfolgswirksamen (gewinnerhöhenden und gewinnvermindernden) Vorgänge innerhalb eines Zeitraumes ab.

Das wesentlichste Element der Flussrechnung ist die Gewinn- und Verlustrechnung. Sie wird gemäß gesetzlicher Regelung in Staffelform dargestellt (siehe Kapitel 9: Erfolg), zu Lehrzwecken der besseren Übersicht halber in der früher gebräuchlichen T-Kontenform, wobei die auf der linken Seite aufgezeichneten Posten als Aktiva oder Soll-Posten, diejenigen auf der rechten Seite als Passiva oder Haben-Posten bezeichnet werden. Wie bei der Bilanz stellen die Aktivposten die Mittelverwendung dar: Wofür wurden die eingesetzten (Geld-)Mittel verwendet? Die Passivposten repräsentieren die Mittelherkunft: Womit wurden die Investitionen finanziert? In der Gewinn- und Verlustrechnung werden die Flussgrößen abgebildet, die direkt den Gewinn bzw. Verlust verändern und am Bilanzstichtag verbraucht, dh. nicht mehr da, sind.

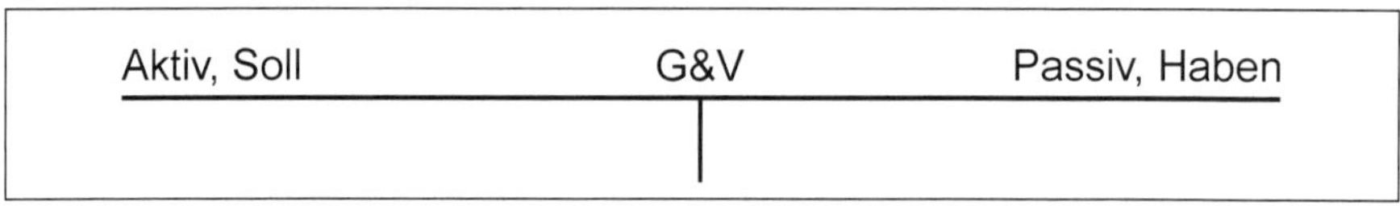

Abbildung 21: Flussrechnung – Darstellung mittels T-Konto

Eine der Hauptaufgaben der Buchhaltung ist die Ermittlung des Vermögens, dh. was zu einem bestimmten Zeitpunkt im Unternehmen vorhanden ist, und des Gewinnes, dh. was das Unternehmen im Laufe des Geschäftsjahres erwirtschaftet. Anstelle einer theoretischen Erläuterung soll diesmal ein Beispiel am Anfang stehen: **Versuchen Sie, zuerst das Beispiel ohne Hilfe zu lösen!**

Beispiel 6: Ergebnisermittlung in der Doppelten Buchhaltung

Ein Unternehmen handelt mit Brillen.

1. Am Anfang des Jahres besitzt es ein Haus um 2.000 €, 8 Brillen um insgesamt 800 € und ein Girokonto mit 900 €. Alle Zahlungen werden per Überweisung getätigt. Das Unternehmen verfügt über keinerlei Fremdkapital.
2. Es kauft einen Computer um 400 €.
3. Es kauft eine weitere Brille um 100 €.

4. Es nimmt einen Kredit in Höhe von 750 € auf.
5. Es zahlt 50 € Kredit zurück.
6. Es verkauft sieben Brillen um insgesamt 1.300 €.
7. Seine Verkäuferin erhält 350 €.
8. Es zahlt für den Kredit 30 € Zinsen.
9. Der Wertverlust des Gebäudes und des Computers beträgt je 100 €.

Vernachlässigen Sie alle Steuern und Abgaben.
Wie hoch ist das Vermögen?
Wie hoch ist der Gewinn?

Werte in €	Anfang des Geschäftsjahres	Ende des Geschäftsjahres	Während des Geschäftsjahres
Haus	2.000	1.900	
Computer	0	300	
Brillen (100 € pro Stück)	800	200	
Bank	900	?	
Vom Eigentümer investiertes Geld	?	?	
Kredit		700	
Umsatzerlöse			1.300
Wareneinsatz			700
Personalaufwand			350
Wertverlust			200
Kreditzinsen			30

Abbildung 22: Saldenliste – Brillenhändler

- **Gewinnermittlung mittels Bestandsrechnung – Bilanz**

Bilanz

	Anfang	Ende	Differenz		Anfang	Ende	Differenz
Haus	2.000	1.900	–100	Eigenkapital	3.700	3.720	20
Computer		300	300	Kredit	0	700	700
Brillen	800	200	–600				
Bank (Girokonto)	900	2.020	1.120				
Bilanzsumme	3.700	4.420	720		3.700	4.420	720

Abbildung 23: Gewinnermittlung mittels Bestandsrechnung – Brillenhändler

Erläuterung

Die Ermittlung des Vermögens ist in diesem Beispiel einfach: Haus, Computer, Brillen und Bank sind Vermögensgegenstände, dh. Gegenstände, mit denen gearbeitet wird; sie entsprechen der Mittelverwendung. Der Stand des Bankkontos errechnet sich aus Anfangsbestand + allen Einzahlungen – allen Auszahlungen: 900 – 400 – 100 + 750 – 50 + 1.300 – 350 – 30 = 2.020 €. Es werden die Werte aller Vermögensgegenstände summiert; das Vermögen beträgt am Anfang des Jahres 3.700 €, am Ende des Jahres 4.420 €.

Die Gewinnermittlung ist komplexer: Das Vermögen ist nun bekannt. Privat investiertes Geld, das so genannte Eigenkapital, und der Kredit, das so genannte Fremdkapital, sind Kapital, dh. Geld, das in das Unternehmen investiert wird; beide entsprechen der Mittelherkunft. Beide Seiten, Aktiv und Passiv, müssen gleich hoch sein, da alles, was man besitzt, bezahlt werden muss (Ausnahmen wie Schenkung werden hier außer Acht gelassen). Somit ergibt sich für den Anfang des Geschäftsjahres sowohl für das Vermögen als auch für das Kapital eine Summe von 3.700 €, die Bilanzsumme genannt wird. Das Kapital besteht ausschließlich aus Eigenkapital, da laut Angaben kein Fremdkapital vorhanden ist.

Am Ende des Geschäftsjahres muss die Bilanzsumme wieder gleich hoch sein und beträgt für das Vermögen 4.420 €. Die Höhe des Eigenkapitals ist nicht gegeben. Eigenkapital zeigt an, wie viel das Unternehmen für den Eigentümer wert ist, und errechnet sich aus der Gesamtsumme aller Vermögensgegenstände minus Schulden = 4.420 − 700 = 3.720 €.

Errechnet man nun für Vermögen und Kapital die gesamte Differenz von Anfang und Ende des Geschäftsjahres, müssen die Differenzen der Aktiv- und Passivseite wieder gleich hoch sein, hier +720 €.

Die Differenzen der Bilanzsumme am Anfang und Ende des Geschäftsjahres geben an, ob Vermögen bzw. Kapital gestiegen sind. Achtung: Die Differenz zeigt nicht den Gewinn bzw. Verlust! Der Gewinn bzw. Verlust wird ausgerechnet als Differenz des Eigenkapitals am Ende des Geschäftsjahres und am Anfang des Geschäftsjahres = 3.720 − 3700 = +20.

- **Gewinnermittlung mittels Flussrechnung – Gewinn- und Verlustrechnung**

G&V

Wareneinsatz	700	Umsatzerlöse	1.300
Personalaufwand	350		
Wertverlust (Abschreibung)	200		
Kreditzinsen (Zinsaufwand)	30		
Gewinn	20		
	1.300		1.300

Abbildung 24: Gewinnermittlung mittels Flussrechnung – Brillenhändler

Erläuterung

Die Gewinn- und Verlustrechnung kann nicht zur Ermittlung des Vermögens herangezogen werden, nur zur Gewinnermittlung.

Umsatzerlöse, dh. die Beträge, um die die Brillen verkauft wurden, Wareneinsatz, dh. die Brillen, die für den Verkauf aus dem Lager genommen wurden, Personalaufwand, Wertverlust für Haus und Computer, der bei deren Nutzung entsteht, und Zinsaufwand sind Flussgrößen, die während des Jahres in das Unternehmen fließen bzw. aus dem Unternehmen fließen und gleich bei Nutzung verbraucht sind.

Der Gewinn errechnet sich aus den Gewinnpositionen (Erträgen) minus den Verlustpositionen (Aufwendungen) = 1.300 (aus dem Verkauf der Brillen) – 800 + 600 – 700 (Wert an Brillen) – 200 (Wertverlust 2.000 – 1.900 für das Haus, 400 – 300 für den Computer) – 30 (für den Kredit) = 20 €.

Bei beiden Rechnungen ergibt der Gewinn 20 €. Dies ist kein Zufall, sondern Ergebnis der Doppelten Buchhaltung, und muss immer so sein, wenn die Buchhaltung stimmt!

Verbindet man die Instrumente Bilanz und Gewinn- und Verlustrechnung schematisch, ist der Gesamtzusammenhang sehr deutlich zu erkennen:

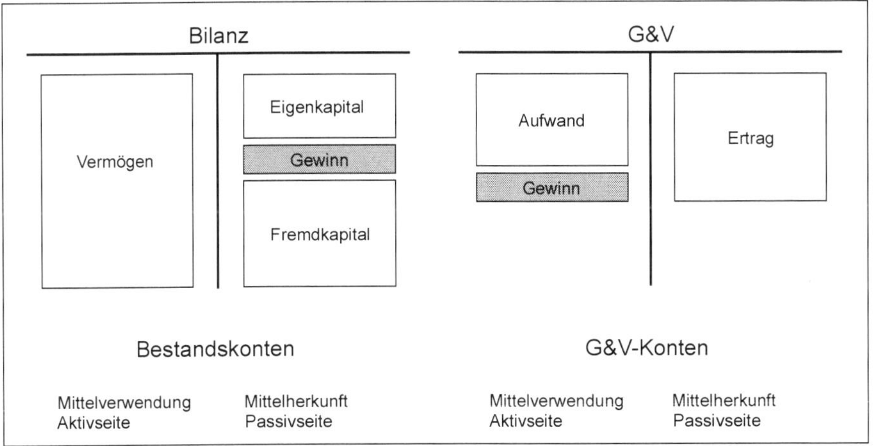

Abbildung 25: Gesamtzusammenhang Bilanz – Gewinn- und Verlustrechnung

Die Konten der Bestandsrechnung Bilanz werden Bestandskonten genannt, die Konten der Flussrechnung Gewinn- und Verlustrechnung G&V-Konten (zu den Konten siehe Kapitel 5: Sprache).

Die Aktivseite der Bilanz und der Gewinn- und Verlustrechnung beinhaltet die Mittelverwendung, dh. was wird mit den zur Verfügung stehenden Mitteln, dh. Geld, gemacht, was wird gekauft?

Die Passivseite der Bilanz und der Gewinn- und Verlustrechnung beinhaltet die Mittelherkunft, dh. woher stammen die zur Verfügung stehenden Mittel?

Grundsätzlich gilt, dass die Summe an Finanzmitteln, die das Unternehmen aufgestellt hat, identisch sein muss mit dem Wert der dem Unternehmen zugeführten Güter!

$\sum$ Anlagevermögen + $\sum$ Umlaufvermögen = $\sum$ Eigenkapital + $\sum$ Fremdkapital
$\sum$ Aktiva = $\sum$ Passiva
$\sum$ Mittelverwendung = $\sum$ Mittelherkunft

Wiederum wird deutlich, dass bei beiden Rechnungen, Bilanz und Gewinn- und Verlustrechnung, der Gewinn identisch sein muss.

Aus dem Beispiel des Brillenhändlers lassen sich allgemein die zwei Arten der Gewinnermittlung im Rahmen der Doppelten Buchhaltung ableiten, die Gewinnermittlung

- mittels Vermögensvergleich
- mittels Gewinn- und Verlustrechnung

Gewinnermittlung mittels Vermögensvergleich

Bei der Gewinnermittlung mittels Vermögensvergleich werden mit Hilfe der Bilanz die Veränderung des Eigenkapitals und somit der Gewinn bzw. Verlust wie folgt errechnet:

Summe aller Vermögensgegenstände
− Summe aller Schulden
= Eigenkapital am Ende des Geschäftsjahres
− Eigenkapital am Anfang des Geschäftsjahres (aus dem Vorjahr bekannt)
= Gewinn bzw. Verlust am Ende des Geschäftsjahres

Gewinnermittlung mittels Gewinn- und Verlustrechnung

Bei der Gewinnermittlung mittels Gewinn- und Verlustrechnung werden alle Aufwendungen (gewinnmindernde Positionen) von den Erträgen (gewinnerhöhende Positionen) abgezogen:

Summe aller Erträge
− Summe aller Aufwendungen
= Gewinn bzw. Verlust am Ende des Geschäftsjahres

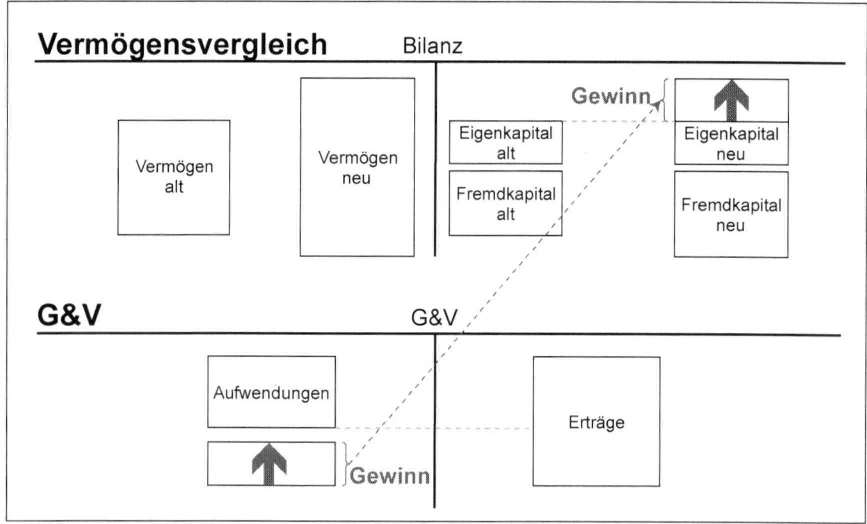

Abbildung 26: Gewinnermittlung mittels Bilanz und Gewinn- und Verlustrechnung

3.2.1.3. Rechtlicher Rahmen

3.2.1.3.1. Bilanzstichtag

Bisher wurde immer von Anfang bzw. Ende des Geschäftsjahres gesprochen. Grundsätzlich gilt:

Der **Jahresabschluss** wird zu einem bestimmten Zeitpunkt erstellt. Diesen Zeitpunkt nennt man Bilanzstichtag.

Normalerweise wird der Jahresabschluss nicht **am**, sondern **zum** Bilanzstichtag erstellt, dh. auf den Bilanzstichtag bezogen, da die Abschlussarbeiten einen längeren Zeitraum benötigen. Als Bilanzstichtag kann jeder Tag des Jahres gewählt werden. Üblicherweise wird das Kalenderjahr gewählt, dh. das Geschäftsjahr beginnt am 1. Jänner und endet am 31. Dezember. Dieses Geschäftsjahr wird für alle Beispiele in diesem Buch gewählt. Ein vom Kalenderjahr abweichendes Geschäftsjahr ist erlaubt. Diese Vorgehensweise wird in manchen Branchen sinnvoll sein, zB. für saisonabhängige Wintertourismusbetriebe, die in der Weihnachtszeit ihr Hauptgeschäft machen und nicht um Silvester zusperren wollen. Ebenfalls sind Aspekte wie Tradition oder Wirtschaftsprüfung zu beachten. Der Bilanzstichtag determiniert das Geschäftsjahr.

Ein **Geschäftsjahr** ist der Zeitraum zwischen zwei Bilanzstichtagen und umfasst alle Geschäftsvorgänge dieses Zeitraums.

Der Jahresabschluss ist jedes Jahr zu erstellen. Ein Geschäftsjahr beträgt 12 Monate. In Ausnahmefällen, zB. bei einer Unternehmensfusion, kann es zu einem Rumpfgeschäftsjahr kommen, dh. zu einem Geschäftsjahr, das kürzer als 12 Monate ist. § 193 Abs. 3 UGB normiert:

Pflicht zur Aufstellung

> *§ 193. (3) Die Dauer des Geschäftsjahrs darf zwölf Monate nicht überschreiten.*

3.2.1.3.2. Berichtsinstrumente laut UGB

Das UGB verpflichtet Unternehmen je nach Rechtsform und Größe zur Erstellung und Veröffentlichung von Berichtsinstrumenten. Die Veröffentlichung dieser Berichte ist in §§ 277–279 UGB geregelt. § 277 UGB normiert:

Offenlegung

> *§ 277. (1) Die gesetzlichen Vertreter von Kapitalgesellschaften haben den Jahresabschluss und den Lagebericht sowie gegebenenfalls den gesonderten nichtfinanziellen Bericht, den Corporate Govemance-Bericht und den Bericht über Zahlungen an staatliche Stellen nach seiner Behandlung in der Hauptversammlung (Generalversammlung), jedoch spätestens neun Monate nach dem Bilanzstichtag, mit dem Bestätigungsvermerk beim Firmenbuchgericht des Sitzes der Kapitalgesellschaft einzureichen; innerhalb derselben Frist sind der Bericht des Aufsichtsrats und der Beschluss über die Verwendung des Ergebnisses einzureichen. Werden zur Wahrung dieser Frist der*

Jahresabschluss und der Lagebericht sowie gegebenenfalls der gesonderte nichtfinanzielle Bericht, der Corporate Governance-Bericht und der Bericht über Zahlungen an staatliche Stellen ohne die anderen Unterlagen eingereicht, so sind der Bericht des Aufsichtsrats nach seinem Vorliegen, die Beschlüsse nach der Beschlussfassung und der Vermerk nach der Erteilung unverzüglich einzureichen. Wird der Jahresabschluss bei nachträglicher Prüfung oder Feststellung geändert, so ist auch diese Änderung einzureichen.

(2) Der Vorstand einer großen Aktiengesellschaft (§ 221 Abs. 3) hat die Veröffentlichung des Jahresabschlusses unmittelbar nach seiner Behandlung in der Hauptversammlung, jedoch spätestens neun Monate nach dem Bilanzstichtag, mit dem Bestätigungsvermerk im „Amtsblatt zur Wiener Zeitung" zu veranlassen. Der Nachweis über die Veranlassung dieser Veröffentlichung ist gleichzeitig mit den in Abs. 1 bezeichneten Unterlagen beim Firmenbuchgericht einzureichen. Bei der Veröffentlichung ist das Firmenbuchgericht und die Firmenbuchnummer anzugeben. Dies gilt auch für allfällige Änderungen (Abs. 1 letzter Satz).

(6) Die Unterlagen nach Abs. 1 sind elektronisch einzureichen, in die Urkundensammlung des Firmenbuchs aufzunehmen und gemäß §§ 33 f. FBG öffentlich zugänglich zu machen. Überschreiten die Umsatzerlöse in den zwölf Monaten vor dem Abschlussstichtag des einzureichenden Jahresabschlusses nicht 70 000 Euro, kann der Jahresabschluss auch in Papierform eingereicht werden. Die Umsatzerlöse sind gleichzeitig mit der Einreichung bekannt zu geben. In Papierform eingereichte Jahresabschlüsse müssen für die Aufnahme in die Datenbank des Firmenbuchs geeignet sein. Der Bundesminister für Justiz kann durch Verordnung nähere Bestimmungen über die äußere Form der Jahresabschlüsse festlegen.

Zumindest Jahresabschluss, Lagebericht und Bericht des Wirtschaftsprüfers werden oft gemeinsam im Rahmen eines **Geschäftsberichtes** abgedruckt.

Der Geschäftsbericht als eigenes Instrument ist gesetzlich nicht vorgeschrieben, sondern nur eine Form der Präsentation an externe Adressaten.

Bisher wurde immer nur von Jahresabschluss und Lagebericht gesprochen. Tatsächlich existieren wesentlich mehr verpflichtende Berichtsinstrumente. Kapitalgesellschaften müssen abhängig von Größe und Rechtsform neben Bilanz und Gewinn- und Verlustrechnung einen Anhang, Lagebericht und Corporate Governance-Bericht erstellen. Große börsennotierte Kapitalgesellschaften unterliegen der umfangreichsten Berichtspflicht.

Für Kapitalgesellschaften gilt § 222 Abs. 1 UGB:

Inhalt des Jahresabschlusses

§ 222. *(1) Die gesetzlichen Vertreter einer Kapitalgesellschaft haben in den ersten fünf Monaten des Geschäftsjahrs für das vorangegangene Geschäftsjahr den um den Anhang erweiterten Jahresabschluss, einen Lagebericht sowie gegebenenfalls einen Corporate Governance-Bericht und einen Bericht über Zahlungen an staatliche Stellen aufzustellen und den Mitgliedern des*

Aufsichtsrats vorzulegen. Der Jahresabschluss, der Lagebericht sowie der Corporate Governance-Bericht und der Bericht über Zahlungen an staatliche Stellen sind von sämtlichen gesetzlichen Vertretern zu unterzeichnen.

Es werden in den weiteren Unterkapiteln folgende Instrumente und Aufgaben beschrieben:
3.2.1.3.2.1. Jahresabschluss
3.2.1.3.2.2. Lagebericht
3.2.1.3.2.3. Nichtfinanzielle Erklärung, nichtfinanzieller Bericht
3.2.1.3.2.4. Corporate Governance-Bericht
3.2.1.3.2.5. Bericht über Zahlungen an staatliche Stellen
3.2.1.3.2.6. Bericht des Wirtschaftsprüfers
3.2.1.3.2.7. Enforcement
3.2.1.3.2.8. Interne Revision
3.2.1.3.2.9. Due Diligence Prüfung

Korrespondierende Regelungen existieren für Konzerne.

3.2.1.3.2.1. Jahresabschluss

§ 193 Abs. 4 UGB normiert:

Pflicht zur Aufstellung

§ 193. *(4) Der Jahresabschluß besteht aus der Bilanz und der Gewinn- und Verlustrechnung; er ist in Euro und in deutscher Sprache unbeschadet der volksgruppenrechtlichen Bestimmungen in der jeweils geltenden Fassung aufzustellen.*

Der Jahresabschluss umfasst folglich

- Bilanz
- Gewinn- und Verlustrechnung
- Anhang

Bilanz

Das Wort Bilanz wird sowohl umgangssprachlich (zB. Bilanz über das Leben ziehen, Bilanz der Regierungsarbeit, …) als auch ökonomisch (zB. im Rahmen der Volkswirtschaftlichen Gesamtrechnung) in sehr unterschiedlichen Zusammenhängen verwendet und folglich auch sehr unterschiedlich definiert.

Die **Bilanz** im Sinne des externen Rechnungswesens ist eine Gegenüberstellung von Vermögen (= Anlagevermögen und Umlaufvermögen) auf der einen und Kapital (= Eigenkapital und Fremdkapital) auf der anderen Seite.

Die Bilanz ist eine Bestands- bzw. Zeitpunktrechnung, dh. es wird aufgezeichnet, was an einem bestimmten Stichtag an Vermögen, Fremdkapital und Eigenkapital im Unternehmen vorhanden ist. Die einzelnen Positionen werden in den folgenden Kapiteln näher behandelt.

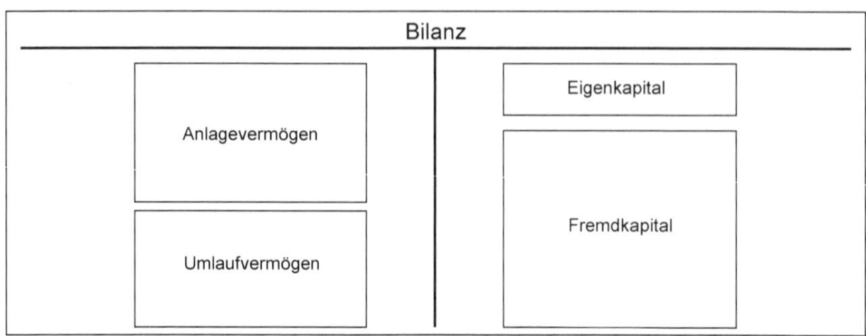

Abbildung 27: Bilanz

Investiert wird in Anlagevermögen und Umlaufvermögen.

Das **Anlagevermögen** ist dazu bestimmt, langfristig, dh. länger als 1 Jahr, im Unternehmen zu bleiben. Es stellt die Mittel dar, mit denen die Leistung produziert wird.

Dazu gehören immaterielle Vermögensgegenstände, zB. Software, Sachanlagen, zB. Gebäude, und (langfristig gehaltene) Finanzanlagen, zB. Anteile an Konzerntöchtern.

Das **Umlaufvermögen** ist dazu bestimmt, nur kurzfristig im Unternehmen zu bleiben. Es stellt die Mittel dar, die direkt in die Leistungsproduktion eingehen.

Dazu gehören Vorräte, zB. Handelsware, Forderungen, zB. Schulden der Kunden, (kurzfristig gehaltene) Wertpapiere, zB. Spekulationsaktien, und der Kassabestand. Auf Aktive Rechnungsabgrenzungsposten und Aktive latente Steuern wird in folgenden Kapiteln eingegangen.

Finanziert wird über Eigen- oder Fremdkapital.

Eigenkapital wird von den Eigentümern des Unternehmens zur Verfügung gestellt, zB. über Einlagen oder nicht ausgeschüttete Gewinne.

Dazu gehören neben dem Kapital, das die Eigentümer bei der Gründung des Unternehmens zur Verfügung stellten, Rücklagen wie zB. nicht ausgeschüttete Gewinne und der Gewinn selbst.

Fremdkapital stammt von unternehmensfremden Dritten und muss im Gegensatz zum Eigenkapital zurückgezahlt werden.

Dazu gehören zB. Kredite von Banken oder Schulden, die vom Unternehmen an Lieferanten zu zahlen sind. Auf Passive Rechnungsabgrenzungsposten wird in folgenden Kapiteln eingegangen.

Die **Bilanzsumme** ist die Höhe aller Posten der Aktivseite oder der Passivseite, wobei Aktiv- und Passivseite gleich hoch sein müssen. Sie zeigt die Größenordnung des Unternehmens und muss unter der Bilanz angeführt werden.

Der generelle Aufbau der Bilanz ist in § 224 UGB festgelegt (für Details siehe Kapitel 7: Vermögen und Kapitel 8: Kapital), die Darstellung erfolgt üblicherweise in T-Kontenform (siehe Abbildung 27).

Bilanz

Aktiva

A. ANLAGEVERMÖGEN
- I. Immaterielle Vermögensgegenstände
  - 1. Konzessionen, gewerbliche Schutzrechte und ähnliche Rechte und Vorteile sowie daraus abgeleitete Lizenzen
  - 2. Geschäfts(Firmen)wert
  - 3. Geleistete Anzahlungen
- II. Sachanlagen
  - 1. Grundstücke, grundstücksgleiche Rechte und Bauten, einschließlich der Bauten auf fremdem Grund
  - 2. Technische Anlagen und Maschinen
  - 3. Andere Anlagen, Betriebs- und Geschäftsausstattung
  - 4. Geleistete Anzahlungen und Anlagen in Bau
- III. Finanzanlagen
  - 1. Anteile an verbundenen Unternehmen
  - 2. Ausleihungen an verbundene Unternehmen
  - 3. Beteiligungen
  - 4. Ausleihungen an Unternehmen, mit denen ein Beteiligungsverhältnis besteht
  - 5. Wertpapiere (Wertrechte) des Anlagevermögens
  - 6. Sonstige Ausleihungen

B. UMLAUFVERMÖGEN
- I. Vorräte
  - 1. Roh-, Hilfs- und Betriebsstoffe
  - 2. Unfertige Erzeugnisse
  - 3. Fertige Erzeugnisse und Waren
  - 4. Noch nicht abrechenbare Leistungen
  - 5. Geleistete Anzahlungen
- II. Forderungen und sonstige Vermögensgegenstände
  - 1. Forderungen aus Lieferungen und Leistungen
  - 2. Forderungen gegenüber verbundenen Unternehmen
  - 3. Forderungen gegenüber Unternehmen, mit denen ein Beteiligungsverhältnis besteht
  - 4. Sonstige Forderungen und Vermögensgegenstände
- III. Wertpapiere und Anteile
  - 1. Anteile an verbundenen Unternehmen
  - 2. Sonstige Wertpapiere und Anteile
- IV. Kassenbestand, Schecks, Guthaben bei Kreditinstituten

C. RECHNUNGSABGRENZUNGSPOSTEN

D. AKTIVE LATENTE STEUERN

Bilanzsumme

Passiva

A. EIGENKAPITAL
- I. Nennkapital (Grund-, Stammkapital)
- II. Kapitalrücklagen
  - 1. Gebundene
  - 2. Nicht gebundene
- III. Gewinnrücklagen
  - 1. Gesetzliche Rücklage
  - 2. Satzungsmäßige Rücklagen
  - 3. Andere Rücklagen (freie Rücklagen)
- IV. Bilanzgewinn (Bilanzverlust), davon Gewinnvortrag/Verlustvortrag

B. RÜCKSTELLUNGEN
- 1. Rückstellungen für Abfertigungen
- 2. Rückstellungen für Pensionen
- 3. Steuerrückstellungen
- 4. Sonstige Rückstellungen

C. VERBINDLICHKEITEN
- 1. Anleihen, davon konvertibel
- 2. Verbindlichkeiten gegenüber Kreditinstituten
- 3. Erhaltene Anzahlungen auf Bestellungen
- 4. Verbindlichkeiten aus Lieferungen und Leistungen
- 5. Verbindlichkeiten aus der Annahme gezogener Wechsel und der Ausstellung eigener Wechsel
- 6. Verbindlichkeiten gegenüber verbundenen Unternehmen
- 7. Verbindlichkeiten gegenüber Unternehmen, mit denen ein Beteiligungsverhältnis besteht
- 8. Sonstige Verbindlichkeiten, davon aus Steuern, davon im Rahmen der sozialen Sicherheit

D. RECHNUNGSABGRENZUNGSPOSTEN

Bilanzsumme

Abbildung 28: Mindestgliederung der Bilanz gemäß § 224 UGB

Gewinn- und Verlustrechnung (G&V)

Die Bezeichnung Gewinn- und Verlustrechnung sagt bereits aus, dass dieses Instrument den Gewinn bzw. Verlust eines Unternehmens ausrechnet, wobei diese Berechnung direkt durch Einbeziehung aller erfolgswirksamen Positionen erfolgt. Zur Definition erfolgswirksamer Geschäftsvorgänge siehe Kapitel 5: Sprache der Rechnungslegung. Vereinfacht sind damit Geschäftsvorgänge gemeint, die den Gewinn bzw. Verlust eines Unternehmens verändern.

Die **Gewinn- und Verlustrechnung (G&V)** ist eine Aufzeichnung aller in einem Geschäftsjahr getätigten Aufwendungen und Erträge und ermittelt den Bilanzgewinn bzw. Bilanzverlust.

Die Gewinn- und Verlustrechnung ist eine Bewegungsrechnung bzw. Zeitraumrechnung. Sie fasst die Salden aller Aufwands- und Ertragskonten zum Jahresabschluss zusammen und wird gegen das Eigenkapitalkonto abgeschlossen (siehe Kapitel 8: Kapital). Es sind in der Gewinn- und Verlustrechnung ausschließlich die Aufwendungen und Erträge des laufenden Geschäftsjahres bzw. einer Periode enthalten!

Aufwendungen sind in Geld bewerteter Verbrauch von Waren und Dienstleistungen eines Unternehmens, der innerhalb eines Geschäftsjahres anfällt.

Dazu gehören zB. Materialaufwand oder Personalaufwand. Aufwendungen führen zu einer Verminderung des Vermögens.

Erträge sind das in Geld bewertete Ergebnis des Produktionsprozesses aus Waren und Dienstleistungen eines Unternehmens, das innerhalb eines Geschäftsjahres anfällt.

Dazu gehören zB. Umsatzerlöse oder Erträge aus dem Verkauf von Anlagen. Erträge führen zu einer Erhöhung des Vermögens.

Der Hauptzweck der Gewinn- und Verlustrechnung ist die direkte Ermittlung des Erfolges und die Darstellung der Ertragslage. Der Gewinn muss mit der Gewinnermittlung aus der Bilanz identisch sein; damit ist dem Prinzip der Doppelten Buchhaltung entsprochen.

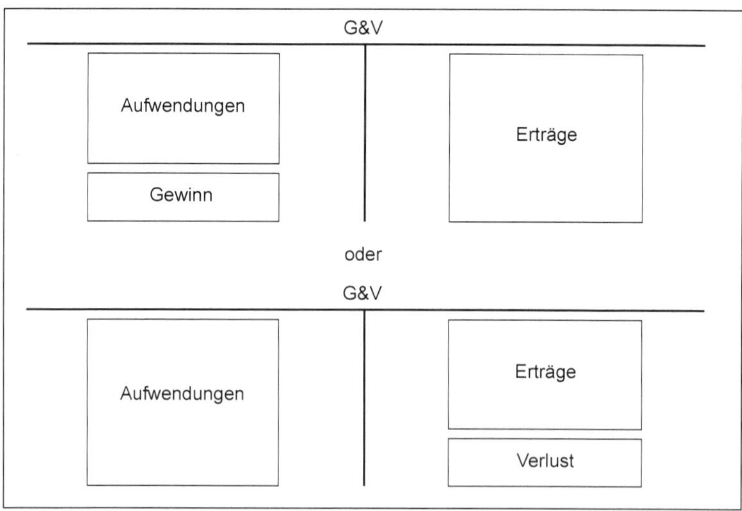

Abbildung 29: Schematische Darstellung der Gewinn- und Verlustrechnung als T-Konto

Der generelle Aufbau der Gewinn- und Verlustrechnung ist in § 231 UGB festgelegt. Demnach muss die Gewinn- und Verlustrechnung in Staffelform erstellt werden. Sie wird in Kapitel 9: Erfolg detailliert erläutert, hier erfolgt eine schematische Darstellung.

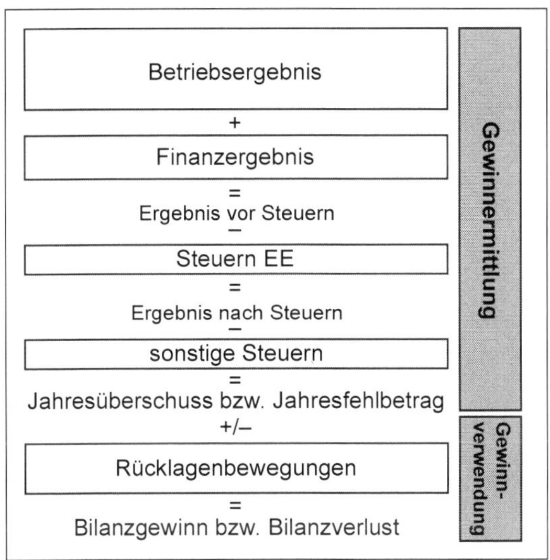

Abbildung 30: Schematische Darstellung der Gewinn- und Verlustrechnung in Staffelform

Im Bereich Gewinnermittlung wird der tatsächliche Gewinn bzw. Verlust des Unternehmens berechnet. Im Bereich Gewinnverwendung entscheidet das Unternehmen, ob der erzielte Gewinn in Form von Rücklagen im Unternehmen bleibt (Gewinnthesaurierung) oder ob der Gewinn an die Eigentümer ausgeschüttet, dh. ausbezahlt, wird, zB. in Form von Dividenden.

Gewinnthesaurierung bedeutet Einbehaltung vom Gewinn oder eines Teilbetrages im Unternehmen zur Selbstfinanzierung. Die Gewinnbeteiligung der Eigentümer erfolgt über die Wertsteigerung des Unternehmens.

Gewinnausschüttung bedeutet Beteilung der Eigentümer am Gewinn durch Auszahlung des Gewinnes oder eines Teilbetrages an die Eigentümer. Im Falle einer Aktiengesellschaft spricht man von einer Dividende, im Falle einer GmbH von Gewinnausschüttung.

Anhang

Der **Anhang** ist ein Bestandteil des Jahresabschlusses und ergänzt die Bilanz und die Gewinn- und Verlustrechnung mit qualitativen (verbalen) und quantitativen (zahlenmäßigen) Informationen, um die Vermittlung eines möglichst getreuen Bildes der Vermögens-, Finanz- und Ertragslage zu unterstützen.

Diese Informationen sind va. für die Bilanzanalyse wesentlich. Allgemein normiert § 236 UGB:

Erläuterung der Bilanz und der Gewinn- und Verlustrechnung

> *§ 236. Im Anhang sind die Bilanz und die Gewinn- und Verlustrechnung sowie die darauf angewandten Bilanzierungs- und Bewertungsmethoden so zu erläutern, dass ein möglichst getreues Bild der Vermögens-, Finanz- und Ertragslage des Unternehmens vermittelt wird. Eine kleine Gesellschaft braucht keine über die Anforderungen in diesem Bundesgesetz hinausgehenden Anhangangaben zu machen, soweit auf sie keine Rechnungslegungsvorschriften für Unternehmen bestimmter Rechtsformen anwendbar sind, die auf Rechtsakten der Europäischen Union beruhen. Die Anhangangaben sind in der Reihenfolge der Darstellung der Posten in der Bilanz und in der Gewinn- und Verlustrechnung zu machen.*

§§ 237 – 241 UGB enthalten Anhangangaben und mögliche Unterlassungen, § 242 UGB enthält Bestimmungen über Erleichterungen für Unternehmen abhängig von Größe und Rechtsform. Zumindest folgende Informationen sind zu enthalten:

- Bilanzierungs- und Bewertungsmethoden
- Vorschüsse und Kredite an Vorstand und Aufsichtsrat
- Haftungsverhältnisse
- Ertrags- und Aufwandspositionen von außerordentlicher Größenordnung oder Bedeutung
- Verbindlichkeiten mit einer Restlaufzeit von mehr als fünf Jahren inklusive Sicherheiten
- Durchschnittliche Zahl der Arbeitnehmer während des Geschäftsjahrs
- Name und Sitz des Mutterunternehmens

3.2.1.3.2.2. Lagebericht

Der Lagebericht ist NICHT Teil des Jahresabschlusses, sondern ein eigenes Berichtsinstrument!

Im **Lagebericht** sollen Geschäftsverlauf und Lage des Unternehmens so dargestellt werden, dass ein möglichst getreues Bild von der Finanz-, Ertrags- und Vermögenslage vermittelt wird.

§ 243 UGB normiert:

Lagebericht

> *§ 243. (1) Im Lagebericht sind der Geschäftsverlauf, einschließlich des Geschäftsergebnisses, und die Lage des Unternehmens so darzustellen, dass ein möglichst getreues Bild der Vermögens-, Finanz- und Ertragslage vermittelt wird, und die wesentlichen Risiken und Ungewissheiten, denen das Unternehmen ausgesetzt ist, zu beschreiben.*
>
> *(2) Der Lagebericht hat eine ausgewogene und umfassende, dem Umfang und der Komplexität der Geschäftstätigkeit angemessene Analyse des Geschäftsverlaufs, einschließlich des Geschäftsergebnisses, und der Lage des Unternehmens zu enthalten. Abhängig von der Größe des Unternehmens und von der Komplexität des Geschäftsbetriebs hat die Analyse auf die für die jeweilige Geschäftstätigkeit wichtigsten finanziellen Leistungsindikatoren einzugehen und sie unter Bezugnahme auf die im Jahresabschluss ausgewiesenen Beträge und Angaben zu erläutern.*

(3) Der Lagebericht hat auch einzugehen auf

1. die voraussichtliche Entwicklung des Unternehmens;

2. Tätigkeiten im Bereich Forschung und Entwicklung;

3. den Bestand an eigenen Anteilen der Gesellschaft, die sie, ein verbundenes Unternehmen oder eine andere Person für Rechnung der Gesellschaft oder eines verbundenen Unternehmens erworben oder als Pfand genommen hat; dabei sind die Zahl dieser Anteile, der auf sie entfallende Betrag des Grundkapitals sowie ihr Anteil am Grundkapital, für erworbene Anteile ferner der Zeitpunkt des Erwerbs und die Gründe für den Erwerb anzugeben. Sind solche Anteile im Geschäftsjahr erworben oder veräußert worden, so ist auch über den Erwerb oder die Veräußerung unter Angabe der Zahl dieser Anteile, des auf sie entfallenden Betrags des Grundkapitals, des Anteils am Grundkapital und des Erwerbs- oder Veräußerungspreises sowie über die Verwendung des Erlöses zu berichten;

4. bestehende Zweigniederlassungen der Gesellschaft;

5. die Verwendung von Finanzinstrumenten, sofern dies für die Beurteilung der Vermögens-, Finanz- und Ertragslage wesentlich ist; diesfalls sind anzugeben

a) die Risikomanagementziele und -methoden, einschließlich der Methoden zur Absicherung aller wichtigen Arten geplanter Transaktionen, die im Rahmen der Bilanzierung von Sicherungsgeschäften angewandt werden, und

b) bestehende Preisänderungs-, Ausfall-, Liquiditäts- und Cashflow-Risiken.

(4) Kleine Gesellschaften mit beschränkter Haftung (§ 221 Abs. 1) brauchen den Lagebericht nicht aufzustellen.

(5) Für große Kapitalgesellschaften, die nicht der Pflicht nach § 243b unterliegen, umfasst die Analyse nach Abs. 2 letzter Satz auch die wichtigsten nichtfinanziellen Leistungsindikatoren, einschließlich Informationen über Umwelt- und Arbeitnehmerbelange. Abs. 3 bleibt unberührt.

§ 243 Abs. 4 UGB enthält Erleichterungen für Unternehmen abhängig von Größe und Rechtsform, § 243a UGB erweitert die Berichtspflichten für börsennotierte Unternehmen. Zur konkreten Erstellung des Lageberichtes hat der Fachsenat für Betriebswirtschaft und Organisation der Kammer der Wirtschaftstreuhänder Fachgutachten veröffentlicht.

3.2.1.3.2.3. Nichtfinanzielle Erklärung, nichtfinanzieller Bericht

Im Rahmen der Umsetzung der Richtlinie 2014/95/EU haben Unternehmen des öffentlichen Interesses, welche mehr als 500 Arbeitnehmer aufweisen und zumindest ein weiteres Größenmerkmal im Sinne des § 221 UGB erfüllen, einen Nachhaltigkeitsbericht auszuweisen.

Dieses Instrument der **nichtfinanziellen Erklärung** bzw. des **nichtfinanziellen Berichts** entspricht dem zunehmenden Bedürfnis nach qualitativer Information.

§ 243b UGB normiert:

Nichtfinanzielle Erklärung, nicht finanzieller Bericht

§ 243b. *(1) Große Kapitalgesellschaften, die Unternehmen von öffentlichem Interesse sind und an den Abschlussstichtagen das Kriterium erfüllen, im Jahresdurchschnitt (§ 221 Abs. 6) mehr als 500 Arbeitnehmer zu beschäftigen, haben in den Lagebericht an Stelle der Angaben nach § 243 Abs. 5 eine nichtfinanzielle Erklärung aufzunehmen.*

(2) Die nichtfinanzielle Erklärung hat diejenigen Angaben zu enthalten, die für das Verständnis des Geschäftsverlaufs, des Geschäftsergebnisses, der Lage der Gesellschaft sowie der Auswirkungen ihrer Tätigkeit erforderlich sind und sich mindestens auf Umwelt-, Sozial- und Arbeitnehmerbelange, auf die Achtung der Menschenrechte und auf die Bekämpfung von Korruption und Bestechung beziehen. Die Analyse hat die nichtfinanziellen Leistungsindikatoren unter Bezugnahme auf die im Jahresabschluss ausgewiesenen Beträge und Angaben zu erläutern.

(3) Die Angaben nach Abs. 2 haben zu umfassen:

1. *eine kurze Beschreibung des Geschäftsmodells der Gesellschaft;*
2. *eine Beschreibung der von der Gesellschaft in Bezug auf die in Abs. 2 genannten Belange verfolgten Konzepte;*
3. *die Ergebnisse dieser Konzepte;*
4. *die angewandten Due-Diligence-Prozesse;*
5. *die wesentlichen Risiken, die wahrscheinlich negative Auswirkungen auf diese Belange haben werden, und die Handhabung dieser Risiken durch die Gesellschaft, und zwar*
    a. *soweit sie aus der eigenen Geschäftstätigkeit der Gesellschaft entstehen und,*
    b. *wenn dies relevant und verhältnismäßig ist, soweit sie aus ihren Geschäftsbeziehungen, ihren Erzeugnissen oder ihren Dienstleistungen entstehen;*
6. *die wichtigsten nichtfinanziellen Leistungsindikatoren, die für die konkrete Geschäftstätigkeit von Bedeutung sind.*

Verfolgt die Gesellschaft in Bezug auf einen oder mehrere der in Abs. 2 genannten Belange kein Konzept, hat die nichtfinanzielle Erklärung eine klare Begründung hiefür zu enthalten.

(6) Eine Gesellschaft ist von der Pflicht zur Erstellung einer nichtfinanziellen Erklärung im Lagebericht befreit, wenn sie einen gesonderten nichtfinanziellen Bericht erstellt, der zumindest die Anforderungen nach Abs. 2 bis Abs. 5 erfüllt. Dieser ist von den gesetzlichen Vertretern aufzustellen, von sämtlichen gesetzlichen Vertretern zu unterzeichnen, den Mitgliedern des Aufsichtsrats vorzulegen, von diesem zu prüfen und gemeinsam mit dem Lagebericht nach § 277 offenzulegen.

Als Vorlage dürfen internationale Rahmenwerke verwendet werden. Ausnahmen zur Erstellung der Erklärung bzw. des Berichts sind vorgesehen.

3.2.1.3.2.4. Corporate Governance-Bericht

Der Begriff **Corporate Governance** ist nicht einheitlich definiert. Im Allgemeinen versteht man unter Corporate Governance Regeln, Werte, Grundsätze oder Gewohnheiten bei der Führung und Kontrolle eines Unternehmens.

Börsennotierte Unternehmen müssen einen Corporate Governance-Bericht veröffentlichen. Dieser enthält umfangreiche Vorschriften, die dem internationalen Standard folgend in drei Regelkategorien eingeteilt sind:

- L = Legal Requirement: Die Vorschrift ist zwingend einzuhalten.
- C = Comply or Explain: Eine Abweichung von der Einhaltung ist zu begründen.
- R = Recommendation: Diese Regel hat lediglich Empfehlungscharakter.

§ 243c UGB normiert:

Corporate Governance-Bericht

> ***§ 243c.*** *(1) Eine Aktiengesellschaft, deren Aktien zum Handel auf einem geregelten Markt im Sinn des § 1 Z 2 BörseG 2018 zugelassen sind oder die ausschließlich andere Wertpapiere als Aktien auf einem solchen Markt emittiert und deren Aktien mit Wissen der Gesellschaft über ein multilaterales Handelssystem im Sinn des § 1 Z 24 WAG 2018 gehandelt werden, hat einen Corporate Governance-Bericht aufzustellen, der zumindest die folgenden Angaben enthält:*
>
> 1. *die Nennung eines in Österreich oder am jeweiligen Börseplatz allgemein anerkannten Corporate Governance Kodex;*
> 2. *die Angabe, wo dieser öffentlich zugänglich ist;*
> 3. *soweit sie von diesem abweicht, eine Erklärung, in welchen Punkten und aus welchen Gründen diese Abweichung erfolgt;*
> 4. *wenn sie beschließt, keinem Kodex im Sinn der Z 1 zu entsprechen, eine Begründung hierfür.*
>
> *(2) In diesem Bericht sind anzugeben:*
>
> 1. *die Zusammensetzung und die Arbeitsweise des Vorstands und des Aufsichtsrats sowie seiner Ausschüsse;*
> 2. *welche Maßnahmen zur Förderung von Frauen im Vorstand, im Aufsichtsrat und in leitenden Stellungen (§ 80 AktG) der Gesellschaft gesetzt wurden;*
> 3. *soweit es sich auch ohne Anwendung des § 221 Abs. 3 zweiter Satz um eine große Aktiengesellschaft handelt, eine Beschreibung des Diversitätskonzepts, das im Zusammenhang mit der Besetzung des Vorstands und des Aufsichtsrats der Gesellschaft in Bezug auf Aspekte wie Alter, Geschlecht, Bildungs- und Berufshintergrund verfolgt wird, der Ziele dieses Diversitätskonzepts sowie der Art und Weise der Umsetzung dieses Konzepts und der Ergebnisse im Berichtszeitraum; wird kein derartiges Konzept angewendet, so ist dies zu begründen.*

In Österreich haben börsennotierte Unternehmen zuzustimmen, den österreichischen Corporate Governance-Kodex einzuhalten; auch hier erstellte die Kammer der Wirtschaftstreuhänder Fachgutachten zur Erstellung eines Corporate Governance-Berichts.

3.2.1.3.2.5. Bericht über Zahlungen an staatliche Stellen

Große Gesellschaften und Unternehmen von öffentlichem Interesse aus dem Bereich der mineralgewinnenden und Holzindustrie müssen jährlich einen **Bericht über Zahlungen an staatliche Stellen** veröffentlichen.

Auszuweisen sind Geld- und Sachleistungen über 100.000 € für Produktionszahlungsansprüche, Ertragsteuern, Nutzungsentgelte, Dividenden, Unterzeichnungs-, Entdeckungs- und Produktionsboni, Lizenz-, Zugangs- und Mietgebühren und Beiträge für die Verbesserung der Infrastruktur.

3.2.1.3.2.6. Bericht des Wirtschaftsprüfers

Ein **Wirtschaftsprüfer** bzw. eine **Wirtschaftsprüfungsgesellschaft** prüft die Rechtmäßigkeit des Jahresabschlusses und des Lageberichtes.

§§ 268–276 UGB normieren die Abschlussprüfung.

Pflicht zur Abschlussprüfung

> ***§ 268.*** *(1) Der Jahresabschluß und der Lagebericht von Kapitalgesellschaften sind durch einen Abschlußprüfer zu prüfen. Dies gilt nicht für kleine Gesellschaften mit beschränkter Haftung (§ 221 Abs. 1), sofern diese nicht auf Grund gesetzlicher Vorschriften einen Aufsichtsrat haben müssen.* ....

Entgegen der weit verbreiteten Meinung prüft die Wirtschaftsprüferin bzw. der Wirtschaftsprüfer NICHT, ob das Unternehmen gut wirtschaftet, sondern ob gemäß § 269 Abs. 1 UGB bei Buchführung und Jahresabschlusserstellung die Finanzgebarung korrekt durchgeführt wird. Der Wirtschaftsprüfer oder die Wirtschaftsprüfungsgesellschaft haben die Einhaltung der gesetzlichen und satzungsmäßigen Vorschriften zu überprüfen, gegebenenfalls nachteilige Veränderungen der Vermögens-, Finanz- und Ertragslage gegenüber dem Vorjahr anzuführen, dem Aufsichtsrat einen Bericht darüber vorzulegen und bei ordnungsgemäßer Durchführung des Jahresabschlusses einen Bestätigungsvermerk nach § 274 UGB zu unterzeichnen. Beim Lagebericht wird neben der Vollständigkeit geprüft, ob er mit dem Jahresabschluss im Einklang steht und ob keine falschen Eindrücke vom Unternehmen erweckt werden. Weiters wird auch die Erstellung der nichtfinanziellen Erklärung bzw. des nichtfinanziellen Berichts sowie des Corporate Governance-Berichtes überprüft.

Gemäß § 273 Abs. 1 UGB enthält der Prüfungsbericht das schriftliche Ergebnis der Prüfung.

Der **Bestätigungsvermerk** der Wirtschaftsprüferin bzw. des Wirtschaftsprüfers enthält neben dem Gegenstand der Abschlussprüfung und den angewandten Prüfungsgrundsätzen das Prüfungsurteil. Das Prüfungsurteil kann lauten:

a) Uneingeschränkter Bestätigungsvermerk, dh. keine Einwände.
b) Eingeschränkter Bestätigungsvermerk, dh. es existieren Einwände.
c) Versagung, dh. aufgrund der Einwände kann kein positives Prüfungsurteil abgegeben werden, oder der Prüfer war nicht in der Lage ein Prüfungsurteil abzugeben.

Gemäß Abschlussprüfungsrechts-Änderungsgesetz (APRÄG) 2016 gilt bei Wirtschaftsprüfern das sog. (externe) Rotationsprinzip. Die maximale Laufzeit eines

Prüfungsauftrags beträgt 10 Jahre bei 4 Jahren Abkühlphase (Cooling-off-Periode), um die Unabhängigkeit und Unparteilichkeit der Abschlussprüfer zu stärken.

3.2.1.3.2.7. Enforcement

Das Enforcement-Verfahren ist ein weiteres Instrument zur Kontrolle der Rechnungslegung. Es wurde zum Schutz der Investoren und zur Stärkung des Vertrauens in den Kapitalmarkt eingeführt, weil neben interner Revision und Aufsichtsräten va. die Abschlussprüfer im Zuge der vergangenen Wirtschaftskrisen als nicht ausreichend unabhängige Kontrollorgane mit Interessenskonflikten gesehen wurden. Enforcement-Stellen sind völlig unabhängig, das Prüfverfahren ist stark formalisiert.

Ein **Enforcement-System** soll einerseits Fehler und Auslassungen bei der Anwendung von Rechnungslegungsvorschriften verhindern und andererseits solche Fehler und Auslassungen, so sie passiert sind, aufdecken und gegebenenfalls kommunizieren. Weiters können bei vom Unternehmen und dessen Wirtschaftsprüfer unabhängigen Stellen Beschwerden und Verdachtsmomente eingebracht werden.

Enforcement-Systeme umfassen im Gegensatz zur Abschlussprüfung nicht die Kontrolle über die Buchhaltung und das Risikomanagement; es werden ausgewählte Sachverhalte und Schwerpunkte im Bereich der Rechnungslegung überprüft, aber keine umfassende Unternehmensprüfung durchgeführt. Ausgehend von der IAS-Verordnung (EG) Nr. 1606/2002 und der Transparenzrichtlinie 2004/109/EG der Europäischen Union führte Österreich mit dem Rechnungslegungs-Kontrollgesetz (RL-KG) ein 2-stufiges Enforcement-Verfahren ein. Während die Österreichische Prüfstelle für Rechnungslegung operativ die Prüfungen durchführt, obliegt der Finanzmarktaufsicht (FMA) die verwaltungsrechtliche Durchsetzung und eine weitere Prüfung, wenn die Ergebnisse der Österreichische Prüfstelle für Rechnungslegung vom Unternehmen nicht akzeptiert werden. Geprüft werden die am geregelten Markt der Wiener Börse gehandelten Unternehmen.

§ 2 Abs. 1 RL-KG bestimmt:

Prüfungsgegenstand

> ***§ 2 RL-KG*** *(1) Die FMA hat zu prüfen, ob die Jahresabschlüsse, Lageberichte, Konzernabschlüsse und Konzernlageberichte sowie die sonstigen vorgeschriebenen Informationen gemäß § 1 Z 22 BörseG 2018 von Unternehmen den nationalen und internationalen Rechnungslegungsvorschriften entsprechen. Sie wird tätig*
>
> *1. bei konkreten Anhaltspunkten für einen Verstoß gegen die Rechnungslegungsvorschriften nach Maßgabe des öffentlichen Interesses;*
>
> *2. ohne besonderen Anlass.*
>
> *Die FMA kann sich bei der Durchführung ihrer Aufgaben geeigneter dritter Personen bedienen.*
>
> *(2) Eine Prüfung hat nur dann den Jahresabschluss zu umfassen, sofern vom Unternehmen kein Konzernabschluss erstellt wurde. Sie umfasst lediglich zuletzt festgestellte Jahres- und Konzernabschlüsse sowie die Halbjahresfinanzberichte des vergangenen und laufenden Geschäftsjahres. Sie bezieht sich nicht auf den Bestätigungsvermerk des Abschlussprüfers. Eine Prüfung*

hat zu unterbleiben, wenn ein Verfahren gemäß § 201 des Aktiengesetzes – AktG, BGBl. Nr. 98/1965, oder gemäß § 163a des Strafgesetzbuches – StGB, BGBl. Nr. 60/1974, anhängig ist oder die Prüfung den Gegenstand einer Sonderprüfung gemäß den §§ 130 ff AktG berühren würde.

3.2.1.3.2.8. Interne Revision

Ein weiteres Kontrollorgan, nicht nur für das Rechnungswesen, ist die interne Revision.

Die **interne Revision** kontrolliert, prüft und berät als (meist) unabhängige Stabstelle Vorgänge innerhalb eines Unternehmens.

Ziel der internen Revision ist daher das systematische Aufdecken von Fehlentwicklungen und die Entwicklung präventiver Maßnahmen zu deren Verhinderung. Weiters leistet sie als Teil des Steuerungs- bzw. Überwachungssystems ein unternehmensinternes Consulting zur Risikovermeidung und Effizienzsteigerung. Im Unterschied zu einer externen Revision durch unabhängige Organe wird die interne Revision (meist) durch eigene Mitarbeiterinnen und Mitarbeiter des Unternehmens durchgeführt; deren Ergebnisse werden nicht veröffentlicht. Die interne Revision ist ua. im UGB, AktG und GmbHG gesetzlich vorgeschrieben. Das UGB normiert:

§ 243a. *(2) Eine Gesellschaft nach § 189a Z 1 lit. a hat im Lagebericht darüber hinaus die wichtigsten Merkmale des internen Kontroll- und des Risikomanagementsystems im Hinblick auf den Rechnungslegungsprozess zu beschreiben.*

Zu den Aufgaben des Prüfungsausschusses für große Gesellschaften lt. § 92 Abs. 4a Z 4 AktG bzw. § 30g Abs. 4a 2. GmbHG gehören:

§ 92. *(4a) Z 4*

- *a. die Überwachung des Rechnungslegungsprozesses sowie die Erteilung von Empfehlungen oder Vorschlägen zur Gewährleistung seiner Zuverlässigkeit;*
- *b. die Überwachung der Wirksamkeit des internen Kontrollsystems, gegebenenfalls des internen Revisionssystems, und des Risikomanagementsystems der Gesellschaft;*
- *c. die Überwachung der Abschlussprüfung und der Konzernabschlussprüfung unter Einbeziehung von Erkenntnissen und Schlussfolgerungen in Berichten, die von der Abschlussprüferaufsichtsbehörde nach § 4 Abs. 2 Z 12 APAG veröffentlicht werden;*
- *d. die Prüfung und Überwachung der Unabhängigkeit des Abschlussprüfers (Konzernabschlussprüfers), insbesondere im Hinblick auf die für die geprüfte Gesellschaft erbrachten zusätzlichen Leistungen; bei Gesellschaften im Sinn des § 189a Z 1 lit. a und lit. d UGB gelten Art. 5 der Verordnung (EU) Nr. 537/2014 und § 271a Abs. 6 UGB;*
- *e. die Erstattung des Berichts über das Ergebnis der Abschlussprüfung an den Aufsichtsrat und die Darlegung, wie die Abschlussprüfung zur Zuverlässigkeit der Finanzberichterstattung beigetragen hat, sowie die Rolle des Prüfungsausschusses dabei;*

f. *die Prüfung des Jahresabschlusses und die Vorbereitung seiner Feststellung, die Prüfung des Vorschlags für die Gewinnverteilung, des Lageberichts und gegebenenfalls des Corporate Governance-Berichts sowie die Erstattung des Berichts über die Prüfungsergebnisse an den Aufsichtsrat;*
g. *gegebenenfalls die Prüfung des Konzernabschlusses und des Konzernlageberichts, des konsolidierten Corporate Governance-Berichts sowie die Erstattung des Berichts über die Prüfungsergebnisse an den Aufsichtsrat;*
h. *die Durchführung des Verfahrens zur Auswahl des Abschlussprüfers (Konzernabschlussprüfers) unter Bedachtnahme auf die Angemessenheit des Honorars sowie die Empfehlung für seine Bestellung an den Aufsichtsrat. Bei Gesellschaften im Sinn des § 189a Z 1 lit. a und lit. d UGB gilt Art. 16 der Verordnung (EU) Nr. 537/2014.*

Gemäß § 273 Abs. 2 UGB hat der Abschlussprüfer bzw. die Abschlussprüferin das interne Kontrollsystem und Risikomanagementsystem zu prüfen und gegebenenfalls darüber zu berichten.

3.2.1.3.2.9. Due Diligence Prüfung

Eine **Due Diligence Prüfung** ist die Prüfung eines Unternehmens durch einen potenziellen Käufer, wobei va. rechtliche, wirtschaftliche und steuerliche Aspekte sowie Risiko im Vordergrund stehen.

Im Rahmen einer Due Diligence Prüfung erhält ein möglicher Käufer Einblick in Unternehmensdaten, nicht nur aus dem Rechnungswesen, um Risken und Wert einer künftigen Übernahme abzuschätzen. Es gilt absolute Vertraulichkeit; meist werden auch externe Consulenten hinzugezogen.

3.2.2. Kostenrechnung

Grundsätzlich stehen als zwei große Rechenwerke der Kostenrechnung die
- Produktkostenrechnung
- Prozesskostenrechnung

zur Verfügung. Beide Ansätze führen zur Kalkulation von Kosten und Leistungen, allerdings aus einer ganz anderen Sichtweise:

Im Rahmen der **Produktkostenrechnung** wird auf Basis von Vollkosten oder Teilkosten (siehe Kapitel 9) kalkuliert, welche Kosten an welchem Ort und für welches Produkt bzw. welche Leistung anfallen.

Im Rahmen der **Prozesskostenrechnung** werden – auch abteilungsübergreifende – Arbeitsschritte und Prozesse kalkuliert, um die Kosten dieser Arbeitsschritte dem jeweiligen Produkt bzw. der jeweiligen Leistung zuzuordnen.

Die folgende Abbildung verdeutlicht die Abhängigkeit des internen Rechnungswesens vom externen Rechnungswesen.

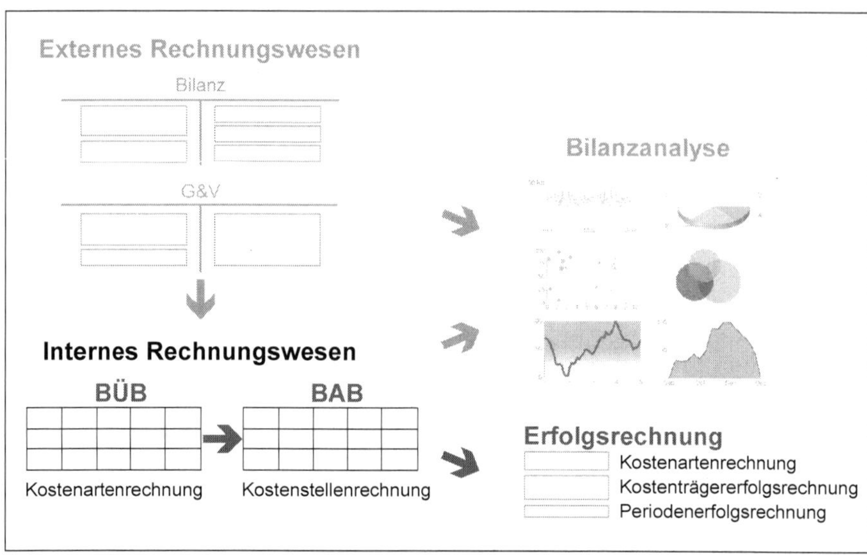

Abbildung 31: Einbettung des internen Rechnungswesens ins betriebliche Rechnungswesen

Im Bereich der Produktkostenrechnung stehen als Instrumente die

- Kostenartenrechnung
- Kostenstellenrechnung
- Erfolgsrechnung
- Entscheidungsrechnung

im Vordergrund, die Schritt für Schritt aufeinander folgen. Aufgrund ihrer Komplexität wird die Prozesskostenrechnung im Rahmen dieses Buches nicht behandelt.

Die folgende Abbildung erweitert die vorherige Abbildung.

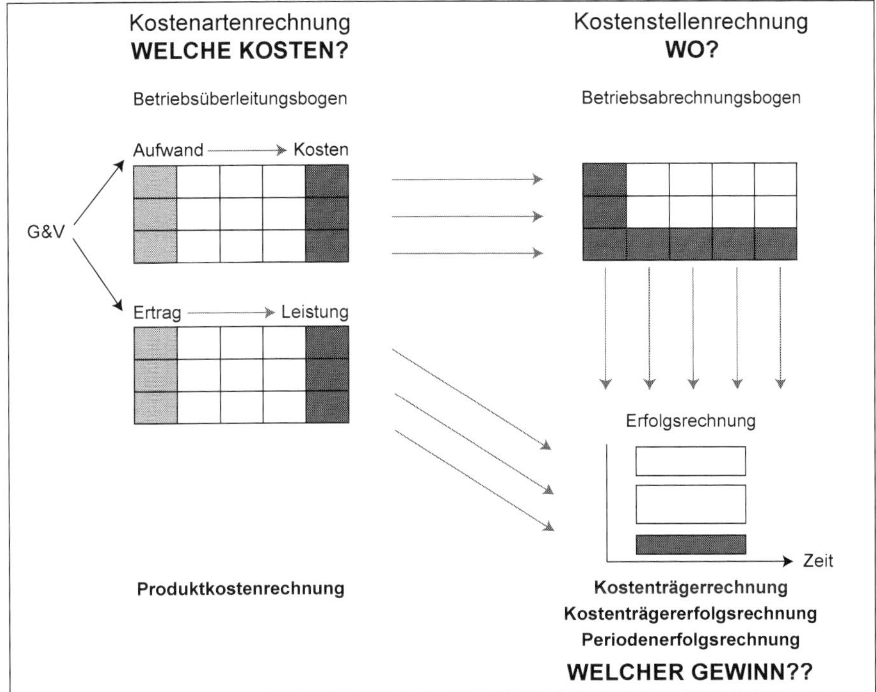

Abbildung 32: Ablauf der Produktkostenrechnung

Die für die Kostenrechnung benötigten Daten werden der Buchhaltung, ua. der Gewinn- und Verlustrechnung, entnommen. Diese Erträge und Aufwendungen müssen anschließend mittels Betriebsüberleitungsbogen in Leistungen und Kosten umgerechnet werden, um die Datengrundlage für die Kostenrechnung vorzubereiten: In der so genannten Kostenartenrechnung erfolgt eine Aufgliederung der in der Abrechnungsperiode angefallenen Kosten nach deren Art bzw. Inhalt (zB. Materialkosten, Personalkosten, kalkulatorische Abschreibungen, …).

Die einzelnen Kostenarten werden mittels Betriebsabrechnungsbogen auf die Kostenstellen umgelegt, dh. es wird ersichtlich, wo welche Kosten angefallen sind (Zweigstelle A, Fertigungswerkstatt, Arbeitsplatz eines Mitarbeiters, …).

In der Kostenträgerrechnung wird ermittelt, welche Kosten jedes erzeugte Produkt bzw. jede Leistung verursacht. Verknüpft mit den Leistungsdaten, die von den buchhalterischen Erträgen umgerechnet wurden, lässt sich in der Kostenträgerrechnung der Erfolg der einzelnen Leistungsträger und in der Periodenerfolgsrechnung der Erfolg aller Leistungsträger pro Periode ermitteln.

Da die Kostenrechnung auf der Buchhaltung aufbaut, fehlen noch grundlegende Kenntnisse zum Verständnis dieser Instrumente, die erst im Laufe der folgenden Kapitel erarbeitet werden. An dieser Stelle wird daher bezgl. der einzelnen Instrumente der Kostenrechnung auf Kapitel 9 verwiesen.

3.2.3. Bilanzanalyse

Die folgende Abbildung verdeutlicht die Einbettung der Bilanzanalyse in das externe und in das interne Rechnungswesen.

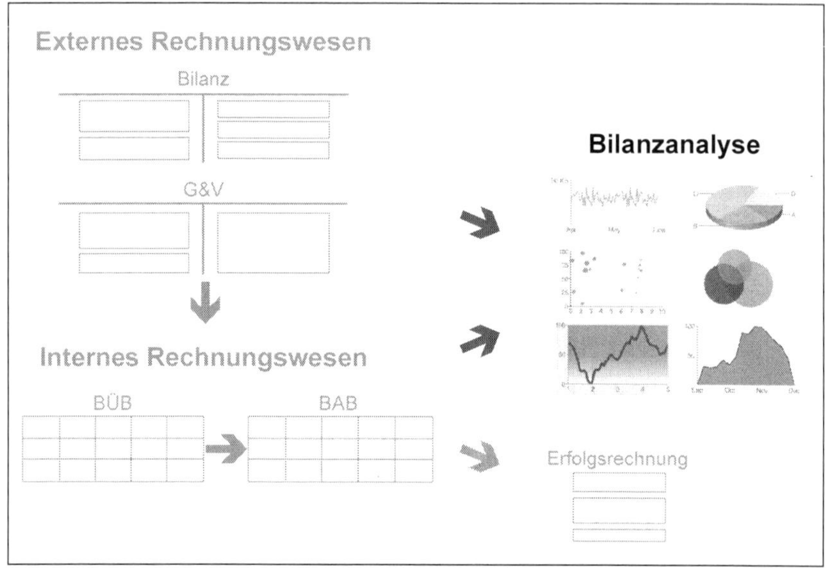

Abbildung 33: Einbettung der Bilanzanalyse in das Rechnungswesen

Im Bereich Bilanzanalyse stehen Verfahren zur Informationsgewinnung und -auswertung im Vordergrund, mit dessen Hilfe Erkenntnisse über das Unternehmen gewonnen werden können. Der Begriff Bilanzanalyse bezieht sich nicht nur auf die Analyse der Bilanz, sondern auf die Analyse der gesamten Geschäftsgebarung und des gesamten Umfeldes eines Unternehmens.

Die **Bilanzanalyse i.w.S.** ist ein Instrument zur Verarbeitung von Informationen aus dem gesamten Rechnungswesen.

3.2.3.1. Informationsbasis

Grundsätzlich können einer Analyse

- quantitative und
- qualitative

Informationen zugrunde liegen.

Bilanzanalyse auf Basis quantitativer Informationen

Quantitative Daten sind als monetäre oder mengenmäßige Größen formulierbar und sind der Ansatzpunkt der traditionellen Kennzahlenrechnung.

Eine **Kennzahl** ist eine quantitative Messgröße.

Kennzahlensysteme setzen mehrere Kennzahlen zueinander in Verbindung, um die Aussagekraft der Kennzahlen zu erhöhen und Zusammenhänge aufzuzeigen. Eines der bekanntesten Kennzahlensysteme ist das DuPont'sche Kennzahlensystem.

Kennzahlen sind demnach hoch verdichtete Informationen, um in kompakter Form über einen zahlenmäßig erfassbaren Sachverhalt zu berichten. Sie umfassen Absolutzahlen und Relativzahlen.

- Absolutzahlen sind Einzelzahlen, zB. Gewinn = 100, Summen, zB. Anlagevermögen = 2.000, zB. Betriebsergebnis = 70, Differenzen und Mittelwerte, zB. durchschnittliches Eigenkapital. Ihre Aussagekraft ist aber aufgrund fehlender Vergleichsmaßstäbe sehr gering.
- Relativzahlen hingegen setzen zwei Zahlen in Verbindung und haben durch diesen Vergleich eine erhöhte Aussagekraft.
  - Gliederungszahlen stellen Teilgrößen der Gesamtgröße gegenüber, sie zeigen das relative Gewicht im Vergleich zum Ganzen, zB. langfristiges Fremdkapital : gesamtes Fremdkapital.
  - Beziehungszahlen beziehen verschiedenartige Gesamtheiten aufeinander, die in einem Sachzusammenhang stehen, zB. Löhne pro Mitarbeiter. Ein Nachteil dabei ist, dass der Grund für die Veränderung der Kennzahl nicht festgestellt werden kann, zB. durchschnittliche Löhne pro Mitarbeiter in 19X1 400, in 19X2 600. Wurden nun die Löhne erhöht oder verringerte sich die Zahl der geringer bezahlten Mitarbeiter?
  - Indexzahlen spiegeln die zeitliche Veränderung einer Größe wider, wobei der Wert eines Basiszeitpunktes auf 100 % gesetzt und alle folgenden Werte im Verhältnis zu diesem Basiswert gemessen werden, zB. Aktien- oder Preisindizes.

Qualitative Informationen

Ein wichtiges Analysepotenzial stellen die nicht quantifizierbaren, qualitativen Informationen dar, die daher schwer einzubringen sind. Bilanzanalysen erlangen ihre volle Aussagekraft aber nur dann, wenn man den ökonomischen Hintergrund des Unternehmens kennt und bei der Interpretation berücksichtigt. Beispiele sind Eigentümerverhältnisse oder Absatzmärkte.

Für quantitative und qualitative Informationen gilt, dass ihre Beurteilung und Interpretation Vergleichsmaßstäbe voraussetzt:

- Bei einem Zeitvergleich oder intertemporären Vergleich werden Kennzahlen einer Unternehmung über Perioden hinweg verglichen. Dabei wird die Wirkung vieler Informationsverzerrungen langfristig aufgehoben und die Veränderung von Kennzahlen kann aussagekräftig interpretiert werden. Im Gegensatz zu einer statischen Analyse über nur ein Jahr liegt hier eine dynamische Betrachtung vor.
- Bei einem Branchenvergleich werden die Kennzahlen mit Unternehmen der gleichen Branche verglichen, wobei auch diese Unternehmen untereinander vergleichbar sein müssen (Größe, Struktur, Produktpalette, ...). Der Branchenvergleich zeigt die Stellung des eigenen Betriebes im Verhältnis zu anderen gleichartigen Unternehmen der Branche. Vergleichsdaten werden in Österreich von Interessenvertretungen und staatlichen Institutionen zur Verfügung gestellt, die die Daten verdichten und die Branchenstruktur aufzeigen.
- Bei einer Abweichungsanalyse wird aufgezeigt, in welchen Bereichen die geplanten Ziele nicht erreicht bzw. überkompensiert wurden, und ist somit ein wesentliches Instrument einer Schwachstellenanalyse. Ein Soll-Ist-Vergleich ist ia. nur bei Betriebsanalysen durchführbar.

Die Bilanzanalyse ist gesetzlich nicht vorgeschrieben und nicht gesetzlich normiert. Sie kann auf Basis

- veröffentlichter Informationen
- nicht veröffentlichter Informationen

durchgeführt werden.

Bilanzanalyse auf Basis veröffentlichter Informationen

Die **Bilanzanalyse i.e.S.**, auch **Jahresabschlussanalyse** genannt, ist ein Instrument zur Verarbeitung von Informationen aus dem externen Rechnungswesen und basiert auf veröffentlichten Informationen.

Externen Bilanzanalytikern stehen lediglich die vom Unternehmen veröffentlichten Daten zur Verfügung. Dazu zählen neben den gesetzlich vorgeschriebenen Veröffentlichungen freiwillige Informationen wie Aktionärsbriefe, Pressekonferenzen oder Publikationen in Fachzeitschriften. Diese veröffentlichten Informationen sind im Rahmen der rechtlichen Möglichkeiten bewusst gestaltete, auf die Ziele des Unternehmens ausgerichtete Informationen. Die Ergebnisse der Bilanzanalyse werden von gesetzlichen Regelungen beeinflusst, da die verwendeten Informationen auf dem gesetzlich normierten Rechnungswesen basieren. Vor allem die Wahlrechte bei der Bewertung von Vermögen und Kapital (siehe Kapitel 4: Bewertung) verzerren Interpretationen, wenn sie nicht erkannt und bewusst angesprochen werden. Trotz dieser Nachteile ist die Bilanzanalyse i.e.S. meist die einzige Möglichkeit für externe Bilanzleser, eine Analyse des Unternehmens durchzuführen, da sonst keine anderen Informationen zur Verfügung stehen.

Adressaten externer Bilanzanalysen sind zunächst Gläubiger, dh. Personen, denen das Unternehmen etwas schuldet. Sie sind an der Finanzkraft der Unternehmung interessiert, im Vordergrund stehen Informationen über die planmäßige Erfüllung von Zinszahlungen und Schuldentilgung sowie über das Liquiditätsrisiko, dh. das Risiko einer Zahlungsunfähigkeit. Die Ertragskraft, dh. folglich der Gewinn, ist für Eigentümer, Gewerkschaften, Konkurrenz und Kontrollinstanzen entscheidend: Die Aktionäre erwarten von einer Bilanzanalyse Informationen über die Kursentwicklung und die Fähigkeit zu Dividendenzahlungen als zukünftige Einnahmequelle. Gewerkschaften benötigen Richtlinien und Argumente zur Durchsetzung von Lohn- und Gehaltsforderungen; die Sicherung der Arbeitsplätze ist nur bei langfristig ausreichender Ertragskraft garantiert. Die Konkurrenz benötigt einen Maßstab zur Beurteilung der eigenen Lage und zum Aufbau zukünftiger Marktstrategien.

Bilanzanalyse auf Basis nicht veröffentlichter Informationen

Die innerbetriebliche Bilanzanalyse, auch **Betriebsanalyse** genannt, ist ein Instrument zur Verarbeitung von Informationen aus dem internen Rechnungswesen.

Die Betriebsanalyse wird von Mitarbeitern des Unternehmens oder Unternehmensberatern durchgeführt, die Zugang zu allen unternehmensinternen Daten haben. Sie ist sehr aussagekräftig, da nicht auf unvollständiges, für die Öffentlichkeit repräsentativ dargestelltes Datenmaterial zurückgegriffen werden muss, das möglicherweise ein bewusst verzerrtes Bild von der Unternehmung zeigt. Die innerbetriebliche Bilanzanalyse vermittelt Informationen für die Entscheidungsträger und erlaubt in weiterer Folge zB. die Kontrolle über die Mitarbeiter und die Erreichung der geplanten Ziele sowie Steuerung der Unternehmung über Zielvorgaben. Mit Hilfe der errechneten Kenngrößen kann ein rascher Überblick über wichtige Daten gegeben werden, die Gefahren und Schwachstellen der Unternehmung aufzeigen. Aufgrund des nicht für die Öffentlichkeit bestimmten verwendeten Datenmaterials und der nicht der Bilanzpolitik unterliegenden Aussagen über die Unternehmung stehen Betriebsanalysen meist unter strenger Geheimhaltung.

Unabhängig von der internen oder externen Ausrichtung und von den Instrumenten sind der Aussagekraft der Bilanzanalyse Grenzen gesetzt. Die folgenden Schwachstellen bedingen eine kritische Betrachtung aller veröffentlichter Analyseergebnisse:

- Die Informationsgewinnung stellt ein Problem hinsichtlich der Informationsqualität und -quantität dar. Wesentliche Informationen stehen im Spannungsfeld zwischen Konkurrenzschutz und Offenlegung, va. bei der externen Bilanzanalyse.
- Der Jahresabschluss präsentiert fast ausschließlich in Geld quantifizierbare Daten, wodurch für die Unternehmensbeurteilung wesentliche qualitative Informationen (zB. Führungsstil des Managements, Stand der Forschung und Entwicklung) fehlen.
- Die gesetzlichen Bewertungsprinzipien, zB. das Anschaffungswertprinzip (siehe Kapitel 4: Bewertung), oder Bilanzierungswahlrechte bewirken eine Verzerrung in der Bewertung des Vermögens, die von einem externen Analysten nicht abgeschätzt werden kann.
- Der Jahresabschluss ist eine Vergangenheitsrechnung. Er basiert auf vergangenheitsorientierten Daten und bietet kaum zukunftsbezogene Informationen.
- Durch die lange Bilanzierungsperiode von einem Jahr lassen sich keine kurzfristigen Trends ablesen, Monats- oder Zwischenbilanzen sind selten zur Einsicht vorhanden.
- Die Bilanz wird erst eine geraume Zeit nach dem Bilanzstichtag veröffentlicht; in diesem Zeitraum, der bei einer Aktiengesellschaft bis zu 8 Monaten beträgt, kann sich die Lage des Unternehmens eindeutig verändert haben.

Instrumente der Bilanzanalyse sind Verfahren oder Methoden, mit deren Hilfe verdichtete Aussagen über ein Unternehmen getroffen werden können. Viele dieser Instrumente, zB. die Diskriminanzanalyse oder neuronale Netze, basieren auf mathematisch orientierten Verfahren. Sie sind ia. aufwändig zu rechnen und benötigen umfassendes Informationsmaterial. Im Rahmen dieses Buches wird ausschließlich die Kennzahlenanalyse behandelt. Sie führt ebenso wie die anderen Verfahren nicht zu exakten Ergebnissen und Aussagen, hat aber den nicht zu übersehenden Vorteil, dass sie einen raschen Überblick über die betrachteten Bereiche eines Unternehmens geben kann und weniger Informationen benötigt, da sie auf dem veröffentlichten Jahresabschluss eines einzelnen Unternehmens basiert, der einfach zu erlangen ist.

In Theorie und Praxis existiert keine einheitliche Berechnungsmethode der Kennzahlenanalyse. Die Kennzahlen werden nach dem jeweiligen Zweck und den zur Verfügung stehenden Daten definiert. Kennzahlen geben auch keine exakte Aussage über einen Unternehmensbereich, sondern zeigen lediglich eine Tendenz. Daher kann auch deren Berechnung mit gerundeten Werten (auf T, Mio) durchgeführt werden. Um die Ergebnisse durch Vergleiche gehaltvoller interpretierbar machen zu können, veröffentlicht ua. die Oesterreichische Nationalbank regelmäßig Bilanzkennzahlen österreichischer Unternehmen, an denen man sich bei der Interpretation von Bilanzkennzahlen orientieren kann. Die Kennzahlenberechnung dieses Buches orientiert sich Großteils an den Berechnungsschemata der OeNB im Internet.[1]

Ergänzend werden Kennzahlen und Berechnungsmethoden vorgeschlagen, die in der Praxis geläufig sind.

3.2.3.2. Analysebereiche

Ebenso wie die Berechung von Kennzahlen ist deren Gliederung in einzelne Kategorien unterschiedlich und orientiert sich an den Zielsetzungen und Fragestellungen der Analysten.

Unabhängig vom Blickpunkt werden grundsätzlich folgende Bereiche analysiert:

- Vermögensstruktur
- Finanzstruktur
- Ertragsstruktur
- Liquidität

Vermögensstruktur

Die Analyse der Vermögensstruktur bezieht sich auf die Zusammensetzung der Aktivseite der Bilanz und zeigt die zeitliche Entwicklung der einzelnen Positionen des Anlage- und Umlaufvermögens, deren Abnutzung und Umschlagshäufigkeit sowie deren Relationen untereinander auf.

Finanzstruktur

Die Analyse der Finanzstruktur bezieht sich auf die Zusammensetzung der Passivseite der Bilanz und zeigt die zeitliche Entwicklung der einzelnen Eigenkapital- und Fremdkapitalpositionen, deren Fristigkeit und Umschlagshäufigkeit sowie deren Relationen untereinander auf.

Ertragsstruktur

Die Analyse der Ertragsstruktur bezieht sich einerseits auf die Entwicklung einzelner Positionen der Gewinn- und Verlustrechnung sowie deren Relationen untereinander. Andererseits werden einzelne Positionen der Gewinn- und Verlustrechnung in Relation zu Bilanzgrößen gesetzt. Damit soll gezeigt werden, wie profitabel und wie rentabel das Unternehmen wirtschaftet bzw. es können Verbesserungspotenziale abgeleitet werden.

Liquidität

Die Analyse der Liquidität bezieht sich auf Positionen der Bilanz und der Gewinn- und Verlustrechnung. Sie hinterfragt, ob bzw. in welchem Ausmaß das Unternehmen in der Lage ist, seine kurzfristigen Schulden zu begleichen.

Um den integrativen Charakter des Rechnungswesens hervorzuheben, wird die

---

[1] http://www.oenb.at/Statistik/Standardisierte-Tabellen/Realwirtschaftliche-Indikatoren/Jahresabschlusskennzahlen-von-Unternehmen/Definition-der-Kennzahlen.html.

Kennzahlenanalyse nicht als eigenes Kapitel, sondern im Rahmen der korrespondierenden Kapitel behandelt. Die Kennzahlen werden nur für Größen des externen Rechnungswesens berechnet, finden in der Praxis aber ebenso im internen Rechnungswesen Anwendung.

3.3. Aufgaben

3.3.1. Theoriefragen

3/T-1: Welche Aussagen sind falsch?

A. Freiwillige Bilanzen werden zur eigenen Information erstellt. Als Beispiel ist die Halbjahresbilanz zu nennen, die vorwiegend größere Unternehmen durchführen.

B. Dem Zeitbezug nach kann zwischen Planbilanz und Istbilanz unterschieden werden. Während Istbilanzen die Vorgänge der Vergangenheit aufzeichnen, dienen Planbilanzen, ähnlich einem Finanzplan, der Vorschau auf oder als Vorgabe für die nächste Periode.

C. Sonderbilanzen werden jede Periode erstellt, zB. am Anfang und Ende oder als Zwischeninformation während des Geschäftsjahres.

D. Ordentliche Bilanzen werden nur zu einem bestimmten Anlass erstellt, wie bei Gründung eines Unternehmens, bei Fusion, Konkurs oder freiwilliger Liquidation.

3/T-2: Welche Aussagen über externe Bilanzen bewerten Sie als richtig bzw. eher zutreffend?

A. Maßgebend für die Erstellung von externen Bilanzen sind die handels- und steuerrechtlichen Bilanzierungsvorschriften.

B. Externe Bilanzen sind für die externen Bilanzinteressenten bestimmt, die einen Anspruch auf Rechenschaftslegung und Information haben.

C. Externe Bilanzen sind weniger aussagefähig als interne Bilanzen.

D. Externe Bilanzen dienen lediglich der Information der Geschäftsführung und sind Außenstehenden meistens nicht zugänglich.

3/T-3: Wann ist eine Liquidationsbilanz aufzustellen?

A. Am Ende des Jahres.

B. Am Beginn des Jahres.

C. Im Falle der Totalliquidation von den Liquidatoren.

D. Wenn die Unternehmung kein Vermögen mehr hat.

3/T-4: Welche der folgenden Bilanzen gelten als ordentliche Bilanzen?

A. Eröffnungsbilanz

B. Ausgleichsbilanz

C. Schlussbilanz

D. Liquidationsbilanz

3/T-5: Ordentliche Bilanz bedeutet, dass diese
- A. ordentlich im Sinne von übersichtlich gestaltet ist.
- B. einem ordentlichen Bilanzierungsanlass folgt.
- C. keine Sonderbilanz ist.
- D. eine externe Bilanz ist.

3/T-6: Welche Aussagen bezüglich der Unterscheidung von Bilanzen (Jahresabschlüssen) sind richtig?
- A. Zu den verschiedenen Erscheinungsformen von Jahresabschlüssen zählen: Rechtsnorm, Zeitbezug, Bilanzadressant, Bilanzierungsanlass, Umfang und Wirtschaftszweig.
- B. Sowohl freiwillige Bilanzen als auch gesetzliche Bilanzen müssen nach den Vorschriften des Gesetzes erstellt werden.
- C. Ordentliche Bilanzen werden einmal jährlich, und zwar immer am 31.12., erstellt.
- D. Jedes Unternehmen muss eine Bilanz erstellen, wenn es eine im Gesetz definierte Größe und Rechtsform aufweist.

3/T-7: Die Planbilanz
- A. ist Teil der umfassenden Prognoserechnung.
- B. ist nicht vergangenheitsorientiert, sondern in die Gegenwart gerichtet.
- C. soll die einzelnen Teilpläne unter Berücksichtigung des Zielsystems der Unternehmung darstellen.
- D. ist Teil der Istbilanz.

3/T-8: Welche Aussage ist falsch?
- A. Die Steuerbilanz eines Unternehmens weist nicht zwingend die gleichen Posten wie in der entsprechenden Unternehmensbilanz auf, dennoch ist eine Annäherung aufgrund des Maßgeblichkeitsprinzips gegeben.
- B. Zur Aufstellung der Steuerbilanz muss aufgrund des sog. Grundsatzes der Maßgeblichkeit die Unternehmensbilanz zugrunde gelegt werden (§ 5 Abs. 1 EStG), wodurch sich zwangsläufig erhebliche Abhängigkeiten ergeben.
- C. Zur Überleitung von einer reinen Unternehmensbilanz auf eine Steuerbilanz wird ein Betriebsüberleitungsbogen verwendet.
- D. Zu unterscheiden sind die originäre Steuerbilanz und die offene Steuerbilanz.

3/T-9: Wofür wird eine Zwischenbilanz verwendet?
- A. Sie berechnet zwischen Anfangs- und Endbilanz einen Durchschnittswert.
- B. Die Zwischenbilanz wird zur Ermittlung eines Zwischenwertes der Hauptbilanz verwendet.
- C. Die Zwischenbilanz wird aus Gründen der aktuellen Informationsgewinnung gelegentlich zu einem Stichtag erstellt.
- D. Die Zwischenbilanz wird nur in Großkonzernen verwendet.

3/T-10: Die Bezeichnung Sonderbilanz umfasst
- A. Bilanzen von Unternehmen mit einer besonderen = abweichenden Geschäftsstruktur.
- B. Liquiditätsbilanzen.
- C. Mergers and Acquisitions.
- D. Konzernbilanzen mit ausländischen Tochterunternehmen.

3/T-11: Der Bilanzstichtag
- A. ist immer mit dem Ende des Kalenderjahres identisch.
- B. muss aufgrund der Bilanzkontinuität grundsätzlich beibehalten werden.
- C. muss aufgrund der Bilanzkontinuität immer beibehalten werden.
- D. kann durch die Gesellschafter geändert werden.

3/T-12: Welche Antwort / welche Antworten zum Lagebericht ist / sind falsch?
- A. Der Lagebericht muss von jedem Unternehmen festgelegt werden.
- B. Der Lagebericht weist die Risiken des Unternehmens aus.
- C. Der Lagebericht weist die aktuelle Lage des Unternehmens aus.
- D. Der Lagebericht weist die zukünftige Entwicklung des Unternehmens aus.

3/T-13: Welche der folgenden Aussagen sind korrekt?
- A. Der Abschlussprüfer beurteilt, ob die Übereinstimmung des Jahresabschlusses mit dem Lagebericht den Grundsätzen ordnungsgemäßer Buchführung entspricht.
- B. Die wirtschaftliche Lage wird beurteilt.
- C. Der Bestätigungsvermerk ist einmal jährlich zusammenzufassen.
- D. Der Abschlussprüfer darf erst nach vollständigem Abschluss der materiellen Prüfung den Bestätigungsvermerk unterzeichnen und dem Aufsichtsrat erteilen.

3/T-14: Der Bestätigungsvermerk
- A. wird vom Steuerprüfer ausgestellt.
- B. wird im Lagebericht veröffentlicht.
- C. bedeutet, dass der Geschäftsabschluss ordnungsgemäß durchgeführt wurde.
- D. ist rechtlich unerheblich.

3/T-15: In der Finanzbuchhaltung werden
- A. Vermögen und dessen Veränderung aufgezeichnet.
- B. Fremdkapital und dessen Veränderungen aufgezeichnet.
- C. Eigenkapital und dessen Veränderung aufgezeichnet.
- D. Aufwendungen und Erträge und folglich der Ertrag einer Periode ermittelt.

3/T-16: Ein Fernsehgerät kann

A. eine Aufwandsposition sein.
B. eine Ertragsposition sein.
C. ein Anlagevermögen sein.
D. ein Umlaufvermögen sein.

3/T-17: Welche Aussagen zur Passivseite der Bilanz sind zutreffend?

A. Die Passivseite wird auch Kapitalseite genannt.
B. Die Passivseite zeigt die Mittelherkunft.
C. Die Passivseite zeigt die Mittelverwendung.
D. Die Passivseite gibt eine Übersicht über die Art und die Werte der zum Bilanzstichtag vorhandenen Vermögensgegenstände.

3/T-18: Die Bilanzsumme

A. ist der Gewinn eines Jahres und ist unter dem Posten Umsatzerlöse in der Gewinn- und Verlustrechnung ablesbar.
B. steht am Ende der Gewinn- und Verlustrechnung und ist das tatsächliche Ergebnis der Erträge nach Abzug der Aufwendungen.
C. muss sowohl bei den Aktiva wie auch den Passiva dasselbe Ergebnis aufweisen.
D. kann sowohl bei den Aktiva wie auch den Passiva dasselbe Ergebnis aufweisen.

3/T-19: Ein Geldbetrag, der aus der Unternehmung abfließt, heißt:

A. Auszahlung
B. Ausgabe
C. Aufwendung
D. Kosten

3/T-20: Eine Einnahme kann sein

A. Warenverkauf gegen Barzahlung.
B. Forderung an Dritte.
C. Auflösung stiller Reserven.
D. Erstellen eines Anlagengegenstandes.

3/T-21: Welche Aussagen bezüglich Rechengrößen stimmen?

A. Abschreibungen sind Kosten.
B. Abschreibungen sind Ausgaben.
C. Kumulierte Abschreibungen sind Aufwand.
D. Zuschreibungen sind Ertrag.

3/T-22: Wenn ein Marmeladeglas zerbricht, handelt es sich um

A. eine Auszahlung.
B. einen Aufwand.
C. eine Ausgabe.
D. Kosten.

3/T-23: Welche Aussage / welche Aussagen bezüglich der Bilanzanalyse ist / sind richtig?

A. Mit Hilfe der Bilanzanalyse können Erkenntnisse über die Finanz- und Ertragslage des Unternehmens gewonnen werden.
B. Das Gesetz schreibt die Erstellung des Jahresabschlusses und des Lageberichtes nach genau definierten Richtlinien vor und räumt keine Spielräume zur Gestaltung ein.
C. Die innerbetriebliche Bilanzanalyse wird auch Betriebsanalyse genannt.
D. Instrumente der Bilanzanalyse sind die Berechnung von Unternehmenskennzahlen und die Kapitalflussrechnung.

3/T-24: Die Bilanzanalyse mittels Kennzahlen

A. ist eine exakte Berechnung.
B. gibt einen ungefähren Überblick über ein Unternehmen.
C. ist international vergleichbar.
D. kann mittels veröffentlichter Jahresabschlüsse berechnet werden.

3/T-25: Die Abkürzung OeNB steht für

A. Oesterreichische Notenbank.
B. Oesterreichische Nationalbank.
C. Oesterreichische Nationalbörse.
D. Oeffentliche Nationalbibliothek.

3/T-26: Wenn eine große Bank pleitegeht,

A. war deren Governance schlecht.
B. ist das UGB schlecht.
C. war deren interne Revision mangelhaft.
D. hat die externe Revision falsch beraten.

3/T-27: Eine Due Diligence-Prüfung

A. ist gesetzlich bei einer Unternehmensübernahme vorgeschrieben.
B. bezieht sich auf die Einhaltung des Corporate Governance Codes.
C. beinhaltet eine Risikoprüfung.
D. ist eine unternehmensinterne Prüfung.

3/T-28: Corporate Governance

A. ist für alle Unternehmen verpflichtend einzuhalten.
B. ist Teil der Grundsätze ordnungsgemäßer Buchführung.
C. muss von börsennotierten Untenehmen eingehalten werden.
D. ist in Österreich in L,C,R-Regeln gegliedert.

3/T-29: Die interne Revision

A. sollte eine Stabstelle sein.
B. ist jährlich durchzuführen.
C. überprüft die Wirtschaftlichkeit von Betriebsabläufen.
D. übernimmt die Abschlussprüfung.

3.3.2. Beispiele

3/0-1: Eigenkapital I

Folgendes Inventar ist gegeben: Gebäude 50.000 €, Maschinen 35.000 €, Verbindlichkeiten 60.000 €. Wie hoch ist das Eigenkapital?

3/0-2: Eigenkapital II

Errechnen Sie das Eigenkapital und den Gewinn aus folgender Aufstellung (in €); keine Veränderung des nominellen Eigenkapitals während des Geschäftsjahres:

Bilanzposition	**Jahresanfang**	**Jahresende**
Auto	1.000	1.070
Bankkredit	5.195	5.200
Eigenkapital	?	?
Gebäude	6.700	6.540
Gewinn	0	?
Handelsware	0	130
Kassa	75	660
Maschine	430	540
Selbst erstellte Produkte	290	110

3/0-3: Zuteilung von Positionen (in €) I

a) Teilen Sie die folgenden Positionen der Bilanz und Gewinn- und Verlustrechnung sowie der Aktivseite und Passivseite zu!
b) Erstellen Sie eine provisorische Bilanz und G&V!
c) Errechnen Sie den Gewinn bzw. Verlust

Konto	**Betrag**	**Bilanz**	**G&V**	**Aktiv**	**Passiv**
10.000 Stück Ware	2.100				
Abfertigungsrückstellungen	380				
Abschreibungen IAV+SAV	320				
ARA	21				
Bestandsveränderungen	400				
Erträge aus Wertpapieren	1.200				
Gebäude	3.000				
Gewinn	?				
Gewinnvortrag	9				
Kapitalrücklagen	1.450				
Kassa	140				
Maschinen	560				
Materialaufwand	1.200				

Nennkapital	2.500				
Offene Kundengebühren	400				
Offene Lieferrechnungen	700				
PC, Sessel, Drucker	460				
Pensionsrückstellungen	280				
Personalaufwand	900				
PRA	2				
Software	160				
Sonstige betriebliche Erträge	400				
Steuern EE	280				
Umsatzerlöse	2.560				
Wertpapiere	140				
Zinsaufwendungen	600				
Zinserträge	400				

3/0-4: Zuteilung von Positionen (in €) II

a) Teilen Sie die folgenden Positionen der Bilanz und Gewinn- und Verlustrechnung sowie der Aktivseite und Passivseite zu!
b) Erstellen Sie die provisorische Bilanz und G&V!
c) Errechnen Sie den Gewinn bzw. Verlust!

Konto	**Betrag**	**Bilanz**	**G&V**	**Aktiv**	**Passiv**
Außerplanmäßige Abschreibung auf immaterielle Anlagegegenstände	89				
Bank	70				
Bebaute Grundstücke	600				
Büromaschinen, EDV	130				
Dividendenerträge aus Aktien des Anlagevermögens	501				
Eigenkapital	200				
Fachliteratur	17				
Forderungen aus Lieferungen und Leistungen Inland	560				
Forderungen aus Lieferungen und Leistungen Währungsunion	310				
Gehälter	480				
Kassa	90				
Kumulierte Abschreibungen	230				

LKW	248				
Löhne	186				
Luftmatratze	83				
Planmäßige Abschreibung auf Sachanlagen	40				
Rutsche	67				
Sonstige betriebliche Erträge	448				
Umsatzerlöse Inland (10 %)	250				
Umsatzerlöse Inland (20 %)	980				
Verbindlichkeiten Finanzamt	90				
Verbindlichkeiten Mayer	350				
Verbindlichkeiten Müller	240				
Verbindlichkeiten Schmied	460				
Verbrauch von bezogenen Teilen	290				
Verbrauch von Kleinmaterial	35				
Wasserball	52				
Zinsaufwand für Bankkredite	402				

3/0-5: Tagesabschluss

8 Uhr Ein Flohmarkt-Händler sperrt sein Geschäft auf. Er hat zu diesem Zeitpunkt einen Tisch im Wert von 20 €, auf dem er arbeitet, 5 alte Kannen um je 10 € und 30 € in der Kassa.

9 Uhr Er kauft 5 Plastiksäcke zu je 10 Cent zum Verkaufen ein, von denen er alle verbraucht.

10 Uhr Er verkauft an einen Kollegen 3 Kannen zu je 25 €. 2 Kannen werden in bar bezahlt, 1 Kanne bleibt ihm sein Kollege schuldig.

11 Uhr Er kauft von seinem Nachbarn 2 Tassen zu je 3 € in bar.

12 Uhr Er macht Mittagspause und nimmt 7 € für Wurstsemmeln und Bier aus der Kassa.

13 Uhr Sein Kollege bezahlt seine Schulden.

14 Uhr Er verkauft noch 1 Kanne zu 23 € und 1 Tasse zu 5 € an einen Kunden.

15 Uhr Er bezahlt die Standgebühr von 17 € und geht anschließend nach Hause.

Er zahlt keine USt/VSt.

a) Wie viel Geld hat er am Abend in der Kassa?
b) Wie viel Vermögen inkl. Geld hat er am Abend?
c) Wie viel Gewinn hat er erwirtschaftet?

3/0-6: Brillenhändler

Nehmen Sie nochmals Beispiel 6: Ergebnisermittlung in der Doppelten Buchhaltung zur Hand. Ergänzen Sie: 10. Es werden 150 € an einen Lieferanten bezahlt, der Brillen bereits in der Vorperiode geliefert hat und das Unternehmen den Betrag schuldig geblieben ist. 11. Alle Beträge exkl. 20 % USt., die Zahllast (siehe Kapitel 5) wird sofort am Ende der Geschäftsperiode beglichen.

a) Welche Geschäftsvorgänge sind in eine Einnahmen-Ausgaben-Rechnung einzubeziehen?
b) Ermitteln Sie den Gewinn mittels Einnahmen-Ausgaben-Rechnung!
c) Wie hoch ist der Betrag am Girokonto am Ende der Geschäftsperiode?

3/0-7: Ein-Personen-Start-Up – Videospiele

Nehmen Sie nochmals Beispiel 5: Einnahmen-Ausgaben-Rechnung. Ergänzen Sie: 6. Die Computerspiele wurden bereits geliefert und Verkauf und Lieferung verbucht, die Rechnung wurde im Vorjahr ausgestellt. Achtung! Es verändert sich 1.! 12. Vernachlässigen Sie alle Steuern und Abgaben!

a) Wie hoch sind Anlage- und Umlaufvermögen am Anfang des Geschäftsjahres?
b) Wie hoch sind Anlage- und Umlaufvermögen am Ende des Geschäftsjahres?
c) Wie hoch sind Eigenkapital und Fremdkapital am Anfang des Geschäftsjahres?
d) Wie hoch sind Eigenkapital und Fremdkapital am Ende des Geschäftsjahres?
e) Wie hoch sind Aufwand und Ertrag?
f) Wie hoch ist der Gewinn gemäß Doppelter Buchhaltung?

4. Was bedeutet Bewertung?

4.1. Lernziele

Die großen Unterschiede zwischen nationalen, supranationalen und internationalen Rechnungslegungssystemen liegen vorwiegend in den heterogenen Bewertungsgrundsätzen begründet. Daher weisen Unternehmen je nach Rechtslage einen unterschiedlichen Wert auf, was sich zB. auf Unternehmenskäufe und Börsenbeurteilungen auswirkt.

Folglich spielen Bewertungsfragen in der Praxis eine wesentliche Rolle. Ihnen kommt im Rahmen der Bilanzierung eine zentrale Bedeutung zu, da von ihnen die Größe des Vermögens und der Schulden und folglich die Höhe des Eigenkapitals und der Gewinn bzw. Verlust des Geschäftsjahres abhängen. Bewertung ist somit auch ein Instrument der Bilanzpolitik und dient der bewussten Gestaltung des Jahresabschlusses zur Erreichung der Bilanzziele. Durch eine hohe Bewertung der Aktiva erhöhen sich das Vermögen und der Gewinn der Unternehmung. Eine Erhöhung der Schulden führt zu einer Schlechterstellung des Unternehmens, was eine Reduzierung des Gewinnes (bzw. Erhöhung des Verlustes) und eine geringere Steuerlast bewirkt. Es ist daher essentiell, die Bewertungsregeln und ihre Auswirkungen auf das Unternehmen zu kennen.

Dieses Kapitel konzentriert sich auf grundlegende Fragestellungen zur Bewertung, wobei detailliert auf die Bewertung aus Sicht des Unternehmensrechts eingegangen wird. Zur konkreten Definition, Berechnung und Verbuchung sowie Beispielen wird auf die jeweiligen Kapitel, va. Kapitel 7 und Kapitel 8, verwiesen.

4.2. Definitionen und Erläuterungen

Bewerten heißt, Vermögensgegenständen und Schulden einen monetären Wert zuzuordnen. Formal ergibt sich der Wert immer aus Menge mal Preis:
Wert = Menge x Preis

Bewertet werden alle Vermögensgegenstände, dh. das gesamte Anlage- und Umlaufvermögen, sowie das gesamte Fremdkapital. Grundsätzlich kann der Wert gleich bleiben, sinken oder steigen.

Abwertung bedeutet, dass ein Wert sinkt.
Aufwertung bedeutet, dass ein Wert steigt.

Kap. 4.2.1.2.13. fasst die Auswirkung der Bewertung in einem umfassenden Überblick zusammen.

Bei einer Abwertung von Vermögensgegenständen wird der Wert des betroffenen Vermögensgegenstandes in der Bilanz mittels einer Abschreibung verringert. Die Gegenbuchung erfolgt ia. auf einem Aufwandskonto der Gewinn- und Verlustrechnung. Bei einer Aufwertung erhöht sich der Wert des Vermögensgegenstandes in der Bilanz, in der Gewinn- und Verlustrechnung ist ein Ertrag mittels einer Zuschreibung zu verbuchen. Beim Fremdkapital erhöht sich der Wert der Schuld durch eine Aufwertung mittels Aufwandsbuchung; er verringert sich durch eine Ertragsbuchung.

Bilanz- und Gewinn- und Verlustrechnungspositionen können grundsätzlich aus drei verschiedenen Perspektiven bewertet werden:

4.2.1. Aus Sicht des Unternehmensrechts
4.2.2. Aus Sicht des Steuerrechts
4.2.3. Aus Sicht der Kostenrechnung

4.2.1. Bewertung aus Sicht des Unternehmensrechts

Gemäß obiger Definition benötigt man zur Bewertung

4.2.1.1. Menge
4.2.1.2. Preis

4.2.1.1. Menge

Die Erfassung der zu bewertenden Menge wird mittels Inventur durchgeführt.

Eine **Inventur** ist die körperliche Bestandsaufnahme des Vermögens und der Schulden eines Unternehmens an einem bestimmten Stichtag. Ergebnis der Inventur ist das **Inventar**, eine Bestandsliste, in der alle Vermögensgegenstände und Schulden nach Art, Menge und Wert enthalten sind.

Bzgl. Vermögensgegenständen ist es Aufgabe der Inventur festzustellen, wie viele Vermögensgegenstände in welchem Zustand im Unternehmen sind und wie viele davon während des Geschäftsjahres verbraucht wurden. Folglich lässt sich ein Schwund feststellen. Körperliche Inventur bedeutet, dass wegen des 4-Augen-Prinzips zumindest zwei Personen durch das Unternehmen gehen und alle Vermögensgegenstände suchen und kontrollieren sollen, die auf der Inventarliste verzeichnet sind. Diese Vermögensgegenstände sind meist mit einem Aufkleber mit Strichcode versehen. Gegebenenfalls werden Vermögensgegenstände registriert, die nicht auf der Inventarliste aufscheinen.

§§ 191–192 UGB regeln das Inventar bzw. die Inventur.

Inventar

§ 191. (1) Der Unternehmer hat zu Beginn seines Unternehmens die diesem gewidmeten Vermögensgegenstände und Schulden genau zu verzeichnen und deren Wert anzugeben (Inventar).

(2) Er hat für den Schluß eines jeden Geschäftsjahrs ein solches Inventar aufzustellen.

Inventurverfahren

§ 192. (1) Die Vermögensgegenstände sind im Regelfall im Weg einer körperlichen Bestandsaufnahme zu erfassen.

(2) Bei der Inventur für den Schluß eines Geschäftsjahrs bedarf es einer körperlichen Bestandsaufnahme der Vermögensgegenstände für diesen Zeitpunkt nicht, soweit durch Anwendung eines den Grundsätzen ordnungsmäßiger Buchführung entsprechenden anderen Verfahrens gesichert ist, daß der Bestand der Vermögensgegenstände nach Art, Menge und Wert auch ohne die körperliche Bestandsaufnahme für diesen Zeitpunkt festgestellt werden kann.

(3) In dem Inventar für den Schluß eines Geschäftsjahrs müssen Vermögensgegenstände nicht verzeichnet werden, wenn

1. *der Unternehmer ihren Bestand auf Grund einer körperlichen Bestandsaufnahme oder auf Grund eines gemäß Abs. 2 zulässigen anderen Verfahrens nach Art, Menge und Wert in einem besonderen Inventar verzeichnet hat, das für einen Tag innerhalb der letzten drei Monate vor oder der ersten beiden Monate nach dem Schluß des Geschäftsjahrs aufgestellt ist, und*
2. *auf Grund des besonderen Inventars durch Anwendung eines den Grundsätzen ordnungsmäßiger Buchführung entsprechenden Fortschreibungs- oder Rückrechnungsverfahrens gesichert ist, daß der am Schluß des Geschäftsjahrs vorhandene Bestand der Vermögensgegenstände für diesen Zeitpunkt ordnungsgemäß bewertet werden kann.*

(4) Bei der Inventur darf der Bestand von Vermögensgegenständen nach Art, Menge und Wert auch mit Hilfe anerkannter mathematischstatistischer Methoden auf Grund von Stichproben ermittelt werden. Das Verfahren muß den Grundsätzen ordnungsmäßiger Buchführung entsprechen. Der Aussagewert des auf diese Weise aufgestellten Inventars muß dem Aussagewert eines auf Grund einer körperlichen Bestandsaufnahme aufgestellten Inventars gleichkommen.

Grundsätzlich erlaubt sind

- Stichtagsinventur
- Abweichende Stichtagsinventur
- Stichprobeninventur
- Permanente Inventur

Stichtagsinventur

Grundsätzlich ist die Stichtagsinventur vorgeschrieben, dh. im Regelfall werden möglichst zeitnah zum Bilanzstichtag alle Vermögensgegenstände art-, mengen- und wertmäßig einzeln im Wege einer körperlichen Bestandsaufnahme erfasst, monetäre Vermögensgegenstände und Schulden mittels Belege.

Abweichende Stichtagsinventur

In großen Unternehmen ist es schwierig, die Inventur von Vermögensgegenständen, die einer körperlichen Inventur unterliegen, an einem Tag oder wenigen hintereinander folgenden Tagen durchzuführen. Daher räumt der Gesetzgeber dem Unternehmen einen zeitlichen Spielraum von drei Monaten vor und zwei Monaten nach dem Stichtag ein. Bei dieser abweichenden Stichtagsinventur muss allerdings eine Rückrechnung auf den Bilanzstichtag möglich sein.

Stichprobeninventur

Im Rahmen der Stichprobeninventur werden die Vermögensgegenstände, die i.d.R. nicht wertvoll oder bedeutend sind, mit Hilfe anerkannter mathematisch-statistischer Methoden hochgerechnet.

Permanente Inventur

Bei der permanenten Inventur wird die Bestandsüberprüfung auf das Geschäftsjahr verteilt durchgeführt.

Die Inventur ist jährlich durchzuführen. Eine Ausnahme erlaubt § 209 Abs. 1 UGB mit dem Festwertverfahren, im Rahmen dessen nur alle fünf Jahre eine körperliche Erfassung der Vermögensgegenstände vorgesehen ist (siehe Kapitel 7: Vermögen).

4.2.1.2. Preis

Die Bestimmung des Preises, im Folgenden (die Mengenkomponente außer Acht lassend) Wert genannt, ist durch die gesetzlichen Vorschriften des UGB – und tw. des EStG – determiniert. In der Praxis wird jeder Vermögensgegenstand erstmals bei seiner Aktivierung, dh. bei seiner Aufnahme in die Buchhaltung, und dann anschließend zu jedem Geschäftsjahresende, zu dem er im Unternehmen ist, bewertet. Man unterscheidet daher zwischen
4.2.1.2.1. Erstbewertung und
4.2.1.2.2. Folgebewertung.

Grundsätzlich sind sowohl für die Erstbewertung als auch für die Folgebewertung die GoB gemäß § 195 UGB einzuhalten (siehe Kapitel 2: Rechtliche Grundlagen).

4.2.1.2.1. Erstbewertung

Erstbewertung ist die Bewertung eines Vermögensgegenstandes oder einer Schuld bei Aktivierung bzw. Passivierung, dh. zu dem Zeitpunkt, zu dem der Vermögensgegenstand oder die Schuld in die Bilanz aufgenommen wird.

Werden Vermögensgegenstände gekauft, spricht man von **Anschaffungskosten.**

Werden Vermögensgegenstände selbst erstellt, spricht man von **Herstellungskosten.**

Historische Anschaffungs- und Herstellungskosten sind der Wert, mit dem der Vermögensgegenstand bzw. die Schuld aktiviert wurde.

4.2.1.2.1.1. Anschaffungskosten

Zu den **Anschaffungskosten** zählen alle notwendigen Aufwendungen, um einen Gegenstand zu erwerben und ihn in einen betriebsbereiten Zustand zu versetzen. Sie müssen dem Vermögensgegenstand einzeln zugeordnet werden können.

§ 203 Abs. 2 UGB definiert Anschaffungskosten wie folgt:

Anschaffungs- und Herstellungskosten

> ***§ 203*** *(2) Anschaffungskosten sind die Aufwendungen, die geleistet werden, um einen Vermögensgegenstand zu erwerben und ihn in einen betriebsbereiten Zustand zu versetzen, soweit sie dem Vermögensgegenstand einzeln zugeordnet werden können. Zu den Anschaffungskosten gehören auch die Nebenkosten sowie die nachträglichen Anschaffungskosten. Anschaffungspreisminderungen sind abzusetzen.*

Die Anschaffungskosten werden wie folgt kalkuliert:

  Anschaffungspreis
+ Anschaffungsnebenkosten
+ Nachträgliche Anschaffungskosten
– Anschaffungskostenminderungen
= Anschaffungskosten

Der Anschaffungspreis enthält i.d.R. keine Umsatzsteuer. Die Umsatzsteuer ist dann zu berücksichtigen, dh. zu inkludieren, wenn kein Anspruch auf Rückerstattung besteht. Ausnahmen betreffen zB. bestimmte PKW-Typen oder Importe aus dem Nicht-EU-Ausland. Bei einem Kauf aus dem Ausland wird der Kaufpreis mit dem Kurs am Tag der Entstehung der Verbindlichkeit angesetzt. Bei einem Kauf in Fremdwährung gilt der Kurs bei Erwerb; spätere Änderungen des Wechselkurses werden nicht berücksichtigt.

Die Anschaffungsnebenkosten sind Aufwendungen aus der Vorbereitung der Anschaffung und der Versetzung des Gegenstandes in einen betriebsbereiten Zustand. Dazu zählen Aufwendungen aus der Beschaffung (zB. Transportkosten), aus der Aufstellung und Inbetriebnahme (zB. Montage) sowie so genannte Sonstige Aufwendungen (zB. Grunderwerbsteuer). Abbruchkosten und Restbuchwert eines sich auf einem soeben gekauften Grundstück befindlichen Gebäudes zählen zu den Anschaffungskosten des Grundes bzw. des neu zu errichtenden Gebäudes. Die gesetzlichen Bestimmungen über die Finanzierungskosten, die sich auf die Kalkulation der Herstellungskosten beziehen, sind auch bei Kauf eines Anlagegutes anzuwenden.

Nachträgliche Anschaffungskosten fallen erst nach der bereits erfolgten Aktivierung des Vermögensgegenstandes an. Sie betreffen direkt den Anschaffungsvorgang des Vermögensgegenstandes, zB. Erschließungskosten eines Grundstückes.

Anschaffungskostenminderungen sind jene Beträge, um die der Kaufpreis vermindert wird. Darunter fallen zB. Rabatte, Skonti (siehe Kapitel 6: Rechnungsausgleich), nicht rückzahlbare Subventionen und sonstige Preisnachlässe.

Ein besonderes Problem stellen die Fremdkapitalzinsen dar. Der Wert eines Vermögensgegenstandes ist unabhängig von dessen Finanzierung, dh. der Vermögensgegenstand hat einen festgelegten Wert unabhängig davon, ob zB. in bar bezahlt wird oder ob dafür ein Kredit aufgenommen wurde (und Zinszahlungen notwendig sind). Folglich dürfen Fremdkapitalzinsen und allgemein Kosten der Finanzierung nicht angesetzt, dh. dazu gezählt, werden. ZB. werden Skonti, da sie Zinsaufwand darstellen, nicht aktiviert. Bei langfristigen Anschaffungsvorgängen, ia. zumindest länger als 1 Jahr, dürfen die direkt zurechenbaren Zinsen für An- und Vorauszahlungen aktiviert werden.

Verwaltungsgemeinkosten und Vertriebsgemeinkosten dürfen nicht angesetzt werden.

Besonders bei Umlaufvermögen werden auch folgende Bezeichnungen verwendet:

Der **Einstandspreis** umfasst die Kosten der Ware, dh. er entspricht den Anschaffungskosten.

Der **Einkaufspreis** umfasst nicht alle Kosten der Ware, zB. nicht die Transportkosten.

Zur konkreten Berechnung und Verbuchung von Anschaffungskosten siehe Kapitel 7: Vermögen.

Beispiel 7: **Anschaffungskosten**

Ein Unternehmen kauft im Jahr X1 ein Grundstück im Wert von 1.000 €. Es erhält 3 % Skonto. Die Grunderwerbsteuer beträgt 200 €. Im Jahr X2 werden 400 € Aufschließungsgebühren bezahlt. Alle Beträge exkl. USt Wie hoch sind die Anschaffungskosten in X1 und die nachträglichen Anschaffungskosten in X2? Wie hoch sind die gesamten Anschaffungskosten des Grundstückes?

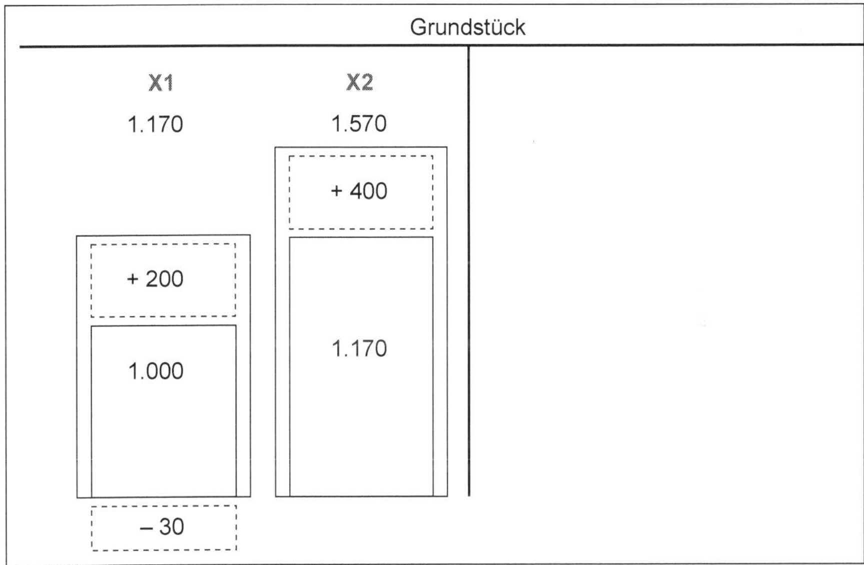

Abbildung 34: Anschaffungskosten

Erläuterung

Die Anschaffungskosten im Jahr X1 betragen 1.000 30 (3 %) + 200 = 1.170 €.
Die nachträglichen Anschaffungskosten im Jahr X2 betragen 400 €.
Die Anschaffungskosten des Grundstückes betragen insgesamt 1.170 + 400 = 1.570 €.

4.2.1.2.1.2. Herstellungskosten

Zu den **Herstellungskosten** zählen alle notwendigen Aufwendungen, um einen Gegenstand zu erstellen und ihn in einen betriebsbereiten Zustand zu versetzen. Sie müssen dem Vermögensgegenstand einzeln zugeordnet werden können.

Zu den Herstellungskosten zählen alle Aufwendungen, die für die Herstellung eines Vermögensgegenstandes,

- seine Erweiterung oder
- eine über seinen ursprünglichen Zustand hinausgehende wesentliche Verbesserung anfallen.
- Sie sind bei Aktivierung von selbsterstellten Gütern des Anlage- und Umlaufvermögens relevant, wobei ein nach der Verkehrsauffassung neuer Gegenstand geschaffen wird.

§ 203 Abs. 3 UGB definiert Herstellungskosten wie folgt:

> ***§ 203*** *(3) Herstellungskosten sind die Aufwendungen, die für die Herstellung eines Vermögensgegenstandes, seine Erweiterung oder für eine über seinen ursprünglichen Zustand hinausgehende wesentliche Verbesserung entstehen. Bei der Berechnung der Herstellungskosten sind auch angemessene Teile dem einzelnen Erzeugnis nur mittelbar zurechenbarer fixer und variabler Gemeinkosten in dem Ausmaß, wie sie auf den Zeitraum der Herstellung entfallen, einzurechnen. Sind die Gemeinkosten durch offenbare Unterbeschäftigung überhöht, so dürfen nur die einer durchschnittlichen Beschäftigung entsprechenden Teile dieser Kosten eingerechnet werden. Aufwendungen für Sozialeinrichtungen des Betriebes, für freiwillige Sozialleistungen, für betriebliche Altersversorgung und Abfertigungen dürfen eingerechnet werden. Kosten der allgemeinen Verwaltung und des Vertriebes dürfen nicht in die Herstellungskosten einbezogen werden.*

Weiters gilt für Umlaufvermögen gemäß § 206 Abs. 3 UGB:

Wertansätze für Gegenstände des Umlaufvermögens

> ***§ 206*** *(3) Führt in Ausnahmefällen das Verbot der Einbeziehung von Kosten der allgemeinen Verwaltung und des Vertriebs (§ 203 Abs. 3 letzter Satz) dazu, dass ein möglichst getreues Bild der Vermögens-, Finanz- und Ertragslage auch mit zusätzlichen Anhangangaben (§ 222 Abs. 2) nicht vermittelt werden kann, so können bei Aufträgen, deren Ausführung sich über mehr als zwölf Monate erstreckt, angemessene Teile der Verwaltungs- und Vertriebskosten angesetzt werden, falls eine verlässliche Kostenrechnung vorliegt und soweit aus der weiteren Auftragsabwicklung keine Verluste drohen. Die Anwendung dieser Bestimmung ist im Anhang anzugeben und zu begründen und ihr Einfluss auf die Vermögens-, Finanz- und Ertragslage der Gesellschaft darzulegen; gleichzeitig ist der insgesamt über die Herstellungskosten hinaus angesetzte Betrag anzugeben.*

Die Herstellungskosten werden ia. wie folgt berechnet:

	Materialeinzelkosten
+	Materialgemeinkosten
+	Fertigungseinzelkosten
+	Fertigungsgemeinkosten
+	Sonderkosten der Fertigung
=	Aktivierungspflichtige Herstellungskosten
+	Aufwendungen für freiwillige Sozialleistungen
+	Fremdkapitalzinsen
+	(Verwaltungs- und Vertriebskosten)
=	Aktivierungsfähige Herstellungskosten

Einzelkosten sind Kosten, die einem Vermögensgegenstand direkt zugeordnet werden können.

Typische Beispiele für Materialeinzelkosten sind die in der Produktion eingesetzten Roh-, Hilfs- und Betriebsstoffe sowie Halb- und Teilerzeugnisse, die dem einzelnen Erzeugnis direkt zurechenbar sind, zB. Ziegel zum Bau eines Gebäudes oder Gehäuse für die Produktion von PCs.

Fertigungseinzelkosten werden in der Kalkulation für die bei der Fertigung anfallenden Löhne und Gehälter angesetzt, wenn sie unmittelbar den einzelnen Vermögensgegenständen des Anlage- und Umlaufvermögens zugerechnet werden können.

Die Sonderkosten der Fertigung beziehen sich auf Sonderwünsche, zB. eine in der Serie nicht vorgesehene Lackierung bei Kfz.

Gemeinkosten sind Kosten, die einem Vermögensgegenstand nicht direkt zugeordnet werden können, weil es technisch nicht möglich oder nicht wirtschaftlich ist.

Typische Beispiele für Materialgemeinkosten sind Wasser- und Stromverbrauch in einer Lagerhalle, als Fertigungsgemeinkosten gelten zB. der gesetzliche Sozialaufwand und Lohnnebenkosten. Freiwillige Sozialleistungen beziehen sich auf Sozialeinrichtungen des Betriebes (zB. Kindergarten, Sportanlage), auf freiwillige betriebliche Altersversorgung und auf freiwillige Abfertigung.

Etwas schwieriger ist die Behandlung von Fremdkapitalzinsen. Gemäß Art. 12 Abs. 8 der EU-Bilanzrichtlinie und § 203 Abs. 4 UGB dürfen Zinsen für Fremdkapital im Rahmen der Herstellungskosten angesetzt werden, soweit sie auf den Zeitraum der Herstellung entfallen. Die Berücksichtigung von Eigenkapitalzinsen ist nicht erlaubt, da dies ein Verstoß gegen das Realisationsprinzip ist. Die Aktivierung von Fremdkapitalzinsen ist vor allem für Güter mit langer Herstellungsdauer gedacht, zB. Kraftwerksbau. Es gilt:

> ***§ 203.*** *(4) Zinsen für Fremdkapital, das zur Finanzierung der Herstellung von Gegenständen des Anlage- oder des Umlaufvermögens verwendet wird, dürfen im Rahmen der Herstellungskosten angesetzt werden, soweit sie auf den Zeitraum der Herstellung entfallen. Die Anwendung dieses Wahlrechts ist im Anhang anzugeben; mittelgroße und große Gesellschaften (§ 221 Abs. 2 und 3) haben außerdem im Anhang den insgesamt nach dieser Bestimmung im Geschäftsjahr aktivierten Betrag anzugeben.*

Verwaltungsgemeinkosten betreffen zB. Gehälter und Löhne des Verwaltungsbereiches, Porti, Telefon- und Fernschreibgebühren; Vertriebsgemeinkosten zB. Fertiglager oder Kosten der Werbung. Sowohl Verwaltungsgemeinkosten als auch Vertriebsgemeinkosten dürfen in den Herstellungskosten eines Vermögensgegenstandes des Anlagevermögens gemäß § 203 Abs. 3 UGB nicht angesetzt werden. Im Umlaufvermögens dürfen sie nur dann angesetzt werden, wenn der Herstellungszeitraum länger als zwölf Monate ist, eine verlässliche Kostenrechnung vorliegt, aus der weiteren Auftragsabwicklung keine Verluste drohen und wenn ohne Ansatz das möglichst getreue Bild der Vermögens-, Finanz- und Ertragslage nicht vermittelt werden würde.

Die Aktivierung so genannter Leerkosten, die durch nicht ausgelastete Fixkosten durch Unterbeschäftigung entstehen, ist gemäß § 203 Abs. 3 UGB nicht in vollem Umfang erlaubt. Es dürfen nur die Fixkosten der durchschnittlichen Beschäftigung aktiviert werden (zu Fixkosten siehe Kapitel 9: Erfolg). Ein typisches Beispiel ist eine Maschine, die Abschreibungen verursacht, obwohl mit ihr weniger Stück produziert werden als möglich.

§ 206 Abs. 3 enthält ein Wahlrecht zwischen den aktivierungspflichtigen und aktivierungsfähigen Herstellkosten. Ob ein Unternehmen den aktivierungspflichtigen oder den aktivierungsfähigen Ansatz wählt, richtet sich nach seiner Bilanzpolitik: Der aktivierungspflichtige Ansatz zeigt einen geringeren Wert in der Bilanz. Der aktivierungsfähige Ansatz erhöht den Bilanzwert im Jahr der Herstellung, dafür können in den Folgejahren höhere Abschreibungen geltend gemacht werden. Somit wird eine Entscheidung getroffen, in welchen Jahren der Gewinn höher bzw. niedriger ausgewiesen werden soll.

Beispiel 8: **Herstellungskosten**

Ein Unternehmen errichtet über den Zeitraum von einem Monat eine Garage, die Anlagevermögen darstellt. Die Materialeinzelkosten betragen 600 €, die Fertigungseinzelkosten 1.000 €, die Sonderkosten (Material) 20 €. Die Materialgemeinkosten sind 20 % der Materialeinzelkosten, die Fertigungsgemeinkosten 10 % der Fertigungseinzelkosten, die freiwilligen Sozialleistungen 40 €, die Zinsen 10 €, die Verwaltungsgemeinkosten 5 % der Herstellungskosten und die Vertriebsgemeinkosten 8 % der Herstellungskosten.
Welche Kosten werden angesetzt, wenn das Unternehmen einen
a) niedrigen,
b) hohen Bilanzansatz
wählt?

Erläuterung

Variante a)
Will das Unternehmen einen niedrigen Wert ausweisen, ist der Mindestansatz mit den aktivierungspflichtigen Herstellungskosten zu wählen. Die Herstellungskosten betragen

Materialeinzelkosten	600 €
+ Materialgemeinkosten (20 %)	120 €
+ Fertigungseinzelkosten	1.000 €
+ Fertigungsgemeinkosten (10 %)	100 €
+ Sonderkosten	20 €
= aktivierungspflichtige Herstellungskosten	1.840 €

Die Zinsen in Höhe von 10 € sowie die Verwaltungsgemeinkosten in Höhe von 1.840 · 0,05 = 92 € und die Vertriebsgemeinkosten in Höhe von 1.840 · 0,08 = 147,20 € dürfen nicht angesetzt werden. Beachte: Auf die Sonderkosten werden keine Materialgemeinkosten aufgeschlagen, auch wenn sie Materialaufwand sind.

Variante b)
Will das Unternehmen einen hohen Wert ausweisen, ist der Höchstansatz mit den aktivierungsfähigen Herstellungskosten zu wählen. Die Herstellungskosten betragen

Aktivierungspflichtige Herstellungskosten	1.840 €
+ Aufwendungen für freiwillige Sozialleistungen	40 €
+ Fremdkapitalzinsen	10 €
+ (Verwaltungs- und Vertriebskosten)	– €
= aktivierungsfähige Herstellungskosten	1.890 €

Beachte: Die Verwaltungsgemeinkosten in Höhe von 1.890 · 0,05 = 94,50 € und die Vertriebsgemeinkosten in Höhe von 1.890 · 0,08 = 151,20 € dürfen nicht angesetzt werden, da es sich hier um die Herstellung von Anlagevermögen handelt.

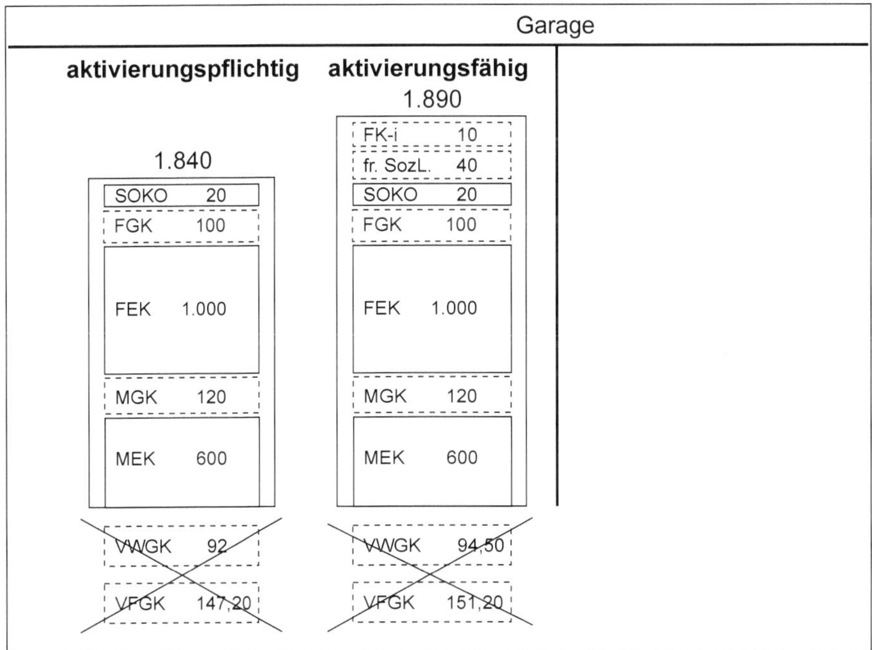

Abbildung 35: Aktivierungspflichtige und aktivierungsfähige Herstellungskosten

Zur konkreten Berechnung und Verbuchung von Herstellungskosten siehe Kapitel 7: Vermögen.

4.2.1.2.2. Folgebewertung

Folgebewertung ist die Bewertung eines Vermögensgegenstandes oder einer Schuld nach Aktivierung, dh. zu jedem Zeitpunkt, nachdem der Vermögensgegenstand oder die Schuld in die Bilanz aufgenommen wurde.

Die Bewertung kann zu einer Wertminderung oder Werterhöhung von Vermögensgegenständen und Schulden führen. Der Schwerpunkt bei der Bewertung wird im Folgenden auf die Abschreibungen gelegt.

4.2.1.2.2.1. Wertminderung

4.2.1.2.2.1.1. Abschreibung

§ 203 Abs. 1 UGB und § 206 Abs. 1 normieren die Abschreibung wie folgt:

> ***§ 203.*** *(1) Gegenstände des Anlagevermögens sind mit den Anschaffungs- oder Herstellungskosten, vermindert um Abschreibungen gemäß § 204, anzusetzen.*
>
> ***§ 206.*** *(1) Gegenstände des Umlaufvermögens sind mit den Anschaffungs- oder Herstellungskosten, vermindert um Abschreibungen gemäß § 207, anzusetzen.*

Ein Vermögensgegenstand verliert geplant, dh. regelmäßig, oder außerplanmäßig, dh. aufgrund einer ungeplanten Situation, an Wert. Der Wert wird kleiner. Folglich verringern sich der Wert des Vermögensgegenstandes in der Bilanz sowie das Eigenkapital; gleichzeitig entsteht ein Aufwand in der Gewinn- und Verlustrechnung.

Beispiel 9: **Wertminderung**

Ein Vermögensgegenstand verliert von 100 € auf 70 € um 30 € an Wert.

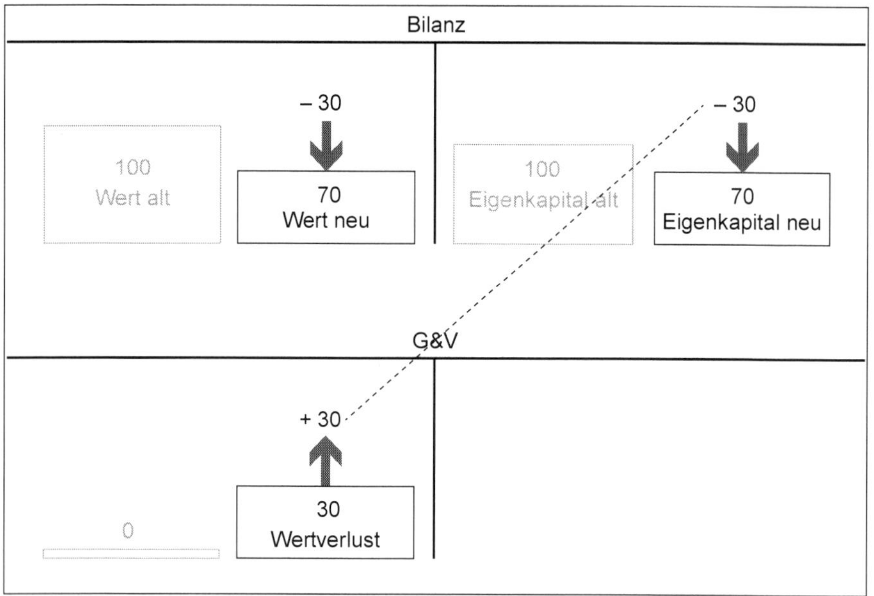

Abbildung 36: Wertminderung

Die Wertminderung wird durch eine Abschreibung zum Ausdruck gebracht.

Abschreibungen bezeichnen eine Wertminderung des Anlage- und Umlaufvermögens. Sie vermindern den Wert des Vermögensgegenstandes in der Bilanz und erhöhen den Aufwand in der Gewinn- und Verlustrechnung.

Grundsätzlich wird zwischen planmäßigen und außerplanmäßigen Abschreibungen unterschieden.

Beachte: Oft werden für den Begriff Abschreibung Abkürzungen verwendet.

AvA	ist die unternehmensrechtlich gebräuchliche Abkürzung und steht für Abschreibung von Anlagevermögen
p. AvA	steht für die unternehmensrechtliche planmäßige Abschreibung
ap. AvA	steht für die unternehmensrechtliche außerplanmäßige Abschreibung
AfA	ist die steuerrechtlich gebräuchliche Abkürzung und steht für Absetzung für Abnutzung

4.2.1.2.2.1.2. Planmäßige Abschreibung

Planmäßige Abschreibungen verteilen die historischen Anschaffungs- und Herstellungskosten eines im Laufe der Zeit an Wert verlierenden Vermögensgegenstandes auf die Zeit der Zugehörigkeit zum Unternehmen.

Ia. werden abnutzbare Vermögensgegenstände des Anlagevermögens planmäßig abgeschrieben.

§ 204 Abs. 1 normiert:

Abschreibungen im Anlagevermögen

> ***§ 204.*** *(1) Die Anschaffungs- oder Herstellungskosten sind bei den Gegenständen des Anlagevermögens, deren Nutzung zeitlich begrenzt ist, um planmäßige Abschreibungen zu vermindern. Der Plan muß die Anschaffungs- oder Herstellungskosten auf die Geschäftsjahre verteilen, in denen der Vermögensgegenstand voraussichtlich wirtschaftlich genutzt werden kann.*

Die planmäßige Abschreibung heißt planmäßig, da bei Aktivierung des Vermögensgegenstandes der jährliche Wertverlust bereits im Vorhinein abgeschätzt, dh. geplant, werden kann (selbstverständlich sind im Laufe der Jahre Änderungen möglich).

Ursachen für planmäßige Abschreibungen können sein

- Mechanischer Verschleiß (zB. Abnutzung eines Autos durch gefahrene km)
- Substanzverringerung (zB. Abbau eines Schotterwerkes)
- Technisches oder wirtschaftliches Veraltern (zB. Computer)

In der Sprache der Buchhaltung bedeutet planmäßige Abschreibung, dass durch diese die Anschaffungs- und Herstellungskosten von abnutzbaren Gegenständen des Anlagevermögens auf die voraussichtliche Dauer der Nutzung verteilt werden sollen. Dadurch werden die einzelnen Geschäftsjahre anteilsmäßig mit einem Teil der Anschaffungs- bzw. Herstellungskosten belastet.

Folglich dient die Abschreibung der periodengerechten Verteilung des Wertverlustes und nicht über das Geschäftsjahr, in dem der Vermögensgegenstand gekauft bzw. gebaut wurde, in vollem Ausmaß. Die nachfolgende Abbildung verdeutlicht eine mögliche schematische Verteilung der Anschaffungs- und Herstellungskosten auf die voraussichtlich genutzten Jahre.

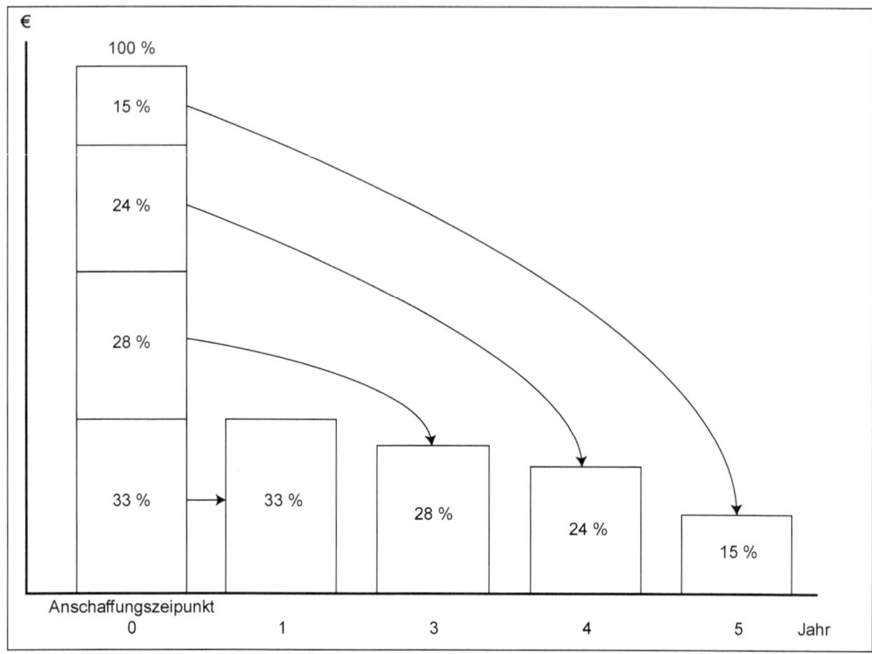

Abbildung 37: Verteilung der Anschaffungs- und Herstellungskosten über die geplante Nutzungsdauer

Man kann sich Abschreibungen daher so vorstellen: Ein Vermögensgegenstand hat 100 % Wert zum Zeitpunkt des Kaufes. Am Ende seiner Nutzung hat er einen Wert von 0 %. Da sich die Nutzung über mehrere Jahre erstreckt, stellt sich die Frage, wie der Wertverlust, nämlich 100 % – 0 % = 100 %, auf die einzelnen Jahre aufgeteilt wird; dies wird insofern erfasst, als jedes Jahr ein bestimmter Prozentsatz an Wertverlust erfolgt. Dieser Prozentsatz wird bei Aktivierung festgelegt, reduziert den Wert des Vermögensgegenstandes und erhöht den Aufwand jedes Jahres. Er kann im Laufe der Nutzung verändert werden.

Beachte: Die derart berechnete Abschreibung zeigt nicht unbedingt den tatsächlichen Wertverlust, sondern nur eine Schätzung bzw. sie folgt den gesetzlichen Vorschriften unabhängig vom realen Wertverlust!

Zur Berechnung der planmäßigen Abschreibung sind vier Punkte zu beachten, die hier die **4 A's der Abschreibung** genannt werden:

4.2.1.2.2.1.2.1. A1. Abschreibungsbeginn
4.2.1.2.2.1.2.2. A2. Abschreibungsdauer
4.2.1.2.2.1.2.3. A3. Abschreibungsbasis
4.2.1.2.2.1.2.4. A4. Abschreibungsmethode

4.2.1.2.2.1.2.1. A1. Abschreibungsbeginn

Der **Abschreibungsbeginn** ist der Zeitpunkt, zu dem die Berechnung der Abschreibung startet.

Nach Unternehmensrecht ist die planmäßige Abschreibung ab dem Zeitpunkt vorzunehmen, ab dem der Vermögensgegenstand den Zwecken des Unternehmens dient.

Dies bedeutet, dass das Datum der möglichen Inbetriebnahme ausschlaggebend ist, wann der Vermögensgegenstand zur Nutzung bereit ist. Beachte: Nach Steuerrecht gilt das Datum der tatsächlichen Inbetriebnahme.

Weiters ist zu beachten, in welchem Monat das Anlagegut in Betrieb genommen wird. Es darf zeitanteilig (pro rata temporis), muss aber zumindest nach Jahreshälften abgeschrieben werden: Erfolgt die Inbetriebnahme innerhalb des ersten Halbjahres des Bilanzierungszeitraumes, ist eine Ganzjahresabschreibung vorzunehmen, bei Nutzungsbeginn in der zweiten Hälfte eine Halbjahresabschreibung.

Bei einem Bilanzstichtag am 31.12. umfasst die erste Jahreshälfte die Monate Jänner bis Juni, die zweite Jahreshälfte Juli bis Dezember. Im Weiteren wird ausschließlich die Ganz- und Halbjahresabschreibung bei einem Bilanzstichtag am 31.12. berücksichtigt.

Beispiel 10: **Abschreibungsbeginn**

Ein Unternehmen kauft im Jahr X1 einen Vermögensgegenstand im

a) Mai

b) September.

Der Vermögensgegenstand soll drei Jahre im Unternehmen genutzt werden; lineare Abschreibung (siehe A4).

- Variante a) Ganzjahresabschreibung – Abschreibungsbeginn

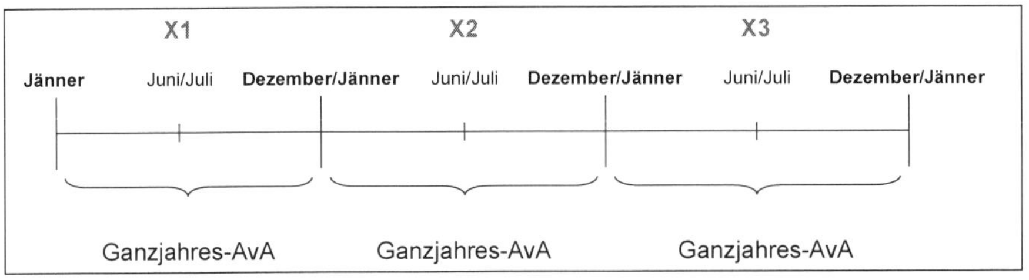

Abbildung 38: Ganzjahresabschreibung Beginn

- Variante b) Halbjahresabschreibung – Abschreibungsbeginn

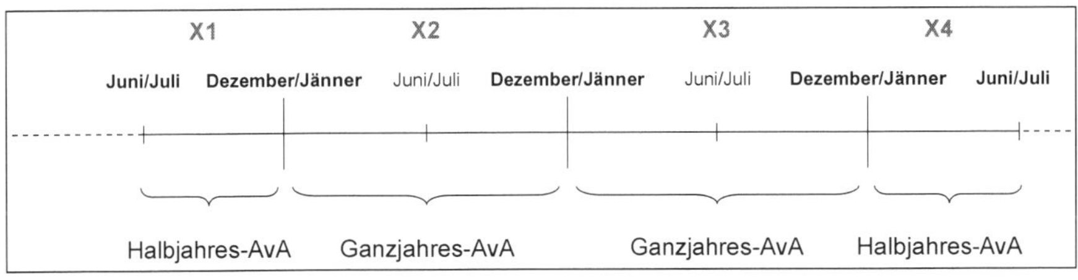

Abbildung 39: Halbjahresabschreibung Beginn

Gleiches gilt bei Verkauf eines Vermögensgegenstandes:

Erfolgt der Verkauf innerhalb des ersten Halbjahres des Bilanzierungszeitraumes, ist eine Halbjahresabschreibung vorzunehmen, bei Verkauf in der zweiten Hälfte eine Ganzjahresabschreibung.

Beispiel 11: Abschreibungsende

Ein Unternehmen kauft im Mai X1 einen Vermögensgegenstand. Der Vermögensgegenstand soll drei Jahre im Unternehmen genutzt werden; lineare Abschreibung (siehe A4). Es verkauft ihn dennoch im

a) September X2
b) April X3

- Variante a) Ganzjahresabschreibung – Abschreibungsende

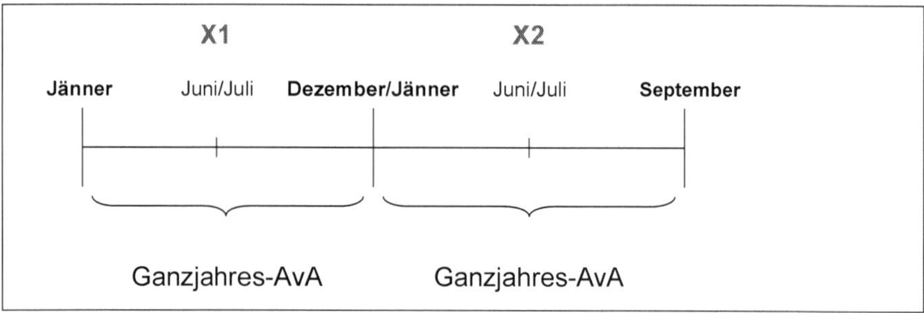

Abbildung 40: Ganzjahresabschreibung Ende

- Variante b) Halbjahresabschreibung – Abschreibungsende

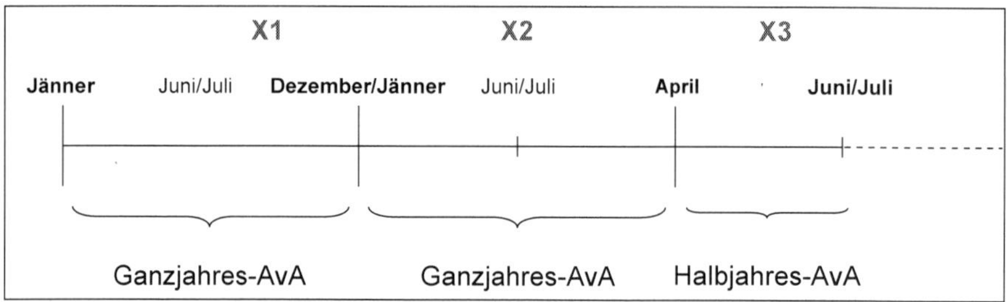

Abbildung 41: Halbjahresabschreibung Ende

4.2.1.2.2.1.2.2. A2. Abschreibungsdauer

Die **Abschreibungsdauer** ist die Nutzungsdauer, mit der der Vermögensgegenstand voraussichtlich genutzt wird.

Unternehmensrechtlich wird der Zeitraum, in welchem ein Vermögensgegenstand abgeschrieben wird, nach der voraussichtlichen wirtschaftlichen Nutzungsdauer festgesetzt, die sich aufgrund von Erfahrungswerten des Unternehmens ergibt. In der Praxis übernimmt man oft die steuerrechtliche Nutzungsdauer, die vom Gesetz vorgegeben ist. Im Zweifel ist aufgrund des Grundsatzes der kaufmännischen Vorsicht eine kürzere Nutzungsdauer anzusetzen. Wenn im Laufe der Nutzung die Abschreibungsdauer geändert wird, ist der Restbuchwert auf die neue Abschreibungsdauer zu verteilen. Steuerrechtlich wird die Nutzungsdauer gesetzlich vorgegeben (siehe Kapitel 4.2.2.).

Beispiel 12: **Abschreibungsdauer**

Ein Unternehmen kauft im Mai X1 einen Vermögensgegenstand im Wert von 100 € exkl. 20 % USt, lineare Abschreibung (siehe A4). Der Vermögensgegenstand soll genutzt werden

a) vier Jahre
b) fünf Jahre

Erläuterung

Variante a)
Die jährliche Abschreibung beträgt 100/4 = 25 €.

Variante b)
Die jährliche Abschreibung beträgt 100/5 = 20 €.

Der Unterschied zwischen Variante a) und Variante b) wird in einer Gegenüberstellung deutlich:

- Werte in der Bilanz

Variante a) Abschreibungsdauer

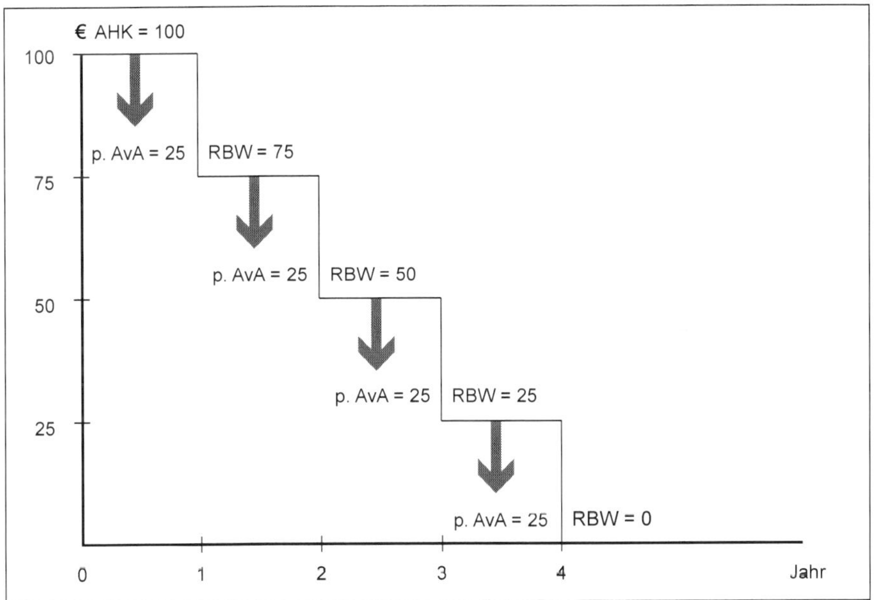

Abbildung 42: Abschreibungsdauer I

Variante b) Abschreibungsdauer

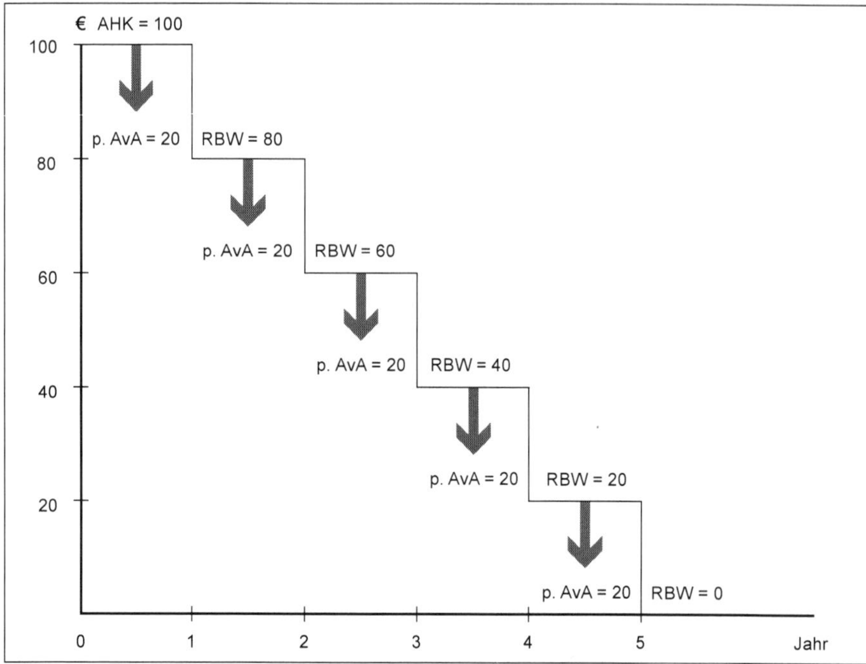

Abbildung 43: Abschreibungsdauer II

- Werte in der Gewinn- und Verlustrechnung

G&V Jahr 1		
Variante a)	Variante b)	
25	20	

G&V Jahr 2		
Variante a)	Variante b)	
25	20	

G&V Jahr 3		
Variante a)	Variante b)	
25	20	

G&V Jahr 4		
Variante a)	Variante b)	
25	20	

G&V Jahr 5		
Variante a)	Variante b)	
	20	

Abbildung 44: Abschreibung in der Gewinn- und Verlustrechnung

Die **Restnutzungsdauer** ist die Nutzungsdauer, die der Vermögensgegenstand nach bisher erfolgter Nutzung noch voraussichtlich genutzt wird.

Beispiel 13: Restnutzungsdauer

Ein Vermögensgegenstand wurde im September X1 aktiviert und hat eine Nutzungsdauer von fünf Jahren. Wie hoch ist die Restnutzungsdauer

a) Anfang Juli X3
b) Anfang Jänner X4?

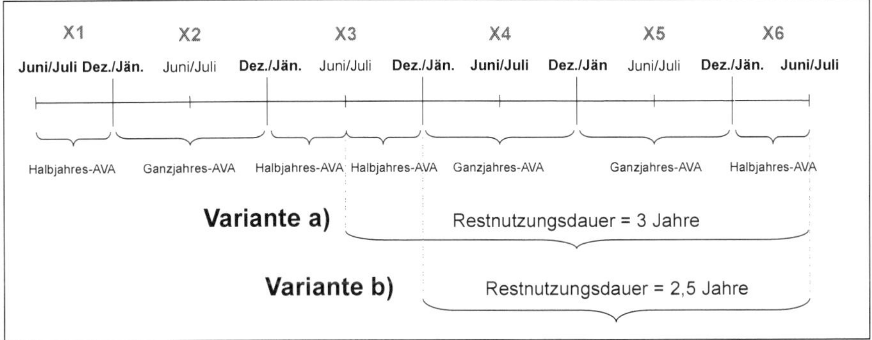

Abbildung 45: Restnutzungsdauer

Die Restnutzungsdauer ist va. dann wesentlich, wenn im Laufe der Nutzung die historischen Anschaffungs- und Herstellungskosten um nachträgliche Anschaffungs- und Herstellungskosten erweitert werden, außerplanmäßige Abschreibungen vorgenommen werden oder die Nutzungsdauer verändert wird.

4.2.1.2.2.1.2.3. A3. Abschreibungsbasis

Die **Abschreibungsbasis** ist der Wert, der als Wertminderung auf die Nutzungsdauer verteilt wird.

Die Abschreibung wird ursprünglich auf Basis der historischen Anschaffungs- und Herstellungskosten berechnet, die sich im Laufe der Nutzung ändern können. Ursachen dafür sind ia. außerplanmäßige Abschreibungen oder nachträgliche Anschaffungs- und Herstellungskosten. Im Falle solcher Änderungen muss auch die Höhe der künftigen Abschreibungen korrigiert werden. Der Restbuchwert wird dann als neue Abschreibungsbasis herangezogen, als Nutzungsdauer ist die Restnutzungsdauer zu verwenden. Von Ausnahmen abgesehen sind alle Werte ohne Umsatzsteuer!

Der **Restbuchwert** ist der Wert, mit dem der Vermögensgegenstand in der Bilanz ausgewiesen wird.

Der Restbuchwert errechnet sich wie folgt:

Historische Anschaffungs- und Herstellungskosten
− Kumulierte Abschreibungen

= Restbuchwert

Die **kumulierten Abschreibungen** sind die Summe aller planmäßigen und außerplanmäßigen Abschreibungen, die in allen Geschäftsjahren seit Aktivierung getätigt wurden. Sie werden durch Zuschreibungen (Aufwertungen) reduziert. Die kumulierten Abschreibungen werden für jeden einzelnen Vermögensgegenstand berechnet.

Folglich setzen sich die historischen Anschaffungs- und Herstellungskosten wie folgt zusammen:

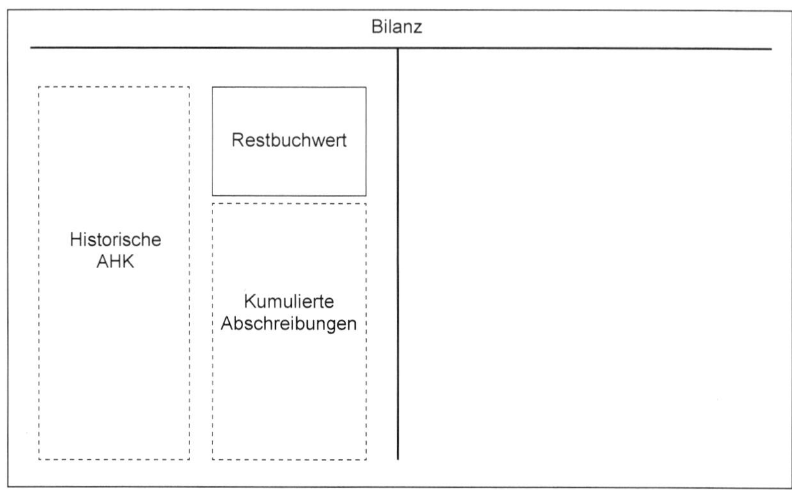

Abbildung 46: Zusammenhang Anschaffungs- und Herstellungskosten – Restbuchwert – kumulierte Abschreibung

Beachte: In der Bilanz ist nur der Restbuchwert ersichtlich. Der Restbuchwert hat kein eigenes Konto und wird – außer bei Verkauf des Vermögensgegenstandes als Aufwand – nicht verbucht; er wird in Saldenlisten errechnet. Die historischen Anschaffungs- und Herstellungskosten sowie die kumulierten Abschreibungen werden auf eigenen Konten verbucht (siehe Kapitel 7: Vermögen).

Beispiel 14: Abschreibungsbasis

Ein Vermögensgegenstand wird im Mai X1 mit einem Wert von 100 € aktiviert, die Nutzungsdauer beträgt fünf Jahre, lineare Abschreibung.
Wie hoch ist die Abschreibungsbasis für X2, wenn

a) es zu keinen Änderungen kommt?
b) Anfang X2 nachträgliche Anschaffungs- und Herstellungskosten in Höhe von 30 € hinzukommen?
c) Ende X1 zusätzlich zur planmäßigen Abschreibung eine außerplanmäßige Abschreibung von 35 € durchgeführt werden muss?

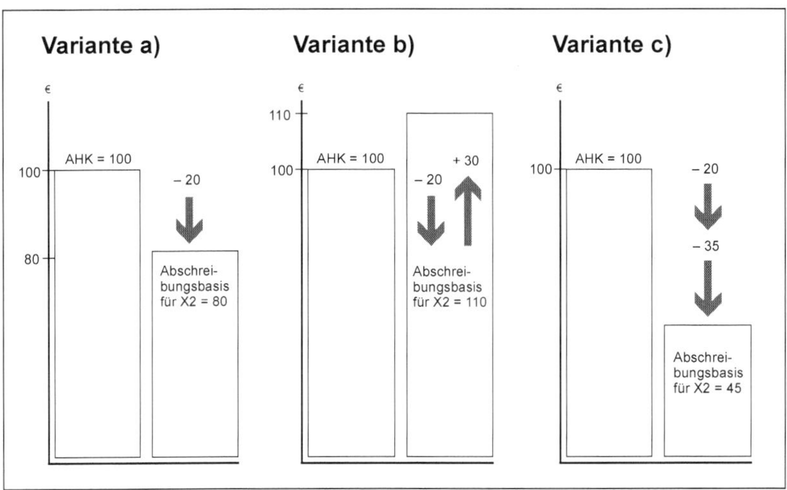

Abbildung 47: Veränderung der Abschreibungsbasis

Erläuterung

Variante a) Der Restbuchwert errechnet sich aus 100 – 20 = 80 €; $20 = \frac{100}{5}$

Variante b) Der Restbuchwert errechnet sich aus 100 – 20 + 30 = 110 €; $20 = \frac{100}{5}$

Variante c) Der Restbuchwert errechnet sich aus 100 – 20 – 35 = 45 €; $20 = \frac{100}{5}$

4.2.1.2.2.1.2.4. A4. Abschreibungsmethode

Die **Abschreibungsmethode** legt fest, in welchem Ausmaß die Gesamtabschreibung auf den Zeitraum der Nutzung verteilt wird, dh. um welchen Prozentsatz der Vermögensgegenstand jährlich an Wert verliert.

Unternehmensrechtlich sind die

- lineare
- degressive
- progressive
- leistungsabhängige

Abschreibung zulässig. Steuerrechtlich ist ausschließlich die lineare Abschreibung erlaubt (siehe Kapitel 4.2.2.). In allen folgenden Beispielen im Bereich Unternehmensrecht wird die lineare Abschreibungsmethode verwendet.

Lineare Abschreibung

Die **lineare Abschreibung** verteilt die Anschaffungs- bzw. Herstellungskosten gleichmäßig auf die voraussichtliche Nutzungsdauer.

$$\text{Planmäßige Abschreibung} = \frac{\text{Abschreibungsbasis}}{\text{Nutzungsdauer}}$$

Im Falle von Änderungen der Abschreibungsbasis oder der Nutzungsdauer lautet die Formel

$$\text{Planmäßige Abschreibung} = \frac{\text{Restbuchwert}}{\text{Restnutzungsdauer}}$$

Sinnvoll ist die lineare Abschreibung bei Gegenständen, die tatsächlich jedes Jahr ungefähr gleich genutzt werden, zB. Gebäude.

Beispiel 15: **Lineare Abschreibung**

Ein Vermögensgegenstand hat historische Anschaffungs- und Herstellungskosten von 100 € und eine Nutzungsdauer von fünf Jahren. Berechnen Sie die Abschreibungen sowie den Restbuchwert in allen Nutzungsjahren!

Die lineare Abschreibung für jedes Geschäftsjahr errechnet sich wie folgt: $\frac{100}{5} = 20$ €

Jahr	Restbuchwert	Kumulierte Abschreibung	Abschreibung
1	80	20	20
2	60	40	20
3	40	60	20
4	20	80	20
5	0	100	20

Abbildung 48: **Berechnung der linearen Abschreibung**

- **Abschreibungen**

Berechne:

Restbuchwert = historische Anschaffungs- und Herstellungskosten – kumulierte Abschreibungen

kumulierte Abschreibung = kumulierte Abschreibung des Vorjahres + Abschreibung heuer (p. Ava + ap. Ava)

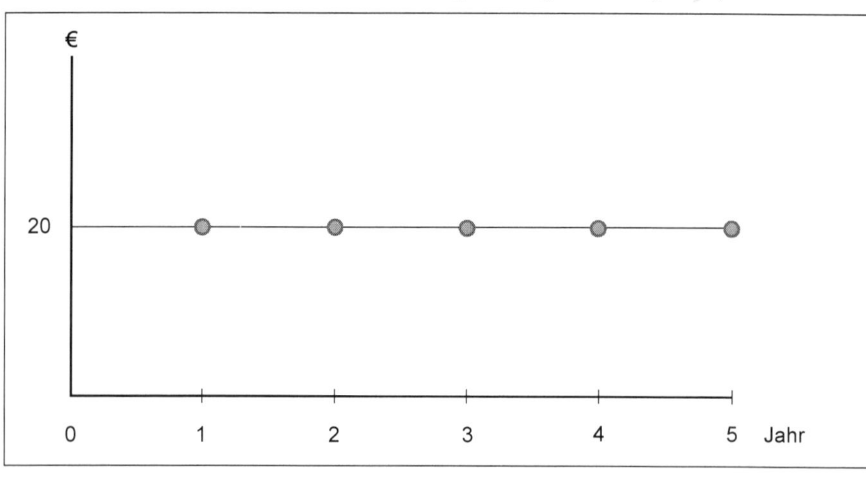

Abbildung 49: Lineare Abschreibung

- **Restbuchwert**

Siehe Abb. 46.

Degressive Abschreibung

Die **degressive Abschreibung** verteilt die Anschaffungs- bzw. Herstellungskosten derart, dass der Wertverlust im Laufe der Nutzung abnimmt, dh. dass die Höhe der jährlichen Abschreibungen abnimmt.

Sinnvoll ist die degressive Abschreibung bei Vermögensgegenständen, bei denen der Wertverlust in den Anfangsjahren hoch ist und im Laufe der Nutzung abnimmt, zB. Fahrzeuge.

Man unterscheidet zwischen geometrisch-degressiver und arithmetisch-degressiver Abschreibungsmethode.

Bei der **geometrisch-degressiven Abschreibung**, auch Buchwertabschreibung genannt, verringert sich der Vermögenswert jährlich um einen gleich bleibenden Prozentsatz.

Abschreibungssatz (in %) =

$$p = \left(1 - \sqrt[\text{Nutzungsdauer}]{\frac{\text{Restwert nach Ablauf der Nutzungsdauer}}{\text{Abschreibungsbasis}}}\right) \cdot 100$$

Abschreibung des laufenden Geschäftsjahres =

$$\text{Abschreibungsbasis} \cdot \frac{p}{100} \cdot \left(1 - \frac{p}{100}\right)^{ND-1}$$

Da bei der geometrisch-degressiven Abschreibung der Vermögensgegenstand nie voll, dh. zu 100 % abgeschrieben wird, ist ein Restbetrag, auch Schrottwert genannt, notwendig. Beachte: Im Unternehmensrecht darf der Schrottwert nicht berücksichtigt werden! Diese Methode ist daher va. in der Kostenrechnung relevant.

Beispiel 16: Geometrisch-degressive Abschreibung

Ein Vermögensgegenstand hat historische Anschaffungs- und Herstellungskosten von 100 € und eine Nutzungsdauer von fünf Jahren. Berechnen Sie die Abschreibungen sowie den Restbuchwert in allen Nutzungsjahren! Zur Demonstration sei im Unterschied zu den anderen Beispielen ein Schrottwert von 5 € angenommen, dh. der Gegenstand wird am Ende um 5 € verkauft. (Achtung Rundungsdifferenzen!)

$$p = 100 \cdot \left(1 - \left(\frac{5}{100}\right)^{\frac{1}{5}}\right) = 0{,}45 \text{ oder } 45\ \%$$

$$\text{Abschreibung in X1} = 100 \cdot \frac{45}{100} \cdot \left(1 - \frac{45}{100}\right)^{0} = 45{,}07\ €$$

$$\text{Abschreibung in X2} = 100 \cdot \frac{45}{100} \cdot \left(1 - \frac{45}{100}\right)^{1} = 24{,}76\ €$$

$$\text{Abschreibung in X3} = 100 \cdot \frac{45}{100} \cdot \left(1 - \frac{45}{100}\right)^{2} = 13{,}60\ €$$

$$\text{Abschreibung in X4} = 100 \cdot \frac{45}{100} \cdot \left(1 - \frac{45}{100}\right)^{3} = 7{,}47\ €$$

$$\text{Abschreibung in X5} = 100 \cdot \frac{45}{100} \cdot \left(1 - \frac{45}{100}\right)^{4} = 4{,}10\ €$$

Jahr	Restbuchwert	Kumulierte Abschreibung	Abschreibung
1	54,93	45,07	45,07
2	30,17	69,83	24,76
3	16,57	83,43	13,60
4	9,10	90,90	7,47
5	5,00	95,00	4,10

Abbildung 50: Berechnung der geometrisch-degressiven Abschreibung

- **Abschreibungen**

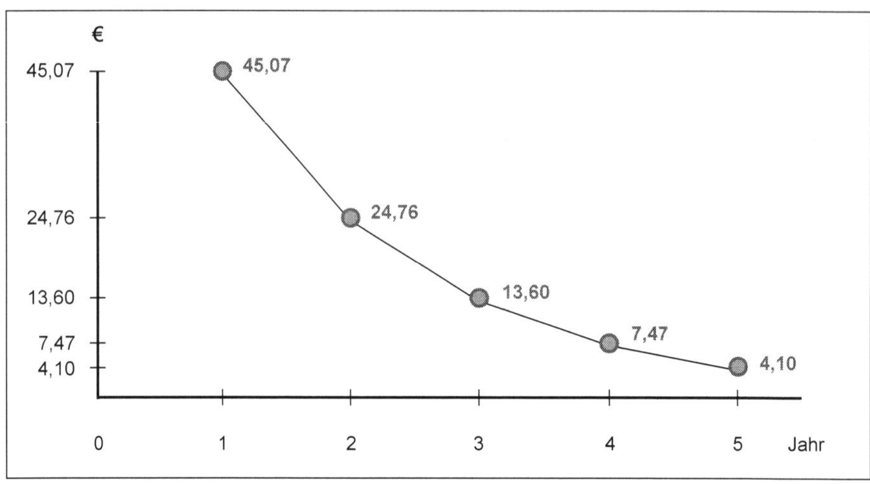

Abbildung 51: Geometrisch-degressive Abschreibung

- **Restbuchwert**

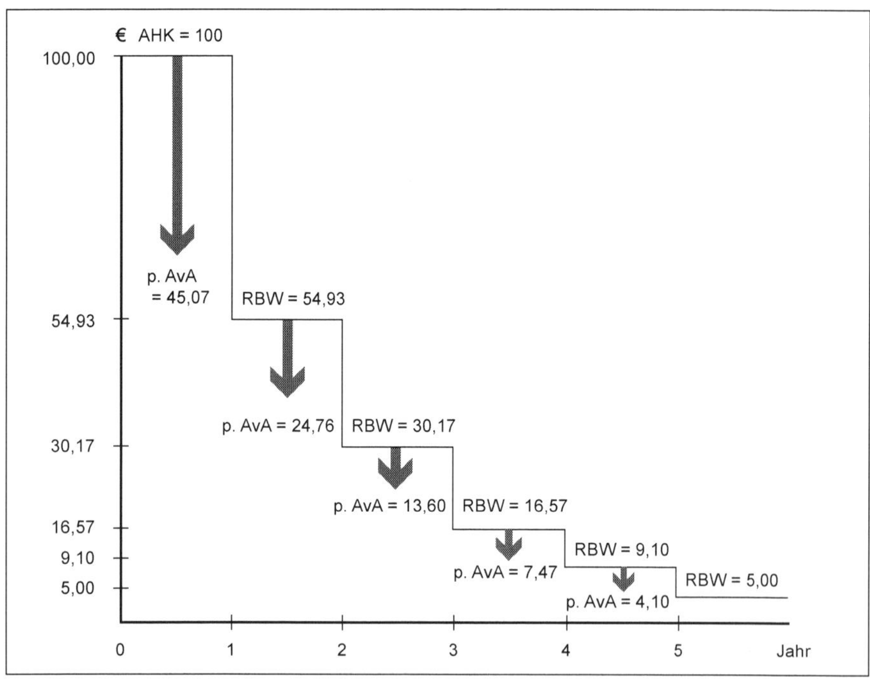

Abbildung 52: Restbuchwert bei geometrisch-degressiver Abschreibung

Bei der **arithmetisch-degressiven Abschreibung** verringert sich der Vermögenswert derart, dass die absolute Änderung der Abschreibungsbeträge konstant bleibt. Beträgt der Restbuchwert im letzten Jahr 0, wird die arithmetisch-degressive Abschreibung auch digitale Abschreibung genannt.

Unter Verwendung der Gauß'schen Summenformel ist die arithmetisch-degressive Abschreibung wie folgt zu berechnen:

Abschreibung des letzten Nutzungsjahres = $d = \frac{2 \cdot \text{Abschreibungsbasis}}{n \cdot (n+1)}$

Abschreibung des ersten Nutzungsjahres = $n \cdot d$

Abschreibung des zweiten Nutzungsjahres = $(n - 1) \cdot d$

Beispiel 17: **Arithmetisch-degressive Abschreibung**

Ein Vermögensgegenstand hat historische Anschaffungs- und Herstellungskosten von 100 € und eine Nutzungsdauer von fünf Jahren. Berechnen Sie die Abschreibungen sowie den Restbuchwert in allen Nutzungsjahren!

$d = \frac{100}{(1 + 2 + 3 + 4 + 5)} = 6{,}67$ (gerundet)

Abschreibung in X1 = 6,67 · 5 = 33,33 €

Abschreibung in X2 = 6,67 · 4 = 26,67 €

Abschreibung in X3 = 6,67 · 3 = 20,00 €

Abschreibung in X4 = 6,67 · 2 = 13,33 €

Abschreibung in X5 = 6,67 · 1 = 6,67 €

Jahr	Restbuchwert	Kumulierte Abschreibung	Abschreibung
1	66,67	33,33	33,33
2	40	60,00	26,67
3	20	80,00	20,00
4	6,67	93,33	13,33
5	0	100,00	6,67

Abbildung 53: Berechnung der arithmetisch-degressiven Abschreibung

○ **Abschreibungen**

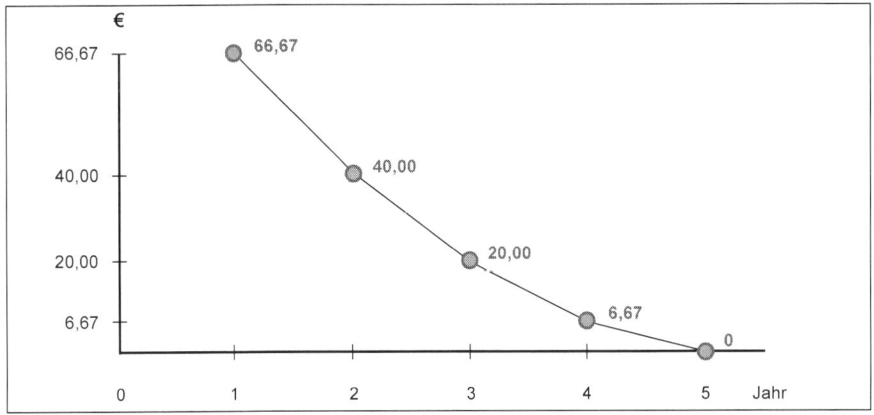

Abbildung 54: Arithmetisch-degressive Abschreibung

○ **Restbuchwert**

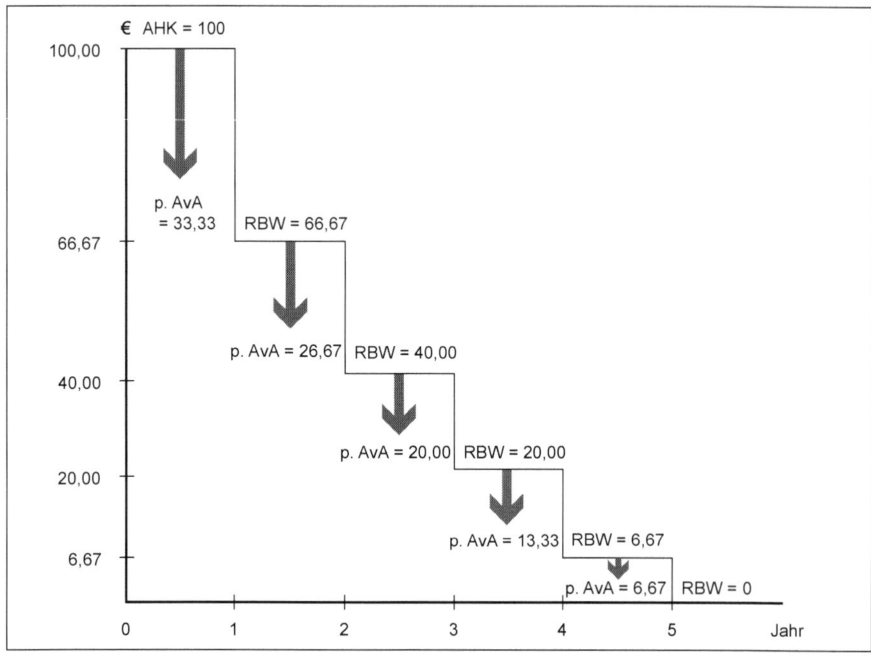

Abbildung 55: Restbuchwert bei arithmetisch-degressiver Abschreibung

Progressive Abschreibung

Die **progressive Abschreibung** verteilt die Anschaffungs- bzw. Herstellungskosten derart, dass der Wertverlust im Laufe der Nutzung zunimmt, dh. dass die Höhe der jährlichen Abschreibungen zunimmt.

Auch hier wird zwischen geometrischer und arithmetischer Berechnung unterschieden.

Die Formeln der geometrischen Abschreibungen sind entsprechend anzupassen, dh. die Abschreibungen des letzten Nutzungsjahres nach geometrischer Abschreibung sind die Abschreibungen des ersten Nutzungsjahres nach arithmetischer Abschreibung. So repräsentiert d bei der arithmetisch-progressiven Abschreibung die Abschreibung des ersten Nutzungsjahres, $n \cdot d$ die Abschreibung des letzten Nutzungsjahres.

Sinnvoll ist die sehr selten angewandte arithmetische Abschreibung bei Vermögensgegenständen, bei denen der Wertverlust in den Anfangsjahren gering ist und im Laufe der Nutzung zunimmt, zB. Atomkraftwerke.

Leistungsabhängige Abschreibung

Die **leistungsabhängige Abschreibung** verteilt die Anschaffungs- bzw. Herstellungskosten nach der tatsächlichen Nutzung in den einzelnen Nutzungsjahren.

$$\text{Abschreibung pro Einheit} = \frac{\text{Abschreibungsbasis}}{\text{Maximalkapazität aller Nutzungsjahre}}$$

Abschreibung des laufenden Geschäftsjahres =

$$= \frac{\text{Abschreibungsbasis} \cdot \text{Nutzung in laufenden Geschäftsjahr}}{\text{Maximalkapazität aller Nutzungsjahre}}$$

Die leistungsabhängige Abschreibungsmethode ist überall dort anwendbar, wo jährliche Nutzungen, zB. gefahrene km, Maschinenstunden, Anzahl der Kopien, … erhoben werden können. Sie gilt als das exakteste Verfahren. Es ist allerdings zu bedenken, dass die Erhebung der Nutzung wirtschaftlich sinnvoll und technisch machbar sein muss. Weiters ist die Nutzung pro Jahr nur eine Schätzung des Unternehmens und die Maximalkapazität der Nutzungsjahre ist eine Annahme, die meist vom Erzeuger des Vermögensgegenstandes zur Verfügung gestellt wird und nicht der Realität entsprechen muss. (Wie viele Kilometer fährt ein Auto tatsächlich maximal?)

Beispiel 18: Leistungsabhängige Abschreibung

Ein Vermögensgegenstand hat historische Anschaffungs- und Herstellungskosten von 100 € und eine Nutzungsdauer von fünf Jahren. Die maximale Kapazität beträgt 2.000 Stück. In X1 werden 140 Stück produziert, in X2 650 Stück, in X3 770 Stück, in X4 360 Stück und in X5 80 Stück. Berechnen Sie die Abschreibungen sowie den Restbuchwert in allen Nutzungsjahren!

Erläuterung

$$\text{Abschreibung pro Stück} = \frac{100}{2.000} = 0{,}05\ €$$

Abschreibung in X1 = 0,05 · 140 = 7,00 €
Abschreibung in X2 = 0,05 · 650 = 32,50 €
Abschreibung in X3 = 0,05 · 770 = 38,50 €
Abschreibung in X4 = 0,05 · 360 = 18,00 €
Abschreibung in X5 = 0,05 · 80 = 4,00 €

Jahr	Restbuchwert	Kumulierte Abschreibung	Abschreibung
1	93,00	7,00	7,00
2	60,50	39,50	32,50
3	22,00	78,00	38,50
4	4,00	96,00	18,00
5	0	100,00	4,00

Abbildung 56: Berechnung der leistungsabhängigen Abschreibung

○ **Abschreibung**

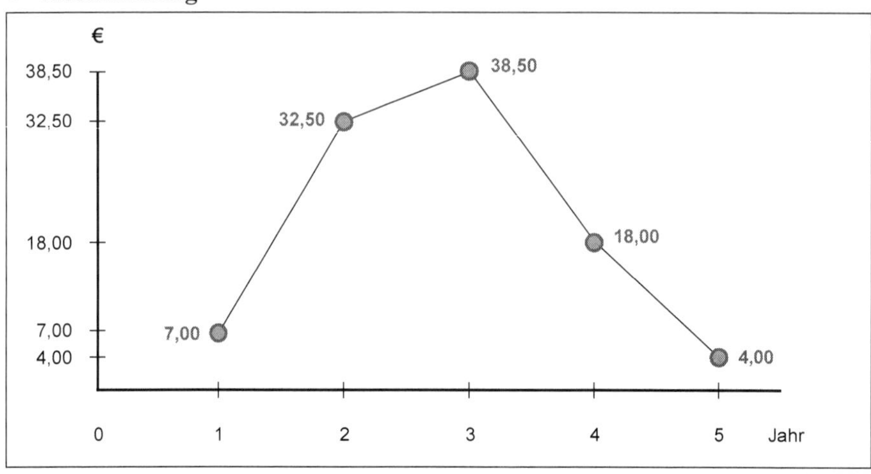

Abbildung 57: Leistungsabhängige Abschreibung

○ **Restbuchwert**

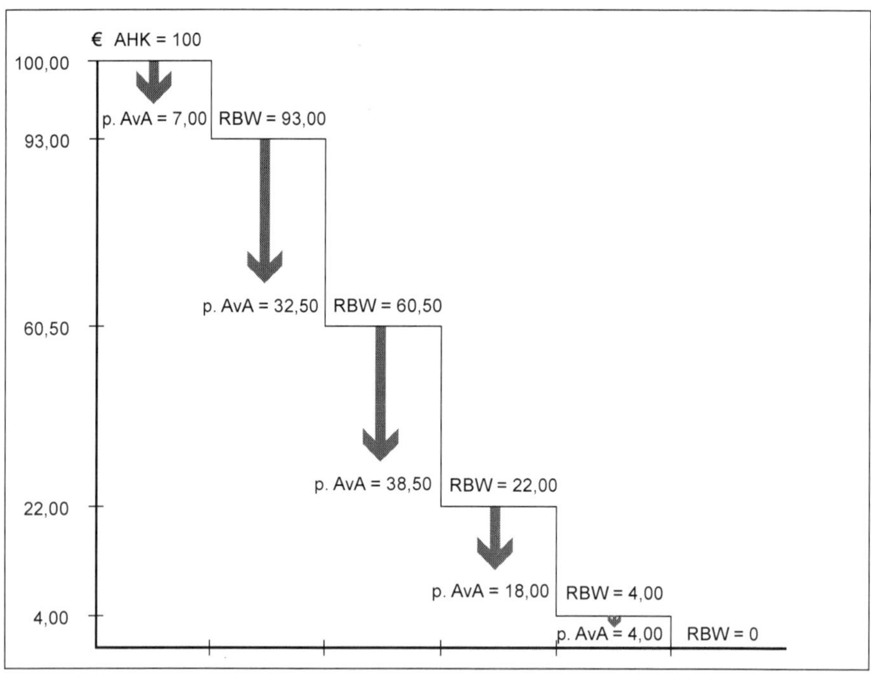

Abbildung 58: Restbuchwert bei leistungsabhängiger Abschreibung

4.2.1.2.2.1.3. Außerplanmäßige Abschreibung

Außerplanmäßige Abschreibungen kennzeichnen einen nicht planmäßigen, dh. einen bei Aktivierung nicht abzusehenden Wertverlust des Vermögensgegenstandes.

Die außerplanmäßigen Abschreibungen im Anlagevermögen werden in § 204 Abs. 2 UGB behandelt:

Abschreibungen im Anlagevermögen

§ 204. *(2) Gegenstände des Anlagevermögens sind bei voraussichtlich dauernder Wertminderung ohne Rücksicht darauf, ob ihre Nutzung zeitlich begrenzt ist, außerplanmäßig auf den niedrigeren am Abschlussstichtag beizulegenden Wert abzuschreiben. Bei Finanzanlagen dürfen solche Abschreibungen auch vorgenommen werden, wenn die Wertminderung voraussichtlich nicht von Dauer ist.*

Der beizulegende Wert und der beizulegende Zeitwert sind in § 189a Z3 und Z4 UGB definiert:

Begriffsbestimmungen

§ 189a. *Für das Dritte Buch gelten folgende Begriffsbestimmungen:*

3. *beizulegender Wert: der Betrag, den ein Erwerber des gesamten Unternehmens im Rahmen des Gesamtkaufpreises für den betreffenden Vermögensgegenstand oder die betreffende Schuld ansetzen würde; dabei ist davon auszugehen, dass der Erwerber das Unternehmen fortführt;*
4. *beizulegender Zeitwert: der Börsenkurs oder Marktpreis; im Fall von Finanzinstrumenten, deren Marktpreis sich als Ganzes nicht ohne weiteres ermitteln lässt, der aus den Marktpreisen der einzelnen Bestandteile des Finanzinstruments oder dem Marktpreis für ein gleichartiges Finanzinstrument abgeleitete Wert; falls sich bei Finanzinstrumenten ein verlässlicher Markt nicht ohne weiteres ermitteln lässt, der mit Hilfe allgemein anerkannter Bewertungsmodelle und -methoden bestimmte Wert, sofern diese Modelle und Methoden eine angemessene Annäherung an den Marktpreis gewährleisten;*

Ursachen für außerplanmäßige Abschreibungen können sein

- Höhere Gewalt
- Wirtschaftliche Situation (zB. Zusammenbruch eines Marktes)
- Nachfrageverschiebung (zB. Entstehung eines Konkurrenzproduktes)
- Fehlinvestition (zB. falsche Abschätzung des Kundenbedarfes)
- Sinken der Wiederbeschaffungskosten (zB. Überschuss der eingehenden Rohstoffe)
- Rechtliche Gründe (zB. Verbot eines Produktes)

Wenn der Wert eines Vermögensgegenstandes am Bilanzstichtag niedriger ist als der betreffende Buchwert, kann oder muss eine außerplanmäßige Abschreibung auf den niedrigeren Vergleichswert (siehe 4.2.1.2.11. Vergleichswerte) vorgenommen werden, dh. der Vermögensgegenstand wird abgewertet. Die außerplanmäßige Abschreibung erfolgt zusätzlich zur planmäßigen Abschreibung und muss auch bei nicht abnutzbarem Anlagevermögen und beim Umlaufvermögen vorgenommen werden. Folglich gibt es keine standardisierten Formeln zur Berechnung der außerplanmäßigen Abschreibung; sie wird anlassbezogen mit Hilfe der Vergleichswerte ermittelt.

4.2.1.2.2.1.4. Abschreibung auf Umlaufvermögen

Abschreibungen auf das Umlaufvermögen werden nicht in planmäßige und außerplanmäßige Abschreibungen unterteilt. Vielmehr normiert § 207 UGB:

Abschreibungen auf Gegenstände des Umlaufvermögens

> *§ 207. Bei Gegenständen des Umlaufvermögens sind Abschreibungen vorzunehmen, um sie mit dem Wert anzusetzen, der sich aus dem niedrigeren Börsenkurs oder Marktpreis am Abschlussstichtag ergibt. Ist ein Börsenkurs oder Marktpreis nicht festzustellen und übersteigen die Anschaffungs- oder Herstellungskosten den beizulegenden Wert, so ist der Vermögensgegenstand auf diesen Wert abzuschreiben.*

4.2.1.2.2.2.5. Wertsteigerung

Steigt der Wert eines Vermögensgegenstandes (abgesehen von nachträglichen Anschaffungs- und Nebenkosten), erhöhen sich der Wert des Vermögensgegenstandes in der Bilanz sowie das Eigenkapital; gleichzeitig entsteht ein Ertrag in der Gewinn- und Verlustrechnung.

Beispiel 19: **Wertsteigerung**

Ein Vermögensgegenstand steigt von 50 € auf 90 € um 40 € an Wert.

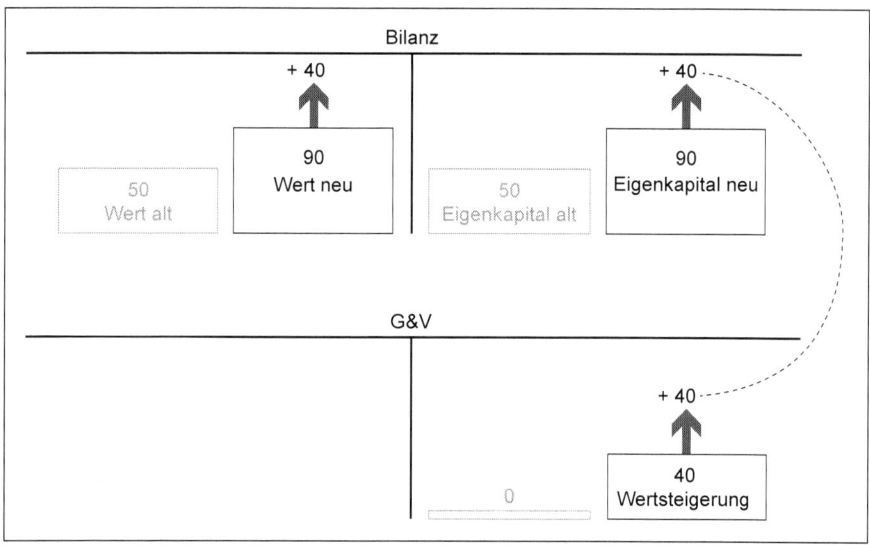

Abbildung 59: Zuschreibung

Die Wertsteigerung wird durch eine Zuschreibung zum Ausdruck gebracht.

Eine **Zuschreibung** ist eine Rückgängigmachung einer außerplanmäßigen Abschreibung beim Anlagevermögen bzw. einer Abschreibung beim Umlaufvermögen, wenn der Grund für die Wertminderung weggefallen ist. Dieser Vorgang wird als Wertaufholung bezeichnet und ist gesetzlich verpflichtend durchzuführen.

§ 208 UGB normiert:

Wertaufholung

§ 208. *(1) Wird bei einem Vermögensgegenstand eine Abschreibung gemäß § 204 Abs. 2 oder § 207 vorgenommen und stellt sich in einem späteren Geschäftsjahr heraus, daß die Gründe dafür nicht mehr bestehen, so ist der Betrag dieser Abschreibung im Umfang der Werterhöhung unter Berücksichtigung der Abschreibungen, die inzwischen vorzunehmen gewesen wären, zuzuschreiben.*

(2) Abs. 1 gilt nicht bei Abschreibungen des Geschäfts(Firmen)werts.

Zuschreibungen müssen gemäß Zuschreibungsgebot durchgeführt werden, wenn die Gründe für die früher getätigte außerplanmäßige Abschreibung beim Anlagevermögen bzw. Abschreibung beim Umlaufvermögen wegfallen. Beispiele sind Rücknahme einschränkender gesetzlicher Regelungen in der Produktion oder Aufhebung des Flächenwidmungsplanes, sodass das Grundstück – wie vom Unternehmen ursprünglich geplant – verwendet werden kann.

Zuschreibungen können maximal bis zur Höhe der fortgeschriebenen Anschaffungs- und Herstellungskosten erfolgen, auch wenn der Vergleichswert des Vermögensgegenstandes höher ist: Die fortgeschriebenen Anschaffungs- und Herstellungskosten sind die Restbuchwerte des Anlagevermögens, die sich ergeben, wenn das Anlagegut planmäßig abgeschrieben wird (im Detail siehe Punkt Anschaffungswertprinzip sowie Kapitel 7: Vermögen).

Der einmal außerplanmäßig wertgeminderte Firmenwert darf nicht mehr zugeschrieben werden.

Details zur planmäßigen Abschreibung und zur außerplanmäßigen Abschreibung werden in Kapitel 7: Vermögen anhand von Beispielen und Buchungssätzen erläutert.

4.2.1.2.3. Bewertungsgrundsätze

Das UGB normiert in den §§ 201 – 211 allgemeine Bewertungsgrundsätze. Die Bewertungsgrundsätze, die Abschreibungen und Zuschreibungen beinhalten, werden in den folgenden Kapiteln behandelt.

§ 201 UGB legt folgende allgemeine Grundsätze fest:

§ 201 (2) UGB	Insbesondere gilt folgendes:	Grundsatz/ Prinzip	Kapitel im Buch
Z 1	*Die auf den vorhergehenden Jahresabschluß angewendeten Bilanzierungs- und Bewertungsmethoden sind beizubehalten.*	Grundsatz der Bilanzkontinuität	4.2.1.2.4.
Z 2	*Bei der Bewertung ist von der Fortführung des Unternehmens auszugehen, solange dem nicht tatsächliche oder rechtliche Gründe entgegenstehen.*	Grundsatz der Unternehmensfortführung	4.2.1.2.5.

Z 3	*Die Vermögensgegenstände und Schulden sind zum Abschlussstichtag einzeln zu bewerten.*	Grundsatz der Einzelbewertung	4.2.1.2.6.
Z 4	*Der Grundsatz der Vorsicht ist einzuhalten, insbesondere sind* *a) nur die am Abschlußstichtag verwirklichten Gewinne auszuweisen,* *b) erkennbare Risken und drohende Verluste, die in dem Geschäftsjahr oder einem früheren Geschäftsjahr entstanden sind, zu berücksichtigen, selbst wenn die Umstände erst zwischen dem Abschlußstichtag und dem Tag der Aufstellung des Jahresabschlusses bekannt geworden sind,* *c) Wertminderungen unabhängig davon zu berücksichtigen, ob das Geschäftsjahr mit einem Gewinn oder einem Verlust abschließt.*	Vorsichtsprinzip	4.2.1.2.7.
Z 5	*Aufwendungen und Erträge des Geschäftsjahrs sind unabhängig vom Zeitpunkt der entsprechenden Zahlungen im Jahresabschluß zu berücksichtigen.*	Grundsatz der Periodenreinheit	4.2.1.2.8.
Z 6	*Die Eröffnungsbilanz des Geschäftsjahrs muß mit der Schlußbilanz des vorhergehenden Geschäftsjahrs übereinstimmen.*	Stichtagsprinzip	4.2.1.2.9.
§ 5 (1) EStG	*Für die Gewinnermittlung jener Steuerpflichtigen, die nach § 189 UGB oder anderen bundesgesetzlichen Vorschriften der Pflicht zur Rechnungslegung unterliegen und die Einkünfte aus Gewerbebetrieb (§ 23) beziehen, sind die unternehmensrechtlichen Grundsätze ordnungsmäßiger Buchführung maßgebend, außer zwingende steuerrechtliche Vorschriften treffen abweichende Regelungen. Die Widmung von Wirtschaftsgütern als gewillkürtes Betriebsvermögen ist zulässig. Beteiligt sich ein Gesellschafter als Mitunternehmer am Betrieb eines nach § 189 UGB rechnungslegungspflichtigen Gewerbetreibenden, gilt auch diese Gesellschaft als rechnungslegungspflichtiger Gewerbetreibender.*	Maßgeblichkeitsprinzip	4.2.1.2.10.

Weitere Kapitel, die nicht zu den Bewertungsprinzipien gehören, aber zum Verständnis wesentlich sind, betreffen
4.2.1.2.11. Vergleichswerte
4.2.1.2.12. Schätzwerte
4.2.1.2.13. Auswirkungen der Bewertung auf Bilanz und Gewinn- und Verlustrechnung

4.2.1.2.4. Grundsatz der Bilanzkontinuität

Der **Grundsatz der Bilanzkontinuität** bezieht sich auf die Identität der Schluss- und Eröffnungsbilanz, die Gliederungsstetigkeit und die Beibehaltung einmal gewählter Bewertungsansätze.

Der Grundsatz der Bilanzkontinuität kann in die formelle und materielle Bilanzkontinuität unterteilt werden.

Unter den Begriff der formellen Bilanzkontinuität fallen die zeitraumbezogene Bilanzidentität und die Gliederungsstetigkeit:

Gemäß zeitraumbezogener Bilanzidentität sind die Eröffnungsbilanz des Folgejahres und die Schlussbilanz des vorhergegangenen Geschäftsjahres ident.

Gemäß der Gliederungsstetigkeit folgen Bilanz und Gewinn- und Verlustrechnung immer der gleichen Gliederung. Wenn zB. im Anlagevermögen die Position Fuhrpark zusätzlich zu den zumindest vorgeschriebenen Positionen extra angegeben ist, dürfen ia. die Fahrzeuge in den Folgejahren nicht unter Betriebs- und Geschäftsausstattung ausgewiesen werden.

Unter den Begriff der materiellen Bilanzkontinuität fallen die Bewertungsstetigkeit und die Wahlrechte: Einmal gewählte Wahlrechte, die im UGB vorgesehen sind, müssen beibehalten werden; eine Änderung ist nur bei besonderen Umständen oder bei Inanspruchnahme steuerlicher Vorteile erlaubt. Wenn zB. im Geschäftsjahr X1 selbsterstellte Gebäude mit den aktivierungsfähigen Herstellungskosten aktiviert werden, muss dieser Ansatz für dieses Gebäude in den Folgejahren gleich bleiben. Alle Gebäude, die in diesem Geschäftsjahr errichtet werden, sind nach demselben Ansatz zu bewerten.

4.2.1.2.5. Grundsatz der Unternehmensfortführung

Gemäß dem **Grundsatz der Unternehmensfortführung**, der auch Going-Concern-Prinzip genannt wird, ist bei der Bewertung davon auszugehen, dass das Unternehmen fortgeführt wird.

Die Vermögensgegenstände werden folglich weiterhin im planmäßigen, dh. regelmäßigen, Betrieb benötigt und haben einen anderen Wert, als wenn zB. das Unternehmen zwangsweise liquidiert, dh. aufgelöst, würde. Dieses Prinzip ist va. bei der Berechnung der Abschreibung wesentlich, es ist von einer planmäßigen Nutzungsdauer sowie den Anschaffungs- und Herstellungskosten und nicht von Liquidationswerten auszugehen.

4.2.1.2.6. Grundsatz der Einzelbewertung

Grundsätzlich ist jeder Vermögensgegenstand einzeln zu bewerten.

Es ist aus technischen oder ökonomischen Gründen nicht immer möglich, Vermögensgegenstände einer Gruppe von gleichartigen Gegenständen einzeln zu erfassen und zu bewerten, zB. Diesel, der zu unterschiedlichen Zeitpunkten gekauft, aber in einem Tank gelagert wird. Daher dürfen gemäß § 209 UGB Bewertungsvereinfachungen angewandt werden (siehe Kapitel 7: Vermögen).

4.2.1.2.7. Vorsichtsprinzip

Nach dem **Vorsichtsprinzip** darf sich ein Unternehmen nicht reicher, sehr wohl aber ärmer darstellen, als es ist.

Hauptgrund für das Vorsichtsprinzip ist der Gläubigerschutz, dh. es soll diejenigen va. im Insolvenzfall schützen, denen das Unternehmen etwas schuldet. Ist ein Vermögensgegenstand in der Bilanz mit einem geringeren Wert ausgewiesen als tatsächlich für ihn erlangt werden könnte, wird bei Verkauf ein Gewinn erzielt, der vorher dem Unternehmen bekannt war, nicht aber Außenstehenden. Die Differenz zwischen dem geringen Wert in der Buchhaltung und dem möglicherweise zu erzielenden Marktpreis nennt man Stille Reserven, die im Ernstfall an die Gläubiger weitergegeben werden können. Beachte: Diese Stillen Reserven sind nirgends im Jahresabschluss ersichtlich, sondern nur dem Unternehmen bekannt! Erst bei Verkauf des Vermögensgegenstandes werden diese Stillen Reserven aufgedeckt, dh. ersichtlich, und erhöhen den Gewinn des Unternehmens (siehe Beispiel Realisationsprinzip).

Beispiel 20: **Stille Reserven**

Ein Unternehmen bewertet ein Grundstück gemäß Vorsichtsprinzip mit 300.000 €, am Markt könnten zZ. 350.000 € erzielt werden.

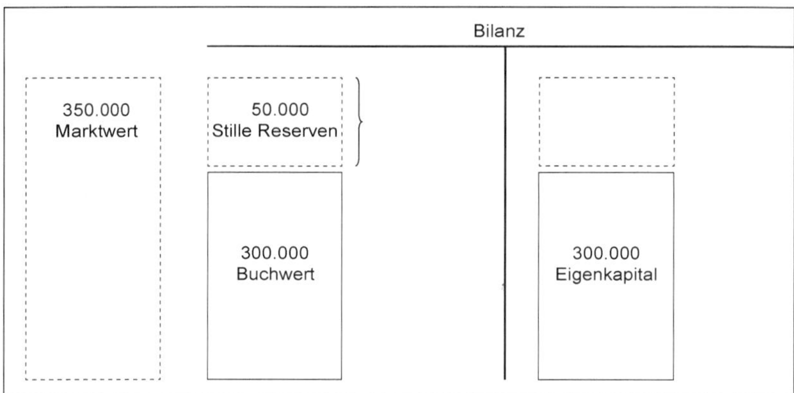

Abbildung 60: Stille Reserven

Erläuterung

Die Differenz zwischen 350.000 € Marktpreis und 300.000 € Buchwert sind die Stillen Reserven in Höhe von 50.000 €, die nur dem Unternehmen bekannt sind. Folglich ist auch das Eigenkapital des Unternehmens um 50.000 € unterbewertet. Würde das Grundstück verkauft, könnten diese 50.000 € (abzgl. Steuern und Abgaben) zur Rückzahlung von Schulden verwendet werden.

Ausprägungen des Vorsichtsprinzips sind das

4.2.1.2.7.1. Realisationsprinzip und Imparitätsprinzip
4.2.1.2.7.2. Anschaffungswertprinzip
4.2.1.2.7.3. Niederstwertprinzip
4.2.1.2.7.4. Höchstwertprinzip

4.2.1.2.7.1. Realisationsprinzip und Imparitätsprinzip

Gemäß **Realisationsprinzip** sind nur die am Abschlussstichtag verwirklichten Gewinne auszuweisen.

Grundsätzlich sind Gewinne und Verluste gleichwertig zu behandeln. Gemäß Realisationsprinzip dürfen allerdings unverwirklichte Gewinne, dh. Gewinne, die erst in folgenden Geschäftsjahren realisiert, dh. tatsächlich erzielt werden, nicht ausgewiesen werden.

Gemäß **Imparitätsprinzip** sind erkennbare Risken und drohende Verluste, die in dem Geschäftsjahr oder einem früheren Geschäftsjahr entstanden sind, in der Bewertung zu berücksichtigen, selbst wenn die Umstände erst zwischen dem Abschlussstichtag und dem Tag der Aufstellung des Jahresabschlusses bekannt geworden sind.

In Umkehrung des Realisationsprinzips müssen gemäß Imparitätsprinzip erkennbare Risken, die im folgenden Geschäftsjahr auftreten könnten, bereits berücksichtigt werden, dh. es kommt zu einer Abwertung. Das Imparitätsprinzip manifestiert sich im Niederstwertprinzip bzw. im Höchstwertprinzip.

Beispiel 21: **Realisationsprinzip und Imparitätsprinzip**

Ein Unternehmen hat Ware im Wert von 100 € auf Lager.
(1) Der Marktpreis am Bilanzstichtag beträgt 120 €.
(2) Der Marktpreis am Bilanzstichtag beträgt 70 €.

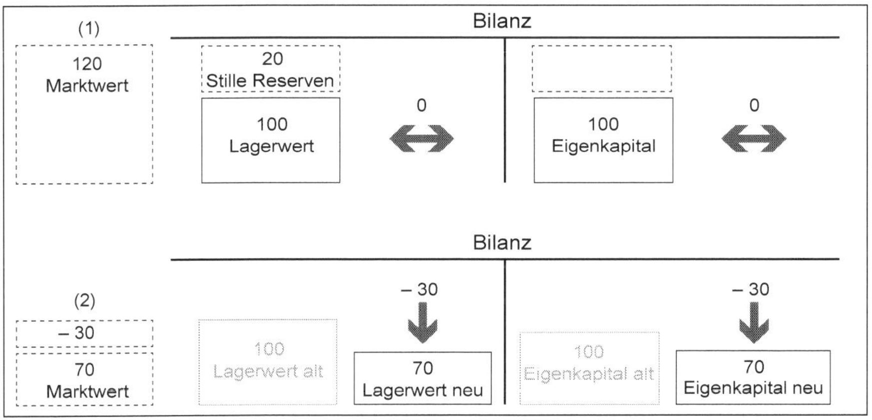

Abbildung 61: Realisationsprinzip und Imparitätsprinzip

Erläuterung

In Variante (1) darf nicht um 20 € aufgewertet werden. Es entstehen Stille Reserven, das Eigenkapital verändert sich nicht.

In Variante (2) muss um 30 € abgewertet werden. Das Eigenkapital und der Gewinn verringern sich ebenfalls.

4.2.1.2.7.2. Anschaffungswertprinzip

Dieses Bewertungsprinzip ist ganz zentral für die Bewertung gemäß UGB!

Das **Anschaffungswertprinzip** besagt, dass der Wert in der Bilanz die historischen Anschaffungs- und Herstellungskosten nicht überschreiten darf, dh. dass ein Vermögensgegenstand mit maximal den historischen Anschaffungs- und Herstellungskosten angesetzt werden darf. Schulden dürfen nicht geringer als zum Zeitpunkt der Passivierung angesetzt werden.

Beispiel 22: Anschaffungswertprinzip

Ein Grundstück wurde vor 50 Jahren von einer Unternehmung um 100 € erworben. Heute liegt es mitten im Stadtentwicklungsgebiet und hat einen Wert von 700 €. Mit welchem Wert ist das Grundstück in der Bilanz anzusetzen?

Aufgrund des Anschaffungswertprinzips muss in der Bilanz der Wert von 100 € Anschaffungskosten beibehalten werden.

Bei genauer Interpretation des Anschaffungswertprinzips wird offensichtlich, dass zwischen abnutzbarem und nicht abnutzbarem Vermögen unterschieden werden muss. Bei nicht abnutzbaren Vermögensgegenständen, zB. Grundstücken, sind die historischen Anschaffungs- und Herstellungskosten die tatsächliche Obergrenze. Bei abnutzbaren Vermögensgegenständen, zB. Maschinen, sind die fortgeschriebenen Anschaffungs- und Herstellungskosten die tatsächliche Obergrenze.

Fortgeschriebene Anschaffungs- und Herstellungskosten sind die historischen Anschaffungs- und Herstellungskosten minus der bisherigen planmäßigen Abschreibungen.

Der Wert in der Bilanz darf nie höher als die fortgeschriebenen Anschaffungs- und Herstellungskosten des jeweiligen Geschäftsjahres sein, auch wenn am Markt höhere Preise erzielt werden könnten.

Beispiel 23: Fortgeschriebene Anschaffungs- und Herstellungskosten

Ein Unternehmen hat eine Maschine im Wert von 100 €, Nutzungsdauer = fünf Jahre.

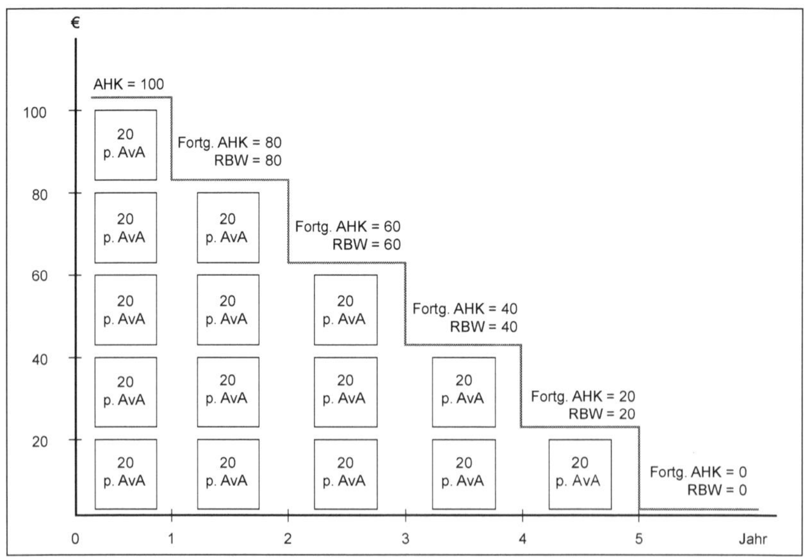

Abbildung 62: Fortgeschrittene Anschaffungs- und Herstellungskosten

Erläuterung

Jahr 0 bezeichnet den Zeitpunkt der Inbetriebnahme.
Die planmäßigen Abschreibungen betragen 100 / 5 = 20 € pro Jahr.
Die fortgeschriebenen Anschaffungs- und Herstellungskosten sind identisch mit dem Restbuchwert. Sie errechnen sich aus dem Wert des vorigen Geschäftsjahres minus der planmäßigen Abschreibungen des laufenden Geschäftsjahres.

4.2.1.2.7.3. Niederstwertprinzip

Das **Niederstwertprinzip** besagt, dass ein Vermögensgegenstand mit dem niedrigsten Vergleichswert (siehe: Vergleichswerte) anzusetzen ist.

Das Niederstwertprinzip wird in das
- gemilderte Niederstwertprinzip und
- strenge Niederstwertprinzip

untergliedert.

Gemildertes Niederstwertprinzip

Das **gemilderte Niederstwertprinzip** besagt, dass bei Vorliegen eines dauerhaften Grundes für die Wertminderung der niedrigere Vergleichswert zu wählen ist.

Das gemilderte Niederstwertprinzip wird auf das abnutzbare und nicht abnutzbare Anlagevermögen angewandt. Demnach ist eine außerplanmäßige Abschreibung zwingend durchzuführen, wenn die Wertminderung dauerhaft ist. Ein Abwerten ohne dauerhaften Grund ist mit Ausnahme des Finanzanlagevermögens nicht möglich. Eine Wertaufholung, dh. Zuschreibung, ist bis zur Höhe der fortgeschriebenen Anschaffungs- und Herstellungskosten verpflichtend durchzuführen, wenn der Grund für die außerplanmäßige Abschreibung wegfällt.

Beispiel 24: **Gemildertes Niederstwertprinzip**

Ein Unternehmen besitzt im Anlagevermögen ein Grundstück im Wert von 250 €. Wie wird es das Grundstück bewerten, wenn es eine
a) Gewinnmaximierung anstrebt?
b) Gewinnminimierung anstrebt?

Erläuterung

Jahr	Kurs	a) Bilanzansatz bei Gewinnmaximierung	b) Bilanzansatz bei Gewinnminimierung
1	250 €	250 €	250 €
2	253 €	250 € Anschaffungswertprinzip	250 €
3	129 €	250 € wenn nicht dauerhafte Abwertung argumentiert wird	129 € wenn dauerhafte Abwertungargumentiert wird
4	230 €	250 € wenn nicht dauerhafte Abwertung argumentiert wird	230 € Wertaufholungsgebot

Abbildung 63: Gemildertes Niederstwertprinzip

Strenges Niederstwertprinzip

Das **strenge Niederstwertprinzip** besagt, dass bei Vorliegen eines niedrigeren Vergleichswerts der niedrigere Vergleichswert unabhängig davon zu wählen ist, ob der Grund für die Abwertung dauerhaft ist oder nicht. Liegt der Vergleichswert in nächster Zukunft niedriger, darf auch dieser gewählt werden (erweitertes Niederstwertprinzip).

Das strenge Niederstwertprinzip wird auf das Umlaufvermögen angewandt. Demnach sind alle Vermögensgegenstände höchstens mit den Anschaffungs- oder Herstellungskosten anzusetzen. Liegt ihr Wert am Abschlussstichtag unter dem Anschaffungs- oder Herstellungswert, muss immer auf diesen niedrigeren Wert (= Vergleichswert) am Bilanzstichtag abgewertet werden, auch wenn die Wertminderung nur vorübergehend besteht. Wie beim Anlagevermögen ist eine Wertaufholung, dh. Zuschreibung, bis zur Höhe der historischen Anschaffungs- und Herstellungskosten verpflichtend durchzuführen, wenn der Grund für die Abschreibung wegfällt.

Beispiel 25: **Strenges Niederstwertprinzip**

Ein Unternehmen hat im Umlaufvermögen ein Grundstück im Wert von 250 €, das es verkaufen möchte. Wie wird es bewerten?

Erläuterung

Jahr	Kurs	Bilanzansatz
1	250 €	250 €
2	253 €	250 € Anschaffungswertprinzip
3	129 €	129 € strenges Niederstwertprinzip
4	230 €	230 € Wertaufholungsgebot

Abbildung 64: Strenges Niederstwertprinzip

Die folgende Abbildung fasst die Beispiele zum Niederstwertprinzip zusammen.

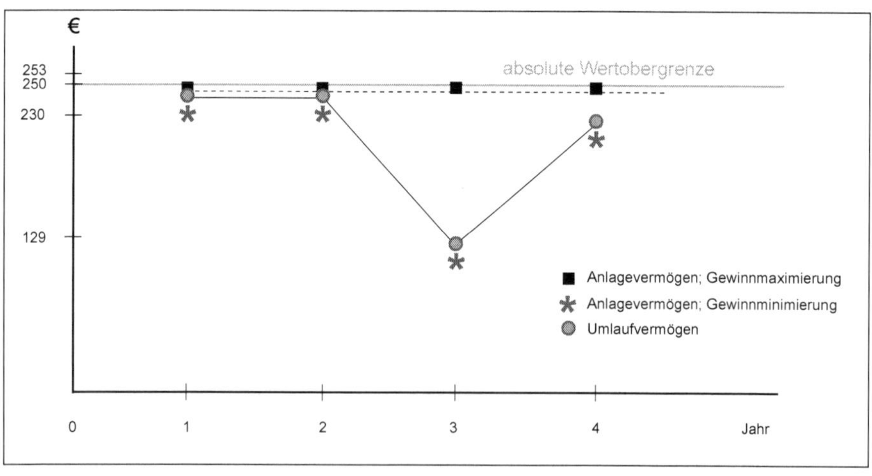

Abbildung 65: Gegenüberstellung gemildertes – strenges Niederstwertprinzip

4.2.1.2.7.4. Höchstwertprinzip

Das **Höchstwertprinzip** besagt, dass die Schulden immer mit ihrem höchsten Wert anzusetzen sind.

Das Höchstwertprinzip trifft zB. auf Fremdwährungsverbindlichkeiten zu. Verändert sich der Kurs zum Nachteil des Unternehmens, das eine Fremdwährungsverbindlichkeit hat, ist der für das Unternehmen schlechtere Rückzahlungskurs zu wählen.

Beispiel 26: **Höchstwertprinzip**

Durch Kursschwankungen beträgt eine Fremdwährungsverbindlichkeit nicht mehr 200 €, sondern es müsste bei einer Bezahlung am Bilanzstichtag ein Betrag von 230 € zurückbezahlt werden. Das Eigenkapital des Unternehmens beträgt 100 €.

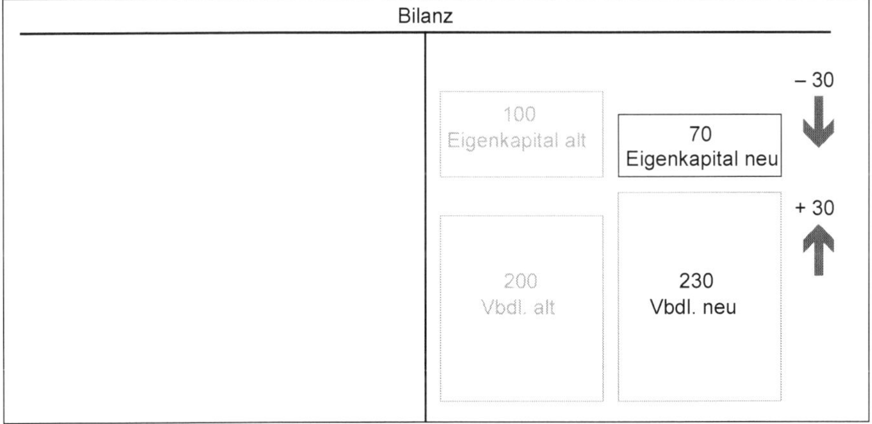

Abbildung 66: Höchstwertprinzip

4.2.1.2.8. Grundsatz der Periodenreinheit

Gemäß dem **Grundsatz der Periodenreinheit** sind Aufwendungen und Erträge des Geschäftsjahrs im Jahresabschluss zu berücksichtigen, unabhängig davon, wann die Zahlung erfolgt.

Der Zahlungszeitpunkt ist unerheblich (siehe Kapitel 6: Rechnungsausgleich). Die Aufwendungen und Erträge müssen im betreffenden Geschäftsjahr angefallen sein. Aufwendungen und Erträge, die das folgende Geschäftsjahr betreffen, sind abzugrenzen (siehe Kapitel 7: Vermögen und Kapitel 8: Kapital).

4.2.1.2.9. Stichtagsprinzip

Gemäß **Stichtagsprinzip** sind nur Wertänderungen zu berücksichtigen, die zum Bilanzstichtag eingetreten sind.

Üblicherweise wird die Bewertung nicht AM, sondern ZUM Bilanzstichtag durchgeführt, dh. es sind die Vergleichswerte des Bilanzstichtages zu berücksichtigen, auch wenn die Vermögensgegenstände und Schulden zu einem späteren Zeitpunkt bewertet und gebucht werden. Eine Ausnahme sind werterhellende Umstände, dh. wenn nach dem Bilanzstichtag Risiken bekannt werden, die zu eine andere Bewertung führen würden (siehe § 201 Abs. 2 Z 4 lit. b UGB). Diese sind dann trotz Stichtagsprinzips zu berücksichtigen.

4.2.1.2.10. Grundsatz der Maßgeblichkeit

Der **Grundsatz der Maßgeblichkeit** regelt das Verhältnis zwischen Unternehmensbilanz und Steuerbilanz.

Der Grundsatz der Maßgeblichkeit bezieht sich va. auf Wahlmöglichkeiten der Bewertung. Er besagt, dass die Wertansätze in der Unternehmensbilanz für die Steuerbilanz maßgeblich sind, dh. wenn man in der Unternehmensbilanz einen Wertansatz wählt, ist er für die Steuerbilanz und somit für die Besteuerung des Unternehmens relevant. Steuerrechtliche Ausnahmen können eine Umkehr der Maßgeblichkeit erfordern.

4.2.1.2.11. Vergleichswerte

Bewerten beinhaltet Vergleichen, dh. ein Unternehmen vergleicht seine Werte in der Buchhaltung mit so genannten Vergleichswerten. Diese Vergleichswerte sind daher die Grundlage für mögliche Abwertungen bzw. Aufwertungen. Folgende Vergleichswerte können herangezogen werden:

- **Vergleichswerte für Vermögensgegenstände**
  Für das Umlaufvermögen kann absatzseitig der so genannte absatzmarktorientierte Vergleichswert am Absatzmarkt ermittelt werden.

Der **absatzmarktorientierte Vergleichswert** ist der Preis, zu dem abzüglich noch anfallender Kosten am Bilanzstichtag verkauft werden könnte.

Er wird wie folgt berechnet:

Verkaufspreis (zB. Börsen- oder Marktpreis) am Bilanzstichtag
− Erlösschmälerungen (zB. Skonto)
− Künftige Verkaufskosten
= Absatzmarktorientierter Vergleichswert

Für das Umlaufvermögen ist beschaffungsmarktseitig zunächst der Marktpreis und Börsenpreis am Einkaufsmarkt zu ermitteln.

Der **beschaffungsmarktorientierte Vergleichswert** ist der Preis, zu dem zuzüglich noch anfallender Kosten am Bilanzstichtag eingekauft werden könnte.

Als Marktpreis wird derjenige Preis angesehen, der an einem Handelsplatz für Güter einer bestimmten Gattung durchschnittlicher Art und Güte zu einem bestimmten Zeitpunkt zustande kommt. Der Börsenpreis ist eine spezielle Form des Marktpreises. Er ist der an einer Effekten- oder Produktenbörse amtlich oder im Freiverkehr bei tatsächlichen Umsätzen festgestellte Preis. Beachte, dass Marktpreis und Börsenpreis die Grundlage für die Berechnung des endgültigen Verkaufspreises darstellen, es sind gegebenenfalls wie beim historischen Wert auch Anschaffungsnebenkosten zu berücksichtigen.

Für Anlage- sowie Umlaufvermögen, für das sich am Bilanzstichtag keine Börsen- oder Marktpreise eruieren lässt, weil es für das betreffende Gut keinen Markt gibt oder an dem Tag keine Umsätze getätigt wurden, ist der dem Vermögensgegenstand beizulegende Wert bzw. Zeitwert zu berechnen (siehe die §§ 204 Abs. 2 und 207 UGB).

Der dem Vermögensgegenstand beizulegende Wert ist der Wert, den man im Rahmen eines Unternehmenskaufes für diesen Gegenstand ansetzen würde. Er umfasst den Wiederbeschaffungswert, den Reproduktionswert, den um noch anfallende Aufwendungen geminderten Veräußerungspreis und den Ertragswert unter der Annahme der Unternehmensfortführung (Going-Concern-Prinzip).

Der **fiktive Wiederbeschaffungswert** bzw. der Reproduktionswert berechnet die Kosten der Anschaffung bzw. der Herstellung des Vermögensgegenstandes am Bilanzstichtag, so als ob man ihn am Bilanzstichtag beschaffen bzw. produzieren würde.

Der **um noch anfallende Aufwendungen geminderte Veräußerungspreis** errechnet sich aus dem geschätzten Verkaufspreis abzüglich Erlösschmälerungen und den noch anfallenden Aufwendungen, zB. Materialkosten.

Der **Ertragswert** wird aus geschätzten Einnahmen und Ausgaben aus dem Vermögensgegenstand ermittelt, die abgezinst werden.

Forderungen als Teil des Umlaufvermögens werden nach dem einer vernünftigen kaufmännischen Beurteilung notwendigen Wert bewertet, dh. es sind einerseits Kursschwankungen zu berücksichtigen, anderseits ist zu beachten, dass Forderungen unter Umständen angezweifelt oder aufgrund mangelnder Zahlungsfähigkeit des Schuldners nicht oder nur teilweise zurückbezahlt werden könnten (siehe Kapitel 7: Vermögen).

- **Vergleichswerte für Kapital**

Verbindlichkeiten sind mit ihrem Erfüllungsbetrag anzusetzen, der sich aus zurückzuzahlender Schuld, Devisenkurs und Zinsvereinbarungen ergibt, Rückstellungen mit dem zu erwartendem Rückzahlungsbetrag (siehe § 211 Abs. 1 UGB; Kapitel 8: Kapital).

4.2.1.2.12. Schätzwerte

Grundsätzlich dürfen nur belegte Werte in die Buchhaltung aufgenommen werden. § 207 UGB normiert folgende Ausnahme:

Abschreibungen auf Gegenstände des Umlaufvermögens

§ 207. Bei Gegenständen des Umlaufvermögens sind Abschreibungen vorzunehmen, um sie mit dem Wert anzusetzen, der sich aus dem niedrigeren Börsenkurs oder Marktpreis am Abschlussstichtag ergibt. Ist ein Börsenkurs oder Marktpreis nicht festzustellen und übersteigen die Anschaffungs- oder Herstellungskosten den beizulegenden Wert, so ist der Vermögensgegenstand auf diesen Wert abzuschreiben.

4.2.1.2.13. Auswirkungen der Bewertung auf Bilanz und Gewinn- und Verlustrechnung

Das folgende Beispiel dient der Demonstration und Zusammenfassung, inwieweit die Bewertungsgrundsätze und -vorschriften eine Auswirkung auf den Gewinn bzw. Verlust und somit auf die Veränderung des Eigenkapitals haben.

Beispiel 27: Einfluss der Bewertung auf das Eigenkapital und den Gewinn

Ein Unternehmen besitzt am Geschäftsjahresbeginn ein Grundstück im Wert von 200 €, zehn Stück Ware im Wert von 150 € und Schulden im Wert von 100 $, zum Zeitpunkt der Verbuchung im Wert von 100 € (Wechselkurs 1:1).

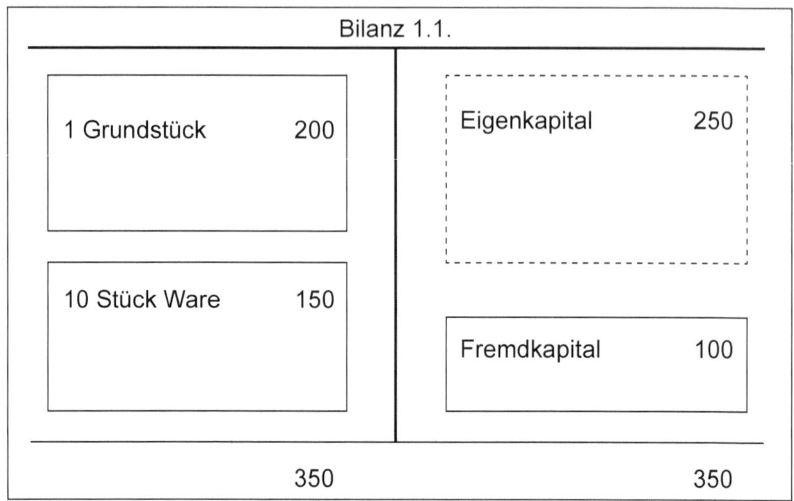

Abbildung 67: Einfluss der Bewertung auf das Eigenkapital und den Gewinn

Erläuterung

Es ergibt sich aufgrund der Bilanzformel: Anlagevermögen 200 € (Grundstück) + Umlaufvermögen 150 € (Ware) – Schulden 100 € ein Eigenkapital von 250 €.

(0) Es finden während des Geschäftsjahres keine Transaktionen statt.

(1) Am Geschäftsjahresende wäre beim Grundstück eine kurzfristige Abwertung in Höhe von 40 € möglich, dh. der Wert dürfte auf 160 € gesenkt werden.

(1a) Das Wahlrecht wird nicht in Anspruch genommen.

(1b) Das Wahlrecht wird in Anspruch genommen.

(2) Der Marktpreis der Ware sinkt auf 130 €.

(3) Der Wechselkurs verschlechtert sich auf 1:1,1, die Schulden steigen daher auf 110 €.

- **Veränderung des Eigenkapitals in Variante (1a)**

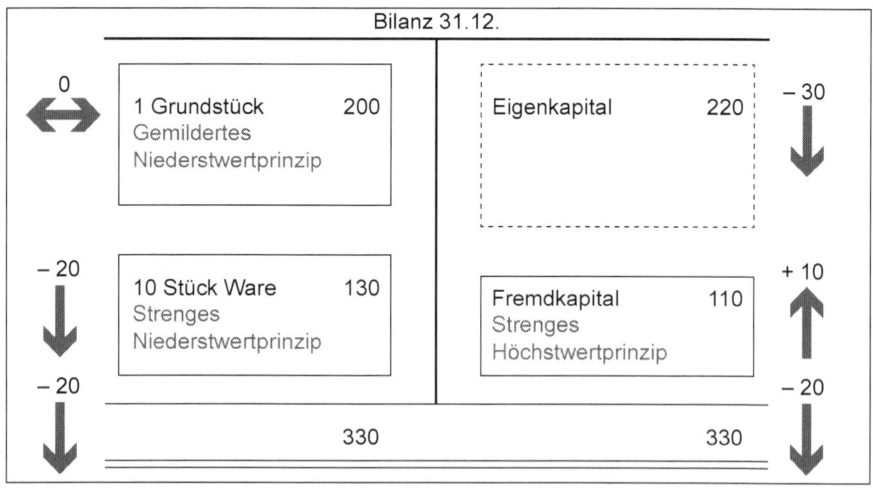

Abbildung 68: Veränderung des Eigenkapitals I

- **Veränderung des Gewinnes in Variante (1a)**

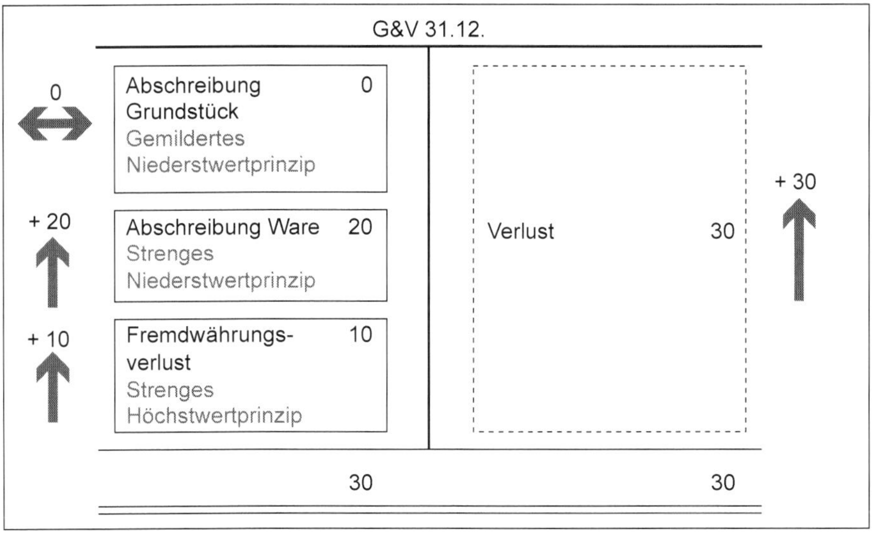

G&V 31.12.

	Soll		Haben		
0 ⟺	Abschreibung Grundstück Gemildertes Niederstwertprinzip	0	Verlust	30	+ 30 ↑
+ 20 ↑	Abschreibung Ware Strenges Niederstwertprinzip	20			
+ 10 ↑	Fremdwährungs-verlust Strenges Höchstwertprinzip	10			
		30		30	

Abbildung 69: Veränderung des Gewinnes I

Erläuterung

In Variante (1a) besteht beim Grundstück gemäß dem gemilderten Niederstwertprinzip aufgrund der Kurzfristigkeit eine Wahlmöglichkeit. Diese wird insofern genutzt, als dass keine Abwertung vorgenommen wird.

Die Ware muss gemäß strengem Niederstwertprinzip abgewertet werden. Die Schulden müssen gemäß strengem Höchstwertprinzip aufgewertet werden. Dadurch ergibt sich eine Verringerung des Eigenkapitals von –30 € und eine Verringerung der Bilanzsumme von –20 €.

Beachte, dass die Verringerung des Eigenkapitals ausschließlich aufgrund geänderter Bewertung zustande kam. Es hat sich grundsätzlich nichts am Unternehmen geändert (1 Grundstück, 10 Stück Ware, 1 Schulden 100 $).

In der Gewinn- und Verlustrechnung werden sowohl die Abwertung (Abschreibung) des Umlaufvermögens als auch die Aufwertung (Fremdwährungsverlust) der Schulden als Aufwand gebucht und ergeben dadurch einen Verlust. Dieser Verlust entspricht genau der Höhe der Abschreibung von 20 € und des Fremdwährungsverlusten von 10 € = 30 €, was wiederum der Verringerung des Eigenkapitals in gleicher Höhe entspricht.

- **Veränderung des Eigenkapitals in Variante (1b)**

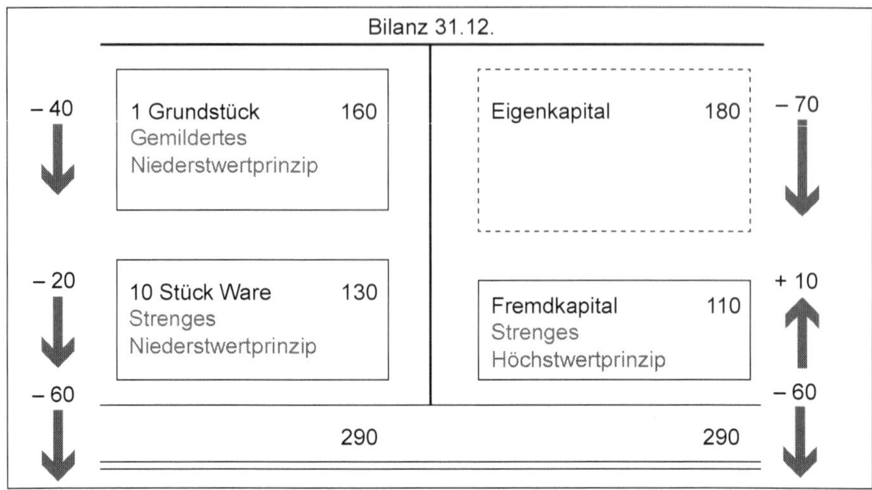

Abbildung 70: Veränderung des Eigenkapitals II

- **Veränderung des Gewinnes in Variante (1b)**

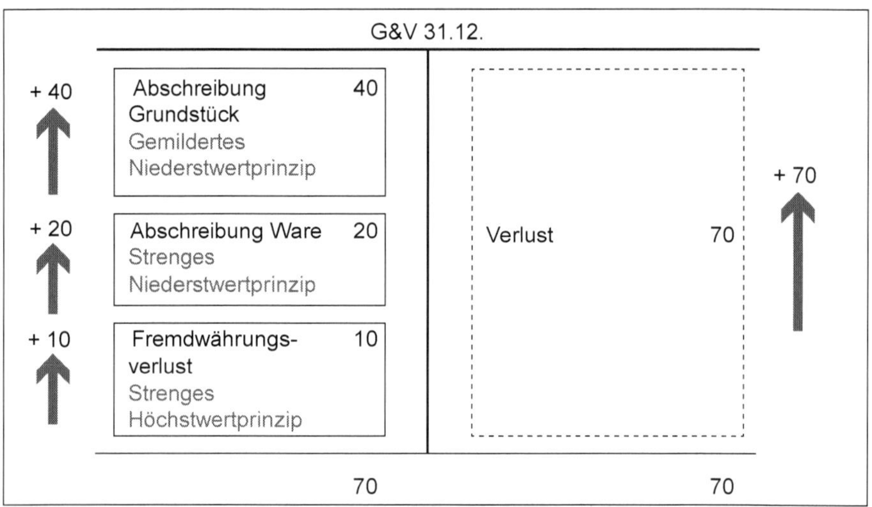

Abbildung 71: Veränderung des Gewinnes II

Erläuterung

In Variante (1b) besteht beim Grundstück gemäß gemildertem Niederstwertprinzip aufgrund der Kurzfristigkeit eine Wahlmöglichkeit. Diese wird insofern genutzt, als dass die Abwertung vorgenommen wird.

Die Schulden müssen gemäß strengem Höchstwertprinzip aufgewertet werden.

Dadurch ergibt sich eine Verringerung des Eigenkapitals von –70 € und eine Verringerung der Bilanzsumme von –60 €.

Beachte, dass die Verringerung des Eigenkapitals ausschließlich aufgrund geänderter Bewertung zustande kam. Es hat sich grundsätzlich nichts am Unternehmen geändert (1 Grundstück, 10 Stück Ware, einmal Schulden 100 $).

In der Gewinn- und Verlustrechnung werden sowohl die Abwertung (Abschreibung) des Anlagevermögens und des Umlaufvermögens als auch die Aufwertung (Fremdwährungsverlust) der Schulden als Aufwand gebucht und ergeben dadurch einen Verlust. Dieser Verlust entspricht genau der Höhe der Abschreibung von 40 € + 20 € und des Fremdwährungsverlusten von 10 € = 70 €, was wiederum der Verringerung des Eigenkapitals in gleicher Höhe entspricht.

4.2.2. Bewertung aus Sicht des Steuerrechts

Da dieses Buch auf steuerliche Aspekte – außer auf Eckpunkte des Umsatzsteuerrechtes – nicht eingeht, wird die Bewertung aus Sicht des Steuerrechts nur der Vollständigkeit halber erwähnt.

Das UGB ermöglicht im Unterschied zum EStG Spielräume in der Bewertung von Vermögen und Kapital. Wenn das Unternehmen im Sinne seiner Bilanzpolitik in der Unternehmensbilanz diese Spielräume ausnutzt, muss es dennoch in der Steuerbilanz die gesetzlich vorgeschriebenen Werte ansetzen. Will umgekehrt das Unternehmen gewisse steuerliche Begünstigungen des EStG in Anspruch nehmen, sind die Vorschriften des EStG anzuwenden. Diese Unterschiede können sowohl die Höhe als auch den generellen Ansatz einer Position betreffen. Häufige Beispiele sind Abschreibungen vom Anlagevermögen.

Die Differenz wird in einer so genannten Mehr-Weniger-Rechnung an das Finanzamt weitergeleitet. Ist der unternehmensrechtliche Aufwand größer bzw. der unternehmensrechtliche Ertrag geringer als der steuerrechtliche Aufwand bzw. Ertrag, ist eine positive Mehr-Weniger-Rechnung einzureichen. Ist der unternehmensrechtliche Aufwand geringer bzw. der unternehmensrechtliche Ertrag größer als der steuerrechtliche Aufwand bzw. Ertrag, ist eine negative Mehr-Weniger-Rechnung einzureichen.

4.2.3. Bewertung aus Sicht der Kostenrechnung

Im Bereich der Kostenrechnung gibt es für die Bewertung keinerlei gesetzlichen Vorschriften; Daher gilt: Jedes Unternehmen kann so bewerten, wie es für sich selber als richtig findet. Es ist allerdings, va. für kleine Unternehmen, der Mehraufwand zu beachten, der aus der mehrfachen Berechnung Unternehmensrecht – Steuerrecht – Kalkulation entsteht. Unterschiede können zB. im Bereich der Inventur, der Bewertungsverfahren, des Ansatzes der Anschaffungs- und Herstellungskosten und va. im Bereich der Abschreibung entstehen.

In Anlehnung an die bzw. in Erweiterung der Grundsätze ordnungsmäßiger Buchführung lassen sich – selbsterklärende – Grundsätze ordnungsmäßiger Kostenrechnung ableiten

- Einmaligkeit der erhobenen Daten
- Einheitlichkeit der erhobenen Daten
- Wirtschaftlichkeit der Datenerhebung
- Dokumentation der Erfassungsprinzipien
- Kontinuität der Datenerhebung
- Beachtung des Verursacherprinzips
- Aktualität der Daten
- Benutzerfreundlichkeit und Funktionalität der EDV

Bewertung bezieht sich ia. auf Vermögen und Kapital, also auf die Bilanz. Ein Unternehmen verwendet allerdings für seine Kalkulationen Kosten und Leistungen, also Werte, die aus der G&V abgeleitet werden. Eine Verknüpfung dieser Rechnungsinstrumente in Bezug auf Bewertung ist in der Definition des betriebsnotwendigen Vermögens und des betriebsnotwendigen Kapitals zu sehen.

Zu konkreten Abweichungen zwischen pagatorischen und kalkulatorischen Größen siehe Betriebsüberleitungsbogen in Kapitel 9: Erfolg.

Ein weiterer wichtiger Punkt, in dem die Unterschiede zwischen Buchhaltung und Kostenrechnung deutlich werden, ist selbst erstelltes Vermögen. Um die Kalkulation selbst erstellten Vermögens gemäß UGB und EStG auch sprachlich von der Kostenrechnung zu unterscheiden, spricht man in der Kostenrechnung von Herstellkosten.

Bezüglich Herstellkosten gilt wie bei allen Bewertungsfragen in der Kostenrechnung: Jedes Unternehmen ist frei in seiner Wahl der Bewertung und nicht an gesetzliche Vorschriften gebunden. Beachte: Aufgrund unterschiedlicher Bewertung können alle Kostenbestandteile, auch wenn sie die gleiche Bezeichnung tragen, eine andere Höhe aufweisen! Die Herstellkosten aus der Kostenrechnung können daher nicht zur Bewertung im Rahmen des externen Rechnungswesens verwendet werden.

Herstellungskosten sind ein gesetzlich definierter Begriff aus der Buchhaltung. **Herstellkosten** fallen in Zusammenhang mit der Produktion eines Vermögensgegenstandes oder einer Leistung an und sind ein Begriff der Kostenrechnung.

Um inhaltlich bereits vorzugreifen und die Unterschiede in der Kalkulation zu verdeutlichen, wird die gesamte Kostenträgerrechnung abgebildet. Im Rahmen der Kostenträgerrechnung (siehe Kapitel 9: Erfolg) werden die Herstellkosten standardmäßig wie folgt kalkuliert:

Materialeinzelkosten
\+ Materialgemeinkosten
\+ Fertigungseinzelkosten
\+ Fertigungsgemeinkosten
\+ Sonderkosten der Fertigung
= Herstellkosten
\+ Verwaltungsgemeinkosten
\+ Vertriebsgemeinkosten
\+ Sonderkosten des Vertriebs
= Selbstkosten
\+ Gewinnzuschlag
= Nettobarpreis
\+ Skonto
= Nettoverkaufspreis
\+ Umsatzsteuer
= Bruttoverkaufspreis

Da in der Kostenrechnung alle Abschreibungsmethoden, die in Kapitel 4.2.1.2.2.1.2.4. vorgestellt wurden, angewandt werden können, werden in Kapitel 4.3.2. einige Übungsbeispiele für Kapitel 9 vorweggenommen.

4.3. Aufgaben

4.3.1. Theoriefragen

4/T-1: Welches Prinzip könnte ein Auslöser für die Wirtschaftskrise 2008 darstellen?

A. Gemildertes Niederstwertprinzip
B. Strenges Niederstwertprinzip
C. Anschaffungswertprinzip
D. Identitätspreisverfahren

4/T-2: 100 Stück Aktien zum Nennwert 1.000 €, Anschaffungskurs = 560 €. Welches Bewertungsprinzip wird angewendet?

A. Strenges Höchstwertprinzip
B. Gemildertes Niederstwertprinzip
C. Strenges Niederstwertprinzip
D. Bewertung mit fortgeschriebenem Anschaffungswert

4/T-3: Ein Unternehmen vergibt an einen Kunden einen kurzfristigen Fremdwährungskredit. Nach welchem Bewertungsprinzip wird dieser am Bilanzstichtag bewertet?

A. Strenges Niederstwertprinzip
B. Gemildertes Niederstwertprinzip
C. Höchstwertprinzip
D. Vorsichtsprinzip

4/T-4: Was bedeutet der Begriff Inventur?

A. Bestandsverzeichnis.
B. Mengen- und wertmäßige Bestandsaufnahme aller Vermögensteile und Schulden eines Unternehmens zu einem bestimmten Zeitpunkt.
C. Gegenüberstellung von Vermögensgegenständen und Schulden.
D. Bestandsanwendung.

4/T-5: Wozu dient die Inventur?

A. Errechnung des Schwundes
B. Errechnung des Lagereinsatzes
C. Beschäftigung für die Mitarbeiter
D. Erhebung des im Unternehmen vorhandenen Vermögens

4/T-6: Beim Jahresabschluss gibt es diverse Bewertungsgrundsätze. Welche Aussage / welche Aussagen in diesem Zusammenhang ist / sind korrekt?

A. Es ist vom Going-Concern-Prinzip auszugehen.
B. Nur bereits eingetretene Verluste sind auszuweisen.
C. Nur realisierte Gewinne sind auszuweisen.
D. Verluste bei einer Wertpapierart können mit Gewinnen einer anderen aufgerechnet werden.

4/T-7: In welchem Gesetz / Regelwerk ist der True und Fair View explizit verankert?

A. IAS / IFRS
B. EStG
C. HGB
D. UGB

4/T-8: Kreuzen Sie die korrekten Antworten an:

A. Ein Grundstück ist ein abnutzbares Anlagevermögen, daher darf man bis zur Höhe der fortgeschriebenen Anschaffungs- und Herstellungskosten zuschreiben.
B. Ein Grundstück ist ein nicht abnutzbares Anlagevermögen, daher darf man bis zur Höhe der Anschaffungs- und Herstellungskosten zuschreiben.
C. Eine Maschine ist ein abnutzbares Anlagevermögen, daher darf man bis zur Höhe der Anschaffungs- und Herstellungskosten zuschreiben.
D. Eine Maschine ist ein nicht abnutzbares Anlagevermögen, daher darf man bis zur Höhe der fortgeschriebenen Anschaffungs- und Herstellungskosten zuschreiben.

4/T-9: Welche der Aussage / welcher der Aussagen bezüglich den Anschaffungskosten ist / sind richtig?

A. Skonto und Rabatte vermindern die Anschaffungskosten nicht.
B. Auch die Abbruchkosten eines sich auf einem soeben gekauften Grundstück befindlichen Gebäudes zählen zu den Anschaffungskosten des Grundstückes.
C. Der Anschaffungspreis ist der Einstandspreis ohne Umsatzsteuer.
D. Mit Anschaffungskosten wird die Summe aller Aufwendungen, die geleistet werden, um einen Gegenstand zu erwerben und ihn in einen betriebsbereiten Zustand zu versetzen, soweit sie dem Gegenstand einzeln zugeordnet werden können, bezeichnet.

4/T-10: Was sind nachträgliche Anschaffungskosten?

A. Aufwendungen, die bei der Inbetriebnahme einer Maschine entstehen.
B. Aufwendungen, die beim Aufstellen einer Maschine anfallen.
C. Nachträglicher Einbau eines Autoradios.
D. Aufwendungen für Ergänzungsbeschaffungen.

4/T-11: Gemäß Anschaffungswertprinzip

A. darf ein nicht abnutzbares Anlagevermögen nie höher als zu historischen Anschaffungs- und Herstellungskosten bewertet werden.
B. dürfen nachträgliche Anschaffungs- und Herstellungskosten nicht den Wert des Anlagevermögens über die historischen Anschaffungs- und Herstellungskosten erhöhen.
C. ist der Marktpreis die Obergrenze für die Zuschreibung.
D. gelten die fortgeschriebenen Anschaffungs- und Herstellungskosten als Obergrenze der Zuschreibung.

4/T-12: Welche Kosten dürfen per Gesetz angesetzt werden, um die aktivierungspflichtigen Herstellungskosten zu kalkulieren?
A. Materialgemeinkosten
B. Materialeinzelkosten
C. Verwaltungsgemeinkosten
D. Fertigungseinzelkosten

4/T-13: Nicht abnutzbares Anlagevermögen
A. wird nach dem Höchstwertprinzip bewertet.
B. kann nicht abgeschrieben werden.
C. wird planmäßig abgeschrieben werden.
D. muss bei dauerhafter Wertminderung zwingend abgeschrieben werden.

4/T-14: Die Nutzungsdauer eines Anlagevermögens
A. ist im Steuerrecht festgelegt.
B. kann unternehmensrechtlich geändert werden.
C. kann für die Unternehmensbilanz frei gewählt werden.
D. ist im Unternehmensrecht festgelegt.

4/T-15: Welche Aussagen bezüglich der Nutzungsdauer treffen zu?
A. Bei planmäßigen Abschreibungen darf die Nutzungsdauer verlängert, aber niemals verkürzt werden.
B. Die technische Nutzungsdauer bildet die Basis der Abschreibungen.
C. Die angesetzte Nutzungsdauer muss mindestens fünf Jahre betragen.
D. Die Nutzungsdauer dient dazu, die jährliche Abschreibung zu ermitteln: AHK/ND = AvA.

4/T-16: Welche Aussagen zur planmäßigen Abschreibung sind richtig?
A. Zur Berechnung von planmäßigen Abschreibungen sind 4 Schritte zu beachten. Diese lauten: Abschreibungsbeginn, Abschreibungsmethode, Abschreibungsbasis und Abschreibungsdauer.
B. Durch die planmäßige Abschreibung sollen die Anschaffungs- und Herstellungskosten von abnutzbaren Gegenständen des Anlagevermögens auf die voraussichtliche Dauer und Nutzung verteilt werden.
C. Unternehmensrechtlich sind nur die lineare und die degressive Abschreibung zulässig.
D. Die Abschreibung wird von den historischen Anschaffungs- und Herstellungskosten berechnet. Ergeben sich bei diesen nachträglichen Änderungen, muss auch die Höhe der Abschreibung korrigiert werden.

4/T-17: Welche Aussagen zur planmäßigen Abschreibung sind korrekt?
A. Die planmäßige Abschreibung ist eine außerordentliche Wertminderung des Anlagevermögens.
B. Durch die planmäßige Abschreibung werden die einzelnen Geschäftsjahre anteilsmäßig mit einem Teil der Anschaffungs- bzw. Herstellungskosten belastet.
C. Bei Berechnung der p. Ava sind zwei Schritte zu beachten: Abschreibungsmethode und Abschreibungsbeginn.
D. Die Bezeichnungen „p. Ava“ und „p. Afa“ haben dieselbe Bedeutung.

4/T-18: Was ist der Zweck der planmäßigen Abschreibung?

A. Die Anschaffungs- und Herstellungskosten von abnutzbaren Gegenständen des Anlagevermögens soll auf die voraussichtliche Dauer der Nutzung verteilt werden.
B. Der Anschaffungspreis von allen Gegenständen des Anlagevermögens soll auf die voraussichtliche Dauer der Nutzung verteilt werden.
C. Durch die p. AvA sollen die Geschäftsjahre anteilsmäßig mit einem Teil der Anschaffungs- und Herstellungskosten belastet werden.
D. Vier Schritte müssen bei der p. AvA beachtet werden: Abschreibungsbeginn, Abschreibungsmethode, Abschreibungsbasis und Abschreibungsdauer.

4/T-19: Welche dieser Abschreibungsmethoden sind unternehmensrechtlich erlaubt?

A. Degressiv
B. Leistungsbedingt
C. Linear
D. Progressiv

4/T-20: Welche Abschreibungsmethoden sind steuerrechtlich erlaubt?

A. Degressiv
B. Leistungsbedingt
C. Linear
D. Progressiv

4/T-21: Wann wird die leistungsbezogene Abschreibung verwendet?

A. Bei Anlagegütern mit starker Nutzungsschwankung.
B. Bei Anlagegütern mit geringer Nutzungsschwankung.
C. Bei Umlaufvermögen mit starker Nutzungsschwankung.
D. Bei Umlaufvermögen mit geringer Nutzungsschwankung.

4/T-22: Welche Aussage / welche Aussagen bezüglich der linearen Abschreibung ist / sind richtig?

A. Verteilt die Anschaffungs- und Herstellungskosten gleichmäßig auf die voraussichtliche Nutzungsdauer.
B. Wird oft als leistungsbedingte Abschreibung bezeichnet.
C. Sie ist anwendbar auf alle beweglichen und unbeweglichen Wirtschaftsgüter.
D. Wird steuerlich nicht anerkannt.

4/T-23: Außerplanmäßige Abschreibungen kommen aufgrund von Wertminderungen zustande. Welche Ursachen kommen hierfür in Frage?

A. Technische und wirtschaftliche Ursachen.
B. Stille Reserven.
C. Veralterung und Preisverfall.
D. Rechtliche und politische Ursachen.

4/T-24: Welche Aussage / welche Aussagen zur kumulierten Abschreibung ist / sind richtig?

A. Auf dem Konto „kumulierte Abschreibung" steht die Summe aller bisher vorgenommenen Abschreibungen.

B. Bei der indirekten Abschreibung scheint auf dem Anlagenkonto immer der Anschaffungswert auf.

C. Die kumulierte Abschreibung wird in der Kontenklasse 0 im Soll verbucht.

D. Der Buchwert der Anlagen ist aus der Differenz zwischen Anschaffungswert (Anlagenkonto) und der Summe der bisher vorgenommenen Abschreibungen (Konto „kumulierte Abschreibungen") zu ermitteln.

4/T-25: Kumulierte Abschreibungen

A. sind ein Posten der Gewinn- und Verlustrechnung.

B. sind in der Kontenklasse 0.

C. sind laut UGB gesetzlich verpflichtend zu bilden.

D. werden im Anlagenspiegel angegeben.

4/T 26: Der Restbuchwert

A. wird im Falle der direkten Abschreibung am Vermögenskonto ausgewiesen.

B. ist der historische Wert minus fortgeschriebene Anschaffungs- und Herstellkosten.

C. berechnet sich als aktivierte Anschaffungs- und Herstellkosten minus planmäßige Abschreibungen.

D. berechnet sich als Anschaffungs- und Herstellungskosten minus kumulierte Abschreibungen.

4.3.2. Beispiele

4/1-1: Ansatz Garage

Ein Unternehmen baut am 1.9. X1 eine Garage um 5.000 € Materialaufwand, Nutzungsdauer = fünf Jahre. Im Folgejahr X2 könnte die Garage um 4.900 € verkauft werden. Würde sie im Jahr X2 nachgebaut werden, würde der Restbuchwert des Nachbaus

a) 4.800 €

b) 2.700 €

betragen. Mit welchem Wert / mit welchen Werten kann die Garage im Jahr X2 in der Bilanz angesetzt werden?

4/1-2: Ansatz Maschine

Ein Unternehmen kauft am 2.5. X1 eine Maschine um 300 €, exkl. 20 % USt, sechs Jahre Nutzungsdauer. Ein Skonto in Höhe von 5 € wird sofort in Anspruch genommen. Der Transport kostet 40 €, der Einbau kostet 20 €, die Zinsen für den Kredit 15 €, die Verwaltungskosten 10 €. Ende X2 stellt sich heraus, dass die Maschine aus rechtlichen Gründen nur eingeschränkt verwendet werden kann. Der Marktwert beträgt 220 €.

a) Mit welchem Wert wird die Maschine aktiviert?

b) Mit welchem Wert wird die Maschine in X1 und in X2 bilanziert?

4/1-3: Ansatz Werkbank
Ein Unternehmen kauft am 6. Juni X1 eine Werkbank um 700 €, exkl. 20 % USt, sechs Jahre Nutzungsdauer. Ende des Jahres X2 wird die Werkbank außerplanmäßig auf 140 € abgeschrieben. Der Wert steigt Anfang X3 auf 370 €. Welcher Wert darf Ende X3 in der Bilanz angesetzt werden?

4/1-4: Ansatz Werkshalle
Ein Unternehmen baut ab November X1 eine Werkshalle zur Eigennutzung, Bauzeit fünf Monate. Die Materialkosten betragen 500 €, die Materialgemeinkosten 40 %, die Fertigungskosten 900 €, die Fertigungsgemeinkosten 200 %, die Verwaltungsgemeinkosten auf die ansatzpflichtigen Herstellungskosten 20 %, die Zinsbelastung 7 % p.a. ebenfalls auf die ansatzpflichtigen Herstellungskosten. Dezember X1 stellt sich heraus, dass das Baumaterial um 300 € gekauft werden hätte können. Im Folgejahr betragen die Materialeinzelkosten 150 €, die Fertigungseinzelkosten 200 € und die Werbeflächen 100 €, die Gemeinkostensätze bleiben gleich. Die Nutzungsdauer beträgt sieben Jahre ab Fertigstellung.

a) Mit welchem Wert darf die Werkshalle aktiviert werden?
b) Mit welchem Wert wird die Werkshalle in X1 und in X2 bilanziert?

4/1-5: Zuschreibung Gebäude
Ein Gebäude wurde im Mai X1 mit Anschaffungs- und Herstellungskosten = 2.000 € gekauft, Nutzungsdauer = 50 Jahre. Ende Dezember X2 steht das Gebäude mit 1.700 € zu Buche. X3 beträgt der Marktwert 1.900 €. Bis zu welchem Betrag darf man in X3 zuschreiben?

4/1-6: Zuschreibung Einkaufszentrum
Ein Einkaufszentrum A wird am 1.3.X1 um 1.000.000 € gebaut, Nutzungsdauer = 10 Jahre. X2 soll in unmittelbarer Nähe ein noch größeres und attraktiveres Einkaufszentrum B errichtet werden, wodurch der Wert von A auf 250.000 € sinkt. Zwei Jahre später ist der Bau von B abgebrochen, da die Sponsoren abgesprungen sind. Dadurch steigt der Wert von A auf 1.200.000 €. Auf welchen Wert darf zugeschrieben werden?

4/1-7: Software
Eine Ordinationsgemeinschaft kauft am 8.6.X1 ein Computerprogramm um 3.000 €. Damit das Programm von allen Ärzten sinnvoll und kostengünstig genutzt werden kann, muss ein Teil selbst programmiert werden; die Kosten betragen 200 €. Die Nutzungsdauer wird auf fünf Jahre geschätzt. Alle Werte exkl. 20 % USt. Mit welchem Wert wird das Programm aktiviert, wenn das Zusatzprogramm

a) weiterverkauft werden kann?
b) nur für die Ordinationsgemeinschaft verwendet werden kann?

4/1-8: Restbuchwert
Ein Unternehmen kauft im September X1 eine Maschine um 300 €, exkl. 20 % USt, sechs Jahre Nutzungsdauer. Wie hoch ist der Restbuchwert Ende X3?

4/1-9: Kumulierte Abschreibung
Wie hoch sind die kumulierten Abschreibungen im Jahr X3 für eine Maschine, die im Mai X1 um 700.000 €, Nutzungsdauer = fünf Jahre, exkl. 20 % USt, gekauft wurde?

4/1-10: Fortgeschriebene Anschaffungs- und Herstellungskosten
Wie hoch sind die fortgeschriebenen Anschaffungs- und Herstellungskosten im Jahr X4, wenn ein Unternehmen eine Maschine im Mai X1 um 150.000 €, Nutzungsdauer = 15 Jahre, exkl. 20 % USt kauft, die im Mai X3 auf 45 % der historischen Anschaffungs- und Herstellungskosten abgewertet werden muss?

4/1-11: Veränderung der Nutzungsdauer
Eine Maschine hat im September X1 einen historischen Anschaffungswert von 700 €, die voraussichtliche Nutzungsdauer beträgt acht Jahre. Am Anfang des Jahres X5 stellt sich heraus, dass die Maschine

a) nur mehr zwei Jahre
b) noch sechs Jahre

genutzt werden kann. Berechnen Sie die Höhe der Abschreibungen sowie den jeweiligen Restbuchwert!

4/1-12: Bewertung Reifen
Ein Reifenhändler hat am 3.1. 1.000 Stück LKW-Reifen gekauft, Einkaufspreis pro Stück: 2.000 €, Kosten für die Zwischenlagerung in Tirol und Transportspesen: 500 € pro Stück. Aufgrund einer Revolte in einem kautschukexportierenden Land verändert sich am Jahresende die Preissituation am Weltmarkt, die Reifen müssen am Absatzmarkt mit 20 % Rabatt verkauft werden, der Großhandel bietet nur einen Abschlag von 10 % im Einkauf. Welche Werte müssen in der Bilanz angesetzt werden, wenn der Verkaufspreis während des Jahres

a) 3.500 €
b) 2.400 €

beträgt und nur mehr 950 Reifen auf Lager liegen?

4/1-13: Bewertung Ringmappen
Ein Papierhändler hat 200 Ringmappen auf Lager, Wert 4 € je Stück. Am Bilanzstichtag könnte 1 Stück um je 3,80 € eingekauft werden. Am 7.9. hat das Unternehmen 130 Stück um je 6 € verkauft, am Bilanzstichtag könnte es um 7 € verkauft werden. Es liegen 60 Ringmappen auf Lager. Alle Preise exkl. 20 % USt. Zu welchem Preis darf eine Ringmappe in der Bilanz angesetzt werden?

4/1-14: Bewertung Auslandsforderungen
Ein Unternehmen hat eine Forderung in Höhe von 250.000 CHF gewährt, Kurs: 1 € = 1,13/1,14 CHF. Am Bilanzstichtag steht der Kurs

a) 1,10/1,12
b) 1,16/1,17

Mit welchem Wert geht die Forderung in die Bilanz ein?

4/1-15: Fremdwährungskredit

Ein Unternehmen hat einen Kredit in Höhe von 250.000 CHF aufgenommen, Kurs: 1 € = 1,12/1,15 CHF.
Am Bilanzstichtag steht der Kurs

a) 1,10/1,12
b) 1,16/1,17

Mit welchem Wert geht die Verbindlichkeit in die Bilanz ein?

4/1-16: Abschreibung Kostenrechnung I

Ein Unternehmen kauft eine Maschine um 1.500 €, Nutzungsdauer = fünf Jahre, Schrottwert = 200 €. In X1 werden 17 % aller Waren produziert, für die diese Maschine eingesetzt wird, in X2 32 %, in X3 21 %, in X4 19 % und in X5 11 %. Alle Beträge exkl. 20 % USt.
Berechnen Sie für jedes Jahr Abschreibung, kumulierte Abschreibung und Restbuchwert aus Sicht der Kostenrechnung und wenden Sie folgende Methode an:

a) lineare Abschreibung
b) geometrisch-degressive Abschreibung
c) arithmetisch-degressive Abschreibung
d) leistungsabhängige Abschreibung

4/1-17: Abschreibung Kostenrechnung II

Ein Unternehmen kauft eine Maschine um 4.200 €, Nutzungsdauer = vier Jahre, Schrottwert = 300 €.
In X1 werden 35 % aller Waren produziert, für die diese Maschine eingesetzt wird, in X2 30 %, in X3 21 % und in X4 14 %. Alle Beträge exkl. 20 % USt.

i) Berechnen Sie für jedes Jahr Abschreibung, kumulierte Abschreibung und Restbuchwert aus Sicht der Buchhaltung!
ii) Berechen Sie für jedes Jahr Abschreibung, kumulierte Abschreibung und Restbuchwert aus Sicht der Kostenrechnung und wenden Sie folgende Methode an:
   a) lineare Abschreibung
   b) geometrisch-degressive Abschreibung
   c) arithmetisch-degressive Abschreibung
   d) leistungsabhängige Abschreibung!
iii) Wenn das Management des Unternehmens in X2 geringe Kosten ausweisen möchte, um einen geringen Verkaufspreis zu kalkulieren, wird es welche Abschreibungsmethode präferieren?
iv) Wie hoch ist jeweils der Unterschied zwischen der pagatorischen (aus Sicht der Buchhaltung) und kalkulatorischen (aus Sicht der Kostenrechnung) Abschreibung?

5. Wie ist die Sprache des Rechnungswesens?

5.1. Lernziele

Wir haben in Kapitel 3 die Instrumente des Rechnungswesens kennen gelernt. Diese Instrumente enthalten monetäre Werte, dh. Geldbeträge, quantitative Informationen, Zahlen. Um diese Zahlen in das System des Rechnungswesens aufzunehmen, wird jeder Geschäftsfall in die Buchhaltung aufgenommen und anschließend in der Bilanzierung, Bilanzanalyse und Kostenrechnung weiterbearbeitet. Dazu bedient man sich einer eigens entwickelten Sprache, der Buchung mittels Buchungssätzen. Dieses Kapitel führt in diese Sprache des Rechnungswesens ein. Nach Definition und grundsätzlicher Systematik des Verbuchens wird kurz auf unterschiedliche Darstellungsformen eines Kontos eingegangen. Der Hauptteil geht den Buchungen von Beginn bis Ende des Geschäftsjahres nach. Bitte beachten Sie, dass hier Buchungen anhand der doppelten Buchhaltung erläutert werden. In der Praxis finden Buchungssätze ebenso im Bereich der Kostenrechnung Anwendung.

5.2. Definitionen und Erläuterungen

5.2.1. Buchungssätze

Jeder Geschäftsvorgang eines Unternehmens muss im externen Rechnungswesen aufgezeichnet werden: Die Buchhaltung ist dazu gesetzlich verpflichtet, die Kostenrechnung jedoch nicht. Inhaltlich ist diese Aufzeichnung für beide Bereiche wesentlich, zB. um umfassende Informationen über den Geschäftsverlauf zu erhalten, weitere Schritte zu planen und den Gewinn zu ermitteln. Diese Aufzeichnungen geschehen über so genannte Buchungen (es wird gebucht).

Eine **Buchung** ist das Niederschreiben von Geschäftsvorgängen in der Sprache der Buchhaltung.

Buchen bedeutet die Aufzeichnung von Geschäftsvorgängen, die zu einer Änderung des Vermögens und Kapitals führen, in einer vorgegebenen „Sprache“.

Die einzelnen Geschäftsvorgänge müssen gebucht werden. Die dazugehörige „Sprache“ nennt man Buchungssätze.

Der **Buchungssatz** ist eine Buchungsanweisung. Er schreibt nieder, welche Beträge auf welche Konten gebucht werden.

Um eine Buchung im Sinne der doppelten Buchhaltung durchzuführen, benötigt man zumindest

1. einen Beleg,
2. einen Betrag,
3. ein Konto, ein Gegenkonto und
4. die Information, ob am Konto bzw. am Gegenkonto die Buchung werterhöhend oder vice versa wertvermindernd ist.

1. Beleg

Um eine Buchung überhaupt durchführen zu dürfen, muss der Geschäftsvorgang vorher mittels eines Belegs schriftlich niedergelegt worden sein. Gemäß den GoB gilt: Wenn ein Beleg eintrifft, wird eine Buchung notwendig. Ein Beleg ist sieben Jahre lang aufzuheben.

Ein **Beleg** ist ein Dokument, das Daten über einen Geschäftsvorgang enthält und die Grundlage für eine Buchung darstellt. Man unterscheidet zwischen externen und internen Belegen.

Externe Belege, auch natürliche Belege genannt, kommen in das Unternehmen hinein oder werden vom Unternehmen nach außen gegeben. Dazu zählen zB. Ausgangsrechnungen, Eingangsrechnungen, Gutschriften oder das Bankkonto.

Interne Belege, auch künstliche Belege genannt, werden zum Zwecke der Buchführung erstellt und dienen unternehmensinternen Zwecken. Dazu zählen zB. Lageraufzeichnungen oder Privatentnahmen.

Üblicherweise werden die Belege nach ihrer Systematik gekennzeichnet (zB. AR = Ausgangsrechnung, ER = Eingangsrechnung), damit sie leichter zu buchen und aufzufinden sind. Um einen Buchungssatz in das EDV-System eingeben zu können, wird er zuvor auf dem Beleg vorkontiert, dh. händisch niedergeschrieben. Die meisten Belege sind Rechnungen.

Eine Rechnung muss bei Erbringung von Lieferungen oder Leistungen im Rahmen einer geschäftlichen Tätigkeit ausgestellt werden und kann auch elektronisch übermittelt werden.

Beachten Sie auch die neuen Regelungen bzgl. der Registrierkassenpflicht![1]

Bestandteile einer Rechnung gem. § 11 Abs. 1 Z 3 UStG sind:

> ***§ 11.*** *(1) Z 3 Rechnungen müssen – soweit in den nachfolgenden Absätzen nicht anders bestimmt – die folgenden Angaben enthalten:*
> *a) den Namen und die Anschrift des liefernden oder leistenden Unternehmens;*
> *b) den Namen und die Anschrift des Abnehmers der Lieferung oder des Empfängers der sonstigen Leistung. Bei Rechnungen, deren Gesamtbetrag 10.000 Euro übersteigt, ist weiters die dem Leistungsempfänger vom Finanzamt erteilte Umsatz-Identifikationsnummer anzugeben, wenn der leistende Unternehmer im Inland einen Wohnsitz (Sitz), seinen gewöhnlichen Aufenthalt oder eine Betriebsstätte hat und der Umsatz an einen anderen Unternehmer für dessen Unternehmen ausgeführt wird;*
> *c) die Menge und die handelsübliche Bezeichnung der gelieferten Gegenstände oder die Art und den Umfang der sonstigen Leistung;*
> *d) den Tag der Lieferung oder der sonstigen Leistung oder den Zeitraum, über den sich die sonstige Leistung erstreckt. Bei Lieferungen oder sonstigen Leistungen, die abschnittsweise abgerechnet werden (beispielsweise Lebensmittellieferungen), genügt die Angabe des Abrechnungszeitraumes, soweit dieser einen Kalendermonat nicht übersteigt;*
> *e) das Entgelt für die Lieferung oder sonstige Leistung (§ 4) und den an-*

[1] https://www.ris.bka.gv.at/GeltendeFassung.wxe?Abfrage=Bundesnormen&Gesetzesnummer=20009390&FassungVom=2017-04-01

zuwendenden Steuersatz, im Falle einer Steuerbefreiung einen Hinweis, dass für diese Lieferung oder sonstige Leistung eine Steuerbefreiung gilt;

f) den auf das Entgelt (lit e) entfallenden Steuerbetrag. Wird die Rechnung in einer anderen Währung als Euro ausgestellt, ist der Steuerbetrag nach Anwendung einer dem § 20 Abs. 6 entsprechenden Umrechnungsmethode zusätzlich in Euro anzugeben. Steht der Betrag in Euro im Zeitpunkt der Rechnungsausstellung noch nicht fest, hat der Unternehmer nachvollziehbar anzugeben, welche Umrechnungsmethode gemäß § 20 Abs. 6 angewendet wird. Der Vorsteuerabzug (§ 12) bemisst sich nach dem in Euro angegebenen oder jenem Betrag in Euro, der sich nach der ausgewiesenen Umrechnungsmethode ergibt;

g) das Ausstellungsdatum;

h) eine fortlaufende Nummer mit einer oder mehreren Zahlenreihen, die zur Identifizierung der Rechnung einmalig vergeben wird;

i) soweit der Unternehmer im Inland Lieferungen oder sonstige Leistungen erbringt, für die das Recht auf Vorsteuerabzug besteht, die dem Unternehmer vom Finanzamt erteilte Umsatz-Identifikationsnummer.

facultas

Facultas am Oskar-Morgenstern-Platz
Fachbuchhandlung für Wirtschaftswissenschaften,
Recht und Mathematik

Oskar-Morgenstern-Platz 1, 1090 Wien

T +43-1-427729811
E ompl@facultas.at
I www.facultas.at

Max Mustermann
Mustergasse 3
1234 Musterstadt

FAKTURA **123456** **2017.01.01**

Kundennummer: 123456/00 Filiale: Abteilung 22 Seite: 1
Verkäufer: XYZ WIN-SHOP
Ausgabe: 1234

Pos	Artikel/Bezeichnung	Einh.	Menge	Preis	EUR
LS Nr.: 123456/2017.01.01		Abteilung 22			
1	VWUV1360 SCHAFFHAUSER, RECHNUNGSWESEN SCHRITT FÜR SCHRITT	ST	1.00	44,90	44,90
	SUBTOTAL				44,90
	10 % MWST.		40,41	4,49	
	TOTAL in EUR				44,90

14 TAGE NETTO
FÄLLIGKEIT: 2017.01.01
************ WIR DANKE FÜR IHREN AUFTRAG ***********

Abbildung 72: Rechnung

Kleinbetragsrechnungen bis zu 400 € (inkl. USt) benötigen gem. § 11 Abs. 6 UStG folgende Angaben:

> ***§ 11** (6) Bei Rechnungen, deren Gesamtbetrag 400 Euro nicht übersteigt, genügen neben dem Ausstellungsdatum folgende Angaben:*
> 1. *Der Name und die Anschrift des liefernden oder leistenden Unternehmers;*
> 2. *die Menge und die handelsübliche Bezeichnung der gelieferten Gegenstände oder die Art und der Umfang der sonstigen Leistung;*
> 3. *der Tag der Lieferung oder sonstigen Leistung oder der Zeitraum, über den sich die Leistung erstreckt;*
> 4. *das Entgelt und der Steuerbetrag für die Lieferung oder sonstige Leistung in Summe und*
> 5. *der Steuersatz.*
>
> *Die Abs. 4 und 5 sind sinngemäß anzuwenden.*
> *Besteht nach Abs. 1 eine Verpflichtung zur Rechnungsausstellung für im übrigen Gemeinschaftsgebiet ausgeführte Lieferungen und sonstige Leistungen, ist eine vereinfachte Rechnungsausstellung ausgeschlossen. Das gilt auch in den Fällen des § 19 Abs. 1 zweiter Satz und des § 19 Abs. 1c, wenn sich die Rechnungsausstellung nach den Vorschriften dieses Bundesgesetzes richtet.*

2. Betrag

Der zu buchende Betrag ist dem Beleg zu entnehmen.

3. Konto und Gegenkonto

Ein **Konto** ist der Ort, an dem eine wertmäßige Veränderung in monetärer Form festgehalten wird. Es kann auch als Rechnung definiert werden. Als **Gegenkonto** wird das Konto bezeichnet, das mit dem bebuchten Konto den Buchungssatz ergibt. Ist das bebuchte Konto im Soll, steht das Gegenkonto im Haben und umgekehrt.

Diese Definition klingt sehr abstrakt, wird aber klar, wenn man sich die Struktur eines Kontos ansieht. Jeder Vermögensgegenstand, jedes Eigen- und Fremdkapital, jeder Aufwand und jeder Ertrag, dh. jede einzelne Position hat ein eigenes Konto, auf dem aufgezeichnet ist, ob ein Geschäftsvorgang diese Position erhöht oder verringert. Beachte: Umgangssprachlich ist der Begriff Konto nur aus dem Bankwesen geläufig. In der Buchhaltung bezieht sich die Bezeichnung Konto auf jede Position, die verbucht wird!

Die Darstellung erfolgt nicht als Staffelrechnung, in der positive und negative Veränderungen untereinander angeführt sind: Positive und negative Veränderungen werden während des Jahres nicht zusammengezählt = saldiert, sondern getrennt aufgelistet. Das Saldieren erfolgt erst am Jahresende (siehe weiter unten).

Stellen Sie sich ein aufgeschlagenes Buch vor, wie es zur Zeit der händischen Buchhaltung verwendet wurde: Es besteht aus einer linken und einer rechten Seite. Sie können sich auch eine Tabelle mit zumindest zwei Spalten vorstellen. In der Buchhaltung werden diese Seiten Soll und Haben (Soll-Seite, Haben-Seite) genannt. (Hinterfragen Sie bitte nicht diese Bezeichnungen, sie sind historischen Ursprungs!)

Ein Konto kann auf unterschiedliche Weise dargestellt werden. Übliche Darstellungen sind:

- T-Konto
- Paginiertes Konto
- Elektronisches Konto

- **T-Konto**

Das T-Konto entspricht optisch am ehesten der ursprünglichen Form eines gebundenen Buches. Es wird im Geschäftsleben nicht mehr verwendet, da es aus der händischen Buchhaltung heraus entstanden ist. Das T-Konto wird aber sehr gerne in der Lehre verwendet, da es Geschäftsfälle sehr gut und nachvollziehbar abbildet. Die Seite links von der T-Linie ist die Soll-Seite, auch Aktivseite genannt. Die Seite rechts von der T-Linie ist die Haben-Seite, auch Passivseite genannt.

Soll Aktiv	Haben Passiv

Abbildung 73: T-Konto

- **Paginiertes Konto**

Das paginierte Konto bildet einen Buchungssatz übersichtlich ab. Es ist eine Tabelle, in der neben den Soll- und Haben-Spalten weitere Informationen zum Konto und zum Buchungssatz angegeben werden können.

Datum	Rechnungsnummer	Text	Gegenkonto	Kontonummer	Kontobezeichnung	Soll	Haben

Abbildung 74: Paginiertes Konto

- **Elektronisches Konto**

Im Geschäftsleben ist ausschließlich das elektronische Konto im Einsatz. Unterschiedliche Anbieter offerieren entsprechende Software. Optisch gleichen die Ausdrucke den von den Banken bekannten Kontoauszügen.

Datum	*Beschreibung*	*Gegenkonto*	*Betrag (€)*	
1.9.2022	Gehalt	AT1234567		2.000
15.9.2022	Einkauf	AT7654321		– 500
31.9.2022			Saldo	1.500

Abbildung 75: Elektronisches Konto

Man benötigt sowohl zur näheren Bestimmung des Kontos als auch zum Buchen weitere Informationen. Zumindest sind eine Kontonummer und eine Kontobezeichnung nötig, dh. jedes Konto ist durch Nummer und Namen identifizierbar. Weitere wichtige Informationen zur Weiterbearbeitung und Kontrolle sind neben dem Betrag und der Verbuchung auf der Soll- oder Habenseite das Datum der Buchung, Rechnungsnummer und Gegenkonto.

Die **Kontonummer** ist die numerische Bezeichnung eines Kontos.

Im Geschäftsleben ist es üblich, ausschließlich über Kontonummern zu buchen. Die Kontobezeichnung dient der Überprüfung und Unterstützung. Grundsätzlich können Kontonummer und Kontobezeichnung frei gewählt werden. Praktisch orientiert man sich am Kontenrahmen.

Ein **Kontenrahmen** systematisiert die Konten eines Unternehmens, indem er diese Konten in Kontoklassen zusammenfasst.

In Österreich wurde der so genannte Österreichische Einheitskontenrahmen entwickelt, der im Weiteren verwendet wird und im Anhang verkürzt wiedergegeben ist. Er ist eine Empfehlung und daher nicht verpflichtend. Innerhalb einer Kontenklasse können ähnliche Konten zu Kontengruppen zusammengefasst werden. Die Systematik des Österreichischen Einheitskontenrahmens ist klar strukturiert:

Bilanz			
Anlagevermögen	0	Eigenkapital	9
Vorräte	1	Fremdkapital	3
Sonstiges Umlaufvermögen, ARA, aktive latente Steuern	2		
Aktive Bestandskonten		Passive Bestandskonten	

G&V			
Materialaufwand	5	Betriebliche Erträge	4
Personalaufwand	6	Finanzerträge	8
Abschreibungen, sonstige betriebliche Aufwendungen	7		
Finanzaufwendungen	8		
Aktive Erfolgskonten		Passive Erfolgskonten	

Abbildung 76: Systematische Darstellung des Österreichischen Einheitskontenrahmens

Jedes Konto, das im Österreichischen Einheitskontenrahmen erfasst ist, ist zumindest durch vier Ziffern gekennzeichnet. Die Schreibweise lautet: zuerst Kontonummer, dann Kontobezeichnung, zB. 2700 Kassa.

Aus Vereinfachungsgründen und weil in der Praxis die meisten Unternehmen einen individuellen Kontenplan verwenden, wird in diesem Buch stets nur die Kontenklasse laut Österreichischem Einheitskontenrahmen, nicht aber die gesamte Kontonummer angegeben, zB. 2 Kassa.

4. Werterhöhend oder wertmindernd

Grundsätzlich ist nicht festgelegt, ob ein Eintrag auf der Soll- oder der Habenseite eines Kontos den Wert erhöht oder verringert. Es hängt von der Zuordnung des Kontos zur Aktivseite und Passivseite der Bilanz bzw. Aktivseite und Passivseite der Gewinn- und Verlustrechnung ab, welche der beiden Seiten sich werterhöhend oder wertmindernd auswirken. Demnach werden die Konten auch Aktivkonten oder Passivkonten genannt. Konten der Bilanz werden Bestandskonten genannt, Konten der Gewinn- und Verlustrechnung Erfolgskonten (siehe auch weiter hinten im Kapitel).

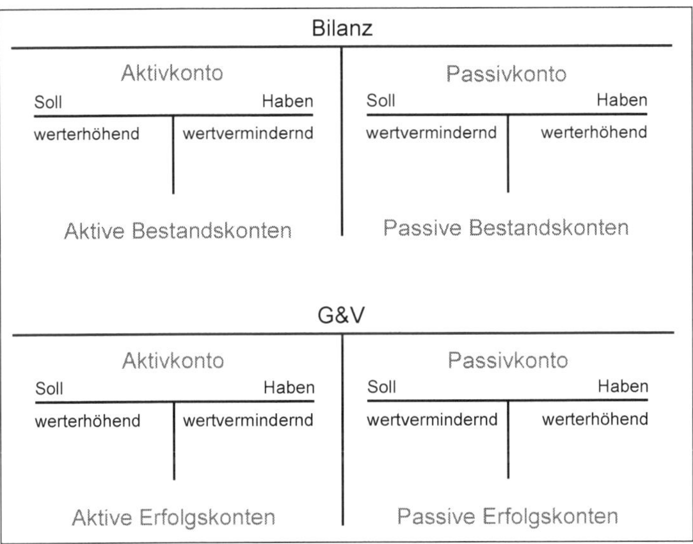

Abbildung 77: Konten in Bilanz und Gewinn- und Verlustrechnung

Einfache und zusammengesetzte Buchungssätze

Wie bei der Definition von Konto und Gegenkonto bereits erwähnt, wird grundsätzlich im Sinne der doppelten Buchhaltung jeder einzelne Geschäftsvorgang auf zumindest zwei Konten gebucht. Dabei muss immer zumindest eine Buchung im Soll eines Kontos stehen, zumindest eine Buchung im Haben eines anderen Kontos, des Gegenkontos. Sind im Soll und im Haben jeweils nur ein Konto beteiligt, spricht man von einem einfachen Buchungssatz. Sind auf der Soll-Seite oder auf der Haben-Seite zumindest zwei Konten beteiligt, liegt ein zusammengesetzter Buchungssatz vor.

Beachte: Bei der Buchung wird die Währung nicht angegeben!

Beispiel 28: **Einfacher Buchungssatz**

Abheben vom Bankkonto, Einlage in die Kassa, Betrag 100 €

Man spricht:	Soll	an	Haben
	2 Kassa 100	an	2 Bank 100

Man schreibt bei Buchung am T-Konto:

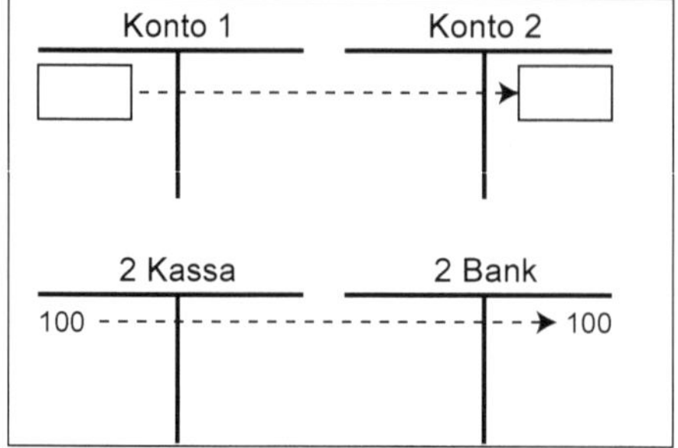

Abbildung 78: Einfacher Buchungssatz

Man schreibt als Buchungssatz:

Soll	an	Haben	oder
Soll	/	Haben	oder
Soll	→	Haben	

2 Kassa	100	→	2 Bank	100

Beachte, dass die Art der Darstellung bzw. Aussprache nicht unbedingt der Logik des Geschäftsvorganges entspricht. Es wird immer von Soll auf Haben gebucht!

Beispiel 29: **Zusammengesetzter Buchungssatz**

Kauf von Ware im Wert von 100 € exkl. 20 € VSt, Bezahlung in bar

Man spricht: Soll und
Soll an Haben

1 Ware 100 und
2 VSt 20 an 2 Kassa 120

Man schreibt bei Buchung am T-Konto:

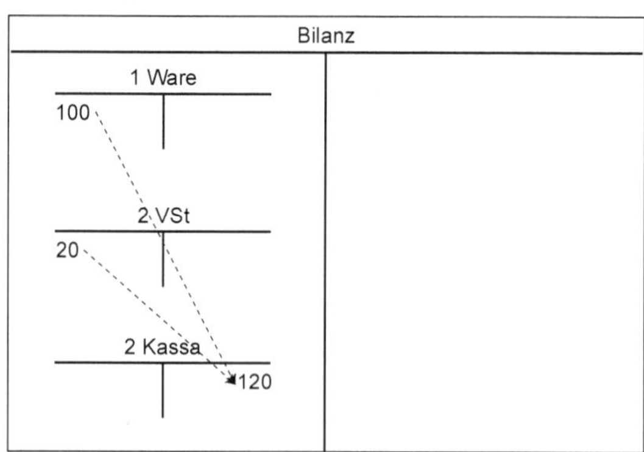

Abbildung 79: Zusammengesetzter Buchungssatz

Man schreibt als Buchungssatz:

Soll an Haben
Soll

oder

	Soll	/	Haben	
	Soll			

oder

	Soll	→	Haben	
	Soll			

1 Ware	100	→	2 Kassa	120
2 VSt	20			

Selbstverständlich können die zusammengesetzten Buchungssätze auch in einfache Buchungssätze zerlegt werden, was aber in der Praxis unüblich ist:

1 Ware	100	→	2 Kassa	100
2 VSt	20	→	2 Kassa	20

Die Verbuchung der Umsatzsteuer und der Vorsteuer wird am Ende dieses Kapitels erläutert.

In diesem Buch werden die Buchungssätze sowohl mittels T-Konten als auch mittels Buchungssätzen dargestellt.

Ein Geschäftsvorgang umfasst meist mehrere Schritte und involviert mehrere Arbeitsbereiche und Aufgaben, die in der Regel auch zu unterschiedlichen Zeitpunkten stattfinden und unterschiedlich systematisiert werden. Bezüglich des Zeitpunktes gilt der Grundsatz: **Buchung bei Rechnungslegung.**

Zum Buchen werden die Geschäftsvorgänge in die kleinstmöglichen Teile zerlegt und gemäß Zeitpunkt und Systematik schrittweise abgebildet.

Systematik bedeutet zB.: Kommt die Ware auf Lager? Wird die Ware verkauft? Wird eine Rechnung bezahlt?

Im Sinne der doppelten Buchhaltung wird jeder Buchungssatz nicht nur einmal, sondern zumindest zweimal abgebildet. Diese doppelte Abbildung geschieht in unterschiedlichen Büchern. Der alte Ausdruck Bücher wurde beibehalten, wenn sie auch längst EDV-gestützt elektronisch und nicht mehr händisch geführt werden.

Zunächst werden die Buchungssätze in chronologischer, also zeitlicher Reihenfolge in das Journal, das so genannte Grundbuch, geschrieben. Hier ist das Datum der Buchung entscheidend. Anschließend werden die Konten in systematischer Reihenfolge in das Hauptbuch übertragen, aus dem die Bilanz und die Gewinn- und Verlustrechnung erstellt werden. Manche Geschäftsvorgänge werden zuerst in den Nebenbüchern gebucht. Diese umfassen ua. das Anlagenverzeichnis, die Debitorenbuchhaltung (Forderungen), die Kreditorenbuchhaltung (Verbindlichkeiten), das Kassabuch und das Lagerbuch. Die Werte der Nebenbücher werden in das Hauptbuch übertragen, dh. abgeschrieben und nicht gebucht (siehe zB. Kapitel 5: Sprache)!

Im Folgenden werden die Schritte der Buchhaltung und Bilanzierung vom Anfang des Geschäftsjahres bis zum endgültigen Jahresabschluss erläutert. Grundsätzlich gilt: Wenn ein Beleg eintrifft, wird eine Buchung notwendig. Diese Buchungen umfassen ia. das Aufgabengebiet der Buchhaltung und werden laufende Buchungen während des Geschäftsjahres genannt. Zum Bilanzstichtag erfolgen die Abschlussarbeiten für die Schlussbilanz und die Gewinn- und Verlustrechnung. Diese Arbeiten umfassen ia. das Gebiet der Bilanzierung und werden Buchungen im Zusammenhang mit der Schlussbilanz oder kurz Schlussbilanzbuchungen genannt.

5.2.2. Buchungen im Rahmen der Doppelten Buchhaltung

Die Arbeitsschritte der Buchhaltung und Bilanzierung während des Geschäftsjahres, am Geschäftsjahresende sowie am Anfang des folgenden Geschäftsjahres sind:

- 5.2.2.1. Laufende Buchungen während des Geschäftsjahres
    - 5.2.2.1.1. Erfolgsneutrale Buchungen
        - 5.2.2.1.1.1. Aktivtausch
        - 5.2.2.1.1.2. Passivtausch
        - 5.2.2.1.1.3. Bilanzverlängerung
        - 5.2.2.1.1.4. Bilanzverkürzung
    - 5.2.2.1.2. Erfolgswirksame Buchungen
        - 5.2.2.1.2.1. Vermögenskonto Soll → Ertragskonto Haben
        - 5.2.2.1.2.2. Kapitalkonto Soll → Ertragskonto Haben
        - 5.2.2.1.2.3. Aufwandskonto Soll → Vermögenskonto Haben
        - 5.2.2.1.2.4. Aufwandskonto Soll → Kapitalkonto Haben
- 5.2.2.2. Buchungen im Zusammenhang mit der Schlussbilanz
    - 5.2.2.2.1. Bewertung aller Konten des Geschäftsjahres X1
    - 5.2.2.2.2. Abschluss aller Konten des Geschäftsjahres X1
    - 5.2.2.2.3. Erstellen des Jahresabschlusses des Geschäftsjahres X1
- 5.2.2.3. Buchungen im Zusammenhang mit der Eröffnungsbilanz
    - 5.2.2.3.1. Erstellen der Eröffnungsbilanz des Geschäftsjahres X2
    - 5.2.2.3.2. Eröffnen der Bestandskonten des Geschäftsjahres X2

Beispiel 30: **Svenda AG**

Das Unternehmen Svenda AG eröffnet das Geschäftsjahr X1 mit folgenden Werten:

Bank	2.600 €
Kassa	1.000 €
Garantierückstellungen	600 €
Nennkapital	?

Erstellen Sie in einem ersten Schritt die Eröffnungsbilanz X1 und errechnen Sie das Nennkapital (= Teil des Eigenkapitals)!

- **Darstellung als Eröffnungsbilanz**

Bilanz			
2 Bank	2.600	9 Nennkapital	3.000
2 Kassa	1.000	3 Garantierückstellungen	600
	3.600		3.600

Abbildung 80: Eröffnungsbilanz Svenda AG

- **Darstellung in T-Kontenform**

Bilanz

2 Bank		2 Kassa		9 NK		3 Rst. Garantie	
1.1. 2.600		**1.1.** 1.000			**1.1.** 3.000		**1.1.** 600

Abbildung 81: Konteneröffnung Svenda AG

Erläuterung

Das Eigenkapital errechnet sich aus der Differenz von Vermögen und Schulden.

Bank	2.600 €
+ Kassa	1.000 €
– Garantierückstellungen	– 600 €
Eigenkapital	3.000 €

Die Bilanzsumme beträgt 2.600 + 1.000 oder 3.000 + 600 = 3.600 €.
Die Bilanzgleichung lautet 2.600 + 1.000 = 3.000 + 600

5.2.2.1. Laufende Buchungen während des Geschäftsjahres

Die laufenden Buchungen während des Geschäftsjahres umfassen den Bereich der Buchhaltung. Sie bilden alle Geschäftsvorgänge zwischen zwei Geschäftsjahren ab, umfassen aber nicht die Abschlussarbeiten im Bereich Bilanzierung, die zum endgültigen Jahresabschluss führen.

5.2.2.1.1. Erfolgsneutrale Buchungen

Erfolg bedeutet in der Sprache der Buchhaltung **sowohl** Gewinn **als auch** Verlust.

Erfolgsneutrale Buchungen bilden daher Geschäftsvorgänge ab, die **nicht** zu einem Erfolg führen.

Es handelt sich um Buchungen ausschließlich auf Konten der Bilanz, dh. auf Bestandskonten. Die Konten der G&V, in denen der Erfolg abgebildet wird, werden nicht verwendet.

Achtung: Umgangssprachlich sagt man öfters, das war ein gutes Geschäft, wenn man einen Gegenstand günstig erworben hat, ich war erfolgreich, ich habe mit Gewinn gekauft. In der Sprache der Buchhaltung handelt es sich dennoch um einen erfolgsneutralen Geschäftsvorgang!

5.2.2.1.1.1. Aktivtausch

Bei einem **Aktivtausch** wird Vermögen auf der Aktivseite der Bilanz umgeschichtet, ohne dass die Bilanzsumme verändert wird.

Bei einem Aktivtausch wird ausschließlich auf Vermögenskonten, Anlagevermögen und/oder Umlaufvermögen, gebucht, dh. es wird – bildlich gesprochen – ein Vermögensgegenstand gegen einen anderen Vermögensgegenstand getauscht. Typische Beispiele sind Einkäufe von Vorräten gegen Bargeld oder eine Banküberweisung aufgrund eines Kaufes von Anlagevermögen.

Beispiel 31: **Aktivtausch, Fortsetzung Svenda AG**

Die Svenda AG kauft Ware im Wert von 600 € in bar.

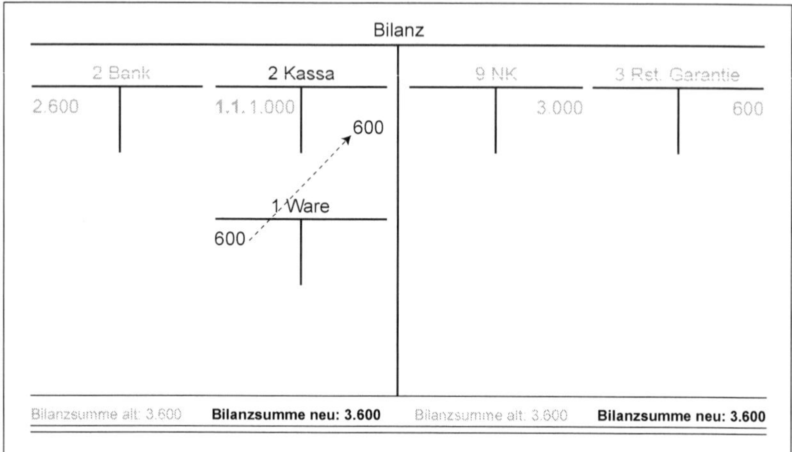

Abbildung 82: Aktivtausch – Svenda AG

1 Ware	600	→	2 Kassa	600

Erläuterung

Bilanzsumme alt:	2.600 + 1.000	= 3.000 + 600	= 3.600 €
Bilanzsumme neu:	2.600 + 1.000 − 600 + 600	= 3.000 + 600	= 3.600 €

5.2.2.1.1.2. Passivtausch

Bei einem **Passivtausch** wird Kapital auf der Passivseite der Bilanz umgeschichtet, ohne dass die Bilanzsumme verändert wird.

Bei einem Passivtausch werden ausschließlich Kapitalkonten, Eigenkapital und/ oder Fremdkapital, gebucht, dh. es wird – bildlich gesprochen – eine Kapitalposition gegen eine andere Kapitalposition getauscht. Der Passivtausch ist sehr selten; typische Beispiele sind Umtausch von Wandelanleihen oder Umschuldung.

Beispiel 32: **Passivtausch, Fortsetzung Svenda AG**

Der Kunde des schadhaften Produktes, weswegen die Garantierückstellung von 600 € gebildet wurde, verlangt den Kaufpreis von 500 € retour. (Die Rückerstattung erfolgt später per Banküberweisung.)

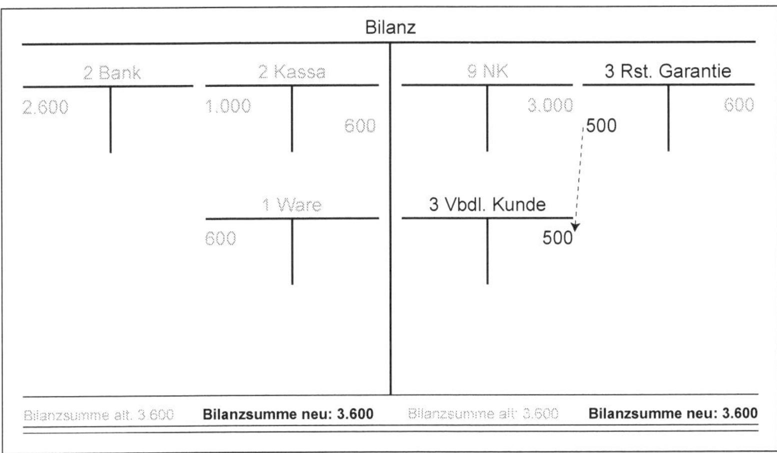

Abbildung 83: Passivtausch – Svenda AG

3 Garantierückstellung 500	→	3 Verbindlichkeiten Kunde 500

Erläuterung

Rückstellungen sind – vereinfacht gesprochen – mögliche künftige Schulden (siehe Kapitel 8: Kapital). Garantierückstellungen werden zB. gebildet, wenn ein Produkt fehlerhaft ist. Dem Unternehmen ist aber noch nicht bekannt, ob der Kunde umtauschen kommt bzw. den Kaufpreis zurückfordert. Diese Darstellung der Verbuchung ist aus Gründen der Vereinfachung verkürzt dargestellt. Verbindlichkeiten (siehe Kapitel 8: Kapital) sind konkrete Schulden.

Bilanzsumme alt: 2.600 + 400 + 600 = 3.000 + 600 = 3.600 €
Bilanzsumme neu: 2.600 + 400 + 600 = 3.000 + 600 − 500 + 500 = 3.600 €

5.2.2.1.1.3. Bilanzverlängerung

Bei einer **Bilanzverlängerung** wird auf zumindest ein Vermögenskonto im Soll und auf zumindest ein Kapitalkonto im Haben gebucht. Die Bilanzsumme erhöht (verlängert) sich.

Bei einer Bilanzverlängerung erhöht sich der Wert von zumindest einer Vermögensposition und somit der Bilanzsumme, während sich auf der Passivseite zumindest eine Kapitalposition um denselben Betrag erhöht und somit ebenfalls die Bilanzsumme. Ein typisches Beispiel ist der Kauf von Anlagevermögen auf Ziel, dh. ein neu gekaufter Anlagegegenstand wird erst später bezahlt und erhöht somit die Verbindlichkeiten.

Am Beispiel der Bilanzverlängerung und der Bilanzverkürzung wird offensichtlich, dass die Bilanzsumme nichts über den Erfolg des Unternehmens aussagt!

Beispiel 33: Bilanzverlängerung, Fortsetzung Svenda AG

Die Svenda AG kauft eine Maschine um 4.000 BAM und bleibt den Betrag schuldig. Der offene Betrag ist im Folgejahr in BAM zu begleichen. Der Wechselkurs ist 1,8/2. (BAM ist die Währung von Bosnien und Herzegowina, die so genannte konvertible Mark wird in Österreich gedruckt).

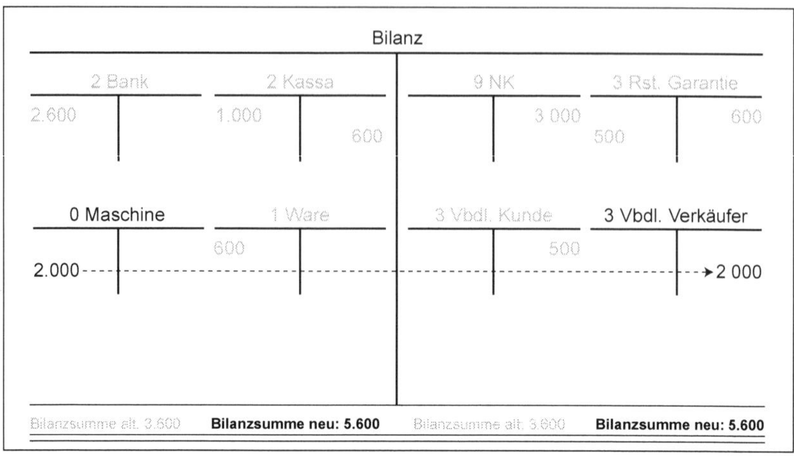

Abbildung 84: Bilanzverlängerung – Svenda AG

0 Maschine	2.000	→	3 Verbindlichkeiten Verkäufer	2.000

Erläuterung

Für 1 € erhalten Sie 1,8 BAM und zahlen 2 BAM. Da das Unternehmen den Kredit in BAM zurückzahlen muss, dh. BAM einkaufen muss, wird im Verhältnis 1 : 2 umgerechnet. 4.000 BAM sind daher 2.000 €.

Bilanzsumme alt: 2.600 = 3.000 + 100 − 500 = 3.600 €
Bilanzsumme neu: 2.600 + 400 + 600 + 2.000 =
3.000 + 100 + 500 + 2.000 = 5.600 €

5.2.2.1.1.4. Bilanzverkürzung

Bei einer **Bilanzverkürzung** wird auf zumindest 1 Vermögenskonto im Haben und auf zumindest 1 Kapitalkonto im Soll gebucht. Die Bilanzsumme verringert (verkürzt) sich.

Bei einer Bilanzverkürzung verringert sich der Wert von zumindest 1 Vermögensposition und somit der Bilanzsumme, während sich auf der Passivseite zumindest 1 Kapitalposition um denselben Betrag verringert und somit ebenfalls die Bilanzsumme. Ein typisches Beispiel ist die Rückzahlung von Verbindlichkeiten per Banküberweisung.

Beispiel 34: Bilanzverkürzung, Fortsetzung Svenda AG

Die Svenda AG zahlt ihre Verbindlichkeiten gegenüber dem Kunden mit dem schadhaften Produkt per Banküberweisung (siehe Beispiel Passivtausch).

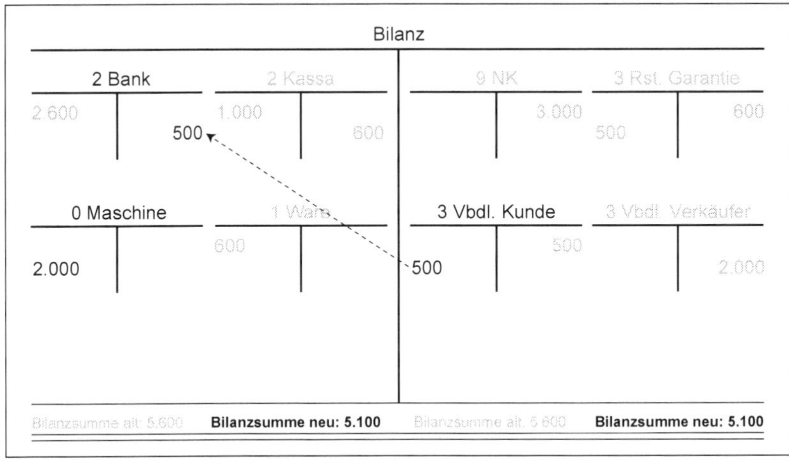

Abbildung 85: Bilanzverkürzung – Svenda AG

3 Verbindlichkeiten Kunde 500	→	2 Bank	500

Erläuterung

Bilanzsumme alt: 2.600 + 400 + 600 + 2.000 =
3.000 + 100 + 500 + 2.000 = 5.600 €

Bilanzsumme neu: 2.600 – 500 + 400 + 600 + 2.000 =
3.000 + 100 + 500 – 500 + 2.000 = 5.100 €

5.2.2.1.2. Erfolgswirksame Buchungen

Erfolgswirksame Buchungen bilden Geschäftsvorgänge ab, die zu einem Erfolg, dh. Gewinn oder Verlust, führen.

Es handelt sich ia. um Buchungen zwischen Konten der Bilanz, dh. Bestandskonten, und Konten der Gewinn- und Verlustrechnung, dh. Erfolgskonten. Erfolgskonten der Aktivseite der Gewinn- und Verlustrechnung bilden die Aufwendungen ab, Erfolgskonten auf der Passivseite der Gewinn- und Verlustrechnung die Erträge.

Grundsätzlich können 4 verschiedene Möglichkeiten gebucht werden (diese haben keine eigenen Bezeichnungen:

- Vermögenskonto Soll → Ertragskonto Haben
- Kapitalkonto Soll → Ertragskonto Haben
- Aufwandskonto Soll → Vermögenskonto Haben
- Aufwandskonto Soll → Kapitalkonto Haben

5.2.2.1.2.1. Vermögenskonto Soll → Ertragskonto Haben

Der Erfolg wird erhöht, da sowohl zumindest eine Vermögensposition als auch zumindest eine Ertragsposition erhöht werden.

Beispiel 35: Erfolgswirksame Buchungen (i), Fortsetzung Svenda AG

Die Svenda AG verkauft Ware im Wert von 700 €, Bezahlung per Banküberweisung im Folgejahr.

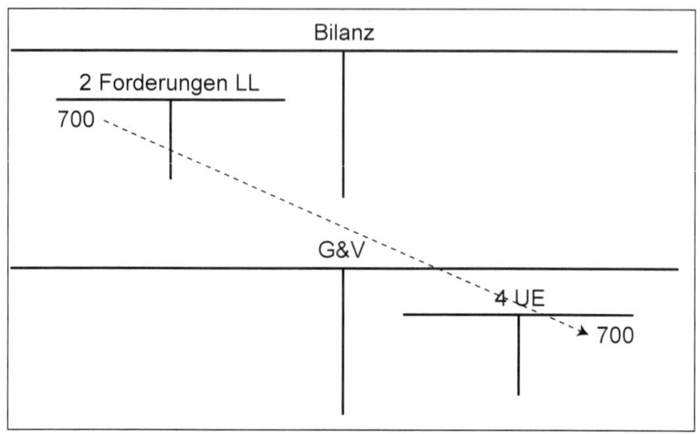

Abbildung 86: Vermögenskonto Soll → Ertragskonto Haben – Svenda AG

2 Forderungen LL	700	→	4 Umsatzerlöse	700

5.2.2.1.2.2. Kapitalkonto Soll → Ertragskonto Haben

Der Erfolg wird erhöht, da sowohl zumindest eine Kapitalposition verringert als auch zumindest eine Ertragsposition erhöht werden.

Beispiel 36: **Erfolgswirksame Buchungen (ii), Fortsetzung Svenda AG**

Die Svenda AG löst die verbleibende Garantierückstellung im Wert von 100 € erfolgswirksam auf.

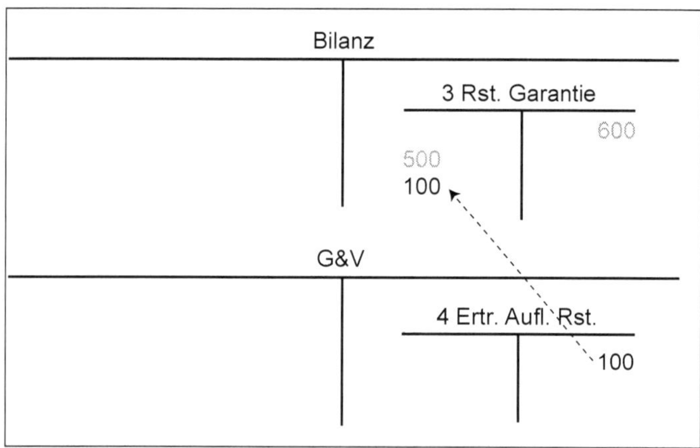

Abbildung 87: Kapitalkonto Soll → Ertragskonto Haben – Svenda AG

3 Garantierückstellung	100	→	4 Erträge aus der Auflösung von sonstigen Rückstellungen	100

5.2.2.1.2.3. Aufwandskonto Soll → Vermögenskonto Haben

Der Erfolg wird verringert, da sowohl ein Aufwandskonto erhöht als auch ein Vermögenskonto verringert werden.

Beispiel 37: **Erfolgswirksame Buchungen (iii), Fortsetzung Svenda AG**

Die Svenda AG überweist die Gehälter der Mitarbeiter in Höhe von 800 €.

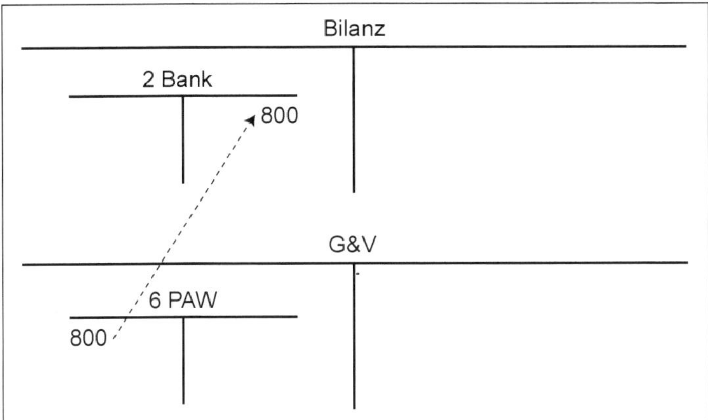

Abbildung 88: Aufwandskonto Soll → Vermögenskonto Haben – Svenda AG

6 Personalaufwand	800	→	2 Bank	800

5.2.2.1.2.4. Aufwandskonto Soll → Kapitalkonto Haben

Der Erfolg wird verringert, da sowohl ein Aufwandskonto als auch ein Kapitalkonto erhöht werden.

Beispiel 38: **Erfolgswirksame Buchungen (iv), Fortsetzung Svenda AG**

Die Svenda AG kauft Material im Wert von 400 €, Bezahlung per Banküberweisung im Folgejahr.

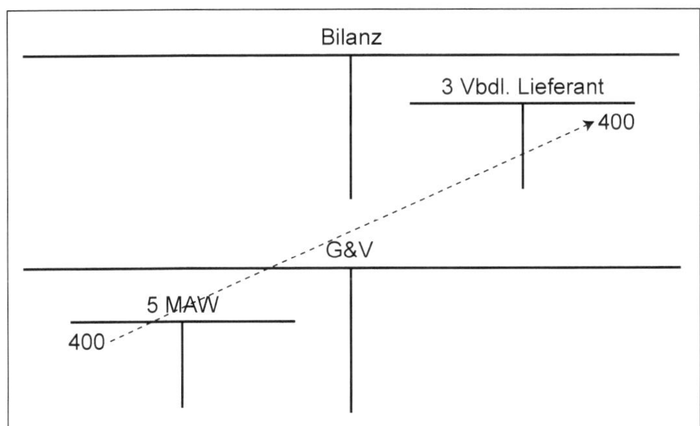

Abbildung 89: Aufwandskonto Soll → Kapitalkonto Haben – Svenda AG

5 Materialaufwand	400	→	3 Verbindlichkeiten Lieferant	400

5.2.2.2. Buchungen im Zusammenhang mit der Schlussbilanz

Der Begriff **Abschlussbuchung** i.w.S. subsumiert alle Buchungen, die ausgehend von der laufenden Buchhaltung im Rahmen der Abschlussarbeiten durchgeführt werden. Der Begriff Abschlussbuchung i.e.S. bezieht sich nur auf die Buchungen des Schlussbilanzkontos und des Gewinn- und Verlustrechnung-Kontos.

Beachte, dass umgangssprachlich unter dem Begriff Schlussbilanz nicht nur die Bilanz, sondern auch die Gewinn- und Verlustrechnung subsumiert werden!

Beachte weiters: Die Schlussbilanz wird **zum** 31.12. (Bilanzstichtag) erstellt, **nicht am** 31.12. Daraus folgt, dass diese Arbeiten zeitlich nicht am Geschäftsjahresende durchgeführt werden müssen. Sie können, wenn inhaltlich möglich, auch während des Geschäftsjahres stattfinden.

Die Abschlussarbeiten umfassen ia. die Korrektur der Zahlen aus der Buchhaltung und der Eigenkapitalveränderungen sowie Korrekturen aufgrund der Ergebnisse aus der Inventur und der Folgebewertung (zB. Abschreibungen), aufgrund der Berücksichtigung unternehmens- und steuerrechtlicher Vorschriften.

Ein möglicher Ablauf der Buchungen im Zusammenhang mit der Schlussbilanz könnte wie folgt aussehen:

1. Jahresabschlussbewertung auf den Konten
2. Konten abschließen (SBK- und G&V-Buchungen)
3. Saldenliste erstellen
4. Vorläufige Bilanz und Gewinn- und Verlustrechnung erstellen
5. Um-/Nachbuchungen
6. Endgültige Bilanz und Gewinn- und Verlustrechnung erstellen

Viele dieser Zwischenschritte werden mittlerweile EDV-gestützt durchgeführt. Es werden daher im Folgenden die wesentlichen Arbeitsschritte
5.2.2.2.1. Bewertung aller Konten des Geschäftsjahres X1
5.2.2.2.2. Abschluss aller Konten des Geschäftsjahres X1
5.2.2.2.3. Saldenlisten und Erstellen des Jahresabschlusses des Geschäftsjahres X1
vom logischen Ablauf her dargestellt.

5.2.2.2.1. Bewertung aller Konten des Geschäftsjahres X1

Zum Jahresabschluss müssen alle Konten bewertet werden, dh. es werden alle Vermögensgegenstände im Rahmen der Inventur gemessen, gezählt oder gewogen. Anschließend wird ihnen ein monetärer Wert, dh. Preis, zugewiesen. Die Bewertung ist eine der Kernfragen der Bilanzierung und wird daher in einem eigenen Kapitel 4: Bewertung behandelt. Im Folgenden wird, um das Gesamtbeispiel und die engen Verflechtungen innerhalb des Rechnungswesens zu demonstrieren, eine vereinfachte Darstellung gewählt.

Beispiel 39: Fortsetzung Gesamtbeispiel Svenda AG

Um das Beispiel der Svenda AG fortsetzen und somit den Gesamtzusammenhang aufzeigen zu können, werden im Folgenden die Bewertungen bzw. deren Abweichungen vorgegeben. In den entsprechenden Kapiteln wird detailliert erläutert, warum es zu diesen Abweichungen kommt bzw. wie sie heißen und berechnet werden.

Beispiel 40: Bewertung Konto Maschine – Abschreibung, Fortsetzung Svenda AG

Der Wertverlust der Maschine beträgt aufgrund der Nutzungsdauer von acht Jahren 250 €.

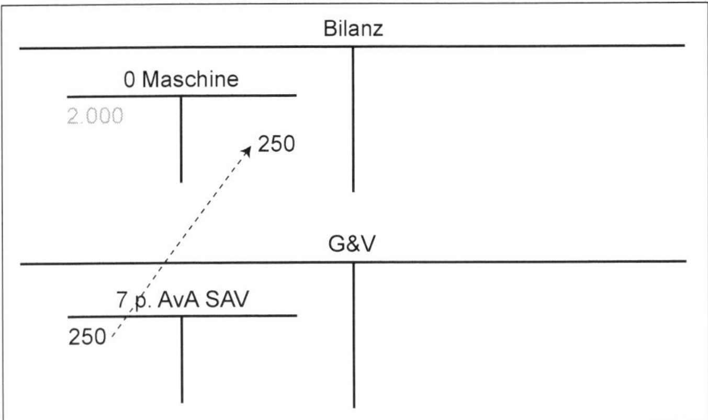

Abbildung 90: Abschreibung – Svenda AG

7 p AvA von Sachanlagen	250	→	0 Maschine	250

Erläuterung

Bewertung und Verbuchung von Anlagevermögen werden in Kapitel 7: Vermögen detailliert diskutiert.
Entgegen der weiteren Vorgehensweise wird hier zur besseren Übersicht die direkte Abschreibungsmethode gewählt.

Beispiel 41: Bewertung Konto Ware – Handelswareneinsatz, Fortsetzung Svenda AG

Die Inventur ergibt, dass sich aufgrund der getätigten Verkäufe das Lager in Bezug auf Anzahl und Wert der gekauften Vorräte (Einkauf um 600 €) um 270 € reduziert hat.

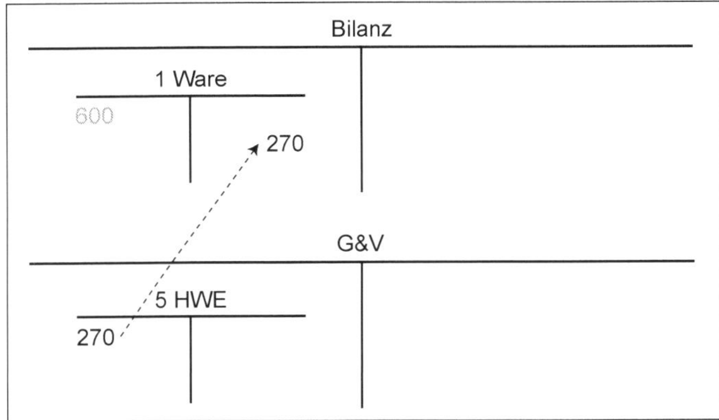

Abbildung 91: Handelswareneinsatz – Svenda AG

5 Handelswareneinsatz	270	→	1 Ware	270

Erläuterung

Bewertung und Verbuchung von Vorräten werden in Kapitel 7: Vermögen detailliert diskutiert.

Vorab: Durch die Entnahme der verkauften Ware reduziert sich der Wert des Lagers (1 Ware im Haben), was einen Aufwand (5 Handelswareneinsatz im Soll) zur Folge hat.

Beispiel 42: Bewertung Konto Forderungen aus Lieferungen und Leistungen (LL) – Abschreibung, Fortsetzung Svenda AG

Aus dem Verkauf von Waren ist noch der gesamte Betrag von 700 € als Forderung offen. Der Kunde teilt mit, dass er aufgrund geschäftlicher Schwierigkeiten davon nur mehr 500 € begleichen können wird, 200 € müssen abgeschrieben werden.

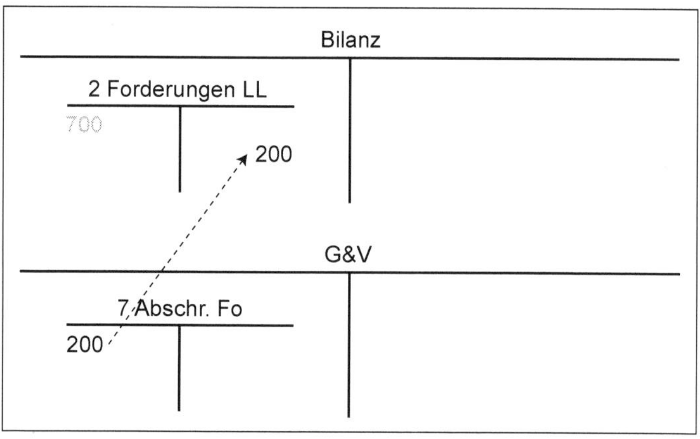

Abbildung 92: Abschreibung Forderungen – Svenda AG

7 Abschreibung Forderungen	200	→	2 Forderungen LL	200

Erläuterung

Bewertung und Verbuchung von Forderungen werden in Kapitel 7: Vermögen detailliert diskutiert.

Beispiel 43: Bewertung Konto Verbindlichkeiten Verkäufer – Zuschreibung, Fortsetzung Svenda AG

Aus dem Kauf der Maschine ist noch der gesamte Betrag von 4.000 BAM als Verbindlichkeit offen. Der Wechselkurs am Bilanzstichtag ist 1,4/1,6. Dadurch erhöht sich die Verbindlichkeit um 500 € (4.000 BAM : 1,6 = 2.500 €, ursprüngliche Verbindlichkeit 4.000 BAM : 2 = 2.000 €). Der Kursverlust ist folglich 500 €.

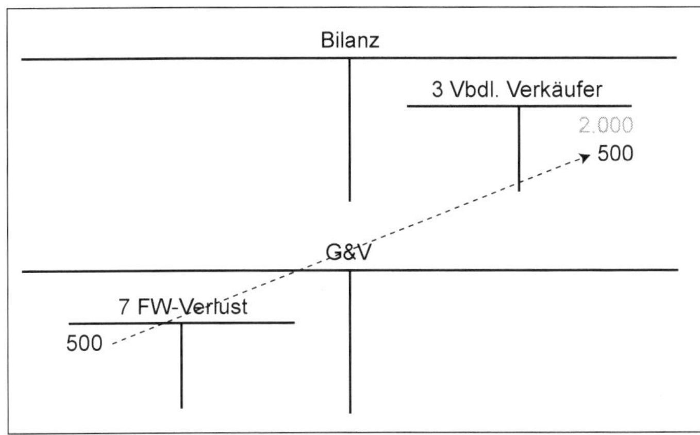

Abbildung 93: Kursverlust – Svenda AG

7 Fremdwährung-Kursverlust	500	→	3 Verbindlichkeiten Verkäufer	500

Erläuterung

Bewertung und Verbuchung von Verbindlichkeiten werden in Kapitel 8: Kapital detailliert diskutiert.

Beachte: Die in der Bilanz zu aktivierenden Herstellungskosten werden im UGB als Kosten bezeichnet, gemeint sind allerdings streng genommen Aufwendungen. Sie dürfen sich nur auf die pagatorischen, nicht auf kalkulatorische, Größen beziehen, dh. es dürfen nur aufwandsgleiche Kosten aus der Kostenrechnung übernommen werden. Posten, die in der Kostenrechnung hinzukommen oder nach anderen als gesetzlich erlaubten Bewertungsmaßstäben angesetzt wurden, sind im Sinne der gesetzlichen Vorschriften zu korrigieren (siehe Kapitel 9: Erfolg).

5.2.2.2.2. Abschluss aller Konten des Geschäftsjahres X1

Zum Abschluss eines Geschäftsjahres müssen alle Bestands- und Erfolgskonten abgeschlossen werden. Zuerst wird für jedes Konto der Bilanz und der Gewinn- und Verlustrechnung der Saldo errechnet.

Der **Saldo** zeigt den Gesamtwert eines Kontos an. Er ist die Differenz zwischen allen Soll-Buchungen und Haben-Buchungen auf einem Konto.

Haben-Saldo bedeutet, dass die Haben-Seite des Kontos größer ist als die Soll-Seite. Der Saldo steht als Differenz auf der Soll-Seite.

Soll-Saldo bedeutet, dass die Soll-Seite des Kontos größer ist als die Haben-Seite. Der Saldo steht als Differenz auf der Haben-Seite.

Beachte: Technisch kann der Saldo immer ein Soll- oder ein Haben-Saldo sein. Inhaltlich ist bei fast allen Konten ausschließlich ein Soll- oder ein Haben-Saldo möglich, weil dieses Konto nicht negativ werden kann, zB. die Handkassa: Wenn kein Geld vorhanden ist, ist der Saldo 0, aber nie negativ. Ein Saldo auf der „falschen" Seite ist meist ein Hinweis auf Buchungsfehler!

Bei Verwendung von Buchungssätzen wird der Saldo meist als Zwischenschritt in Saldenlisten übertragen. Er geht in die Bilanz und Gewinn- und Verlustrechnung ein. Die dafür notwendigen Schlussbilanzkonto- und Gewinn- und Verlustrechnung-Konto-Buchungen werden in Schritt c. erläutert. Bei Verwendung von T-Konten wird der Konto-Abschluss wie folgt dargestellt:

Beispiel 44: Soll-Saldo und Haben-Saldo

Wie lauten die Salden der Konten Bank und Verbindlichkeiten Verkäufer aus dem Gesamtbeispiel Svenda AG?
Welcher Saldo ist ein Soll-Saldo, welcher ein Haben-Saldo?

Soll-Saldo

2 Bank	
1.1. 2.600	
	500
	800
	S: 1.300
	2.600

Haben-Saldo

3 Vbdl. Verkäufer	
	2.000
	500
S: 2.500	
2.500	2.500

Abbildung 94: Soll-Saldo, Haben-Saldo – Svenda AG

Beispiel 45: Saldieren aller Konten, Fortsetzung Svenda AG

Saldieren Sie alle Konten der Bilanz und der Gewinn- und Verlustrechnung!

- **Bilanz**

Bilanz

2 Bank	
1.1. 2.600	500
	800
	S: 1.300
2.600	2.600

2 Kassa	
1.1. 1.000	600
	S: 400
1.000	1.000

0 Maschine	
2.000	250
	S: 1.750
2.000	2.000

1 Ware	
600	270
	S: 330
600	600

2 Forderungen LL	
700	200
	S: 500
700	700

9 NK	
	1.1. 3.000
S: 3.000	
3.000	3.000

3 Rst. Garantie	
	1.1. 600
500	
100	
S: 0	
600	600

3 Vbdl. Kunde	
	500
500	
S: 0	
500	500

3 Vbdl. Verkäufer	
	2.000
	500
S: 2.500	
2.500	2.500

3 Vbdl. Lieferant	
	400
S: 400	
400	400

Abbildung 95: Saldieren aller Bestandskonten – Svenda AG

- **Gewinn- und Verlustrechnung**

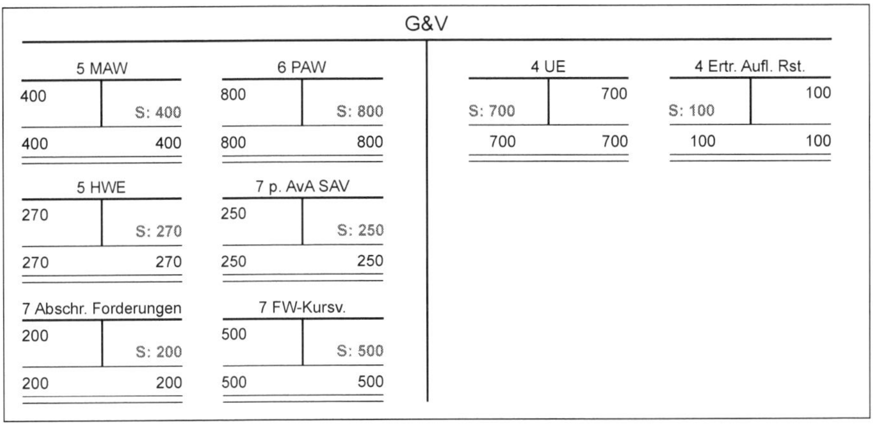

G&V

5 MAW	
400	S: 400
400	400

6 PAW	
800	S: 800
800	800

5 HWE	
270	S: 270
270	270

7 p. AvA SAV	
250	S: 250
250	250

7 Abschr. Forderungen	
200	S: 200
200	200

7 FW-Kursv.	
500	S: 500
500	500

4 UE	
S: 700	700
700	700

4 Ertr. Aufl. Rst.	
S: 100	100
100	100

Abbildung 96: Saldieren aller Erfolgskonten – Svenda AG

Die Saldenliste für das Gesamtbeispiel könnte folgendes Aussehen haben:

	Bilanz X1		**G&V X1**	
	Soll	**Haben**	**Soll**	**Haben**
0 Maschine	1.750			
1 Ware	330			
2 Forderungen LL	500			
2 Bank	1.300			
2 Kassa	400			
3 Verbindlichkeiten Kunde		0		
3 Verbindlichkeiten Verkäufer		2.500		
3 Verbindlichkeiten Lieferant		400		
9 Nennkapital		3.000		
9 Verlust		**−1.620**		
4 Umsatzerlöse				700
4 Erträge aus der Auflösung von Rückstellungen				100
5 Materialaufwand			400	
5 Handelswareneinsatz			270	
6 Personalaufwendungen			800	
7 Abschreibung SAV			250	
7 Abschreibung UV (Forderung)			200	
7 Fremdwährung-Kursverlust			500	
9 Verlust				**1.620**

Abbildung 97: Saldenliste – Svenda AG

5.2.2.2.3. Erstellen des Jahresabschlusses des Geschäftsjahres X1

Bei den Abschlussbuchungen i.e.S. werden die Salden der Bestandskonten gegen das Schlussbilanzkonto (SBK) und die Salden der Erfolgskonten gegen das Gewinn- und Verlustrechnung-Konto (G&V-Konto) gebucht. Es findet somit eine Zusammenführung aller Konten in das korrespondierende Rechnungslegungsinstrument Bilanz bzw. Gewinn- und Verlustrechnung, statt. SBK- und G&V-Konto sind daher nicht die endgültige Bilanz und endgültige Gewinn- und Verlustrechnung, sondern eigentlich eine Saldenliste in T-Kontenform. Diese Zusammenführung ist einerseits wegen des Überblickes notwendig, andererseits kann dadurch der Gewinn oder Verlust errechnet werden (siehe Kapitel 9: Erfolg).

Beispiel 46: **Schema Zusammenführung**

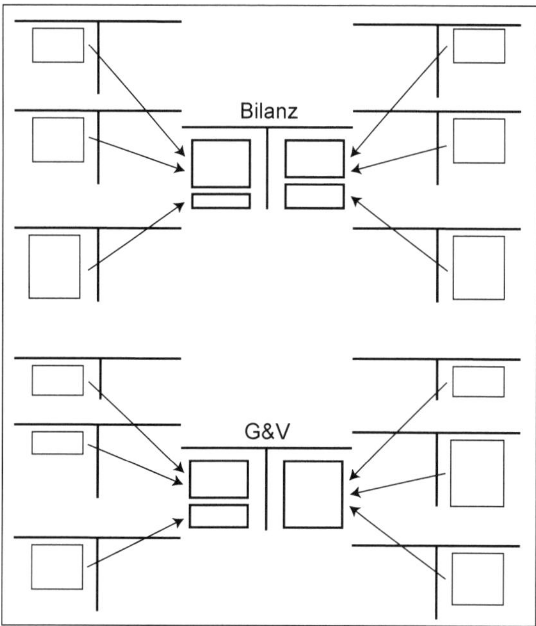

Abbildung 98: Zusammenfassung aller Bestands- und Erfolgskonten

Beispiel 47: SBK-Buchungen, Fortsetzung Svenda AG

Führen Sie die SBK-Buchungen durch!

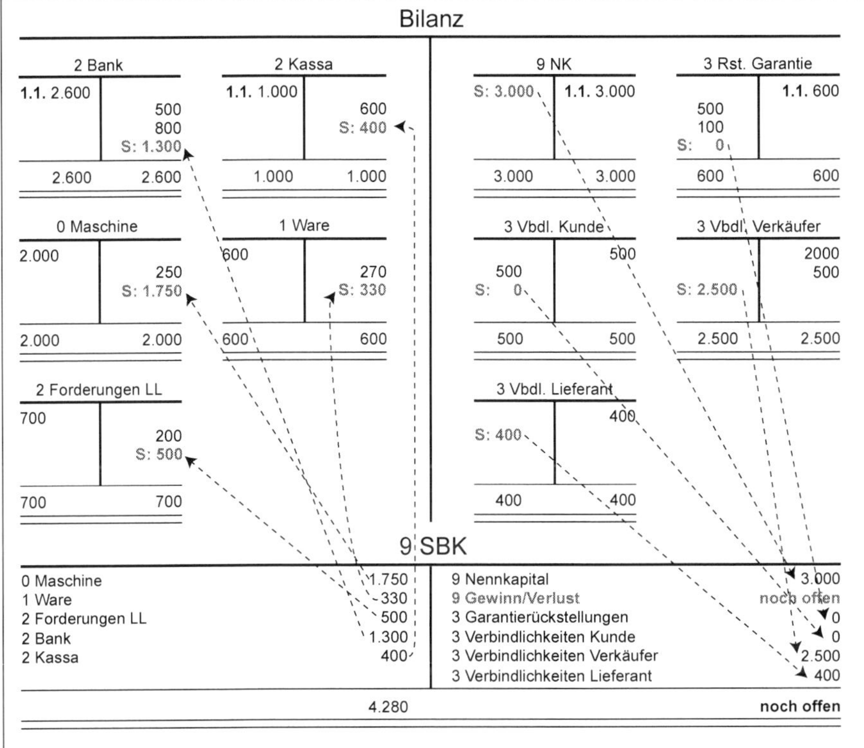

Abbildung 99: SBK-Buchungen – Svenda AG

9 SBK	1.750	→	0 Maschine	1.750
9 SBK	330	→	1 Ware	330
9 SBK	500	→	2 Forderungen LL	500
9 SBK	1.300	→	2 Bank	1.300
9 SBK	400	→	2 Kassa	400
9 Nennkapital	3.000	→	9 SBK	3.000
3 Verbindlichkeiten Verkäufer	2.500	→	9 SBK	2.500
3 Verbindlichkeiten Lieferant	400	→	9 SBK	400

Die Garantierückstellungen und die Verbindlichkeiten Kunde mit Saldo 0 werden nicht gebucht. Da sie dennoch in der Bilanz auszuweisen sind, werden sie hier angeführt.

Die Bilanzsumme auf der Passivseite muss dieselbe Höhe wie auf der Aktivseite aufweisen. Folglich könnte man den Bilanzgewinn bereits ausrechnen. Da dieser allerdings erst mit der letzten Buchung des Geschäftsjahres in die Bilanz gebucht wird, ist er in diesem Schritt noch nicht zu berücksichtigen.

Beispiel 48: G&V-Konto-Buchungen, Fortsetzung Svenda AG

Führen Sie die G&V-Konto-Buchungen durch!

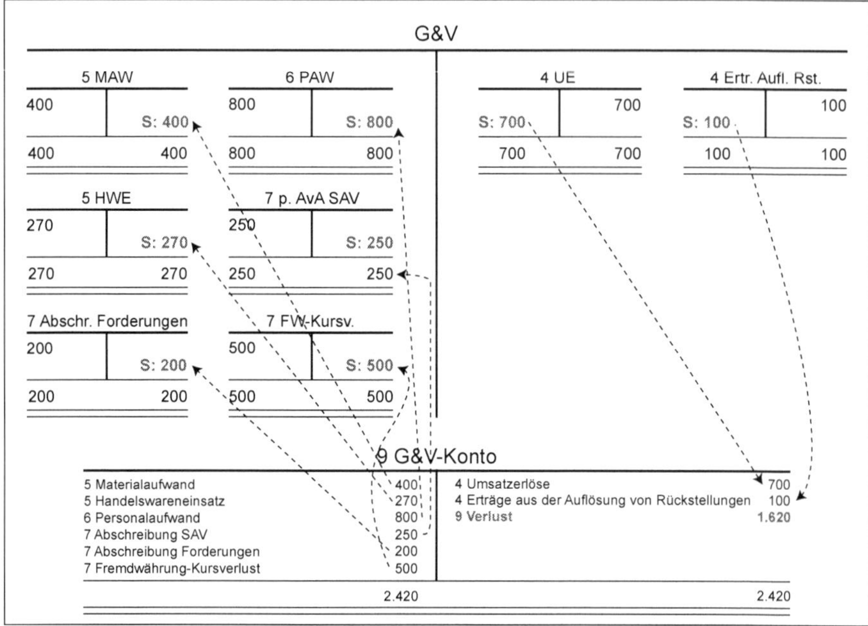

Abbildung 100: G&V-Konto-Buchungen – Svenda AG

9 G&V-Konto	400	→	5 Materialaufwand	400
9 G&V-Konto	270	→	5 Handelswaren-einsatz	270
9 G&V-Konto	800	→	6 Personalaufwand	800
9 G&V-Konto	250	→	7 p. AvA SAV	250
9 G&V-Konto	200	→	7 Abschreibung Forderung	200
9 G&V-Konto	500	→	7 Fremdwährung-Kursverlust	500
4 Umsatzerlöse	700	→	9 G&V-Konto	700
4 Erträge aus der Auflösung von RSt	100	→	9 G&V-Konto	100

Die letzte Buchung zum Geschäftsjahresabschluss lautet:

9 SBK

0 Maschine	1.750	9 Nennkapital	3.000
1 Ware	330	**9 Verlust**	**– 1.620**
2 Forderungen LL	500	3 Garantierückstellungen	0
2 Bank	1.300	3 Verbindlichkeiten Kunde	0
2 Kassa	400	3 Verbindlichkeiten Verkäufer	2.500
		3 Verbindlichkeiten Lieferant	400
	4.280		4.280

9 G&V-Konto

5 Materialaufwand	400	4 Umsatzerlöse	700
5 Handelswareneinsatz	270	4 Erträge aus der Auflösung von Rückstellungen	100
6 Personalaufwand	800	**9 Verlust**	**1.620**
7 Abschreibung SAV	250		
7 Abschreibung Forderungen	200		
7 Fremdwährung-Kursverlust	500		
	2.420		2.420

Abbildung 101: Gewinn- und Verlustbuchungen – Svenda AG

9 Verlust	1620	→	9 G&V-Konto	1620

Beispiel 49: Provisorische Bilanz, Fortsetzung Svenda AG

Stellen Sie die Bilanz dar!

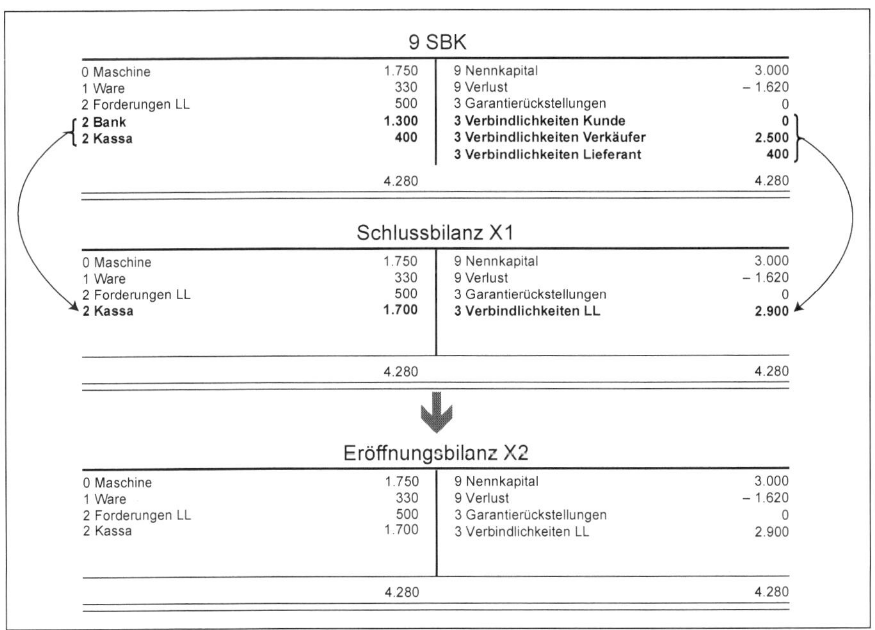

9 SBK

0 Maschine	1.750	9 Nennkapital	3.000
1 Ware	330	9 Verlust	– 1.620
2 Forderungen LL	500	3 Garantierückstellungen	0
2 Bank	**1.300**	**3 Verbindlichkeiten Kunde**	**0**
2 Kassa	**400**	**3 Verbindlichkeiten Verkäufer**	**2.500**
		3 Verbindlichkeiten Lieferant	**400**
	4.280		4.280

Schlussbilanz X1

0 Maschine	1.750	9 Nennkapital	3.000
1 Ware	330	9 Verlust	– 1.620
2 Forderungen LL	500	3 Garantierückstellungen	0
2 Kassa	**1.700**	**3 Verbindlichkeiten LL**	**2.900**
	4.280		4.280

Eröffnungsbilanz X2

0 Maschine	1.750	9 Nennkapital	3.000
1 Ware	330	9 Verlust	– 1.620
2 Forderungen LL	500	3 Garantierückstellungen	0
2 Kassa	1.700	3 Verbindlichkeiten LL	2.900
	4.280		4.280

Abbildung 102: Provisorische Bilanz – Svenda AG

Erläuterung

Die endgültige Präsentation der Bilanz und Gewinn- und Verlustrechnung gemäß UGB wird in den Kapiteln 7, 8 und 9 erläutert. An dieser Stelle soll demonstriert werden, dass viele Konten gemäß ihrer inhaltlichen Ähnlichkeit zu einer Bilanzposition zusammengefasst werden, dh. die Information wird verdichtet. Diese Zusammenfassung geschieht in Saldenlisten. Mittels EDV passiert dies automationsgestützt.

Im Gesamtbeispiel Svenda AG können das Konto 2 Kassa und das Konto 2 Bank zur Bilanzposition Kassa sowie die vorhandenen Konten 3 Verbindlichkeiten zu einer Bilanzposition Verbindlichkeiten aus Lieferungen und Leistungen verdichtet werden:

Konto Kassa	400 €
Konto Bank	1.300 €
Kassa	1.700 €

Konto Verbindlichkeiten Kunde (aus Garantierückstellung)	0 €
Konto Verbindlichkeiten Verkäufer (aus Maschinenkauf)	2.500 €
Konto Verbindlichkeiten Lieferant (aus Wareneinkauf)	400 €
Verbindlichkeiten aus Lieferungen und Leistungen	2.900 €

Aus Gründen der Übersichtlichkeit und Verdeutlichung ist die Position Eigenkapital hier **nicht** gemäß UGB dargestellt. Die Position Eigenkapital ist bei Kapitalgesellschaften eine Summe aus Nenn- oder Stammkapital, Gewinnrücklagen, Kapitalrücklagen und Bilanzgewinn bzw. Bilanzverlust, dh. der Verlust ist korrekterweise als Unterposition des Eigenkapitals auszuweisen (siehe Kapitel 8: Kapital).

Die Zusammenfassung von einzelnen Positionen betrifft auch die Gewinn- und Verlustrechnung, allerdings werden dort die Positionen nicht (mehr) in Form eines T-Kontos dargestellt (siehe Kapitel 9: Erfolg).

5.2.2.3. Buchungen im Zusammenhang mit der Eröffnungsbilanz

Wenn das Unternehmen nach Geschäftsjahresende X1 fortgesetzt wird, beginnt das neue Geschäftsjahr X2; die Reihenfolge des Ablaufes der Buchungen beginnt von vorne. Um das Geschäftsjahr X2 in der Buchhaltung beginnen zu können, ist es nötig, die Eröffnungsbilanz zu erstellen und die Bestandskonten zu eröffnen.

5.2.2.3.1. Erstellen der Eröffnungsbilanz des Geschäftsjahres X2

Gemäß § 193 (1) UGB hat der Unternehmer zu Beginn seines Unternehmens eine **Eröffnungsbilanz** nach den Grundsätzen ordnungsmäßiger Buchführung aufzustellen.

Wie weiters in § 201 (2) Z 6 UGB festgesetzt, ist die Eröffnungsbilanz mit der Schlussbilanz des vorhergehenden Geschäftsjahrs ident, dh. es werden alle Positionen und Werte des Vorjahres übernommen. Diese Vorgehensweise folgt dem Grundsatz der Bilanzkontinuität und dem Grundsatz der Bilanzidentität (siehe Kapitel 2: Recht). Die Eröffnungsbilanz wird **zum** 1.1. (Anfang) des neuen Geschäftsjahres erstellt, **nicht am** 1.1.

Die Eröffnungsbilanz enthält alle Anfangsbestände der Aktivseite und der Passivseite der Bilanz, mit denen die Geschäftstätigkeit des neuen Geschäftsjahres begonnen wird, dh. alle Bestandsgrößen.

Da die Konten der Gewinn- und Verlustrechnung Flussgrößen beinhalten und zwischen Geschäftsende 31.12. und Geschäftsanfang 1.1. keine erfolgswirksamen Geschäfte abgewickelt werden, kann es am 1.1. keine Aufwendungen und Erträge als Anfangsbestand geben. Logischerweise existiert daher auch **keine** Eröffnungs-G&V!

Beispiel 50: **Eröffnungsbilanz, Fortsetzung Svenda AG**

Erstellen Sie die Eröffnungsbilanz für das Jahr X2!

Eröffnungsbilanz X2			
0 Maschine	1.750	9 Nennkapital	3.000
1 Ware	330	9 Verlust	– 1.620
2 Forderungen LL	500	3 Garantierückstellungen	0
2 Kassa	1.700	3 Verbindlichkeiten LL	2.900
	4.280		4.280

Abbildung 103: Eröffnungsbilanz – Svenda AG X2

5.2.2.3.2. Eröffnen der Bestandskonten des Geschäftsjahres X2

Das **Eröffnungsbilanzkonto** dient zur Eröffnung aller Bestandskonten.

Am Geschäftsjahresanfang müssen alle saldierten Positionen der Bilanz wieder in ihre einzelnen Konten aufgelöst werden. Dazu bedient man sich als Hilfsinstrument des Eröffnungsbilanzkontos.

Das Eröffnungsbilanz**konto** ist spiegelverkehrt zur Eröffnungsbilanz, dh. alle Aktiva werden auf der Passivseite, alle Passiva auf der Aktivseite abgebildet. Dadurch nimmt es die Gegenbuchungen zur Eröffnung der Konten auf.

Beispiel 51: **Eröffnungsbilanzkonto und Eröffnungsbilanzbuchungen, Fortsetzung Svenda AG**

Eröffnen Sie alle Konten für das Jahr X2!

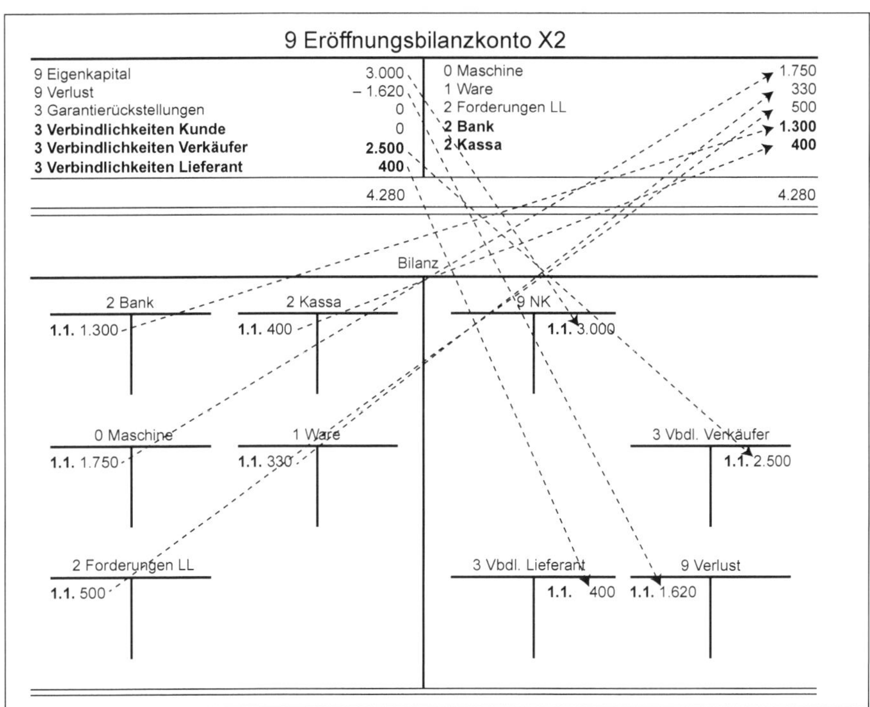

Abbildung 104: Eröffnungsbilanzkonto und Eröffnungsbilanzbuchungen – Svenda AG

0 Maschine	1.750	→	9 EBK	1.750
1 Ware	330	→	9 EBK	330
2 Forderungen LL	500	→	9 EBK	500
2 Bank	1.300	→	9 EBK	1.300
2 Kassa	400	→	9 EBK	400
9 EBK	3.000	→	9 Nennkapital	3.000
9 EBK	2.500	→	3 Verbindlichkeiten Verkäufer	2.500
9 EBK	400	→	3 Verbindlichkeiten Lieferant	400
9 Verlust	1.620	→	9 EBK	1.620

5.2.2.4. Buchungen im Jahresverlauf – Zusammenfassung

Das Beispiel Jahresabschluss zeigt nochmals zusammenfassend den grundsätzlichen Ablauf der Buchhaltung im Jahresverlauf im Überblick.

Beispiel 52: **Jahresabschluss**

Das folgende Beispiel umfasst eine schematische Darstellung von Buchungen während des Jahresablaufes und am Geschäftsjahresende sowie die Eröffnung der Buchhaltung im Folgejahr. Aus Gründen der besseren Darstellbarkeit ist keine Umsatzsteuer bzw. Vorsteuer zu berücksichtigen.

(0) Am 1.1. des Geschäftsjahres X1 eröffnet das Unternehmen seine Buchhaltung mit Ware im Wert von 100.000 €, die ausschließlich eigenkapitalfinanziert wurde. Die EBK-Buchungen werden hier ausgelassen.
(1) Am 3.3. verkauft das Unternehmen diese Ware um 300.000 € in bar.
(2) Am 31.12. erstellt das Unternehmen die Bilanz und G&V des Geschäftsjahres X1.
(3) Am 31.12. ermittelt das Unternehmen seinen Erfolg des Geschäftsjahres X1.
(4) Am 1.1. des Geschäftsjahres X2 erstellt das Unternehmen die Eröffnungsbilanz X2.
(5) Am 1.1. eröffnet das Unternehmen alle Bestandskonten.

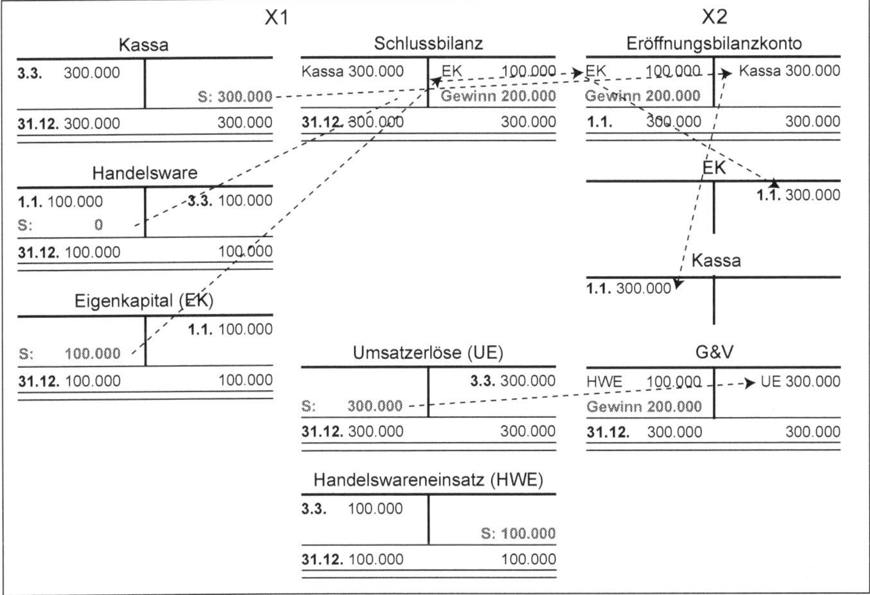

Abbildung 105: Beispiel Jahresabschluss

(0)	9 EBK	100‘	→	9 Eigenkapital	100‘
	1 Ware	100‘	→	9 EBK	100‘
(1a)	2 Kassa	300‘	→	4 Umsatzerlöse	300‘
(1b)	5 Handelswareneinsatz	100‘	→	1 Ware	100‘
(2a)	9 Schlussbilanzkonto	0	→	1 Ware	0
	9 Schlussbilanzkonto	300‘	→	2 Kassa	300‘
	9 Eigenkapital	100‘	→	9 Schlussbilanzkonto	100‘
(2b)	9 G&V-Konto	100‘	→	5 Handelswareneinsatz	100‘
	4 Umsatzerlöse	300‘	→	9 G&V-Konto	300‘
(3)	9 Bilanzgewinn	200‘	→	9 Eigenkapital	200‘
(4)	keine Buchungen				
(5)	2 Kassa	300‘	→	9 Eröffnungsbilanzkonto	300‘
	9 Eröffnungsbilanzkonto	300‘	→	9 Eigenkapital	300‘

Erläuterung

Die Pfeile zeigen schematisch, nicht buchungstechnisch, den Ablauf der Arbeitsschritte im Zuge der Schlussbilanz- und Eröffnungsbilanzerstellung.

In der Praxis werden Zahlen manchmal bei Handschrift anstelle in Tausend (300 €, in Tsd.) mit ‘ angegeben: 300‘. Um dies zu demonstrieren, wird diese in der Schriftform nicht verwendete Schreibweise ausnahmsweise in diesem Beispiel aufgezeigt.

(0) Mit den EBK-Buchungen werden die einzigen zwei Konten Ware und Eigenkapital eröffnet.

(1a) Diese Buchung ist eine einfache Verkaufsbuchung während des Geschäftsjahres. Buchung bei Rechnungslegung, in diesem Fall bei Verkauf. Es entsteht ein Erlös.

(1b) Diese Buchung wird notwendig, um die verkaufte Ware aus dem Lager auszubuchen, dh. den Wert des Lagers auf 0 zu reduzieren, da alles verkauft wurde. Die Ausbuchung erfolgt mit demjenigen Wert, mit dem die Waren aktiviert wurden. Durch die Entnahme der Ware aus dem Lager entsteht ein Aufwand, das Unternehmen verliert an Wert. Diese Buchung muss nicht zum Zeitpunkt des Verkaufes durchgeführt werden, sondern kann auch später erfolgen. Die Lagerbuchhaltung wird in Kapitel 7: Vermögen genau diskutiert.

(2a) Die Bestandskonten der Bilanz werden gegen das Schlussbilanzkonto gebucht. Vorher ist eine Saldierung aller Konten notwendig. Die Ware muss gemäß gesetzlichen Bestimmungen mit einem Wert von 0 ausgewiesen werden, um einen Jahresvergleich heuer – Vorjahr (0 – 100) zu ermöglichen. Es wird der Gewinn aus dem Vermögensvergleich zwischen Anfang und Ende des Geschäftsjahres ermittelt:

Vermögen am Anfang des Geschäftsjahres X1	100‘ €
Vermögen am Ende des Geschäftsjahres X1	300‘ €
= Gewinn des Geschäftsjahres X1	200‘ €

(2b) Die Erfolgskonten der Gewinn- und Verlustrechnung werden gegen das G&V-Konto gebucht. Vorher ist eine Saldierung aller Konten notwendig. Es wird der Gewinn aus dem Vergleich von Erlösen und Aufwendungen ermittelt.

Umsatzerlöse X1	300‘ €
Handelswareneinsatz	100‘ €
= Gewinn des Geschäftsjahres X1	200‘ €

(3) Der Gewinn wird gegen das Schlussbilanzkonto gebucht. Durch das System der doppelten Buchhaltung MÜSSEN der Gewinn aus der Bilanz und aus der Gewinn- und Verlustrechnung ident sein! Wenn dies nicht der Fall ist, ist die Buchhaltung fehlerhaft; die Ursache für die Abweichung muss gesucht werden.

(4) Es werden zum Anfang des folgenden Geschäftsjahres X2 die Eröffnungsbilanz und das Eröffnungsbilanzkonto erstellt. Die Eröffnungsbilanz X2 ist mit der Schlussbilanz X1 ident. Das in obiger Abbildung dargestellte Eröffnungsbilanzkonto ist seitenverkehrt zum Schlussbilanzkonto, dh. alle Aktiva sind auf der Passivseite, alle Passiva auf der Aktivseite niedergeschrieben. Es erfolgen keine Buchungen!
Achtung! Aus Gründen der Vereinfachung und Verdeutlichung wurde der Gewinn zum Eigenkapitalkonto hinzugezählt (100 + 200 = 300). In der Praxis ist dies nicht der Fall; es wird der Gewinn auf einem eigenen Konto geführt, bis die Gewinnverwendung durch die Eigentümer feststeht (siehe Kapitel 9: Erfolg).

(5) Die Bestandskonten werden im Geschäftsjahr X2 gegen das Eröffnungsbilanzkonto eröffnet. Die G&V-Konten werden NICHT eröffnet.

5.2.3. Verbuchen der Vorsteuer und Umsatzsteuer

Beim Beispiel „Zusammengesetzter Buchungssatz“ (Kapitel 5.2.1.) wurde bereits die Verbuchung der Umsatzsteuer und der Vorsteuer vorweggenommen, im Folgenden aber dann aus Gründen der Übersichtlichkeit außer Acht gelassen. In der Praxis sind selbstverständlich Umsatzsteuer und Vorsteuer gemäß den gesetzlichen

Vorschriften (siehe Kapitel 2: Recht) zu beachten. Die Verbuchung der Umsatzsteuer und der Vorsteuer wird an dieser Stelle anhand eines Beispiels zusammengefasst dargestellt.

Beachte: Es existieren für die Umsatzsteuerverbuchung die Netto- und die Bruttomethode. In diesem Buch wird ausschließlich die Nettomethode verwendet.

In der Praxis existieren mehrere Konten für die Vorsteuer und die Umsatzsteuer, abhängig vom Steuersatz und Inlands- bzw. Auslandsgeschäften. Hier wird aus Gründen der Vereinfachung ausschließlich jeweils auf 1 Konto Vorsteuer sowie 1 Konto Umsatzsteuer gebucht. Die Vorsteuer ist quasi eine Forderung gegenüber dem Finanzamt und daher Umlaufvermögen, Kontoklasse 2. Die Umsatzsteuer ist quasi eine Schuld gegenüber dem Finanzamt und daher eine Verbindlichkeit, Kontoklasse 3. Aufgrund des Saldierungsverbotes müssen Vorsteuerkonten und Umsatzsteuerkonten getrennt verbucht werden. Jeweils zum Datum der Überweisung (siehe Kapitel 2: Recht) werden die Konten auf ein gemeinsames Konto 3 Zahllast gebucht und der Saldo errechnet. Weist die Umsatzsteuer einen geringeren Betrag als die Vorsteuer auf, bedeutet das, dass das Unternehmen eine Forderung gegenüber dem Finanzamt hat, dh. Geld zurückbekommt (in der Praxis wird es meist als quasi Anzahlung für die nächste Umsatzsteuerabrechnung einbehalten). Weist die Vorsteuer einen geringeren Betrag als die Umsatzsteuer auf, bedeutet das, dass das Unternehmen eine Verbindlichkeit gegenüber dem Finanzamt hat, dh. Geld an das Finanzamt überweisen muss. Bei der Verbuchung wird offensichtlich, dass Umsatzsteuer, Vorsteuer und auch Zahllast nur Durchgangskonten sind!

Es ist gleichgültig, ob die Umsatzsteuer und die Vorsteuer aus demselben Geschäftsfall resultieren oder ob es sich um Anlagevermögen, Umlaufvermögen oder Dienstleistungen handelt, wie in den folgenden Beispielen gezeigt wird.

Beachte: Im Rahmen dieses Buches wird **ausschließlich aus Gründen der Übersicht – und juristisch gesehen falsch!** – bei langen Beispielen über mehrere Monate eine vereinfachte Form der Verbuchung gewählt. Dabei werden Umsatzsteuer und Vorsteuer erst am Jahresende mit dem Finanzamt verrechnet.

Beispiel 53: Umsatzsteuer > Vorsteuer

1. Ein Unternehmen kauft Ware im Wert von 100 €, exkl. 20 % USt, Bezahlung in bar.
2. Das Unternehmen verkauft diese Ware um 250 €, exkl. 20 % USt, Bezahlung in bar.
3. Das Unternehmen gleicht die Umsatzsteuer und Vorsteuer mit dem Finanzamt aus.
   a. Nehmen Sie alle mit der Umsatzsteuer und Vorsteuer relevanten Buchungen vor!
   b. Wie lauten Berechnung und Buchungssätze, wenn die angegebenen Werte inkl. USt ausgewiesen sind, dh. wenn der Kaufwert der Ware (1) 120 €, inkl. 20 % USt, und der Verkaufswert (2) 300 €, inkl. 20 % USt, beträgt?

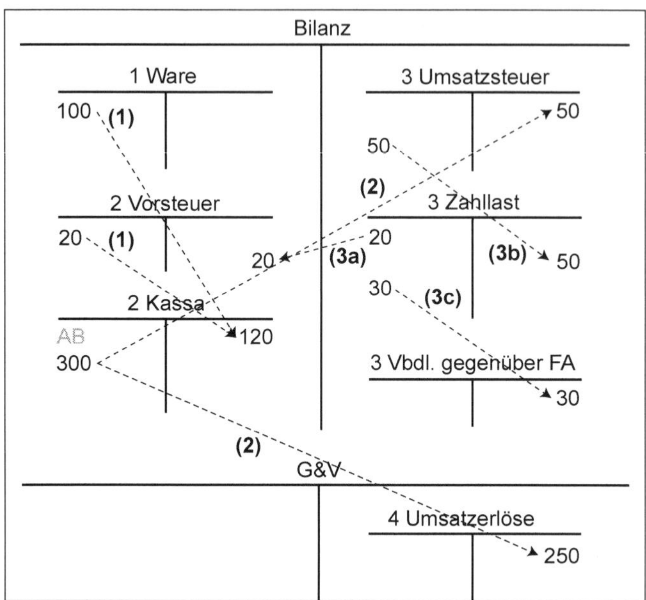

Abbildung 106: Umsatzsteuer > Vorsteuer

Erläuterung

Ad (1)

Das Unternehmen kauft Ware, dh. es hat eine Forderung gegenüber dem Finanzamt. Die Umsatzsteuer liefert der Verkäufer an das Finanzamt ab. Die Ware weist einen Netto-Betrag, dh. exkl. Umsatzsteuer, auf dem Konto 1 Ware auf, dem Verkäufer muss selbstverständlich der Bruttobetrag, dh. inkl. Umsatzsteuer, bezahlt werden. Dadurch wird ersichtlich, dass bezüglich Ware die Umsatzsteuer nur ein Durchlaufposten ist und den Wert der Ware nicht erhöht, dass aber der Verkäufer die Umsatzsteuer dem Finanzamt abliefern muss. Die Vorsteuer wird ebenso wie die Umsatzsteuer berechnet, sie heißt nur anders! Die Kassa muss einen Anfangsbestand größer als 120 € aufweisen.

a. Der Nettobetrag ist 100 €, folglich ist die USt 20 % von 100 = 20 € oder $100 \cdot 0{,}2 = 20$ €.
b. Der Bruttobetrag ist 120, folglich ist der Nettobetrag $\frac{120\ €}{120\ \%} \cdot 100\ \% = 100\ €$.

(1)	1 Ware	100	→	2 Kassa	120
	2 VSt	20			

Ad (2)

Das Unternehmen verkauft Ware, dh. es hat eine Schuld gegenüber dem Finanzamt, weil es für den Käufer die Umsatzsteuer abliefern muss. Die Umsatzerlöse weisen einen Netto-Betrag, dh. exkl. Umsatzsteuer, auf dem Konto 4 Umsatzerlöse auf, der Käufer muss selbstverständlich den Bruttobetrag, dh. inkl. Umsatzsteuer, bezahlen. Dadurch wird ersichtlich, dass bezüglich Umsatzerlöse die Umsatzsteuer nur ein Durchlaufposten ist. Es erhöht den Wert des Umsatzes und folglich des Gewinnes nicht, aber diesmal muss der Käufer die Umsatzsteuer dem Finanzamt abliefern.

a. Der Nettobetrag ist 250 €, folglich ist die USt 20 % von 250 € = 50 € oder 250 · 0,2 = 50 €.
b. Der Bruttobetrag ist 300 €, folglich ist der Nettobetrag · 100 % = 250 €.

(2)	2 Kassa	300	→	4 Umsatzerlöse	250
				3 USt	50

Ad (3)
Umsatzsteuer und Vorsteuer werden auf dem Konto Zahllast verbucht. Dann erst wird offensichtlich, ob Umsatzsteuer oder Vorsteuer höher ist, dh., ob eine Verbindlichkeit oder eine Forderung vorliegt. Der Habensaldo von 50 – 20 = 30 € zeigt, dass eine Verbindlichkeit vorliegt. Sie ist dem Finanzamt zu überweisen.

(3a)	3 Zahllast	20	→	2 VSt	20
(3b)	3 USt	50	→	3 Zahllast	50
(3c)	3 Zahllast	30	→	3 Verbindlichkeiten gegenüber Finanzamt	30

Beispiel 54: **Umsatzsteuer < Vorsteuer**

1. Ein Unternehmen kauft einen Tisch im Wert von 3.000 €, exkl. 20 % USt, Bezahlung in bar.
2. Das Unternehmen verkauft Consultingleistungen im Wert von 2.000 €, exkl. 20 % USt, Bezahlung in bar.
3. Das Unternehmen gleicht die Umsatzsteuer und Vorsteuer mit dem Finanzamt aus.

Nehmen Sie alle mit der Umsatzsteuer und Vorsteuer relevanten Buchungen vor!

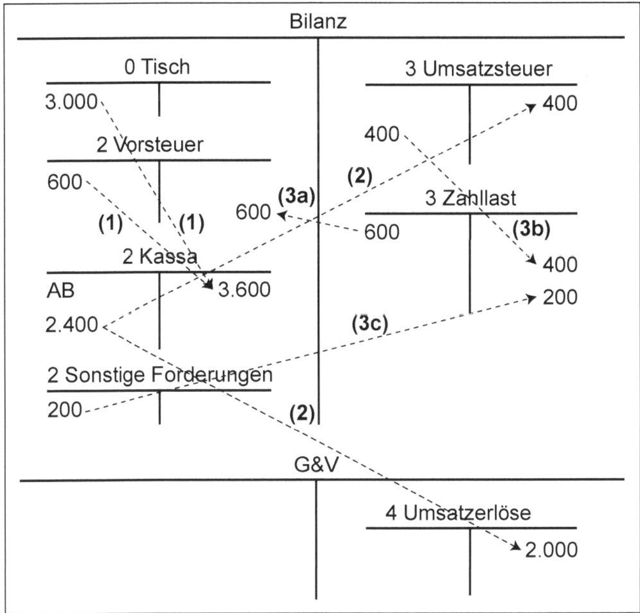

Abbildung 107: Umsatzsteuer < Vorsteuer

Erläuterung

Ad (1)

Das Unternehmen kauft einen Tisch, der Anlagevermögen darstellt, dh. es hat eine Forderung gegenüber dem Finanzamt. Die Vorsteuer beträgt 3000 · 0,2 = 600 €.

(1)	0 Tisch	3.000	→	2 Kassa	3.600
	2 VSt	600			

Ad (2)

Das Unternehmen verkauft eine Dienstleistung Consulting, dh. es hat eine Schuld gegenüber dem Finanzamt. Die Umsatzsteuer beträgt 2000 · 0,2 = 400 €.

(2)	2 Kassa	2.400	→	4 Umsatzerlöse	2.000
				3 USt	400

Ad (3)

Umsatzsteuer und Vorsteuer werden auf das Konto Zahllast verbucht. Dann erst wird offensichtlich, ob Umsatzsteuer oder Vorsteuer höher ist, dh., ob eine Forderung oder eine Verbindlichkeit vorliegt. Der Sollsaldo von 600 – 400 = 200 € zeigt, dass eine Forderung vorliegt. Sie wird vom Finanzamt eingefordert.

(3a)	3 Zahllast	600	→	2 VSt	600
(3b)	3 USt	400	→	3 Zahllast	400
(3c)	2 Sonstige Forderungen	200	→	3 Zahllast	200

Beachte: Diese Forderung wird in der Bilanz unter der Position 2 Sonstige Forderungen, NICHT unter Forderungen gegenüber Finanzamt ausgewiesen. Wie das Unternehmen intern das Konto nennt, bleibt ihm überlassen.

5.3. Aufgaben

5.3.1. Theoriefragen

5/T-1: Welche Aussage / Welche Aussagen über den Beleg ist / sind richtig?

A. Der Beleg muss sieben Jahre lang aufbewahrt werden.
B. Es gibt interne und externe Belege.
C. Die Eingangsrechnungen sind ein Beispiel für interne Belege.
D. Der Beleg enthält eine Vorkontierung.

5/T-2: Welche der folgenden Aussagen bezüglich externer Belege sind korrekt?

A. Kontoauszüge sind externe Belege.
B. Quittungen sind externe Belege.
C. Inventuraufzeichnungen sind externe Belege.
D. Eigenbelege für Kassaentnahmen sind externe Belege.

5/T-3: Welche Angaben sind auf einer Rechnung verpflichtend anzugeben?

A. Name des Empfängers
B. Anschrift des Empfängers
C. Name des Ausstellers

D. Anschrift des Ausstellers
E. Datum der Auftragsvergabe
F. Datum der Rechnungslegung
G. Name des Kundenbetreuers
H. Kontonummer

5/T-4: Welche Aussagen treffen in Bezug auf den Österreichischen Einheitskontenrahmen zu?
A. Der Österreichische Einheitskontenrahmen ist in zehn verschiedene Kontenklassen gegliedert.
B. Damit sollen einheitliche Buchungen von gleichen Geschäftsvorfällen erreicht und zwischenbetriebliche Vergleiche ermöglicht werden.
C. In den Kontenklassen 0, 1 und 2 stehen die passiven Bestandskonten.
D. Klasse 5 enthält die betrieblichen Erträge.

5/T-5: Welche der folgenden Aussagen sind in Bezug auf Kontenklassen korrekt?
A. 4, 5, 6, 7, 8 sind Kontenklassen der Gewinn- und Verlustrechnung.
B. 0, 1, 2, 3, 4 sind Kontenklassen der Bilanz.
C. 2, 3, 9 sind Kontenklassen des Eigenkapitals.
D. 3 ist die Kontenklasse des Fremdkapitals.

5/T-6: Welche der folgenden Aussagen zum Thema „Kontonummer" sind richtig?
A. Die Kontonummern ermöglichen der Buchhaltung eine systematische Gliederung.
B. Es gibt Konten in der Klasse 0.
C. Die erste Zahl der Kontonummer verweist auf die Kontenklasse.
D. Ein Betrieb kann beliebig viele Kontonummern einrichten.

5/T-7: Welche Aussage / welche Aussagen über den Anfangsbestand ist / sind richtig?
A. Aus der Schlussbilanz des vorangegangenen Wirtschaftsjahres werden mit Hilfe des Eröffnungsbilanzkontos die Endbestände des vergangenen Jahres auf die entsprechenden Bestandskonten gebucht.
B. Anfangsbestände stehen bei Aktivkonten auf der linken Seite des Kontos (im Soll), bei Passivkonten auf der rechten Seite des Kontos (im Haben).
C. Wenn sich im Verlauf des Jahres eine Mehrung des Kontos ergibt, wird diese auf derselben Seite wie der Anfangsbestand gebucht, eine Minderung wird auf der anderen Seite gebucht.
D. Die Saldierung des Anfangsbestands mit den Mehrungen und Minderungen ergibt den Endbestand.

5/T-8: Welche Bezeichnungen für die zwei Seiten eines Kontos sind gängige Praxis?
A. Links – Rechts
B. Soll – Haben
C. Aktiv – Passiv
D. Plus – Minus

5/T-9: Ein Saldo
- A. ist eine Differenz.
- B. steht immer auf der Seite des Kontos, die den geringeren Wert von Soll und Haben aufweist.
- C. kann immer nur auf einer Seite des Kontos stehen.
- D. geht am Bilanzstichtag in die Bilanz bzw. Gewinn- und Verlustrechnung ein.

5/T-10: Buchungssätze werden in der Praxis in Großunternehmen
- A. als T-Konten geschrieben.
- B. in ein gebundenes Buch geschrieben.
- C. händisch als Buchungszeilen eingetragen.
- D. mittels EDV durchgeführt.

5/T-11: Ein Unternehmen kauft am 3.4.X1 eine Maschine zur eigenen Produktion um 800 € (exkl. USt) und überweist den Betrag zehn Tage später. Bei einem anderen Händler hätte diese Maschine 900 € gekostet. Es handelt sich um eine/n
- A. Bilanzverlängerung
- B. Bilanzverkürzung
- C. Erfolgswirksame Buchung
- D. Aktivtausch

5/T-12: Welche der folgenden Aussagen betreffend Aktivtausch sind korrekt?
- A. Beim Aktivtausch verändert sich die Höhe der Bilanzseite.
- B. Der Aktivtausch gehört zu den erfolgswirksamen Buchungen.
- C. Wenn ein Aktivposten abnimmt und gleichzeitig ein anderer Aktivposten um denselben Betrag zunimmt, nennt man diesen Vorgang einen Aktivtausch.
- D. Der Aktivtausch ist eine erfolgsneutrale Buchung.

5/T-13: Wie entstehen Bilanzverkürzungen?
- A. Kreditaufnahme
- B. PKW-Kauf mit Zahlungsziel
- C. Kreditrückzahlung aus Guthaben
- D. Bildung einer Rückstellung

5/T-14: Der Begriff Bilanzverlängerung
- A. sagt aus, dass der Zeitpunkt des Jahresabschlusses um bis zu acht Monate verschoben werden darf.
- B. steht für eine Aktiv-Passiv-Mehrung.
- C. steht für das Sinken der Bilanzsumme.
- D. kennzeichnet den an die Bilanz angefügten Anhang.

5/T-15: Welche Aussagen bezüglich erfolgsneutraler Buchungen sind richtig?
- A. Eine erfolgsneutrale Buchung verändert immer die Höhe der Bilanzsumme.
- B. Eine erfolgsneutrale Buchung kann sowohl zu einer Bilanzverlängerung als auch zu einer Bilanzverkürzung führen.
- C. Erfolgsneutrale Buchungen betreffen nur Bestandskonten.

D. Bei einer erfolgsneutralen Buchung müssen immer sowohl ein Bestandskonto der Aktivseite als auch ein Bestandskonto der Passivseite bebucht sein.

5/T-16: Welche Aussagen bezüglich erfolgsneutraler Buchungen stimmen?
A. Bei einem Aktivtausch erhöht sich die Bilanzsumme.
B. Bei einer Bilanzverlängerung wird der Gewinn erhöht.
C. Bei einer Bilanzverkürzung kann es zu einer Reduktion von Schulden kommen.
D. Ein Aktivtausch führt letztendlich zu einer Erhöhung des Eigenkapitals.

5/T-17: Welche Aussagen bezüglich erfolgswirksamer Buchungen stimmen? (siehe auch Kapitel 7)
A. Die Buchungen betreffen immer ein Konto der Gewinn- und Verlustrechnung und der Bilanz.
B. Beispiel: Halle an Aktivierte Eigenleistung.
C. Erfolgswirksame Buchungen führen immer zu einer Bilanzverlängerung.
D. Erfolgswirksame Buchungen erhöhen immer den Gewinn.

5/T-18: Welche Aussagen sind korrekt?
A. Die Aktivierung eines Gegenstandes stellt eine erfolgswirksame Buchung dar.
B. Aktivieren ist für ein Unternehmen ein Aufwand, da der Gegenstand zuerst gekauft werden muss.
C. Das Aktivieren selbst ist erfolgsneutral, erst durch die Abschreibung kommt es zu einer Gewinnauswirkung.
D. Aktiviert werden können nur Gegenstände, die sich am Bilanzstichtag im Betriebsvermögen befinden.

5/T-19: Welche der folgenden Aussagen treffen in Bezug auf erfolgswirksame Buchungen zu?
A. Sie erfolgen zwischen Konten der Bilanz und der Gewinn- und Verlustrechnung.
B. Sie verändern den Gewinn bzw. Verlust.
C. Ein Buchungssatz wäre zB. Vermögenskonto Soll / Ertragskonto Haben.
D. Ein Buchungssatz wäre zB. Aufwandskonto Soll / Vermögenskonto Haben.

5/T-20: Welche ist / sind die allerletzte(n) Buchung(en) am Geschäftsjahresende?
A. 9890 G&V-Konto an 9000 Eigenkapital
B. 9600 Privat an 9000 Eigenkapital
C. 9390 Bilanzgewinn/-verlust an 9000 Eigenkapital
D. 9000 Eigenkapital an 9390 Bilanzgewinn/-verlust

5/T-21: Welche Aussage / welche Aussagen bezüglich „Eröffnungsbilanz“ würden Sie bejahen?

A. Die Eröffnungsbilanz soll die tatsächlichen Vermögens- und Kapitalverhältnisse eines Unternehmens an einem bestimmten Stichtag wiedergeben.
B. Die Eröffnungsbilanz wird zum 01.01. bzw. am Anfang eines jeden Geschäftsjahres erstellt.
C. Die Eröffnungsbilanz stellt Erträge und Aufwendungen eines bestimmten Zeitraumes, insbesondere eines Geschäftsjahres, dar und weist dadurch die Art, die Höhe und die Quellen eines unternehmerischen Erfolges aus.
D. Die Eröffnungsbilanz dient als Grundlage für alle Buchungen und Geschäftsvorfälle, die im laufenden Jahr getätigt werden.

5/T-22: Im Rahmen der Eröffnungsbilanz werden welche Konten / wird welches Konto eröffnet?

A. Kassa
B. Steuerrückstellung
C. Gewinnrücklage
D. Bestandsveränderung

5/T-23: Ein Unternehmen schließt am Bilanzstichtag alle Konten der Gewinn- und Verlustrechnung ab. Welche Aussagen sind richtig?

A. Jedes einzelne Konto wird direkt in die Gewinn- und Verlustrechnung übernommen.
B. Jedes Konto wird direkt gegen Eigenkapital abgeschlossen.
C. Das Konto Umsatzerlöse wird stets mit einem Habensaldo abgeschlossen.
D. Diese Konten werden im Folgejahr nicht eröffnet.

5.3.2. Beispiele

5/0-1: Anlagevermögen I
Ein Unternehmen kauft am 3.5. Büromöbel um 4.000 €, exkl. 20 % USt, in bar. Verbuchen Sie den Geschäftsfall!

5/0-2: Anlagevermögen II
Ein Unternehmen kauft am 1.6. eine Maschine um 1.600 € in bar, inkl. 20 % USt. Verbuchen Sie den Geschäftsfall!

5/0-3: Anlagevermögen III
Ein Unternehmen kauft am 2.7. ein Grundstück um 2.000 €, exkl. 20 % USt, gegen Überweisung. Verbuchen Sie den Geschäftsfall!

5/0-4: Umlaufvermögen I
Ein Elektrohändler kauft am 5.4. 20 PCs zu je 50 €, exkl. 20 % USt, in bar. Verbuchen Sie den Geschäftsfall!

5/0-5: Umlaufvermögen II
Ein Möbelhändler kauft am 4.9. 50 Tische zu je 120 €, exkl. 20 % USt und bezahlt nach 7 Tagen per Banküberweisung. Verbuchen Sie den Geschäftsfall!

5/0-6: Umlaufvermögen III
Ein Papierwarengeschäft kauft am 2.4. 30 Kugelschreiber zu je 1,50 €, inkl. 20 % USt, und bezahlt per Überweisung. Verbuchen Sie den Geschäftsfall!

5/0-7: Einkauf Aufwand I
Ein Unternehmen kauft am 12.5. 10 Druckerpatronen zum sofortigen Gebrauch zu je 25 € exkl. 20 % USt, in bar. Verbuchen Sie den Geschäftsfall!

5/0-8: Einkauf Aufwand II
Ein Unternehmen bezahlt am 12.5. seine Sicherheitsfirma in Höhe von 3.000 €, exkl. 20 % USt, per Banküberweisung. Verbuchen Sie den Geschäftsfall!

5/0-9: Einkauf Aufwand III
Ein Unternehmen erhält am 7.10. seine Wasserabrechnung um 1.800 € pro Quartal, inkl. 20 % USt, und überweist drei Wochen später. Verbuchen Sie den Geschäftsfall!

5/0-10: Verkauf Handelsware I
Ein Unternehmen verkauft am 12.5. zehn Druckerpatronen zu je 25 €, exkl. 20 % USt, in bar. Verbuchen Sie den Geschäftsfall!

5/0-11: Verkauf Handelsware II
Ein Unternehmen verkauft am 17.2. 20 Seile zu je 3 €, exkl. 20 % USt, Überweisung nach vier Tagen. Verbuchen Sie den Geschäftsfall!

5/0-12: Verkauf Handelsware III
Ein Unternehmen verkauft am 13.10. 200 Sessel zu je 40 € exkl. 20 % USt. 50 Sessel werden sofort in bar bezahlt, die restlichen 150 Sessel werden nach fünf Tagen überwiesen. Verbuchen Sie den Geschäftsfall!

5/0-13: Verkauf Dienstleistung I
Ein Unternehmen leistet am 14.9. Sicherheitsdienstleistungen um 3.000 €, exkl. 20 % USt, und erhält den Betrag überwiesen. Verbuchen Sie den Geschäftsfall!

5/0-14: Verkauf Dienstleistung II
Ein Reinigungsunternehmen stellt am 29.3. einer Firma eine Rechnung über 4.000 €, inkl. 20 % USt Reinigung für diesen Monat. Es erhält die Überweisung nach vier Tagen. Verbuchen Sie den Geschäftsfall!

5/0-15: Kredit
Ein Unternehmen nimmt am 1.2. einen Kredit in Höhe von 10.000 €, exkl. 20 % USt auf, der auf das Girokonto überwiesen wird. Am 1.8. wird der Kredit per Banküberweisung zurückgezahlt. Die Zinsen betragen 150 €. Verbuchen Sie den Geschäftsfall!

5/0-16: Zahllast I

Ein Unternehmen weist auf der Aktivseite seines Vorsteuerkontos folgende Werte aus: 240 €, 350 € und 460 €, auf der Passivseite des Vorsteuerkontos 21 €. Auf der Aktivseite seines Umsatzsteuerkontos weist es 78 € aus, auf der Passivseite 680 €, 900 € und 220 €.

a) Erstellen Sie die Vorsteuerkonten und Umsatzsteuerkonten in T-Kontenform!
b) Saldieren Sie die Konten!
c) Verbuchen Sie den Saldo gegenüber dem Finanzamt!

5/0-17 Zahllast II

Ein Unternehmen weist auf der Aktivseite seines Vorsteuerkontos folgende Werte aus: 880 €, 430 € und 710 €, auf der Passivseite des Vorsteuerkontos 66 €. Auf der Aktivseite seines Umsatzsteuerkontos weist es 45 € aus, auf der Passivseite 480 €, 900 € und 220 €.

a) Erstellen Sie die Vorsteuerkonten und Umsatzsteuerkonten in T-Kontenform!
b) Saldieren Sie die Konten!
c) Verbuchen Sie den Saldo gegenüber dem Finanzamt!

5/0-18: Abschlussbuchungen I

Ergänzen Sie die folgenden Abschlussbuchungen an das Schlussbilanzkonto oder an das G&V-Konto (in €)!

KtoKl.	**Ktobezeichnung**	**Betrag**	**an**	**KtoKl.**	**Ktobezeichnung**	**Betrag**
?				?	DV-Programme	3.400
?	Erträge aus Beteiligungen	76		?		
?	Eigenkapital	40.000		?		
?				?	Gehälter	910
?	Umsatzerlöse	5.782		?		
?				?	Gewährte Darlehen	23.800
?				?	Unfertige Erzeugnisse	5.000
?	Verbindlichkeiten Kommunalsteuer	1.240		?		
?				?	Aktivierte Eigenleistungen	5.325
?	Verbindlichkeiten Kreditkarten	4.567		?		
?	Telefon- und Internetgebühren	870		?		
?	Zinsaufwand für Bankkredite	2.340		?		

5/0-19: Abschlussbuchungen II
Am Bilanzstichtag liegen folgende Konten vor:

KtoKl.	Kontobezeichnung	Betrag
?	Abschreibungen SAV	200
?	Bankverbindlichkeiten	220
?	Bestandsveränderungen	100
?	Dividendenerträge	280
?	Eigenkapital	900
?	Forderungen	700
?	Gebäude	130
?	Kassa	70
?	Maschinen	500
?	Materialaufwand	1.635
?	Personalaufwand	830
?	Rückstellungen	310
?	Software	100
?	Steuern EE	40
?	Umsatzerlöse	2.400
?	Verbindlichkeiten LL	160
?	Vorräte	170
?	Zinsaufwand	35

a) Ergänzen Sie die fehlenden Informationen!
b) Nehmen Sie die SBK-/G&V-Abschlussbuchungen vor!
c) Erstellen Sie die provisorische Bilanz und Gewinn- und Verlustrechnung!
d) Eröffnen Sie alle Konten in Folgejahren!

5/0-20: Beispiel Jahresabschluss I
Verbuchen Sie das Beispiel Jahresabschluss unter Berücksichtigung der Umsatzsteuer von 20 %! Werte im Beispiel exkl. USt. Die Vorsteuer bzw. Umsatzsteuer wird (aus Vereinfachungsgründen) am 31.12. in bar bezahlt. Vernachlässigen Sie einen allfälligen Wertverlust.

5/0-21: Beispiel Jahresabschluss II
Verbuchen Sie das Beispiel 2 Ergebnisermittlung in der Doppelten Buchhaltung unter Berücksichtigung der Umsatzsteuer von 20 %! Werte im Beispiel exkl. USt. Die Vorsteuer bzw. Umsatzsteuer wird (aus Vereinfachungsgründen) am 31.12. in bar bezahlt. Bei Personalaufwendungen ist keine USt zu berücksichtigen. Vernachlässigen Sie einen allfälligen Wertverlust.

5/0-22: Gesamtbeispiel Svenda AG
Verbuchen Sie das Gesamtbeispiel Svenda AG unter Berücksichtigung der Umsatzsteuer von 20 %! Alle Werte sind exkl. allfälliger USt/VSt angegeben. Die Vorsteuer bzw. Umsatzsteuer wird (aus Vereinfachungsgründen) am 31.12. überwiesen. Bei Personalaufwendungen ist USt zu berücksichtigen.

a) Erstellen Sie die Eröffnungsbilanz!
b) Nehmen Sie alle laufenden Buchungen vor!
c) Nehmen Sie die Abschlussbuchungen mittels SBK sowie die G&V-Buchungen vor!
d) Erstellen Sie die provisorische Bilanz und Gewinn- und Verlustrechnung!

5/0-23: Zusammenfassendes Beispiel

1.1. Ein Unternehmer gründet eine Firma mit 20.000 € in bar.
2.2. Er legt 17.000 € auf ein Bankkonto.
3.3. Er kauft einen PC um 2.000 €, in bar.
4.4. Er überweist Miete um insgesamt 10.000 € (keine USt).
5.5. Er erhält einen Consultingauftrag um 30.000 €. Der Betrag geht nach zehn Tagen am Bankkonto ein.
6.6. Er geht auf Urlaub, die Reise kostet 5.000 €.
7.7. Er kauft Büromaterial um 600 € per Überweisung.

Alle Preise exkl. 20 % USt. Gehen Sie davon aus, dass das Anlagevermögen keinem Wertverlust unterliegt. Der Saldo aus USt und VSt wird auf „Sonstige Forderungen" bzw. „Verbindlichkeiten gegenüber Finanzamt" verbucht.

a) Nehmen Sie alle laufenden Buchungen während des Geschäftsjahres vor!
b) Nehmen Sie alle Buchungen am Bilanzstichtag vor!
c) Erstellen Sie die provisorische Bilanz und Gewinn- und Verlustrechnung!
d) Eröffnen Sie alle notwendigen Konten im folgenden Geschäftsjahr!

5/0-24: Wiederholung aus Kapitel 3: Bewertung: Tagesabschluss

8 Uhr Ein Flohmarkt-Händler sperrt sein Geschäft auf. Er hat zu diesem Zeitpunkt einen Tisch im Wert von 20 €, auf dem er arbeitet, fünf alte Kannen um je 10 € und 30 € in der Kassa.
9 Uhr Er kauft fünf Plastiksäcke zu je 10 Cent zum Verkaufen ein, von denen er alle verbraucht.
10 Uhr Er verkauft an einen Kollegen drei Kannen zu je 25 €. Zwei Kannen werden in bar bezahlt, eine Kanne bleibt ihm sein Kollege schuldig.
11 Uhr Er kauft von seinem Nachbarn zwei Tassen zu je 3 € in bar.
12 Uhr Er macht Mittagspause und nimmt 7 € für Wurstsemmeln und Bier aus der Kassa.
13 Uhr Sein Kollege bezahlt seine Schulden.
14 Uhr Er verkauft noch eine Kanne zu 23 € und eine Tasse zu 5 € an einen Kunden.
15 Uhr Er bezahlt die Standgebühr von 17 € (USt ist zu berücksichtigen) und geht anschließend nach Hause.

Er zahlt 20 % USt/VSt und bleibt am Ende des Tages den Betrag schuldig. Verbuchen Sie alle Geschäftsfälle!

6. Wie kann der Rechnungsausgleich erfolgen?

6.1. Lernziele

Generell wird bei einem Kauf/Verkauf einerseits die Ware übergeben bzw. die Dienstleistung erbracht, andererseits muss der Gegenwert der Ware bzw. Dienstleistung beglichen werden (umgangssprachlich wird meist das Wort „bezahlen“ anstelle „begleichen“ verwendet). Grundlage dafür sind ein Vertrag und / oder eine Rechnung. Dieses Kapitel erläutert gängige Möglichkeiten dieses Rechnungsausgleiches und die dazugehörigen Verbuchungspraktiken sowie deren Vor- und Nachteile. Weitere Möglichkeiten des Rechnungsausgleiches wie Tausch, Schecks und Wechsel werden nicht behandelt.

6.2. Definitionen und Erläuterungen

Bei Vertragsabschluss sind in Bezug auf den Rechnungsausgleich grundsätzlich drei Kriterien zu beachten:
6.2.1. Zahlungsart (wie?)
6.2.2. Zahlungszeitpunkt (wann?)
6.2.3. Zahlungskonditionen (unter welchen Bedingungen?)

In einem Vertrag sind diese drei Kriterien zu berücksichtigen und können in allen Kombinationen auftreten.

6.2.1. Zahlungsart

Die **Zahlungsart** bezieht sich darauf, auf welche Weise der Gegenwert der Ware bzw. Dienstleistung dem Geschäftspartner übermittelt wird (umgangssprachlich: wie bezahlt wird).

In der Praxis sind folgende Möglichkeiten üblich:
6.2.1.1. Barer Rechnungsausgleich
6.2.1.2. Unbarer Rechnungsausgleich

6.2.1.1. Barer Rechnungsausgleich

Bei **Barzahlung** übergibt eine natürliche Person einer anderen natürlichen Person Münzen und/oder Banknoten.

Einfach gesprochen nimmt der Käufer Bargeld aus der Kassa (Kassaausgang) und übergibt sie dem Verkäufer (Kassaeingang). Die Bedeutung der Barzahlung nimmt im Geschäftsleben immer mehr ab. Während im Privatkundengeschäft je nach Branche noch Barzahlung die vorherrschende Zahlungsart ist, ist sie im Business-to-Business (B2B) nicht mehr gebräuchlich.

Beispiel 55: Barzahlung

Verkauf einer Ware im Wert von 100 €, exkl. 20 % USt, Bezahlung in bar; dieses Beispiel ist aus Kapitel 5: Sprache entnommen und wird hier zur Wiederholung angeführt.

- **Aus Sicht des Käufers**

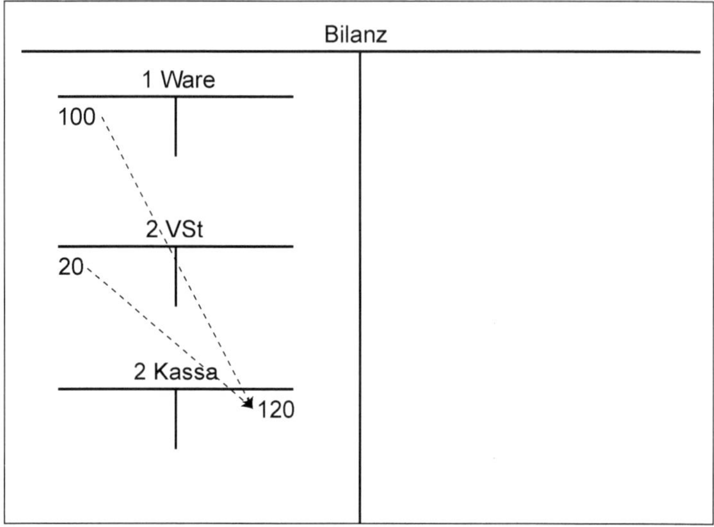

Abbildung 108: Barzahlung aus Sicht des Käufers

1 Ware	100	→	2 Kassa	120
2 VSt	20			

- **Aus Sicht des Verkäufers**

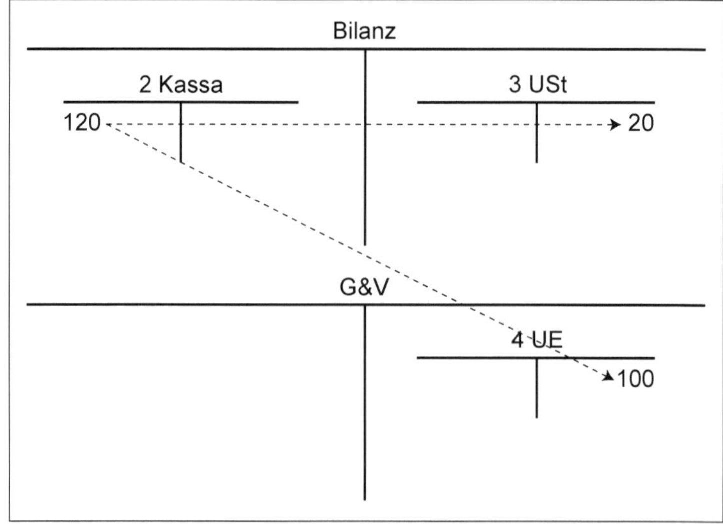

Abbildung 109: Barzahlung aus Sicht des Verkäufers

2 Kassa	100	→	4 Umsatzerlöse	100
			3 USt	20

6.2.1.2. Unbarer Rechnungsausgleich

6.2.1.2.1. Forderung und Verbindlichkeit

Der unbare (umgangssprachlich: bargeldlose) Zahlungsausgleich nimmt in der Praxis immer mehr an Bedeutung zu und ist im B2B längst Standard. Dabei wird kein Bargeld mehr übergeben, sondern alle Beträge werden zwischen den Bankkonten der Geschäftspartner überwiesen. Das bedeutet, dass ein zeitlicher Abstand zwischen Leistungserbringung, Rechnungslegung und Rechnungsausgleich existiert. Folglich wird bei Rechnungslegung zuerst beim Käufer eine Verbindlichkeit bzw. beim Verkäufer eine Forderung gebucht, die bei Bezahlung wieder ausgebucht wird. Man spricht von Kauf auf Ziel oder Zielkauf.

Forderungen sind Ansprüche eines Gläubigers, die von einem Schuldner zu erfüllen sind.

Forderungen werden in Kapitel 7: Vermögen näher behandelt. Umgangssprachlich sind Forderungen konkrete Schulden, die jemand dem Unternehmen bezahlen muss. Sie stellen einen Vermögenswert dar und sind folglich auf der Aktivseite der Bilanz unter dem Umlaufvermögen, Kontoklasse 2, auszuweisen. In der Praxis führt ein Unternehmen für jeden einzelnen Kunden, der nicht bar zahlt, in den Nebenbüchern ein individuelles Konto, zB. ein Kundenkonto 20008 Fa. Malz&Co. Alle Forderungen dieser Firma sowie deren Begleichung werden auf diesem Konto verbucht. In der Bilanz werden alle ähnlichen Forderungen auf einem Sammelkonto des Hauptbuches zusammengefasst, zB. Forderungen, die aus Liefer- und Leistungsgeschäften resultieren, unter der Position 2000 Forderungen aus Lieferungen und Leistungen (LL) Inland, in der auch 20008 Fa. Malz&Co enthalten ist. Dabei werden die einzelnen Forderungen nicht auf dieses Sammelkonto gebucht, sondern übertragen. Aus Vereinfachungsgründen werden in diesem Buch alle Forderungen LL auf dem Konto 2 Forderungen LL gebucht.

Verbindlichkeiten sind offene Zahlungsverpflichtungen eines Unternehmens, bei denen feststeht, wann, wem und wie viel zurückbezahlt werden muss.

Verbindlichkeiten werden in Kapitel 8: Kapital näher behandelt. Umgangssprachlich sind Verbindlichkeiten konkrete Schulden, dh. Geld, welches das Unternehmen künftig bezahlen muss. Verbindlichkeiten stellen Fremdkapital dar und sind folglich auf der Passivseite der Bilanz unter den Verbindlichkeiten, Kontoklasse 3, auszuweisen. In der Praxis führt ein Unternehmen für jeden einzelnen Fremdkapitalgeber in so genannten Nebenbüchern ein individuelles Konto, zB. ein Lieferantenkonto 33007 Lokal zur Trinkfreudigkeit. Alle Verbindlichkeiten gegenüber dieser Firma sowie deren Begleichung werden auf diesem Konto verbucht. In der Bilanz werden alle ähnlichen Verbindlichkeiten auf einem Sammelkonto des Hauptbuches zusammengefasst. Dabei werden die einzelnen Verbindlichkeiten nicht auf dieses Sammelkonto, zB. 3300 Verbindlichkeiten aus Lieferungen und Leistungen (LL) Inland, gebucht, sondern übertragen. Aus Vereinfachungsgründen werden in diesem Buch alle Verbindlichkeiten LL auf dem Konto 3 Verbindlichkeiten LL gebucht.

Forderungen und Verbindlichkeiten sind wesentlicher Bestandteil des unbaren Rechnungsausgleiches. Übliche unbare Zahlungsarten sind
6.2.1.2.2. Banküberweisung
6.2.1.2.3. Bankomatkarte
6.2.1.2.4. Kreditkarte

6.2.1.2.2. Banküberweisung

Bei der **Banküberweisung** wird der Rechnungsbetrag vom Bankkonto des Käufers abgebucht und dem Konto des Verkäufers gutgeschrieben.

Gleichzeitig werden die Verbindlichkeit des Käufers und die Forderung des Verkäufers ausgebucht.

Beispiel 56: **Banküberweisung**

(1) Verkauf einer Ware im Wert von 100 €, exkl. 20 % USt
(2) Überweisung nach drei Tagen

- **Aus Sicht des Käufers**

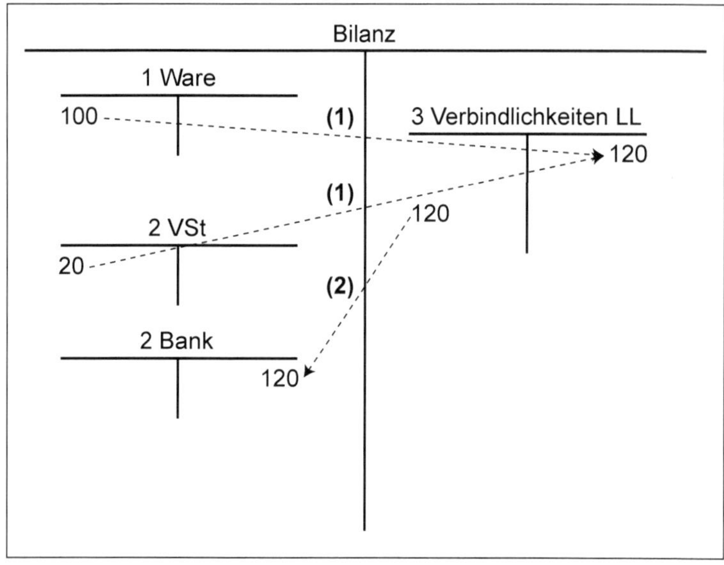

Abbildung 110: Banküberweisung aus Sicht des Käufers

(1)	1 Ware	100	→	3 Verbindlichkeiten LL	120
	2 VSt	20			
(2)	3 Verbindlichkeiten LL	120	→	2 Bank	120

- **Aus Sicht des Verkäufers**

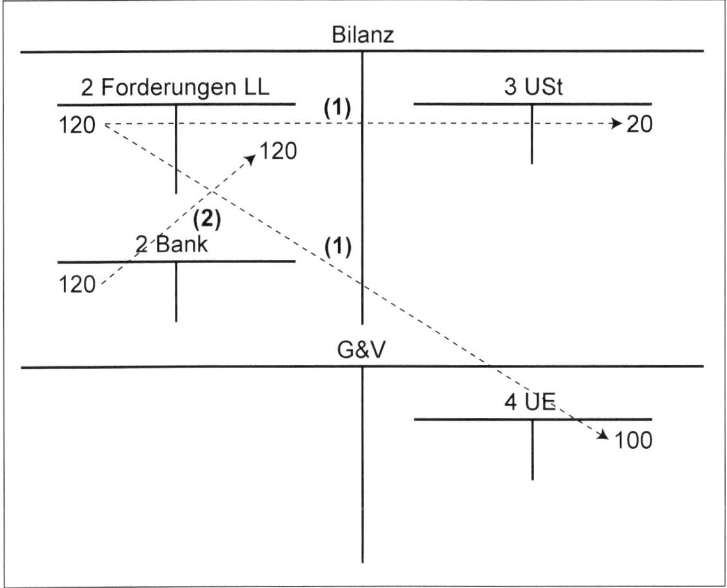

Abbildung 111: Banküberweisung aus Sicht des Verkäufers

(1)	2 Forderungen LL	120	→	4 Umsatzerlöse	100
				3 USt	20
(2)	2 Bank	120	→	2 Forderungen LL	120

Saldieren Sie übungshalber alle T-Konten und analysieren Sie die noch bestehenden Salden! Vergleichen Sie diese mit den anderen Arten des Rechnungsausgleichs!

6.2.1.2.3. Bankomatkarte

Bei Bankomatkartenzahlung wird ähnlich der Banküberweisung der Rechnungsbetrag vom Bankkonto des Käufers abgebucht und dem Konto des Verkäufers gutgeschrieben. Gleichzeitig werden die Verbindlichkeit des Käufers und die Forderung des Verkäufers ausgebucht. Allerdings ist eine Clearingstelle zwischengeschaltet, die vom Verkäufer eine Provision, meist zwischen 0,5 % und 1,5 % der Rechnungshöhe, verlangt und am Monatsende vom Gesamtbetrag aller Bankomatumsätze gerechnet wird. Die Provision ist umsatzsteuerpflichtig, dh. der Verkäufer verbucht eine Vorsteuer auf den Provisionsbetrag. Anstelle Bankomat wird auch tw. der Begriff Geldautomat verwendet.

Beispiel 57: **Bankomatkartenzahlung**

(1) Verkauf einer Ware im Wert von 100 €, exkl. 20 % USt, mittels Bankomatkarte
(2) Abbuchung nach fünf Tagen
(3) Abbuchung der Provision von 1 % am Monatsende beim Verkäufer, Annahme: keine weiteren Bankomatzahlungen

- **Aus Sicht des Käufers**

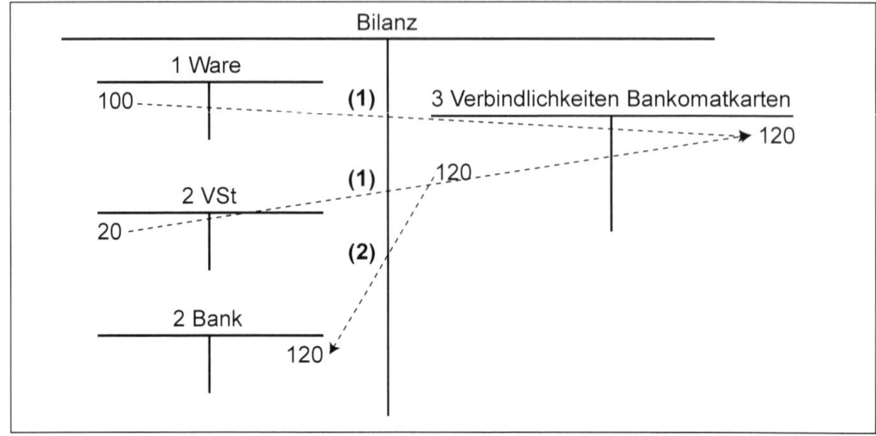

Abbildung 112: Bankomatkartenzahlung aus Sicht des Käufers

(1)	1 Ware 2 VSt	100 20	→	3 Verbindlichkeiten Bankomatkarten	120
(2)	3 Verbindlichkeiten Bankomatkarten	120	→	2 Bank	120

Die Provisionszahlung betrifft den Käufer nicht.

Saldieren Sie übungshalber alle T-Konten und analysieren Sie die noch bestehenden Salden! Vergleichen Sie diese mit den anderen Arten des Rechnungsausgleichs!

- **Aus Sicht des Verkäufers**

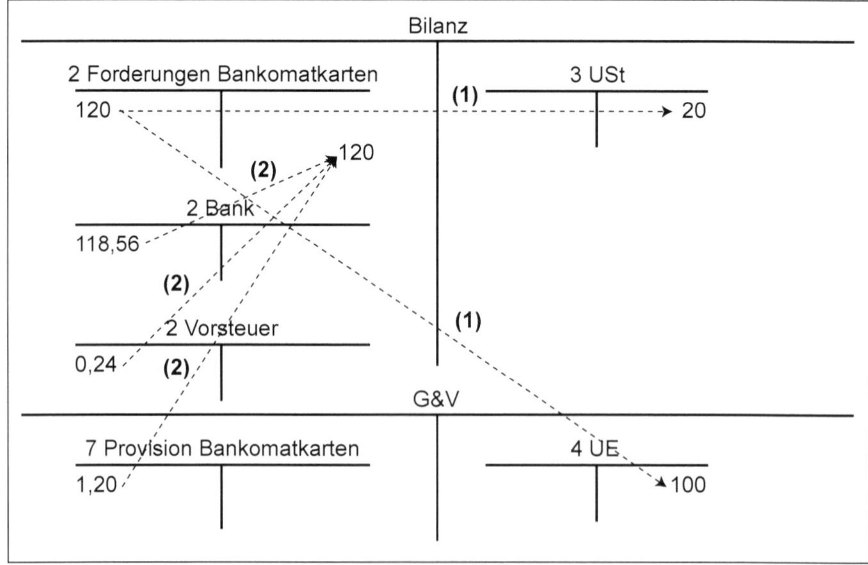

Abbildung 113: Bankomatkartenzahlung aus Sicht des Verkäufers

(1)	2 Forderungen Bankomatkarten	120	→	4 Umsatzerlöse	100
				3 USt	20
(2)	2 Bank	120	→	2 Forderungen Bankomatkarten	120
(3)	7 Provision Bankomatkarten	1,20	→	2 Bank	1,44
	2 VSt	0,24			

Erläuterung

Bankomatkartenumsatz		120,00 €
Provision	120 · 0,01 (1 %)	1,20 €
Vorsteuer auf Provision	1,20 · 0,2 (20 %)	0,24 €

Saldieren Sie übungshalber alle T-Konten und analysieren Sie die noch bestehenden Salden!

6.2.1.2.4. Kreditkarte

Bei Kreditkartenzahlung wird ähnlich der Bankomatzahlung der Rechnungsbetrag vom Bankkonto des Käufers abgebucht und dem Konto des Verkäufers gutgeschrieben. Gleichzeitig werden die Verbindlichkeit des Käufers und die Forderung des Verkäufers ausgebucht. Allerdings ist eine Kreditkartenorganisation zwischengeschaltet, die vom Verkäufer eine Provision, meist zwischen 3 % und 5 % der Rechnungshöhe, verlangt. Die bedeutendsten Kreditkartenfirmen sind Master, Visa, Diners Club und American Express. Dem Verkäufer wird von der Kreditkartenfirma nur der Rechnungsbetrag abzüglich der Provision gutgeschrieben. Die Provision ist umsatzsteuerpflichtig, dh. der Verkäufer verbucht eine Vorsteuer auf den Provisionsbetrag.

Vergleichen Sie diese mit den anderen Arten des Rechnungsausgleichs!

Beispiel 58: **Kreditkartenzahlung**

(1) Verkauf einer Ware im Wert von 100 €, exkl. 20 % USt mittels Kreditkarte
(2) Abbuchung nach 7 Tagen, Provision von 3 %

- **Aus Sicht des Käufers**

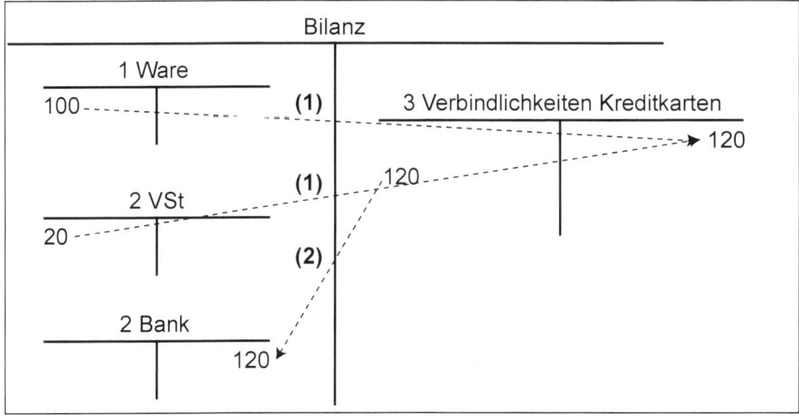

Abbildung 114: Kreditkartenzahlung aus Sicht des Käufers

(1)	1 Ware	100	→	3 Verbindlichkeiten	120
	2 VSt	20		Kreditkarten	
(2)	3 Verbindlichkeiten	120	→	2 Bank	120
	Kreditkarten				

Die Provisionszahlung betrifft den Käufer nicht.

Saldieren Sie übungshalber alle T-Konten und analysieren Sie die noch bestehenden Salden! Vergleichen Sie diese Konten, wenn Sie auch andere Möglichkeiten des Rechnungsausgleiches gewählt haben!

- **Aus Sicht des Verkäufers**

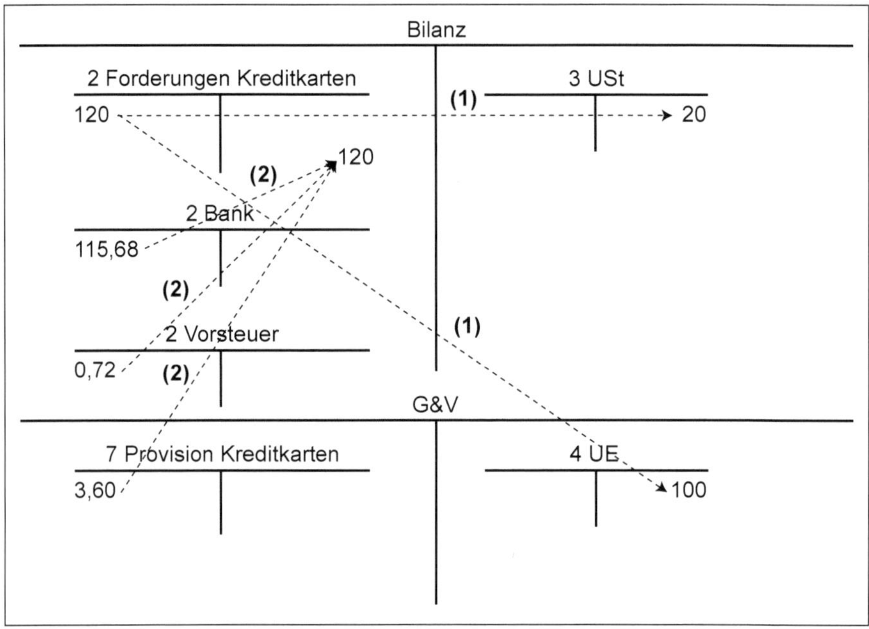

Abbildung 115: Kreditkartenzahlung aus Sicht des Verkäufers

(1)	2 Forderungen Kreditkarten	120	→	4 Umsatzerlöse	120
				3 USt	20
(2)	2 Bank	115,68	→	2 Forderungen	120
	7 Provision Kreditkarten	3,60		Kreditkarten	120
	2 VSt	0,72			

Erläuterung

Kreditkartenumsatz		120,00 €
Provision	120 · 0,03 (3 %)	− 3,60 €
Vorsteuer auf Provision	3,60 · 0,2 (20 %)	− 0,72 €
= Gutschrift bei Verkäufer		115,68 €

Saldieren Sie übungshalber alle T-Konten und analysieren Sie die noch bestehenden Salden! Vergleichen Sie diese mit den anderen Arten des Rechnungsausgleichs!

6.2.2. Zahlungszeitpunkt

Der **Zahlungszeitpunkt** bezieht sich darauf, wann der Gegenwert der Ware bzw. Dienstleistung dem Geschäftspartner übermittelt wird (umgangssprachlich: wann bezahlt wird).

In der Praxis sind folgende Möglichkeiten üblich:
6.2.2.1. Zahlung vor Leistungserbringung
6.2.2.2. Zahlung bei Leistungserbringung
6.2.2.3. Zahlung nach Leistungserbringung

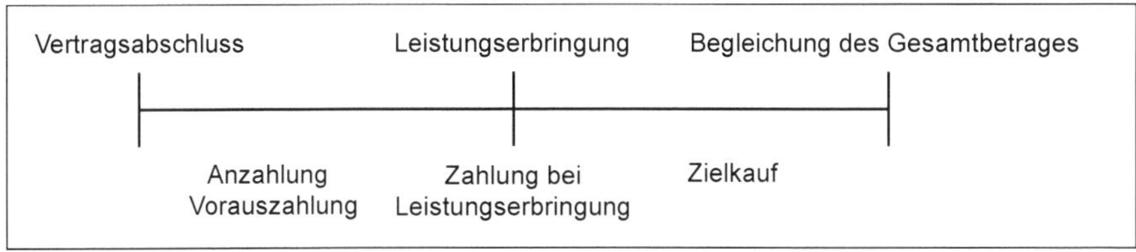

Abbildung 116: Zahlungszeitpunkt

Grundsätzlich kann auch eine Kombination aus mehreren Zahlungszeitpunkten vereinbart werden. Im B2B ist eine Bezahlung zur Leistungserbringung unüblich, dagegen sind Teilzahlungen vor und nach Leistungserbringung Standard. Im Privatkundengeschäft finden alle Möglichkeiten Anwendung, sind aber stark branchenabhängig. Beispielsweise sind Anzahlungen bei Reisebuchungen, Zahlung bei Leistungserbringung im Lebensmittelhandel und Ratenzahlungen bei Möbeln Standard. Wird der Gesamtbetrag zu unterschiedlichen Zeitpunkten beglichen, so wird der jeweilige Teilbetrag auch Rate genannt.

6.2.2.1. Zahlung vor Leistungserbringung

Bei der **Zahlung vor Leistungserbringung** wird der Gesamtbetrag bzw. ein Teilbetrag beglichen, bevor die vertraglich bestimmte Leistung (zB. Warenübergabe, Dienstleistung) erbracht wird.

Bei Zahlung vor Leistungserbringung wird unterschieden in

- Vorauszahlung
- Anzahlung

Bei der **Vorauszahlung** wird der Gesamtbetrag vor Leistungserbringung beglichen.

Da Vorauszahlungen im B2B nicht üblich sind, werden sie hier nicht weiter behandelt.

Bei der **Anzahlung** wird ein Teil der Gesamtrechnung (Rate) vor Leistungserbringung beglichen, wobei auch mehrere Ratenzahlungen vor Leistungserbringung können erfolgen, die weiteren Raten bei oder nach Leistungserbringung.

Anzahlungen unterliegen der Umsatzsteuerpflicht, dh. bei Begleichung einer Rate ist sofort Umsatzsteuer bzw. Vorsteuer zu verbuchen. Grundsätzlich sind mehrere Varianten der Verbuchung zulässig, hier wird eine gängige Variante über ein Interimskonto, dh. Zwischenkonto, vorgestellt.

Beispiel 59: Anzahlung

(0) Vertrag über den Verkauf einer Ware im Wert von 100 €, exkl. 20 % USt
(1) drei Tage nach Vertragsabschluss Anzahlung über 60 €, exkl. 20 % USt, Banküberweisung
(2) zehn Tage nach Vertragsabschluss Warenerhalt
(3) 15 Tage nach Vertragsabschluss, dh. fünf Tage nach Warenübernahme Bezahlung des Restbetrages von 40 €, exkl. 20 % USt, Banküberweisung

- **Aus Sicht des Käufers**

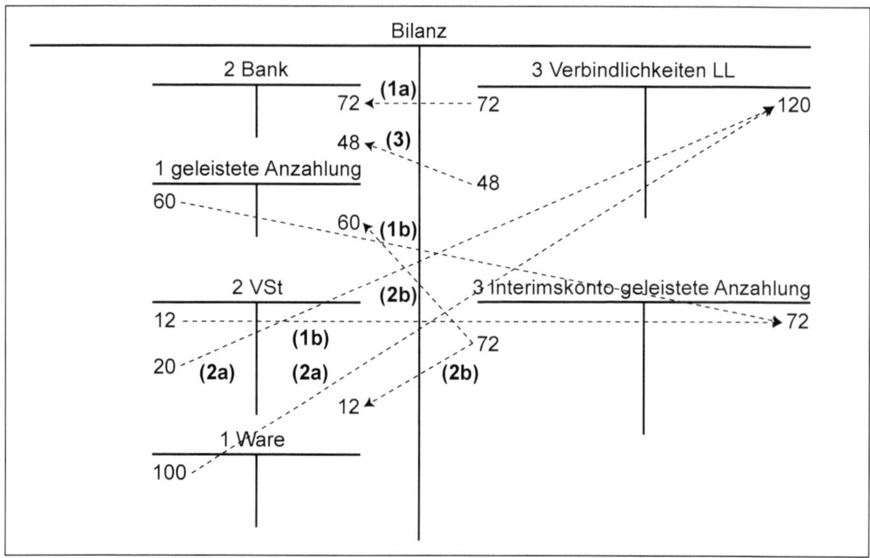

Abbildung 117: Anzahlung aus Sicht des Käufers

(1a)	3 Verbindlichkeiten LL	72	→	2 Bank	72
(1b)	1 geleistete Anzahlung	60	→	3 Interimskonto geleistete Anzahlung	72
	2 VSt	12			
(2a)	1 Ware	100	→	3 Verbindlichkeiten LL	120
	2 VSt	20			
(2b)	3 Interimskonto geleistete Anzahlung	72	→	1 geleistete Anzahlung	60
				2 VSt	12
(3)	3 Verbindlichkeiten LL	48	→	2 Bank	48

Erläuterung

(1a)	Anzahlung		60 €
	Vorsteuer	60 · 0,2 (20 %)	12 €
	Überweisung		72 €

Beachte: Die Verbindlichkeit steht ausnahmsweise im Soll, dh. inhaltlich schuldet der Verkäufer eine Leistung!

(1b) Diese Buchung spaltet den überwiesenen Anzahlungsbetrag in die Anzahlung exkl. Umsatzsteuer und die Vorsteuer auf und erinnert gleichzeitig daran, dass eine Anzahlung geleistet wurde.
Bedenke allgemein: Nach Art der Leistung wird in Schritt (1b) auf das Konto geleistete Anzahlung der Klassen 0, 1 oder 2 gebucht.

(2a) Verbuchung der Ware, als wäre keine Anzahlung erfolgt.

(2b) Die Erinnerung an die Anzahlung ist nicht mehr nötig, da die Leistung erbracht wurde. Gleichzeitig wird die Vorsteuer aus Schritt (1b) rückgebucht, da sie bereits in der Vorsteuer aus Schritt (2a) enthalten ist und ansonsten zu viel verrechnet werden würde.

(3)

Restschuld		40 €
Vorsteuer	40 · 0,2 (20 %)	8 €
Überweisung		48 €

Saldieren Sie übungshalber alle T-Konten und analysieren Sie die noch bestehenden Salden!

Vergleichen Sie diese Konten, wenn Sie auch andere Möglichkeiten des Rechnungsausgleiches gewählt haben!

- **Aus Sicht des Verkäufers**

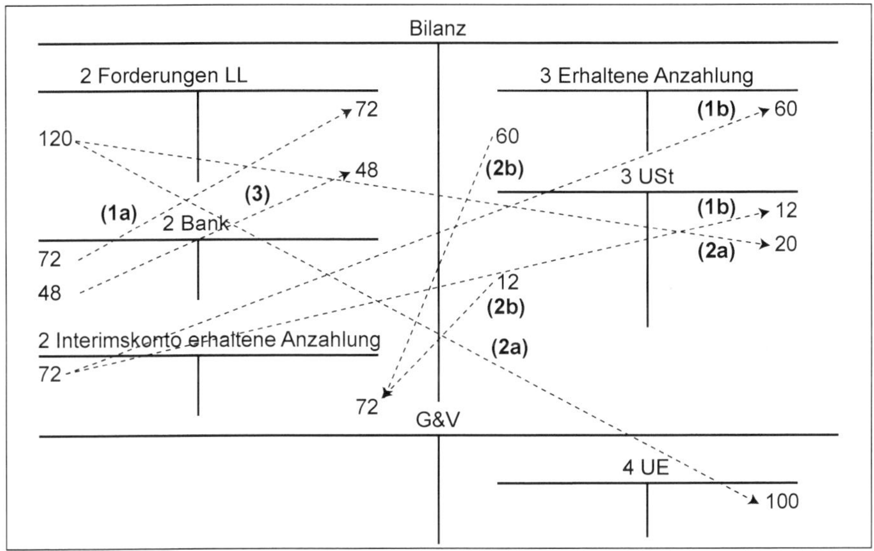

Abbildung 118: Anzahlung aus Sicht des Verkäufers

(1a)	2 Bank	72	→	2 Forderungen LL	72
(1b)	2 Interimskonto erhaltene Anzahlung	72	→	3 Erhaltene Anzahlung	60
				3 USt	12
(2a)	2 Forderung LL	120	→	4 Umsatzerlöse	100
				3 USt	20
(2b)	3 Erhaltene Anzahlung	60	→	2 Interimskonto erhaltene Anzahlung	72
	3 USt	12	→		
(3)	2 Bank	48	→	2 Forderungen LL	48

Erläuterung

(1a)

Anzahlung		60 €
Umsatzsteuer	60 · 0,2 (20 %)	12 €
Überweisung		72 €

Beachte: Die Forderung steht ausnahmsweise im Haben, dh. inhaltlich schuldet der Verkäufer eine Leistung!

(1b) Diese Buchung spaltet gemäß Gesetz den überwiesenen Anzahlungsbetrag in die Anzahlung exkl. Umsatzsteuer und die Umsatzsteuer auf und erinnert gleichzeitig daran, dass eine Anzahlung erhalten wurde.

(2a) Verbuchung des Warenverkaufes, als wenn keine Anzahlung erfolgt wäre.

(2b) Die Erinnerung an die Anzahlung ist nicht mehr nötig, da die Leistung erbracht wurde. Gleichzeitig wird die Umsatzsteuer aus Schritt (1b) rückgebucht, da sie bereits in der Umsatzsteuer aus Schritt (2a) enthalten ist und ansonsten zu viel als Verbindlichkeiten gegenüber dem Finanzamt ausgewiesen werden würde.

(3)

Restforderung		40 €
Umsatzsteuer	40 · 0,2 (20 %)	8 €
Überweisung		48 €

Saldieren Sie übungshalber alle T-Konten und analysieren Sie die noch bestehenden Salden!

Vergleichen Sie diese Konten, wenn Sie auch andere Möglichkeiten des Rechnungsausgleiches gewählt haben!

6.2.3. Zahlungskonditionen

Der Begriff Zahlungskondition wird sehr unterschiedlich verwendet. Eine weite Definition umfasst alle Zahlungsbedingungen, unter denen eine Rechnung zu begleichen ist. In Anlehnung an Schneider/Dobrovits/Schneider wird hier einer engen Auslegung gefolgt. Demnach beziehen sich Zahlungskonditionen darauf, ob die Einhaltung bzw. Nicht-Einhaltung vereinbarter Bedingungen zu einer Verringerung oder Erhöhung des ursprünglichen Verkaufspreises führt. In der Praxis sind folgende Möglichkeiten üblich:

6.2.3.1. Reduktion des Rechnungsbetrages
6.2.3.2. Netto
6.2.3.3. Erhöhung des Rechnungsbetrages

6.2.3.1. Reduktion des Rechnungsbetrages

Reduktionen des Rechnungsbetrages umfassen den Skonto und Preisnachlässe, zB. Rabatte oder Boni.

Die in Bezug auf Zahlungskonditionen wichtigste Reduktion ist der Skonto.

Der **Skonto** ist kein Preisnachlass, sondern stellt einen Finanzierungsaufwand bzw. Zinsaufwand dar. Es ist nur der Betrag, welcher um den Skonto verringert wurde, als Anschaffungskosten zu aktivieren. Der Skonto spiegelt sozusagen die Zinskomponente eines Kreditkaufs wider, und zwar mit der Vereinbarung, dass keine Zinsen verrechnet werden, sofern die Bezahlung innerhalb einer vereinbarten Frist erfolgt.

Der Skonto ist vom Zahlungszeitpunkt abhängig. Wird innerhalb einer vereinbarten Frist der offene Betrag überwiesen, wird ein Skonto, meist zwischen 3 % und 5 %, gewährt. Beim Skonto existieren mehrere Möglichkeiten der Verbuchung. Bitte beachten Sie, dass es nicht EINE einzige richtige Verbuchungsmethode des Skontos gibt. In Theorie und Praxis werden unterschiedliche Varianten verwendet. Hier wird durchgängig die Verbuchung nach Anschaffungskostenminderungstheorie verwendet. (Alternativ: Zinsaufwandstheorie, Praktikermethode)

Der **Rabatt** stellt eine Möglichkeit des Preisnachlasses dar, ist aber gemäß obiger Definition nicht im Einhalten von Zahlungskonditionen begründet, sondern zB. in der Abnahme großer Mengen (Kaufanreiz).

Beim Käufer reduzieren sich der Wert des Vermögensgegenstandes bzw. des Aufwandes sowie die Vorsteuer, beim Verkäufer werden die Umsatzerlöse über das Konto 4 Erlösberichtigungen – Achtung Buchung auf der Aktivseite der Gewinn- und Verlustrechnung – sowie die Umsatzsteuer berichtigt.

Skonti und Preisnachlässe sind in der Preisgestaltung eines Unternehmens zu berücksichtigen, in dem sie in den Kaufpreis eingerechnet werden. Die Preiskalkulation aus Sicht der Kostenrechnung wird in Kapitel 9: Erfolg näher erläutert.

6.2.3.1.1. Skontogewährung aufgrund sofortiger Bezahlung bei Leistungserbringung

Wird ein Skonto bei sofortiger Bezahlung, meist bei Barzahlung, gewährt, wird auf der Rechnung der Listenpreis sowie die Höhe des gewährten Skontos ausgewiesen, allerdings werden nur der Betrag nach Skontoabzug sowie die Umsatzsteuer auf Basis des verringerten Betrages verbucht.

Beispiel 60: Skonto bei sofortiger Bezahlung

Verbuchung der Rechnung bei sofortigem Skonto: Listenpreis Ware 150 €, 3 % Skonto bei Barzahlung, Beträge exkl. 20 % USt.

- **Aus Sicht des Käufers**

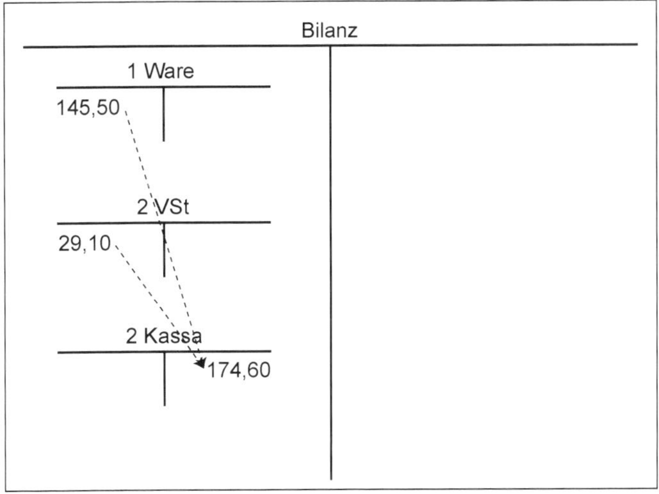

Abbildung 119: Skontogewährung bei sofortiger Bezahlung aus Sicht des Käufers

1 Ware 2 VSt 29,10	145,50	→	2 Kassa	174,60

Erläuterung

Die Berechnung des Skontos erfolgt retrograd, dh. 3 % des Listenpreises werden aus Sicht des Käufers abgezogen. Die Umsatzsteuer wird vom reduzierten Preis berechnet.

Listenpreis Ware		150,00 €
Skonto	150 / 100 % = 1 % · 3 %	– 4,50 €
Reduzierter Preis	145,50 €	
Umsatzsteuer	145,50 · 0,2 (20 %)	29,10 €
Bezahlung		174,60 €

- **Aus Sicht des Verkäufers**

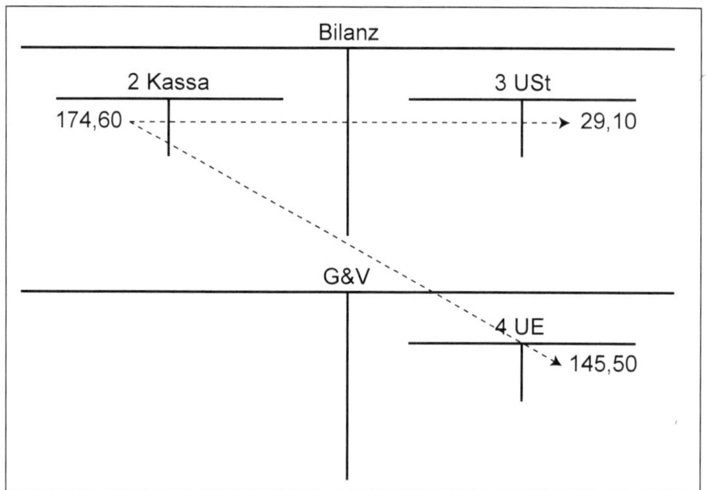

Abbildung 120: Skontogewährung bei sofortiger Bezahlung aus Sicht des Verkäufers

2 Kassa	174,60	→	4 Umsatzerlöse 3 USt	145,50 29,10

Erläuterung

Berechnung siehe oben

6.2.3.1.2. Skontogewährung aufgrund Bezahlung innerhalb einer bestimmten Frist

Erfolgt die Bezahlung des durch einen Skonto reduzierten Preises nach Rechnungslegung, dh. nach Einbuchung der Rechnung, müssen bei Bezahlung Korrekturbuchungen durchgeführt werden.

Beispiel 61: **Skontogewährung aufgrund Bezahlung innerhalb einer bestimmten Frist**

(1) Verkauf von Ware zum Listenpreis von 150 €, exkl. 20 % USt, zahlbar innerhalb von 14 Tagen mit 3 % Skonto per Überweisung.
(2) Die Überweisung erfolgt nach zehn Tagen.

- **Aus Sicht des Käufers**

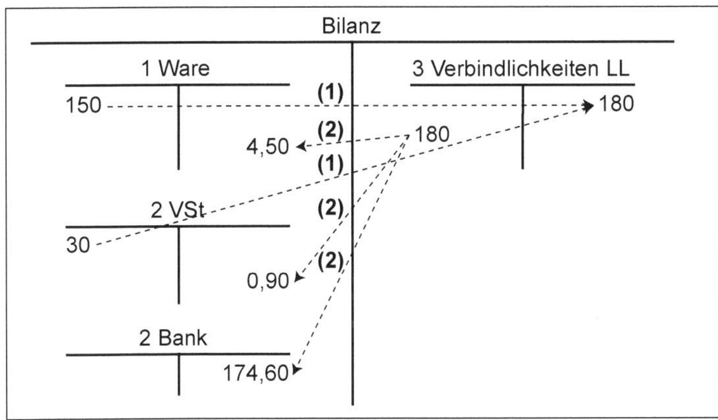

Abbildung 121: Skontogewährung bei Bezahlung innerhalb einer bestimmten Frist aus Sicht des Käufers

(1)	1 Ware	150	→	3 Verbindlichkeiten LL	180
	2 VSt	30			
(2)	3 Verbindlichkeiten LL	180	→	2 Bank	174,60
				1 Ware	4,50
				2 VSt	0,90

Erläuterung

Der Wert des Anlagevermögens und des Umlaufvermögens muss um den Skonto verringert werden, da Kosten der Finanzierung nicht angesetzt werden dürfen.

Saldieren Sie übungshalber alle T-Konten und analysieren Sie die noch bestehenden Salden! Vergleichen Sie diese mit den Buchungen der Skontogewährung aufgrund sofortiger Bezahlung bei Leistungserbringung!

- **Aus Sicht des Verkäufers**

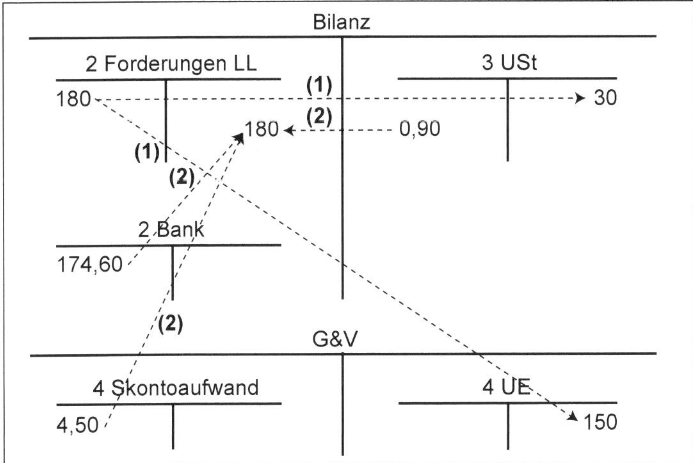

Abbildung 122: Skontogewährung bei Bezahlung innerhalb einer bestimmten Frist aus Sicht des Verkäufers

(1)	2 Forderungen LL	180,00	→	4 Umsatzerlöse	150
				3 USt	30
(2)	2 Bank	174,60	→	2 Forderungen LL	180
	4 Skontoaufwand*	4,50			
	3 USt	0,90			

Erläuterung

Die Umsatzerlöse dürfen nicht um den Skonto reduziert werden. Dieser wird daher auf einem Aufwandskonto der Gewinn- und Verlustrechnung gebucht.

Saldieren Sie übungshalber alle T-Konten und analysieren Sie die noch bestehenden Salden!

Vergleichen Sie diese mit den Buchungen der Skontogewährung aufgrund sofortiger Bezahlung bei Leistungserbringung!

6.2.3.1.3. Rabattgewährung bei sofortiger Bezahlung bei Leistungserbringung

Rechnungslegung und Verbuchung sind identisch wie bei Skontogewährung aufgrund sofortiger Bezahlung bei Leistungserbringung; auf der Rechnung wird zB. Mengenrabatt als Begründung für den Preisnachlass angegeben.

Beispiel 62: Mengenrabatt bei sofortiger Bezahlung

Verbuchung der Rechnung bei sofortigem Mengenrabatt: Listenpreis 60 € pro Packung, 15 % Rabatt bei Kauf von zehn Packungen, Beträge exkl. 20 % USt.

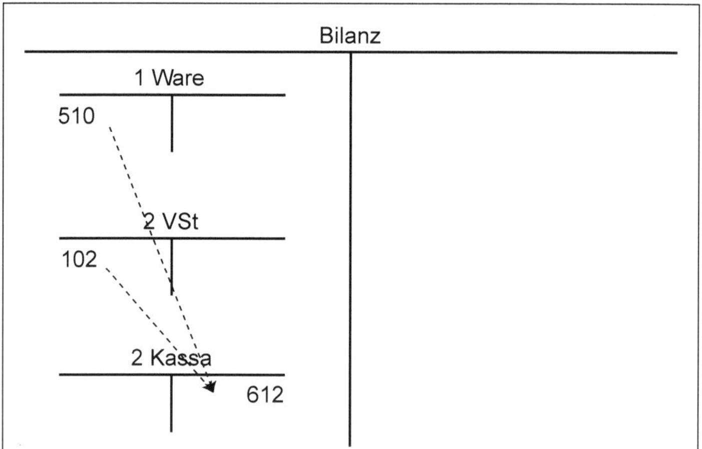

Abbildung 123: Mengenrabatt bei sofortiger Bezahlung aus Sicht des Käufers

1 Ware	510	→	2 Kassa	612
2 VSt 102				

* Im österreichischen Einheitskontenrahmen wird dieses Konto als „Kundenskonti" bezeichnet.

Erläuterung

Die Berechnung des Mengenrabatts erfolgt retrograd, dh. aus Sicht des Käufers werden 15 % des Listenpreises abgezogen. Die Umsatzsteuer wird vom reduzierten Preis berechnet.

Listenpreis Ware		600,00 €
Skonto	600 / 100 % = 1 % · 15 %	– 90,00 €
Reduzierter Preis		510,00 €
Umsatzsteuer	510,00 · 0,2 (20 %)	102,00 €
Bezahlung		612,00 €

- **Aus Sicht des Verkäufers**

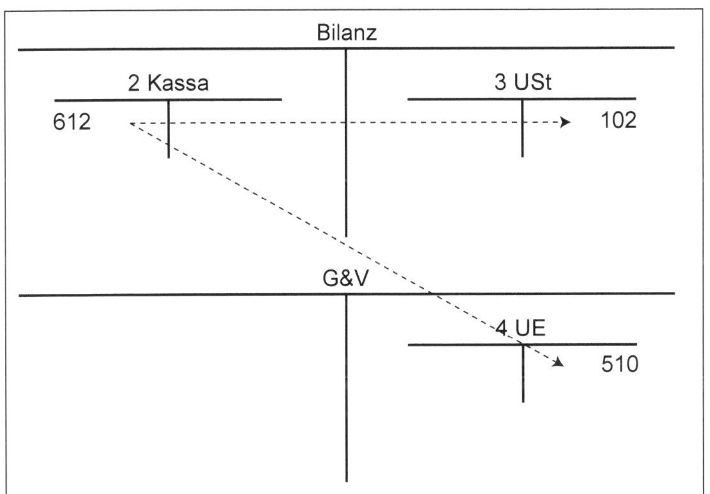

Abbildung 124: Mengenrabatt bei sofortiger Bezahlung aus Sicht des Verkäufers

2 Kassa	612	→	4 Umsatzerlöse	510
			3 USt	102

Erläuterung

Berechnung siehe oben.

6.2.3.1.4. Nachträglich gewährter Rabatt

Erfolgt die Rabattgewährung nach Bezahlung, müssen Korrekturbuchungen durchgeführt werden.

Beispiel 63: **Nachträglich gewährter Rabatt**

(1) Kauf von zehn Packungen zu je 60 €, exkl. 20 % USt, zahlbar innerhalb von drei Tagen per Überweisung
(2) Überweisung des Betrages
(3) Nachträgliche Rabattgewährung von 15 % aufgrund einer Stammkundenaktion

- **Aus Sicht des Käufers**

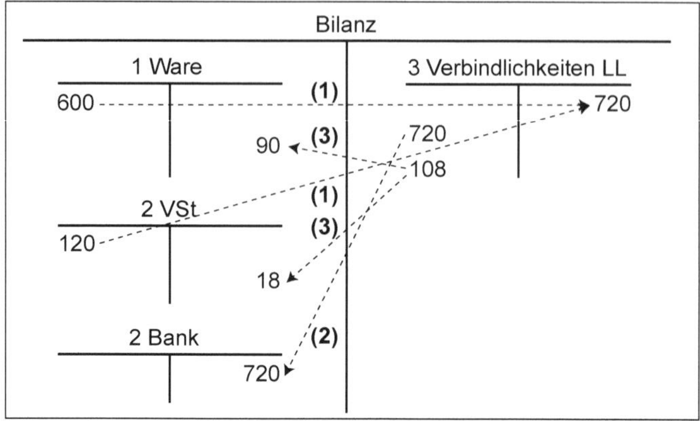

Abbildung 125: Nachträglich gewährter Rabatt aus Sicht des Käufers

(1)	1 Ware	600	→	3 Verbindlichkeiten LL	720
	2 VSt	120			
(2)	3 Verbindlichkeiten LL	720	→	2 Bank	720
(3)	3 Verbindlichkeiten LL	108	→	1 Ware	90
				2 VSt	18

Erläuterung

Der Wert des Anlagevermögens und des Umlaufvermögens muss um den Mengenrabatt verringert werden. Sie können (3) auch anstelle von 3 Verbindlichkeiten LL auf 2 sonstige Forderungen buchen.

Saldieren Sie übungshalber alle T-Konten und analysieren Sie die noch bestehenden Salden!

Vergleichen Sie diese mit den Buchungen der Rabattgewährung aufgrund sofortiger Bezahlung bei Leistungserbringung!

- **Aus Sicht des Verkäufers**

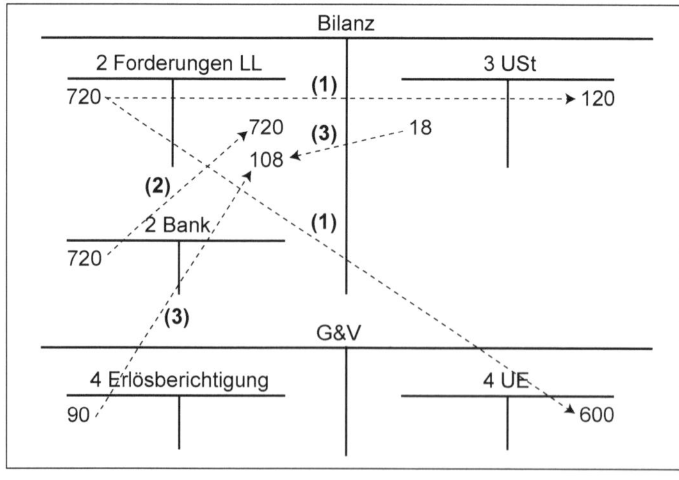

Abbildung 126: Nachträglich gewährter Rabatt aus Sicht des Verkäufers

(1)	2 Forderungen LL	720	→	4 Umsatzerlöse	600
				3 USt	120
(2)	2 Bank	720	→	2 Forderungen LL	720
(3)	4 Erlösberichtigung	90	→	2 Forderungen LL	108
	3 USt	18			

Erläuterung
Die Umsatzerlöse dürfen nicht um den Mengenrabatt reduziert werden. Dieser wird daher auf einem Aufwandskonto der Gewinn- und Verlustrechnung gebucht. Sie können (3) auch anstelle von 2 Forderungen LL auf 3 sonstige Verbindlichkeiten buchen.

Saldieren Sie übungshalber alle T-Konten und analysieren Sie die noch bestehenden Salden!

Vergleichen Sie diese mit den Buchungen der Rabattgewährung aufgrund sofortiger Bezahlung bei Leistungserbringung!

6.2.3.2. Netto

Bei der Zahlungskondition „netto" wird der vertraglich vereinbarte Betrag ohne Zuschläge oder Abschläge beglichen. Siehe zB. die Beispiele zur Barzahlung und Banküberweisung. Beachte, dass hier nicht netto im Sinne ohne Umsatzsteuer gemeint ist! Selbstverständlich ist Umsatzsteuer bzw. Vorsteuer zu berücksichtigen.

6.2.3.3. Erhöhung des Rechnungsbetrages

Wird ein Rechnungsbetrag nicht innerhalb der vereinbarten Frist beglichen, können Mahnspesen und/oder Verzugszinsen anfallen. Beide sind ohne Umsatzsteuer zu verbuchen. Die Höhe der Mahnspesen richtet sich nach den tatsächlich angefallenen Spesen bzw. dem entstandenen Schaden. Die Höhe der Verzugszinsen ist üblicherweise in den Allgemeinen Geschäftsbedingungen (ABGB) festgelegt. Für Verbrauchergeschäfte ist gesetzlich eine Obergrenze von 4 % p.a. festgelegt, für B2B gelten variable Zinssätze. Die Verbuchung hängt davon ab, ob die Mahnspesen und Verzugszinsen gleich mit dem offenen Betrag oder zu einem anderen Zeitpunkt verrechnet werden.

Beispiel 64: **Erhöhung des Rechnungsbetrages**

(1) Verkauf von Ware zum Listenpreis von 100 €, exkl. 20 % USt innerhalb einer Frist von 14 Tagen

(2) Die Überweisung erfolgt 2 Monate nach Fristablauf. Es werden 4 % Verzugszinsen p.a. verrechnet und es fallen zusätzlich Mahnspesen von 4 € an. Mahnspesen und Verzugszinsen werden gemeinsam mit dem offenen Betrag überwiesen.

- **Aus Sicht des Käufers**

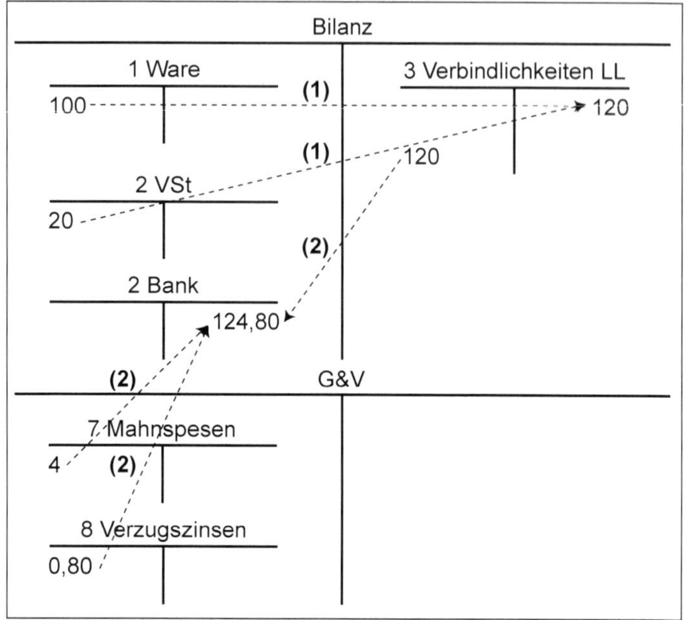

Abbildung 127: Erhöhung des Rechnungsbetrages aus Sicht des Käufers

(1)	1 Ware	100,00	→	3 Verbindlichkeiten LL	120,00
	2 VSt	20,00			
(2)	3 Verbindlichkeiten LL	120,00	→	2 Bank	124,80
	7 Mahnspesen (Aufwand)	4,00			
	8 Verzugszinsen (Aufwand)	0,80			

Erläuterung

Die Verzugszinsen sind per anno, also für 1 Jahr = 12 Monate, ausgewiesen. Es sind nur Zinsen für 2 Monate zu bezahlen: 120 € · 4 % · 2 Monate / 12 Monate = 0,80 €. Die Berechnungsbasis ist der gesamte offene Betrag, also inkl. USt, auf Mahnspesen und Verzugszinsen keine USt!

- **Aus Sicht des Verkäufers**

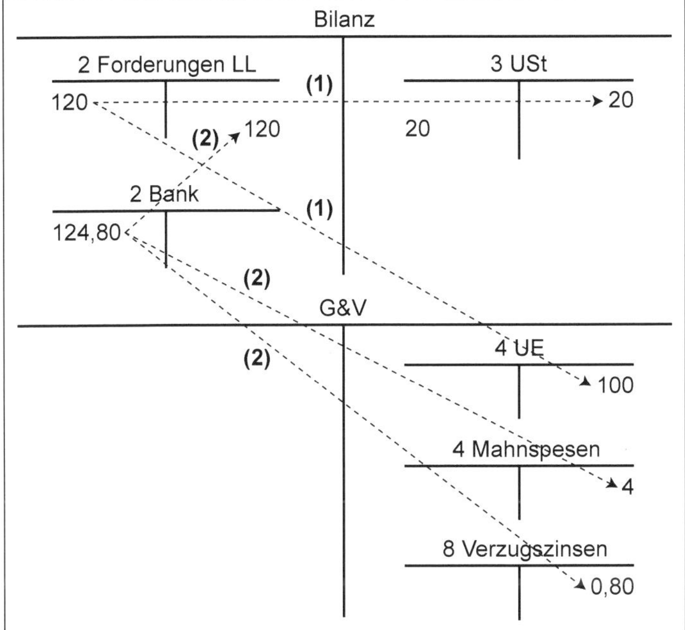

Abbildung 128: Erhöhung des Rechnungsbetrages aus Sicht des Verkäufers

(1)	2 Forderungen LL	120,00	→	4 Umsatzerlöse	100,00
				3 USt	20,00
(2)	2 Bank	124,80	→	2 Forderungen LL	120,00
				4 Mahnspesen (Ertrag)	4,00
				8 Verzugszinsen (Ertrag)	0,80

6.3. Aufgaben

6.3.1. Theoriefragen

6/T-1: Was versteht man unter Devisen?
- A. Valuta
- B. Bankguthaben
- C. Aktien
- D. Schecks

6/T-2: Welche Aussage/n ist / sind bezüglich Zahlungsarten richtig?
- A. Eine Barzahlung wird über Kassa verbucht.
- B. Unbare Zahlungen sind zB. Banküberweisungen und Kreditkarten.
- C. Kauf auf Ziel bedeutet, dass ein Verbindlichkeitenkonto oder ein Forderungskonto zu buchen ist.
- D. Verbindlichkeitenkonten oder Forderungskonten werden nicht in bar beglichen.

6/T-3: Forderungen
- A. sind Schulden eines Käufers an den Verkäufer.
- B. sind in Geld bewertet.
- C. müssen in der Bilanz in Euro ausgewiesen werden.
- D. unterliegen nicht den Bewertungsvorschriften.

6/T-4: Welche Aussage/n ist / sind bezüglich unbaren Zahlungsarten richtig?
- A. Bei Bezahlung mittels Kreditkarte wird dem Kreditkarteninhaber seitens der Kartenfirma ein Kredit gewährt; die Bezahlung, meist über Bankeinzug, erfolgt später.
- B. Bei Bezahlung mit einer Bankomatkarte wird das Konto des Karteninhabers rasch belastet.
- C. Eine Bankomatkarte wird im Amerikanischen als debit card bezeichnet.
- D. Dem Verkäufer fallen bei Bezahlung mittels Bankomat- oder Kreditkarte keine Spesen an.

6/T-5: Bei der Verbuchung eines Skontos seitens des Verkäufers
- A. ist zu beachten, dass die Zahlung vor Ablauf des Zahlungszieles einlangt.
- B. wird der Skontobetrag direkt von den bereits verbuchten Umsatzerlösen (Kontoklasse 4000) abgezogen.
- C. wird auf das Konto Verluste aus Skontogewährung gebucht.
- D. ist die bereits verbuchte Umsatzsteuer zu reduzieren.

6/T-6: Welche Aussage/n ist / sind bezüglich einer Anzahlung richtig?
- A. Bei einer Anzahlung wird der gesamte Rechnungsbetrag im Voraus auf einmal bezahlt.
- B. Bei einer Ratenzahlung wird der gesamte Rechnungsbetrag im Nachhinein auf einmal bezahlt.
- C. Bei einer Anzahlung ist die Vorsteuer bzw. Umsatzsteuer zu berücksichtigen.
- D. Anzahlungen und Ratenzahlungen können in bar, per Überweisung oder auf Ziel vereinbart werden.

6/T-7: Bei der Verbuchung von Anzahlungen in der Variante dieses Buches werden bei Anzahlung aus Sicht des Käufers folgende Konten benötigt:
- A. Verbindlichkeiten, zB. Kassa, Klasse 1 oder 0 Geleistete Anzahlungen, Interimskonto erhaltene Anzahlungen, erhaltene Anzahlungen, Vorsteuer
- B. Verbindlichkeiten, zB. Kassa, Klasse 1 oder 0 Geleistete Anzahlungen, Interimskonto geleistete Anzahlungen, Vorsteuer
- C. Verbindlichkeiten, zB. Kassa, Klasse 1 oder 0 Geleistete Anzahlungen, Interimskonto erhaltene Anzahlungen, erhaltene Anzahlungen, Umsatzsteuer
- D. Verbindlichkeiten, zB. Kassa, Klasse 1 oder 0 Geleistete Anzahlungen, Interimskonto geleistete Anzahlungen, Umsatzsteuer

6.3.2. Beispiele

6/0-1: Barzahlung Käufer
Ein Unternehmen zahlt am 1.7. Transportkosten in Höhe von 30 €, exkl. 20 % USt, in bar. Verbuchen Sie den Geschäftsfall!

6/0-2: Barzahlung Verkäufer
Ein Unternehmen verkauft am 9.4. Handelsware im Wert von 480 €, inkl. 20 % USt, und erhält das Geld in bar. Verbuchen Sie den Geschäftsfall!

6/0-3: Banküberweisung Käufer I
Ein Unternehmen kauft am 3.4.X1 eine Maschine zur eigenen Produktion um 800 €, exkl. 20 % USt, und überweist den Betrag zehn Tage später. Verbuchen Sie den Geschäftsfall! (Üben Sie den Geschäftsfall auch aus Sicht des Verkäufers!)

6/0-4: Banküberweisung Käufer II
Der Anfangsbestand von Produkt A beträgt 500 Stück zu insgesamt 2.170 €. Am 4.1. werden 300 Stück zu je 4,70 €, exkl. 20 % USt, mittels Banküberweisung gekauft. Verbuchen Sie den Geschäftsfall! (Üben Sie den Geschäftsfall auch aus Sicht des Verkäufers!)

6/0-5: Banküberweisung Käufer III
Ein Unternehmen bezieht am 2.7. Dienstleistungen im Bereich Sicherheit im Wert von 100 €. 30 € davon werden sofort in bar bezahlt, die restlichen 70 € werden nach drei Tagen überwiesen. Alle Werte exkl. 20 % USt. Verbuchen Sie den Geschäftsfall! (Üben Sie den Geschäftsfall auch aus Sicht des Verkäufers!)

6/0-6: Banküberweisung Verkäufer I
Ein Unternehmen verkauft am 8.3. seine Maschine um 3.780 €, exkl. 20 % USt. Der Betrag wird auf das Girokonto überwiesen. Verbuchen Sie nur den Verkauf der Maschine, nicht das Ausscheiden! (Üben Sie den Geschäftsfall auch aus Sicht des Käufers!)

6/0-7: Banküberweisung Verkäufer II
Ein Unternehmen verkauft am 1.4. 20 Stück A zu je 3 €, exkl. 20 % USt, Bezahlung nach vier Tagen. Verbuchen Sie den Geschäftsfall! (Üben Sie den Geschäftsfall auch aus Sicht des Käufers!)

6/0-8: Banküberweisung Verkäufer III
Ein Unternehmen verkauft Dienstleistungen im Wert von 50 €. 20 € davon werden sofort am 3.8. in bar bezahlt, die restlichen 30 € gehen nach vier Tagen auf das Konto ein. Alle Werte exkl. 20 % USt. Verbuchen Sie den Geschäftsfall! (Üben Sie den Geschäftsfall auch aus Sicht des Käufers!)

6/0-9: Sofortiger Skonto Käufer
Wie wird bei einem Handelswaren-Kauf von 10 € in bar, exkl. 20 % USt, ein sofort gewährter Skonto in Höhe von 10 % beim Käufer verbucht? Verbuchen Sie den Geschäftsfall!

6/0-10: Sofortiger Skonto Verkäufer
Wie wird bei einem Handelswaren-Verkauf von 10 € in bar, exkl. 20 % USt, ein sofort gewährter Skonto in Höhe von 10 % beim Verkäufer verbucht? Verbuchen Sie den Geschäftsfall!

6/0-11: Skonto Käufer Anlagevermögen I
Ein Unternehmen kauft am 4.9. eine Maschine um 100 €, exkl. USt, 3 % Skonto bei Zahlung innerhalb von zehn Tagen, Banküberweisung. Es überweist nach sechs Tagen. Verbuchen Sie den Geschäftsfall!

6/0-12: Skonto Verkäufer Anlagevermögen I
Ein Unternehmen verkauft am 4.9. eine Maschine um 100 €, exkl. USt, 3 % Skonto bei Zahlung innerhalb von zehn Tagen, Banküberweisung. Es überweist nach sechs Tagen. Verbuchen Sie den Geschäftsfall!

6/0-13: Skonto Käufer Anlagevermögen II
Ein Unternehmen kauft am 5.3. eine neue Maschine um 5.000 €, exkl. 20 % USt. Das Zahlungsziel beträgt 14 Tage, 5 % Skonto. Der Betrag wird eine Woche nach Kauf der Maschine überwiesen. Verbuchen Sie den Geschäftsfall!

6/0-14: Skonto Verkäufer Anlagevermögen II
Ein Unternehmen verkauft am 5.3. eine neue Maschine um 5.000 €, exkl. 20 % USt. Das Zahlungsziel beträgt 14 Tage, 5 % Skonto. Der Betrag wird eine Woche nach Kauf der Maschine überwiesen. Verbuchen Sie den Geschäftsfall!

6/0-15: Skonto Käufer Umlaufvermögen
Ein Unternehmen kauft am 1.6. 200 Mappen um je 5 €, exkl. 20 % USt, 3 % Skonto bei Zahlung innerhalb von 14 Tagen, Banküberweisung. Die Überweisung geht nach neun Tagen ein. Verbuchen Sie den Geschäftsfall!

6/0-16: Skonto Verkäufer Umlaufvermögen
Ein Unternehmen verkauft am 1.6. 200 Mappen um je 5 €, exkl. USt, 3 % Skonto bei Zahlung innerhalb von 14 Tagen, Banküberweisung. Die Überweisung geht nach neun Tagen ein. Verbuchen Sie den Geschäftsfall!

6/0-17: Mengenrabatt Käufer I
Ein Unternehmen kauft am 7.3. 40 Stück Taschen zu je 27 €, exkl. 20 % USt, gegen Barzahlung und erhält 8 % Mengenrabatt. Verbuchen Sie den Geschäftsfall!

6/0-18: Mengenrabatt Verkäufer I
Ein Unternehmen verkauft am 7.3. 40 Stück Taschen zu je 17 €, exkl. 20 % USt, gegen Barzahlung und gewährt 8 % Mengenrabatt. Verbuchen Sie den Geschäftsfall!

6/0-19: Mengenrabatt Käufer II
Ein Unternehmen kauft am 4.8. 5 Maschinen zur Eigennutzung zu je 280 €, exkl. 20 % USt, und bleibt den Betrag schuldig. Aufgrund einer Aktion erhält es am 15.8. nachträglich 10 % Mengenrabatt und überweist den Betrag. Verbuchen Sie den Geschäftsfall!

6/0-20: Mengenrabatt Verkäufer II
Ein Unternehmen verkauft am 4.8. fünf Maschinen zu je 280 €, exkl. 20 % USt. Aufgrund einer Aktion gewährt es am 15.8. nachträglich 10 % Mengenrabatt und erhält den Betrag per Überweisung. Verbuchen Sie den Geschäftsfall!

6/0-21: Mengenrabatt Käufer III
Ein Unternehmen kauft am 5.9. sieben Stück Ware zu je 90 €, exkl. 20 % USt, in bar. Nachträglich wird am 10.9. ein Rabatt von 5 % gewährt. Verbuchen Sie den Geschäftsfall!

6/0-22: Mengenrabatt Verkäufer III
Ein Unternehmen verkauft am 5.9. sieben Stück Ware zu je 90 €, exkl. 20 % USt, in bar. Nachträglich gewährt es am 10.9. ein Rabatt von 5 %. Verbuchen Sie den Geschäftsfall!

6/0-23: Kreditkarte Käufer
Ein Unternehmen kauft am 7.2. 30 Stück von Produkt A zu je 71 €, exkl. 20 % USt, mittels Kreditkarte. Die Kreditkartenfirma bucht 1 Monat später ab. Verbuchen Sie den Geschäftsfall!

6/0-24: Kreditkarte Verkäufer
Ein Unternehmen verkauft am 9.3. 90 Stück von Produkt A um je 7,20 €, exkl. 20 % USt. Die Bezahlung erfolgt mittels Kreditkartenzahlung. Die Kreditkartenfirma überweist stets 1 Monat später und verrechnet 5 % Provision. Verbuchen Sie den Geschäftsfall!

6/0-25: Anzahlung Käufer
Ein Unternehmen verhandelt am 2.3. den Verkauf von Waren um 120.000 € inkl. 20 % USt. Bei Vertragsabschluss am 4.5. wird die Hälfte der Summe als Anzahlung per Banküberweisung vereinbart, am 7.5. überwiesen. Die Ware wird am 20.5. geliefert. Am 14.6. wird der restliche Betrag überwiesen. Verbuchen Sie den Geschäftsfall!

6/0-26: Anzahlung Verkäufer
Ein Unternehmen schließt am 5.9. einen Vertrag über Handelsware im Wert von 5.000 €, exkl. USt, ab. Es wird vereinbart, dass 2.000 € Anzahlung sofort in bar erfolgen, die Lieferung am 7.9., die restlichen 3.000 € nach 20 Tagen per Banküberweisung. Verbuchen Sie den Geschäftsfall!

6/0-27: Verzugszinsen Käufer
Ein Unternehmen kauft am 14.3. Ware im Wert von 500 €, exkl. 20 % USt, zahlbar bis 24.3., 2 % Verzugszinsen p.a. Es überweist am 24.8. Verbuchen Sie den Geschäftsfall!

6/0-28: Verzugszinsen Verkäufer
Ein Unternehmen verkauft am 14.3. Ware im Wert von 500 €, exkl. 20 % USt, zahlbar bis 24.3., 2 % Verzugszinsen p.a. Der Betrag geht am 24.8. auf der Bank ein. Verbuchen Sie den Geschäftsfall!

6/0-29: Mahnspesen Käufer
Ein Unternehmen kauft am 1.7. Dienstleistungen im Wert von 650 €, exkl. 20 % USt. Da es nicht rechtzeitig bezahlt, muss es am 10.8. zusätzlich 5 € Mahnspesen überweisen. Verbuchen Sie den Geschäftsfall!

6/0-30: Mahnspesen Verkäufer
Ein Unternehmen verkauft am 1.7. Dienstleistungen im Wert von 650 €, exkl. 20 % USt. Da der Betrag nicht rechtzeitig bezahlt wird, überweist der Käufer am 10.8. zusätzlich 5 € Mahnspesen. Verbuchen Sie den Geschäftsfall!

7. Wie hoch ist das Vermögen eines Unternehmens?

7.1. Lernziele

Eine der Hauptfunktionen des Rechnungswesens ist die Ermittlung des Vermögens, dh. die Ermittlung dessen, was ein Unternehmen zur Leistungserstellung besitzt.

Dieses Kapitel präsentiert Vermögen überwiegend aus Sicht der Buchhaltung, da Ansatz, Höhe und Ausweis der einzelnen Posten an die gesetzlichen Vorschriften des UGB gebunden sind. Das aus der Buchhaltung übernommene Vermögen findet in der Kostenrechnung va. bei der Ermittlung des betriebsnotwendigen Vermögens (siehe Kapitel 9), als auch bei den Vermögensposten Eingang, die durch deren Bewertung die Gewinn- und Verlustrechnung beeinflussen und somit im Betriebsüberleitungsbogen behandelt werden, zB. Abschreibungen oder Lagerbewertung.

Die vorgestellten Kennzahlen der Bilanzanalyse können sowohl aus den Werten der Buchhaltung als auch aus der Kostenrechnung kalkuliert werden. Im Rahmen dieses Kapitels wird auf die Bilanz gemäß UGB eingegangen.

7.2. Definitionen und Erläuterungen

Im Folgenden wird die Behandlung des Vermögens aus Sicht der drei Bereiche
7.2.1. Buchhaltung und Bilanzierung
7.2.2. Kostenrechnung
7.2.3. Bilanzanalyse
erläutert.

7.2.1. Buchhaltung und Bilanzierung

7.2.1.1. Gliederung des Vermögens

Das Vermögen des Unternehmens wird auf der Aktivseite der Bilanz ausgewiesen, dh. es präsentiert die Mittelverwendung in der Bestandsrechnung.

§ 224 Abs. 2 UGB normiert die Mindestgliederung der Aktivseite der Bilanz:

Gliederung

§ 224. *(2) Aktivseite:*

A. Anlagevermögen:

I. Immaterielle Vermögensgegenstände:

1. *Konzessionen, gewerbliche Schutzrechte und ähnliche Rechte und Vorteile sowie daraus abgeleitete Lizenzen;*
2. *Geschäfts(Firmen)wert;*
3. *geleistete Anzahlungen;*

II. Sachanlagen:

1. *Grundstücke, grundstücksgleiche Rechte und Bauten, einschließlich der Bauten auf fremdem Grund;*
2. *technische Anlagen und Maschinen;*
3. *andere Anlagen, Betriebs- und Geschäftsausstattung;*
4. *geleistete Anzahlungen und Anlagen in Bau;*

III. Finanzanlagen:

1. *Anteile an verbundenen Unternehmen;*
2. *Ausleihungen an verbundene Unternehmen;*
3. *Beteiligungen;*
4. *Ausleihungen an Unternehmen, mit denen ein Beteiligungsverhältnis besteht;*
5. *Wertpapiere (Wertrechte) des Anlagevermögens;*
6. *sonstige Ausleihungen.*

B. Umlaufvermögen:

I. Vorräte:

1. *Roh-, Hilfs- und Betriebsstoffe;*
2. *unfertige Erzeugnisse;*
3. *fertige Erzeugnisse und Waren;*
4. *noch nicht abrechenbare Leistungen;*
5. *geleistete Anzahlungen;*

II. Forderungen und sonstige Vermögensgegenstände:

1. *Forderungen aus Lieferungen und Leistungen;*
2. *Forderungen gegenüber verbundenen Unternehmen;*
3. *Forderungen gegenüber Unternehmen, mit denen ein Beteiligungsverhältnis besteht;*
4. *sonstige Forderungen und Vermögensgegenstände;*

III. Wertpapiere und Anteile:

1. *Anteile an verbundenen Unternehmen;*
2. *sonstige Wertpapiere und Anteile;*

IV. Kassenbestand, Schecks, Guthaben bei Kreditinstituten.

C. Rechnungsabgrenzungsposten.

D. Aktive latente Steuern.

- Diese Posten sind unbeschadet einer weiteren Gliederung gesondert und in der vorgeschriebenen Reihenfolge auszuweisen (§ 224 Abs. 1 UGB).
- Diese Mindestgliederung darf um weitere Posten ergänzt werden, wenn ihr Inhalt nicht durch einen vorgeschriebenen Posten gedeckt wird und wenn gemäß § 222 Abs. 2 UGB „ein möglichst getreues Bild der Vermögens-, Finanz- und Ertragslage“ des Unternehmens vermittelt werden kann.
- Mit arabischen Zahlen versehene Posten dürfen, wenn sie nicht wesentlich sind bzw. die Klarheit der Darstellung verbessert wird, zusammengefasst werden, zB. alle Handelswaren unter dem Posten B.I.3. fertige Erzeugnisse und Waren.
- Es besteht ein Saldierungsverbot verschiedener Kontenklassen, zB. Forderungen mit Verbindlichkeiten. Dies gilt auch für die Gewinn- und Verlustrechnung, zB. für Zinserträge und Zinsaufwendungen.
- Posten, die sowohl im laufenden als auch im vergangenen Geschäftsjahr keinen Betrag ausweisen, müssen nicht angeführt werden (Leerposten). Bilanzvermerke stellen eine Sonderform der Untergliederung dar, bei der einzelne wesentliche Bestandteile eines Postens besonders hervorgehoben werden.

Für ein reales Beispiel siehe Josef Manner & Comp. AG 2016 im Anhang!

Beispiel 65: **Bilanz – Aktivseite**

Ein Unternehmen weist folgende Bilanzposten auf (Zahlen in Tsd. €):

Bilanzposten	**€**
1 Drucker	10
10 Sessel	16
100 Reifen	120
15 Kombifahrzeuge	3.000
2 PKW für Pannenfahrten	400
20 PKW – Cabrio	4.500
4 PC	90
4 Schreibtische	20
Abfertigungsrückstellung	260
Aktien der Fa. Risiko (zu Spekulationszwecken)	111
Aktive latente Steuern	100
ARA	2
Ausstehende Einlage	300
Bankguthaben (Girokonto)	4
Bilanzgewinn	?
Forderung gegenüber Käufer Mayer	78
Forderung gegenüber Käufer Müller	45
Forderung gegenüber Mitarbeiter Schmid	32
Freie Rücklage	1.160
Garage	900
Gebundene Kapitalrücklage	400
Hebebühne	600
Kassa	7
Mikrowellenherd	5
Nennkapital	7.000
Patente	100
Pensionsrückstellungen	190
PRA	3
Reservegrundstück für eventuelle Erweiterungen	150
Selbsterstellte Patente	400
Staatsanleihen (für Pensionsrückstellungen)	95
Verbindlichkeiten gegenüber Banken	2.700
Verbindlichkeiten gegenüber Finanzamt	62
Verbindlichkeiten gegenüber Grabner	196
Verbindlichkeiten gegenüber Hofer	246
Werkstatt und Büroräume	2.000
Werkzeug	240

Abbildung 129: Beispiel Gliederung – Angabe

Gliedern Sie das Vermögen des Unternehmens nach den gesetzlichen Vorschriften!

Erläuterung

Details zu den einzelnen Posten siehe unten.

Am besten ist es für Anfänger, wie folgt vorzugehen:

Schritt 1: Welche der angegebenen Posten sind Vermögensposten und stehen auf der Aktivseite der Bilanz?

Dieser Schritt wurde bereits in Kapitel Instrumente erläutert. Inhaltlich ist zu entscheiden, ob die Posten Mittelverwendung = Aktivseite = Vermögen oder Mittelherkunft = Passivseite = Kapital darstellen.

Bilanzposten	**€**	**Aktivseite**
1 Drucker	10	x
10 Sessel	16	x
100 Reifen	120	x
15 Kombifahrzeuge	3.000	x
2 PKW für Pannenfahrten	400	x
20 PKW – Cabrio	4.500	x
4 PC	90	x
4 Schreibtische	20	x
Abfertigungsrückstellung	260	
Aktien der Fa. Risiko (zu Spekulationszwecken)	111	x
Aktive latente Steuern	100	x
ARA	2	x
Ausstehende Einlage	300	
Bankguthaben (Girokonto)	4	x
Bilanzgewinn	?	
Forderung gegenüber Käufer Mayer	78	x
Forderung gegenüber Käufer Müller	45	x
Forderung gegenüber Mitarbeiter Schmid	32	x
Freie Rücklage	1.160	
Garage	900	x
Gebundene Kapitalrücklage	400	
Hebebühne	600	x
Kassa	7	x
Mikrowellenherd	5	x
Nennkapital	7.000	
Patente	100	x
Pensionsrückstellungen	190	
PRA	3	
Reservegrundstück für eventuelle Erweiterungen	150	x
Selbsterstellte Patente	400	
Staatsanleihen (für Pensionsrückstellungen)	95	x
Verbindlichkeiten gegenüber Banken	2.700	
Verbindlichkeiten gegenüber Finanzamt	62	
Verbindlichkeiten gegenüber Grabner	196	
Verbindlichkeiten gegenüber Hofer	246	
Werkstatt und Büroräume	2.000	x
Werkzeug	240	x

Abbildung 130: Beispiel Gliederung Aktivseite – Zuteilung einzelner Posten

Schritt 2: Wie werden die Vermögensposten zusammengefasst und gemäß § 224 UGB gegliedert?

Aktiva	Bilanz
A. ANLAGEVERMÖGEN	
I. Immaterielle Vermögensgegenstände	
1. Konzessionen, gewerbliche Schutzrechte und ähnliche Rechte und Vorteile sowie daraus abgeleitete Lizenzen	100
II. Sachanlagen	
1. Grundstücke, grundstücksgleiche Rechte und Bauten, einschließlich der Bauten auf fremdem Grund	900 + 150 + 2.000 = 3.050
2. Technische Anlagen und Maschinen	600 + 240 = 840
3. Andere Anlagen, Betriebs- und Geschäftsausstattung	10 + 16 + 90 + 20 + 5 + 400 = 541
III. Finanzanlagen	
5. Wertpapiere (Wertrechte) des Anlagevermögens	95
B. UMLAUFVERMÖGEN	
I. Vorräte	
3. Fertige Erzeugnisse und Waren	120 + 3.000 + 4.500 = 7.620
II. Forderungen und sonstige Vermögensgegenstände	
1. Forderungen aus Lieferungen und Leistungen	78 + 45 = 123
4. Sonstige Forderungen und Vermögensgegenstände	32
III. Wertpapiere und Anteile	
2. Sonstige Wertpapiere und Anteile	111
IV. Kassenbestand, Schecks, Guthaben bei Kreditinstituten	4 + 7 = 11
C. RECHNUNGSABGRENZUNGSPOSTEN	2
D. AKTIVE LATENTE STEUERN	100
Bilanzsumme	12.625

Abbildung 131: Beispiel Gliederung Aktivseite – Lösung

Beachte: In der Bilanz werden die grau gedruckten Additionen nicht angegeben; sie dienen hier der Lösungsfindung!

- **A.I. Immaterielles Anlagevermögen**
  1. Die selbst erstellten Patente in Höhe von 400 € dürfen gemäß § 197 Abs. 2 UGB nicht angesetzt werden.

- **A.II. Sachanlagevermögen**
  1. Grundstücke und Gebäude: Dazu zählen die Garage, das Reservegrundstück für eventuelle Erweiterungen sowie die Werkstätte und Büroräume.
  2. Technische Anlagen und Maschinen: Dazu zählen die Hebebühne und das Werkzeug. Beim Werkzeug wird in der Praxis zu unterscheiden sein, ob es nicht doch zu 3. Betriebs- und Geschäftsausstattung zu zählen ist, wenn es sich um nur um kleine Geräte wie Schraubenschlüssel zur PC-Reparatur handelt.
  3. Andere Anlagen, Betriebs- und Geschäftsausstattung: Dazu zählen der Drucker, die Sessel, die vier PCs, die vier Schreibtische sowie der Mikrowellenherd. Ebenso werden die zwei PKW für Pannenfahrten unter diesem Posten ausgewiesen. Bei den angegebenen Fahrzeugen muss man unterscheiden, ob diese der Produktion bzw. Leistungserstellung dienen oder ob sie Handelsware sind. In diesem Fall ist aufgrund der Bezeichnung „für Pannenfahrten" davon auszugehen, dass die Mitarbeiterinnen und Mitarbeiter diese zwei PKW regelmäßig zur Leistungserstellung benötigen; daher liegt ein Ausweis im Anlagevermögen nahe. Generell werden häufig Fahrzeuge als eigene Posten als Erweiterung der Mindestgliederung ausgewiesen, wenn die Posten einen relativ hohen Wert ausweisen; mögliche Bezeichnungen für eine Erweiterung sind Fahrzeuge, Flugzeuge, etc…

- **A.III. Finanzanlagevermögen**
  5. Wertpapiere (Wertrechte) des Anlagevermögens: Dazu zählen zB. Staatsanleihen. Die Anmerkung „für Pensionsrückstellungen" ist insofern wesentlich, als dadurch deutlich wird, dass die Wertpapiere langfristig gehalten werden (siehe Kapitel 8: Kapital).

- **B.I. Vorräte**
  3. Fertige Erzeugnisse und Waren: Das Unternehmen produziert nicht selber, sondern handelt mit fertigen Waren. Dazu zählen 100 Reifen, von denen in diesem Beispiel angenommen werden muss, dass sie Umlaufvermögen sind. Diese Menge Reifen im Anlagevermögen zu halten, sprich als eigene Reserve auf Lager zu legen, wäre betriebswirtschaftlich nicht sinnvoll. In der Praxis ist diese Zuordnung eindeutig. Weiters werden die 15 Kombifahrzeuge sowie die 20 PKW – Cabrios zu den Waren gezählt. Es ist im Unterschied zu den zwei Pannenfahrzeugen nicht davon auszugehen, dass die Mitarbeiterinnen und Mitarbeiter diese Autos zur Leistungserstellung benötigen, sondern eher, dass sie direkt verkauft werden sollen.

- **B.II. Forderungen und sonstige Vermögensgegenstände**
  1. Forderungen aus Lieferungen und Leistungen: Dazu zählen die Forderungen gegenüber den Käufern = Kunden Mayer und Müller.
  4. Sonstige Forderungen und Vermögensgegenstände: Dazu zählen die Forderungen gegenüber Mitarbeiter Schmid. Es könnte sich zB. um Gehaltsvorauszahlungen handeln.

- **B.III. Wertpapiere und Anteile**
  1. Sonstige Wertpapiere und Anteile: Dazu zählen die Aktien der Fa. Risiko. Die Anmerkung „zu Spekulationszwecken" ist insofern wesentlich, als dadurch deutlich wird, dass sie nicht lange im Unternehmen gehalten, sondern so bald als möglich, dh. bei einem günstigen Kurs, verkauft werden sollen. Sprachlicher Exkurs, auch wenn es nicht direkt mit Rechnungswesen zu tun hat: Im geschäftlichen Mailverkehr wird häufig die Abkürzung asap für as soon as possible, so bald als möglich, verwendet.

- **IV. Kassenbestand, Schecks, Guthaben bei Kreditinstituten**
  Dazu zählen die Kassa und das Girokonto. Beachte: Die Bankguthaben auf dem Girokonto dürfen nicht mit den Bankverbindlichkeiten saldiert werden, auch wenn sie beide bei derselben Bank sind!

- **C. Rechnungsabgrenzungsposten**
  Zu den Rechnungsabgrenzungen der Aktivseite der Bilanz zählen die Aktiven Rechnungsabgrenzungen.

- **D. Aktive latente Steuern**
  Die Aktiven latenten Steuern werden als letzter Punkt ausgewiesen.

- **Bilanzsumme**
  Die Bilanzsumme weist die Summe aller Aktiva aus.

7.2.1.2. Anlagevermögen

Das **Anlagevermögen** ist dazu bestimmt, langfristig im Unternehmen zu bleiben. Es stellt die Mittel dar, mit denen die Leistung produziert wird.

Das Anlagevermögen steht dem Unternehmen zur längerfristigen oder wiederholten Nutzung zur Verfügung. Die wirtschaftliche Zweckbestimmung ist daher für die Zuordnung zu Anlage- oder Umlaufvermögen ausschlaggebend. Für eine Analyse des Unternehmens und zur Bewertung im Rahmen der Bilanzierung ist manchmal eine Trennung in abnutzbares und nicht abnutzbares Anlagevermögen nötig.

Zum **nicht abnutzbaren Anlagevermögen** werden Güter gezählt, deren Nutzung zeitlich nicht begrenzt ist.

Darunter fallen etwa (mit wenigen Ausnahmen) Finanzanlagen, Grundstücke sowie Anzahlungen. Diese Vermögensgegenstände unterliegen keiner planmäßigen Abschreibung. Außerplanmäßige Abschreibungen müssen gemäß dem gemilderten Niederstwertprinzip durchgeführt werden, Zuschreibungen dürfen bis maximal zur Höhe der historischen Anschaffungs- und Herstellungskosten erfolgen (siehe Kapitel 4: Bewertung).

Zum **abnutzbaren Anlagevermögen** zählen Vermögensgegenstände, deren Nutzung zeitlich begrenzt ist.

Darunter fallen zB. Gebäude, Maschinen, Kraftfahrzeuge und Betriebs- und Geschäftsausstattung. Daher ist jährlich eine planmäßige Abschreibung geltend zu machen. Für außerplanmäßige Abschreibungen gilt das gemilderte Niederstwertprinzip, Zuschreibungen sind gemäß Wertaufholungsgebot durchzuführen und dürfen nur bis maximal zu den fortgeschriebenen Anschaffungs- und Herstellungskosten erfolgen.

7.2.1.2.1. Immaterielle Vermögensgegenstände

Immaterielle Vermögensgegenstände sind unkörperliche Gegenstände, die langfristig dem Unternehmen dienen.

Nach ihrer bilanziellen Behandlung werden sie unterschieden in

- erworbene immaterielle Vermögensgegenstände
- selbst erstellte immaterielle Vermögensgegenstände

Immaterielle Vermögensgegenstände dürfen ia. in der Bilanz nur dann aktiviert werden, wenn sie von einem Dritten entgeltlich erworben wurden. § 197 UGB normiert:

Bilanzierungsverbote

> ***§ 197.*** *(1) Aufwendungen für die Gründung des Unternehmens und für die Beschaffung des Eigenkapitals dürfen nicht als Aktivposten in die Bilanz eingestellt werden.*
>
> *(2) Für immaterielle Gegenstände des Anlagevermögens, die nicht entgeltlich erworben wurden, darf ein Aktivposten nicht angesetzt werden.*

Folglich besteht ein Aktivierungsverbot für selbst erstellte immaterielle Vermögensgegenstände des Anlagevermögens! Das bedeutet, dass zB. wichtige Forschungsergebnisse, solange sie nicht verkauft werden, nicht in der Bilanz aufscheinen. Das

Aktivierungsverbot schafft auch im Softwarebereich Probleme (siehe Beispiel Bilanz). Ebenso nicht angesetzt werden darf der originäre Firmenwert (siehe Firmenwert).

Die Verbuchung aller Aufwendungen, die zur Erstellung selbst erstellter immaterieller Vermögensgegenstände verwendet werden, gehen in die Gewinn- und Verlustrechnung ein (siehe Kapitel 9: Erfolg). Demnach werden die geschaffenen Werte nicht in der Bilanz ausgewiesen, sondern werden in dem Jahr, in dem sie anfallen, als Aufwand, dh. wertmindernd und steuerreduzierend, in den jeweiligen Aufwandsposten, zB. Material, Personal, … verbucht.

Immaterielle Vermögensgegenstände werden gemäß § 224 Abs. 2 UGB unterteilt in:

- Konzessionen, gewerbliche Schutzrechte und ähnliche Rechte und Vorteile sowie daraus abgeleitete Lizenzen
- Geschäfts(Firmen)wert
- geleistete Anzahlungen

○ **Konzessionen, gewerbliche Schutzrechte und ähnliche Rechte und Vorteile sowie daraus abgeleitete Lizenzen**

Konzessionen sind Befugnisse, aufgrund deren ein Unternehmen berechtigt ist, Tätigkeiten auszuüben, für die die öffentliche Verwaltung ein Verteilungsrecht besitzt.

Darunter fällt zB. die Erlaubnis eines Busunternehmens bestimmte Linien zu befahren.

Lizenzen sind Nutzungsrechte an gewerblichen Schutzrechten, die einem anderen gehören.

Darunter fallen zB. gewerbliche Schutzrechte wie Ausgaben für Patente, Marken-, Urheber- und Verlagsrechte.

Ähnliche Rechte und Vorteile sind ua. Erfindungen, Rezepte, Know-how sowie EDV-Software.

○ **Geschäfts- und Firmenwert**

Grundsätzlich kann zwischen originärem und derivativem Firmenwert unterschieden werden.

Der **originäre, selbst geschaffene Firmenwert** stellt eine (selbst geschätzte oder über den Markt bewertete) Höherbewertung des Unternehmens gegenüber den Buchwerten in der Bilanz dar.

Der originäre Firmenwert darf als selbsterstelltes immaterielles Vermögen nicht in der Bilanz ausgewiesen werden.

Bezüglich derivativem Firmenwert normiert § 203 Abs. 5 UGB:

Anschaffungs- und Herstellungskosten

> ***§ 203.*** *(5) Als Geschäfts(Firmen)wert ist der Unterschiedsbetrag anzusetzen, um den die Gegenleistung für die Übernahme eines Betriebes die Werte der einzelnen Vermögensgegenstände abzüglich der Schulden im Zeitpunkt der Übernahme übersteigt. Die Abschreibung des Geschäfts(Firmen)werts ist planmäßig auf die Geschäftsjahre, in denen er voraussichtlich genutzt wird,*

zu verteilen. In Fällen, in denen die Nutzungsdauer des Geschäfts(Firmen) werts nicht verlässlich geschätzt werden kann, ist der Geschäfts(Firmen) wert über 10 Jahre gleichmäßig verteilt abzuschreiben. Im Anhang ist der Zeitraum zu erläutern, über den der Geschäfts(Firmen)wert abgeschrieben wird.

Der derivative Geschäfts- oder **Firmenwert**, auch Goodwill genannt, ist der positive Unterschiedsbetrag zwischen der Gegenleistung für die Übernahme eines Betriebes und den Buchwerten der einzelnen Vermögensgegenstände abzüglich der Schulden im Zeitpunkt der Übernahme. Somit stellt der positive derivative Firmenwert eine Stille Reserve dar, der negative Firmenwert ist als Passivposten auszuweisen (siehe Kapitel 4: Bewertung).

Der derivative Firmenwert darf nur bei entgeltlichem Erwerb eines rechtlich selbstständigen Unternehmens in der Bilanz angesetzt werden. Beachte: Bei einem Kauf von Aktien kann kein Firmenwert angesetzt werden, da es sich hierbei um einen außerbetrieblichen Vorgang handelt, der nicht in das Vermögen der Gesellschaft übergreift. Das heißt, beim Verkauf von Aktien über die Börse wechseln nur die Besitzer, es hat keine unmittelbaren Folgen auf die Bilanzierung oder das Eigenkapital des Unternehmens.

Der derivative Firmenwert kann planmäßig über die Geschäftsjahre, in denen er voraussichtlich genutzt wird, abgeschrieben werden. Liegt keine zuverlässige Schätzung vor, so ist er auf zehn Jahre abzuschreiben.

Der derivative Firmenwert kann wie folgt berechnet werden:

Gegenleistung für die Übernahme des Unternehmens (Kaufpreis)
\+ Anschaffungsnebenkosten
– Anschaffungspreisminderungen
– Reinvermögen = Eigenkapital (= Vermögen – Schulden)
= derivativer Firmenwert

Beispiel 66: Derivativer Firmenwert

Ein Unternehmen kauft eine Firma um 1.900.000 € mit folgenden Buchwerten: Grund = 1.500.000 €, Gebäude = 2.000.000 €, Maschinen = 800.000 €, Forderungen = 500.000 €, Hypothek = 3.000.000 €, Verbindlichkeiten LL = 300.000 €.

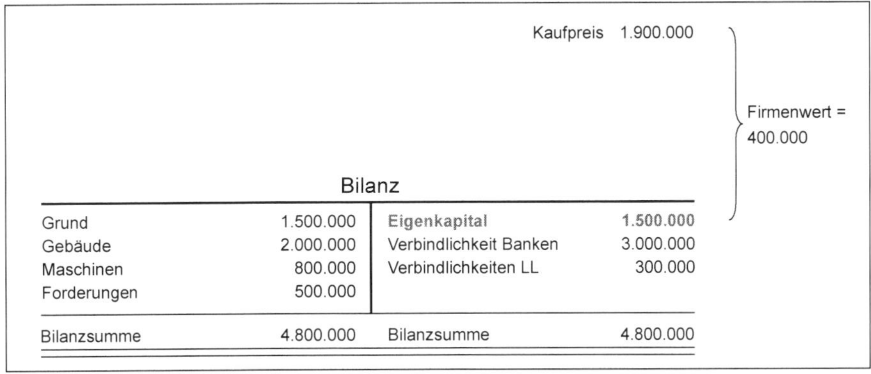

Aktiva		Passiva	
Grund	1.500.000	**Eigenkapital**	**1.500.000**
Gebäude	2.000.000	Verbindlichkeit Banken	3.000.000
Maschinen	800.000	Verbindlichkeiten LL	300.000
Forderungen	500.000		
Bilanzsumme	4.800.000	Bilanzsumme	4.800.000

Abbildung 132: Derivativer Firmenwert

Erläuterung

Kaufpreis – Reinvermögen		1.900.000
1.500.000 + 2.000.000 + 800.000 + 500.000		
– 3.000.000 – 300.000	–	1.500.000
= Derivativer Firmenwert	=	400.000

- **Geleistete Anzahlungen**

Anzahlungen sind Vorleistungen eines Vertragspartners (siehe Kapitel 6: Rechnungsausgleich).

7.2.1.2.2. Sachanlagevermögen

Gegenstände des **Sachanlagevermögens** sind körperliche Gegenstände, die langfristig dem Unternehmen dienen.

§ 224 Abs. 2 UGB sieht in der Bilanz folgende Gliederung vor:

1. Grundstücke, grundstücksgleiche Rechte und Bauten, einschließlich der Bauten auf fremdem Grund
2. technische Anlagen und Maschinen
3. andere Anlagen, Betriebs- und Geschäftsausstattung
4. geleistete Anzahlungen und Anlagen in Bau

- **Grundstücke und Bauten**

Grundstücke werden als abgegrenzte Teile der Erdoberfläche, die bebaut oder unbebaut sein können, definiert. Bauten umfassen Gebäude und andere Baulichkeiten, wobei Gebäude per definitionem eine feste Verbindung mit dem Grund aufweisen und Schutz gegen die Witterung bieten, andere Baulichkeiten sind zB. Brücken oder Straßen. § 225 Abs. 7 UGB normiert:

Vorschriften zu einzelnen Posten der Bilanz

> ***§ 225.*** *(7) Gesellschaften, die nicht klein sind, haben bei Grundstücken den Grundwert in der Bilanz anzumerken oder im Anhang anzugeben.*

Für die Bewertung im Rahmen des Jahresabschlusses ist bei bebauten Grundstücken eine Aufteilung des einheitlichen Vermögensgegenstandes notwendig, da das Gebäude ein abnutzbares Anlagegut ist und somit abgeschrieben wird. Der Grund ist ein nicht abnutzbares Anlagegut, das nicht planmäßig abgeschrieben wird. Dies ist auch im Anlagespiegel zu berücksichtigen. Die allfälligen Spesen werden aliquot aufgeteilt. Beachte: Beim Erwerb von Grundstücken und Gebäuden ist die Grunderwerbsteuer zu entrichten, es fällt keine Umsatzsteuer an.

Bauliche Einrichtungen, die als Teil des Gebäudes aufzufassen sind, werden gemeinsam mit dem Gebäude aktiviert und sind auf dessen (Rest-)Nutzungsdauer abzuschreiben (zB. Aufzug). Baulichkeiten, die überwiegend der Produktion dienen, werden unter der Posten Maschinen und maschinelle Anlagen aktiviert.

- **Technische Anlagen und Maschinen**

Technische Anlagen und **Maschinen** sind Vorrichtungen zur Erzeugung und Übertragung von Kräften.

- **Andere Anlagen, Betriebs- und Geschäftsausstattung**

Unter diesen Posten fallen alle Gegenstände, die als Einrichtung oder Ausstattung des Betriebes, nicht aber unmittelbar zur Produktion verwendet werden. Werkzeuge sind angeschaffte oder selbst erstellte Geräte, die dauernd dem Unternehmen dienen sollen. Unter Betriebsausstattung versteht man zB. Einrichtungen in Werkstätten, Labors und Lagern. Die Bilanzposten können beliebig unterteilt werden, so ist zB. die Einführung eines Kontos Fuhrpark sinnvoll, wenn das Unternehmen über mehrere Kraftfahrzeuge verfügt. Die Untergliederungen sind branchenmäßig unterschiedlich.

- **Geleistete Anzahlungen und Anlagen in Bau**

Geht die Herstellungsdauer eines Sachanlagevermögens über den Bilanzstichtag hinaus, werden die Herstellungskosten des noch nicht fertig gestellten Anlagegutes auf das Konto Anlagen in Bau verbucht. Es kann nur eine außerplanmäßige Abschreibung, keine planmäßige, geltend gemacht werden, zB. bei Abwertung des Grundstückes oder bei technischer Überholung einer Maschine. Nach Fertigstellung werden das Anlagegut und eine eventuelle kumulierte Abschreibung auf Anlagen in Bau auf das entsprechende Anlagenkonto und das korrespondierende Konto kumulierte Abschreibungen umgebucht.

7.2.1.2.3. Finanzanlagen

Finanzanlagen des Anlagevermögens sind Investitionen in fremde Unternehmen, die langfristig dem Unternehmen dienen.

Sie werden in der Bilanz unterteilt in:

1. Anteile an verbundenen Unternehmen
2. Ausleihungen an verbundene Unternehmen
3. Beteiligungen
4. Ausleihungen an Unternehmen, mit denen ein Beteiligungsverhältnis besteht
5. Wertpapiere (Wertrechte) des Anlagevermögens
6. sonstige Ausleihungen

- **1. Anteile an verbundenen Unternehmen, 3. Beteiligungen des Anlagevermögens und 5. Wertpapiere (Wertrechte) des Anlagevermögens**

§ 189a Z 2 und Z 6 – 8 UGB normieren:

Begriffsbestimmungen

§ 189a. *Für das Dritte Buch gelten folgende Begriffsbestimmungen:*

2. *Beteiligung: Anteile an einem anderen Unternehmen, die dazu bestimmt sind, dem eigenen Geschäftsbetrieb durch Herstellung einer dauernden Verbindung zu diesem Unternehmen zu dienen; dabei ist es gleichgültig, ob die Anteile in Wertpapieren verbrieft sind oder nicht; es wird eine Beteiligung an einem anderen Unternehmen vermutet, wenn der Anteil am Kapital 20 % beträgt oder darüber liegt; § 244 Abs. 4 und 5 über die Berechnung der Anteile ist anzuwenden; die Beteiligung als unbeschränkt haftender Gesellschafter an einer Personengesellschaft gilt stets als Beteiligung;*

6. *Mutterunternehmen: ein Unternehmen, das ein oder mehrere Tochterunternehmen im Sinn des § 244 beherrscht;*
7. *Tochterunternehmen: ein Unternehmen, das von einem Mutterunternehmen im Sinn des § 244 unmittelbar oder mittelbar beherrscht wird;*
8. *verbundene Unternehmen: zwei oder mehrere Unternehmen innerhalb einer Gruppe, wobei eine Gruppe das Mutterunternehmen und alle Tochterunternehmen bilden;*

Ziele von Beteiligungen sind finanzielle Erträge (Dividenden), strategische Überlegungen (Kooperation, größere Marktmacht) und Einfluss auf die Geschäftsführung. Die übliche Form, sich an einem Unternehmen zu beteiligen, ist der Ankauf von Wertpapieren, meist Aktien.

Wertpapiere sind Urkunden über Vermögensrechte, bei denen die Ausübung des Rechts den Besitz der Urkunde erfordert.

Wenn eine Kapitalgesellschaft mit Sitz im Inland mittelbar oder unmittelbar eine Beteiligung an einem anderen Unternehmen besitzt, gelten für sie eigene Ausweispflichten bzw. zusätzlich die Bestimmungen über Konzerne. § 244 UGB bezieht sich auf den Konzernabschluss.

Ein **Konzern** ist eine Zusammenfassung rechtlich selbstständiger Unternehmen zu wirtschaftlichen Zwecken unter einheitlicher Leitung.

- **2. Ausleihungen an verbundene Unternehmen, 4. Ausleihungen an Unternehmen, mit denen ein Beteiligungsverhältnis besteht, und 6. sonstige Ausleihungen**

Ausleihungen sind definiert als alle langfristigen Kapitalforderungen, die nicht dem Posten Wertpapiere zuzurechnen sind.

Darunter fallen zB. langfristige Darlehen, Hypotheken und Rentenschulden. § 227 UGB normiert:

Ausleihungen

§ 227. Forderungen mit einer Laufzeit von mindestens fünf Jahren sind jedenfalls als Ausleihungen auszuweisen. Gesellschaften, die nicht klein sind, haben Ausleihungen mit einer Restlaufzeit bis zu einem Jahr im Anhang anzugeben.

Beachte: Diese Posten bedeuten, dass das Unternehmen anderen Unternehmen Geld geliehen hat! Ausleihungen, bei denen sich das Unternehmen Geld geborgt hat, sind unter Fremdkapital ausgewiesen!

7.2.1.2.4. Anlagespiegel

Die Entwicklung des Anlagevermögens wird im Anlagespiegel ausgewiesen. § 226 Abs. 1 bis 4 UGB normiert:

Entwicklung des Anlagevermögens, Pauschalwertberichtigung

§ 226. (1) Im Anhang ist die Entwicklung der einzelnen Posten des Anlagevermögens darzustellen. Dabei sind für die verschiedenen Posten des

Anlagevermögens jeweils gesondert anzugeben:

1. *die Anschaffungs- oder Herstellungskosten zum Beginn und Ende des Geschäftsjahrs;*
2. *die Zu- und Abgänge sowie Umbuchungen im Laufe des Geschäftsjahrs;*
3. *die kumulierten Abschreibungen zu Beginn und Ende des Geschäftsjahrs;*
4. *die Ab- und Zuschreibungen des Geschäftsjahrs;*
5. *die Bewegungen in Abschreibungen im Zusammenhang mit Zu- und Abgängen sowie Umbuchungen im Laufe des Geschäftsjahrs und*
6. *der im Laufe des Geschäftsjahrs aktivierte Betrag, wenn Zinsen gemäß § 203 Abs. 4 aktiviert werden.*

(2) (Anm.: aufgehoben durch BGBl. I Nr. 22/2015)

(3) Werden Vermögensgegenstände des Anlagevermögens im Hinblick auf ihre Geringwertigkeit im Jahre ihrer Anschaffung oder Herstellung vollständig abgeschrieben, dann dürfen diese Vermögensgegenstände als Abgang behandelt werden.

(4) Ein Geschäfts(Firmen)wert ist in die Darstellung der Entwicklung des Anlagevermögens aufzunehmen. Ein voll abgeschriebener Geschäfts(Firmen) wert ist als Abgang zu behandeln.

Der Anlagespiegel kann entweder als eine Gesamttabelle oder getrennt in einem Anlagespiegel und einen Abschreibungsspiegel dargestellt werden. Die folgende Abbildung zeigt eine gesamtheitliche Darstellungsvariante.

Für ein reales Beispiel siehe Josef Manner & Comp. AG 2016 im Anhang!

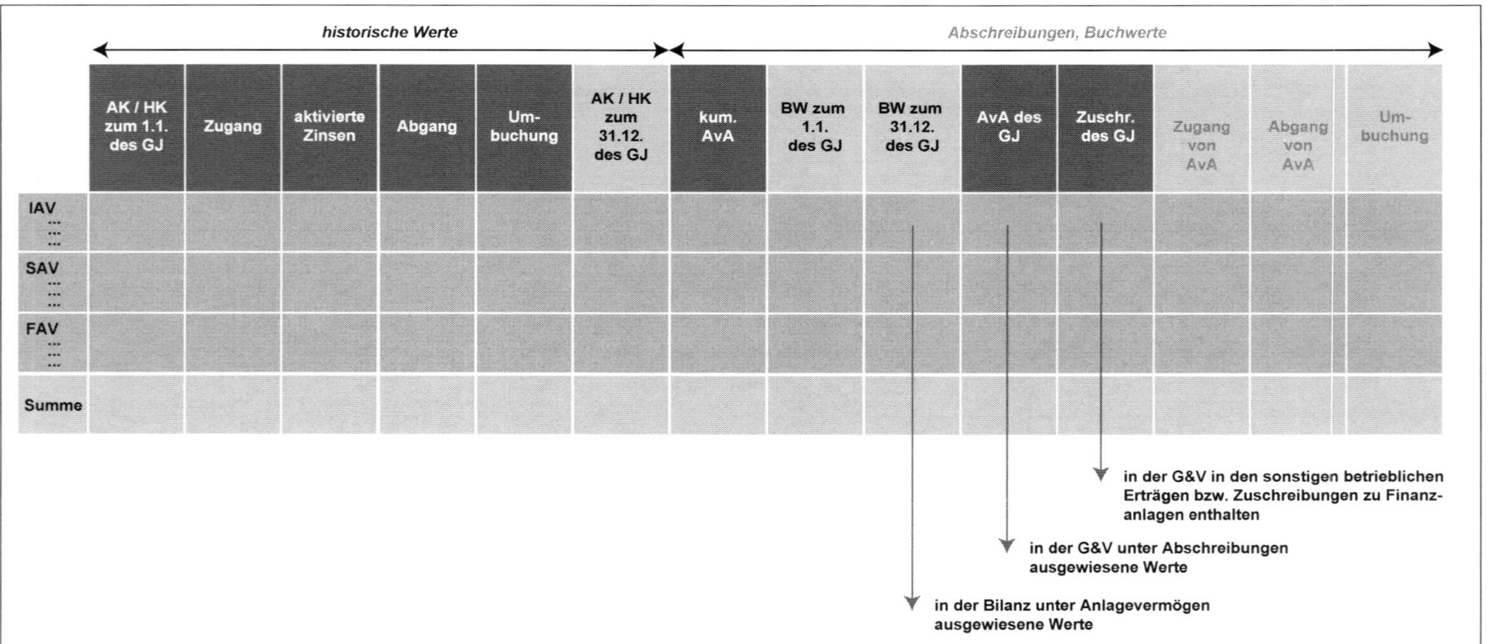

Abbildung 133: Anlagespiegel – mögliche Darstellung

- Die historischen Anschaffungs- und Herstellungskosten werden nur bei Zugang bzw. Ausscheiden eines Anlagegutes verändert.
- Die Zugänge beziehen sich auf die im jeweiligen Geschäftsjahr angeschafften bzw. hergestellten Vermögensgegenstände mit ihren historischen Anschaffungs- bzw. Herstellungskosten.
- Die aktivierten Zinsen können auch als „davon-Vermerk" bei den Zugängen erfasst werden.
- Die Spalte Abgänge betrifft die im jeweiligen Geschäftsjahr ausgeschiedenen Vermögensgegenstände und wird mit den historischen Anschaffungs- bzw. Herstellungskosten (und nicht mit den Restbuchwerten!) angesetzt. Ein vollständig abgeschriebener Firmenwert wird als Abgang behandelt.
- Als Umbuchungen sind Umgliederungen zwischen den Posten des Anlagevermögens auszuweisen (zB. die Posten Anlagen in Bau wird umgegliedert auf bebaute Grundstücke, nachdem der Bau fertig gestellt ist).
- Die kumulierten Abschreibungen erfassen alle bisher vorgenommenen planmäßigen und außerplanmäßigen Abschreibungen jedes Vermögensgegenstandes. Bei Abgang eines Vermögensgegenstandes werden die diesen Vermögensgegenstand betreffenden kumulierten Abschreibungen aus dem Gesamtbetrag aller kumulierten Abschreibungen herausgenommen. Somit beinhaltet die Spalte der kumulierten Abschreibungen zum 31.12. des Geschäftsjahres und kann so mit den kumulierten Abschreibungen zum 1.1. des Geschäftsjahres verglichen werden. nur Abschreibungen auf Gegenstände, die sich zum Bilanzstichtag im Betriebsvermögen befinden.
- Zuschreibungen betreffen das Zurücknehmen einer in den Vorperioden durchgeführten außerplanmäßigen Abschreibung.
- Die Restbuchwerte am Anfang und Ende des Geschäftsjahres zeigen den tatsächlichen Wert der im Unternehmen vorhandenen Anlagegegenstände und ergeben sich aus der Differenz von historischen Werten und kumulierten Abschreibungen.
- Die Spalte Abschreibungen enthält die planmäßigen und außerplanmäßigen Abschreibungen des Geschäftsjahres.
- Die Spalte Zuschreibung enthält alle Zuschreibungen während des Geschäftsjahres.
- Die Spalten Zugang, Abgang und Umbuchen von Abschreibung zeigen die Entwicklung der Abschreibungen während des Geschäftsjahres. Somit enthalten die ersten 6 Spalten ausschließlich historische Werte, die anschließenden Spalten Buchwerte und Ab-/Zuschreibungen.

Die Spalten können wie folgt kalkuliert werden:

- **Restbuchwert**

Buchwert am Anfang des GJ ($BW_{t=0}$)	historische AHK Anfang des GJ
+ Zugänge	+ Zugänge
+ Aktivierte Zinsen	+ Aktivierte Zinsen
+/– Umbuchungen	– Abgänge
– Buchwert abgegangener Anlagen	+/– Umbuchungen
– Abschreibung	– Kumulierte Abschreibungen Ende des GJ
+ Zuschreibungen	
Buchwert am Ende des Jahres ($BW_{t=1}$)	Buchwert am Ende des Jahres ($BW_{t=1}$)

- **Kumulierte Abschreibung**

Historische AHK Anfang des GJ	
+ Zugänge	
+ Aktivierte Zinsen	
+/– Umbuchungen	Kumulierte Abschreibung $_{t=0}$
– Buchwerte Ende des GJ	+ Abschreibungen
– Abgänge	– Zuschreibungen
Kumulierte Abschreibung $_{t=1}$	Kumulierte Abschreibung $_{t=1}$

- **Historische Anschaffungs- und Herstellungskosten**

Historische AHK $_{t=0}$
\+ Zugänge
\+ Aktivierte Zinsen
– Abgänge
+/– Umbuchungen

Historische AHK $_{t=1}$

Beispiel 67: **Anlagespiegel – Aufbau**

Zum Bilanzposten Betriebs- und Geschäftsausstattung einer Aktiengesellschaft sind folgende Werte bekannt:

Historische AHK 1.1.X1	500.000 €
Zugänge X1	40.000 €
Abgänge AHK X1	80.000 €
RBW abgegangener Anlagen X1	50.000 €
Planmäßige Abschreibungen X1	100.000 €
Buchwert 1.1.X1	300.000 €
Zugänge X2	100.000 €
Abgänge X2	50.000 €
RBW abgegangener Anlagen X2	10.000 €
Planmäßige Abschreibung X2	90.000 €

Der Posten „Anlage in Bau“ weist am 31.12.X0 einen Wert von 50.000 € aus. Die Abschreibung X1 für diesen Posten ist bereits in den Abschreibungen des Jahres X1 enthalten. Insgesamt betragen die Herstellungskosten 100.000 €.

Erstellen Sie den Anlagespiegel!

Der (verkürzte) Anlagespiegel X1 und X2 für den Posten Betriebs- und Geschäftsausstattung ist wie folgt zu erstellen:

	AHK 1.1.20XX	Zugänge	Abgänge	Umbuchungen	Kumulierte Abschreibungen	BW 31.12.	BW 1.1.	Abschreibungen Geschäftsjahr
Anl. i. Bau X1	50.000	50.000	50.000	-100.000		0	50.000	
BGA X1	500.000	40.000	80.000	100.000	270.000	290.000	300.000	100.000
X2	560.000	100.000	50.000		320.000	290.000	290.000	90.000

Abbildung 134: Anlagespiegel – Beispiel

7.2.1.2.5. Aktivierung von Anlagevermögen

Wie bereits aus dem Begriff Anschaffungs- und Herstellungskosten hervorgeht, kann Anlagevermögen (Schenkungen, etc. ausgenommen)
7.2.1.2.6.1. gekauft
7.2.1.2.6.2. selbst erstellt
werden. Diese Unterscheidung ist für die Aktivierung und Buchung wesentlich.

Aktivieren bedeutet einen Vermögensgegenstand bzw. Schulden in die Bilanz aufnehmen.

7.2.1.2.5.1. Gekauftes Anlagevermögen

Die Kalkulation der Anschaffungskosten wurden bereits in Kapitel 4: Bewertung diskutiert.

Beispiel 68: **Beispiel Anschaffungskosten Anlagevermögen**

Verbuchen Sie das Beispiel Anschaffungskosten aus Kapitel 4: Bewertung für die Jahre X1 und X2! Alle Preise exkl. USt, alle Zahlungen in bar.

Zur Wiederholung:
Ein Unternehmen kauft im Jahr X1 ein Grundstück im Wert von 1.000 €. Es erhält 3 % Skonto bei Zahlung innerhalb der gegebenen Frist. Die Grunderwerbsteuer beträgt 200 €. Im Jahr X2 werden 400 € Aufschließungsgebühren bezahlt.
Die Anschaffungskosten im Jahr X1 betragen 1.000 – 30 (3 %) + 200 = 1.170 €.
Die gesamten Anschaffungskosten Ende X2 betragen 1.170 + 400 = 1.570 €.

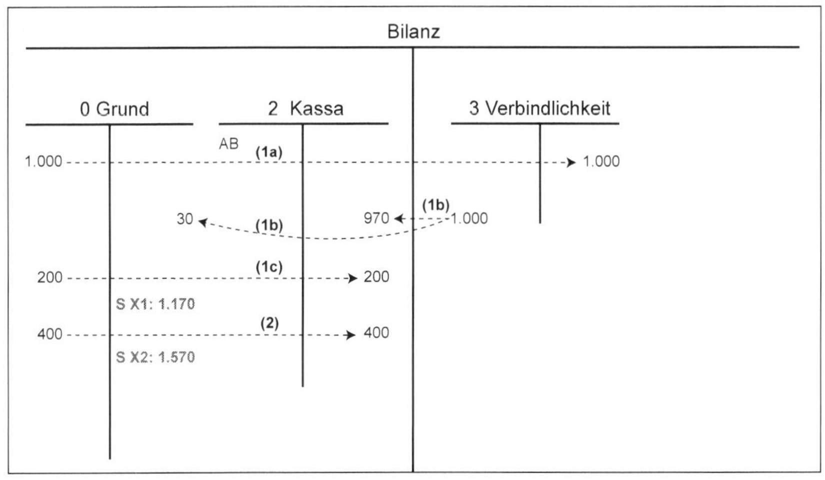

Abbildung 135: Anschaffungskosten Anlagevermögen

Buchungen im Jahr X1

(1a)	0 Grund	1.000	→	3 Verbindlichkeiten	1.000
(1b)	3 Verbindlichkeiten	1.000	→	2 Kassa	970
				0 Grund	30
(1c)	0 Grund	200	→	2 Kassa	200

Buchungen im Jahr X2

(2)	0 Grund	400	→	2 Kassa	400

Erläuterung

Der Skonto wird Kapitel 6: Rechnungsausgleich erläutert.

Die USt ist hier nicht relevant, da auf Grundstücke keine USt zu zahlen ist (vereinfachtes Beispiel ohne Grunderwerbsteuer).

Beachten Sie generell bei Grund und Gebäude, dass sowohl für Grund als auch für Gebäude ein eigenes Konto angelegt werden muss.

Beispiel 69: **Kauf Grund und Gebäude**

Ein Unternehmen kauft im September X1 ein bebautes Grundstück, wobei der Preis des Grundstückes 8.500.000 € beträgt, der des Gebäudes 5.100.000 €. Folgende Anschaffungsnebenkosten sind zu berücksichtigen (Vernachlässigen Sie eine allfällige USt/VSt):

Anwaltsspesen	272.000 €
Grunderwerbsteuer	119.000 €
Sonstige Spesen	408.000 €

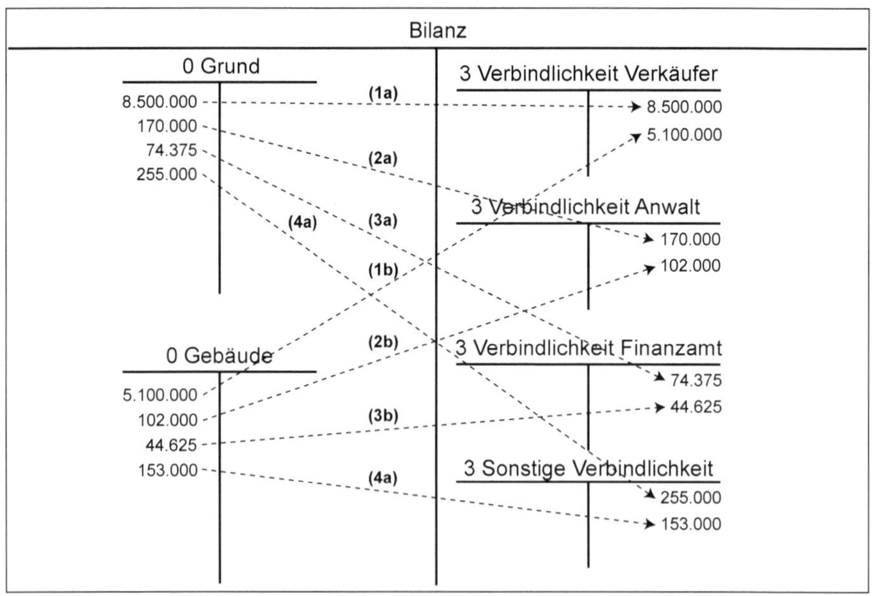

Abbildung 136: Kauf Grund und Gebäude

(1a)	0 Grund	8.500.000	→	3 Verbindlichkeiten Verkäufer	8.500.000
(1b)	0 Gebäude	5.100.000	→	3 Verbindlichkeiten Verkäufer	5.100.000
(2a)	0 Grund	170.000	→	3 Verbindlichkeiten Anwalt	170.000
(2b)	0 Gebäude	102.000	→	3 Verbindlichkeiten Anwalt	102.000
(3a)	0 Grund	74.375	→	3 Verbindlichkeiten Finanzamt	74.375
(3b)	0 Gebäude	44.625	→	3 Verbindlichkeiten Finanzamt	44.625
(4a)	0 Grund	255.000	→	3 Sonstige Verbindlichkeiten	255.000
(4b)	0 Gebäude	153.000	→	3 Sonstige Verbindlichkeiten	153.000

Erläuterung

Nicht nur der Kaufpreis, sondern auch alle Anschaffungsnebenkosten werden im Verhältnis zum Kaufpreis aufgeteilt.

	Grund (62,5 %)	Gebäude (37,5 %)
Kaufpreis	8.500.000 €	5.100.000 €
Anwaltskosten	170.000 €	102.000 €
Grunderwerbsteuer	74.375 €	44.625 €
Sonstige Spesen	255.000 €	153.000 €
Historische AHK	8.999.375 €	5.399.625 €

Alle Verbindlichkeiten werden auf das jeweilige Konto des Empfängers gebucht.

Daher ist es FALSCH,

- Grund und Boden auf ein Konto zu buchen
- Alle Verbindlichkeiten auf ein Konto zu buchen

7.2.1.2.5.2. Selbst erstelltes Anlagevermögen

Bei selbst erstelltem Anlagevermögen werden während der Erstellung zuerst alle laufenden Aufwendungen, zB. für Material oder Personal, in der Gewinn- und Verlustrechnung (siehe Kapitel 9: Erfolg) gegen Zahlungsmittelkonten bzw. Verbindlichkeiten in der Bilanz verbucht. Um den Anlagegegenstand nach Fertigstellung zu aktivieren, bedarf es des Ertragskontos Aktivierte Eigenleistung in der Gewinn- und Verlustrechnung, das die Aufwendungen ausgleicht. Somit gibt es keine Auswirkungen auf den Jahresgewinn, sondern nur Veränderungen in der Bilanz, so als wäre das Anlagegut gekauft.

Beispiel 70: **Herstellungskosten Anlagevermögen**

Verbuchen Sie das Beispiel Herstellungskosten aus Kapitel 4: Bewertung, (Garage), wenn das Unternehmen einen

a) niedrigen

a) hohen

Bilanzansatz wählt! Alle Preise exkl. 20 % USt, alle Zahlungen in bar. Die Nutzungsdauer beträgt zehn Jahre, Abschluss der Bauarbeiten im April; die Abschreibung wird indirekt verbucht.

Zur Wiederholung:
Ein Unternehmen errichtet über den Zeitraum von einem Monat eine Garage, die

Anlagevermögen darstellt. Die Materialeinzelkosten betragen 600 €, die Fertigungseinzelkosten 1.000 €, die Sonderkosten (Material) 20 €. Die Materialgemeinkosten betragen 20 % der Materialeinzelkosten, die Fertigungsgemeinkosten 10 % der Fertigungseinzelkosten, die freiwilligen Sozialleistungen 40 €, die Zinsen 10 €, die Verwaltungsgemeinkosten 5 % der Herstellungskosten und die Vertriebsgemeinkosten 8 % der Herstellungskosten.

- Schritt 1 und 2 Variante a)

Materialeinzelkosten	600 €
+ Materialgemeinkosten (600*0,2)	120 €
+ Fertigungseinzelkosten	1.000 €
+ Fertigungsgemeinkosten (1.000*0,1)	100 €
+ Sonderkosten der Fertigung	20 €
= Aktivierungspflichtige Herstellungskosten	1.840 €

Es werden ausschließlich die Einzelkosten verbucht, die anteiligen Material- und Personalgemeinkosten werden nicht verbucht! Berechnet werden Einzel- und Gemeinkosten.

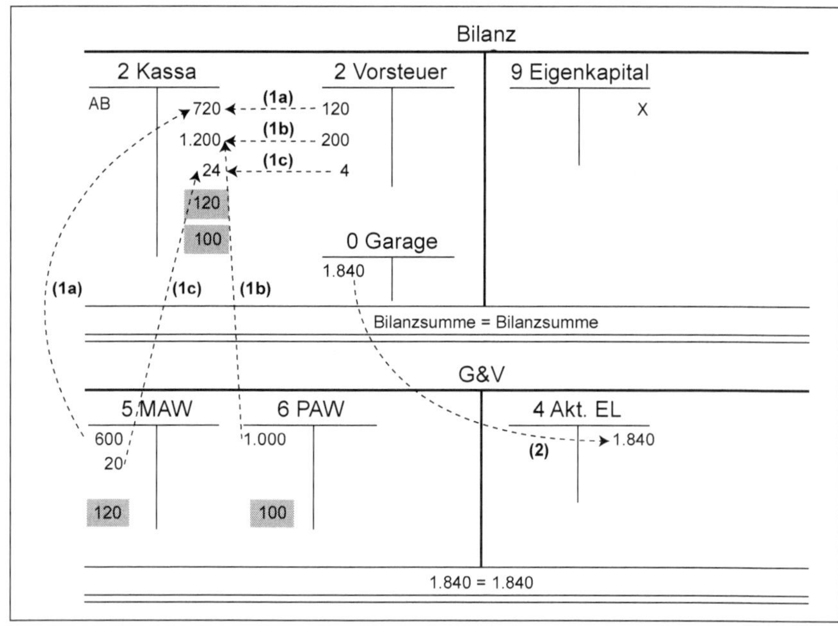

Abbildung 137: Aktivierungspflichtige Herstellungskosten

(1a)	5 Materialaufwand	600	→	2 Kassa	720
	2 VSt	120	→		
(1b)	6 Personalaufwand	1.000	→	2 Kassa	1.200
	2 VSt	200			
(1c)	5 Materialaufwand	20	→	2 Kassa	24
	2 VSt	4	→		
(2)	0 Garage	1.840	→	4 Aktivierte Eigenleistung	1.840

Beachte: Beim Personalaufwand ist es eine Frage der Vertragsgestaltung, ob Vorsteuer zu zahlen ist!

- Schritt 1 und 2 Variante b)

Aktivierungspflichtige Herstellungskosten	1.840 €
+ Aufwendungen für freiwillige Sozialleistungen	40 €
+ Anteilige Fremdkapitalzinsen	10 €
= Aktivierungsfähige Herstellungskosten	1.890 €

Es werden, wie in Variante a), ausschließlich Einzelkosten verbucht.

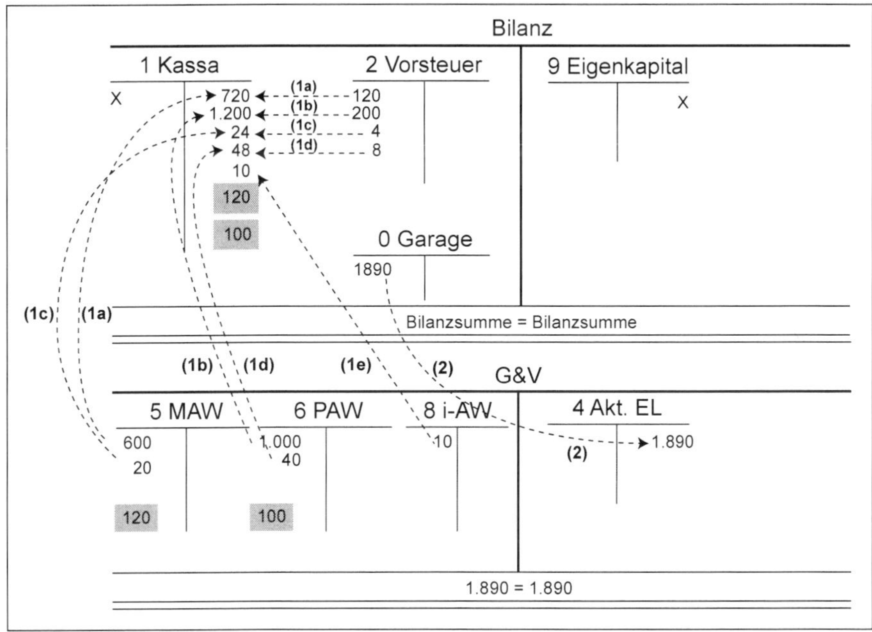

Abbildung 138: Aktivierungsfähige Herstellungskosten

(1a)	5 Materialaufwand	600	→	2 Kassa	720
	2 VSt	120	→		
(1b)	6 Personalaufwand	1.000	→	2 Kassa	1.200
	2 VSt	200			
(1c)	5 Materialaufwand	20	→	2 Kassa	24
	2 VSt	4	→		
(1d)	6 Personalaufwand	40	→	2 Kassa	48
	2 VSt	8	→		
(1e)	8 Fremdkapitalzinsen	10	→	2 Kassa	10
(2)	0 Garage	1.890	→	4 Aktivierte Eigenleistung	1.890

Beachte: Bei den freiwilligen Sozialleistungen hängt es von der Art der Aufwendungen ab, ob sie mit/ohne USt verbucht werden! Verwaltungs- und Vertriebsgemeinkosten dürfen nicht angesetzt werden. Die anteiligen Fremdkapitalzinsen dürfen sich nur auf die Dauer der Herstellung beziehen.

Beispiel 71: **Fortsetzung von Beispiel 70**

Verbuchen Sie übungshalber das Beispiel so, als wenn das Unternehmen die Garage um 1.840 € bzw. um 1.890 € gekauft hätte! Vergleichen Sie die Ergebnisse!

7.2.1.2.6. Abschreibung von Anlagevermögen

Kapitel 4: Bewertung erläutert die Grundbegriffe der Abschreibung. Grundsätzlich darf entweder direkt oder indirekt abgeschrieben werden.

Bei der **direkten Abschreibung** wird der Wert des Anlagegegenstands direkt am Bilanzkonto reduziert, in der Gewinn- und Verlustrechnung erhöht die Abschreibung den Aufwand, dh. reduziert den Gewinn.

Bei der **indirekten Abschreibung** bleibt das Konto des Anlagegegenstands unverändert; es wird ein korrespondierendes Konto 0 Kumulierte Abschreibung ... auf der Passivseite gebucht, in der Gewinn- und Verlustrechnung erhöht die Abschreibung den Aufwand, dh. reduziert den Gewinn.

Die Verbuchung soll hier anhand des Beispiels „Garage" gezeigt werden. Anhand von Variante a) wird die direkte Verbuchungsmethode gezeigt, anhand von Variante b) die indirekte. Im Rahmen dieses Buches wird Anlagevermögen ausschließlich indirekt abgeschrieben.

- Schritt 3 für Variante a) und Variante b)

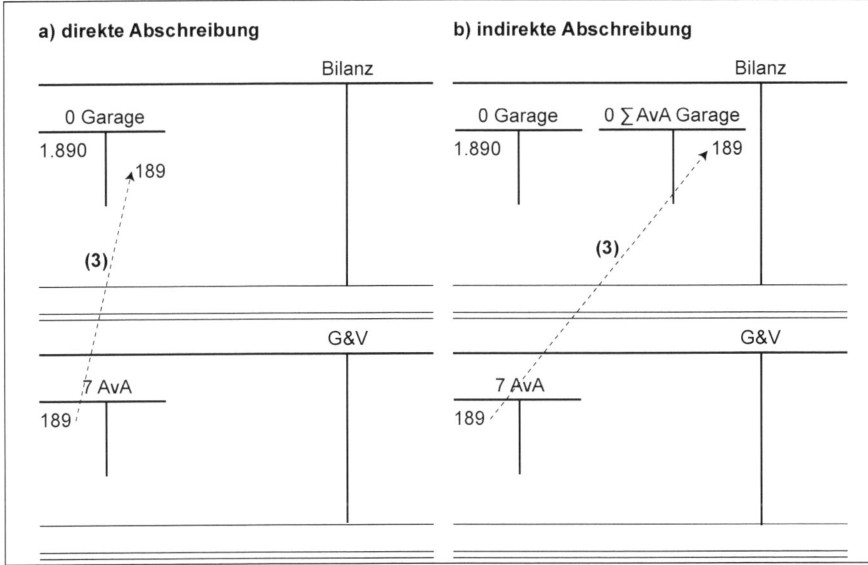

Abbildung 139: Abschreibung bei ansatzpflichtigen und ansatzfähigen Herstellungskosten

Die Höhe der Abschreibung errechnet sich wie folgt:

Variante a) 1.890 : 10 = 189 €

(3)	7 Planmäßige AvA	189	→	0 Garage	189

Variante b)

(3)	7 Planmäßige AvA	189	→	0 Kumulierte Abschreibung Garage	189

Die Abschreibung in Schritt 3 ist Aufwand, daher folgt eine erfolgswirksame Buchung. Dies erkennt man daran, dass die Bilanzsumme sowie die Summe der Gewinn- und Verlustrechnung auf der Aktivseite und der Passivseite nicht mehr identisch sind: Die kumulierte Abschreibung reduziert den in Schritt 2 aktivierten Buchwert der Garage, die Abschreibung erhöht die Summe der Aufwendungen, die in Schritt 1 getätigt wurden.

7.2.1.2.7. Bewertung von Anlagevermögen

Die Aktivierung von Anlagevermögen geschieht im Rahmen der Erstbewertung. Am Geschäftsjahresende und in den folgenden Geschäftsjahren ist die Folgebewertung durchzuführen. Im Kapitel 4: Bewertung werden die Grundsätze zur Folgebewertung des Anlagevermögens diskutiert. Demnach gilt für Anlagevermögen das gemilderte Niederstwertprinzip, dh. bei dauerhafter Wertminderung muss auf den niedrigeren Wert abgeschrieben werden. Es gilt auch das Wertaufholungsgebot, dh. wenn der Anlass für die dauerhafte Wertminderung wegfällt, muss auf die fortgeschriebenen Anschaffungs- und Herstellungskosten aufgewertet werden. Dabei ist das Anschaffungswertprinzip zu beachten, wonach nie höher als bis zu den fortgeschriebenen Anschaffungs- und Herstellungskosten aufgewertet werden darf.

Bilanztechnisch geschehen Abwertungen (nach planmäßiger Abschreibung) und Aufwertungen über außerplanmäßige Abschreibungen und Zuschreibungen.

Beispiel 72: Abwertung und Aufwertung

Ein Unternehmen kauft im Dezember X1 eine Maschine um 100.000 €, exkl. 20 % USt. Ende X2 fällt ihr Wert wegen Änderung eines Umweltschutzgesetzes auf 47.000 €. Diese gesetzliche Regelung wird Ende X3 wieder aufgehoben, der Tageswert der Maschine steigt auf 89.000 €. Die Nutzungsdauer beträgt fünf Jahre, die Maschine wird danach noch genutzt.

Bewerten Sie die Maschine jeweils am Jahresende und verbuchen Sie alle Vorgänge!

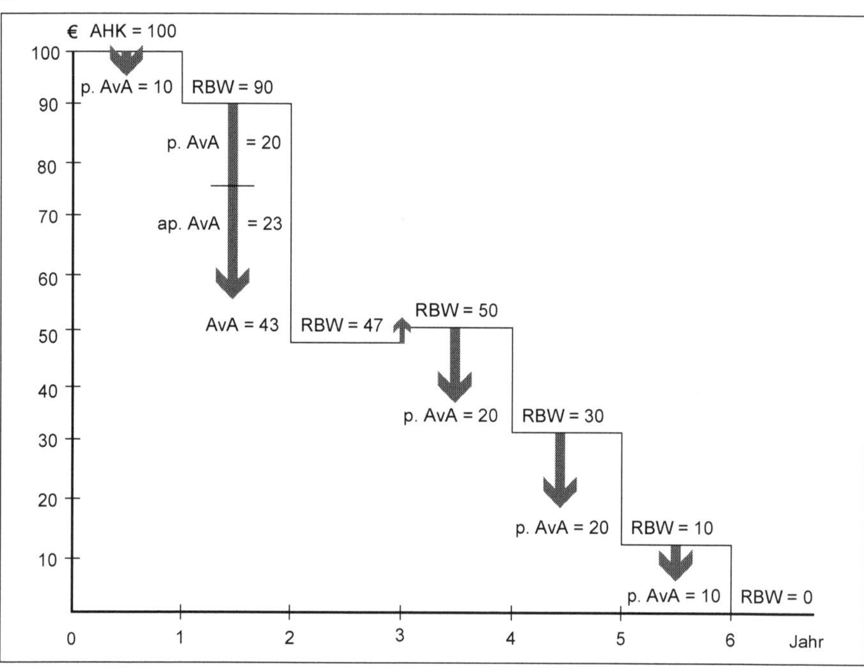

Abbildung 140: Veränderungen Restbuchwert bei außerplanmäßiger Abschreibung und Zuschreibung

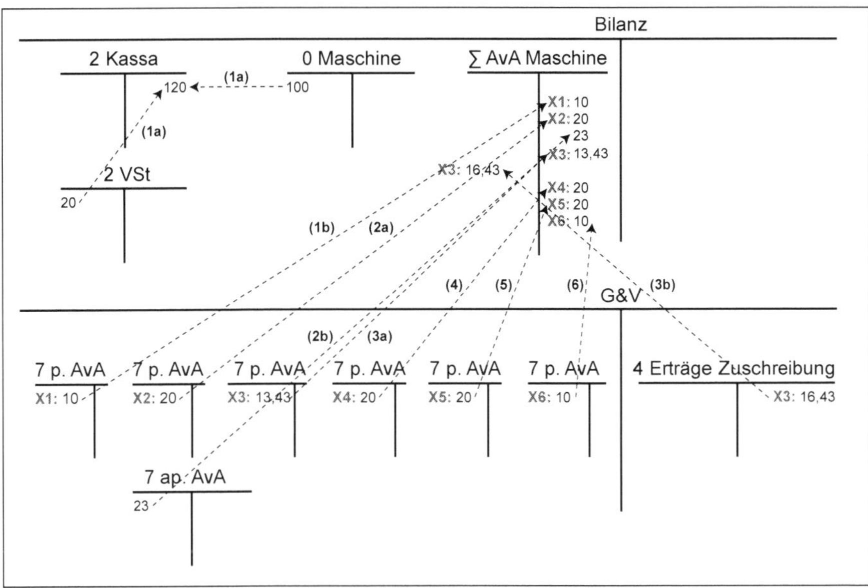

Abbildung 141: Verbuchung von außerplanmäßiger Abschreibung und Zuschreibung

- X1

(1a)	1 Maschine	100	→	2 Kassa	120
	2 VSt	20			
(1b)	7 Planmäßige AvA	10	→	0 Kumulierte Abschreibung M.	10

- X2

(2a)	7 Planmäßige AvA	20	→	0 Kumulierte Abschreibung M.	20
(2b)	7 Außerplanmäßige AvA	23	→	0 Kumulierte Abschreibung M.	23

- X3

(3a)	7 Planmäßige AvA	13,43	→	0 Kumulierte Abschreibung M.	13,43
(3b)	0 Kumulierte Abschreibung M.	16,43	→	4 Erträge aus der Zuschreibung zu Sachanlagen	16,43

- X4

(4)	7 Planmäßige AvA	20	→	0 Kumulierte Abschreibung M.	20

- X5

(5)	7 Planmäßige AvA	20	→	0 Kumulierte Abschreibung M.	20

- X6

(6)	7 Planmäßige AvA	10	→	0 Kumulierte Abschreibung M.	10

Beachte: Außer bei der Aktivierung wird das Konto 0 Maschine nie bebucht. Es wird nur bei Ergänzung durch nachträgliche Anschaffungs- und Herstellungskosten oder bei Ausscheiden der Maschine verändert.

Erläuterung

Jahr	Fortgeschriebene Anschaffungs- und Herstellungskosten	Restbuchwert	Kumulierte Abschreibung	Abschreibung
X1	90	90	10	10
X2	70	47	53	43
X3	50	50	50	– 3
X4	30	30	70	20
X5	10	10	90	20
X6	0	0	100	10

Abbildung 142: Berechnung Restbuchwert und fortgeschriebene AHK bei außerplanmäßiger Abschreibung und Zuschreibung

X1:	Halbjahresabschreibung	100 : 5 : 2	= 10 €
X2:	Ganzjahresabschreibung	100 : 5	= 20 €
	Außerplanmäßige Abschreibung	90 – 20 – 47	= 23 €
	Jahresabschreibung		= 43 €
X3:	Ganzjahresabschreibung	47 : 3,5 (Restnutzungsdauer)	= 13,43 €
	Zuschreibung	Aufwertung auf fortgeschriebene Anschaffungs- und Herstellungskosten	
		47 – 13,43 = 33,57 – 50	=–16,43 €
		(Differenz Abschreibung + Zuschreibung)	= – 3 €
X4:	Ganzjahresabschreibung	100 : 5 = 50 : 2,5	= 20 €
X5:	Ganzjahresabschreibung	100 : 5	= 20 €
X6:	Halbjahresabschreibung	100 : 5 : 2	= 10 €

7.2.1.2.8. Verkauf von Anlagevermögen

Bei Verkauf von Anlagevermögen ist es unerheblich, ob der Vermögensgegenstand gekauft oder selbst erstellt wurde. Grundsätzlich wird der Verkauf in drei Schritten verbucht, wobei in der Praxis diese drei Schritte oft zeitlich und personell unabhängig voneinander durchgeführt werden.

Schritt 1: Geldkreis
Der Kunde kauft und bezahlt den Vermögensgegenstand.

Schritt 2: Realkreis
Der Vermögensgegenstand wird aus dem Unternehmen und somit aus der Bilanz ausgeschieden und an den Kunden übergeben. Beachte: Bis zu diesem Zeitpunkt ist der Vermögensgegenstand noch abzuschreiben!

Schritt 3: Bilanztechnische Umbuchungen
Um einen Überblick über den Gewinn bzw. Verlust des Anlagenverkaufes zu erhalten, werden der Verkaufserlös und der Restbuchwert abgegangener Anlagen auf ein gemeinsames Konto in der Gewinn- und Verlustrechnung umgebucht.

Beispiel 73: Verkauf Grund und Gebäude (Fortsetzung des Beispiels Kauf Grund und Gebäude)

Im September X1 wurden der Grund um insgesamt 8.999.375 € und das Gebäude um insgesamt 5.399.625 € aktiviert. Die Nutzungsdauer des Gebäudes beträgt fünf Jahre (nicht realistische Nutzungsdauer zur vereinfachten Darstellung). Das Unternehmen verkauft im Mai X4 das bebaute Grundstück um 12.600.000 €, der Anteil des Grundes beträgt davon 8.400.000 €. Alle Spesen und Abgaben trägt der Käufer. Verbuchen Sie den Verkauf und berechnen Sie den Gewinn bzw. Verlust aus dem Verkauf!

Zur besseren Übersicht werden Grund und Gebäude getrennt verbucht, was in der Praxis wahrscheinlich gleichzeitig geschieht.

- Grund

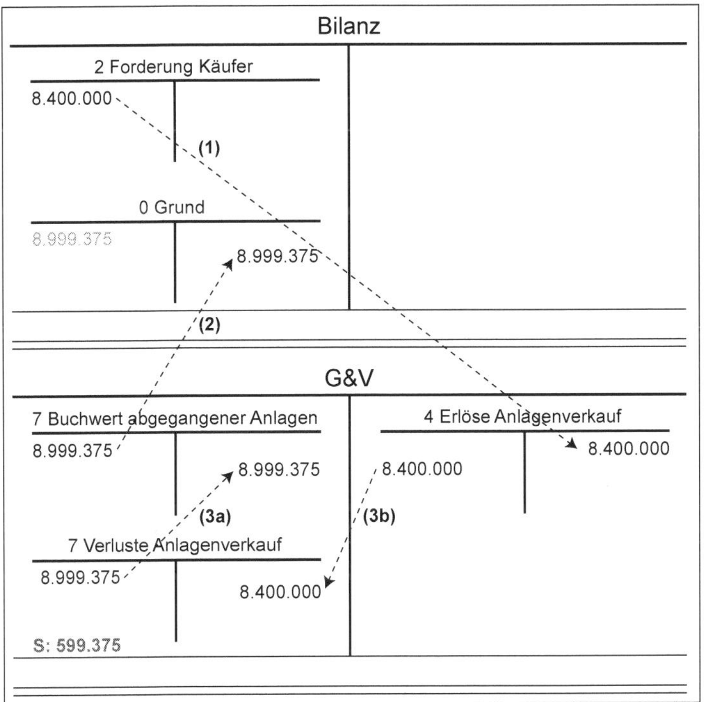

Abbildung 143: Verkauf Grundstück

Schritt 1: Geldkreis

(1)	2 Forderungen	8.400.000	→	4 Erlöse Anlagenverkauf	8.400.000

Schritt 2: Realkreis

(2)	7 Buchwert abgegangener Anlagen	8.999.375	→	0 Grund	8.999.375

Schritt 3: Bilanztechnische Umbuchungen

(3a)	7 Verluste aus dem Abgang von Anlagen	8.999.375	→	7 Buchwert abgegangener Anlagen	8.999.375
(3b)	4 Erlöse Anlagenverkauf	8.400.000	→	7 Verluste aus dem Abgang von Anlagen	8.400.000

- Gebäude

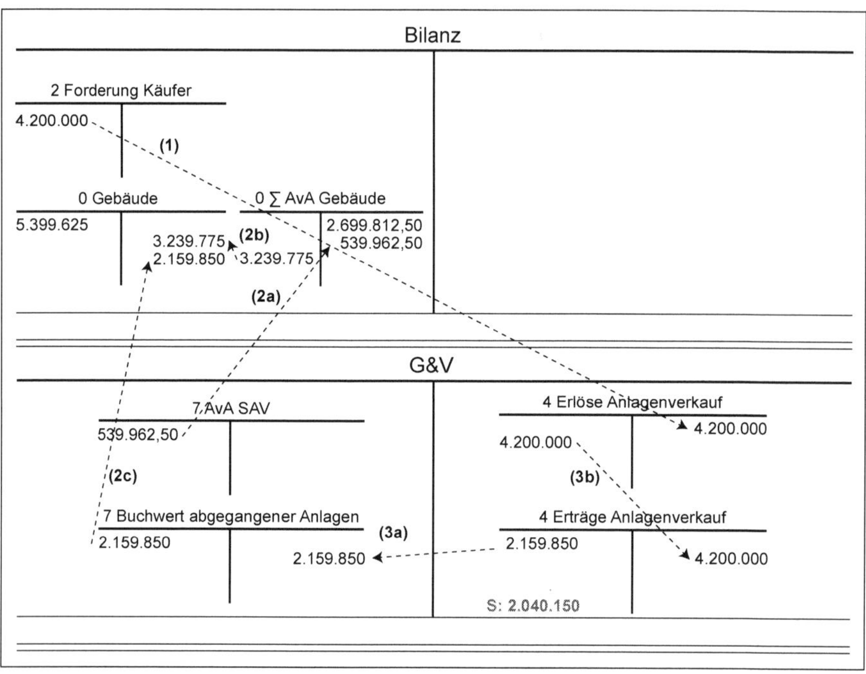

Abbildung 144: Verkauf Gebäude

Schritt 1: Geldkreis

(1)	2 Forderungen Käufer	4.200.000	→	4 Erlöse Anlagenverkauf	4.200.000

12.600.000 € Kaufpreis insgesamt – 8.400.000 € anteilig für Grund = 4.200.000 €.

Schritt 2: Realkreis

(2a)	7 Planmäßige Abschreibung	539.962,50	→	0 Kumulierte Abschreibung Gebäude	539.962,50
(2b)	0 Kumulierte	3.239.775,00	→	0 Gebäude Abschreibung Gebäude	3.239.775,00
(2c)	7 Buchwert abgegangener Anlagen	2.159.850,00	→	0 Gebäude	2.159.850,00

(2a) Berechnung der Abschreibung

Abschreibungsbasis	5.399.625,00 €
: 5 Jahre Nutzungsdauer	
= Abschreibung pro Jahr	1.079.925,00 €
: 2 wegen Halbjahresabschreibung (Mai)	
= Halbjahresabschreibung X4	539.962,50 €

(2b) Berechnung der kumulierten Abschreibung X1–X4

Abschreibung X1 (Halbjahr)	539.962,50 €
Abschreibung X2	1.079.925,00 €
Abschreibung X3	1.079.925,00 €
Abschreibung X4 (Halbjahr)	539.962,50 €
= Kumulierte Abschreibung bis Halbjahr X4	3.239.775,00 €

(2c) Berechnung des Buchwertes X4

Historische Anschaffungskosten Gebäude	5.399.625,00 €
− Kumulierte Abschreibung bis Halbjahr X4	−3.239.775,00 €
= Buchwert Mai X4	2.159.850,00 €

Schritt 3: Bilanztechnische Umbuchungen

(3a)	4 Erträge aus Anlagenverkauf	2.159.850	→	7 Buchwert abgegangener Anlagen	2.159.850
(3b)	4 Erlöse Anlagenverkauf	4.200.000	→	4 Erträge aus Anlagenverkauf	4.200.000

- Gewinn aus dem Verkauf des bebauten Grundstückes

Verlust aus dem Verkauf vom Grund:	8.400.000 – 8.999.375	=	–599.375
Gewinn aus dem Verkauf vom Gebäude:	4.200.000 – 2.159.850	=	2.040.150
Gewinn aus dem Verkauf des bebauten Grundstückes		=	1.440.775

7.2.1.2.9. Geringwertige Wirtschaftsgüter

Geringwertige Wirtschaftsgüter sind kein eigener Bilanzposten, sondern Anlagevermögen, für das spezielle Regelungen gelten.

§ 204 Abs. 1a UGB normiert:

Abschreibungen im Anlagevermögen

> ***§ 204.*** *(1a) Anschaffungs- oder Herstellungskosten geringwertiger Vermögensgegenstände des abnutzbaren Anlagevermögens dürfen im Jahr ihrer Anschaffung oder Herstellung voll abgeschrieben werden.*

Geringwertige Wirtschaftsgüter sind Güter des Anlagevermögens, deren Anschaffungskosten 1.000 € (netto, dh. exklusive USt) nicht überschreiten.

Üblicherweise werden die geringwertigen Wirtschaftsgüter als GwG abgekürzt. Die geringwertigen Wirtschaftsgüter dürfen im Jahr der Anschaffung voll abgeschrieben werden. Für ein Unternehmen ergeben sich dadurch bilanztechnische und steuerliche Vorteile (§ 13 EStG). Zugang, Abschreibung und Abgang geringwertiger Wirtschaftsgüter sind im Anlagespiegel darzustellen. Ist der Abschreibungsbetrag aller GwGs wesentlich, müssen sie aktiviert werden.

Beachte: Mehrere kleine Güter, die in ihrer Gesamtheit eine wirtschaftliche Einheit darstellen, müssen zusammengezählt werden und dürfen nur dann als GwG geltend gemacht werden, wenn sie gemeinsam weniger als 1.000 € exkl. USt betragen.

Beispiel 74: **Geringwertige Wirtschaftsgüter**

a) Ein Unternehmen kauft im Mai X1 einen Taschenrechner um 8 € exkl. 20 % USt.
b) Es kauft für das Besprechungszimmer sechs Sessel zu je 200 € und einen Tisch zu 360 €, jeweils exkl. 20 % USt.

Alle Güter sollen vier Jahre genutzt werden. Welche Güter dürfen als GwG abgesetzt werden? Wie wird in X1 verbucht?

Erläuterung

a) Der Taschenrechner darf sofort als GwG abgesetzt werden.
Eine mögliche Verbuchungsvariante ist:

0 GwG	8	→	2 Kassa	9,60
2 VSt	1,60			
7 Abschreibung GwG	8	→	0 Kumulierte Abschreibung GwG	8
0 Kumulierte Abschreibung GwG	8	→	0 GwG	8

b) Die Möbel des Besprechungszimmers stellen eine wirtschaftliche Einheit dar. Sie betragen insgesamt $6 \cdot 200 + 360 = 1.560$ € exkl. USt und überschreiten daher die 1.000 € – Grenze für geringwertige Wirtschaftsgüter.

0 Büroausstattung	1.560	→	2 Kassa	1.872
2 VSt 312				
7 p. AvA	390	→	0 Kumulierte Abschreibung Büroausstattung	390

7.2.1.3. Umlaufvermögen

Umlaufvermögen ist dazu bestimmt, nur kurzfristig im Unternehmen zu bleiben. Es stellt die Mittel dar, die direkt in die Leistungsproduktion eingehen.

Das Umlaufvermögen steht dem Unternehmen zur kurzfristigen Nutzung und direkt zur Leistungserbringung zur Verfügung. Die wirtschaftliche Zweckbestimmung ist daher für die Zuordnung zu Anlage- oder Umlaufvermögen ausschlaggebend. Für eine Analyse des Unternehmens und zur Bewertung im Rahmen der Bilanzierung ist manchmal eine Trennung in monetäres und nicht monetäres Umlaufvermögen nötig.

Zum **monetären Umlaufvermögen** werden Forderungen, Wertpapiere und Anteile sowie Kassenbestand, Schecks und Guthaben bei Kreditinstituten gezählt.

Zum **nicht monetären Umlaufvermögen** werden die Vorräte gezählt.

Die Aktivierung von Umlaufvermögen geschieht wie beim Anlagevermögen im Rahmen der Erstbewertung. Am Geschäftsjahresende und in den folgenden Geschäftsjahren ist die Folgebewertung durchzuführen, die bei gekauften und selbst erstellten Vorräten identisch durchgeführt wird.

In Kapitel 4: Bewertung wurden die Grundsätze zur Folgebewertung des Umlaufvermögens diskutiert. Demnach gilt für Umlaufvermögen das strenge Niederstwertprinzip, dh. bei Wertminderung muss auf den nierdrigeren Wert abgeschrieben werden, unabhängig von der Dauer der Wertminderung. Es gilt gemäß § 208 UGB Wertaufholungsgebot bis zu maximal der Höhe der Anschaffungs- und Herstellungskosten unter Berücksichtigung der Abschreibungen, die bis dahin vorzunehmen gewesen wären. Da Zuschreibungen aufgrund des kurzfristigen Charakters von Umlaufvermögen nur marginale Bedeutung haben, werden sie im Weiteren nicht behandelt.

7.2.1.3.1. Vorräte

7.2.1.3.1.1. Gliederung der Vorräte

Vorräte sind auf Lager liegende Gegenstände, die entweder im Produktionsprozess noch bearbeitet werden sollen oder für den Absatz bestimmt sind.

Zu den Vorräten zählen

1. Roh-, Hilfs- und Betriebsstoffe
   Rohstoffe gehen unmittelbar als wesentlicher Bestandteil in die Erzeugnisse ein (zB. Holz), Hilfsstoffe in untergeordneter Bedeutung (zB. Leim), Betriebsstoffe werden bei der Fertigung verbraucht (zB. Schmiermittel) und gehen nicht in das Produkt ein.
2. unfertige Erzeugnisse
   Dazu zählen alle Produkte, die am Bilanzstichtag noch nicht fertig gestellt sind.
3. fertige Erzeugnisse und Waren
   In der Posten Fertige Erzeugnisse sind die vollständig bearbeiteten Produkte sowie die Handelswaren zusammengefasst.
4. noch nicht abrechenbare Leistungen
   Dazu zählen Dienstleistungen, die bereits begonnen, aber noch nicht abgeschlossen wurden.
5. geleistete Anzahlungen

Wie bereits aus dem Begriff Anschaffungs- und Herstellungskosten hervorgeht, kann auch bei den Vorräten (Schenkungen, etc… ausgenommen) zwischen

- gekauft
- selbst erstellt

unterschieden werden.

Beachte: Aktivierung und Verkauf werden bei gekauften und selbst erstellten Vorräten nach unterschiedlicher Systematik gebucht! Zur Definition und Berechnung von Anschaffungs- und Herstellungskosten siehe Kapitel 4: Bewertung.

7.2.1.3.1.2. Bewertung von Umlaufvermögen

Bevor die Lagerbestände bewertet werden können, muss eine Bestandsermittlung erfolgen. Diese kann direkt oder indirekt durchgeführt werden, wobei der direkten Methode aufgrund höherer Genauigkeit der Vorzug zu geben ist. Bei der indirekten Methode kann kein Schwund errechnet werden.

Der **Anfangsbestand** ist der Bestand des Lagers am Anfang des Geschäftsjahres.

Abfassungen sind Entnahmen aus dem Lager.

Der **Soll-Endbestand** ist der Endbestand des Lagers am Bilanzstichtag, der laut Lagerbuch vorhanden sein sollte.

Der **Ist-Endbestand** ist der Endbestand des Lagers am Bilanzstichtag, der laut Inventur tatsächlich vorhanden ist.

Der **Schwund** ist die Differenz zwischen dem Soll-Endbestand und dem Ist-Endbestand. Ursachen können zB. mangelhafte Lagerbuchführung oder Diebstahl sein.

Direkt	Indirekt
Anfangsbestand	Anfangsbestand
+ Zukäufe	+ Zukäufe
– Retourwaren	– Retourwaren
– Abfassungen lt. Lagerbuch	– Ist-Endbestand
= Soll-Endbestand	= Einsatz
– Ist-Endbestand	
= Schwund	

Die Folgebewertung wird im Rahmen dieses Buches anhand von gekauften Vorräten erläutert, die Vorgänge und Grundsätze sind aber für selbst erstellte Vorräte identisch.

Wie bereits in Kapitel 4: Bewertung erläutert, ist grundsätzlich eine Einzelbewertung aller Vorräte vorzunehmen. Da die Einzelbewertung allerdings in vielen Fällen technisch nicht möglich oder nicht wirtschaftlich sinnvoll ist, erlaubt § 209 Abs. 2 UGB folgende Bewertungsvereinfachungen:

Bewertungsvereinfachungsverfahren

> ***§ 209.*** *(2) Gleichartige Gegenstände des Finanzanlage- und des Vorratsvermögens, Wertpapiere (Wertrechte) sowie andere gleichartige oder annähernd gleichwertige bewegliche Vermögensgegenstände können jeweils zu einer Gruppe zusammengefaßt und mit dem gewogenen Durchschnittswert angesetzt werden. Soweit es den Grundsätzen ordnungsmäßiger Buchführung entspricht, kann für den Wertansatz gleichartiger Vermögensgegenstände des Vorratsvermögens unterstellt werden, daß die zuerst oder zuletzt angeschafften oder hergestellten Vermögensgegenstände zuerst oder in einer sonstigen bestimmten Folge verbraucht oder veräußert worden sind.*

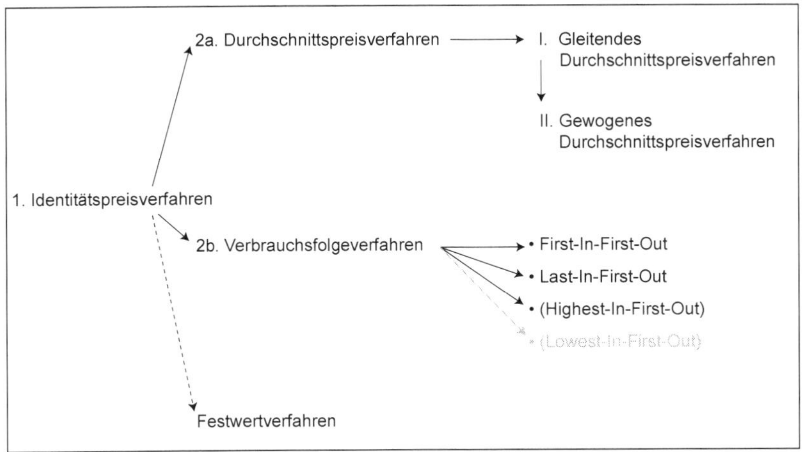

Abbildung 145: Bewertungsverfahren

- **Identitätspreisverfahren**

Wenn technisch möglich und wirtschaftlich sinnvoll, ist das Identitätspreisverfahren als Ausdruck der Einzelbewertung durchzuführen. Wenn das Identitätspreisverfahren nicht angewandt wird, besteht die Wahl zwischen Durchschnittspreisverfahren und Verbrauchsfolge als Ausdruck der Bewertungsvereinfachungen.

- **Durchschnittspreisverfahren**

Entscheidet sich das Unternehmen für ein Durchschnittspreisverfahren, ist, falls möglich, zuerst das I. gleitende Durchschnittspreisverfahren anzuwenden. Es erfordert eine exakte und va. chronologische Lagerbuchführung. Ist das gleitende Durchschnittspreisverfahren nicht möglich, dann erst ist das II. gewogene Durchschnittspreisverfahren zu wählen.

Aufgrund mangelnder Aufzeichnungen kann beim gewogenen Durchschnittspreisverfahren kein Soll-Endbestand ermittelt werden, nur der Ist-Endbestand laut Inventur. Daher kann keine Schwundermittlung erfolgen, da der Verbrauch nur indirekt ermittelt werden kann.

- **Verbrauchsfolgeverfahren**

Entscheidet sich das Unternehmen für ein Verbrauchsfolgeverfahren, existieren First-In-First-Out (FIFO), Last-In-First-Out (LIFO), Highest-In-First-Out (HIFO) und Lowest-In-First-Out (LOFO), wobei nur FIFO und LIFO steuerlich anerkannt werden.

Bei all diesen Verfahren unterstellt man eine Reihenfolge der Abfassung nach den Kriterien Zeit oder Wert. First-In-First-Out bedeutet demnach, dass man unterstellt, dass die zuerst eingegangenen Waren auch zuerst verkauft werden. Was macht zB. bei verderblichen Gütern wie Lebensmitteln Sinn? Dieses Verfahren gilt weiters als inflationsbereinigend, da es die später gekauften Waren (mit einem dem Tageswert näheren Preis) höher bewertet als die früher gekauften (mit einem dem Tageswert ferneren Preis). Last-In-First-Out unterstellt, dass die zuletzt gekauften Waren zuerst verkauft werden. Highest-In-First-Out und Lowest-In-First-Out stellen auf den Wert der Ware ab.

- **Festwertverfahren**

Unter bestimmten Umständen ist auch das Festwertverfahren zulässig. § 209 Abs. 1 UGB erlaubt, dass eine ungefähr gleichbleibende Menge an Vermögensgegenständen gleicher Art in der Bilanz mit einem über die Jahre gleichbleibenden Betrag angesetzt werden darf. Voraussetzung dafür ist, dass es sich um Gegenstände des Sachanlagevermögens oder Roh-, Hilfs- und Betriebsstoffe von untergeordnetem Wert handelt, die Gegenstände regelmäßig ersetzt werden und sich der Bestand nur geringfügig ändert. Alle fünf Jahre müssen eine Inventur und gegebenenfalls Korrekturen in der Bilanz durchgeführt werden. Beispielsweise werden Kopfpolsterüberzüge eines Hotels jährlich mit einer Menge von 100 Stück á 0,50 € unter der Annahme in der Bilanz angesetzt, dass die zerschlissenen Stücke laufend durch neue ersetzt werden.

7.2.1.3.1.3. Gekaufte Vorräte

Zu den gekauften Vorräten werden die Roh-, Hilfs- und Betriebsstoffe sowie die Waren, dh. die Handelswaren, gezählt.

Bei der Verbuchung von Vorräten existieren mehrere Möglichkeiten, die stets zum selbem Ergebnis führen müssen. Hier wird didaktisch eine Variante vorgestellt, die va. für Anfänger die Vorgänge im Unternehmen gut nachvollziehbar darstellt.

Beachte: Dieses Kapitel stellt auf die Lagerbuchhaltung ab, dh. es werden die Buchungen aus Sicht des Lagers und nicht aus Sicht des Verkaufes abgebildet.

Dabei wird von den einzelnen Schritten wie folgt vorgegangen:

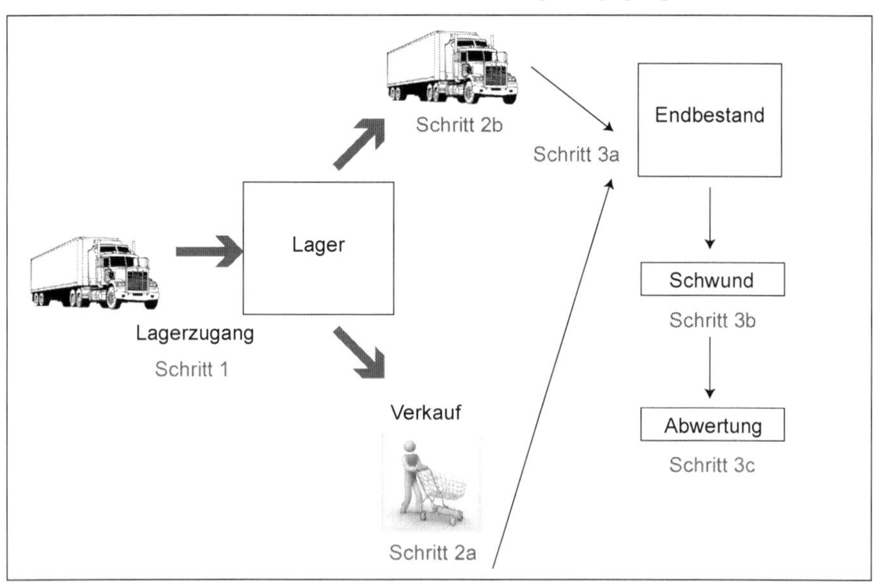

Abbildung 146: Gekaufte Vorräte

Schritt 1: Verbuchung Einkauf: Es gilt: Verbuchung bei Rechnungslegung
Schritt 2: Verbuchung Verkauf
Schritt 2a: Verbuchung Verkauf: Verbuchung der Umsatzerlöse bei Rechnungslegung
Schritt 2b: Verbuchung des Lagerausganges = Handelswareneinsatz (manchmal auch: Handelswarenverbrauch)
Dieser Schritt muss nicht sofort bei Lagerausgang erfolgen, sondern kann auch später durchgeführt werden. Hier wird aus Gründen der Vereinfachung am Jahresende gebucht. Oft werden für diesen Schritt bereits die Berechnungen aus Schritt 3a benötigt.
Schritt 3: Bewertung des Lagers und deren Verbuchung am Bilanzstichtag
Schritt 3a: Ermittlung des Lagerwertes: Siehe Bewertungsverfahren
Schritt 3b: Schwund: Die Ermittlung des Schwundes ist nur bei direkter Bestandsermittlung möglich. Der Schwund wird als Abschreibung gebucht.
Schritt 3c: Abwertung: Nach der Schwundverbuchung ist die endgültige Bewertung gemäß strengem Niederstwertprinzip durchzuführen und gegebenenfalls abzuwerten. Die Abwertung wird als Abschreibung gebucht.

Beispiel 75: **Vorräte**

Ein Knopfhändler handelt mit qualitativ gleichwertigen grünen und rosafarbenen Knöpfen (kein Modetrend). Der Endbestand an grünen Knöpfen beträgt 1.800 Stück, an rosafarbenen 2.900 Stück. Am Bilanzstichtag wären beide Sortimente um 0,55 € im Einkauf zu haben. Der Händler verkauft alle Knöpfe um 1 € pro Stück. Alle Preise exkl. 20 % USt, alle Zahlungen bar.

Die Lagerbuchaufzeichnungen ergeben folgendes Bild:

1.2. Zugang grüne Knöpfe	7.000 à 0,60
2.3. Abgang grüne Knöpfe	2.000
3.4. Zugang rosa Knöpfe	9.000 à 0,70
4.5. Abgang grüne Knöpfe	3.000
5.6. Abgang rosa Knöpfe	6.000

Bewerten Sie das Lager gemäß
a) Identitätspreisverfahren
b) Gleitendem Durchschnittspreisverfahren
c) Gewogenem Durchschnittspreisverfahren
d) FIFO-Verfahren
und verbuchen Sie alle Vorgänge!
Wie hoch ist der Bilanzansatz der Warengruppe Knopf?
Wie hoch ist der Rohgewinn aus der Warengruppe Knopf?

Der **Rohgewinn** bezeichnet die Differenz zwischen Umsatzerlösen minus Handelswareneinsatz eines Produktes bzw. einer Produktgruppe.

Aus Darstellungsgründen erfolgt die Bewertung nach allen Verfahren. (Rechtlich muss der Händler aufgrund der gegebenen Informationen das Identitätspreisverfahren als exaktestes Verfahren anwenden.)

Erläuterung

- **Identitätspreisverfahren**

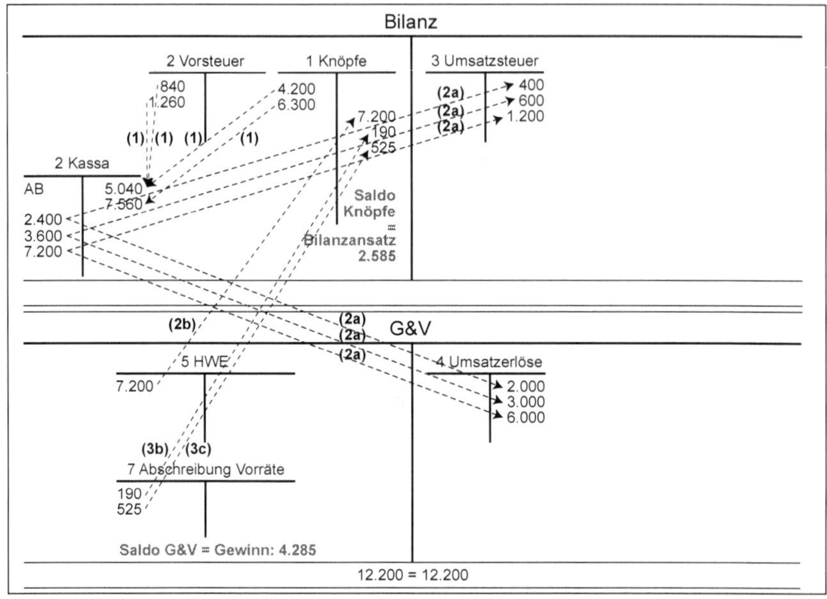

Abbildung 147: Identitätspreisverfahren

Beachte: Die Darstellung der Buchungen erfolgt ausschließlich zur besseren Strukturierung der Buchungen nach den oben genannten Schritten, nicht nach dem Datum! Das Datum wird in Klammer hinzugefügt.

Schritt 1

(1: 1.2.)	1 Knöpfe	4.200	→	2 Kassa	5.040
	2 VSt	840			
(1: 3.4.)	1 Knöpfe	6.300	→	2 Kassa	7.560
	2 VSt	1.260			

Schritt 2a

(2a: 2.3.)	2 Kassa	2.400	→	4 Umsatzerlöse	2.000
				3 USt	400
(2a: 4.5.)	2 Kassa	3.600	→	4 Umsatzerlöse	3.000
				3 USt	600
(2a: 5.6.)	2 Kassa	7.200	→	4 Umsatzerlöse	6.000
				3 USt	1.200

Schritt 2b

	Zugang	Abgang	Soll-EB	Ist-EB	Schwund	Abwertung	Bilanz-ansatz
grün	7.000 · 0,6	2.000 · 0,6 3.000 · 0,6	2.000 · 0,6	1.800 · 0,6	200 · 0,6	1.800 · 0,05	1.080 – 90
	4.200	3.000	1.200	1.080	120	90	990
rosa	9.000 · 0,7	6.000 · 0,7	3.000 · 0,7	2.900 · 0,7	100 · 0,7	2.900 · 0,15	2.030 – 435
	6.300	4.200	2.100	2.030	70	435	1.595
∑	10.500	7.200	3.300	3.110	190	525	2.585

Abbildung 148: Tabelle Identitätspreisverfahren

(2b) 5 Handelswareneinsatz	7.200	→	1 Knöpfe	7.200

Der Handelswareneinsatz umfasst alle Abfassungen.

Beachte: Der Handelswareneinsatz wird mit dem Einstandspreis verbucht, nicht mit dem Verkaufspreis! Im Falle des Identitätspreisverfahrens ist die Ermittlung des Einstandspreises sehr einfach, nämlich der Einkaufspreis exkl. USt.

In diesem Beispiel werden daher auch beim Verkauf die Anschaffungskosten angesetzt, da es sich um eine Betrachtung des Lagers handelt! Dh. es werden die Knöpfe mit dem Wert aus dem Lager genommen, mit dem sie ins Lager gegangen sind.

Beachte: Daher sind zusätzliche Kosten der Beschaffung zu berücksichtigen, aber auch eventuelle Skonti, Rabatte, … abzuziehen!

Schritt 3a: siehe Tabelle

Schritt 3b

(3b) 7 Abschreibung Vorräte	190	→	1 Knöpfe	190

Beachte: Der Österreichische Einheitskontenrahmen kennt Abschreibungen auf Vorräte in der Klasse 5 (übliches Ausmaß) und in der Klasse 7 (über das gewöhnliche Ausmaß hinaus). In der Praxis ist es meist eindeutig, ob in Klasse 5 oder 7 gebucht wird; in diesem Buch wird zur Vereinfachung immer Klasse 7 gewählt.

Schritt 3c

(3c) 7 Abschreibung Vorräte	525	→	1 Knöpfe	525

Der Bilanzansatz der Warengruppe Knopf ist aus dem Konto 1 Knopf bzw. aus der obigen Tabelle abzuleiten:

Alle Zugänge	10.500 €
– Alle Abgänge	– 7.200 €
– Schwund	– 190 €
– Abwertung	– 525 €
= Bilanzansatz	= 2.585 €

Der Rohgewinn aus der Warengruppe Knopf ist aus der Gewinn- und Verlustrechnung abzuleiten:

Alle Erlöse	11.000 €
– Alle Aufwendungen	– 7.915 €
= Rohgewinn	= 3.085 €

- **Gleitendes Durchschnittspreisverfahren (Zahlen gerundet)**

Bitte stellen Sie übungshalber das Beispiel mit Bewertung nach gleitendem Durchschnittspreisverfahren mittels T-Konten dar! Was fällt Ihnen auf?

Schritt 1

(1: 1.2.)	1 Knöpfe	4.200	→	2 Kassa	5.040
	2 VSt	840			
(1: 3.4.)	1 Knöpfe	6.300	→	2 Kassa	7.560
	2 VSt	1.260			

Schritt 2a

(2a: 2.3.)	2 Kassa	2.400	→	4 Umsatzerlöse	2.000
				3 USt	400
(2a:4.5.)	2 Kassa	3.600	→	4 Umsatzerlöse	3.000
				3 USt	600
(2a: 5.6.)	2 Kassa	7.200	→	4 Umsatzerlöse	6.000
				3 USt	1.200

Schritt 2b

Zugang grün	7.000 · 0,6	4.200 €
Abgang 1 grün	– 2.000 · 0,6	– 1.200 €
	5.000 · 0,6	3.000 €
Zugang rosa	+ 9.000 · 0,7	+ 6.300 €
	14.000 · 0,66	9.300 €
Abgang 2 grün	– 3.000 · 0,66	– 1.993 €
	11.000 · 0,66	7.307 €
Abgang rosa	– 6.000 · 0,66	– 3.984 €
	5.000 · 0,66	3.323 €
Schwund	– 300 · 0,66	– 199 €
	4.700 · 0,66	3.124 €
Bilanzansatz	4.700 · 0,55	2.585 €
Abwertung		539 €

Abbildung 149: Tabelle Gleitendes Durchschnittspreisverfahren

(2b)	5 Handelswareneinsatz	7.177	→	1 Knöpfe	7.177

Der Handelswareneinsatz umfasst alle Abfassungen 1.200 + 1.993 + 3.984 = 7.177.

Beachte: Der Handelswareneinsatz wird mit dem Einstandspreis verbucht, nicht mit dem Verkaufspreis! Im Falle des Durchschnittspreisverfahrens erfolgt die Ermittlung des Einstandspreises über die Kalkulation des Bewertungsverfahrens.

Schritt 3a: siehe Berechnung aus Schritt 2b

Schritt 3b

(3b)	7 Abschreibung Vorräte	199	→	1 Knöpfe	199

Schritt 3c

(3c)	7 Abschreibung Vorräte	539	→	1 Knöpfe	539

Der Bilanzansatz der Warengruppe Knopf ist aus dem Konto 1 Knopf bzw. aus der obigen Tabelle abzuleiten:

Alle Zugänge	10.500 €
− Alle Abgänge	− 7.177 €
− Schwund	− 199 €
− Abwertung	− 539 €
= Bilanzansatz	= 2.585 €

Der Rohgewinn aus der Warengruppe Knopf ist aus der Gewinn- und Verlustrechnung abzuleiten:

Alle Erlöse	11.000 €
− Alle Aufwendungen	− 7.915 €
= Rohgewinn	= 3.085 €

- **Gewogenes Durchschnittspreisverfahren**

Bitte stellen Sie übungshalber das Beispiel mit Bewertung nach gewogenem Durchschnittspreisverfahren mittels T-Konten dar! Was fällt Ihnen auf?

Schritt 1

(1: 1.2.)	1 Knöpfe	4.200	→	2 Kassa	5.040
	2 VSt	840			
(1: 3.4.)	1 Knöpfe	6.300	→	2 Kassa	7.560
	2 VSt	1.260			

Schritt 2a

(2a: 2.3.)	2 Kassa	2.400	→	4 Umsatzerlöse	2.000
				3 USt	400
(2a:4.5.)	2 Kassa	3.600	→	4 Umsatzerlöse	3.000
				3 USt	600
(2a: 5.6.)	2 Kassa	7.200	→	4 Umsatzerlöse	6.000
				3 USt	1.200

Schritt 2b

Zugang grün	7.000 · 0,6	4.200 €
Zugang rosa	9.000 · 0,7	+ 6.300 €
= Summe Zugänge	16.000 · 0,65	= 10.500 €
− Ist-Endbestand	4.700 · 0,65	− 3.055 €
= Handelswareneinsatz	11.300 · 0,65	= 7.445 €
Bilanzansatz	4.700 · 0,55	2.585 €
Abwertung		470 €

Abbildung 150: Tabelle Gewogenes Durchschnittspreisverfahren

Beachte: Zur Verdeutlichung des Unterschiedes der einzelnen Verfahren wird hier ausnahmsweise auf eine exakte Rundung verzichtet: 0,65 anstelle 0,65626 ~ 0,66.

(2b) 5 Handelswareneinsatz	7.445	→	1 Knöpfe	7.445

Der Handelswareneinsatz umfasst alle Abfassungen. Da es bei diesem Verfahren keine exakten Aufzeichnungen gibt, kann kein Schwund errechnet werden. Dieser ist im Handelswareneinsatz inkludiert.

Beachte: Der Handelswareneinsatz wird mit dem Einstandspreis verbucht, nicht mit dem Verkaufspreis! Im Falle des Durchschnittspreisverfahrens erfolgt die Ermittlung des Einstandspreises über die Kalkulation des Bewertungsverfahrens.

Schritt 3a: siehe Berechnung aus Schritt 2b

Schritt 3b: Schritt 3b entfällt, da kein Schwund errechnet werden kann.

Schritt 3c

(3c) 7 Abschreibung Vorräte	470	→	1 Knöpfe	470

Der Bilanzansatz der Warengruppe Knopf ist aus dem Konto 1 Knopf bzw. aus der obigen Tabelle abzuleiten:

Alle Zugänge	10.500 €
− Alle Abgänge	− 7.445 €
− Abwertung	− 470 €
= Bilanzansatz	= 2.585 €

Der Rohgewinn aus der Warengruppe Knopf ist aus der Gewinn- und Verlustrechnung abzuleiten:

Alle Erlöse	11.000 €
− Alle Aufwendungen	− 7.915 €
= Rohgewinn	= 3.085 €

- **FIFO-Verfahren**

Bitte stellen Sie übungshalber das Beispiel mit Bewertung nach FIFO-Verfahren mittels T-Konten dar! Was fällt Ihnen auf?

Schritt 1

(1: 1.2.)	1 Knöpfe	4.200	→	2 Kassa	5.040
	2 VSt	840			
(1: 3.4.)	1 Knöpfe	6.300	→	2 Kassa	7.560
	2 VSt	1.260			

Schritt 2a

(2a: 2.3.)	2 Kassa	2.400	→	4 Umsatzerlöse	2.000
				3 USt	400
(2a:4.5.)	2 Kassa	3.600	→	4 Umsatzerlöse	3.000
				3 USt	600
(2a: 5.6.)	2 Kassa	7.200	→	4 Umsatzerlöse	6.000
				3 USt	1.200

Schritt 2b

Abgänge/Zugänge	Zugang grün	Zugang rosa
	7.000 · 0,6 = 4.200	9.000 · 0,7 = 6.300
Abgang 1	– 2.000 · 0,6 = 1.200	
Abgang 2	– 3.000 · 0,6 = 1.800	
Abgang 3	– 2.000 · 0,6 = 1.200	– 4.000 · 0,7 = 2.800
Soll-Endbestand	= 0	5.000 · 0,7 = 3.500
Schwund		– 300 · 0,7 = 210
Ist-Endbestand	= 0	4.700 · 0,7 = 3.290
		4.700 · 0,55 = 2.585
Abwertung		= 705

Abbildung 151: Tabelle FIFO-Verfahren

(2b)	5 Handelswareneinsatz	7.000	→	1 Knöpfe	7.000

Der Handelswareneinsatz umfasst alle Abfassungen
1.200 + 1.800 + 1.200 + 2.800 = 7.000.

Beachte: Der Handelswareneinsatz wird mit dem Einstandspreis verbucht, nicht mit dem Verkaufspreis! Im Falle des FIFO-Verfahrens erfolgt die Ermittlung des Einstandspreises über die Kalkulation des Bewertungsverfahrens immer mit den jeweiligen Einstandspreisen.

Schritt 3a: siehe Berechnung aus Schritt 2b

Schritt 3b

(3b)	7 Abschreibung Vorräte	210	→	1 Knöpfe	210

Der Schwund wird immer im Anschluss an den Handelswareneinsatz abgezogen, dh. immer vom letzten verwendeten Zugang. Dahinter steckt die Annahme, dass der Schwund am Schluss nach allen Verkäufen passiert ist.

Schritt 3c

(3c) 7 Abschreibung Vorräte	705	→	1 Knöpfe	705

Der Bilanzansatz der Warengruppe Knopf ist aus dem Konto 1 Knopf bzw. aus der obigen Tabelle abzuleiten:

Alle Zugänge	10.500 €
– Alle Abgänge	– 7.000 €
– Schwund	– 210 €
– Abwertung	– 705 €
= Bilanzansatz	= 2.585 €

Der Rohgewinn aus der Warengruppe Knopf ist aus der Gewinn- und Verlustrechnung abzuleiten:

Alle Erlöse	11.000 €
– Alle Aufwendungen	– 7.915 €
= Rohgewinn	= 3.085 €

7.2.1.3.1.4. Selbst erstellte Vorräte

Zu den selbst erstellten Vorräten werden die unfertigen Erzeugnisse, die fertigen Erzeugnisse sowie die noch nicht abrechenbaren Leistungen gezählt.

Die Vorgehensweise bei der Verbuchung ist eine von der Systematik her andere als bei den gekauften Vorräten. Dabei wird von den einzelnen Schritten wie folgt vorgegangen:

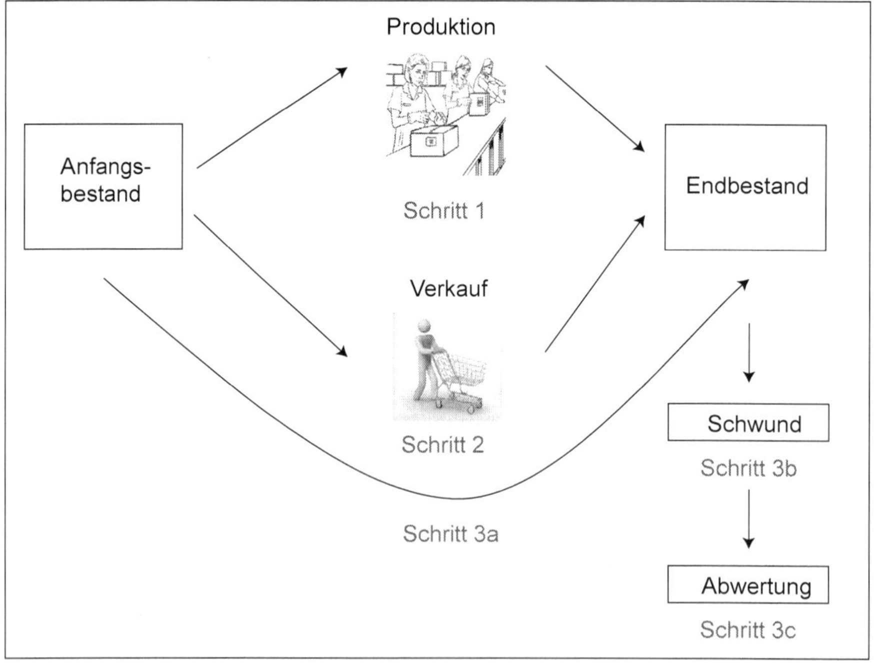

Abbildung 152: Selbst erstellte Vorräte

Schritt 1: Verbuchung Einkauf der Produktionsmittel
Es gilt: Verbuchung bei Rechnungslegung

Schritt 2: Verbuchung Verkauf
Es gilt: Verbuchung bei Rechnungslegung

Schritt 3: Bewertung des Lagers und deren Verbuchung am Bilanzstichtag

Schritt 3a: Ermittlung der Lagerveränderung und des Lagerwertes
Es wird die Lagerveränderung, dh. die Lagerzunahme oder die Lagerabnahme, verbucht.

Beachte: Das Konto 4 Bestandsveränderung ist eines der wenigen Konten, die sowohl auf der Aktivseite als auch auf der Passivseite der Gewinn- und Verlustrechnung stehen können:

Wird mehr produziert als verkauft, wird auf Lager produziert, es kommt zu einer positiven Bestandsveränderung, einer Bestandszunahme, und folglich zu einem Ertrag.

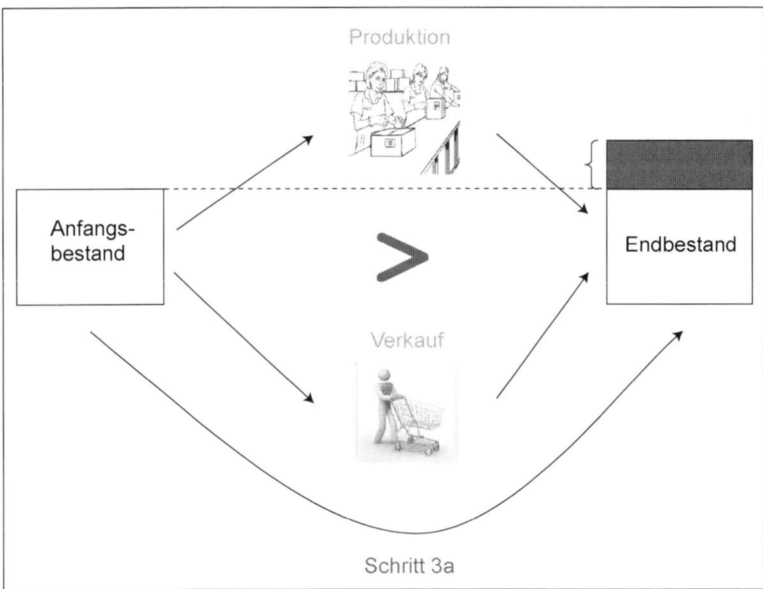

Abbildung 153: Positive Bestandsveränderung – Lagerzunahme

Wird weniger produziert als verkauft, wird vom Lager verkauft, es kommt zu einer negativen Bestandsveränderung, einer Bestandsabnahme, und folglich zu einem Aufwand.

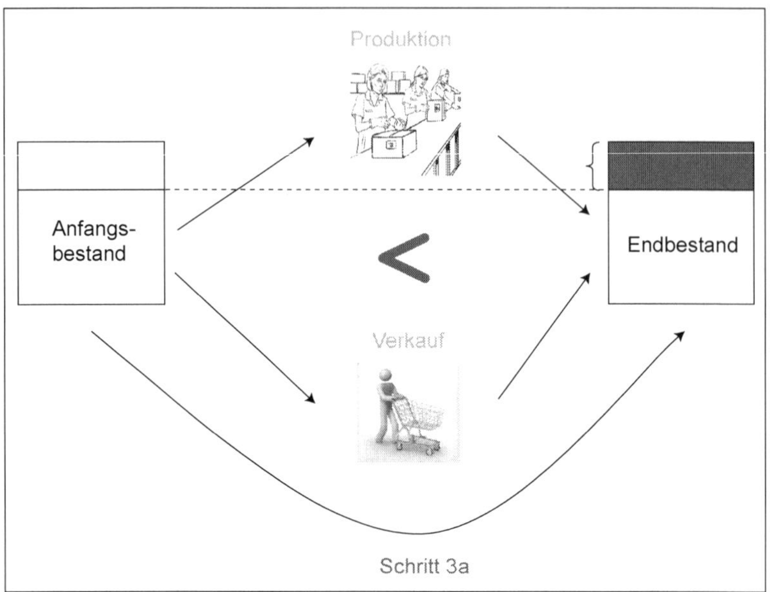

Abbildung 154: Negative Bestandsveränderung – Lagerabnahme

Die Herstellungskosten werden wie in Kapitel 4: Bewertung kalkuliert.

Der Wert des Lagers wird bei unterschiedlicher Kalkulation während des Jahres mittels der oben präsentierten Bewertungsverfahren ermittelt.

Schritt 3b: Schwund
Die Ermittlung des Schwundes ist nur bei direkter Bestandsermittlung möglich. Der Schwund wird als Abschreibung gebucht.

Schritt 3c: Abwertung
Nach der Schwundverbuchung ist die endgültige Bewertung gemäß strengem Niederstwertprinzip durchzuführen und gegebenenfalls abzuwerten. Die Abwertung wird als Abschreibung gebucht.

Beispiel 76: **Selbst erstelltes Umlaufvermögen**

Ein Unternehmen produziert Kopfhörer. Es hat einen Anfangsbestand von 8.000 Stück und produziert im laufenden Geschäftsjahr 5.000 Stück, davon wurden

a) 4.000 Stück
b) 7.000 Stück

zu je 30 € verkauft. Bei der Inventur am Jahresende wird festgestellt, dass 70 Stück beschädigt sind und entsorgt werden müssen. Der Marktpreis für Kopfhörer sinkt am Bilanzstichtag auf 20 €. Alle Preise exkl. 20 % USt, alle Zahlungen in bar.

Der Unternehmer kalkuliert die Herstellung eines Kopfhörers wie folgt:

Materialeinzelkosten	10	10 €
Materialgemeinkosten	10 %	1 €
Personaleinzelkosten	5	5 €
Personalgemeinkosten	120 %	6 €
Herstellungskosten		22 €

Bewerten Sie das Lager und verbuchen Sie alle Vorgänge!

Wie hoch ist der Bilanzansatz der Kopfhörer?
Wie hoch ist der Rohgewinn aus den Kopfhörern?

- Variante a) Verkauf von 4.000 Stück

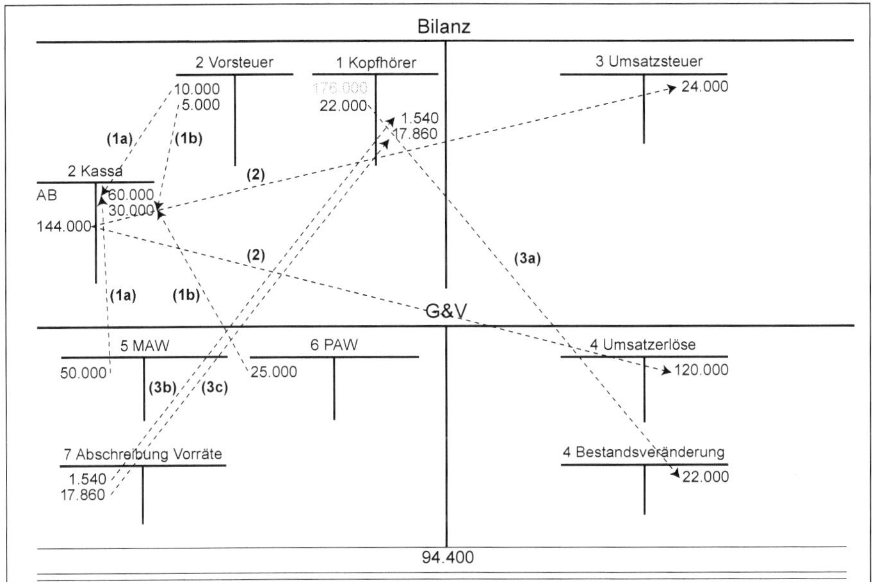

Abbildung 155: Verbuchung Bestandsveränderung – Lagerzunahme

Schritt 1

(1a)	5 Materialaufwand	50.000	→	2 Kassa	60.000
	2 VSt	10.000			
(1b)	6 Personalaufwand	25.000	→	2 Kassa	30.000
	2 VSt	5.000			

Alle Einzelkosten werden – ebenso wie beim Anlagevermögen – als Aufwand verbucht. Da 5.000 Stück produziert werden, sind die Kosten mit 5.000 zu multiplizieren.

Beachte: Die Gemeinkosten werden nicht verbucht!

Schritt 2

(2)	2 Kassa	144.000	→	4 Umsatzerlöse	120.000
				3 USt	24.000

Da 4.000 Stück verkauft werden, ist der Verkaufspreis von 30 € mit 4.000 zu multiplizieren.

Schritt 3a

Anfangsbestand	8.000 Stück · 22	176.000 €
+ Produktion	5.000 Stück · 22	+ 110.000 €
− Verkauf	4.000 Stück · 22	− 88.000 €
= Soll-Endbestand	9.000 Stück · 22	= 198.000 €

Die Bestandsveränderung kann daher wie folgt berechnet werden:

1. Soll-Endbestand – Anfangsbestand 198.000 – 176.000 = 22.000 €
2. Produktion – Verkauf 110.000 – 88.000 = 22.000 €

Beachte: Auch beim Verkauf werden die Herstellungskosten angesetzt, da es sich um eine Betrachtung des Lagers handelt! Dh. es werden die Kopfhörer mit dem Wert aus dem Lager genommen, mit dem sie ins Lager gegangen sind.

(3a) 1 Kopfhörer	22.000	→	4 Bestandsveränderung	22.000

Schritt 3b

(3b) 7 Abschreibung Kopfhörer	1.540	→	1 Kopfhörer	1.540

Schritt 3c

(3c) 7 Abschreibung Kopfhörer	17.860	→	1 Kopfhörer	17.860

Die Abwertung beträgt (9.000 – 70) Stück · (22 – 20) € = 17.860 €

Der Bilanzansatz der Kopfhörer ist aus dem Konto 1 Kopfhörer bzw. aus der obigen Tabelle abzuleiten:

Soll-Endbestand	198.000 €
– Schwund	– 1.540 €
– Abwertung	– 17.860 €
= Bilanzansatz	= 178.600 €

Der Rohgewinn aus den Kopfhörern ist aus der Gewinn- und Verlustrechnung abzuleiten:

Alle Erträge (120.000 + 22.000)	144.000 €
– Alle Aufwendungen (50.000 + 25.000 + 1.540 + 17.860)	– 94.400 €
= Rohgewinn	= 49.600 €

- Variante b)

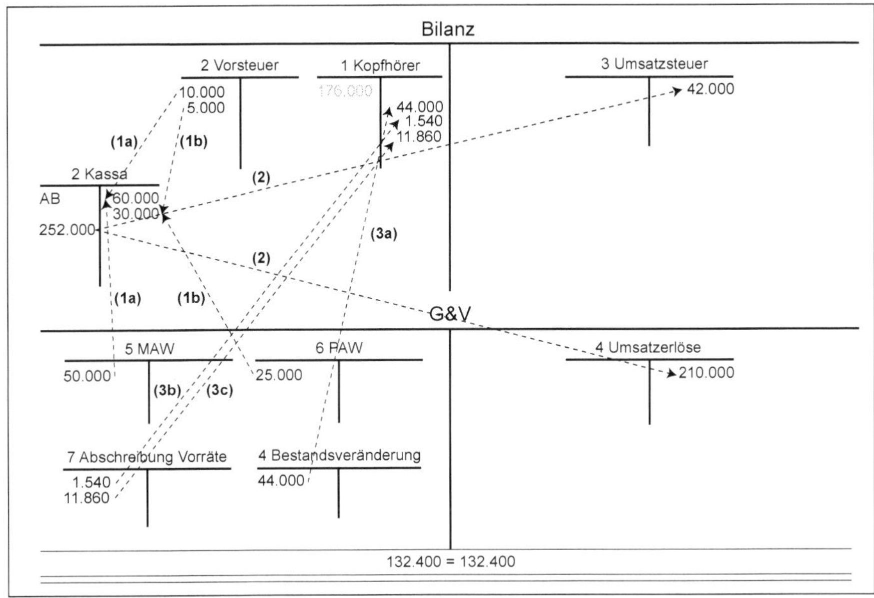

Abbildung 156: Verbuchung Bestandsveränderung – Lagerabnahme

Schritt 1

(1a)	5 Materialaufwand	50.000	→	2 Kassa	60.000
	2 VSt	10.000			
(1b)	6 Personalaufwand	25.000	→	2 Kassa	30.000
	2 VSt	5.000			

Schritt 2

(2)	2 Kassa	252.000	→	4 Umsatzerlöse	210.000
				3 USt	42.000

Schritt 3a

Anfangsbestand	8.000 Stück · 22	176.000 €
+ Produktion	5.000 Stück · 22	+ 110.000 €
− Verkauf	7.000 Stück · 22	− 154.000 €
= Soll-Endbestand	6.000 Stück · 22	= 132.000 €

Die Bestandsveränderung kann daher wie folgt berechnet werden:

1. Soll-Endbestand – Anfangsbestand 132.000 – 176.000 = – 44.000 €
2. Produktion – Verkauf 110.000 – 154.000 = – 44.000 €

(3a)	4 Bestandsveränderung	44.000	→	1 Kopfhörer	44.000

Schritt 3b

(3b)	7 Abschreibung Kopfhörer	1.540	→	1 Kopfhörer	1.540

Der Schwund wird mit den Herstellungskosten verrechnet.

Schritt 3c

(3c) 7 Abschreibung Kopfhörer	11.860	→	1 Kopfhörer	11.860

Die Abwertung beträgt (6.000 – 70) Stück · (22 – 20) € = 11.860 €

Der Bilanzansatz der Kopfhörer ist aus dem Konto 1 Kopfhörer bzw. aus der obigen Tabelle abzuleiten:

Soll-Endbestand	132.000 €
– Schwund	– 1.540 €
– Abwertung	– 11.860 €
= Bilanzansatz	= 118.600 €

Der Rohgewinn aus den Kopfhörern ist aus der Gewinn- und Verlustrechnung abzuleiten:

Alle Erträge	210.000 €
– Alle Aufwendungen (50.000 + 25.000 + 44.000 + 1.540 + 11.860)	–132.400 €
= Rohgewinn	77.600 €

7.2.1.3.2. Forderungen und sonstige Vermögensgegenstände

Wh: **Forderungen** sind Ansprüche eines Gläubigers, die von einem Schuldner zu erfüllen sind.

Zu den Forderungen zählen

1. Forderungen aus Lieferungen und Leistungen
   Die Forderungen aus Lieferungen und Leistungen weisen eine unmittelbare Beziehung zwischen Forderung und zugrunde liegendem Geschäft auf und betreffen zB. Forderungen aufgrund von Lieferverträgen oder Dienstleistungsverträgen.
2. Forderungen gegenüber verbundenen Unternehmen
3. Forderungen gegenüber Unternehmen, mit denen ein Beteiligungsverhältnis besteht
4. sonstige Forderungen und Vermögensgegenstände

Forderungen werden im Umlaufvermögen ausgewiesen. Forderungen mit einer Restlaufzeit von über einem Jahr sind in der Bilanz bei den jeweiligen Posten auszuweisen (zB. als „davon"-Vermerk). Forderungen mit einer Restlaufzeit von über fünf Jahren sind als Ausleihungen im Anlagevermögen auszuweisen. Die Forderungen werden im Forderungsspiegel dargestellt, der die Zu- und Abgänge, die Fristigkeiten der einzelnen Forderungen und eventuelle Wertberichtigungen zeigt.

§ 225 Abs. 2 und 3 UGB normieren:

Vorschriften zu einzelnen Posten der Bilanz

§ 225. *(2) Forderungen und Verbindlichkeiten gegenüber verbundenen Unternehmen und gegenüber Unternehmen, mit denen ein Beteiligungsverhältnis besteht, sind in der Regel als solche jeweils gesondert auszuweisen. Werden sie unter anderen Posten ausgewiesen, so ist dies zu vermerken.*

(3) Der Betrag der Forderungen mit einer Restlaufzeit von mehr als einem Jahr ist bei jedem gesondert ausgewiesenen Posten in der Bilanz anzumerken. Sind unter dem Posten „sonstige Forderungen und Vermögensgegenstände" Erträge enthalten, die erst nach dem Abschlussstichtag zahlungswirksam werden, so haben Gesellschaften, die nicht klein sind, diese Beträge im Anhang zu erläutern, wenn diese Information wesentlich ist.

Forderungen sind Teil des monetären Umlaufvermögens. Sie müssen ebenso wie das nicht monetäre Umlaufvermögen bewertet werden. Grundsätzlich gilt das strenge Niederstwertprinzip. Ursachen für eine Abwertung können Wechselkursschwankungen von Auslandsforderungen oder Zahlungsunfähigkeit von Schuldnern sein. Folglich sind Forderungen zu bewerten gemäß

- Einbringlichkeit
- Kursschwankungen

- **Einbringlichkeit**

In Bezug auf die Einbringlichkeit von Forderungen, dh. ob die Forderung bezahlt wird oder nicht, ist zu unterscheiden, ob ein Zahlungsausfall vermutet wird oder bereits feststeht.

○ Uneinbringlichkeit fix

Bei einer fixen Uneinbringlichkeit befindet sich zB. der Schuldner bereits in einem Konkursverfahren oder der Forderungsverzicht wurde vertraglich vereinbart. Die Forderung muss direkt abgeschrieben werden. Der Forderungsbetrag kann insgesamt oder teilweise entfallen.

Beispiel 77: **Fixe Uneinbringlichkeit von Forderungen**

Ein Unternehmen erfährt, dass ein Kunde in Konkurs gegangen ist. Die ursprüngliche Forderung beträgt 50.000 € inklusive 20 % USt, es können nur mehr 20.000 € zurückbezahlt werden.

Erläuterung

Die Abschreibung beträgt 50.000 – 20.000 = 30.000 €.

7 Abschreibung auf Forderungen	25.000	→	2 Forderung	30.000
3 USt	5.000			

○ Uneinbringlichkeit ungewiss

Forderungen dürfen gemäß Vorsichtsprinzip abgewertet werden, wenn die Uneinbringlichkeit nur vermutet wird (zB. häufen sich Zeitungsartikel über Zahlungsschwierigkeiten). Der Bruttobetrag wird über 2 Einzelwertberichtigung zu Forderungen gebucht.

Da sich dieses Buch an Anfänger richtet, werden Wertberichtigungen im Weiteren nicht behandelt.

- **Kursschwankungen**

Kursschwankungen sind für Fremdwährungsforderungen relevant. Die entsprechenden Bewertungsgrundsätze sind va. das strenge Niederstwertprinzip und das imparitätische Realisationsprinzip, dh. es müssen Verluste aufgrund von Kursschwankungen ausgewiesen werden, Gewinne dürfen in diesem Fall nicht berücksichtigt werden.

7.2.1.3.3. Wertpapiere und Anteile

Wertpapiere des Umlaufvermögens sind Investitionen in fremde Unternehmen, die kurzfristig dem Unternehmen dienen.

Sie werden vom Unternehmen zB. zum Zweck einer kurzfristigen rentablen Anlage oder Liquiditätssicherung gehalten. Zu den Wertpapieren und Anteilen zählen

- Anteile an verbundenen Unternehmen
- sonstige Wertpapiere und Anteile

- **Anteile an verbundenen Unternehmen**

Anteile an verbundenen Unternehmen sind dem Umlaufvermögen zuzuweisen, wenn sie nur kurzfristig im Unternehmen gehalten werden.

- **Sonstige Wertpapiere und Anteile**

Anteile sind Kapitalbeteiligungen an Unternehmen. Bezüglich der Anteile an verbundenen Unternehmen normiert § 225 Abs. 5 UGB:

Vorschriften zu einzelnen Posten der Bilanz

> *§ 225. (5) Anteile an Mutterunternehmen sind je nach ihrer Zweckbestimmung im Anlagevermögen oder im Umlaufvermögen in einem gesonderten Posten "Anteile an Mutterunternehmen" auszuweisen. In gleicher Höhe ist auf der Passivseite eine Rücklage gesondert auszuweisen. Diese Rücklage darf durch Umwidmung frei verfügbarer Kapital- und Gewinnrücklagen gebildet werden, soweit diese einen Verlustvortrag übersteigen. Sie ist insoweit aufzulösen, als diese Anteile aus dem Vermögen ausscheiden oder für sie ein niedrigerer Betrag angesetzt wird.*

Sonstige Wertpapiere sind Aktien und GmbH-Anteile, die weder als Beteiligung noch als Anteile an verbundenen Unternehmen anzusehen sind.

7.2.1.3.4. Kassa, Schecks, Bankguthaben

In diesem Posten werden die so genannten Barmittel zusammengefasst. Dazu zählen nicht nur das Bargeld, also Kassa, sondern auch Schecks und Girokonten. Diese Posten werden in der Bilanzanalyse als Cash & Cash Equivalents bezeichnet.

7.2.1.4. Rechnungsabgrenzungsposten

Rechnungsabgrenzungsposten auf der Aktiv- und der Passivseite dienen zur Erstellung einer periodenreinen Bilanz, in der nur Vorgänge des betrachteten Geschäftsjahres aufgezeichnet werden.

Der Begriff Rechnungsabgrenzungsposten ist in zweierlei Hinsicht zu verstehen: Rechnungsabgrenzungsposten i.w.S. betreffen Transitorien und Antizipationen, während Rechnungsabgrenzungen i.e.S. ausschließlich Transitorien sind und den Rechnungsabgrenzungsposten gemäß § 198 UGB entsprechen.

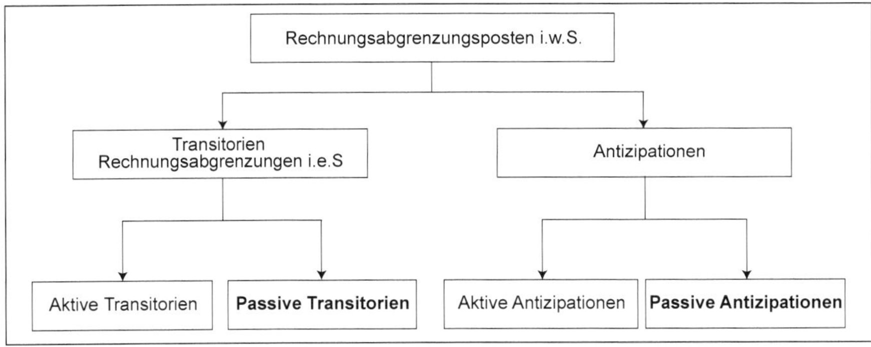

Abbildung 157: Rechnungsabgrenzungsposten

Ausschließlich Transitorien dürfen als Rechnungsabgrenzungsposten in der Bilanz ausgewiesen werden. Sie entstehen durch die Abgrenzung eines schon gebuchten Aufwandes oder Ertrages. **Bei Transitorien muss Geld geflossen sein!** (Lateinisch: transire – durchgehen)

Bei Antizipationen wurde die Leistung bereits im laufenden Geschäftsjahr erbracht, aber noch nicht bezahlt. Sie werden in der Bilanz nicht unter Rechnungsabgrenzungsposten gebucht, sondern unter Sonstige Forderungen bzw. Sonstige Verbindlichkeiten. **Bei Antizipationen ist noch kein Geld geflossen!** (Lateinisch: anticipere – vorwegnehmen)

In vereinfachten Darstellungen und der Bilanzanalyse werden Rechnungsabgrenzungsposten oft dem Umlaufvermögen bzw. dem (kurzfristigen) Fremdkapital zugerechnet.

In Bezug auf die die Aktivseite der Bilanz betreffenden Rechnungsabgrenzungsposten normiert § 198 Abs. 5 UGB:

Inhalt der Bilanz

> ***§ 198.*** *(5) Als Rechnungsabgrenzungsposten sind auf der Aktivseite Ausgaben vor dem Abschlußstichtag auszuweisen, soweit sie Aufwand für eine bestimmte Zeit nach diesem Tag sind.*

7.2.1.4.1. Aktive Transitorien

Aktive Transitorien liegen vor, wenn im laufenden Geschäftsjahr Ausgaben getätigt und verbucht wurden, die teilweise oder zur Gänze erst das nächste Geschäftsjahr betreffen.

Beispiele dafür sind vorausbezahlte Mieten oder Versicherungsprämien.

Aktive Rechnungsabgrenzungsposten, meist ARA abgekürzt, sind aktive Bilanzposten, deren Aufgabe es ist, die Periodenreinheit jener Aufwendungen und Erträge herzustellen, die nicht in dem Geschäftsjahr verbucht wurden, in das sie wirtschaftlich gehören. Sie sind somit ein wichtiges Instrument des Grundsatzes der Periodenreinheit.

Beispiel 78: Aktive Transitorien

Ein Unternehmen mietet ein Bürogebäude. Der Mietvertrag wird für ein Jahr ab Mai X1 abgeschlossen, die Jahresmiete in Höhe von 30.000 € wird im Voraus zu Vertragsbeginn bezahlt; 20 % USt, Bezahlung in bar. Verbuchen Sie die Abgrenzung!

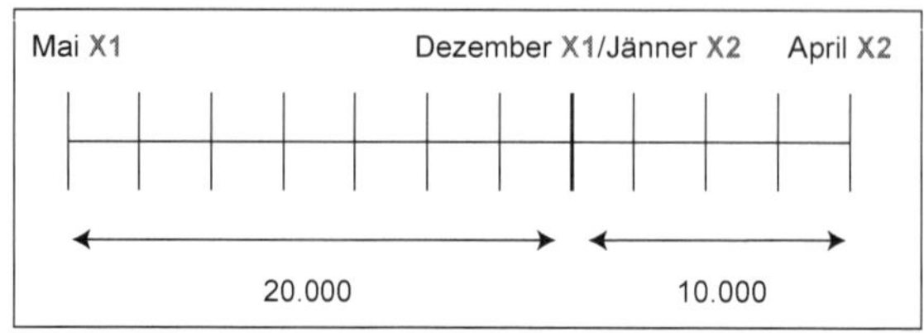

Abbildung 158: Aktive Transitorien – zeitliche Abgrenzung

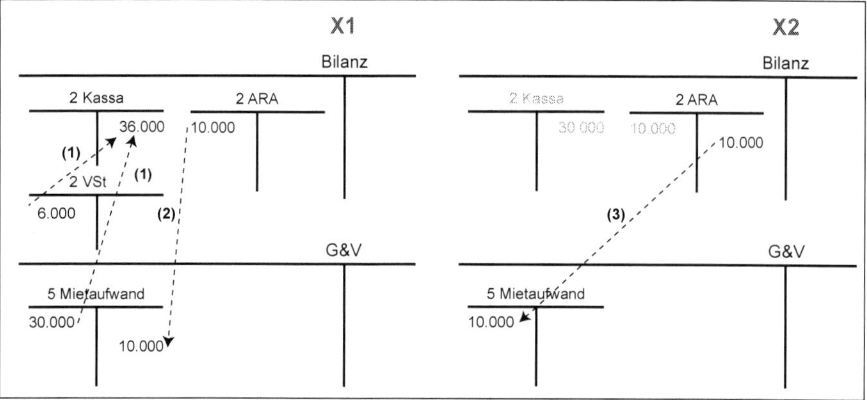

Abbildung 159: Aktive Transitorien – Verbuchung

(1; Mai X1)	5 Mietaufwand	30.000	→ 2 Kassa	36.000
	2 VSt	6.000		
(2; 31.12.X1)	2 Aktive Rechnungsabgrenzung	10.000	→ 5 Mietaufwand	10.000
(3; 1.1.X2)	5 Mietaufwand	10.000	→ 2 Aktive Rechnungsabgrenzung	10.000

Erläuterung

Zum Jahresabschluss werden die Mietkosten für die Monate des Folgejahres (Jänner – April X2) abgegrenzt, die im laufenden Geschäftsjahr im Voraus bezahlt wurden, die Leistung (= Benutzung des Gebäudes) jedoch ausständig ist. Der Mietaufwand für Jänner – April X2 wird aus der Gewinn- und Verlustrechnung herausgenommen und in der Bilanz als Aktive Rechnungsabgrenzung aktiviert. Am Beginn des nächsten Geschäftsjahres wird die Aktive Rechnungsabgrenzung aufgelöst. Die Vorsteuer wird im Jahr der Zahlung geltend gemacht

7.2.1.4.2. Aktive Antizipationen

Aktive Antizipationen, oder fremde Rückstände, liegen vor, wenn im laufenden Geschäftsjahr teilweise Leistungen anfallen, die jedoch erst in der Folgeperiode bezahlt werden.

Beispiele sind Mieten oder Zinsen, die im Nachhinein zu bezahlen sind. Aktive Antizipationen sind keine Rechnungsabgrenzungen i.e.S. und werden nicht über Aktive Rechnungsabgrenzungen verbucht.

Beispiel 79: Aktive Antizipationen

Ein Unternehmen vermietet ein Bürogebäude. Der Mietvertrag wird für ein Jahr ab Mai X1 abgeschlossen, die Jahresmiete in Höhe von 30.000 € wird im Nachhinein zu Vertragsende bezahlt; 20 % USt, Bezahlung in bar. Verbuchen Sie die Abgrenzung!

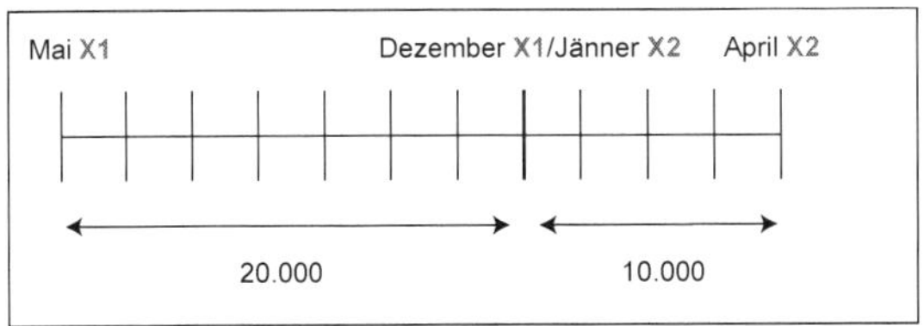

Abbildung 160: Aktive Antizipationen – Zeitliche Abgrenzung

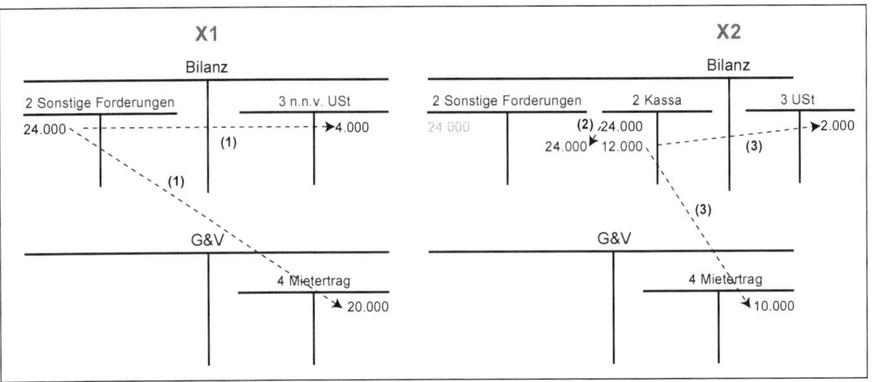

Abbildung 161: Aktive Antizipationen – Verbuchung

(1; 31.12.X1)	2 Sonstige Forderungen	24.000 →	4 Mietertrag	20.000
			3 n.n.v. USt	4.000
(2; April X2)	2 Kassa	24.000 →	2 Sonstige Forderungen	24.000
(3; April X2)	2 Kassa	12.000 →	4 Mietertrag	10.000
			3 USt	2.000

Erläuterung

Die Forderung für die bereits im laufenden Geschäftsjahr erbrachte Leistung Mai – Dezember wird in der Bilanz, der Mietertrag nur für diese Monate in der Gewinn- und Verlustrechnung ausgewiesen. Im folgenden Geschäftsjahr werden die Sonstigen Forderungen sowie der noch offene Mietbetrag für Jänner – April X2 bezahlt. Der Mietertrag für Jänner – April X2 wird in der Gewinn- und Verlustrechnung ausgewiesen. Die Umsatzsteuer ist zunächst auf das Konto 3 noch nicht verrechenbare Umsatzsteuer zu buchen und wird im Folgejahr X2 mit der Umsatzsteuer X2 gegen Zahllast gebucht.

7.2.1.5. Aktive latente Steuern

Latente Steuern ergeben sich aus einer unterschiedlichen Bewertung in der Unternehmensbilanz und der Steuerbilanz.

Diese Unterschiede gleichen sich über die Lebenszeit des Vermögensgegenstandes wieder aus. Je nach positiver oder negativer Differenz unterscheidet man aktive bzw. passive latente Steuern. Es sind zahlreiche Wahlrechte und Ausnahmen vorgesehen. § 198 Abs. 9 UGB normiert:

Inhalt der Bilanz

> ***§ 198.*** *(9) Bestehen zwischen den unternehmensrechtlichen und den steuerrechtlichen Wertansätzen von Vermögensgegenständen, Rückstellungen, Verbindlichkeiten und Rechnungsabgrenzungsposten Differenzen, die sich in späteren Geschäftsjahren voraussichtlich abbauen, so ist bei einer sich daraus insgesamt ergebenden Steuerbelastung diese als Rückstellung für passive latente Steuern in der Bilanz anzusetzen. Sollte sich eine Steuerentlastung ergeben, so haben mittelgroße und große Gesellschaften im Sinn des § 189 Abs. 1 Z 1 und 2 lit. a diese als aktive latente Steuern (§ 224 Abs. 2 D) in der Bilanz anzusetzen; kleine Gesellschaften im Sinn des § 189 Abs. 1 Z 1 und 2 dürfen dies nur tun, soweit sie die unverrechneten Be- und Entlastungen im Anhang aufschlüsseln. Für künftige steuerliche Ansprüche aus steuerlichen Verlustvorträgen können aktive latente Steuern in dem Ausmaß angesetzt werden, in dem ausreichende passive latente Steuern vorhanden sind oder soweit überzeugende substantielle Hinweise vorliegen, dass ein ausreichendes zu versteuerndes Ergebnis in Zukunft zur Verfügung stehen wird; diesfalls sind in die Angabe nach § 238 Abs. 1 Z 3 auch die substantiellen Hinweise, die den Ansatz rechtfertigen, aufzunehmen.*

7.2.2. Kostenrechnung

Bezüglich Vermögen eines Unternehmens steht die Buchhaltung und Bilanzierung im Vordergrund, die Kostenrechnung ist nur partiell von Bewertungsfragen betroffen, va.

- Ermittlung des betriebsnotwendigen Vermögens
- Bewertungsunterschiede, die sich auf Abschreibungen auswirken
- Bewertungsverfahren des Umlaufvermögens

Da diese Fragen bereits an anderer Stelle behandelt wurden, ist auf die entsprechenden Absätze in diesem Kapitel sowie auf Kapitel 3: Instrumente und Kapitel 9: Erfolg hinzuweisen.

7.2.3. Bilanzanalyse

Kennzahlen zur Vermögensstruktur analysieren die Aktivseite der Bilanz. Sie geben die Mittelverwendung an, dh. in welche Vermögensgegenstände (und Aufwendungen) das Unternehmen das eingesetzte Kapital investiert hat. Dabei stehen die Gesamtstruktur des Vermögens sowie das Anlagevermögen und das Umlaufvermögen im Vordergrund. Generell sind die Vermögenskennzahlen sehr branchenabhängig und sagen nichts über den Erfolg eines Unternehmens aus.

In einem ersten Schritt ist es interessant zu berechnen, in welchem Ausmaß sich die einzelnen Posten gegenüber dem Vorjahr verändert haben. Die Unterschiede sind einfach zu erheben, da in § 223 Abs. 2 UGB festgelegt ist, dass alle Werte des Vorjahres gegeben sein müssen. Große Veränderungen bedürfen einer näheren Analyse durch Heranziehen des Anhangs, des Lageberichtes sowie von Quellen außerhalb des Geschäftsberichtes.

Für die Kennzahlenanalyse wird aus mehreren Kategorien der Oesterreichischen Nationalbank eine Auswahl wichtiger Kennzahlen getroffen, durch weitere in der Praxis häufige Kennzahlen ergänzt und anhand der Josef Manner & Comp. AG 2016 berechnet und interpretiert.

7.2.3.1. Gesamtstruktur des Vermögens

- Anlagevermögen in % der Bilanzsumme
- Umlaufvermögen in % der Bilanzsumme

7.2.3.2 Anlagevermögen

- Immaterielles Anlagevermögen in % der Bilanzsumme
- Sachanlagevermögen in % der Bilanzsumme
- Finanzanlagevermögen in % der Bilanzsumme
- Investitionsquote
- Reinvestitionsquote

7.2.3.3. Umlaufvermögen

- Vorräte in % der Bilanzsumme
- Vorratsumschlag
- Durchschnittliche Lagerdauer
- Forderungen in % der Bilanzsumme
- Forderungsumschlag
- Barmittel in % der Bilanzsumme

7.2.3.1. Analyse der Gesamtstruktur des Vermögens

Die **Anlagenintensität**, berechnet als Anlagevermögen in % der Bilanzsumme, zeigt den Anteil des Anlagevermögens am Gesamtvermögen.

Die **Umlaufvermögensintensität**, berechnet als Umlaufvermögen in % der Bilanzsumme, zeigt den Anteil des Umlaufvermögens am Gesamtvermögen.

- Anlagevermögen in % der Bilanzsumme = $\frac{\text{Anlagevermögen}}{\text{Gesamtvermögen}} \cdot 100$
- Umlaufvermögen in % der Bilanzsumme = $\frac{\text{Umlaufvermögen}}{\text{Gesamtvermögen}} \cdot 100$

  oder 100 % − Anlagevermögen in % der Bilanzsumme

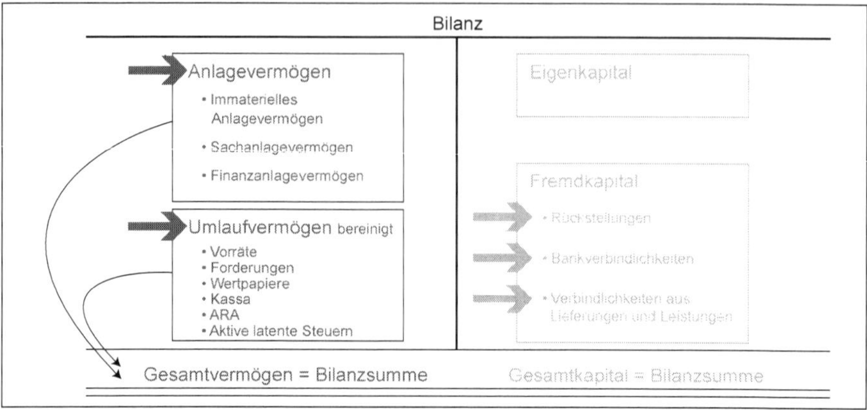

Abbildung 162: Analyse der Gesamtstruktur des Vermögens

Die Höhe des Anlagevermögens kann durch Leasingverträge stark verzerrt werden. Das bereinigte Anlagevermögen berechnet sich daher wie folgt:

- Bereinigtes Anlagevermögen = + Anlagevermögen lt. Bilanz
  + Geleastes Anlagevermögen (siehe Anhang)

Die Aktiven Rechnungsabgrenzungsposten (ARA, Bilanzposten C.) sowie die Aktiven latenten Steuern (Bilanzposten D.) werden nicht als eigene Kennzahl berechnet, sondern üblicherweise zum Umlaufvermögen hinzugezählt, weil ein eigener Ausweis als Prozentsatz am Gesamtvermögen aufgrund der i.a. geringen Höhe nicht sinnvoll ist. Aufgrund ihrer Charakteristik entsprechen die Aktiven Rechnungsabgrenzungsposten kurzfristigem und die Aktiven latenten Steuern langfristigem Umlaufvermögen. Das so genannte bereinigte Umlaufvermögen inklusive Aktiven Rechnungsabgrenzungsposten und Aktiven latenten Steuern berechnet sich daher wie folgt:

- Bereinigtes Umlaufvermögen = + Umlaufvermögen lt. Bilanz
  + Aktive Rechnungsabgrenzungsposten
  + Aktive latente Steuern

Das Gesamtvermögen ist mit der Bilanzsumme identisch. Beachte, dass das Gesamtvermögen ausschließlich aus Anlagevermögen bzw. bereinigtem Umlaufvermögen bestehen kann, dh. beide Werte zusammen müssen immer 100 % ergeben!

Die Anlagenintensität ist sehr stark von Faktoren wie Branche, Unternehmensgröße und Produktionsverfahren abhängig. Aus diesen beiden Kennzahlen lässt sich nicht ableiten, ob die Struktur des Gesamtvermögens eines Unternehmens gut oder schlecht ist. Sie sagen lediglich aus, wie viel Prozent des gesamten Vermögens eher langfristig im Anlagevermögen bzw. eher kurzfristig im Umlaufvermögen gebunden ist. Ganz grob gilt: Je langfristiger Vermögen gebunden ist, desto riskanter ist es, da das Unternehmen sein Anlagevermögen, das Produkte und Produktionsprozesse bestimmt, nicht kurzfristig ändern kann. Beispielsweise können in der Stahlindustrie Hochöfen nicht beliebig zur Herstellung anderer Produkte verwendet werden; sie können auch räumlich nicht verändert werden. Finanzanlagevermögen kann sicherlich leichter verkauft werden, allerdings auch nicht immer sofort über die Börse, zB. strategische Investitionen in Tochtergesellschaften, die vielleicht negativ wirtschaften. Diese mangelnde Flexibilität verringert auch die Liquidität eines Unternehmens. Das im langfristigen Vermögen gebundene Kapital kann nicht anderwärtig verwendet werden. Umlaufvermögen soll rasch umgeschlagen werden und kann daher auch relativ rasch durch andere Produkte ersetzt werden, zB. im Textilhandel.

Beispiel 80: Josef Manner & Comp. AG 2016

Analysieren Sie die Gesamtstruktur des Josef Manner & Comp. AG 2016!

- Anlagevermögen in % der Bilanzsumme = $\frac{80.985.589,80}{143.497.826,19} \cdot 100 = 56,44\ \%$

  Die Werte zur Berechnung des Anlagevermögens in % der Bilanzsumme sind zu finden:

Anlagevermögen	Bilanz Aktiv A.	80.985.589,80
Bilanzsumme	Bilanz Aktiv Summe Aktiva	143.497.826,19

- Bereinigtes Umlaufvermögen in % der Bilanzsumme =

  $= \frac{60.947.694,08 + 410.488,77 + 1.154.053,54}{143.497.826,19} \cdot 100 = 43,56\ \%$

  Die Werte zur Berechnung des Umlaufvermögens in % der Bilanzsumme sind zu finden:

Umlaufvermögen	Bilanz Aktiv B.	60.947.694,08
Rechnungsabgrenzungsposten	Bilanz Aktiv C.	410.488,77
Aktive latente Steuern	Bilanz Aktiv D.	1.154.053,54
Bereinigtes Umlaufvermögen		62.512.236,39
Bilanzsumme	Bilanz Aktiv Summe Aktiva	143.497.826,19

7.2.3.2. Analyse des Anlagevermögens

Wichtige Kennzahlen zur Analyse des Anlagevermögens sind

- Immaterielles Anlagevermögen in % der Bilanzsumme =

  $= \frac{\text{Immaterielles Vermögen}}{\text{Gesamtvermögen}} \cdot 100$
- Sachanlagevermögen in % der Bilanzsumme = $\frac{\text{Sachanlagevermögen}}{\text{Gesamtvermögen}} \cdot 100$
- Finanzanlagevermögen in % der Bilanzsumme = $\frac{\text{Finanzanlagevermögen}}{\text{Gesamtvermögen}} \cdot 100$

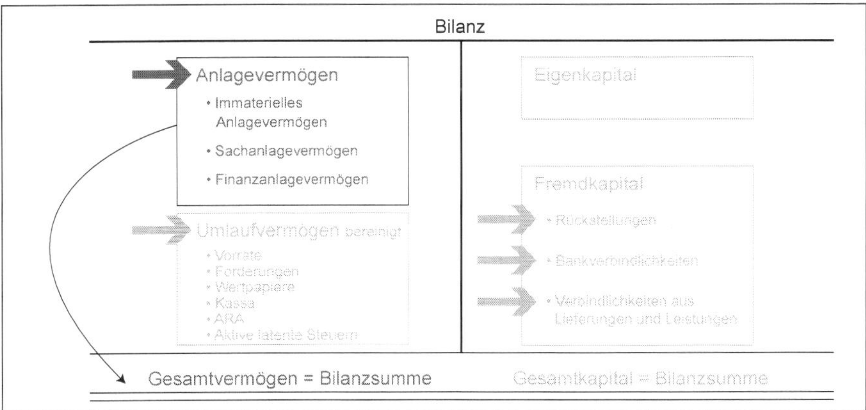

Abbildung 163: Analyse des Anlagevermögens

Die Werte für die Strukturkennzahlen des Anlagevermögens sind der Bilanz ohne weitere Bereinigung zu entnehmen. Im Allgemeinen ist der Anteil des immateriellen Vermögens eher gering; daher wird diese Kennzahl sehr selten angegeben. Ob Sachanlagevermögen oder Finanzanlagevermögen überwiegen, hängt wiederum von der Branche und der Konzernstruktur ab. Die Muttergesellschaft einer Holding wird im Vergleich zu einem Tochterunternehmen höheres Finanzanlagevermögen haben; reine Produktionsgesellschaften einen hohen Anteil an Sachanlagevermögen. Es kann interessant sein, einen detaillierteren Blick auf die Untergliederung des Sachanlagevermögens zu werfen, zB. welcher Prozentsatz des Sachanlagevermögens aus nicht abschreibbarem Vermögen wie etwa Grund besteht, wie viele Maschinen stehen im Verhältnis zu Gebäuden zur Verfügung, wie hoch ist der Anteil an Leasing (Informationen meist im Anhang), wird eine alternative oder erweiterte Gliederung des Vermögens ausgewiesen, etc. Hohes, nicht riskant veranlagtes Finanzanlagevermögen kann uU. auch auf die Notwendigkeit einer hohen Wertpapierdeckung (siehe Kapitel 8: Kapital) hinweisen.

Die folgenden Kennzahlen greifen auf Informationen des Anlagespiegels bzw. der Gewinn- und Verlustrechnung zurück.

Die **Investitionsquote** zeigt, wie viel Prozent des Umsatzes investiert wurde.

- Investitionsquote = $\frac{\text{Investitionen}}{\text{Umsatz}} \cdot 100$

Die Investitionen im Sinne dieser Kennzahlen werden von der Oesterreichischen Nationalbank als die Bruttoanlagenzugänge aus dem Anlagespiegel definiert. Andere Definitionen beziehen sich auf die Nettoinvestitionen, dh. die Bruttoinvestitionen abzüglich der Restbuchwerte abgegangener Anlagen. Diese sind nicht im Anlagespiegel ausgewiesen, sondern müssen berechnet werden. Diese Kennzahl ist in der Praxis mangels hoher Aussagekraft wenig geläufig.

Die **Reinvestitionsquote** zeigt das Verhältnis von Investitionen, dh. dem Wertzugang, und Abschreibungen, dh. dem Wertverlust.

- Reinvestitionsquote = $\frac{\text{Investitionen}}{\text{Abschreibung}} \cdot 100$

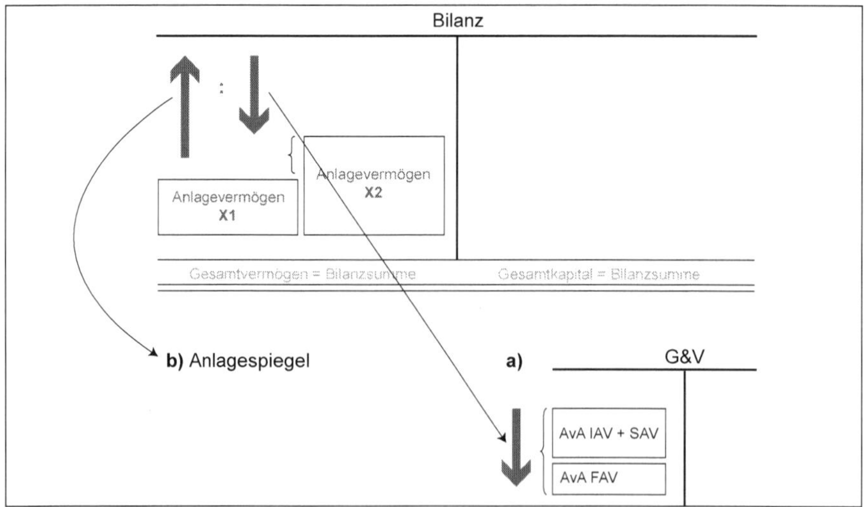

Abbildung 164: Reinvestitionsquote

Eine Reinvestitionsquote von mehr als 100 % zeigt, dass ein reales Wachstum des Anlagevermögens durch Neuinvestitionen vorliegt. Langfristig ist es notwendig, dass die Investitionen zumindest die Abschreibungen kompensieren, dh. dass kein Substanzverlust eintritt.

Die Oesterreichische Nationalbank definiert zur internationalen Vergleichbarkeit die Abschreibungen für diese Kennzahl als die Abschreibungen aus der Gewinn- und Verlustrechnung. Inhaltlich wäre es korrekter, die korrespondierenden Abschreibungen aus dem Anlagespiegel zu verwenden. Weiters wäre die Reinvestitionsquote weniger verzerrt, wenn sie jeweils nur für Vermögensposten mit annähernd gleicher Nutzungsdauer berechnet würden.

Beispiel 81: Josef Manner & Comp. AG 2016 – Analyse des Anlagevermögens

Analysieren Sie das Anlagevermögen der Josef Mann & Comp. AG 2016!

- Immaterielles Anlagevermögen in % der Bilanzsumme =
  $= \frac{1.427.311{,}02}{143.497.826{,}19} \cdot 100 = 0{,}99\ \%$

  Die Werte zur Berechnung des Immateriellen Anlagevermögens in % der Bilanzsumme sind zu finden:

Immaterielles Anlagevermögen	Bilanz Aktiv A.I.	1.427.311,02
Bilanzsumme	Bilanz Aktiv Summe Aktiva	143.497.826,19

- Sachanlagevermögen in % der Bilanzsumme = $\frac{76.078.767{,}02}{143.497.826{,}19} \cdot 100 = 53{,}02\ \%$

  Die Werte zur Berechnung des Sachanlagevermögens in % der Bilanzsumme sind zu finden:

Sachanlagevermögen	Bilanz Aktiv A.II.	76.078.767,02
Bilanzsumme	Bilanz Aktiv Summe Aktiva	143.497.826,19

- Finanzanlagevermögen in % der Bilanzsumme = $\frac{3.479.511{,}76}{143.497.826{,}19} \cdot 100 = 2{,}42\ \%$

  Die Werte zur Berechnung des Finanzanlagevermögens in % der Bilanzsumme sind zu finden:

Finanzanlagevermögen	Bilanz Aktiv A.III.	3.479.511,76
Bilanzsumme	Bilanz Aktiv Summe Aktiva	143.497.826,19

- Investitionsquote = $\frac{15.409.980{,}00}{199.536.488{,}56} \cdot 100 = 7{,}72\ \%$

  Die Werte zur Berechnung der Investitionsquote sind zu finden:

Investitionen	Anhang Anlagespiegel S. 30, 3. Spalte	15.409.980,00
Umsatzerlöse	Gewinn- und Verlustrechnung 1.	199.536.488,56

- Reinvestitionsquote = $\frac{15.409.980{,}00}{7.096.477{,}83} \cdot 100 = 217\ \%$

  Die Werte zur Berechnung der Reinvestitionsquote sind zu finden:

Investitionen	Anhang Anlagespiegel S. 30, 3. Spalte	15.409.980,00
Abschreibungen	Gewinn- und Verlustrechnung 7. oder Anhang Anlagespiegel S. 30, 2. Spalte	7.096.477,83

7.2.3.3. Analyse des Umlaufvermögens

Wichtige Kennzahlen zur Analyse des Umlaufvermögens sind

- Vorräte in % der Bilanzsumme = $\frac{\text{Vorräte}}{\text{Bilanzsumme}} \cdot 100$
- Vorratsumschlag = $\frac{\text{Umsatzerlöse}}{\text{Vorräte}}$
- Durchschnittliche Lagerdauer = $\frac{1}{\text{Vorratsumschlag}} \cdot 365$
- Forderungen in % der Bilanzsumme = $\frac{\text{Forderungen}}{\text{Bilanzsumme}} \cdot 100$
- Forderungsumschlag = $\frac{\text{Umsatzerlöse}}{\text{Forderungen}}$
- Durchschnittlicher Forderungsausstand = $\frac{1}{\text{Forderungsumschlag}} \cdot 365$
- Barmittel in % der Bilanzsumme = $\frac{\text{Barmittel}}{\text{Bilanzsumme}} \cdot 100$

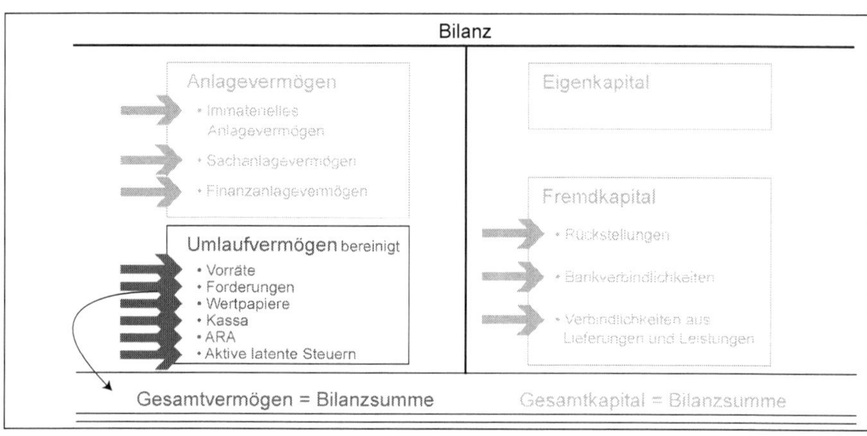

Abbildung 165: Analyse Umlaufvermögen

Ob Vorräte, Forderungen oder Barmittel anteilsmäßig überwiegen, hängt wiederum von der Branche ab und sagt nichts über den Erfolg des Unternehmens aus.

Die **Vorratsintensität**, berechnet als Vorräte in % der Bilanzsumme, zeigt den Anteil der Vorräte am Gesamtvermögen.

Der **Vorratsumschlag** gibt an, wie oft pro Jahr das Lager umgeschlagen wird.

Generell geben Umschlagskennzahlen an, wie oft sich in welchem Zeitraum einzelne Vermögensposten und Schulden erneuern.

Der Vorratsumschlag gibt somit an, wie oft im Jahr – rein rechnerisch – das Lager geleert und wieder befüllt wird. Multipliziert man den Reziprokwert (mathematisch: $\frac{1}{x}$) des Lagerumschlages mit der Anzahl der Tage pro Jahr, 365, kann man ermitteln, wie viele Tage Vorräte durchschnittlich auf Lager liegen. Je rascher das Lager umgeschlagen wird, desto besser. Es zeigt einen hohen Umsatz an und die Ware liegt nicht lange auf Lager, dh. Kapital ist nicht lange gebunden, die Gefahr von Schaden und Schwund ist geringer und es fallen weniger Lagerkosten an.

Die **Forderungsintensität**, berechnet als Forderungen in % der Bilanzsumme, zeigt den Anteil der Forderungen am Gesamtvermögen.

Beachte: Die Forderungsintensität bezieht sich ausschließlich auf die Forderungen aus Lieferungen und Leistungen, auch wenn die Bezeichnung „Forderung“ darauf schließen lassen könnte, dass alle Forderungen gemeint sind. Die Forderungen aus Lieferungen und Leistungen entsprechen laut Oesterreichischer Nationalbank der Bilanzposten B.II.1. Forderungen aus Lieferungen und Leistungen. Rechnet man genauer, müssen auch diejenigen Forderungen aus Lieferungen und Leistungen einbezogen werden, die in den Bilanzposten B.II.2. Forderungen gegenüber verbundenen Unternehmen und B.II.3. Forderungen gegenüber Unternehmen, mit denen ein Beteiligungsverhältnis besteht, enthalten sind. Diese Informationen sind meist im Anhang enthalten.

Der **Forderungsumschlag** gibt an, wie oft im Jahr – rein rechnerisch – Forderungen gewährt und rückbezahlt werden. Multipliziert man den Reziprokwert (mathematisch: $\frac{1}{x}$) des Forderungsumschlages mit der Anzahl der Tage pro Jahr, 365, kann man ermitteln, wie viele Tage Forderungen durchschnittlich gewährt werden. Je rascher Forderungen zurückbezahlt werden, desto besser. Es verringert das Risiko eines Zahlungsausfalles, dh. dass der Kunde nicht bezahlt, und das Risiko von Kursschwankungen bei Auslandsforderungen. Weiters erhöht es die Liquidität eines Unternehmens, da mehr Geld im Unternehmen ist, das auch wiederveranlagt, dh. für Investitionen und Aufwendungen verwendet, werden kann. Eine kurze Umschlagsdauer bei Forderungen zeigt zB. an, dass das Unternehmen kurzfristige Zahlungsziele vergibt, über ein gutes Mahnwesen oder zahlungskräftige Kunden verfügt.

Ebenfalls ist die Kennzahl **Barmittel in % der Bilanzsumme** von der Oesterreichischen Nationalbank angegeben, aber in der Praxis selten verwendet. Als Barmittel werden die Bilanzposten B.III.1. Anteile an verbundenen Unternehmen (Achtung: die Anteile im Umlaufvermögen!), B.III.2. sonstige Wertpapiere und Anteile und B.IV. Kassenbestand, Schecks, Guthaben bei Kreditinstituten definiert.

Barmittel = Kassenbestand
+ Schecks
+ Guthaben bei Kreditinstituten
+ Kurzfristige Veranlagungen
(= Wertpapiere des Umlaufvermögens, Anteile)

Hohe Barmittel sind ein Hinweis auf eine hohe Liquidität, aber können auch ein Zeichen dafür sein, dass Geldmittel nicht optimal, sondern kurzfristig bei relativ schlechten Zinssätzen veranlagt sind.

Beispiel 82: **Josef Manner & Comp. AG 2016 – Analyse des Umlaufvermögens**

Analysieren Sie das Umlaufvermögen der Josef Manner & Comp. AG 2016!

- Vorräte in % der Bilanzsumme = $\frac{27.248.272{,}62}{143.497.826{,}19} \cdot 100 = 18{,}99\ \%$

  Die Werte zur Berechnung der Vorräte in % der Bilanzsumme sind zu finden:

Vorräte	Bilanz Aktiv B.I.	27.248.272,62
Bilanzsumme	Bilanz Aktiv Summe Aktiva	143.497.826,19

Sehr häufig, va. bei stark schwankendem Lagerstand, werden die durchschnittlichen Vorräte berechnet und verwendet:

Vorräte Ende des Jahres	Bilanz Aktiv B.I. 2016	27.248.272,62
Vorräte Anfang des Jahres	Bilanz Aktiv B.I. 2015	24.371.844,91

$$\text{Durchschnittliche Vorräte} = \frac{27.248.272{,}62 + 24.371.844{,}91}{2} = 25.810.058{,}77$$

- Vorratsumschlag

  Die Werte zur Berechnung des Vorratsumschlags sind zu finden:

Umsatzerlöse	Gewinn- und Verlustrechnung 1.	199.536.488,56
Vorräte	Bilanz Aktiv B.I.	27.248.272,62

- Durchschnittliche Lagerdauer $= \frac{1}{7{,}32} \cdot 365 = 49$ Tage

  Die Werte zur Berechnung der durchschnittlichen Lagerdauer sind zu finden:

Vorratsumschlag	7,32 mal
Tage	365

- Forderungen in % der Bilanzsumme $= \frac{30.406.369{,}66}{143.497.826{,}19} \cdot 100 = 21{,}19\ \%$

  Die Werte zur Berechnung der Forderungen in % der Bilanzsumme sind zu finden:

Forderungen LL	Bilanz Aktiv B.II.1	30.406.369,66
Bilanzsumme	Bilanz Aktiv Summe Aktiva	143.497.826,19

Im Anhang sind keine Informationen zu Forderungen aus Lieferungen und Leistungen gegenüber verbundenen Unternehmen enthalten.

Sehr häufig, va. bei stark schwankenden Forderungen, werden die durchschnittlichen Forderungen berechnet und verwendet:

Forderungen LL Jahresende	Bilanz Aktiv B.II.1 2016	30.406.369,66
Forderungen LL Aufwand d. Jahres	Bilanz Aktiv B.II.1 2015	30.736.542,90

$$\text{Durchschnittliche Forderung} = \frac{30.406.369{,}66 + 30.736.542{,}90}{2} = 30.571.456{,}28$$

- Forderungsumschlag $= \frac{199.536.488{,}56}{30.406.369{,}66} = 6{,}56$ mal

  Die Werte zur Berechnung des Forderungsumschlages sind zu finden:

Forderungen LL	Bilanz Aktiv B.II.1	30.406.369,66
Umsatzerlöse	Gewinn- und Verlustrechnung 1.	199.536.488,56

- Durchschnittlicher Forderungsausstand $= \frac{1}{6{,}56} \cdot 365 = 56$ Tage

  Die Werte zur Berechnung des Forderungsausstandes sind zu finden:

Forderungsumschlag	6,56 mal
Tage	365

- Barmittel in % der Bilanzsumme $= \frac{517.678{,}03}{143.497.826{,}19} \cdot 100 = 0{,}36\ \%\%$

  Die Werte zur Berechnung der Barmittel in % der Bilanzsumme sind zu finden:

Barmittel	Bilanz Aktiv B.III. Kassa	517.678,03
Bilanzsumme	Bilanz Aktiv Summe Aktiva	143.497.826,19

7.3. Aufgaben

7.3.1. Theoriefragen

7/T-1: Vom Aktivierungsverbot betroffen sind
- A. Aufwendungen für das Umstellen oder Verlegen eines Betriebes.
- B. Forschungsarbeiten, die im Betrieb erstellt wurden und nun auf der betriebseigenen Webseite zum Verkauf stehen. Der Verkaufspreis beträgt 55 €. Bisher wurde noch kein einziges Exemplar verkauft.
- C. Aufbau der betrieblichen Organisation.
- D. Marktanalysen im Zuge der Betriebseröffnung.

7/T-2: Der Firmenwert ergibt sich aus dem
- A. Wert der Vermögensgegenstände.
- B. Wert der Vermögensgegenstände abzüglich Verbindlichkeiten.
- C. Wert der Vermögensgegenstände +/– Rechnungsabgrenzungen.
- D. Wert der Vermögensgegenstände abzüglich Rückstellungen.

7/T-3: Der Originäre Firmenwert
- A. bezeichnet die Werte der einzelnen Vermögensgegenstände abzüglich der Schulden.
- B. darf nicht aktiviert werden.
- C. ist der erworbene Firmenwert.
- D. ist gem. § 203 Abs. 5 UGB zu aktivieren.

7/T-4: Welche Aussage / welche Aussagen über Immaterielle Vermögensgegenstände ist / sind korrekt?
- A. Immaterielle Vermögensgegenstände sind körperliche Gegenstände.
- B. Immaterielle Vermögensgegenstände dürfen unter allen Umständen in der Bilanz aktiviert werden.
- C. Konzessionen und Firmenwert sind Unterteilungen.
- D. Es gilt ein Aktivierungsverbot für selbst erstellte immaterielle Vermögensgegenstände.

7/T-5: Welche Aussagen/welche Aussage bezüglich abnutzbarem Anlagevermögen sind / ist korrekt?
- A. Zum abnutzbaren Anlagevermögen gehören Beteiligungen und andere Finanzanlagen.
- B. Zum abnutzbaren Anlagevermögen gehören unter anderem auf Dauer dem Betrieb gewidmete Gebäude, Maschinen sowie die Betriebs- und Geschäftsausstattung.
- C. Es besteht die Pflicht zur außerplanmäßigen Abschreibung.
- D. Abnutzbares Anlagevermögen kann nur außerplanmäßig abgeschrieben werden.

7/T-6: Welches Prinzip gilt für das nicht abnutzbare Anlagevermögen?
- A. Tageswertprinzip
- B. Gemilderte Niederstwertprinzip
- C. Strenges Niederstwertprinzip
- D. Höchstwertprinzip

7/T-7: Welche dieser Aussagen treffen / welche Aussage trifft auf „Anlagen in Bau“ zu?

A. Auf dieses Konto werden die noch ausstehenden Verbindlichkeiten aller angezahlten Gegenstände des Anlagevermögens verbucht, die im Zusammenhang mit unbeweglichen Gegenständen stehen (zB. Grundstücke) und deren Herstellungsdauer mehr als drei Jahre beträgt.

B. Geht die Herstellungsdauer eines Sachanlagevermögens über den Bilanzstichtag hinaus, werden die Herstellungskosten des noch nicht fertig gestellten Anlagegutes auf dieses Konto verbucht.

C. Das Konto ist abschreibungspflichtig.

D. „Anlagen in Bau“ ist Teil des Anlagevermögens, für den nach § 197 Abs. 2 UGB ein Aktivierungsverbot besteht.

7/T-8: Welche der folgenden Aussagen treffen / welche Aussage trifft zu?

A. Nachträgliche Anschaffungskosten werden nicht zu den Anschaffungskosten eines Grundstückes bzw. Gebäudes hinzugerechnet.

B. Die nachträglichen Anschaffungskosten stehen weder zeitlich noch sachlich im Zusammenhang mit den Anschaffungskosten einer Sache in Verbindung.

C. Bei der Bemessung der AfA für das Jahr der Entstehung von nachträglichen Anschaffungs- und Herstellungskosten sind diese so zu berücksichtigen, als wären sie zu Beginn des Jahres aufgewendet worden.

D. Nachträgliche Anschaffungskosten können bei Grundstücken zB. Erschließungs- und Kanalisationsbeträge und bei Gebäuden eingeplante Reparaturen, Verbesserungen und Umbauten sein.

7/T-9: Der Restbuchwert

A. ist derjenige Wert, mit dem die im Betriebsprozess eingesetzten Anlagegüter in der Bilanz bewertet sind.

B. ergibt sich aus den Anschaffungskosten eines Anlagegutes abzüglich der bereits vorgenommenen planmäßigen und außerplanmäßigen Abschreibungen.

C. hängt nicht von der Höhe der Anschaffungs- oder Herstellungskosten ab.

D. ist für die Kostenrechnung nur bedeutsam, wenn die kalkulatorischen Abschreibungen nicht den bilanziellen Abschreibungen entsprechen.

7/T-10: Welche der folgenden Aussagen treffen / welche Aussage trifft auf Wertpapiere des Anlagevermögens zu?

A. Wertpapiere des Anlagenvermögens sind bei voraussichtlich dauernder Wertminderung außerplanmäßig auf den niedrigeren Wert abzuschreiben, der ihnen am Abschlussstichtag unter Bedachtnahme auf die Nutzungsmöglichkeiten im Unternehmen beizulegen ist.

B. Wertpapiere des Anlagevermögens dürfen bei voraussichtlich nicht dauernder Wertminderung außerplanmäßig auf den niedrigeren Wert abgeschrieben werden, der ihnen am Abschlussstichtag unter Bedachtnahme auf die Nutzungsmöglichkeiten im Unternehmen beizulegen ist.

C. Stellt sich zu einem späteren Zeitpunkt heraus, dass die Gründe für eine in der Vergangenheit vorgenommene Abschreibung nicht mehr bestehen, so ist der Betrag dieser Abschreibung im Umfang der Werterhöhung zuzuschreiben.
D. Stellt sich zu einem späteren Zeitpunkt heraus, dass die Gründe für eine in der Vergangenheit vorgenommene Abschreibung nicht mehr bestehen, so darf der Betrag dieser Abschreibung im Umfang der Werterhöhung zugeschrieben werden.

7/T-11: Eine Anleihe
A. ist ein festverzinsliches Wertpapier.
B. wird auch Schuldverschreibung, Pfandbrief, Rentenpapier, Obligation oder Bond genannt.
C. gilt im Vergleich zu Aktien als riskantes Wertpapier.
D. wird immer nur vom Bund also so genannte Staatsanleihe emittiert.

7/T-12: Welche Aussage / welche Aussagen über den Anlagespiegel trifft / treffen zu?
A. Gesetzlich sind die Posten Anschaffungs- und Herstellungskosten, kumulierte Abschreibungen zu Beginn und Ende des Geschäftsjahres, Umbuchungen und Zuschreibungen sowie deren Bewegungen, Zu- und Abgänge, Abschreibungen sowie die aktivierten Zinsen auszuweisen.
B. Die Spalte kumulierte Abschreibungen erfasst alle bisher vorgenommenen planmäßigen Abschreibungen jedes Vermögensgegenstandes.
C. Die Spalte Umbuchungen erfasst Umgliederungen zwischen den Posten des Anlagevermögens.
D. Die Spalte Abschreibungen enthält die planmäßigen und außerplanmäßigen Abschreibungen des Geschäftsjahres.

7/T-13: Ein Unternehmen baut eine Garage zur Eigennutzung. Die Verbuchung lautet (ohne Berücksichtigung der USt)
A. 1 Garage → 4 Aktivierte Eigenleistung
B. 0 Garage → 5 Bestandsveränderung
C. 0 Garage → 5 Materialaufwand bzw. 6 Personalaufwand
D. 0 Garage → 4 Aktivierte Eigenleistung

7/T-14: Kumulierte Abschreibungen
A. sind alle Abschreibungen vom Anlagevermögen eines Geschäftsjahres.
B. sind die Summe aller Abschreibungen, die seit Aktivierung des Anlagegegenstandes vorgenommen wurden.
C. ist ein Konto der Passivseite der Bilanz.
D. ist ein Konto der Aktivseite der Gewinn- und Verlustrechnung.

7/T-15: Welche Aussagen/welche Aussage über den Anlagespiegel sind / ist korrekt?
A. Nur bei Zugang bzw. Ausscheidung eines Anlagegutes verändern sich die historischen Anschaffungs- und Herstellungskosten.

B. Die Spalte Abschreibung beinhaltet nur die planmäßige Abschreibung des Geschäftjahrs.
C. Die historischen Anschaffungs- und Herstellungskosten vom Anfang des Jahres kann man durch Addition von Zugängen, Subtraktion von Abgängen und Addition bzw. Subtraktion von Umbuchungen ermitteln.
D. Gesetzlich sind die verschiedenen Posten nicht getrennt auszuweisen.

7/T-16: Welche Aussage / welche Aussagen bezüglich dem Anlagespiegel ist / sind korrekt?
A. Die Restbuchwerte am Anfang und Ende des Geschäftsjahres zeigen den tatsächlichen Wert der im Unternehmen vorhandenen Anlagegegenstände.
B. Zuschreibungen betreffen das Zurücknehmen einer in den Vorperioden durchgeführten außerplanmäßigen Abschreibung.
C. Die Zugänge beziehen sich auf die im jeweiligen Geschäftsjahr angeschafften bzw. hergestellten Vermögensgegenstände mit ihren historischen Anschaffungs- und Herstellungskosten.
D. Als Umbuchungen sind Umgliederungen zwischen den Posten des Umlaufvermögens auszuweisen.

7/T-17: Welche Abkürzungen sind richtig?
A. AvA = Abnutzung von Anlagevermögen
B. AfA = Absetzung für Abnutzung
C. Kum. AvA = Kumulierte Abschreibung
D. AvA = Absetzung vom Anlagevermögen

7/T-18: Welche Abschreibungsart / welche Abschreibungsarten ist / sind für ein Auto zu empfehlen?
A. Linear
B. Progressiv
C. Degressiv
D. Leistungsabhängig

7/T-19: Der Verkauf eines Anlagevermögens bewirkt zahlreiche Buchungssätze. Welche Buchungssätze gehören dazu? Eine oder mehrere Antworten sind möglich.
A. 4 Erlöse → 7 Buchwert
B. 0 Kumulierte Abschreibung → 0 Anlagevermögen
C. 4 Erträge → 4 Erlöse
D. 2 Bank → 4 Erlöse

7/T-20: GwG
A. = Geringwertige Wirtschaftsgüter.
B. sind europaweit einheitlich geregelt.
C. bezeichnen Anlagevermögen mit einem Anschaffungswert in Höhe von bis zu 1.000 € exkl. USt.
D. sind steuerlich nicht absetzbar.

7/T-21: Eine Anlagenintensität (Anlagevermögen / Bilanzsumme) von 50 % ist zu interpretieren als

A. hoch.
B. niedrig.
C. durchschnittlich.
D. branchenabhängig.

7/T-22: Umlaufvermögen

A. wird nach dem Anschaffungswertprinzip bewertet.
B. wird nach dem strengen Niederstwertprinzip bewertet.
C. wird über kumulierte Abschreibung abgeschrieben.
D. unterscheidet zwischen monetärem und nicht monetärem Vermögen.

7/T-23: Die Abkürzung LL steht für

A. laufende Leistungen.
B. Lieferungen und Lastschriften.
C. Lieferungen und Leistungen.
D. Leistungen und Lasten.

7/T-24: Welche Verfahren werden unter dem Begriff Bewertungsvereinfachung zusammengefasst UND sind gesetzlich erlaubt?

A. First-In-First-Out
B. Identitätspreisverfahren
C. Lowest-In-First-Out
D. Gleitendes Durchschnittspreisverfahren

7/T-25: Das gewogene Durchschnittspreisverfahren wird angewandt, wenn

A. es sich um geringwertige Wirtschaftsgüter handelt.
B. das Identitätspreisverfahren nicht möglich ist.
C. der Lagerwert von Umlaufvermögen zu bestimmen ist.
D. keine Reihenfolge der Zugänge und Abgänge bekannt ist.

7/T-26: Aus welchen Gründen können Forderungen abgeschrieben werden?

A. Schwund
B. Kursverluste
C. Konkurs des Gläubigers
D. Risiko der Rückzahlung

7/T-27: Welche Aussage trifft / welche Aussagen treffen auf Wertpapiere des Umlaufvermögens zu?

A. Wertpapiere des Umlaufvermögens müssen mit dem Wert angesetzt werden, der sich aus einem niedrigeren Börsenkurs am Abschlussstichtag ergibt.
B. Wertpapiere des Umlaufvermögens dürfen mit dem Wert angesetzt werden, der sich aus einem niedrigeren Börsenkurs am Abschlussstichtag ergibt.
C. Stellt sich zu einem späteren Zeitpunkt heraus, dass die Gründe für eine in der Vergangenheit vorgenommene Abschreibung nicht mehr bestehen, so ist der Betrag dieser Abschreibung im Umfang der Werterhöhung zuzuschreiben.

D. Stellt sich zu einem späteren Zeitpunkt heraus, dass die Gründe für eine in der Vergangenheit vorgenommene Abschreibung nicht mehr bestehen, so darf der Betrag dieser Abschreibung im Umfang der Werterhöhung zugeschrieben werden.

T-28: Welche Aussagen / welche Aussage zu Sonstigen Wertpapieren und Anteilen sind / ist zutreffend?

A. Unter diesem Posten werden alle Wertpapiere bilanziert, die dem Umlaufvermögen angehören und nicht an anderer Stelle bilanziert werden können.

B. Unter diesem Posten sind Anteile der Gesellschaft an sich selbst zu verbuchen.

C. Hierbei handelt es sich um Wertpapiere, die langfristig dem Geschäftsbetrieb des Unternehmens zu dienen bestimmt sind.

D. Unter diesem Posten sind alle ungewissen Verbindlichkeiten aus Steuern auszuweisen, für die die Gesellschaft selbst Steuerschuldnerin ist.

7/T-29: Welche Aussagen bzgl. Kassenbestand treffen zu?

A. Darunter versteht man das Guthaben der Kasse eines Unternehmens.

B. Es handelt sich um ein passives Bestandskonto.

C. Als aktives Bestandskonto befindet sich der Kassenbestand in der Kontenklasse 2.

D. Der Kassenbestand zählt nicht zu den liquiden Mitteln, die einem Unternehmen zur Verfügung stehen.

7/T-30: Aktive Rechnungsabgrenzungsposten

A. entsprechen dem Prinzip der Periodenreinheit.

B. machen einen hohen Prozentsatz der Bilanzsumme aus.

C. stehen auf der Passivseite der Bilanz.

D. sind Teil des bereinigten Umlaufvermögens.

7/T-31: Welche Posten einer UGB-Bilanz können negativ sein?

A. Verlust

B. Eigene Aktien

C. Girokonto

D. Ausstehende Einlagen

7.3.2. Beispiele

7/0-1: Kauf Anlagevermögen I

Ein Unternehmen kauft am 1. September eine Maschine um 100.000 €, exkl. 20 % USt, Barzahlung, Nutzungsdauer = fünf Jahre. Die Anlage wird indirekt abgeschrieben.

a) Aktivieren Sie die Maschine!
b) Berechnen Sie die Abschreibungen für jedes Geschäftsjahr!
c) Berechnen Sie die Restbuchwerte für alle Geschäftsjahre bis zum Ausscheiden!
d) Berechnen Sie für jedes Jahr die kumulierte Abschreibung!
e) Verbuchen Sie alle Vorgänge!

7/0-2: Kauf Anlagevermögen II
Ein Unternehmen kauft am 2.11. einen Plotter um 9.000 € exklusive 20 % USt, Zahlung innerhalb von 14 Tagen, 3 % Skonto. Der Betrag wird am 7.11. überwiesen. Der Plotter hat eine Nutzungsdauer von sechs Jahren. Nehmen Sie alle notwendigen Buchungen bis zum Jahresabschluss vor!

7/0-3: Renovierung und nachträgliche Anschaffungs- und Herstellungskosten
Ein Bürogebäude mit einem Anschaffungswert von 18.000 € und einer Nutzungsdauer von sechs Jahren, Kauf September X1, wird in X3 um insgesamt 1.600 € renoviert: Die Außenfassade wird um 700 € verputzt und das ehemalige Lager um 900 € zu neuen Büroräumen umgebaut. Die Büroräume werden am 20.9. in Betrieb genommen. Bezahlung in bar, exkl. 20 % USt., in Tausend. Nehmen Sie alle notwendigen Buchungen bis zum Jahresabschluss vor!

7/0-4: Verkauf Anlagevermögen I
Ein Unternehmen kauft am 5. Mai des Jahres X1 eine Maschine um 640 €, Nutzungsdauer = vier Jahre, Bezahlung in bar.
Am 3. April des Jahres X3 wird die Maschine um 310 € verkauft, Bezahlung in bar.
Alle Beträge exkl. 20 % USt, in Tausend.

a) Nehmen Sie alle Verbuchungen im Jahr X1 vor!
b) Nehmen Sie alle Verbuchungen im Jahr X2 vor!
c) Nehmen Sie alle Verbuchungen im Jahr X3 vor!

7/0-5: Verkauf Anlagevermögen II
Ein Unternehmen kauft am 7. September des Jahres X1 eine Maschine um 640 €, Nutzungsdauer = vier Jahre, Bezahlung in bar.
Am 4. April des Jahres X3 wird die Maschine um 310 € verkauft, Bezahlung in bar.
Alle Beträge exkl. 20 % USt, in Tausend.

a) Nehmen Sie alle Verbuchungen im Jahr X1 vor!
b) Nehmen Sie alle Verbuchungen im Jahr X2 vor!
c) Nehmen Sie alle Verbuchungen im Jahr X3 vor!

7/0-6: Verkauf PC
Ein Unternehmen kauft am 2. Dezember X1 einen PC um € 1.500, Nutzungsdauer = vier Jahre.
Am 3. Oktober X3 wird der PC verkauft um

a) 200 €
b) 800 €

Alle Preise exkl. 20 % USt, alle Zahlungen in bar.
Nehmen Sie alle Buchungen im Jahr X1, X2 und X3 vor!

7/0-7: Selbst erstelltes Anlagevermögen I
Ein Unternehmen baut im November einen Lagerraum, der ab 1. Dezember genutzt wird. Nutzungsdauer = 25 Jahre. Die Abschreibungen des Lagerraumes sollen

a) minimiert
b) maximiert

werden, es wurde wie folgt kalkuliert:

Materialaufwand	120.000 €
Materialgemeinkosten	50 %
Fertigungskosten	80.000 €
Fertigungsgemeinkosten	200 %
Freiwillige Sozialleistungen	70.000 €
Verwaltungsgemeinkosten	20 % der Herstellungskosten

Fremdkapitalzinsen während der Herstellungsdauer betragen 3 % p.a. der Einzelkosten. Es wird kein Kredit aufgenommen.
Bezahlung in bar, alle Beträge exkl. 20 % USt. USt ist für alle Personalkosten zu berücksichtigen.

Nehmen Sie alle Verbuchungen während des Geschäftsjahres und zum Jahresabschluss vor!

7/0-8: Selbst erstelltes Anlagevermögen II
Ein Unternehmen baut ab Oktober des Jahres X1 eine Lagerhalle, die bis Jahresende fertiggestellt ist. Die Nutzungsdauer wird mit 20 Jahren angegeben. Die Materialeinzelkosten betragen 8.000 €, die Fertigungseinzelkosten 12.000 €, die Sonderkosten von 900 € beziehen sich auf Material. Die Materialgemeinkosten werden mit 60 % berechnet, die Fertigungsgemeinkosten mit 150 %, die Verwaltungsgemeinkosten mit 40 % und die Fremdkapitalzinsen mit 7 % p.a. von den ansatzpflichtigen Herstellungskosten. Die Lagerhalle brennt im Mai des Jahres X3 ab.

Alle Werte exkl. USt, alle Zahlungen in bar.

a) Mit welchem Wert kann die Lagerhalle aktiviert werden?
b) Verbuchen Sie alle Geschäftsvorgänge, die die Herstellung und Aktivierung der Lagerhalle betreffen! Gehen Sie von den höchstmöglichen Anschaffungs- und Herstellungskosten aus!
c) Wie hoch sind in den Geschäftsjahren X1 und X2 Abschreibung, kumulierte Abschreibung und Restbuchwert? Verbuchen Sie diese!
d) Wie hoch ist der buchmäßige Verlust durch das Abbrennen?
e) Verbuchen Sie alle Vorgänge in X3!

7/0-9: Geringwertige Wirtschaftsgüter
Ein EDV-Unternehmen kauft im Jänner folgende Güter, alle Preise exkl. 20 % USt, Überweisung.

a) 60 € Papier für den Bürobedarf
b) 17 € Taschenrechner für das Sekretariat, Nutzungsdauer drei Jahre
c) Drei Bildschirme für die Portierloge zu je 350 €, Nutzungsdauer drei Jahre
d) 20 Mäuse für Kunden zu je 10 €, Nutzungsdauer drei Jahre

Nehmen Sie alle Verbuchungen vor!

7/0-10: Handelsware I

Ein Unternehmen kauft am 4.6. 3.000 Stück Handelsware um 17 € je Stück. Es verkauft am 1.7. 2.000 Stück Handelsware um je 30 €. Am Geschäftsjahresende liegen 980 Stück auf Lager, der Einkaufspreis beträgt 16 €, der Verkaufspreis 28 €. Alle Preise exklusive 20 % USt, Barzahlung. Verbuchen Sie alle Geschäftsvorgänge bis inklusive Geschäftsjahresende!

7/0-11: Handelsware II

Ein Spital verkauft nebenbei Heilbehelfe. Es kauft am Jahresanfang 40 Krücken um je 30 €, am 5.4. verkauft es 3 Krücken an einen Orthopäden um je 65 €, am 6.7. 30 Krücken an eine Physiotherapie um je 60 € und es kauft am 8.8. 80 Krücken zu je 29 €. Es sind am Jahresende 7 Krücken aus dem ersten Zukauf und 77 Krücken aus dem letzten Zukauf auf Lager. Der Einkaufspreis am Geschäftsjahresende beträgt 29,60 €.

Alle Preise exkl. 20 % USt, alle Verbuchungen über Kassa.

a) Nehmen Sie alle Buchungen während des Geschäftsjahres vor!
b) Nehmen Sie alle Buchungen am Geschäftsjahresende vor!
c) Wie ist das Lager am Bilanzstichtag zu bewerten?

7/0-12: Handelsware III

Ein Unternehmen hat im Handelswaren-Lager einen Anfangsbestand von 2.500 Taschenrechnern zu je 60 €. Am 2.3. werden 6.000 Stück zu je 55 € dazugekauft, am 19.5. 12.000 zu je 58 € und am 4.6. 10.000 Stück zu je 62 €. 4.5. werden 6.500 Stück zu je 90 € verkauft, am 1.6. 8.000 Stück zu je 92 €. Am Geschäftsjahresende liegen 15.500 Stück zu je 60 € auf Lager. Alle Werte exklusive 20 % USt, Bezahlung in bar.

a) Wie hoch ist der Handelswareneinsatz?
b) Nehmen Sie alle Buchungen während des Geschäftsjahres und am Jahresende vor!

7/0-13: Wh von 4/1-12: Bewertung: Bewertung Reifen

Ein Reifenhändler hat am 3.1. 1.000 Stück LKW-Reifen gekauft, Einkaufspreis pro Stück: 2.000 €, Kosten für die Zwischenlagerung in Tirol und Transportspesen: 500 € pro Stück. Aufgrund einer Revolte in einem kautschukexportierenden Land verändert sich am Jahresende die Preissituation am Weltmarkt, die Reifen müssen am Absatzmarkt mit 20 % Rabatt verkauft werden, der Großhandel bietet nur einen Abschlag von 10 % im Einkauf. Verbuchen Sie den Geschäftsfall, wenn der Verkaufspreis während des Jahres

i) 3.500 €
ii) 2.400 €

beträgt und nur mehr 950 Reifen auf Lager liegen? Bezahlung per Überweisung, 20 % USt.

a) Nehmen Sie alle Buchungen während des Geschäftsjahres vor!
b) Nehmen Sie alle Buchungen am Geschäftsjahresende vor!
c) Wie ist das Lager am Bilanzstichtag zu bewerten?

7/0-14: Wh von 4/1-13: Bewertung: Bewertung Ringmappen
Ein Papierhändler hat 200 Ringmappen auf Lager, Wert je Stück 4 €. Am Bilanzstichtag könnte 1 Stück um je 3,80 € eingekauft werden. Am 7.9. hat das Unternehmen 130 Stück um je 6 € verkauft, am Bilanzstichtag könnte es um 7 € verkauft werden. Es liegen 60 Ringmappen auf Lager. Bezahlung in bar, 20 % USt. Verbuchen Sie den Geschäftsfall!

7/0-15: Bewertung von Diesel
Der Tagespreis des Einkaufs am Rohölmarkt in Amsterdam beträgt zum Bilanzstichtag 29,40 €, der Verkaufspreis beträgt während des gesamten Jahres 35 €. Bezahlung in bar, exkl. 20 % USt. Der Buchhaltung der Turbo AG liegt am Ende des Jahres der Lagerbericht für Diesel vor, wobei der Endbestand der einzelnen Tanklager wie folgt angegeben wird:

Tank 1: 4 t
Tank 2: 24 t
Tank 3: 20 t

	Menge	Preis
Zugang 1 (Tank 1)	20 t	29 €
Abgang 1	10 t	Tank 1
Zugang 2 (Tank 2)	40 t	30 €
Abgang 2	8 t	Tank 2
Abgang 3	4 t	Tank 1
Abgang 4	6 t	Tank 2
Zugang 3 (Tank 3)	60 t	29,60 €
Abgang 5	31 t	Tank 3

a) Nehmen Sie alle Buchungen bis zum Jahresabschluss vor!
b) Wie muss die Turbo AG ihre Dieselvorräte ansetzen, wenn sie nach folgenden Verfahren bewertet?
   1. Identitätspreisverfahren
   2. Gleitendes Durchschnittspreisverfahren
   3. Gewogenes Durchschnittspreisverfahren
   4. FIFO-Verfahren
c) Nehmen Sie die notwendigen Buchungen zum Jahresabschluss vor!

7/0-16: Koffer
Ein Unternehmen handelt mit Koffern. Am Anfang des Jahres liegen 100 Stück zu je 40 € auf Lager. Am 3.4. kauft das Unternehmen weitere 300 Koffer zu je 44 € auf Ziel, 3 % Skonto bei Bezahlung innerhalb von 14 Tagen. Es überweist nach zehn Tagen. Am 5.6. werden 270 Koffer zu je 90 € in bar verkauft. Am Bilanzstichtag liegen 20 Koffer auf Lager, der Wiederbeschaffungswert beträgt 41 €.

a) Nehmen Sie alle Buchungen während des Geschäftsjahres vor!
b) Nehmen Sie alle Buchungen am Ende des Geschäftsjahres vor!
c) Wie ist das Lager am Bilanzstichtag zu bewerten?

7/0-17: Selbsterstellte Erzeugnisse I

Ein Unternehmen erzeugt Putzmittel. Pro Flasche betragen die Materialeinzelkosten: 2 €, Personaleinzelkosten: 1 €, Materialgemeinkosten: 20 %, Personalgemeinkosten: 30 %. Der Anfangsbestand beträgt 1.200 Flaschen. Es produziert im Laufe des Geschäftsjahres 2.000 Flaschen und verkauft 1.800 Flaschen um je 15 €. Am Jahresende kostet ein vergleichbares Produkt im Handel 3,40 €, es liegen 1.340 Flaschen auf Lager. Alle Verbuchungen über Kassa, alle Preise exkl. 20 % USt.

a) Nehmen Sie alle Buchungen während des Geschäftsjahres vor!
b) Nehmen Sie alle Buchungen am Geschäftsjahresende vor!
c) Wie ist das Lager am Bilanzstichtag zu bewerten?

7/0-18: Selbsterstellte Erzeugnisse II

Ein Chemieunternehmen erzeugt Putzmittel. Materialeinzelkosten: 2 €, Personaleinzelkosten: 1 €, Materialgemeinkosten: 20 %, Personalgemeinkosten: 30 % pro Flasche. Der Anfangsbestand beträgt 1.200 Flaschen. Es produziert im Laufe des Geschäftsjahres 2.000 Flaschen und verkauft 2.800 Flaschen um je 15 €. Am Jahresende kostet ein vergleichbares Produkt im Handel 3,40 €, es liegen 380 Flaschen auf Lager. Alle Verbuchungen über Kassa, alle Preise exkl. 20 % USt.

a) Nehmen Sie alle Buchungen während des Geschäftsjahres vor!
b) Nehmen Sie alle Buchungen am Geschäftsjahresende vor!
c) Wie ist das Lager am Bilanzstichtag zu bewerten?

7/0-19: Schadensfall

Die Turbo AG startete im vergangenen Geschäftsjahr die Erzeugung von Autolacken. Eine Dose Lack wird wie folgt kalkuliert:

Materialkosten	15 €
Personalkosten	9 €
Materialkostenzuschlag	10 %
Personalkostenzuschlag	120 %

Es liegen am Anfang des Geschäftsjahres 3.150 Dosen auf Lager. Im laufenden Geschäftsjahr wurden 15.000 Dosen produziert und

a) 13.000 Dosen
b) 18.000 Dosen

um 40 € pro Stück verkauft, Bezahlung per Überweisung, Werte exkl. 20 % USt. Bei der Inventur wird festgestellt, dass 150 Dosen ausgetrocknet sind und entsorgt werden müssen. Der Weltmarktpreis im Einkauf beträgt pro Dose 36,10 €. Nehmen Sie alle notwendigen Buchungen während des Jahres und zum Bilanzstichtag vor!

7/0-20: Lageraufzeichnungen

Im Bestandsnachweis eines Lagers sind die Bewegungen bis Ende des Geschäftsjahres wie folgt aufgezeichnet:

		kg	Preis per kg
1.1.	Anfangsbestand	200 kg	20 €
3.2.	1. Zukauf	2.000 kg	24 €
5.4.	2. Zukauf	400 kg	30 €
7.6.	Verbrauch	200 kg	vom Anfangsbestand
4.3.		1.600 kg	vom 1. Zukauf
6.5.		200 kg	vom 2. Zukauf
31.12.	Endbestand	396 kg	vom 1. Zukauf
		198 kg	vom 2. Zukauf

Der Verkaufspreis beträgt 35 €. Es erfolgen keinerlei Zahlungen. Alle Werte exkl. 20 % USt. Der Preis am Bilanzstichtag beträgt 26 €.

a) Nehmen Sie alle laufenden Buchungen vor!
b) Bewerten Sie das Lager am Bilanzstichtag nach folgenden Verfahren und nehmen Sie alle Buchungen zum 31.12. vor!
   1. Identitätspreisverfahren
   2. Gleitendes Durchschnittspreisverfahren
   3. Gewogenes Durchschnittspreisverfahren
   4. FIFO-Verfahren

7/0-21: Kühlschränke

Ein Handelsbetrieb importiert am 30.5. Kühlschränke zum Bezugspreis von 500 €, am 2.6. von 520 €. Die zusätzlichen Transportspesen betragen unverändert 70 €. Am Ende des Geschäftsjahres liegen folgende Fakten vor:

- Im laufenden Geschäftsjahr wurden insgesamt 500 Kühlschränke gekauft.
- Es liegen noch 300 Kühlschränke auf Lager
- Der Verkaufspreis betrug am 3.7. 800 € pro Stück.
- Von den 70 Kühlschränken, die im Mai gekauft wurden, liegen noch vier auf Lager.
- Fünf Kühlschränke, die im Juni gekauft wurden, wurden durch unsachgemäße Handhabung im Lager beschädigt und müssen ausgeschieden werden.
- Durch den gesunkenen Stahlpreis am Weltmarkt ist der Einkaufspreis auf 490 € gefallen.

Bezahlung in bar, 20 % USt. Nehmen Sie die Lagerbewertung vor und verbuchen Sie alle Vorgänge!

7/0-22: Lipizzaner und Riesenräder

Ein Unternehmen erzeugt österreichische Souvenirartikel und vertreibt auch Handelsware. Die selbst erstellten Plastik-Lipizzaner werden wie folgt kalkuliert:

Materialeinzelkosten	4 €
Personaleinzelkosten	7 €
Materialkostenzuschlag	10 %
Personalkostenzuschlag	200 %

Im laufenden Geschäftjahr werden 70.000 Stück produziert, davon werden am 7.3. 40.000 Stück an einen Großhändler in Mariazell um 30 € und am 9.8. 20.000 Stück an diverse Einzelhändler in Wien um 35 € per Überweisung verkauft. Bei der Inventur werden 9.970 Stück gezählt, der Verkaufspreis am Weltmarkt beträgt 26,10 €.

Im Bereich Handelsware wurden am 5.12. 10.000 Stück Kunststoff-Riesenräder aus Hong Kong importiert und auf Lager gelegt. Bei der Inventur wurde das Fehlen einer Schachtel mit 200 Riesenräder festgestellt, Einkaufspreis pro Riesenrad: 9,70 €; Verkaufspreis am Ende des Jahres: 9,20 €.

Nehmen Sie alle Buchungen während des Geschäftsjahres um zum Jahresabschluss vor!

7/0-22: Rücksendung

Ein Unternehmen kauft am 23.5. 50 Regenschirme zu je 5 € und erhält 3 % Skonto, Überweisung.

Da 20 Regenschirme fehlerhaft sind werden sie am 27.5. zurückgesandt, das Geld wird überwiesen.

Es verkauft am 30.5. 10 Regenschirme zu je 9,90 €, der Kunde bleibt den Betrag schuldig.

Aufgrund von Farbfehlern werden 3 Stück vom Kunden retour geschickt. Verbuchen Sie die Geschäftsfälle.

7/1-1: Folgebewertung von 4/1-1: Ansatz Garage

Ein Unternehmen baut am 1.9. X1 eine Garage um 5.000 € Materialaufwand, Nutzungsdauer = fünf Jahre. Im Folgejahr X2 könnte die Garage um 4.900 € verkauft werden. Würde sie im Jahr X2 nachgebaut werden, würde der Restbuchwert des Nachbaus

a) 4.800 €
b) 2.700 €

betragen.

Mit welchem Wert darf die Garage aktiviert werden?

Mit welchem Wert wird die Garage in X1 und in X2 bilanziert?

Bezahlung in bar, 20 % USt. Verbuchen Sie den Geschäftsfall!

7/1-2: Fortsetzung von 4/1-2: Ansatz Maschine
Ein Unternehmen kauft am 2.5. X1 eine Maschine um 300 €, exkl. 20 % USt, sechs Jahre Nutzungsdauer. Ein Skonto in Höhe von 5 € wird sofort in Anspruch genommen. Der Transport kostet 40 €, der Einbau kostet 20 €, die Zinsen für den Kredit 15 €, die Verwaltungskosten 10 €. Ende X2 stellt sich heraus, dass die Maschine aus rechtlichen Gründen nur eingeschränkt verwendet werden kann. Der Marktwert beträgt 220 €. Bezahlung in bar. Verbuchen Sie den Geschäftsfall!

7/1-3: Fortsetzung von 4/1-3: Ansatz Werkbank
Ein Unternehmen kauft am 6. Juni X1 eine Werkbank um 700 €, exkl. 20 % USt, sechs Jahre Nutzungsdauer. Ende des Jahres X2 wird die Maschine außerplanmäßig auf 140 € abgeschrieben. Der Wert steigt Anfang X3 auf 370 €. Bezahlung in bar. Verbuchen Sie den Geschäftsfall bis Ende X4!

7/1-4: Fortsetzung von 4/1-4: Ansatz Werkshalle
Ein Unternehmen baut ab November X1 eine Werkshalle zur Eigennutzung, Bauzeit fünf Monate. Die Materialkosten betragen 500 €, die Materialgemeinkosten 40 %, die Fertigungskosten 900 €, die Fertigungsgemeinkosten 200 %, die Verwaltungsgemeinkosten auf die ansatzpflichtigen Herstellungskosten 20 %, die Zinsbelastung 7 % p.a. ebenfalls auf die ansatzpflichtigen Herstellungskosten. Dezember X1 stellt sich heraus, dass das Baumaterial um 300 € gekauft werden hätte können. Im Folgejahr betragen die Materialeinzelkosten 150 €, die Fertigungseinzelkosten 200 € und die Werbeflächen 100 €, die Gemeinkostensätze bleiben gleich. Die Nutzungsdauer beträgt sieben Jahre ab Fertigstellung. Alle Beträge exkl. 20 % USt, alle Beträge per Überweisung. Verbuchen Sie den Geschäftsfall!

7/1-5: Fortsetzung von 4/1-5: Zuschreibung Gebäude
Ein Gebäude wurde am 4.10.X1 mit Anschaffungs- und Herstellungskosten = 2.000 € gekauft, Nutzungsdauer = 50 Jahre. Ende Dezember X2 steht das Gebäude mit 1.700 € zu Buche. X3 beträgt der Marktwert 1.900 €. Bezahlung per Überweisung, 20 % USt. Nehmen Sie die notwendigen Buchungen am 31.12.X3 vor!

7/1-6: Fortsetzung von 4/1-6: Zuschreibung Einkaufszentrum
Ein Einkaufszentrum A wird am 1.3.X1 um 1.000 € gebaut, Nutzungsdauer = zehn Jahre. X2 soll in unmittelbarer Nähe ein noch größeres und attraktiveres Einkaufszentrum B errichtet werden, wodurch der Wert von A auf 250 € sinkt. 2 Jahre später wird der Bau von B abgebrochen, da die Sponsoren abgesprungen sind. Dadurch steigt der Wert von A auf 1.200 €. Bezahlung in bar, 20 % USt. Verbuchen Sie den Geschäftsfall!

7/1-7: Fortsetzung von 4/1-7: Software
Eine Ordinationsgemeinschaft kauft am 8.6.X1 ein Computerprogramm um 3.000 €. Damit das Programm von allen Ärzten sinnvoll und kostengünstig genutzt werden kann, muss ein Teil selbst programmiert werden; die Kosten betragen 200 €. Die Nutzungsdauer wird auf fünf Jahre geschätzt. Die Software kann im Folgejahr (X2) nicht mehr wie ursprünglich geplant verwendet werden, da die Ordination auf ein anderes Betriebsprogramm umsteigt. Die selbst programmierte Adaptionen kosten weitere 500 €. Da diese auch für andere Ordinationen sehr wertvoll sein könnten, steigt der Wert des Gesamtprogrammes um 20 % der AHK, die Nutzungsdauer verlängert sich um drei Jahre. Alle Werte exkl. 20 % USt., Bezahlung in bar. Verbuchen Sie den Geschäftsvorgang, wenn das Zusatzprogramm

a) nur für die Ordinationsgemeinschaft verwendet werden kann.
b) weiterverkauft werden kann.

7/1-8: Anlagespiegel
Einem Unternehmen liegen am 28.12. folgende Daten zur Erstellung eines Anlagespiegels vor:

Historische Anschaffungskosten 1.1.	3.000 €
Buchwert 1.1.	800 €
Buchwert 28.12.	80 €
Zugänge bis 28.12.	200 €
Abgänge (historische Werte)	1.200 €
Bisherige planmäßige Abschreibungen	595 €

Am 30.12. kauft die Firma um 20 € eine Maschine. Nutzungsdauer: 4 Jahre.
Erstellen Sie den Anlagespiegel zum Bilanzstichtag 31.12. und berechnen Sie den Restbuchwert abgegangener Anlagen!

7/1-9: Bewertung von Forderungen
Ein Unternehmen bewertet am Bilanzstichtag seine Forderungen. Die Forderung Mayer steht mit 100.000 € inklusive 20 % USt zu Buche. Die Firma erlässt Mayer 27.000 €, um weitere Zahlungsausfälle zu verhindern. Bewerten Sie die Forderung und führen Sie alle zum Bilanzstichtag notwendigen Buchungen durch!

7/1-10: Wh von Kapitel 4/1-14: Bewertung: Auslandsforderungen
Ein Unternehmen hat eine Forderung in Höhe von 250.000 CHF gewährt, Kurs: 1 € = 1,13/1,14 CHF. Am Bilanzstichtag steht der Kurs

a) 1,10/1,12
b) 1,16/1,17

Verbuchen Sie den Geschäftsfall!

7/1-11: Bilanzerstellung

Die Aufstellung von Bilanzposten einer Aktiengesellschaft zeigt folgendes Bild:

Aktive Rechnungsabgrenzungsposten	5.567 €
Anleihen	175.000 €
Ausleihungen	65.191 €
Bebaute Grundstücke	308.815 €
Beteiligungen	470.051 €
Fertigungserzeugnisse	20.593 €
Forderungen aus Lieferung und Leistung	141.087 €
Forderungen gegenüber verbundenen Unternehmen	59.727 €
Fuhrpark	9.625 €
Gebundene Kapitalrücklage	171.463 €
Gewinnrücklagen	5.500 €
Grundkapital	151.027 €
Immaterielles Anlagevermögen	90.718 €
Kassa	14.811 €
Maschinen und maschinelle Anlagen	116.556 €
Nicht gebundene Kapitelrücklage	274.264 €
Passive Rechnungsabgrenzungsposten	1.689 €
Roh-, Hilfs- und Betriebsstoffe	58.593 €
Rückstellungen für Abfertigung	35.688 €
Rückstellungen für Pension	12.525 €
Sonstige Rückstellungen	23.760 €
Sonstige Verbindlichkeiten	100.615 €
Unbebaute Grundstücke	4.654 €
Verbindlichkeiten aus Lieferung und Leistung	62.495 €
Verbindlichkeiten gegenüber Banken	228.911 €
Verbindlichkeiten gegenüber verbundenen Unternehmen	58.772 €
Werkzeug, Betriebs- und Geschäftsausstattung	155.633 €
Wertpapiere des Anlagevermögens	130.795 €

Erstellen Sie die Vermögensseite der Bilanz nach den gesetzlichen Vorschriften des UGB!

8. Wie hoch ist das Kapital eines Unternehmens?

8.1. Lernziele

Eine der Hauptfunktionen des Rechnungswesens ist die Ermittlung des Kapitals, dh. der finanziellen Mittel, die ein Unternehmen zur Leistungserstellung einsetzt.

Dieses Kapitel präsentiert Kapital überwiegend aus Sicht der Buchhaltung, da Ansatz, Höhe und Ausweis der einzelnen Posten an das UGB gebunden sind. Es wird aufgrund des Anfängercharakters dieses Buches eher theoretisch aufgebaut und beinhaltet daher wenige Beispiele und Buchungen. Das aus der Buchhaltung übernommene Kapital findet in der Kostenrechnung va. bei der Ermittlung des betriebsnotwendigen Vermögens (siehe Kapitel 9), aber auch bei den Kapitalposten Eingang, die wiederum durch deren Bildung und Bewertung, zB. Rückstellungen oder Fremdwährungsschulden, Eingang in die Gewinn- und Verlustrechnung und somit in den Betriebsüberleitungsbogen finden.

Die vorgestellten Kennzahlen der Bilanzanalyse können sowohl aus den Werten der Buchhaltung als auch der Kostenrechnung kalkuliert werden; im Rahmen dieses Kapitels wird auf die Bilanz gemäß UGB eingegangen.

8.2. Definitionen und Erläuterungen

Im Folgenden wird die Behandlung des Kapitals aus Sicht der drei Bereiche

8.2.1. Buchhaltung und Bilanzierung
8.2.2. Kostenrechnung
8.2.3. Bilanzanalyse
erläutert.

8.2.1. Buchhaltung und Bilanzierung

8.2.1.1. Gliederung des Kapitals

Das Kapital des Unternehmens wird auf der Passivseite der Bilanz ausgewiesen, dh. es präsentiert die Mittelherkunft in der Bestandsrechnung.

§ 224 Abs. 3 UGB normiert die Mindestgliederung der Passivseite der Bilanz:

Gliederung

*§ **224.** (3) Passivseite:*
A. Eigenkapital:
I. eingefordertes Nennkapital (Grund-, Stammkapital);
II. Kapitalrücklagen:
- *1. gebundene;*
- *2. nicht gebundene;*

III. Gewinnrücklagen:
- *1. gesetzliche Rücklage;*
- *2. satzungsmäßige Rücklagen;*
- *3. andere Rücklagen (freie Rücklagen);*

IV. Bilanzgewinn (Bilanzverlust),
davon Gewinnvortrag/Verlustvortrag.

B. Rückstellungen:
1. *Rückstellungen für Abfertigungen;*
2. *Rückstellungen für Pensionen;*
3. *Steuerrückstellungen;*
4. *sonstige Rückstellungen.*

C. Verbindlichkeiten:
1. *Anleihen, davon konvertibel;*
2. *Verbindlichkeiten gegenüber Kreditinstituten;*
3. *erhaltene Anzahlungen auf Bestellungen;*
4. *Verbindlichkeiten aus Lieferungen und Leistungen;*
5. *Verbindlichkeiten aus der Annahme gezogener Wechsel und der Ausstellung eigener Wechsel;*
6. *Verbindlichkeiten gegenüber verbundenen Unternehmen;*
7. *Verbindlichkeiten gegenüber Unternehmen, mit denen ein Beteiligungsverhältnis besteht;*
8. *sonstige Verbindlichkeiten,*
   davon aus Steuern,
   davon im Rahmen der sozialen Sicherheit.

D. Rechnungsabgrenzungsposten.

- Diese Posten sind unbeschadet einer weiteren Gliederung gesondert und in der vorgeschriebenen Reihenfolge anzuführen (§ 224 Abs. 1 UGB).
- Zu allgemeinen Aspekten der Gliederung siehe Kapitel 3 und 7.
- Diese Mindestgliederung darf um weitere Posten ergänzt werden, wenn ihr Inhalt nicht von einem vorgeschriebenen Posten gedeckt wird und dadurch gemäß § 222 Abs. 2 UGB „ein möglichst getreues Bild der Vermögens-, Finanz- und Ertragslage" des Unternehmens vermittelt werden kann. Beispielsweise ist der Posten „Ausstehende Einlagen" nicht in der Mindestgliederung enthalten und nicht in obiger Abbildung angeführt, da er sich aus dem Bilanzinhalt ergibt.
- Grundsätzlich können in der Bilanz nur drei Posten negativ sein: die ausstehenden Einlagen, die eigenen Anteile und der Bilanzverlust.

Für ein reales Beispiel siehe Josef Manner & Comp. AG 2016 im Anhang!

Beispiel 83: **Bilanz – Passivseite** Fortsetzung aus Kapitel 7: Vermögen:

Das Unternehmen weist folgende Bilanzposten auf (Zahlen in Tsd. €, s. Beispiel 65): Gliedern Sie das Kapital des Unternehmens nach den gesetzlichen Vorschriften! Wie hoch ist der Bilanzgewinn bzw. Bilanzverlust?

Erläuterung

Details zu den einzelnen Posten siehe unten.

Schritt 1: Welche der angegebenen Posten sind Kapitalposten und stehen auf der Passivseite der Bilanz?

Dieser Schritt wurde bereits in Kapitel 3: Instrumente erläutert. Inhaltlich ist zu entscheiden, ob die Posten Mittelverwendung = Aktivseite = Vermögen oder Mittelherkunft = Passivseite = Kapital darstellen. Wenn Sie dieses Beispiel bereits in Kapitel 7: Vermögen gelöst haben, ist es hier sehr einfach. Versuchen Sie es dennoch übungshalber von Anfang an!

Bilanzposten	**€**	**Passivseite**
1 Drucker	10	
10 Sessel	16	
100 Reifen	120	
15 Kombifahrzeuge	3.000	
2 PKW für Pannenfahrten	400	
20 PKW – Cabrio	4.500	
4 PC	90	
4 Schreibtische	20	
Abfertigungsrückstellung	260	x
Aktien der Fa. Risiko (zu Spekulationszwecken)	111	
ARA	2	
Aktive latente Steuern	100	
Ausstehende Einlage	300	x
Bankguthaben (Girokonto)	4	
Bilanzgewinn	?	x
Forderung gegenüber Käufer Mayer	78	
Forderung gegenüber Käufer Müller	45	
Forderung gegenüber Mitarbeiter Schmid	32	
Freie Rücklage	1.160	x
Garage	900	
Gebundene Kapitalrücklage	400	x
Hebebühne	600	
Kassa	7	
Mikrowellenherd	5	
Nennkapital	7.000	x
Patente	100	
Pensionsrückstellungen	190	x
PRA	3	x
Reservegrundstück für eventuelle Erweiterungen	150	
Selbsterstellte Patente	400	
Staatsanleihen (für Pensionsrückstellungen)	95	
Verbindlichkeiten gegenüber Banken	2.700	x
Verbindlichkeiten gegenüber Finanzamt	62	x
Verbindlichkeiten gegenüber Grabner	196	x
Verbindlichkeiten gegenüber Hofer	246	x
Werkstatt und Büroräume	2.000	
Werkzeug	240	

Abbildung 166: Beispiel Gliederung Passivseite – Zuteilung einzelner Posten

Schritt 2: Wie werden die Kapitalposten zusammengefasst und im Sinne des § 224 Abs. 3 UGB gegliedert?

Bilanz	Passiva
A. EIGENKAPITAL	
I. Grundkapital	7.000
– Ausstehende Einlage	– 300
II. Kapitalrücklagen	
1. Gebundene	400
III. Gewinnrücklagen	
3. Andere Rücklagen (freie Rücklagen)	1.160
IV. Bilanzgewinn (Bilanzverlust), davon Gewinnvortrag/Verlustvortrag	708
B. RÜCKSTELLUNGEN	
1. Rückstellungen für Abfertigungen	260
2. Rückstellungen für Pensionen	190
C. VERBINDLICHKEITEN	
2. Verbindlichkeiten gegenüber Kreditinstituten	2.700
4. Verbindlichkeiten aus Lieferungen und Leistungen	196 + 246 = 442
8. Sonstige Verbindlichkeiten, davon aus Steuern, davon im Rahmen der sozialen Sicherheit	62
D. RECHNUNGSABGRENZUNGSPOSTEN	3
Bilanzsumme	12.525

Abbildung 167: Gliederung der Kapitalposten

Beachte: In der Bilanz werden die grau gedruckten Additionen nicht angegeben; sie dienen hier zur Lösungsfindung!

- **Nennkapital**
  1. Die ausstehenden Einlagen in Höhe von 300 € werden vom Nennkapital in Höhe von 7.000 € abgezogen; sie werden aber nicht subtrahiert und daher nicht als Saldo ausgewiesen, sondern als eigene Negativposten, und gehören somit zu den einzigen drei möglichen negativen Posten in der Bilanz (neben dem Bilanzverlust).
  4. Zum Bilanzgewinn siehe Schritt 3.

- **Rückstellungen**
  1. und 2. Rückstellungen für Abfertigungen und für Pensionen: Beide werden zum so genannten Sozialkapital gezählt. Sie müssen wertpapiergedeckt sein, dh. es müssen zumindest in der Hälfte ihrer Höhe sichere Wertpapiere vorhanden sein, die unter A.III. Finanzanlagevermögen ausgewiesen sind. Diese Voraussetzung ist mit den Staatsanleihen in Höhe von 95 € (siehe Angabe) erfüllt.

- **Verbindlichkeiten**
  2. Verbindlichkeiten gegenüber Kreditinstituten: Dazu zählen die Verbindlichkeiten gegenüber Banken. Zum Saldierungsverbot mit den Bankguthaben des Girokontos siehe Kapitel 7: Vermögen und Kapitel 9: Erfolg.
  4. Verbindlichkeiten aus Lieferungen und Leistungen: Dazu zählen die Verbindlichkeiten gegenüber den Lieferanten Grabner und Hofer.
  8. Sonstige Verbindlichkeiten, davon aus Steuern: Dazu zählen die Verbindlichkeiten gegenüber dem Finanzamt.

- **Rechnungsabgrenzungsposten**
  Zu den Rechnungsabgrenzungen der Passivseite der Bilanz zählen die Passiven Rechnungsabgrenzungen.

Die Bilanzsumme weist die Summe aller Passiva aus.

Schritt 3: Wie hoch ist der Bilanzgewinn?
Wie in Kapitel 3: Instrumente erläutert, errechnet sich das Eigenkapital aus allen Vermögensposten minus der Schulden = 12.625 – 3.657 = 8.968 €. Zieht man von diesem Eigenkapital die bereits bekannten Posten ab = 8.968 – 8.260, ergibt sich ein Gewinn von 708 €.

Das Kapital kann grob in Eigenkapital und Fremdkapital gegliedert werden. Daraus ergeben sich für die Finanzierung eines Unternehmens 4 grundsätzliche Möglichkeiten:

	Innenfinanzierung	Außenfinanzierung
Eigenfinanzierung	Gewinnthesaurierung	Kapitalerhöhung
Fremdfinanzierung	zB. Rückstellungen	zB. Kreditfinanzierung

Abbildung 168: Möglichkeiten der Finanzierung

Aus eigener Kraft können Eigentümer des Unternehmens von innen heraus Eigenkapital erhöhen, indem sie Gewinne einbehalten und nicht ausschütten (Gewinnthesaurierung), von außerhalb des Unternehmens können sie frisches Kapital zB. über Kapitalerhöhungen zuführen. Mit Hilfe Externer, dh. nicht Eigentümer, können finanzielle Mittel innerhalb des Unternehmens bereitgestellt werden, indem Rückstellungen für künftige Aufwendungen bereits im Vorhinein zurückgelegt werden oder von außerhalb Schulden aufgenommen werden.

8.2.1.2. Eigenkapital

Wh: **Eigenkapital** wird von den Eigentümern des Unternehmens zur Verfügung gestellt, zB. über Einlagen oder nicht ausgeschüttete Gewinne.

Das buchmäßige Eigenkapital eines Unternehmens stellt das Reinvermögen des Unternehmens zu einem bestimmten Bilanzstichtag dar. Es ist eine Rechengröße aus Vermögen und Fremdkapital, wird somit durch den Umfang und die Bewertung dieser beiden Posten beeinflusst und ändert sich daher von Periode zu Periode (variable Saldogröße). Weiters verändert sich das Eigenkapital durch Entnahmen oder Einlagen seitens der Eigentümer (Kapitalherabsetzung oder Kapitalaufstockung), durch Bildung oder Auflösung von Rücklagen sowie durch den Bilanzgewinn oder -verlust.

Das Eigenkapital ist folglich keine fixe, sondern eine theoretische Größe. Es liegt nicht in einer eigenen Handkassa im Unternehmen, sondern ist in Posten der Mittelverwendung, dh. Vermögensposten bzw. Aufwandsposten, gebunden, also investiert.

Die Gliederung des Eigenkapitals ist davon abhängig, ob das Unternehmen hinsichtlich der Rechtsform eine Personengesellschaft (zB. Offene Gesellschaft, Kommanditgesellschaft) oder eine Kapitalgesellschaft (zB. Aktiengesellschaft, Gesellschaft mit beschränkter Haftung) ist.

Bei Personengesellschaften wird das Eigenkapitalkonto als konstantes Kapitalkonto geführt und durch Privateinlagen, Privatentnahmen sowie laufende Gewinne und Verluste nicht verändert. Das konstante Eigenkapitalkonto weist folglich die Beteiligung des Gesellschafters aus. Am Bilanzstichtag wird der auszuschüttende

Gewinn auf das Privatkonto des erhaltenden Eigentümers gebucht. Sind mehrere Eigentümer an einer Personengesellschaft beteiligt, existieren mehrere Privatkonten; der auszuschüttende Gewinn wird, wie vertraglich vereinbart oder gesetzlich vorgegeben, verteilt.

Die Gewinnverteilung der Offenen Gesellschaft (OG) und der Kommanditgesellschaft (KG) ist bei fehlender Regelung im Gesellschaftervertrag in den §§ 121 bzw. 167 UGB geregelt: In der Offenen Gesellschaft werden den Gesellschaftern der Gewinn oder Verlust im Verhältnis ihrer Beteiligung zugewiesen. Sind Gesellschafter zu Leistungen verpflichtet, denen keine Beteiligung an der Gesellschaft gegenübersteht, steht ihnen ein angemessener Anteil am Jahresgewinn zu. In der Kommanditgesellschaft wird zunächst den unbeschränkt haftenden Gesellschaftern ein ihrer Haftung angemessener Betrag zugewiesen, für den übrigen Teil des Jahresgewinnes oder -verlustes gelten die Regelungen analog zur offenen Gesellschaft.

§ 224 Abs. 3 UGB normiert die Gliederung des Eigenkapitals für Kapitalgesellschaften. Demnach wird das Eigenkapital unterteilt in

1. Eingefordertes Nennkapital
2. Kapitalrücklagen
3. Gewinnrücklagen
4. Bilanzgewinn (Bilanzverlust)

- **Nennkapital (Grund-, Stammkapital)**

Das **Nennkapital**, auch nominelles Kapital oder Nominalkapital genannt, ist das Grundkapital einer Aktiengesellschaft (AG) und das Stammkapital bei einer Gesellschaft mit beschränkter Haftung (GmbH) wird das Grundkapital als Stammkapital bezeichnet.

Das ausgewiesene **Nennkapital** repräsentiert die Summe aller Aktien bzw. Gesellschafteranteile.

§ 229 Abs. 1, 1a und 1b UGB normieren:

Eigenkapital

§ 229. *(1) Beim eingeforderten Nennkapital sind auch der Betrag der übernommenen Einlagen („Nennkapital") und das einbezahlte Nennkapital anzugeben. Gesellschaften, die eine Gründungsprivilegierung in Anspruch nehmen (§ 10b GmbHG), haben zusätzlich jenen Betrag auszuweisen, den die Gesellschafter nach § 10b Abs. 4 GmbHG nicht zu leisten verpflichtet sind. Der eingeforderte, aber noch nicht eingezahlte Betrag ist unter den Forderungen gesondert auszuweisen und entsprechend zu bezeichnen.*

(1a) Der Nennbetrag oder, falls ein solcher nicht vorhanden ist, der rechnerische Wert von erworbenen eigenen Anteilen ist offen vom Nennkapital abzuziehen. Der Unterschiedsbetrag zwischen dem Nennbetrag oder dem rechnerischen Wert dieser Anteile und ihren Anschaffungskosten ist mit den nicht gebundenen Kapitalrücklagen und den freien Gewinnrücklagen (§ 224 Abs. 3 A II Z 2 und III Z 3) zu verrechnen. Aufwendungen, die Anschaffungsnebenkosten sind, sind Aufwand des Geschäftsjahrs. In die gebundenen

Rücklagen ist ein Betrag einzustellen, der dem Nennbetrag beziehungsweise dem rechnerischen Wert der erworbenen eigenen Anteile entspricht. § 192 Abs. 5 AktG ist anzuwenden.

(1b) Nach der Veräußerung der eigenen Anteile entfällt der Abzug nach Abs. 1a erster Satz. Ein den Nennbetrag oder den rechnerischen Wert übersteigender Differenzbetrag aus dem Veräußerungserlös ist bis zur Höhe des mit den frei verfügbaren Rücklagen nach Abs. 1a zweiter Satz verrechneten Betrags in die jeweiligen Rücklagen einzustellen. Ein darüber hinausgehender Differenzbetrag ist in die Kapitalrücklage gemäß Abs. 2 Z 1 einzustellen. Die Nebenkosten der Veräußerung sind Aufwand des Geschäftsjahrs. Die Rücklage nach Abs. 1a vierter Satz ist aufzulösen.

Beachte: Die Aktien einer Aktiengesellschaft werden mit ihrem Nominalwert ausgewiesen, nicht mit dem aktuellen Börsenkurs! Dh. ganz vereinfacht gesprochen, wenn auf einer Aktie 100 € Nominalwert steht, wird sie mit 100 € im Nennkapital ausgewiesen, auch wenn ihr Börsenkurs 90 € oder 110 € beträgt.

Folglich repräsentiert das Nennkapital jenes Kapital, mit dem das Unternehmen gegründet wurde. Es kann allerdings durch Kapitalaufstockungen, zB. Ausgabe weiterer Aktien über die Börse oder Kapitalherabsetzungen verändert werden.

Nicht eingeforderte ausstehende Einlagen sind vom Nennkapital offen abzusetzen, dh. als eine der drei möglichen Minus-Posten der Bilanz (neben den eigenen Anteilen und Bilanzverlust) auszuweisen. Von der Gesellschaft bereits eingeforderte, aber noch nicht einbezahlte Einlagen sind unter den Forderungen gesondert auszuweisen und entsprechend zu bezeichnen.

Eine Änderung der Bezeichnung Eigenkapital in „nicht durch Eigenkapital gedeckter Fehlbetrag“ oder „Negatives Eigenkapital“ ist dann erforderlich, wenn der Posten Bilanzverlust die übrigen Posten des Eigenkapitalbereiches übersteigt und sich ein Überschuss der Schulden über die Vermögensgegenstände ergibt.

- **Eigene Anteile**

Eigene Anteile sind Anteile der Gesellschaft an sich selbst und dürfen von Kapitalgesellschaften bis zu 10 % ihres Grundkapitals gehalten werden. Vorteile eigener Aktien sind die Abwehr von schweren Schäden an der Unternehmung, Kurspflege, feindliche Übernahme oder gewinnbringende Anlage (wenn das Unternehmen gewinnbringend ist); Nachteile sind Einschränkung der Liquidität und strenge gesetzliche Regelungen die eigenen Anteile betreffend. Eigene Anteile sind gemäß § 229 Abs. 1a getrennt auszuweisen und vom Nennkapital abzuziehen.

Beispiel 84: **Eigene Anteile**

(1) Eine Aktiengesellschaft hat Anlagevermögen in Höhe von 700 € und einen Kassenbestand von 300 €. Das Nennkapital beträgt 400 € (40*10 €), die (gebundene) Kapitalrücklage 150 €, die (freie) Gewinnrücklage 350 € und Verbindlichkeiten 100 €. (Werte in Tsd €)

(2) Die Aktiengesellschaft kauft acht eigene Aktien (Anteile) im Nennwert von je 10 € (= 80 €) um 140 €.

(3) Die Aktiengesellschaft verkauft die eigenen Anteile um 170 €.

Erläuterung

Bilanz

	1	2	3		1	2	3
Anlagevermögen	700			Nennkapital	400		
		700				400	
			700				400
Umlaufvermögen	300	-140		Eigene Aktien			
		160	+170			-80	
			330				+80
							0
				Gebundene Kapitalrücklage	150		
						150	+30
							180
				Freie Gewinnrücklage	350	-60	
						290	+60
							350
				Verbindlichkeit	100		
						100	
							100
	1.000	860	1.030		1.000	860	1.030

Abbildung 169: Eigene Anteile

(2) Der Nennwert der eigenen Aktien (80 €) ist vom Nennkapital durch eine Minusposten abzusetzen. Die Differenz zwischen diesem Nennwert und dem Kaufpreis (150 – 80 = 60) reduziert die Höhe der freien Rücklage.

(3) Durch den Verkauf der eigenen Anteile wird die Minusposten unter dem Nennkapital wieder aufgelöst und die Reduktion der freien Rücklage wieder retourgenommen. Die verbleibende Differenz (170 – 80 – 60) wird in die gebundene Kapitalrücklage eingestellt.

- **Rücklagen**

Es wird sowohl zwischen gebundenen und nicht gebundenen = freien Rücklagen als auch zwischen Kapital- und Gewinnrücklagen unterschieden. Gebundene Kapitalrücklagen und Gewinnrücklagen dürfen nur zum Ausgleich eines ansonsten auszuweisenden Bilanzverlustes aufgelöst werden. (§ 229 Abs. 7 UGB).

Rücklagen können weiters auch in offene und stille Rücklagen unterteilt werden: Offene Rücklagen, dh. die in der Bilanz ausgewiesenen Rücklagen, entstehen entweder durch Einzahlung der Eigentümer über den Betrag des gezeichneten Kapitals hinaus, dh. durch Außenfinanzierung (Kapitalrücklagen) oder durch Dotation aus den bereits versteuerten Gewinnen, dh. durch Innenfinanzierung (Gewinnrücklagen). Die stillen Rücklagen, dh. die Stillen Reserven, sind aus der Bilanz nicht erkennbar und entstehen durch gesetzlich bedingte Unterbewertung (siehe Kapitel 4: Bewertung)!

still	*bedingt durch Bewertungsvorschriften*	
offen	*§ 229 Abs. 2*	*§ 229 Abs. 3*
§ 224 Abs. 3	Kapitalrücklagen	Gewinnrücklagen
gebunden	*§ 229 Abs. 4 und Abs. 5*	*§ 229 Abs. 4 und Abs. 6*
nicht gebunden = frei	*§ 229 Abs. 2*	*§ 229 Abs. 3*

Abbildung 170: Rücklagen

Folglich sind Rücklagen Eigenkapital, das im Laufe des Geschäftsbetriebes über viele Jahre „angespart" und nicht ausgeschüttet wurde, um dem Unternehmen zusätzliche Finanzierungsmittel zur Verfügung zu stellen. Ebenso wie das gesamte Eigenkapital liegen Rücklagen nicht in einer Handkassa, sondern sind in Posten der Mittelverwendung investiert. Stark vereinfacht kann man die Auflösung einer Rücklage als Verwenden von „angespartem" Eigenkapital bezeichnen, die auch Dotierung genannte Zuweisung als „Ansparen" von Eigenkapital. Diese Verbuchungen sind erfolgswirksam, dh. sie betreffen die Gewinn- und Verlustrechnung.

Die **Zuweisung zu einer Rücklage** führt in der Gewinn- und Verlustrechnung zu einem Aufwand.

Sie wird wie folgt verbucht:

8 Zuweisung zu …rücklage	→	9 …rücklage

Beachte: Rücklagen dürfen nie mit Rückstellungen verwechselt werden! Rückstellungen sind Fremdkapital, sie werden nicht dotiert, sondern gebildet.

Die **Auflösung einer Rücklage** führt in der Gewinn- und Verlustrechnung zu einem Ertrag.

Sie wird wie folgt gebucht:

9 …rücklage	→	8 Erträge aus der Auflösung von …rücklage

- **Kapitalrücklagen**

Kapitalrücklagen sind Eigenkapital, das von außen dem Unternehmen zugeführt wurde (Außenfinanzierung).

§ 229 UGB normiert:

Eigenkapital

§ 229. *(2) Als Kapitalrücklage sind auszuweisen:*

1. *der Betrag, der bei der ersten oder einer späteren Ausgabe von Anteilen für einen höheren Betrag als den Nennbetrag oder den dem anteiligen Betrag des Grundkapitals entsprechenden Betrag über diesen hinaus erzielt wird;*
2. *der Betrag, der bei der Ausgabe von Schuldverschreibungen für Wandlungsrechte und Optionsrechte zum Erwerb von Anteilen erzielt wird;*
3. *der Betrag von Zuzahlungen, die Gesellschafter gegen Gewährung eines Vorzugs für ihre Anteile leisten;*
4. *die Beträge, die bei der Kapitalherabsetzung gemäß den §§ 185, 192 Abs. 5 AktG und § 59 GmbHG zu binden sind;*
5. *der Betrag von sonstigen Zuzahlungen, die durch gesellschaftsrechtliche Verbindungen veranlaßt sind.*

(4) Aktiengesellschaften und große Gesellschaften mit beschränkter Haftung (§ 221 Abs. 3) haben gemäß den folgenden Abs. 5 bis 7 gebundene Rücklagen auszuweisen, die aus der gebundenen Kapitalrücklage und der gesetzlichen Rücklage bestehen.

(5) In die gebundene Kapitalrücklage sind die in Abs. 2 Z 1 bis 4 genannten Beträge einzustellen. Der Gesamtbetrag der gebundenen Teile der Kapitalrücklage ist in dieser gesondert auszuweisen.

(7) Die gebundenen Rücklagen dürfen nur zum Ausgleich eines ansonsten auszuweisenden Bilanzverlustes aufgelöst werden. Der Verwendung der gesetzlichen Rücklage steht nicht entgegen, dass freie, zum Ausgleich von Wertminderungen und zur Deckung von sonstigen Verlusten bestimmte Rücklagen vorhanden sind.

§ 224 Abs. 3 UGB unterteilt die Kapitalrücklagen in gebundene Kapitalrücklagen und nicht gebundene Kapitalrücklagen.

○ **Gebundene Kapitalrücklagen**

Generell sind gebundene Rücklagen zweckgebunden, dh. sie dürfen nur für einen bestimmten Zweck aufgelöst werden. Ein typisches Beispiel für gebundene Kapitalrücklagen ist ein Agio: Wenn bei einer Kapitalerhöhung Aktien mit einer Nominale von 100 € ausgegeben werden, aber dafür 110 € bezahlt werden, beträgt das Agio, also der Mehrwert der Aktie, 10 €. Dieser Betrag ist in die Kapitalrücklage einzustellen.

○ **Nicht gebundene Kapitalrücklagen**

Nicht gebundene Kapitalrücklagen können jederzeit aufgelöst werden.

- **Gewinnrücklagen**

Gewinnrücklagen sind Eigenkapital, das dem Unternehmen durch Nicht-Ausschüttung von Gewinnen = Thesaurierung zugeführt wird (Innenfinanzierung). Sie werden aus dem Jahresüberschuss des Geschäftsjahres oder dem Gewinnvortrag aus Vorperioden gebildet.

Eigenkapital

Gemäß § 224 Abs. 3 A.III. UGB werden die Gewinnrücklagen in die
1. gesetzliche Rücklage,
2. satzungsmäßige Rücklagen,
3. andere Rücklagen (freie Rücklagen)

unterteilt.

§ 229 Abs. 3 und 6 UGB normieren:

> ***§ 229.*** *(3) Als Gewinnrücklagen dürfen nur Beträge ausgewiesen werden, die im Geschäftsjahr oder in einem früheren Geschäftsjahr aus dem Jahresüberschuß gebildet worden sind.*
> *(6) In die gesetzliche Rücklage ist ein Betrag einzustellen, der mindestens dem zwanzigsten Teil des um einen Verlustvortrag geminderten Jahresüberschusses entspricht, bis der Betrag der gebundenen Rücklagen insgesamt den zehnten oder den in der Satzung bestimmten höheren Teil des Nennkapitals erreicht hat.*

In die gesetzliche Rücklage sind gemäß § 229 Abs. 6 UGB mindestens 5 % des Jahresüberschusses einzustellen, bis der Betrag der gebundenen Rücklagen, dh. der gesetzlichen (Gewinn-)Rücklage und der gebundenen (Kapital-)Rücklage, insgesamt 10 % oder einen in der Satzung oder im Gesellschaftsvertrag bestimmten höheren Teil des Nennkapitals erreicht. Die Bildung, Höhe und Verwendung von satzungsgemäßen Rücklagen ergeben sich aus der Satzung. Alle anderen Gewinnrücklagen, die nicht aufgrund gesetzlicher Vorschriften oder satzungsmäßiger Bestimmungen zu bilden sind, sind unter den anderen Rücklagen (freien Rücklagen) auszuweisen.

Beispiel 85: Gesetzliche Gewinnrücklage

Ein Unternehmen mit einem Nennkapital von 1 Mio. € weist für das Jahr X1 einen Jahresüberschuss (siehe Kapitel 9: Erfolg) von 250.000 € aus, in der Bilanz stehen eine gesetzliche Rücklage in Höhe von 90.000 € und freie Rücklagen in Höhe von 500.000 € (Stand 1.1.X1) zu Buche. Berechnen Sie die Höhe der Gewinnrücklage, verbuchen Sie diese und errechnen Sie den Bilanzgewinn!

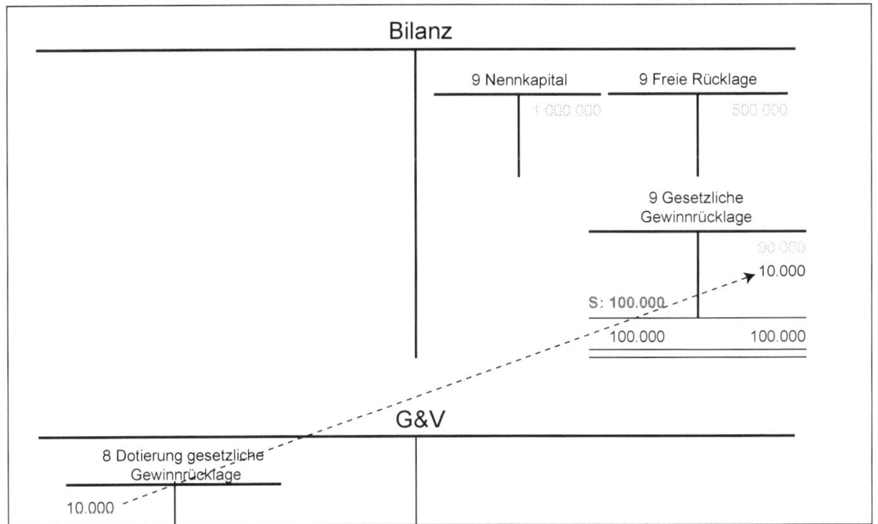

Abbildung 171: Gewinnrücklage

8 Dotierung gesetzliche Gewinnrücklage	→	9 Gesetzliche Gewinnrücklage	10.000

Erläuterung

Es ist eine gesetzliche Rücklage von 1.000.000 · 10 % = 100.000 € auszuweisen, folglich ist für das Jahr X1 unter Berücksichtigung des bisherigen Standes von 90.000 € eine Dotierung von 100.000 – 90.000 = 10.000 € durchzuführen.

Der gesetzlich vorgeschriebene Betrag von 250.000 · 5 % = 12.500 überschreitet die nur mehr notwendigen 10.000 €, dh. es müssen nicht – könnten aber – nur mehr 10.000 € als Gewinnrücklage dotiert werden.

Das Eigenkapital sieht nun wie folgt aus:

A. Eigenkapital	
I. Nennkapital	1.000.000
III. Gewinnrücklagen	
1. Gesetzliche Rücklage	100.000
3. Andere (freie) Rücklage	500.000
IV. Bilanzgewinn	160.000

Der Bilanzgewinn errechnet sich folgendermaßen:

Jahresüberschuss	250.000
– Dotierung zu Gewinnrücklagen	–10.000
Bilanzgewinn	= 240.000

- **Bilanzgewinn bzw. Bilanzverlust**

Der nach Rücklagendotierung und Rücklagenauflösung verbleibende Bilanzgewinn bzw. Bilanzverlust der Gewinn- und Verlustrechnung ist gesondert im Bereich des Eigenkapitals auszuweisen. Ein Gewinn- oder Verlustvortrag ist extra anzugeben. Der Gewinnvortrag errechnet sich als Differenz des im Jahresabschluss ausgewiesenen Bilanzgewinnes und der tatsächlichen Ausschüttung. Der Verlustvortrag zeigt den Verlust des Vorjahres an, der nicht durch die Auflösung von Rücklagen abgedeckt wurde (siehe Kapitel 9: Erfolg).

Beachte: Der derart errechnete Gewinn bzw. Verlust muss identisch sein mit dem Gewinn bzw. Verlust aus der Gewinn- und Verlustrechnung!

Bei einer Aktiengesellschaft legt nach Feststellung des Jahresabschlusses die Hauptversammlung die aus dem Gewinn auszuschüttende Dividende fest. Diese Dividende stellt bis zu ihrer Auszahlung eine Verbindlichkeit gegenüber den Eigentümern dar.

Beispiel 86: **Gewinnverteilung einer Aktiengesellschaft**

Der festgestellte Jahresabschluss des Jahres X1 weist einen Bilanzgewinn von 150.000 € aus. Die Hauptversammlung, die im folgenden Geschäftsjahr X2 stattfindet, beschließt die Ausschüttung einer Dividende von 5 % auf das Grundkapital, das 2 Mio. € beträgt.
Verbuchen Sie die Dividende! Was geschieht mit dem verbleibenden Betrag?

Erläuterung

Die Ausschüttung beträgt 2.000.000 · 5 % = 100.000 €. Der verbleibende Bilanzgewinn aus dem Jahr X1 von 150.000 – 100.000 = 50.000 € stellt den Gewinnvortrag aus dem Jahr X1 dar und ist im Bilanzgewinn oder -verlust des Jahres X2 enthalten. Im Jahr X1 ergeben sich keine Buchungen. Die Buchung nach Beschluss der Hauptversammlung im Jahr X2 lautet:

9 Bilanzgewinn	→	3 Dividendenverbindlichkeiten	100.000

8.2.1.3. Rückstellungen

Rückstellungen sind bilanzmäßige Vorsorgen für am Bilanzstichtag bestehende Schulden oder den Bilanzierungszeitraum betreffende Aufwendungen (Risiken), deren Höhe und / oder Eintritt noch ungewiss, aber wahrscheinlich ist. Rückstellungen stellen daher Fremdkapital dar.

Voraussetzungen für die Bildung einer Rückstellung sind die Erwartung eines Vermögensverlustes und die daraus abgeleitete Schuld, wobei das Bestehen, Entstehen, der Rechtsgrund oder die Höhe der Schuld ungewiss sind.

Einfacher ausgedrückt: Rückstellungen sind mögliche Schulden, wobei unbekannt ist, wann, in welcher Höhe und/oder an wen sie zurückzuzahlen sind.

§ 198 Abs. 1, 8 und 9 UGB normieren:

Inhalt der Bilanz

§ 198. *(1) In der Bilanz sind das Anlage- und das Umlaufvermögen, das Eigenkapital, die Rückstellungen, die Verbindlichkeiten sowie die Rechnungsabgrenzungsposten gesondert auszuweisen und unter Bedachtnahme auf die Grundsätze des § 195 aufzugliedern.*

(8) Für Rückstellungen gilt folgendes:

1. *Rückstellungen sind für ungewisse Verbindlichkeiten und für drohende Verluste aus schwebenden Geschäften zu bilden, die am Abschlußstichtag wahrscheinlich oder sicher, aber hinsichtlich ihrer Höhe oder des Zeitpunkts ihres Eintritts unbestimmt sind.*
2. *Rückstellungen dürfen außerdem für ihrer Eigenart nach genau umschriebene, dem Geschäftsjahr oder einem früheren Geschäftsjahr zuzuordnende Aufwendungen gebildet werden, die am Abschlußstichtag wahrscheinlich oder sicher, aber hinsichtlich ihrer Höhe oder des Zeitpunkts ihres Eintritts unbestimmt sind. Derartige Rückstellungen sind zu bilden, soweit dies den Grundsätzen ordnungsmäßiger Buchführung entspricht.*
3. *Andere Rückstellungen als die gesetzlich vorgesehenen dürfen nicht gebildet werden. Eine Verpflichtung zur Rückstellungsbildung besteht nicht, soweit es sich um nicht wesentliche Beträge handelt.*
4. *Rückstellungen sind insbesondere zu bilden für*
   a) Anwartschaften auf Abfertigungen,
   b) laufende Pensionen und Anwartschaften auf Pensionen,

c) Kulanzen, nicht konsumierten Urlaub, Jubiläumsgelder, Heimfallasten und Produkthaftungsrisken,

d) auf Gesetz oder Verordnung beruhende Verpflichtungen zur Rücknahme und Verwertung von Erzeugnissen.

Bezüglich der Bewertung von Rückstellungen normiert § 211 UGB:

Wertansätze von Passivposten

§ 211. *(1) Verbindlichkeiten sind zu ihrem Erfüllungsbetrag, Rentenverpflichtungen zum Barwert der zukünftigen Auszahlungen anzusetzen. Rückstellungen sind mit dem Erfüllungsbetrag anzusetzen, der bestmöglich zu schätzen ist. Rückstellungen für Pensionen oder vergleichbare langfristig fällige Verpflichtungen sind mit dem sich nach versicherungsmathematischen Grundsätzen ergebenden Betrag anzusetzen. Für Rückstellungen für Abfertigungsverpflichtungen, Jubiläumsgeldzusagen oder vergleichbare langfristig fällige Verpflichtungen kann der Betrag auch durch eine finanzmathematische Berechnung ermittelt werden, sofern dagegen im Einzelfall keine erheblichen Bedenken bestehen.*

(2) Rückstellungen mit einer Restlaufzeit von mehr als einem Jahr sind mit einem marktüblichen Zinssatz abzuzinsen. Bei Rückstellungen für Abfertigungsverpflichtungen, Pensionen, Jubiläumsgeldzusagen oder vergleichbare langfristig fällige Verpflichtungen kann ein durchschnittlicher Marktzinssatz angewendet werden, der sich bei einer angenommenen Restlaufzeit von 15 Jahren ergibt, sofern dagegen im Einzelfall keine erheblichen Bedenken bestehen.

Demnach sind Rückstellungen in der Höhe anzusetzen, die nach vernünftiger kaufmännischer Beurteilung notwendig ist, wobei für die Bewertung der Grundsatz der Vorsicht zu beachten ist (Prinzip der bestmöglichen Schätzung). Rückstellungen mit einer Restlaufzeit von über einem Jahr sind mit dem Marktzinssatz (der durchschnittlich übliche Zinssatz am Kapitalmarkt) abzuzinsen.

Der Grund für die Bildung einer Rückstellung ist im Imparitätsprinzip verankert, das den Ausweis der erkennbaren Risken und drohenden Verluste des laufenden oder eines früheren Geschäftsjahres verlangt, auch wenn sie noch nicht realisiert sind, um den Vermögens- und Schuldenstand wahrheitsgemäß darzustellen.

Weiters ist die Einhaltung der Periodenreinheit zu beachten, nach der die einzelnen Aufwendungen und Erträge in jenen Perioden auszuweisen sind, in denen sie verursacht wurden. Eine Rückstellung hat als Kapitalbereitstellung für zukünftige Verluste Finanzierungscharakter (Außenfinanzierung); durch die Rückstellungsbildung wird der steuerpflichtige Gewinn gekürzt und dadurch die Basis der Steuerberechnung gesenkt.

§ 224 Abs. 3 B. UGB unterteilt die Rückstellungen in

1. Rückstellungen für Abfertigungen
2. Rückstellungen für Pensionen
3. Steuerrückstellungen
4. Sonstige Rückstellungen

- **Rückstellung für Abfertigungen**

Bei Auflösung eines Dienstverhältnisses (nach alter Rechtslage) hat der Arbeitnehmer Anspruch auf Auszahlung einer Abfertigung nach den Bestimmungen des Angestellten- bzw. des Arbeiterabfertigungsgesetzes. Die Höhe der Abfertigung richtet sich nach der Dauer der Dienstzeit im Unternehmen. Nach den gesetzlichen Bestimmungen werden Abfertigungsaufwendungen an Abfertigungs- und Pensionskassen überwiesen, die die Abfertigungen verwalten. Daher werden Abfertigungsrückstellungen nach Ablauf der alten Verträge obsolet.

- **Rückstellung für Pensionen**

Für Pensionsrückstellungen gelten die gleichen buchhalterischen Voraussetzungen wie für Abfertigungsrückstellungen.

- **Steuerrückstellungen**

Steuerrückstellungen sind für alle laufend veranlagten Steuern des Unternehmens zu bilden, deren Höhe noch ungewiss ist, weil die endgültige Vorschreibung der Steuerlast der vorangegangenen Geschäftsjahre noch ausständig ist. Zu erwartende Steuernachzahlungen im Zuge von Betriebsprüfungen sind ebenfalls unter den Steuerrückstellungen auszuweisen. Zu den latenten Steuern siehe Kapitel 7.

- **Sonstige Rückstellungen**

Dazu zählen zB. Produkthaftungen und Aufwandsrückstellungen. Gemäß Produkthaftungsgesetz muss ein Unternehmen, das ein Produkt herstellt, in Umlauf bringt oder importiert, Schadenersatz leisten, wenn ein Mensch durch einen Fehler dieses Produktes verletzt oder getötet wird oder eine vom Produkt verschiedene körperliche Sache beschädigt wurde. Die Produkthaftungsrückstellung wird aufgrund von Erfahrungswerten berechnet. Weiters dürfen für Aufwendungen, die verpflichtend im folgenden Geschäftsjahr durchgeführt werden müssen, entsprechende Rückstellungen gebildet werden, zB. Reparaturrückstellungen für Fahrzeuge im Rahmen der jährlichen Überprüfung, die im laufenden Geschäftsjahr nicht durchgeführt wurden.

Rückstellungen sind grundsätzlich zu Lasten einer Aufwandsart zu bilden. So gehen zB. Pensionsrückstellungen in den Personalaufwand ein. Zu hoch gebildete Rückstellungen werden erfolgswirksam aufgelöst.

Beispiel 87: **Garantierückstellung**

Ein Unternehmen geht im Jahr X1 davon aus, dass 5 % der verkauften Waren in Höhe von 100.000 € fehlerhaft sind und die Kunden einen Garantieanspruch haben. Im Jahr X2 stellt sich heraus, dass

a) 3 %
b) 6 %

der Waren fehlerhaft waren. Verbuchen sie die Vorgänge!

Erläuterung

- Variante a)

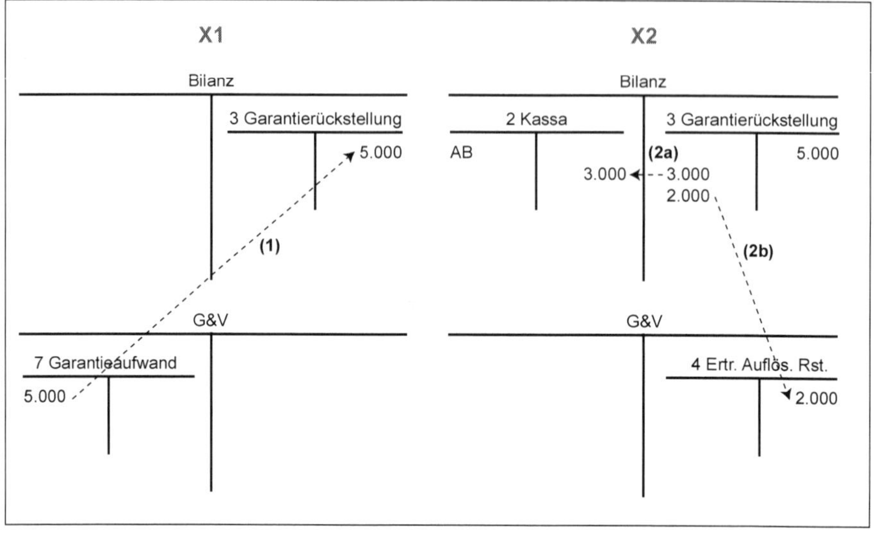

Abbildung 172: Garantierückstellung – zu hoch gebildet

X1:
Bildung der Rückstellung in Höhe von 100.000 · 5 % = 5.000 € über das betreffende Aufwandskonto

(1)	7 Garantieaufwand	5.000	→	3 Garantierückstellung	5.000

Das Konto Garantierückstellung ist in der Bilanz in den sonstigen Rückstellungen enthalten.

X2:
100.000 · 3 % = 3.000 € müssen an die Kunden ausbezahlt werden, die restlichen 5.000 – 3.000 = 2.000 € Garantierückstellungen werden aufgelöst.

(2a)	3 Garantierückstellung	3.000	→	2 Kassa	3.000
(2b)	3 Garantierückstellung	2.000	→	4 Erträge aus der Auflösung von Rückstellungen	2.000

- Variante b)

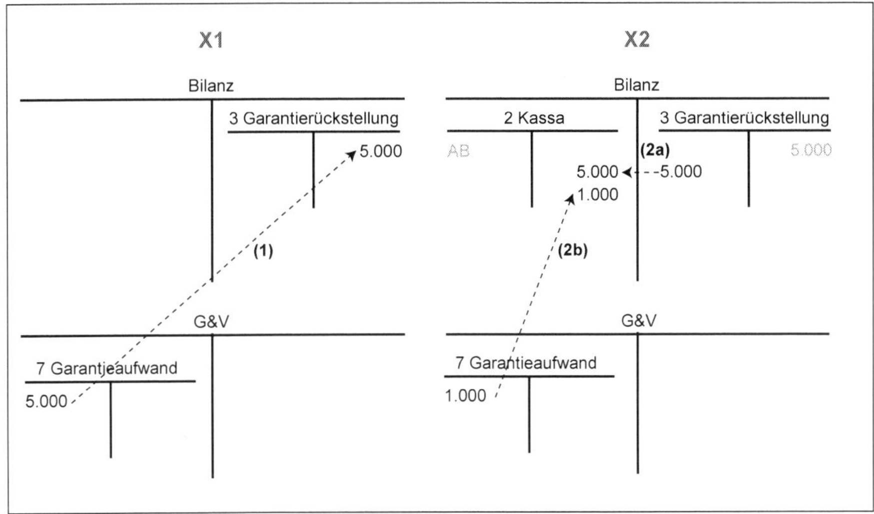

Abbildung 173: Garantierückstellung – zu gering gebildet

X1:
Bildung der Rückstellung in Höhe von 100.000 · 5 % = 5.000 € über das betreffende Aufwandskonto wie in Variante a)

(1)	7 Garantieaufwand	5.000	→	3 Garantierückstellung	5.000

X2:
100.000 · 6 % = 6.000 € müssen an die Kunden ausbezahlt werden, über 5.000 € wurde bereits in X1 eine Rückstellung gebildet; die restlichen 6.000 – 5.000 = 1.000 € werden in X2 direkt in den Aufwand verbucht.

(2a)	3 Garantierückstellung	5.000	→	2 Kassa	5.000
(2b)	7 Garantieaufwand	1.000	→	2 Kassa	1.000

8.2.1.4. Verbindlichkeiten

Verbindlichkeiten umfassen alle am Bilanzstichtag der Höhe nach feststehenden Verpflichtungen (Schulden) eines Unternehmens.

Schulden gegenüber Lieferanten oder sonstigen Gläubigern aufgrund einer erhaltenen Lieferung, Leistung oder sonstigen Zahlungsverpflichtung können in Form von Geld- oder Sachleistungen getilgt werden.

§ 224 Abs. 3 C. UGB untergliedert die Verbindlichkeiten in acht Posten:

1. *Anleihen, davon konvertibel*
2. *Verbindlichkeiten gegenüber Kreditinstituten*
3. *Erhaltene Anzahlungen auf Bestellungen*
4. *Verbindlichkeiten aus Lieferungen und Leistungen*
5. *Verbindlichkeiten aus der Annahme gezogener Wechsel und der Ausstellung eigener Wechsel*

6. Verbindlichkeiten gegenüber verbundenen Unternehmen
7. Verbindlichkeiten gegenüber Unternehmen, mit denen ein Beteiligungsverhältnis besteht
8. Sonstige Verbindlichkeiten,
davon aus Steuern
davon im Rahmen der sozialen Sicherheit

- **Anleihen, davon konvertibel**

Eine Anleihe ist ein langfristiges Darlehen in verbriefter Form, das ein Unternehmen über den Kapitalmarkt aufnimmt. Langfristige Schuldverschreibungen (zB. Teilschuldverschreibungen oder Gewinnschuldverschreibungen), die vom Unternehmen auf den Kapitalmarkt begeben wurden, sind unter diesem Posten zu passivieren. Konvertible Anleihen (zB. Wandelschuldverschreibungen) beinhalten das Recht auf Umwandlung in Aktien.

- **Verbindlichkeiten gegenüber Kreditinstituten**

Unter diesem Posten werden Verbindlichkeiten gegenüber Kreditinstituten, dh. meistens Banken, ausgewiesen.

- **Erhaltene Anzahlungen auf Bestellungen**

Anzahlungen auf Bestellungen liegen vor, wenn sie sich auf (noch ausstehende) Lieferungen und Leistungen beziehen, die in den Umsatzerlös einfließen.

- **Verbindlichkeiten aus Lieferungen und Leistungen**

Unter diesem Posten sind Verpflichtungen aus Liefer-, Werk- und Dienstleistungsverträgen auszuweisen, die vom leistenden Unternehmen bereits erfüllt wurden, deren Bezahlung durch das bilanzierende Unternehmen aber noch ausständig ist. Die Passivierungspflicht entsteht nicht mit dem Datum der Rechnungslegung, sondern mit der Erbringung der Lieferung oder Leistung.

- **Verbindlichkeiten aus der Annahme gezogener Wechsel und der Ausstellung eigener Wechsel**

Der Wechsel ist ein schuldrechtliches Wertpapier, in dem sich der Bezogene verpflichtet, einen bestimmten Betrag an einem bestimmten Ort zu einem bestimmten Zeitpunkt an eine bestimmte Person zu bezahlen.

- **Verbindlichkeiten gegenüber verbundenen Unternehmen und gegen Unternehmen, mit denen ein Beteiligungsverhältnis besteht**

Da in der Bilanz die gesellschaftsrechtlichen Verflechtungen offengelegt werden sollen, sind Verbindlichkeiten gegenüber verbundenen Unternehmen und gegen Unternehmen, mit denen ein Beteiligungsverhältnis besteht, getrennt auszuweisen. Sofern der Ausweis dennoch unter anderen Verbindlichkeitenposten erfolgt, schreibt § 225 Abs. 2 UGB eine Vermerkpflicht vor.

Vorschriften zu einzelnen Posten der Bilanz

§ 225. (2) Forderungen und Verbindlichkeiten gegenüber verbundenen Unternehmen und gegenüber Unternehmen, mit denen ein Beteiligungsverhältnis besteht, sind in der Regel als solche jeweils gesondert auszuweisen. Werden sie unter anderen Posten ausgewiesen, so ist dies zu vermerken.

- **Sonstige Verbindlichkeiten, davon aus Steuern, davon im Rahmen der sozialen Sicherheit**

Unter den sonstigen Verbindlichkeiten sind alle Verbindlichkeiten auszuweisen, die keinem anderen Posten zugeordnet werden können. Davon-Vermerke sind für Verbindlichkeiten gegenüber dem Finanzamt sowie für soziale Sicherheiten anzugeben. Beachte: Forderungen gegenüber dem Finanzamt werden unter den Sonstigen Forderungen ausgewiesen; die Schulden, die ein Unternehmen beim Finanzamt hat, müssen sichtbar ausgewiesen werden!

Für alle Verbindlichkeiten gilt gemäß § 225 Abs. 6 UGB:

Vorschriften zu einzelnen Posten der Bilanz

> *§ 225. (6) Der Betrag der Verbindlichkeiten mit einer Restlaufzeit von bis zu einem Jahr und der Betrag der Verbindlichkeiten mit einer Restlaufzeit von mehr als einem Jahr sind bei den Posten C 1 bis 8 jeweils gesondert und für diese Posten insgesamt anzugeben. Erhaltene Anzahlungen auf Bestellungen sind, soweit Anzahlungen auf Vorräte nicht von einzelnen Posten der Vorräte offen abgesetzt werden, unter den Verbindlichkeiten gesondert auszuweisen. Sind unter dem Posten „sonstige Verbindlichkeiten" Aufwendungen enthalten, die erst nach dem Abschlussstichtag zahlungswirksam werden, so haben Gesellschaften, die nicht klein sind, diese Beträge im Anhang zu erläutern, wenn diese Information wesentlich ist.*

Verbindlichkeiten mit einer Restlaufzeit bis zu einem Jahr sind bei jedem gesondert ausgewiesenen Posten in der Bilanz anzumerken und zusätzlich in gesamter Höhe anzugeben. Im Anhang sind die Verbindlichkeiten mit einer Restlaufzeit von mehr als fünf Jahren sowie alle Verbindlichkeiten, für die dingliche Sicherheiten bestellt sind, sowie welche Sicherheiten, anzugeben (§ 237 Abs. 1 Z 5 UGB). Zu diesem Zweck empfiehlt sich die Erstellung eines Verbindlichkeitenspiegels.

Für die Bewertung der Verbindlichkeiten gilt das strenge Höchstwertprinzip. Entsprechend diesem Prinzip müssen Werterhöhungen zwingend vorgenommen werden, wenn der Erfüllungsbetrag über den Anschaffungswert gestiegen ist. Dem Höchstwertprinzip kommt vor allem bei der Bewertung von Verbindlichkeiten, die auf fremde Währung lauten, große Bedeutung zu. Der Anschaffungswert ist der Wert, mit dem die Fremdwährungsverbindlichkeit mit dem im Zeitpunkt der Verbuchung geltenden Devisen-Brief-Kurs umgerechnet wurde. Zum Abschlussstichtag ist dieser Kurs mit dem am Bilanzstichtag geltenden Kurs zu vergleichen. Ist der Kurs am Bilanzstichtag höher, hat eine Werterhöhung der Verbindlichkeit zu erfolgen. Ist der Kurs niedriger, wird der Anschaffungswert unverändert fortgeführt.

Beispiel 88: **Fremdwährungsverbindlichkeiten**

Eine Unternehmung kauft im Ausland um US $ 100.000 eine Produktionsmaschine. Lieferung und Rechnung treffen am 30.11.X1 ein. Der Tageskurs ist 1,44/1,46. Zum 31. Dezember X1 ist die Verbindlichkeit noch offen (Tageskurs: 1,50/1,55). Ignorieren sie die USt! Nehmen Sie alle Verbuchungen vor!

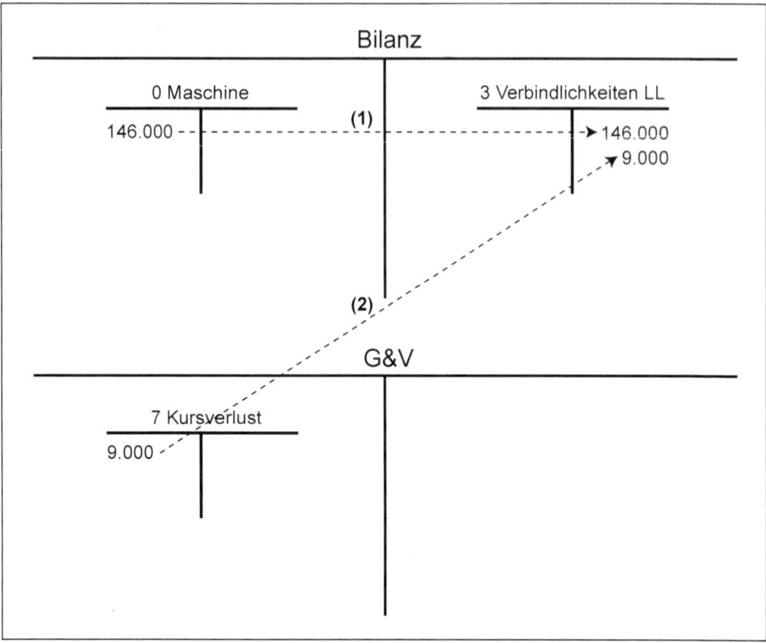

Abbildung 174: Fremdwährungsverbindlichkeiten

(1)	0 Maschine	146.000	→	3 Verbindlichkeiten LL	146.000
(2)	7 Kursverlust	9.000	→	3 Verbindlichkeiten LL	9.000

Erläuterung

Es ist stets der für das Unternehmen nachteiligere Kurs zu verwenden, daher 1,46 und nicht 1,44. Achten Sie immer darauf, wie die Dotierung angegeben wird!

Aufgrund des Höchstwertprinzips muss am Bilanzstichtag die Verbindlichkeit um 100.000 · (1,55 – 1,46) = 9.000 € aufgewertet werden. Der Wert der Maschine ändert sich nicht!

Beachte: Es wird stets der Devisenkurs, nicht der Valutakurs, verwendet!

8.2.1.5. Passive Rechnungsabgrenzungen

Die grundsätzliche Bedeutung von Rechnungsabgrenzungsposten wurde bereits in Kapitel 7: Vermögen diskutiert.

Passive Rechnungsabgrenzungsposten sind passive Bilanzposten, deren Aufgabe es ist, die Periodenreinheit jener Aufwendungen und Erträge herzustellen, die nicht in dem Geschäftsjahr verbucht wurden, in das sie wirtschaftlich gehören. § 198 Abs. 6 UGB normiert:

Inhalt der Bilanz

> ***§ 198.*** *(6) Als Rechnungsabgrenzungsposten sind auf der Passivseite Einnahmen vor dem Abschlußstichtag auszuweisen, soweit sie Ertrag für eine bestimmte Zeit nach diesem Tag sind.*

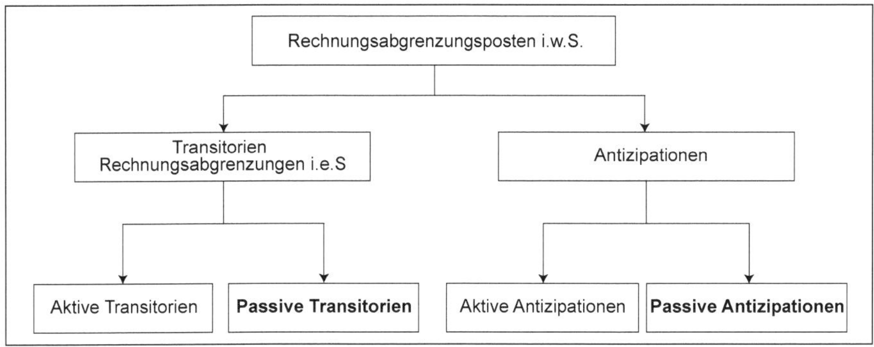

Abbildung 175: Rechnungsabgrenzungsposten

8.2.1.5.1. Passive Transitorien

Passive Transitorien (erhaltene Vorauszahlungen, passive Rechnungsabgrenzungen, i.e.S. PRA) liegen vor, wenn im laufenden Geschäftsjahr Einnahmen erzielt und verbucht wurden, die teilweise oder zur Gänze das nächste Geschäftsjahr betreffen.

Beispiele sind im Voraus erhaltene Mieten oder Zinsen.

Beispiel 89: Passive Transitorien

Ein Unternehmen vermietet ein Bürogebäude. Der Mietvertrag wird für ein Jahr ab Mai X1 abgeschlossen, die Jahresmiete in Höhe von 30.000 € wird im Voraus zu Vertragsbeginn bezahlt; 20 % USt, Bezahlung in bar. Verbuchen Sie die Abgrenzung!

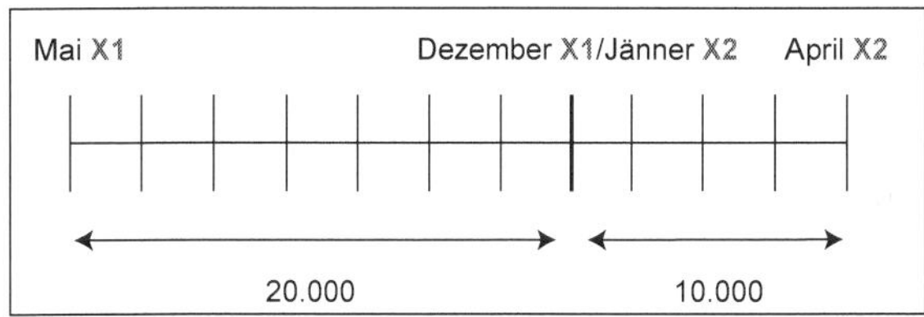

Abbildung 176: Passive Transitorien – zeitliche Abgrenzung

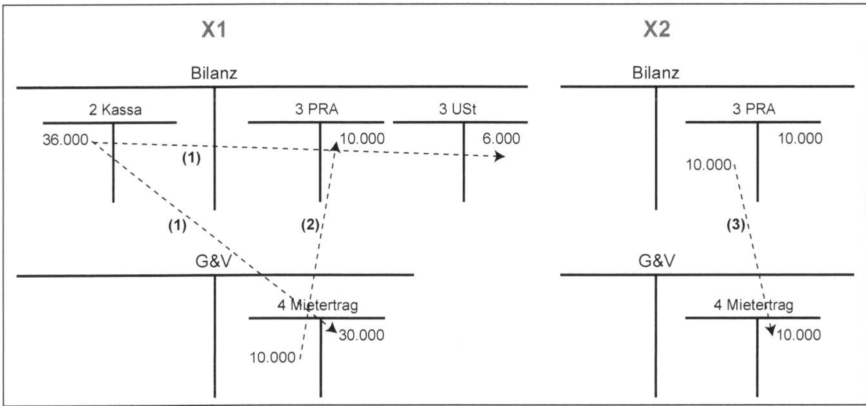

Abbildung 177: Passive Transitorien – Verbuchung

(1: Mai X1)	2 Kassa	36.000	→	4 Mietertrag	30.000
				3 USt	6.000
(2: 31.12.X1)	4 Mietertrag	10.000	→	3 Passive Rechnungsabgrenzung	10.000
(3: 1.1.X2)	3 Passive Rechnungsabgrenzung	10.000	→	4 Mietertrag	10.000

Erläuterung

Das vermietende Unternehmen, das die Zahlung der Jahresmiete im Mai erhält, erbringt die Leistung im laufenden Geschäftsjahr nur von Mai bis Dezember. Der Mietertrag wird für die Monate Jänner bis April des nächsten Geschäftsjahres aus der Gewinn- und Verlustrechnung des laufenden Geschäftsjahres herausgenommen, da er nicht in dieser Periode erwirtschaftet wurde, die passive Rechnungsabgrenzung wird in der Bilanz passiviert. Am Beginn des nächsten Geschäftsjahres wird die passive Rechnungsabgrenzung aufgelöst. Die Umsatzsteuer fällt im Jahr der Zahlung in voller Höhe an.

8.2.1.5.2. Passive Antizipationen

Passive Antizipationen (eigene Rückstände) betreffen Aufwendungen, die im laufenden Geschäftsjahr angefallen sind, aber erst im nächsten Geschäftsjahr gezahlt werden müssen. Beispiele sind noch zu bezahlende Mieten oder noch offene Zinsen auf eine Schuld, die im Vorjahr entstand.

Beispiel 90: Passive Antizipationen

Ein Unternehmen mietet ein Bürogebäude. Der Mietvertrag wird für 1 Jahr ab Mai X1 abgeschlossen, die Jahresmiete in Höhe von 30.000 € wird im Nachhinein zu Vertragsende bezahlt; 20 % USt, Bezahlung in bar. Verbuchen Sie die Abgrenzung!

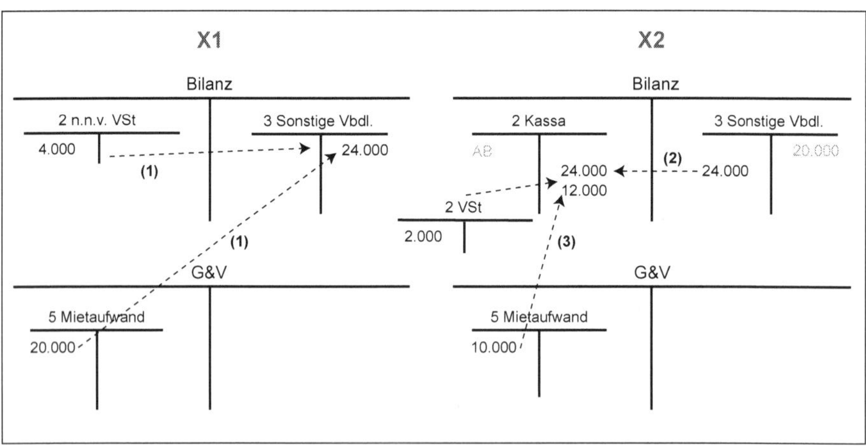

Abbildung 178: Passive Antizipationen – Verbuchung

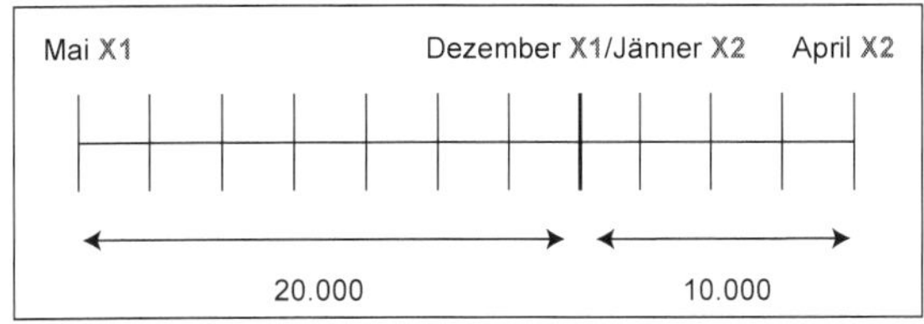

Abbildung 179: Passive Antizipationen – zeitliche Abgrenzung

(1: Mai X1)	5 Mietaufwand	20.000	→	3 Sonstige Verbindlichkeiten	24.000
	2 n.n.v. VSt	4.000			
(2: April X1)	3 Sonstige Verbindlichkeiten	24.000	→	2 Kassa	24.000
(3: April X2)	5 Mietaufwand	10.000	→	2 Kassa	12.000
	2 VSt	2.000			

Erläuterung

Die Verbindlichkeiten für den bereits im laufenden Geschäftsjahr anfallenden Aufwand Mai bis Dezember werden in der Bilanz unter Sonstigen Verbindlichkeiten, der Mietaufwand in der Gewinn- und Verlustrechnung nur für diese Monate ausgewiesen. Im folgenden Geschäftsjahr werden die Sonstigen Verbindlichkeiten sowie der noch offene Mietaufwand für Jänner bis April bezahlt; der Mietaufwand für das laufende Geschäftsjahr in der Gewinn- und Verlustrechnung ausgewiesen. Die Vorsteuer für X1 ist zunächst auf das Konto 2 noch nicht verrechenbare Vorsteuer zu buchen und wird im Folgejahr X2 mit der Vorsteuer für X2 gegen 3 Zahllast gebucht.

8.2.2. Kostenrechnung

Bezüglich des Kapitals eines Unternehmens steht die Buchhaltung und Bilanzierung im Vordergrund, die Kostenrechnung ist nur partiell von Bewertungsfragen betroffen. Dabei stehen im Vordergrund

- Ermittlung des betriebsnotwendigen Kapitals
- Bewertungsunterschiede, die sich auf Aufwendungen auswirken, zB. Personalaufwand

Da diese Fragen bereits an anderer Stelle behandelt wurden, ist auf die entsprechenden Absätze in diesem Kapitel sowie auf Kapitel 3: Instrumente und Kapitel 9: Erfolg hinzuweisen.

8.2.3. Bilanzanalyse

Kennzahlen zur Kapitalstruktur analysieren die Passivseite der Bilanz. Sie geben die Mittelherkunft an, dh. wer dem Unternehmen das eingesetzte Kapital zur Verfügung stellt, und zeigen Art und Umfang sowie die Fristigkeit der Finanzierung. Dabei stehen die Gesamtstruktur des Kapitals sowie das Fremdkapital im Vordergrund.

In einem ersten Schritt ist es interessant zu berechnen, in welchem Ausmaß sich die einzelnen Posten gegenüber dem Vorjahr verändert haben (siehe Kapitel 7: Vermögen). Große Veränderungen bedürfen einer näheren Analyse durch Heranziehen des Anhangs, des Lageberichtes sowie von Quellen außerhalb des Geschäftsberichtes.

Für die Kennzahlenanalyse wird aus mehreren Kategorien der Oesterreichischen Nationalbank eine Auswahl wichtiger Kennzahlen getroffen, durch weitere in der Praxis häufige Kennzahlen ergänzt und anhand der Josef Manner & Comp. AG 2016 berechnet und interpretiert.

8.2.3.1. Gesamtstruktur des Kapitals

- Eigenkapitalquote
- Risikokapitalquote
- Fremdkapitalquote
- Gesamtkapitalumschlag

8.2.3.2. Struktur des Fremdkapitals

- Rückstellungen in % der Bilanzsumme
- Bankverschuldungsquote
- Verschuldungsquote
- Lieferverbindlichkeiten in % des Umsatzes

8.2.3.3. Bilanzkurs

- Bilanzkurs

8.2.3.1. Analyse der Gesamtstruktur des Kapitals

Die **Eigenkapitalquote**, berechnet als Eigenkapital in % der Bilanzsumme, zeigt den Anteil des Eigenkapitals am Gesamtkapital.

Die **Risikokapitalquote**, berechnet als Risikokapital in % der Bilanzsumme, zeigt den Anteil des Risikokapitals am Gesamtkapital.

Die **Fremdkapitalquote**, berechnet als Fremdkapital in % der Bilanzsumme, zeigt den Anteil des Fremdkapitals am Gesamtkapital.

- Eigenkapitalquote $= \frac{\text{Eigenkapital}}{\text{Gesamtkapital}} \cdot 100$
- Risikokapitalquote $= \frac{\text{Risikokapital}}{\text{Gesamtkapital}} \cdot 100$
- Fremdkapitalquote $= \frac{\text{Fremdkapital}}{\text{Gesamtkapital}} \cdot 100$
  oder: $= 100\ \% - \text{Eigenkapitalquote}$
  alternativ: $= 100\ \% - \text{Risikokapitalquote}$
- Gesamtkapitalumschlag $= \frac{\text{Umsatzerlöse}}{\text{Gesamtkapital}}$

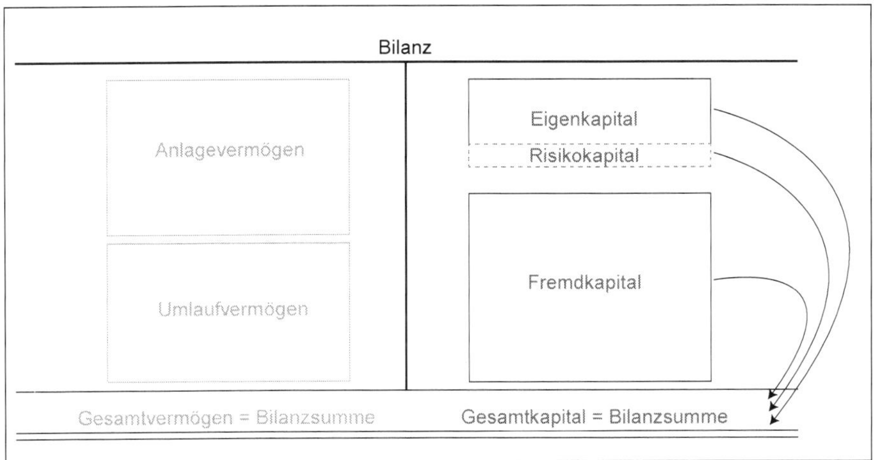

Abbildung 180: Analyse der Kapitalstruktur

Das Gesamtkapital ist mit der Bilanzsumme identisch. Beachte, dass das Gesamtkapital ausschließlich aus Eigenkapital bzw. Fremdkapital bestehen kann, dh. beide Werte zusammen müssen immer 100 % ergeben! Auf Basis des Risikokapitals müssen Risikokapitalquote und Fremdkapitalquote immer 100 % ergeben.

Das Risikokapital berechnet sich wie folgt:

Risikokapital	=	Bereinigtes Eigenkapital
	+	Sozialkapital (Abfertigungsrückstellung + Pensionsrückstellung)
	+	Sonstige langfristige Rückstellungen

Die Fristigkeit der Rückstellungen sollte im Anhang zur Bilanz in Form eines Rückstellungsspiegels oder verbal angegeben sein.

Aus obigen Kennzahlen lässt sich ableiten, dass die Passiven Rechnungsabgrenzungsposten (Bilanzposten D.) nicht als eigene Kennzahl berechnet werden. Sie werden zum (kurzfristigen) Fremdkapital hinzugezählt, weil ein eigener Ausweis als Prozentsatz am Gesamtkapital aufgrund der ia. geringen Höhe nicht sinnvoll ist und die Passiven Rechnungsabgrenzungsposten einen kurzfristigen Posten ähnlich dem kurzfristigen Fremdkapital darstellen. Das so genannte bereinigte Fremdkapital inklusive passiven Rechnungsabgrenzungsposten berechnet sich daher wie folgt:

Bereinigtes Fremdkapital = (auf Basis Eigenkapital)	Gesamtkapital − Eigenkapital
oder	
	Rückstellungen + Verbindlichkeiten + Passive Rechnungsabgrenzungsposten

Bereinigtes Fremdkapital = (auf Basis Risikokapital)	Gesamtkapital – Risikokapital
oder	
	Gesamtkapital – Steuerrückstellungen – Sonstige Rückstellungen – Verbindlichkeiten – Passive Rechnungsabgrenzungsposten

Eigenkapital steht dem Unternehmen unbefristet zur Verfügung und ermöglicht freie Entscheidung und Unabhängigkeit von Kreditgebern. Eine hohe Eigenkapitalquote reduziert die Gefahr der Überschuldung und erleichtert den Zugang zum Geldmarkt. Beachte: Eigenkapital steht entgegen häufig geäußerter Meinung NICHT kostenlos zur Verfügung. Es führt zu Ausschüttungen an die Eigentümer und ist mit hohem Risiko bis hin zum Totalverlust durch Konkurs oder Insolvenz belastet.

Die Risikokapitalquote bezieht sich auf das im Unternehmen eingesetzte Kapital, das dem Eigentümer im Falle einer Liquidation verloren geht, und ist somit weiter definiert als das Eigenkapital. Die kurzfristigen Rückstellungen werden nicht berücksichtigt, da das Risiko der Fehleinschätzung gering ist und der Fremdkapitalcharakter dominiert. Diese Kennzahl ist ia. nicht sehr gebräuchlich.

Fremdkapital steht dem Unternehmen befristet zur Verfügung und schränkt die freie Entscheidung und Unabhängigkeit von Kreditgebern ein. Eine hohe Fremdkapitalquote erhöht die Gefahr der Überschuldung und erschwert den Zugang zum Geldmarkt.

Das Verhältnis von Eigenkapital und Fremdkapital ist Gegenstand zahlreicher wissenschaftlicher Untersuchungen. Es führt auch zu einer in der Praxis wesentlichen Kennzahl, dem Leverage-Effekt. Spätestens seit der Diskussion um die Basel-Richtlinien zur Kreditvergabe ist die Frage, welches Ausmaß an Fremdkapital für Unternehmen optimal ist, auch Gegenstand politischer und öffentlicher Diskussion.

Der Gesamtkapitalumschlag ist eine Kennzahl, die va. in Kennzahlensystemen und für den Return on Investment (ROI; siehe Kapitel 9: Erfolg) benötigt wird.

Beispiel 91: Josef Manner & Comp. AG 2016 – Analyse des Kapitals

Analysieren Sie die Gesamtstruktur des Kapitals der Josef Manner & Comp. AG 2016!

- Eigenkapitalquote $= \frac{45.870.644{,}47}{143.497.826{,}19} \cdot 100 = 31{,}97\ \%$

  Die Werte zur Berechnung der bereinigten Eigenkapitalquote sind zu finden:

Eigenkapital	Bilanz Passiv A.	45.870.644,47
Bilanzsumme	Bilanz Aktiv Summe Aktiva	143.497.826,19

- Risikokapitalquote $= \frac{55.471.218{,}29}{143.497.826{,}19} \cdot 100 = 38{,}66\ \%$

  Die Werte zur Berechnung der Risikokapitalquote sind zu finden:

Eigenkapital	Bilanz Passiv A.	45.870.644,47
Pensionsrückstellungen	Bilanz Passiv C.2	4.081.053,82
Abfertigungsrückstellungen	Bilanz Passiv C.1.	5.519.520,00
Risikokapital		55.471.218,29
Bilanzsumme	Bilanz Aktiv Summe Aktiva	143.497.826,19

- Fremdkapitalquote = $\frac{15.467.564{,}42 + 82.159{,}617{,}30}{143.497.826{,}19} \cdot 100 = 68{,}03\ \%$

  oder (auf Basis Eigenkapitalquote) 100 % – 31,97 % = 68,03 %
  oder (auf Basis Risikokapitalquote) 100 % – 38,66 % = 61,34 %

  Die Werte zur Berechnung der Fremdkapitalquote sind zu finden:

Rückstellungen	Bilanz Passiv B.	15.467.564,42
Verbindlichkeiten	Bilanz Passiv D.	82.159,617,30
Passive Rechnungsabgrenzungen	nicht vorhanden	
Fremdkapital		97.627.181,72

  oder: Bilanzsumme – Eigenkapital = Fremdkapital

Bilanzsumme	Bilanz Aktiv Summe Aktiva	143.497.826,19

- Gesamtkapitalumschlag = $\frac{199.536.488{,}56}{143.497.826{,}19} = 1{,}39$

  Die Werte zur Berechnung der Fremdkapitalquote sind zu finden:

Umsatzerlöse	Gewinn- und Verlustrechnung 1.	199.536.488,56
Bilanzsumme	Bilanz Aktiv Summe Aktiva	143.497.826,19

8.2.3.2. Analyse der Struktur des Fremdkapitals

Die **Rückstellungen in % der Bilanzsumme** zeigen den Anteil der Rückstellungen am Gesamtkapital.

Die **Bankverschuldungsquote**, berechnet als Bankverbindlichkeiten in % der Bilanzsumme, zeigt den Anteil der Bankverbindlichkeiten am Gesamtkapital.

Die **Verschuldungsquote**, berechnet als Verbindlichkeiten aus Lieferungen und Leistungen in % der Bilanzsumme, zeigt den Anteil der Verbindlichkeiten aus Lieferungen und Leistungen am Gesamtkapital.

Die **Lieferverbindlichkeiten in % des Umsatzes** zeigen das Verhältnis der offenen Lieferverbindlichkeiten zum Umsatz.

Wichtige Kennzahlen zur Analyse der Struktur des Fremdkapitals sind:

- Rückstellungen in % der Bilanzsumme = $\frac{\text{Rückstellungen}}{\text{Gesamtkapital}} \cdot 100$
- Bankverschuldungsquote = $\frac{\text{Bankverbindlichkeiten}}{\text{Gesamtkapital}} \cdot 100$
- Verschuldungsquote = $\frac{\text{Verbindlichkeiten aus Lieferungen und Leistungen}}{\text{Gesamtkapital}} \cdot 100$
- Lieferverbindlichkeiten in % des Umsatzes = $\frac{\text{Verbindlichkeiten LL}}{\text{Umsatz}} \cdot 100$

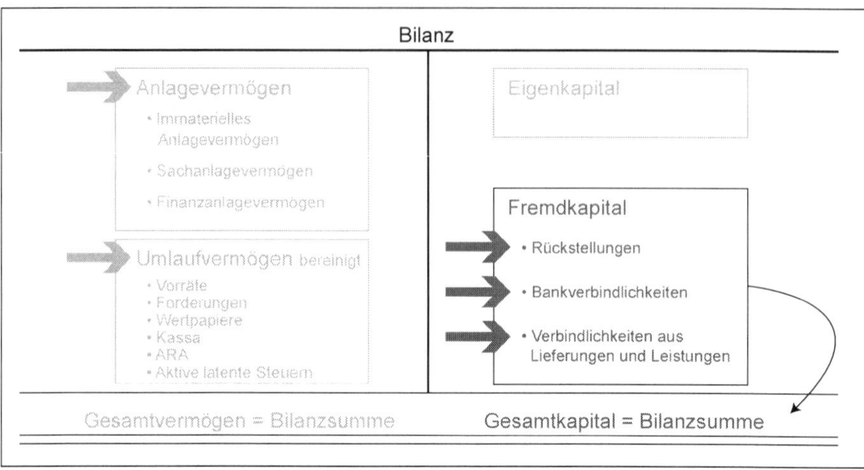

Abbildung 181: Analyse der Fremdkapitalstruktur

Die **Rückstellungen in % der Bilanzsumme** geben an, in welchem Ausmaß des Gesamtkapitals Rückstellungen gebildet wurden, dh. in welchem Ausmaß möglicherweise Verbindlichkeiten entstehen können. Diese Kennzahl ist ia. nicht sehr gebräuchlich.

Die **Bankverschuldungsquote** gibt an, wie viel Prozent des Gesamtkapitals von einer Bank als Kreditgeber zur Verfügung gestellt wurde.

Die **Verschuldungsquote** zeigt, wie viel Prozent des Gesamtkapitals von Lieferanten und Geschäftspartnern zur Verfügung gestellt wurde.

Die **Verbindlichkeitenquote** bezieht sich ausschließlich auf die Verbindlichkeiten aus Lieferungen und Leistungen und Wechselverbindlichkeiten, auch wenn die Bezeichnung „Verschuldung" darauf schließen lassen könnte, dass alle Schulden gemeint sind. Die Verbindlichkeiten aus Lieferungen und Leistungen entsprechen laut Oesterreichischer Nationalbank der Bilanzposten Verbindlichkeiten aus Lieferungen und Leistungen und Verbindlichkeiten aus der Annahme gezogener Wechsel und der Ausstellung eigener Wechsel. Rechnet man genauer, müssen auch diejenigen Verbindlichkeiten aus Lieferungen und Leistungen einbezogen werden, die in den Bilanzposten Verbindlichkeiten gegenüber verbundenen Unternehmen und Verbindlichkeiten gegenüber Unternehmen, mit denen ein Beteiligungsverhältnis besteht, enthalten sind. Diese Informationen sind gegebenenfalls im Anhang enthalten.

Analog zu den Forderungen werden von der OeNB die **Lieferverbindlichkeiten in % des Umsatzes** gemessen, die multipliziert mit 365 die durchschnittliche Rückzahlungsdauer der Verbindlichkeiten aus Lieferung und Leistung ergibt.

Beispiel 92: Josef Manner & Comp. AG 2016 – Analyse des Fremdkapitals

Analysieren Sie die Fremdkapitalstruktur der Josef Manner & Comp. AG 2016!

- Rückstellungen in % der Bilanzsumme $= \frac{15.467.564{,}42}{143.497.826{,}19} \cdot 100 = 10{,}78\ \%$

  Die Werte zur Berechnung der Rückstellungen in % der Bilanzsumme sind zu finden:

Rückstellungen	Bilanz Passiv B.	15.467.564,42
Bilanzsumme	Bilanz Aktiv Summe Aktiva	143.497.826,19

- Bankverschuldungsquote $= \frac{49.251.723{,}47}{143.497.826{,}19} \cdot 100 = 34{,}32\ \%$

  Die Werte zur Berechnung der Bankverschuldungsquote sind zu finden:

Verbindlichkeiten geg. Kreditinstituten	Bilanz Passiv D.1.	49.251.723,47
Bilanzsumme	Bilanz Aktiv Summe Aktiva	143.497.826,19

- Verschuldungsquote $= \frac{13.870.701{,}36}{143.497.826{,}19} \cdot 100 = 9{,}67\ \%$

  Die Werte zur Berechnung der Verschuldungsquote sind zu finden:

Verbindlichkeiten LL	Bilanz Passiv D.2.	13.870.701,36
Bilanzsumme	Bilanz Aktiv Summe Aktiva	143.497.826,19

Im Anhang sind keine Informationen zu Verbindlichkeiten aus Lieferungen und Leistungen gegenüber verbundenen Unternehmen enthalten.

- Lieferverbindlichkeiten in % des Umsatzes $= \frac{13.870.701{,}36}{199.536.488{,}56} \cdot 100 = 6{,}95\ \%$

  Die Werte zur Berechnung der Lieferverbindlichkeiten in % des Umsatzes sind zu finden:

Verbindlichkeiten LL	Bilanz Passiv D.2.	13.870.701,36
Umsatzerlöse	Gewinn- und Verlustrechnung 1.	199.536.488,56

8.2.3.3. Bilanzkurs

Der **Bilanzkurs** zeigt das Verhältnis vom Nennkapital zum bereinigten Eigenkapital.

- Bilanzkurs $= \frac{\text{Eigenkapital}}{\text{Nennkapital}}$

Der **Bilanzkurs** gibt an, in welchem Ausmaß das Eigenkapital seit Gründung des Unternehmens gestiegen ist. In einer weiteren möglichen Interpretation gilt er als erster grober Vergleichswert zum Börsenkurs: Liegt er über dem Börsenkurs, ist die Unternehmung unterbewertet; liegt er darunter, deutet dies darauf hin, dass die Investoren eine hohe zukünftige Ertragskraft der Unternehmung erwarten. Der Bilanzkurs wird von der OeNB nicht berechnet.

Beispiel 93: **Josef Manner & Comp. AG 2016 – Analyse des Bilanzkurses**

Analysieren Sie den Bilanzkurs der Josef Manner & Comp. AG 2016!

- $\text{Bilanzkurs} = \frac{45.870.644{,}47}{13.740.300{,}00} = 3{,}34$

  Die Werte zur Berechnung des Bilanzkurses sind zu finden:

Nennkapital	Bilanz Passiv A.1.	13.740.300,00
Eigenkapital	Bilanz Passiv A	45.870.644,47

8.3. Aufgaben

8.3.1. Theoriefragen

8/T-1: Welche Aussage / welche Aussagen zum „Kapital" würden Sie bejahen?

A. Kapitalverluste dürfen das gezeichnete Kapital nicht mindern, sondern müssen, soweit sie nicht mit Rücklagen verrechnet werden, gesondert ausgewiesen werden.
B. Das Eigenkapital ist befristet.
C. Kapital sind die auf der Aktivseite der Bilanz einzelner Unternehmungen ausgewiesenen Ansprüche an das Vermögen.
D. Das Kapital wird in der Bilanz auf der Passivseite ausgewiesen.

8/T-2: Welche Aussage / welche Aussagen zum Eigenkapital können Sie bejahen?

A. Das Eigenkapital findet man auf der Passivseite der G&V.
B. Das Eigenkapital errechnet sich aus der Differenz von Bilanzvermögen (Aktiva) und Fremdkapital (Passiva).
C. Beim Eigenkapital handelt es sich um eine variable Saldogröße, das heißt, dass es sich von Periode zu Periode ändert.
D. Das Eigenkapital kann einem Unternehmen nur von außen zugeführt werden.

8/T-3: Welche Aussage / welche Aussagen über das Eigenkapital ist / sind richtig?

A. Eigenkapital stellt das von dem/den Eigentümer/n dem Unternehmen zugeführte bzw. in ihm belassene Kapital dar.
B. Eigenkapital ist auf der Aktivseite der Bilanz.
C. Eigenkapital ist der Saldo aus Vermögen und Schulden des Reinvermögenswertes.
D. Eigenkapital ist Kontoklasse 8.

8/T-4: Das Nennkapital

A. ist Teil des Eigenkapitals.
B. ist identisch mit dem Begriff Grundkapital und wird in der Bilanz als Gewinnrücklage ausgewiesen.
C. einer Aktiengesellschaft beträgt mindestens 25.000 €.
D. dient der Sicherung von Forderungen durch Gläubiger und Gesellschafter.

8/T-5: Noch nicht eingeforderte ausstehende Einlagen

A. werden in der Kontenklasse 2 verbucht.

B. stellen keinen Korrekturposten zum gezeichneten Kapital dar.

C. werden in der Bilanz auf der Passivseite mit einem gesonderten Vermerk über eingeforderte Einlagen ausgewiesen (Bruttoausweis).

D. werden in der Bilanz auf der Aktivseite vor dem Anlagevermögen mit einem gesonderten Vermerk über eingeforderte Einlagen ausgewiesen (Bruttoausweis).

8/T-6: Wenn ein Unternehmen eigene Anteile kauft,

A. handelt es sich um eine GmbH.

B. wird der Nennwert der Anteile als Negativposten unter dem Nennkapital angeführt.

C. wird der Kaufpreis der Anteile vom Nennkapital abgezogen.

D. ist die freie Rücklage um den Differenzbetrag von Nennwert und Kaufpreis zu reduzieren.

8/T-7: Die Gewinnrücklagen

A. gehören den Eigentümern.

B. werden rückgestellt, um sie in der Folgeperiode an die Eigentümer auszuschütten.

C. sind bereits versteuert.

D. sind gesetzlich nicht geregelt.

8/T-8: Welche Aussagen bezüglich der nicht gebundenen Rücklagen treffen zu?

A. Ihre Auflösung kann zu einem ausschüttbaren Bilanzgewinn führen.

B. Sie sind bei Aktiengesellschaften zwingend vorgeschrieben.

C. Sie werden nach versicherungsmathematischen Grundsätzen berechnet.

D. Sie sind in der Bilanz nicht ersichtlich.

8/T-9: Welche der folgenden Aussagen bezüglich des Bilanzgewinns sind korrekt?

A. Bei der Berechnung des Bilanzgewinns werden Gewinnvorträge oder Verlustvorträge der Vorperiode berücksichtigt.

B. Der Bilanzgewinn muss jedes Jahr zur Gänze ausgeschüttet werden.

C. Aktiengesellschaften müssen einen Teil ihres Jahresüberschusses als gesetzliche Rücklage ausweisen.

D. Der Bilanzgewinn ist mit dem Jahresüberschuss ident.

8/T-10: Was versteht man unter dem Begriff „Gewinnthesaurierung"?

A. Einbehalten von Gewinnen zur Fremdfinanzierung eines Unternehmens.

B. Ansammlung und Einbehaltung von Umsätzen.

C. Einbehaltung von Gewinnen zu Selbstfinanzierung eines Unternehmens.

D. Ansammlung und Einbehaltung von Gewinnen.

8/T-11: Wie kann es zur Eigenkapitalerhöhung kommen? Durch
- A. Ausgabe junger (neuer) Aktien.
- B. Umwandlung von Rücklagen.
- C. Aufnahme eines Darlehens.
- D. Einlage durch einen neuen Gesellschafter.

8/T-12: Welche Aussagen treffen auf die Kapitalstruktur eines Unternehmens zu?
- A. Die Kapitalstruktur befasst sich ausschließlich mit der Aktivseite der Bilanz.
- B. Eine hohe Eigenkapitalquote ist von Vorteil, da sie die Gefahr der Überschuldung reduziert.
- C. Der Bilanzkurs wird als Vergleichswert zum Börsenkurs herangezogen.
- D. Die Verschuldungsquote gibt an, wie viel Prozent des Gesamtkapitals von Kreditinstituten zur Verfügung gestellt wurde.

8/T-13: Welche Aussagen bezüglich Rückstellungen sind korrekt?
- A. Im Gegensatz zu Rücklagen stellen Rückstellungen Fremdkapital dar.
- B. Rückstellungen stehen in der G&V auf der Passiv- / Habenseite.
- C. Die Bildung einer Rückstellung stellt einen Aufwand dar.
- D. Rückstellungen werden gebildet, um für zukünftige Ausgaben, die weder bezüglich der Höhe noch des Zeitpunktes feststehen, gerüstet zu sein.

8/T-14: Was versteht man unter dem Begriff „Sozialkapital“?
- A. Sozialabgaben
- B. Abfertigungsrückstellungen
- C. Pensionsrückstellungen
- D. Rückstellungen für Garantien und Gewährleistung

8/T-15: Sozialkapital
- A. errechnet sich aus der Summe von Abfertigungsrückstellungen und Pensionsrückstellungen.
- B. errechnet sich aus der Summe von Pensionsrückstellungen und langfristigen Rückstellungen.
- C. wird benötigt, um die Risikokapitalquote errechnen zu können.
- D. errechnet sich aus der Summe von Eigenkapital und Risikokapital.

8/T-16: Welche Aussagen bzgl. Aufwendungsrückstellungen treffen zu?
- A. Sie werden aufgrund einer Verpflichtung gegenüber einem Dritten gebildet.
- B. Für Aufwendungsrückstellungen besteht ein Passivierungsverbot.
- C. Passivierungspflicht besteht bei Aufwendungen für Instandhaltungen.
- D. Passivierungspflicht besteht bei Aufwendungen für Abfallbeseitigung.

8/T-17: Steuerrückstellungen sind
- A. in ihrer Höhe gewiss.
- B. in ihrer Höhe ungewiss.
- C. Fremdkapital.
- D. bilanzmäßige Vorsorgen.

8/T-18: Welche Aussage / welche Aussagen in Bezug auf das Fremdkapital im Sinne der Bilanzanalyse ist / sind korrekt?

A. Fremdkapital ist das durch Schuldenaufnahme finanzierte Kapital einer Unternehmung.

B. Es umfasst diejenigen Teile der Passivseite einer Bilanz, die Gläubigeransprüche darstellen.

C. Der Fremdkapitalgeber hat Anrecht auf Zins und Tilgung.

D. Das Fremdkapital steht dem Unternehmen nur befristet zur Verfügung.

8/T-19: Welche Aussagen im Zusammenhang mit Verbindlichkeiten sind korrekt?

A. Verbindlichkeiten mit einer Restlaufzeit von ≤ 1 Jahr sind bei jedem gesondert ausgewiesenen Posten in der Bilanz anzumerken (oder im Anhang).

B. Verbindlichkeiten mit einer Restlaufzeit von ≥ 1 Jahr sind bei jedem gesondert ausgewiesenen Posten in der Bilanz anzumerken (oder im Anhang).

C. Verbindlichkeiten mit einer Restlaufzeit von > fünf Jahren sind verpflichtend im Anhang anzumerken.

D. Verbindlichkeiten mit einer Restlaufzeit von > fünf Jahren können im Anhang angemerkt werden (empfohlen), dies ist jedoch nicht verpflichtend.

8/T-20: Eine Eventualverbindlichkeit ist

A. eine eventuell zu bezahlende Verbindlichkeit.

B. jene Verbindlichkeit bezüglich der Gehälter der Mitarbeiter im Falle eines Konkurses der Firma.

C. eine eventuelle Verbindlichkeit bezüglich der Kreditgeber.

D. eine vertraglich vereinbarte und mögliche künftige Haftung.

8.3.2. Beispiele

8/1-1: Rechnungsabgrenzungen

1. Die Turbo AG hat Mitte Oktober X1 eine Versicherung in Höhe von 72.000 € für den Zeitraum von Anfang November X1 bis Ende Oktober X2 bezahlt. Keine USt.
2. Sie vermietet einen Büroraum, die Miete (4.000 € pro Monat) ist jeweils Anfang September für ein Jahr im Voraus fällig. 20 % USt.
3. Für die Überlassung einer nicht aktivierbaren EDV-Softwarelösung wird jährlich an eine Studentin die Summe von 18.000 € überwiesen. Der Betrag wird im Nachhinein jeweils Anfang Mai gezahlt. 20 % USt.
4. Für die Benutzung des Patentes, das für die Erzeugung von Autolacken registriert wurde, zahlt ein Farbenhändler jährlich Anfang Februar 12.000 € im Nachhinein. 20 % USt.
5. Der Zinsaufwand in Höhe von 42.000 € betrifft einen Kredit, der Anfang Mai aufgenommen wurde, die Zinsen werden für zwölf Monate im Vorhinein überwiesen.

6. Der Mietvertrag in Höhe von 120.000 € läuft über ein Jahr, beginnt Anfang März und wird im Nachhinein von den Kunden bezahlt. 20 % USt.
7. Die Rechnung der Reinigungsfirma in Höhe von 300.000 € wird für zwölf Monate im Nachhinein Anfang April bezahlt. 20 % USt.
8. Das Patent wurde im Juni angemeldet, die Firma hat die Erträge in Höhe von 60.000 € dafür bereits für die nächsten zwölf Monate erhalten. 20 % USt.

Alle Rechnungen sind für einen Zeitraum von zwölf Monaten ausgestellt.

a) Um welche Art von Rechnungsabgrenzungen handelt es sich bei den einzelnen Fällen?
b) Nehmen Sie alle notwendigen Buchungen während des Jahres X1, zum Jahresabschluss und im Folgejahr vor!

8/1-2: Rückstellungen
Einem Unternehmen droht im November X1 in einem Prozess um einen Garantiefall eine „Niederlage". Die Anwaltskosten wurden mit 300.000 €, Bezahlung im Mai X2, bereits in Rechnung gestellt. Die aushaftende Schadensumme ist noch nicht bekannt, man befürchtet 1 Million €. Im Jänner X2 wird die Firma auf Zahlung eines Betrages von 800.000 € im Mai rechtskräftig verurteilt. Verbuchen Sie alle Vorgänge X1 und X2!

8/1-3: Fremdwährungskredit
Ein Unternehmen hat einen Kredit in Höhe von 250.000 CHF aufgenommen, Kurs: 1 € = 1,12/1,15 CHF.
Am Bilanzstichtag steht der Kurs

a) 1,10/1,12
b) 1,16/1,17

8/1-4: Verbindlichkeiten
Ein Unternehmen hat Anfang September X1· einen Kredit in Höhe von 1.000 US-$ aufgenommen, Verzinsung: 9 %, Kurs: 1,40/1,42. Ende Dezember wird der erste Teilbetrag von 600 US-$ zu einem Kurs von 1,36/1,38 sowie die Zinsen zurückgezahlt. Der Kurs am Bilanzstichtag beträgt

a) 1,35/1,37
b) 1,44/1,46

Ende Juni X2 werden der 2. Teilbetrag sowie die Zinsen mit einem Kurs von 1,45/1,47 bezahlt. Verbuchen Sie alle Vorgänge!

8/1-5: Weiterführung von Kapitel 7: Vermögen: Bilanzerstellung
Die Aufstellung von Bilanzposten einer Aktiengesellschaft zeigt folgendes Bild:

Aktive Rechnungsabgrenzungsposten	5.567 €
Anleihen	175.000 €
Ausleihungen	65.191 €
Bebaute Grundstücke	308.815 €
Beteiligungen	470.051 €
Fertigungserzeugnisse	20.593 €
Forderungen aus Lieferung und Leistung	141.087 €
Forderungen gegenüber verbundenen Unternehmen	59.727 €
Fuhrpark	9.625 €
Gebundene Kapitalrücklage	171.463 €
Gewinnrücklagen	5.500 €
Grundkapital	151.027 €
Immaterielles Anlagevermögen	90.718 €
Kassa	14.811 €
Maschinen und maschinelle Anlagen	116.556 €
Nicht gebundene Kapitelrücklage	274.264 €
Passive Rechnungsabgrenzungsposten	1.689 €
Roh-, Hilfs- und Betriebsstoffe	58.593 €
Rückstellungen für Abfertigung	35.688 €
Rückstellungen für Pension	12.525 €
Sonstige Rückstellungen	23.760 €
Sonstige Verbindlichkeiten	100.615 €
Unbebaute Grundstücke	4.654 €
Verbindlichkeiten aus Lieferung und Leistung	62.495 €
Verbindlichkeiten gegenüber Banken	228.911 €
Verbindlichkeiten gegenüber verbundenen Unternehmen	58.772 €
Werkzeug, Betriebs- und Geschäftsausstattung	155.633 €
Wertpapiere des Anlagevermögens	130.795 €

Erstellen Sie die Kapitalseite der Bilanz nach den gesetzlichen Vorschriften des UGB!

9. Wie groß ist der Erfolg eines Unternehmens?

9.1. Lernziele

Eine der Hauptfunktionen des Rechnungswesens ist die Ermittlung des Erfolges, dh. des Gewinnes bzw. Verlustes einer Periode.

Dieses Kapitel präsentiert diese Ermittlung sowohl aus Sicht der Buchhaltung als auch aus Sicht der Kostenrechnung. Die Buchhaltung ist in Höhe, Darstellung sowie Periode der einzelnen Positionen an das UGB gebunden. Die Gewinnermittlung erfolgt mittels Gewinn- und Verlustrechnung, dh. mittels Vergleichs aller Erträge und Aufwendungen. Viele Ertrags- und Aufwandspositionen sind bereits bekannt, hier werden weitere vorgestellt. In der Kostenrechnung wird die Erfolgsermittlung je nach Zweck der Kalkulation durchgeführt und umfasst zB. einzelne erbrachte Leistungen, Aufträge oder Perioden. In der Kostenrechnung erfolgt eine Analyse des Erfolgs meist im Rahmen von Entscheidungsrechnungen, die in diesem Buch nicht enthalten sind.

Um den Erfolg eines Unternehmens auch mit anderen Unternehmensgrößen in Verbindung zu setzen und vergleichen zu können, bietet die Bilanzanalyse Kennzahlen der Erfolgsermittlung an, die im Rahmen dieses Kapitels auf die Gewinn- und Verlustrechnung gemäß UGB bezogen werden.

9.2. Definitionen und Erläuterungen

Im Folgenden wird die Behandlung des Gewinnes bzw. des Verlustes aus Sicht der drei Bereiche

9.2.1. Buchhaltung und Bilanzierung
9.2.2. Kostenrechnung
9.2.3. Bilanzanalyse

erläutert.

9.2.1. Buchhaltung und Bilanzierung

9.2.1.1. Gliederung der Gewinn- und Verlustrechnung

Der Erfolg eines Unternehmens kann, wie in Kapitel 3: Instrumente des Rechnungswesens ausführlich dargestellt, in der Bilanz und in der Gewinn- und Verlustrechnung ermittelt werden. Dieses Kapitel konzentriert sich auf die Gewinn- und Verlustrechnung. Die folgende Abbildung fasst die bisherigen Abbildungen zusammen. Diese Schritte werden hier für Lehrzwecke theoretisch und nicht vollständig gezeigt, in der Praxis und va. durch EDV-Unterstützung ist der konkrete Ablauf anders, die durchzuführenden Arbeiten sind allerdings grundsätzlich gleich.

Schritt 1. Saldierung aller Ertrags- und Aufwandskonten
Schritt 2. Zusammenfassung und Saldenliste
Schritt 3. Erstellung der Gewinn- und Verlustrechnung in Staffelform

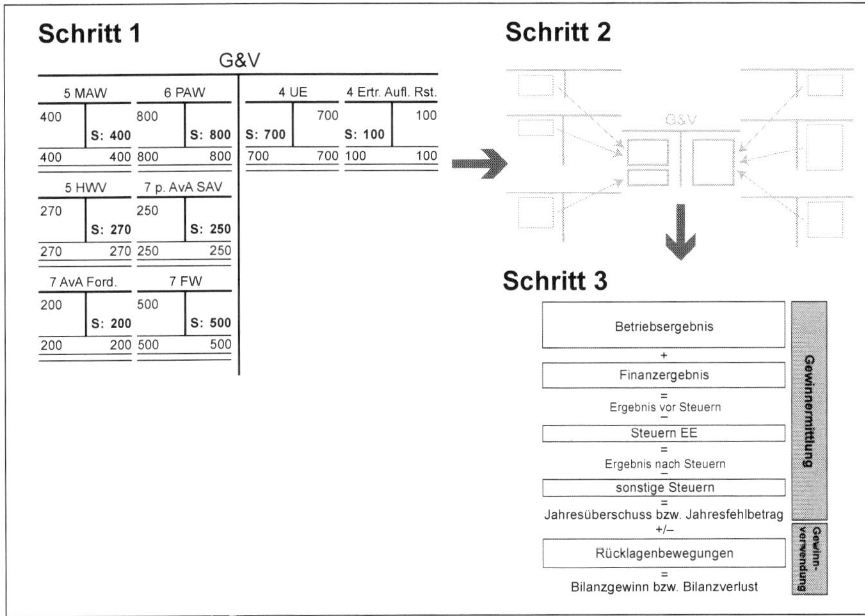

Abbildung 182: Schritte zur Gewinn- und Verlustrechnung

Schritt 1. Saldierung aller Ertrags- und Aufwandskonten

Zunächst werden die einzelnen Ertragskonten der Kontenklassen 4 und 8 sowie die Aufwandskonten der Kontenklasse 5, 6, 7 und 8 saldiert und mittels G&V-Buchungen, Kontoklasse 9, in die provisorische Gewinn- und Verlustrechnung gebucht, die in der Praxis eine lange Auflistung aller Salden darstellt.

Schritt 2. Zusammenfassung und Saldenliste

In einem weiteren Schritt werden einzelne Kontengruppen zusammengefasst, zB. alle Materialkonten oder Zinsaufwendungen. Aus didaktischen Gründen werden in diesem Buch diese zusammengefassten Positionen überwiegend in einer T-Kontenform dargestellt und als G&V bezeichnet; in Kapitel 5 wurde die Erstellung einer Saldenliste anhand eines Beispiels diskutiert. In der Praxis sind stets Saldenlisten (als lange Excellisten vorstellbar) zwischengeschaltet.

Schritt 3. Erstellung der Gewinn- und Verlustrechnung in Staffelform

§ 231 Abs. 1 UGB normiert:

Gliederung

> ***§ 231.*** *(1) Die Gewinn- und Verlustrechnung ist in Staffelform nach dem Gesamtkostenverfahren oder dem Umsatzkostenverfahren aufzustellen. In ihr sind unbeschadet einer weiteren Gliederung die nachstehend bezeichneten Posten in der angegebenen Reihenfolge gesondert auszuweisen, sofern nicht eine abweichende Gliederung vorgeschrieben ist.*

Demnach werden inhaltlich zusammenhängende Posten zu Zwischensummen zusammengefasst, um die Übersichtlichkeit zu erhöhen. Die einzelnen Aufwands- und Ertragsarten dürfen allerdings, so wie in der Bilanz, nicht saldiert werden (zB. müssen Zinserträge und Zinsaufwendungen getrennt ausgewiesen werden). Die einzelnen Posten der Mindestgliederung dürfen zusammengefasst werden, wenn sie nicht wesentlich sind oder die Klarheit der Darstellung verbessert wird. Posten dürfen ausgelassen werden, wenn im laufenden Geschäftsjahr sowie im Vorjahr kein Wert ausgewiesen wird. Die Nummerierung der einzelnen Position in der Gewinn- und Verlustrechnung nach Staffelform richtet sich nach den gesetzlichen Vorschriften. In der Praxis erfolgt manchmal, aber nicht notwendigerweise, eine Hinzufügung von Vorzeichen (Aufwandskonten „–", Ertragskonten „+"), lange gesetzliche Bezeichnungen werden abgekürzt.

Die Staffelform weist eine inhaltliche Gliederung auf, die eine gute Einsicht in den Erfolg der einzelnen Tätigkeitsfelder der Unternehmung erlauben soll. Die Gewinn- und Verlustrechnung ist gegliedert in die Bereiche Gewinnermittlung und Gewinnverwendung. Folgende Ergebnisse werden im Rahmen dieses Buches näher betrachtet:

9.2.1.2. Betriebsergebnis
9.2.1.3. Finanzergebnis
9.2.1.4. Ergebnis vor und nach Steuern sowie Jahresüberschuss
9.2.1.5. Rücklagenbewegungen und Gewinnvortrag

Das Gesetz ermöglicht eine Wahl zwischen dem

- Gesamtkostenverfahren
- Umsatzkostenverfahren

Die beiden Verfahren unterscheiden sich nur in der Darstellung des Betriebsergebnisses, ab den Posten des Finanzergebnisses folgen beide demselben Schema. Beachte: Beide Verfahren müssen zum selben Ergebnis führen!

Nach dem Grundsatz der Bilanzstetigkeit muss das einmal gewählte Verfahren beibehalten werden (Ausnahme zB. bei Zusammenschluss mehrerer Unternehmen). In Österreich wird das Gesamtkostenverfahren bevorzugt, in den angloamerikanischen Ländern, zB. USA oder Kanada, und internationalen Konzernen dominiert das Umsatzkostenverfahren.

§ 231 Abs. 2 UGB normiert für das Gesamtkostenverfahren:

Gliederung

§ 231. *(2) Bei Anwendung des Umsatzkostenverfahrens sind auszuweisen:*

1. *Umsatzerlöse;*
2. *Veränderung des Bestands an fertigen und unfertigen Erzeugnissen sowie an noch nicht abrechenbaren Leistungen;*
3. *andere aktivierte Eigenleistungen;*
4. *sonstige betriebliche Erträge, wobei Gesellschaften, die nicht klein sind, folgende Beträge aufgliedern müssen:*
   a) *Erträge aus dem Abgang vom und der Zuschreibung zum Anlagevermögen mit Ausnahme der Finanzanlagen;*
   b) *Erträge aus der Auflösung von Rückstellungen,*
   c) *übrige;*
5. *Aufwendungen für Material und sonstige bezogene Herstellungsleistungen:*

a) Materialaufwand,
b) Aufwendungen für bezogene Leistungen;

6. *Personalaufwand:*
   a) Löhne und Gehälter, wobei Gesellschaften, die nicht klein sind, Löhne und Gehälter getrennt voneinander ausweisen müssen;
   b) soziale Aufwendungen, davon Aufwendungen für Altersversorgung, wobei Gesellschaften, die nicht klein sind, folgende Beträge zusätzlich gesondert ausweisen müssen:
      aa) Aufwendungen für Abfertigungen und Leistungen an betriebliche Mitarbeitervorsorgekassen;
      bb) Aufwendungen für gesetzlich vorgeschriebene Sozialabgaben sowie vom Entgelt abhängige Abgaben und Pflichtbeiträge;
7. *Abschreibungen:*
   a) auf immaterielle Gegenstände des Anlagevermögens und Sachanlagen,
   b) auf Gegenstände des Umlaufvermögens, soweit diese die im Unternehmen üblichen Abschreibungen überschreiten;
8. *sonstige betriebliche Aufwendungen, wobei Gesellschaften, die nicht klein sind, Steuern, soweit sie nicht unter Z 18 fallen, gesondert ausweisen müssen;*
9. *Zwischensumme aus Z 1 bis 8;*
10. *Erträge aus Beteiligungen,*
    davon aus verbundenen Unternehmen;
11. *Erträge aus anderen Wertpapieren und Ausleihungen des Finanzanlagevermögens,*
    davon aus verbundenen Unternehmen;
12. *sonstige Zinsen und ähnliche Erträge,*
    davon aus verbundenen Unternehmen;
13. *Erträge aus dem Abgang von und der Zuschreibung zu Finanzanlagen und Wertpapieren des Umlaufvermögens;*
14. *Aufwendungen aus Finanzanlagen und aus Wertpapieren des Umlaufvermögens, davon haben Gesellschaften, die nicht klein sind, gesondert auszuweisen:*
    a) Abschreibungen
    b) Aufwendungen aus verbundenen Unternehmen;
15. *Zinsen und ähnliche Aufwendungen, davon betreffend verbundene Unternehmen;*
16. *Zwischensumme aus Z 10 bis 15;*
17. *Ergebnis vor Steuern (Zwischensumme aus Z 9 und Z 16);*
18. *Steuern vom Einkommen und vom Ertrag;*
19. *Ergebnis nach Steuern;*
20. *sonstige Steuern, soweit nicht unter den Posten 1 bis 19 enthalten;*
21. *Jahresüberschuss/Jahresfehlbetrag;*
22. *Auflösung von Kapitalrücklagen;*
23. *Auflösung von Gewinnrücklagen;*
24. *Zuweisung zu Gewinnrücklagen;*

25. Gewinnvortrag/Verlustvortrag aus dem Vorjahr;
26. Bilanzgewinn (Bilanzverlust).

§ 231 Abs. 3 UGB normiert für das Umsatzkostenverfahren:

§ 231. *(3) Bei Anwendung des Umsatzkostenverfahrens sind auszuweisen:*

1. Umsatzerlöse;
2. Herstellungskosten der zur Erzielung der Umsatzerlöse erbrachten Leistungen;
3. Bruttoergebnis vom Umsatz;
4. Vertriebskosten;
5. allgemeine Verwaltungskosten;
6. sonstige betriebliche Erträge, wobei Gesellschaften, die nicht klein sind, folgende Beträge aufgliedern müssen:
   a) Erträge aus dem Abgang vom und der Zuschreibung zum Anlagevermögen mit Ausnahme der Finanzanlagen,
   b) Erträge aus der Auflösung von Rückstellungen,
   c) übrige;
7. sonstige betriebliche Aufwendungen;
8. Zwischensumme aus Z 1 bis 7;
9. Erträge aus Beteiligungen,
   davon aus verbundenen Unternehmen;
10. Erträge aus anderen Wertpapieren und Ausleihungen des Finanzanlagevermögens,
   davon aus verbundenen Unternehmen;
11. sonstige Zinsen und ähnliche Erträge,
   davon aus verbundenen Unternehmen;
12. Erträge aus dem Abgang von und der Zuschreibung zu Finanzanlagen und Wertpapieren des Umlaufvermögens;
13. Aufwendungen aus Finanzanlagen und aus Wertpapieren des Umlaufvermögens, davon haben Gesellschaften, die nicht klein sind, gesondert auszuweisen:
   a) Abschreibungen
   b) Aufwendungen aus verbundenen Unternehmen;
14. Zinsen und ähnliche Aufwendungen, davon betreffend verbundene Unternehmen;
15. Zwischensumme aus Z 9 bis 14;
16. Ergebnis vor Steuern (Zwischensumme aus Z 8 und Z 15);
17. Steuern vom Einkommen und vom Ertrag;
18. Ergebnis nach Steuern;
19. sonstige Steuern, soweit nicht unter den Posten 1 bis 18 enthalten;
20. Jahresüberschuss/Jahresfehlbetrag;
21. Auflösung von Kapitalrücklagen;
22. Auflösung von Gewinnrücklagen;
23. Zuweisung zu Gewinnrücklagen;
24. Gewinnvortrag/Verlustvortrag aus dem Vorjahr;
25. Bilanzgewinn (Bilanzverlust).

9.2.1.2. Betriebsergebnis

Das **Betriebsergebnis** stellt Erträge und Aufwendungen des eigentlichen Bereiches der Leistungserstellung und deren Verwaltung dar.

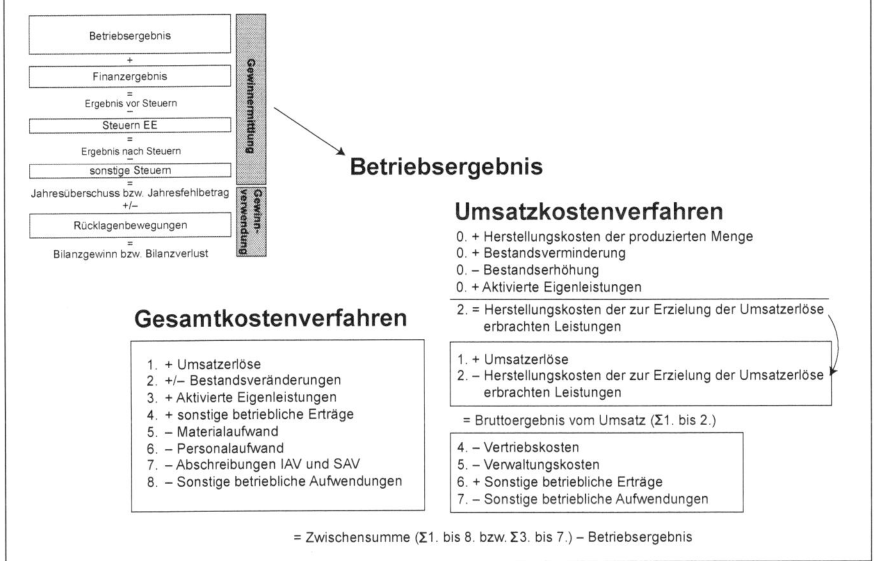

Abbildung 183: Betriebsergebnis

Das Betriebsergebnis wird im Gesamtkostenverfahren und im Umsatzkostenverfahren unterschiedlich gegliedert. Das Betriebsergebnis muss unabhängig vom Verfahren identisch sein!

Bei beiden Verfahren ebenfalls identisch sind

- Umsatzerlöse
- Sonstige betriebliche Erträge
- Sonstige betriebliche Aufwendungen

Alle anderen Posten des Betriebsergebnisses sind bei Gesamtkostenverfahren und Umsatzkostenverfahren unterschiedlich.

- **Umsatzerlöse**

§ 189a Z 5 UGB normiert:

Begriffsbestimmungen

> ***§ 189a.*** *5. Umsatzerlöse: die Beträge, die sich aus dem Verkauf von Produkten und der Erbringung von Dienstleistungen nach Abzug von Erlösschmälerungen und der Umsatzsteuer sowie von sonstigen direkt mit dem Umsatz verbundenen Steuern ergeben:*

- **Sonstige betriebliche Erträge**

Darunter fallen ua. Erträge aus dem Abgang von und der Zuschreibung zum Anlagevermögen mit Ausnahme der Finanzanlagen, die Erträge aus der Auflösung von Rückstellungen und übrige Erträge wie Versicherungsentschädigungen oder Lizenzgebühren.

- **Sonstige betriebliche Aufwendungen**

Unter diesem Posten sind zunächst die Steuern zu erfassen, die nicht unter den Punkt Steuern vom Einkommen und vom Ertrag fallen, wie zB. die Grundsteuer. Weiters sind alle übrigen Aufwendungen, die in keinem anderen extra auszuweisenden Punkt aufscheinen, anzuführen, wie zB. Miete, Reinigungskosten, Fahrtspesen, Steuerberatung und Telefongebühren. Es können sich geringfügige Unterschiede zwischen den Verfahren ergeben, wenn bestimmte Positionen bereits unter Verwaltung oder Vertrieb berücksichtigt wurden.

9.2.1.2.1. Gesamtkostenverfahren

Das Gesamtkostenverfahren hat den Vorteil, dass es ohne großen Rechenaufwand erstellt werden kann und dem externen Bilanzleser genaue Informationen über den Produktionsbereich bietet. Es gliedert das Betriebsergebnis nach primären Aufwandsarten. Demnach werden alle Aufwendungen und Erträge eines Geschäftsjahres gegenübergestellt, die zur Erbringung des Betriebserfolges (produzierte Leistungen im Kernbereich der Unternehmung) angefallen sind. Die Aufwendungen werden nach Aufwandsarten gegliedert, die der Kostenartenrechnung entsprechen.

- **Bestandsveränderung**

§ 232 Abs. 2 normiert:

Vorschriften zu einzelnen Posten der Gewinn- und Verlustrechnung

> ***§ 232.*** *(2) Als Bestandsveränderungen sind außer Änderungen der Menge auch solche des Wertes zu berücksichtigen.*

Gemäß dem Grundsatz der Periodenreinheit müssen die Umsatzerlöse aus den verkauften Produkten und Leistungen den Aufwendungen dieser verkauften Produkte und Leistungen gegenüberstehen. Anders formuliert: Es dürfen nur die Aufwendungen der Produkte in der Gewinn- und Verlustrechnung enthalten sein, die auch verkauft wurden. Werden mehr Produkte erzeugt als verkauft, müssen die Aufwendungen der Produkte, die nicht verkauft wurden, aus der Gewinn- und Verlustrechnung herausgenommen und als Lagerzugang in der Bilanz verbucht werden. Umgekehrt wird das Lager in der Bilanz reduziert, wenn mehr Produkte verkauft als produziert wurden. Diese Vorgänge wurden bereits in Kapitel 7: Vermögen umfassend behandelt. Diese Bereinigung geschieht über die Position Bestandsveränderung, die abhängig von Bestandserhöhung oder Bestandsverminderung als eine der ganz wenigen Positionen des Jahresabschlusses sowohl positiv als auch negativ sein kann. Beachte daher immer das Vorzeichen oder rechne nach, wenn generell keine Vorzeichen angegeben sind! Die Position Bestandsveränderung bezieht sich auf Lagerveränderungen von selbst erstellten Erzeugnissen des Umlaufvermögens. Nicht unter diesen Posten fallen Veränderungen von Handelswaren (Kto. Handelswareneinsatz).

Beispiel 94: Veränderung des Bestandes selbst erstellter Produkte – Gesamtkostenverfahren

Ein Unternehmen produziert fünf Dosen Lack um 22 € pro Stück, der Verkaufspreis beträgt 30 € pro Stück. Der Anfangsbestand beträgt zwei Dosen. Der Gewinn wird nach dem Gesamtkostenverfahren berechnet. Alle Beträge exkl. 20 % USt. Das Unternehmen verkauft im laufenden Geschäftsjahr

a) drei Dosen

b) sechs Dosen.

Wie werden Erlöse und Aufwendungen in der Gewinn- und Verlustrechnung abgebildet?

Erläuterung

Die Umsatzsteuer wurde bereits beim Verbuchen auf den jeweiligen Konten berücksichtigt, dh. hier werden alle Beträge exkl. USt berechnet.

Entscheidend für die Position 2. Bestandsveränderung bzw. die Gewinn- und Verlustrechnung ist der Vergleich von verkauften und produzierten Stück.

- Variante a)

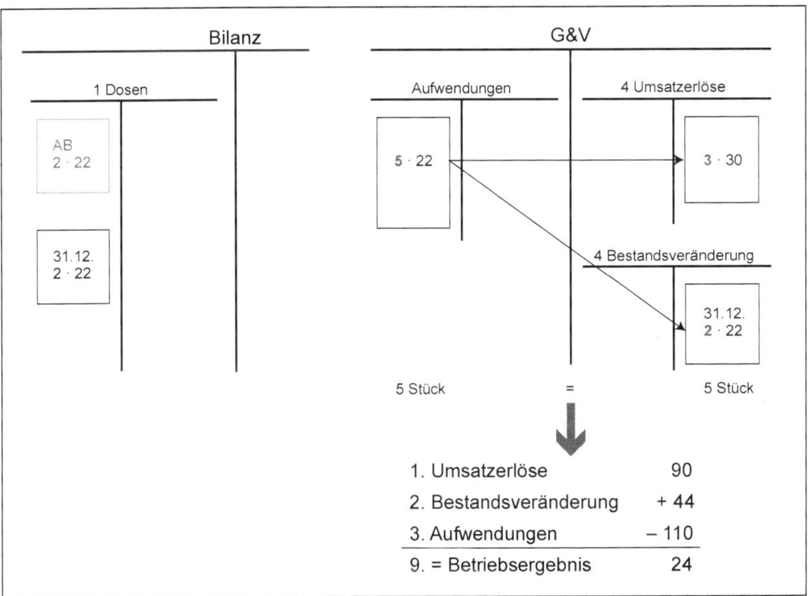

Abbildung 184: Bestandsveränderung im Gesamtkostenverfahren – Lagerzunahme

Erläuterung

Die obige Abbildung stellt KEINE Buchungen dar, sondern zeigt die Bestandsveränderungen schematisch. Verbuchen Sie übungshalber das Beispiel mittels T-Konten und Buchungssätzen!

Erlöse verkaufter Stück im laufenden Geschäftsjahr	$3 \cdot 30 =$	90 €
Aufwendungen verkaufter Stück im laufenden Geschäftsjahr	$3 \cdot 22 =$	66 €
Aufwendungen produzierter Stück im laufenden Geschäftsjahr	$5 \cdot 22 =$	110 €
= Bestandsveränderung	$+2 \cdot 22 =$	+ 44 €

Das Unternehmen schuf Wert in Höhe von zwei Stück zu je 22 €, dh. die Bestandsveränderungen stehen auf der Ertragsseite der Gewinn- und Verlustrechnung und sind positiv. Es werden zwei Stück zu je 22 € auf Lager gelegt.

- Variante b)

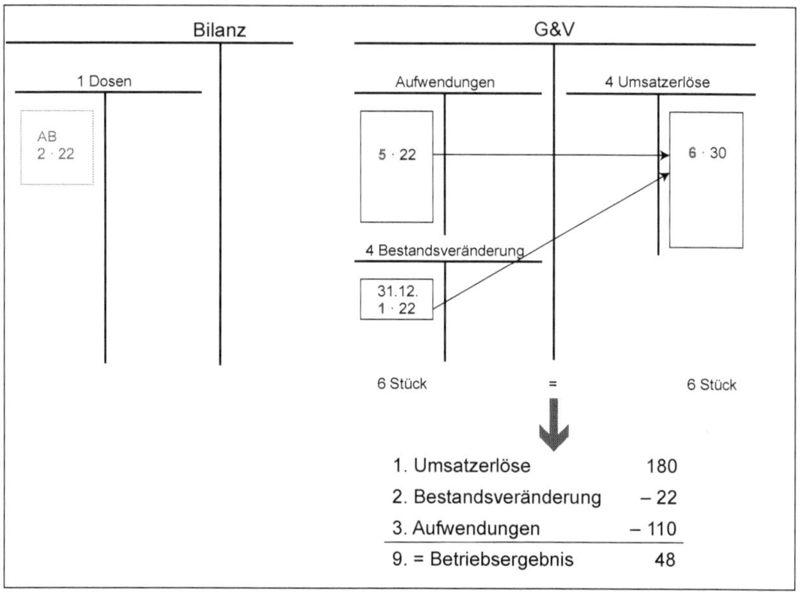

Abbildung 185: Bestandsveränderung im Gesamtkostenverfahren – Lagerabnahme

Erläuterung

Die obige Abbildung stellt KEINE Buchungen dar, sondern zeigt die Bestandsveränderungen schematisch. Verbuchen Sie übungshalber das Beispiel mittels T-Konten und Buchungssätzen!

Erlöse verkaufter Stück im laufenden Geschäftsjahr	$6 \cdot 30 =$	180 €
Aufwendungen verkaufter Stück im laufenden Geschäftsjahr	$6 \cdot 22 =$	132 €
Aufwendungen produzierter Stück im laufenden Geschäftsjahr	$5 \cdot 22 =$	110 €
= Bestandsveränderung	$-1 \cdot 22 =$	– 22 €

Das Unternehmen reduzierte seinen Wert in Höhe von ein Stück zu je 22 €, dh. die Bestandsveränderungen stehen auf der Aufwandsseite der Gewinn- und Verlustrechnung und sind negativ. Es wird ein Stück zu je 22 € vom Anfangsbestand des Lagers genommen.

- **Aktivierte Eigenleistungen**

Die Position Aktivierte Eigenleistung übernimmt diese buchtechnische Funktion bei selbst erstellten Gütern des Anlagevermögens; siehe Kapitel 7: Vermögen.

- **Materialaufwand**

Im Posten Materialaufwand sind der Handelsmaterialeinsatz sowie der Materialverbrauch zusammengefasst, der in den Leistungsbereich der Unternehmung einfließt (zB. Produktion, Forschung, Vertrieb). Neben den Roh-, Hilfs- und Betriebsstoffen wird auch der Energieverbrauch in dieser Position erfasst.

- **Personalaufwand**

Zum Personalaufwand zählen Löhne, Gehälter, Aufwendungen für Abfertigungen und Pensionen (Auszahlungen sowie Bildung von Rückstellungen!), Aufwendungen für gesetzlich vorgeschriebene Sozialabgaben und sonstige Sozialaufwendungen.

- **Abschreibungen**

Die Abschreibungen im Betriebsergebnis betreffen ausschließlich Abschreibungen

a) auf immaterielle Gegenstände des Anlagevermögens und
b) Sachanlagen sowie auf Gegenstände des Umlaufvermögens, soweit diese die im Unternehmen üblichen Abschreibungen überschreiten.

Die planmäßigen und außerplanmäßigen Abschreibungen sowie Abschreibungen des Umlaufvermögens (Schwund, Schaden, Abwertung) sind getrennt auszuweisen. Zuschreibungen als Zurücknahme einer außerplanmäßigen Abschreibung werden unter den Sonstigen betrieblichen Erträgen ausgewiesen.

Allgemein normieren § 232 Abs. 5 UGB und § 204 Abs. 2 UGB:

Vorschriften zu einzelnen Posten der Gewinn- und Verlustrechnung

§ 232. (5) Außerplanmäßige Abschreibungen gemäß § 204 Abs. 2 sind gesondert auszuweisen.

Abschreibungen im Anlagevermögen

§ 204. (2) Gegenstände des Anlagevermögens sind bei voraussichtlich dauernder Wertminderung ohne Rücksicht darauf, ob ihre Nutzung zeitlich begrenzt ist, außerplanmäßig auf den niedrigeren am Abschlussstichtag beizulegenden Wert abzuschreiben. Bei Finanzanlagen dürfen solche Abschreibungen auch vorgenommen werden, wenn die Wertminderung voraussichtlich nicht von Dauer ist.

9.2.1.2.2. Umsatzkostenverfahren

Das Umsatzkostenverfahren gliedert das Betriebsergebnis nach Kostenstellen.

Im Umsatzkostenverfahren werden die Aufwendungen der verkauften selbst erstellten Produkte, Handelswaren sowie der selbst erstellten Anlagen direkt den Umsatzerlösen gegenübergestellt. Es sind daher keine Korrekturbuchungen mittels Bestandsveränderung und Aktivierter Eigenleistung notwendig, allerdings müssen vor der Erstellung der Gewinn- und Verlustrechnung – daher die Bezeichnung 0. in der Abbildung – die Aufwendungen der verkauften Produkte aus der Kostenstellenrechnung kalkuliert werden. Die einzelnen Aufwendungen werden nach Funktionsbereichen gegliedert, die entsprechenden Material- und Personalkosten sowie Abschreibungen sind in den jeweiligen Kostenstellen enthalten. Das Umsatzkostenverfahren erfordert eine entsprechende Kostenrechnung, für externe Bilanzinteressierte enthält es wenig Information.

Beachte: Im Umsatzkostenverfahren wird der Begriff Herstellungskosten verwendet. Auch wenn das Kalkulationsschema zur Berechnung dieser Herstellungskosten mit dem Kalkulationsschema der Kostenrechnung bis zu diesem Schritt gleich sein könnte, liegen den Herstellungskosten in der Gewinn- und Verlustrechnung die Bewertungsmaßstäbe der Buchhaltung, dh. auf Basis des UGB, zugrunde!

- **Herstellungskosten der zur Erzielung der Umsatzerlöse erbrachten Leistungen**

Gemäß § 203 Abs. 3 UGB sind Herstellungskosten die Aufwendungen, die für die Herstellung eines Vermögensgegenstandes, seine Erweiterung oder für eine über seinen ursprünglichen Zustand hinausgehende wesentliche Verbesserung entstehen. Die Herstellungskosten der zur Erzielung der Umsatzerlöse erbrachten Leistungen enthalten die Herstellungskosten der selbst erstellten Anlagen sowie aller verkauften Produkte, dh. auch jener Waren, die bereits im vergangenen Geschäftsjahr erzeugt oder eingekauft wurden, soweit auf Lagerbestände zurückgegriffen wurde. Die Berechnung erfolgt über den Betriebsabrechnungsbogen und die Kostenstellenrechnung, die die einzelnen Aufwandsarten wie Material- und Personalkosten auf die Geschäftsbereiche Produktion, Verwaltung und Vertrieb aufschlüsselt. Die Herstellungskosten der produzierten Menge werden nach den gesetzlichen Vorschriften (siehe Kapitel 4: Bewertung) kalkuliert. In einer Nebenrechnung, die nicht im Jahresabschluss aufscheint und ia. in Saldenlisten durchgeführt wird, werden die Herstellungskosten der zur Erzielung der Umsatzerlöse erbrachten Leistungen durch Addition zu bzw. Subtraktion von den Herstellungskosten der tatsächlich produzierten Menge errechnet.

Beispiel 95: **Veränderung des Bestandes selbst erstellter Produkte – Umsatzkostenverfahren**

Ein Unternehmen produziert fünf Dosen Lack um 22 € pro Stück, der Verkaufspreis beträgt 30 € pro Stück. Der Anfangsbestand beträgt zwei Dosen. Der Gewinn wird nach dem Umsatzkostenverfahren berechnet. Alle Beträge exkl. 20 % USt.
Das Unternehmen verkauft im laufenden Geschäftsjahr

a) drei Dosen
b) sechs Dosen.

Wie werden Erlöse und Aufwendungen in der Gewinn- und Verlustrechnung abgebildet?

- Variante a)

0. + Herstellungskosten der produzierten Menge	5 · 22 = 110
0. – Bestandserhöhung	– 2 · 22 = 44
2. = Herstellungskosten der zur Erzielung der Umsatzerlöse erbrachten Leistungen	3 · 22 = 66

↓

1. Umsatzerlöse	90
2. Herstellungskosten der zur Erzielung der Umsatzerlöse erbrachten Leistungen	– 66
3. = Bruttoergebnis vom Umsatz	24
8. = Betriebsergebnis	24

Abbildung 186: Bestandsveränderungen im Umsatzkostenverfahren – Lagerzunahme

Erläuterung

Die im gestrichelten Kasten eingetragene Rechnung ist die Nebenrechnung, in der die Herstellungskosten der zur Erzielung der Umsatzerlöse erbrachten Leistungen berechnet werden als Differenz der Herstellungskosten der tatsächlich produzierten Menge = 5 Stück · 22 € minus den Herstellungskosten der Stückanzahl, die auf Lager gelegt wurde, da sie nicht verkauft wurden = 2 Stück · 22 € = 3 · 22 = 66 €. Dieser Betrag wird den Umsatzerlösen der tatsächlich verkauften Stück 3 · 30 = 90 € gegenübergestellt. Das Ergebnis ist die Position 3. Bruttoergebnis vom Umsatz = 90 minus 66 = 24 €, die in diesem Fall, da es keine anderen Erträge oder Aufwendungen gibt, mit dem Betriebsergebnis identisch ist.

- Variante b)

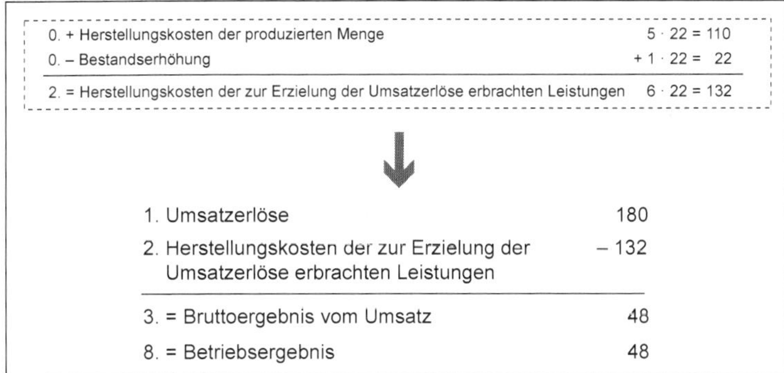

0. + Herstellungskosten der produzierten Menge	5 · 22 = 110
0. – Bestandserhöhung	+ 1 · 22 = 22
2. = Herstellungskosten der zur Erzielung der Umsatzerlöse erbrachten Leistungen	6 · 22 = 132

↓

1. Umsatzerlöse	180
2. Herstellungskosten der zur Erzielung der Umsatzerlöse erbrachten Leistungen	– 132
3. = Bruttoergebnis vom Umsatz	48
8. = Betriebsergebnis	48

Abbildung 187: Bestandsveränderungen im Umsatzkostenverfahren – Lagerabnahme

Erläuterung

Die im gestrichelten Kasten eingetragene Rechnung ist die Nebenrechnung, in der die Herstellungskosten der zur Erzielung der Umsatzerlöse erbrachten Leistungen berechnet werden als Differenz der Herstellungskosten der tatsächlich produzierten Menge = 5 Stück · 22 € minus den Herstellungskosten der Stückanzahl, die vom Anfangsbestand des Lagers genommen wurde, = 1 Stück · 22 € = 6 · 22 = 132 €. Dieser Betrag wird den Umsatzerlösen der tatsächlich verkauften Stück 6 · 30 =

180 € gegenübergestellt. Das Ergebnis ist die Position 3. Bruttoergebnis vom Umsatz = 180 minus 132 = 48 €, die in diesem Fall, da es keine anderen Erträge oder Aufwendungen gibt, mit dem Betriebsergebnis identisch ist.

Vergleichen Sie nun das Ergebnis des Gesamtkostenverfahrens mit dem Ergebnis des Umsatzkostenverfahrens! Sowohl beide Ergebnisse in Variante a) als auch beide Ergebnisse in Variante b) sind identisch! Lediglich die Art der Darstellung ist anders.

- **Bruttoergebnis vom Umsatz**

Das Bruttoergebnis vom Umsatz ist der Saldo von den Herstellungskosten der zur Erzielung der Umsatzerlöse erbrachten Leistungen und den Umsatzerlösen. Es zeigt die Bruttogewinnspanne.

- **Vertriebskosten**

Zu den Vertriebskosten zählen alle Aufwendungen, die im Zusammenhang mit dem Vertrieb entstanden sind, zB. Versandkosten, Verpackung, Personalaufwand der Vertriebsabteilung.

- **Verwaltungskosten**

Zu den Verwaltungskosten zählen alle Aufwendungen, die im Zusammenhang mit der Verwaltung entstanden sind, zB. Büromaterial, Mieten für EDV-Anlagen, Personalkosten der Verwaltungsabteilungen.

9.2.1.3. Finanzergebnis

Das **Finanzergebnis** stellt Erträge und Aufwendungen aus der finanziellen Gebarung eines Unternehmens dar.

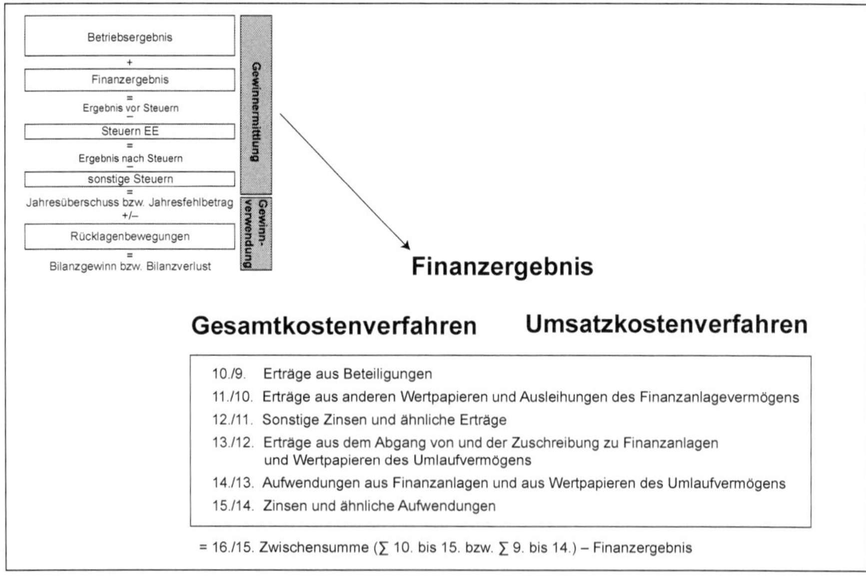

Abbildung 188: Finanzergebnis

Sowohl für das Gesamtkostenverfahren als auch für das Umsatzkostenverfahren wird das Finanzergebnis identisch gerechnet. Es ist eine eigene Rechnung, die

NICHT auf dem Betriebsergebnis aufbaut, sondern unabhängig davon berechnet wird.

Bei vielen Posten des Finanzergebnisses sind davon-Vermerke anzubringen, die überwiegend einen eigenen Ausweis der Werte gegenüber verbundenen Unternehmen betreffen.

- **Erträge aus Beteiligungen**

Die Erträge aus Beteiligungen erfassen Dividenden und Gewinnanteile von Gesellschaften, an denen die Unternehmung beteiligt ist, nicht aber Erträge aus dem Verkauf dieser Anteile.

- **Erträge aus anderen Wertpapieren und Ausleihungen des Finanzanlagevermögens**

Die Erträge aus anderen Wertpapieren beinhalten auch Erträge aus Ausleihungen des Finanzanlagevermögens.

- **Zinserträge**

Zinserträge beziehen sich auf Guthaben bei Kreditinstituten, Wertpapiere, soweit sie nicht unter Beteiligungen ausgewiesen sind, und Forderungen.

- **Erträge aus dem Abgang von und der Zuschreibung zu Finanzanlagen und Wertpapieren des Umlaufvermögens.**

Diese Position bezieht sich auf Wertpapiere des Anlagevermögens (Posten A.III. in der Bilanz) und des Umlaufvermögens (Posten B.III. in der Bilanz).

- **Aufwendungen aus Finanzanlagen und aus Wertpapieren des Umlaufvermögens**

Zu den Aufwendungen aus Beteiligungen zählen die Abschreibungen aus dem Finanzanlagevermögen und den Wertpapieren des Umlaufvermögens, Verlustübernahmen und -anteile, soweit sie nicht in der Bilanz aktivierungspflichtig sind; außerplanmäßige Abschreibungen auf sonstige Finanzanlagen und auf Wertpapiere des Umlaufvermögens müssen nach den Bewertungsprinzipien des Anlage- und Umlaufvermögens durchgeführt werden (siehe Kapitel 4: Bewertung) und betreffen zB. Kursverluste an der Börse.

- **Zinsen und ähnliche Aufwendungen**

Diese Position betrifft Aufwendungen für das im Unternehmen vorhandene Fremdkapital. Beachte: Eigenkapitalzinsen (siehe Kapitel 9.2.2.1.8.) dürfen nicht angesetzt werden!

9.2.1.4. Ergebnis vor und nach Steuern sowie Jahresüberschuss

Das **Ergebnis vor Steuern** ist die Summe aus Betriebsergebnis und Finanzergebnis.

Das **Ergebnis nach Steuern** ist das Ergebnis vor Steuern minus den Steuern vom Einkommen und Ertrag.

Der **Jahresüberschuss** bzw. **Jahresfehlbetrag** ist das Ergebnis nach Steuern minus den sonstigen Steuern.

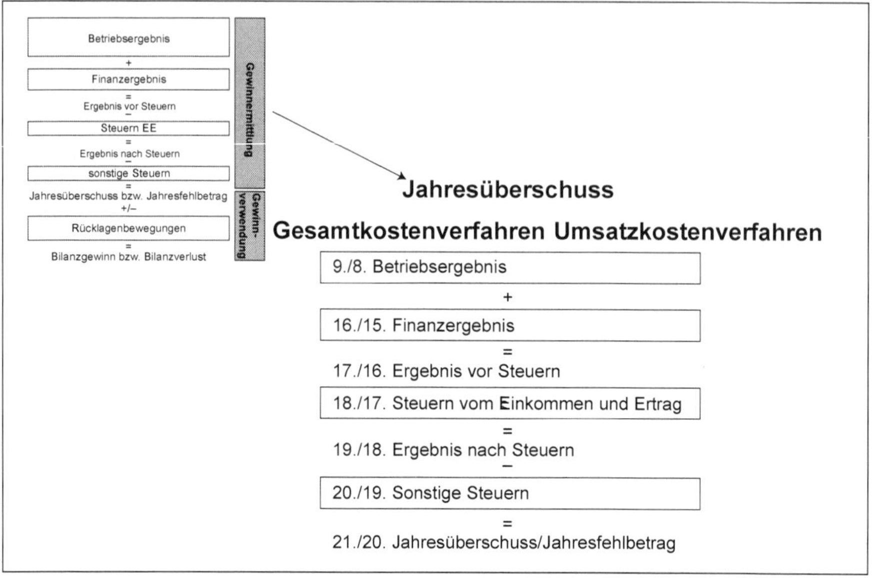

Abbildung 189: Ergebnis vor und nach Steuern sowie Jahresüberschuss

Die Steuern an dieser Stelle werden in Steuern von Einkommen und Ertrag sowie sonstige Steuern, soweit nicht unter Posten 1-18 enthalten, unterteilt.

§ 234 UGB normiert:

Steuern

> ***§ 234.*** *Im Posten „Steuern vom Einkommen und vom Ertrag" sind die Beträge auszuweisen, die das Unternehmen als Steuerschuldner vom Einkommen und Ertrag zu entrichten hat. Gesellschaften, die nicht klein sind, haben Erträge aus Steuergutschriften und aus der Auflösung von nicht bestimmungsgemäß verwendeten Steuerrückstellungen gesondert auszuweisen, soweit sie wesentlich (§ 189a Z 10) sind.*

Zu den Steuern vom Einkommen und Ertrag, meist Steuern EE abgekürzt, zählt va. die Körperschaftsteuer. Die Steuern vom Einkommen und vom Ertrag stehen zum Bilanzstichtag noch nicht fest, werden auch daher noch nicht bezahlt und können daher nur geschätzt werden. Die Verbuchung im beobachteten Geschäftsjahr erfolgt buchungstechnisch über die Passivseite der Bilanz B. 3 Steuerrückstellungen gemäß § 224 Abs. 3 UGB.

Die nach dem Ergebnis nach Steuern auszuweisenden sonstigen Steuern enthalten zB. die Grundsteuer.

9.2.1.5. Rücklagenbewegungen und Gewinnvortrag

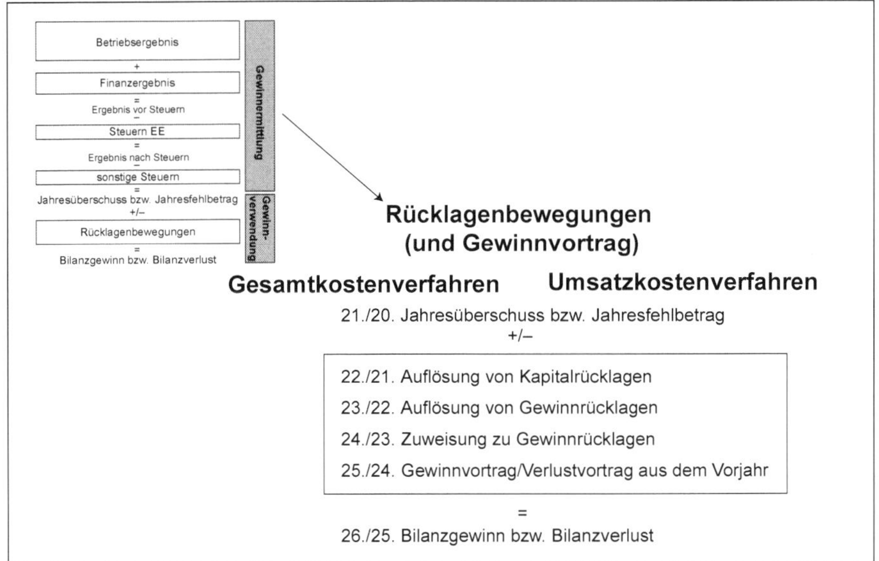

Abbildung 190: Gewinnverwendung

- **Rücklagenbewegungen**

Die Rücklagenbewegungen betreffen die Auflösung und Dotierung, dh. Zuweisung, von Rücklagen (siehe Kapitel 8: Kapital). Dotierung und Auflösung dürfen gemäß Saldierungsverbot nicht gegeneinander verrechnet werden, dh. es müssen Dotierungen und Auflösungen zu ein und derselben Rücklage getrennt ausgewiesen werden! Rücklagenveränderungen beeinflussen das tatsächlich erwirtschaftete Ergebnis des Geschäftsjahres nicht und tragen ebenso wie der Gewinnvortrag bzw. Verlustvortrag nicht zur Entstehung des Jahresüberschusses bzw. des Jahresfehlbetrags bei.

- **Gewinnvortrag bzw. Verlustvortrag**

Ausnahmsweise unterscheiden sich die positive Position Gewinnvortrag und die negative Position Verlustvortrag nicht nur aufgrund ihres Vorzeichens, sondern auch inhaltlich (und in ihrer steuerlichen Behandlung).

Der **Gewinnvortrag** ist der Betrag, der von der Gewinnausschüttung des Vorjahres übrig blieb.

Der Bilanzgewinn des Vorjahres betrug zB. 52 Mio €, ausgeschüttet wurden 51,8 Mio €. Die verbliebenen 0,2 Mio € sind der Gewinnvortrag. Der Gewinnvortrag ist Teil des Eigenkapitals.

Der **Verlustvortrag** ist der Verlust des Vorjahres, der nicht mit Eigenkapital gedeckt wurde.

Ein Verlust könnte zB. durch Auflösung von Rücklagen abgedeckt werden. Wird dies bilanzpolitisch nicht gemacht, verringert der Verlust das Eigenkapital und wird auch in der Bilanz als negative Position ausgewiesen. In den Folgejahren wird dieser negative Betrag als Verlustvortrag in der Gewinn- und Verlustrechnung ausgewiesen.

§ 232 Abs. 3 UGB normiert:

Vorschriften zu einzelnen Posten der Gewinn- und Verlustrechnung

> ***§ 232*** *(3) Ist die Gesellschaft vertraglich verpflichtet, ihren Gewinn oder Verlust ganz oder teilweise an andere Personen zu überrechnen, so ist der überrechnete Betrag unter entsprechender Bezeichnung vor dem Posten gemäß § 231 Abs. 2 Z 25 oder § 231 Abs. 3 Z 24 gesondert auszuweisen.*

- **Bilanzgewinn bzw. Bilanzverlust**

Der Bilanzgewinn bzw. Bilanzverlust wird errechnet, indem man die Auflösungen der Rücklagen und den Verlustvortrag vom Jahresüberschuss bzw. Jahresfehlbetrag abzieht bzw. die Dotierung der Rücklagen und den Gewinnvortrag zum Jahresüberschuss bzw. Jahresfehlbetrag hinzuzählt. Der Bilanzgewinn ist die Grundlage zur Gewinnausschüttung. Er muss mit dem Bilanzgewinn bzw. Bilanzverlust in der Bilanz identisch sein.

Beachte: Es darf nicht immer der ausgewiesene Gewinn auch ausgeschüttet werden! Das Gesetz definiert so genannte Ausschüttungssperren. § 235 UGB normiert:

Beschränkung der Ausschüttung

> ***§ 235*** *(1) Gewinne dürfen nicht ausgeschüttet werden, soweit sie durch Umgründungen unter Ansatz des beizulegenden Wertes entstanden sind und*
> *1. aus der Auflösung von Kapitalrücklagen stammen,*
> *2. nicht als Kapitalrücklage ausgewiesen werden können, oder*
> *3. der beizulegende Wert für eine Gegenleistung angesetzt wurde.*
> *Dies gilt sinngemäß für einen Übergang des Gesellschaftsvermögens gemäß § 142. Die ausschüttungsgesperrten Beträge vermindern sich insoweit, als der Unterschiedsbetrag zwischen Buchwert und dem höheren beizulegenden Wert in der Folge insbesondere durch planmäßige oder außerplanmäßige Abschreibungen gemäß den §§ 204 und 207 oder durch Buchwertabgänge vermindert wird. Dies gilt unabhängig von der Auflösung einer zugrunde liegenden Kapitalrücklage.*
>
> *(2) Bei Aktivierung latenter Steuern gemäß § 198 Abs. 9 dürfen außerdem Gewinne nur ausgeschüttet werden, soweit die danach verbleibenden jederzeit auflösbaren Rücklagen zuzüglich eines Gewinnvortrags und abzüglich eines Verlustvortrags dem aktivierten Betrag mindestens entsprechen.*

Bilanzgewinn bzw. Bilanzverlust sind Ergebnisgrößen, die sinnvollerweise NICHT als Basis für eine Bilanzanalyse herangezogen werden, da sie auch Größen der Gewinnverwendung beinhalten.

Beispiel 96: **Svenda AG – Gewinnermittlung nach Gesamtkostenverfahren**

Die Svenda AG hat folgende Ertrags- und Aufwandspositionen (in €):

Abschreibungen Sachanlagen	80,00
Bestandsveränderungen	400,00
Dotierung Gewinnrücklage	47,00
Gehälter	340,00
Gewinnvortrag	3,00
Löhne	168,75
Materialaufwand	909,09
Sonstige betriebliche Aufwendungen	38,90
Steuern vom Einkommen und vom Ertrag	24,00
Umsatzerlöse	3.000,00
Zinsaufwand	17,00
Zinserträge	27,00

Wie sieht die Gewinn- und Verlustrechnung in Staffelform aus?

Erläuterung

Umsatzerlöse	3.000,00
+ Bestandsveränderungen	400,00
− Materialaufwand	909,09
− Personalaufwand	508,75
Löhne und Gehälter	*508,75*
− Abschreibungen Sachanlagen	80,00
− Sonstige betriebliche Aufwendungen	38,90
= Betriebsergebnis	1.863,26
Zinserträge	27,00
− Zinsaufwand	17,00
= Finanzergebnis	10,00
= Ergebnis vor Steuern	1.873,26
− Steuern vom Einkommen und vom Ertrag	24,00
= Ergebnis nach Steuern	1.849,26
= Jahresüberschuss	1.849,26
− Dotierung Gewinnrücklage	47,00
+ Gewinnvortrag	3,00
= Bilanzgewinn	1.805,26

Beispiel 97: Gesamtkostenverfahren und Umsatzkostenverfahren

Die Aufstellung der G&V-Konten einer Aktiengesellschaft sieht wie folgt aus:

	Gesamt	Herstellung	Verwaltung	Vertrieb
Abschreibung	60	50	5	5
Bestandsveränderung	120			
Beteiligungserträge	89			
Energieaufwand	27	20	5	2
Materialaufwand	563	500	45	18
Mietaufwand	5	3	1	1
Personalaufwand	408	197	138	73
Sonstige betriebliche Erträge	24			
Sonstige Steuern	6			
Steuern EE	10			
Umsatzerlöse	1.099			
Versicherungsaufwand	3	1	1	1
Zinsaufwand	52			
Zuweisung Rücklage	127			

Erstellen Sie gemäß UGB die Gewinn- und Verlustrechnung in Staffelform nach
a) Gesamtkostenverfahren
b) Umsatzkostenverfahren

Erläuterung

a) Gesamtkostenverfahren:

Umsatzerlöse	1.099
+ Bestandsveränderung	120
+ Sonstige betriebliche Erträge	24
− Materialaufwand (Material + Energie)	−590
− Personalaufwand	−408
− Abschreibung	−60
− Sonstige betriebliche Aufwendungen (Miete, Versicherungen)	−8
= Betriebsergebnis	177
Beteiligungserträge	89
− Zinsaufwand	−52
= Finanzergebnis	37
= Ergebnis vor Steuern	214
− Steuern vom Einkommen und Ertrag	−10
= Ergebnis nach Steuern	204
– Sonstige Steuern	–6
= Jahresüberschuss	198
− Zuweisung Rücklage	−127
= Bilanzgewinn	71

b) Umsatzkostenverfahren:

Herstellungskosten der produzierten Menge (Material + Personal + Abschreibung + Energie + Miete + Versicherung)	771
− Bestandserhöhung	−120
= Herstellungskosten der abgesetzten Menge	651

Umsatzerlöse	1.099
− Herstellungskosten der abgesetzten Menge	−651
= Bruttoergebnis vom Umsatz	448

Sonstige betriebliche Erträge	24
− Vertriebskosten	−100
− Verwaltungskosten	−195
= Betriebsergebnis	177

Ab dem Betriebsergebnis sind das Gesamtkosten- und Umsatzkostenverfahren identisch.

9.2.2. Kostenrechnung

Der Erfolg eines Unternehmens kann, wie in Kapitel 3: Instrumente dargestellt, nicht nur in der Bilanz und in der Gewinn- und Verlustrechnung gemäß UGB ermittelt werden, sondern auch in mehreren Instrumenten der Kostenrechnung. Aufgrund ihrer Bedeutung in der Praxis wird in diesem Buch die Produktkostenrechnung vorgestellt. Die folgende Abbildung wiederholt die bisherige Übersichtsabbildung und hebt dabei die Gewinnermittlung in der Kostenrechnung hervor.

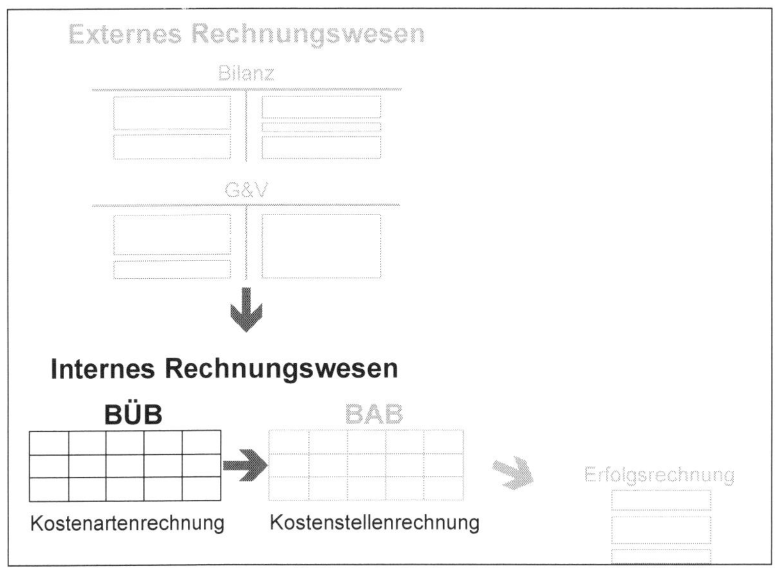

Abbildung 191: Schritte zur Gewinnermittlung in der Kostenrechnung

Um den Gewinn des Unternehmens in der Kostenrechnung kalkulieren zu können, müssen alle Schritte vom Betriebsüberleitungsbogen bis zur endgültigen Periodenerfolgsrechnung durchgerechnet werden. Es werden daher die in Kapitel 3: Instrumente vorgestellten Instrumente der Produktkalkulation herangezogen und anhand eines durchgehenden Beispiels konkretisiert:

9.2.2.1. Kostenartenrechnung
9.2.2.2. Kostenstellenrechnung
9.2.2.3. Erfolgsrechnung

9.2.2.1. Kostenartenrechnung

9.2.2.1.1. Gliederung von Kosten

In der **Kostenartenrechnung** werden die angefallenen Kosten der untersuchten Periode nach verschiedenen Gesichtspunkten erfasst, um sie im nächsten Schritt auf die einzelnen Kostenstellen umzulegen.

Im Rahmen der Kostenartenrechnung werden aus der Buchhaltung die Erträge und Aufwendungen in Leistungen und Kosten übergeleitet. Die Kostenartenrechnung geht der Frage nach, WELCHE Leistungen und Kosten anfallen und steht am Anfang des Kostenrechnungssystems. Sie ist für die systematische Erfassung, Bewertung und Klassifikation der während einer Abrechnungsperiode entstandenen Kosten verantwortlich und bildet die Grundlage für den gesamten Verlauf der Kostenrechnung. Bei der Datenerhebung sind die allgemeinen Grundsätze der Datenerhebung und Datenerfassung zu beachten.

Als erster Schritt muss auch das betriebsnotwendige Vermögen bzw. das betriebsnotwendige Kapital aus den Konten der Buchhaltung abgeleitet werden. Diese Umrechnung ist notwendig, da das betriebsnotwendige Vermögen und das betriebsnotwendige Kapital die Berechnungsbasis für die kalkulatorischen Größen Leistungen und Kosten darstellen und somit in den Betriebsüberleitungsbogen eingehen (zB. Abschreibungen → Abschreibungsbasis). Abweichungen vom Vermögen und Kapital laut Buchhaltung ergeben sich vor allem aufgrund der gesetzlich vorgeschriebenen Bewertungsprinzipien (siehe Kapitel 4: Bewertung). Von mehreren Möglichkeiten soll hier folgende Berechnung vorgestellt werden:

Das **betriebsnotwendige Vermögen** ist das Vermögen, das zur Erreichung des Betriebszweckes notwendig ist.

Vermögen des Unternehmens (Bilanzsumme)
\+ Nicht in der Bilanz enthaltenes, betriebsnotwendiges Vermögen
– In der Bilanz enthaltenes, nicht betriebsnotwendiges Vermögen
\+ Aufwertungen (zB. Stille Reserven)
– Abwertungen (zB. Wertberichtigungen)
= Betriebsnotwendiges Vermögen

Das **betriebsnotwendige Kapital** ist das Kapital, das zur Erreichung des Betriebszweckes notwendig ist.

Betriebsnotwendiges Vermögen
– Abzugskapital (zB. Passive Rechnungsabgrenzungen, Anzahlungen, ...)
= Betriebsnotwendiges Kapital

Folglich errechnet sich das korrigierte Eigenkapital als

Betriebsnotwendiges Kapital
– Fremdkapital
= Korrigiertes Eigenkapital

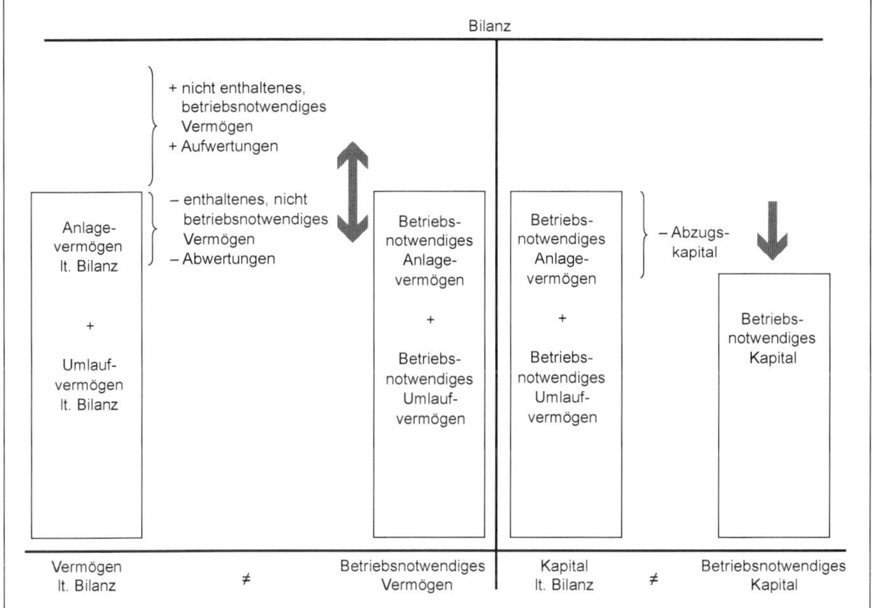

Abbildung 192: Betriebsnotwendiges Vermögen und betriebsnotwendiges Kapital

Da die Verminderung des betriebsnotwendigen Kapitals durch den Abzug des Abzugskapitals in der Theorie nicht unumstritten ist und dieser Schritt jederzeit entfallen kann, könnte auch gleichgesetzt werden:

Betriebsnotwendiges Vermögen = Betriebsnotwendiges Kapital

Die Gliederung der Kostenarten nach den unterschiedlichen Gesichtspunkten erfolgt in jedem Unternehmen individuell und je nach Zielsetzung; es existieren allerdings, ähnlich dem Industriekontenrahmen in der Buchhaltung, Klassifizierungsvorschläge für die Kostengliederung. Bereits bei der Erfassung der Daten muss darauf geachtet werden, welche Vorstellungen bezüglich Informationen bzw. anzuwendenden Kalkulationen vorhanden sind.

Abbildung 193: Kostenartengliederung

Diese Gliederungsmöglichkeiten schließen einander nicht aus; sie werden im Gegenteil miteinander kombiniert! zB. können *Energie*kosten als variable *Gemeinkosten* auf *Istkostenbasis* in der *Produktionsabteilung* zur *Entscheidungsfindung* kalkuliert werden.

9.2.2.1.2. Zeitbezug

Nach Zeitbezug unterscheidet man

- Vergangenheitskosten
- Istkosten
- Plankosten
- Normalkosten

Vergangenheitskosten sind die in vergangenen Leistungsperioden angefallenen Kosten (verbrauchte Menge · bezahlter Preis).

Istkosten werden während einer bestimmten Leistungsperiode bei der Erstellung einer Leistungsmenge verursacht (Istmenge · Istpreis).

Beachte: Das Wort IST steht in der Kostenrechnung üblicherweise für Gegenwart. Folglich errechnen sich die Istkosten aus den gegenwärtigen Preisen mal den gegenwärtigen Mengen.

Plankosten sind die für eine geplante Leistungserstellung und geplante Beschäftigung errechneten Kosten, die mit Planpreisen bewertet werden (Planmenge · Planpreis).

Beachte: Das Wort PLAN steht in der Kostenrechnung üblicherweise für Zukunft. Folglich errechnen sich die Plankosten aus den künftigen Mengen mal den künftigen Preisen. Planmengen und Planpreise müssen geschätzt werden.

Normalkosten werden von Schwankungen in unterschiedlichen Perioden bereinigt und auf Basis von Istkosten als Durchschnittswert berechnet.

Beachte: Das Wort NORMAL steht in der Kostenrechnung üblicherweise für Durchschnitt. Grundsätzlich sollte man in der Kostenrechnung so genau wie möglich rechnen. Allerdings ist dies nicht immer zielführend oder wirtschaftlich vertretbar. Daher werden in manchen Fällen die Durchschnittskosten einer bestimmten Periode herangezogen.

Beispiel 98: **Normalkosten**

Ein Speditionsunternehmen zahlt für ein Liter Diesel am Montag 1,31 €, am Dienstag 1,29 €, am Mittwoch 1,28 €, am Donnerstag 1,33 € und am Freitag 1,29 €. Mit welchem Dieselpreis wird es einen Auftrag für den kommenden Montag kalkulieren?

Das Speditionsunternehmen wird wahrscheinlich den Durchschnittspreis heranziehen. Die Normalkosten betragen somit (1,31 + 1,29 + 1,28 +1,33 + 1,29) : 5 = 1,30 €.

9.2.2.1.3. Zurechenbarkeit zu einer Bezugsgröße

Nach Zurechenbarkeit zu einer Bezugsgröße unterscheidet man

- Einzelkosten
- Gemeinkosten
- Sonderkosten

Einzelkosten, auch direkte Kosten genannt, werden dem Kostenträger (= die zu erbringende Leistung: produzierter Gegenstand, Dienstleistung) direkt zugeordnet. Sie können auch den Kostenstellen (= Ort der Leistungserbringung) direkt zugeordnet werden.

Gemeinkosten, auch indirekte Kosten genannt, lassen sich nur bedingt dem Kostenträger zuordnen, da kein direkter Leistungsbezug besteht oder eine Erhebung der Kosten unwirtschaftlich wäre. Sie können den Kostenstellen direkt oder mittels innerbetrieblicher Leistungsverrechnung zugeordnet werden.

Sonderkosten können unmittelbar einzelnen Kostenträgern zugerechnet werden und werden nur für einen bestimmten Auftrag kalkuliert. Sonderkosten sind ia. Einzelkosten.

Beispiel 99: **Kosten nach Bezugsgröße**

Ein Unternehmen baut ein Blockhaus. Es benötigt Holzstämme und Wasser. Weiters soll das Blockhaus in rosa Farbe gestaltet werden.

Erläuterung

Die Holzstämme werden einzeln bestellt und können bei Lieferung einzeln gezählt werden. Sie sind daher Einzelkosten. Das Wasser, das während der Bauzeit verbraucht wird, zB. für Reinigung, Toilette, Betonmischen, … repräsentiert typische Gemeinkosten, da nicht extra jeder Liter Wasser gemessen und in Geld bewertet wird, sondern in der Kostenstellenrechnung als Prozentsatz der Einzelkosten geschätzt wird. Die rosa Farbe ist für Blockhäuser nicht Standard; es fallen somit Sonderkosten an.

Die Gemeinkosten können nicht einzeln dem jeweiligen Produkt bzw. der jeweiligen Dienstleistung hinzugerechnet werden. Sie stellen daher für die Kalkulation dieses Produktes bzw. dieser Dienstleistungen, die grundsätzlich mittels Produktkostenrechnung und mittels Prozesskostenrechnung berechnet und verteilt werden können, pauschal kalkulierte Aufschläge dar. Im Rahmen der Prozesskostenrechnung werden die Gemeinkosten auf Prozesse, dh. Arbeitsschritte, anstelle auf Kostenstellen umgelegt. Sie ist als Ergänzung und Verbesserung der Kostenstellenrechnung zu sehen, nicht als Ersatz. Da sie allerdings komplex zu erstellen und die Datenerhebung sehr aufwändig ist, wird sie in der Praxis nicht oft eingesetzt und im Rahmen dieses Buches nicht weiter behandelt.

Im Rahmen der Produktkostenrechnung werden die in der Kostenartenrechnung angefallenen Gemeinkosten den Kostenstellen eines Unternehmens zugeführt. Diese Kostenstellenrechnung ist die Grundlage zur Ermittlung der kalkulatorischen Zuschlags- und Verrechnungssätze und zur Erstellung der Kostenträgerrechnung.

Diese Begriffe wurden auch bereits in Kapitel 4: Bewertung kurz vorgestellt. Grundsätzlich sollten möglichst viele Kosten als Einzelkosten erfasst werden, damit die Genauigkeit der Kostenrechnung erhöht wird. Ist dies nicht möglich bzw. nicht wirtschaftlich, müssen die Gemeinkosten im Betriebsabrechnungsbogen mittels eines Verteilungsschlüssels auf die korrespondierenden Einzelkosten aufgespaltet werden.

9.2.2.1.4. Herkunft der Güter

Nach Herkunft der Güter unterscheidet man

- Primärkosten
- Sekundärkosten

Diese Begriffe wurden bereits in Kapitel 3: Instrumente vorgestellt. Sie sind va. bei der Kostenstellenrechnung und der innerbetrieblichen Leistungsverrechnung von Bedeutung.

9.2.2.1.5. Art der verbrauchten Güter

Nach Art der Güter unterscheidet man zB.

- Personalkosten (zB. Löhne, Gehälter)
- Materialkosten (zB. Roh-, Hilfs- und Betriebsstoffe)
- Kapitalkosten (zB. kalkulatorische Zinsen)
- Kosten für bezogene Dienstleistungen (zB. Beratungen, Post, Frachten)
- Kosten für Fremdrechte (zB. Lizenzen, Konzessionen, Leasing)
- Öffentliche Abgaben und Steuern (zB. Steuern, Gebühren)
- Versicherungskosten
- …

Diese Klassifikation richtet sich ia. nach der Gliederung des Kontenplanes und ist daher nicht sehr aufwändig.

An dieser Stelle werden exemplarisch die Personalkosten herausgegriffen. Mitarbeiterinnen und Mitarbeiter eines Unternehmens erhalten nur einen Teil der für das Unternehmen anfallenden Lohn- und Gehaltskosten, da für das Unternehmen zusätzliche Kosten anfallen, die den Mitarbeiterinnen und Mitarbeitern oft nicht bekannt – und bewusst – sind. Beachte: Personalverrechnung ist ein sehr komplexes Gebiet der Buchhaltung und Kostenrechnung, in das auch viele gesetzliche Regelungen eingehen, daher folgt hier nur ein ganz grober Überblick!

Grundsätzlich wird aufgrund gesetzlicher Rahmenbedingungen zwischen Löhnen für Arbeiterinnen und Arbeitern und Gehälter für Angestellte unterschieden. Beachte: Diese Unterscheidung verschwimmt immer mehr.

Lohnkosten sind alle entstehenden Kosten für eine im Rahmen eines Arbeitsverhältnisses erfolgende Arbeitsleistung.

Bei Löhnen ist eine Trennung in Einzel- und Gemeinkosten möglich (zB. Akkordlohn), der Gemeinkostenzuschlag beträgt in Österreich bis zu 240 %. Die Lohnkosten setzen sich aus dem Bruttolohn und den Lohnnebenkosten zusammen.

Der **Bruttolohn** stellt den Grundlohn inkl. Überstunden, Zuschlägen, Zulagen und gesetzlich vorgeschriebenen Abgaben dar.

Lohnnebenkosten sind ein Teil der Bruttolöhne. Beispiele sind Urlaub, Pflegefreistellung, Freizeit zur Erfüllung religiöser Pflichten, …

Gehaltskosten und **Gehaltsnebenkosten** werden ia. als Gemeinkosten erfasst. Die Gehaltsnebenkosten betragen in Österreich rd. 100 %.

Zu den lohn- und gehaltsabhängigen Nebenkosten zählen ua. Lohnsteuer, Betriebsratsumlage und Dienstgeberanteil zur gesetzlichen Sozialversicherung. Für die vollständige Kalkulation eines Arbeitsstundenkostensatzes (= Kosten pro Stunde, die der Einsatz eines Arbeitnehmers verursacht) ist eine Untergliederung der bezahlten Arbeitszeit notwendig und wird üblicherweise nur bei Lohnkosten angewandt. Die nachfolgende Abbildung zeigt in Anlehnung an Kemmetmüller schematisch den Zusammenhang von bezahlter und tatsächlicher Arbeitszeit.

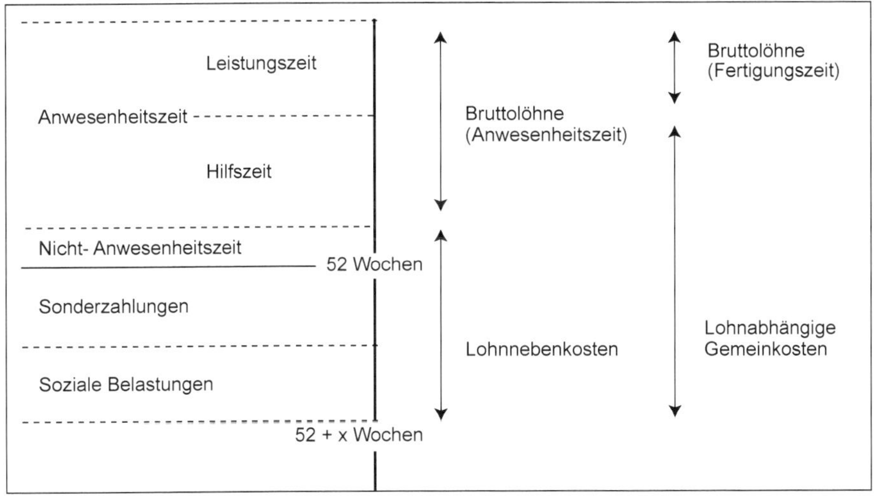

Abbildung 194: Schema Leistungszeit – bezahlte Zeit

Die Berechnung der Lohn- und lohnabhängigen Nebenkosten kann über folgendes (vereinfachtes) Schema erfolgen:

Kalenderzeit	
– Krankenstand	Kalenderzeit
– Feiertage	+ Sonderzahlungen
– Urlaub …	+ Weihnachtsgeld …
= Anwesenheitszeit	– Bezahlte Zeit

$$\text{Lohnnebenkostensatz} = \frac{\text{Bezahlte Zeit}}{\text{Anwesenheitszeit}}$$

Mittels Lohnnebenkostensatz können die Lohnaufwendungen in Lohnkosten bzw. Lohnnebenkosten umgerechnet werden. Beachte: Diese Umrechnung verändert nicht die Höhe der Personalkosten, sondern spaltet sie nur auf! Diese Aufspaltung ist der erste Schritt zu weiteren möglichen, komplexen Berechnungen.

Ein Beispiel finden Sie im Rahmen des Gesamtbeispiels Gewinnermittlung.

9.2.2.1.6. Betriebliche Funktionen

Nach den betrieblichen Funktionen unterscheidet man zB.

- Kosten des Absatzes
- Kosten der Beschaffung
- Kosten der Verwaltung
- …

Diese Gliederung kann sich, muss sich aber nicht, nach den Kostenstellen des Betriebsabrechnungsbogens richten.

9.2.2.1.7. Entscheidungsfindung

Alle Kosten, die zur Entscheidungsfindung nötig sind, sollten in eine Kalkulation einbezogen werden; Kosten, die nicht zur Entscheidungsfindung nötig sind, sollten nicht berücksichtigt werden. Diese Kosten sind je nach Ziel der Kalkulation andere und können daher nicht standardmäßig definiert werden. zwei Kostenarten, die bedacht werden sollten, sind

- Opportunitätskosten
- Sunk costs

- **Opportunitätskosten**

Opportunitätskosten sind Kosten einer entgangenen Alternative.

Opportunitätskosten fallen bei knappen Ressourcen an, wenn zB. auf einer Maschine entweder Produkt A oder Produkt B produziert werden kann. Das Unternehmen entscheidet sich für Produkt A. Durch den Entfall von Produkt B als mögliche, aber nicht gewählte Alternative verliert das Unternehmen Umsatzerlöse aus Produkt B; es entstehen Kosten der entgangenen Alternative, also Opportunitätskosten.

- **Sunk costs**

Sunk costs sind Kosten, die in der Vergangenheit angefallen sind und die die Entscheidungsfindung nicht mehr beeinflussen.

Sunk costs sind zur Entscheidungsfindung irrelevant und daher für die Kalkulation auszuscheiden. Beispiele sind ehemalige Schulungskosten nicht mehr benötigter Kenntnisse, zB. Stenographie.

9.2.2.1.8. Kalkulatorische Kosten

Kalkulatorische Kosten bezeichnen hier Kosten, die in der Buchhaltung überhaupt nicht oder in anderer Höhe enthalten sind.

Kalkulatorische Kosten sind zB.

- Kalkulatorische Abschreibungen

- Kalkulatorische Zinsen
- Kalkulatorische Wagnisse
- Kalkulatorische Miete
- Kalkulatorischer Unternehmerlohn

- **Kalkulatorische Abschreibung**

Die kalkulatorische Abschreibung wurde bereits in Kapitel 4: Bewertung behandelt. Grundsätzlich wird in der Kostenrechnung das Verfahren angewandt, das den Wertverzehr des Gegenstandes bestmöglich wiedergibt. Beachte: Es kann sich nicht nur die Abschreibungsmethode im Vergleich zur Buchhaltung ändern, sondern auch die Nutzungsdauer, der Abschreibungsbeginn und die Abschreibungsbasis. Va. bei der Abschreibungsbasis ist das Unternehmen nicht an die gesetzlichen Vorschriften wie zB. Anschaffungswertprinzip oder gemildertes Niederstwertprinzip gebunden!

- **Kalkulatorische Zinsen**

Allgemein können **Zinsen** als Entgelt für über einen bestimmten Zeitraum überlassenes Geld oder geldwerte Instrumente verstanden werden.

Als Berechnungsbasis für alle Zinsen wird in der Kostenrechnung das betriebsnotwendige Kapital herangezogen (siehe Kapitel 3: Instrumente).

In der Gewinn- und Verlustrechnung sind die Fremdkapitalzinsen in der Position Zinsen und ähnliche Aufwendungen enthalten und umfassen die Zinsen, die tatsächlich für aufgenommenes Fremdkapital, zB. Kredite, bezahlt wurden. In der Kostenrechnung können Zinsen weiter gefasst werden und kalkulatorische Zinsen für Eigenkapital einbeziehen.

Ein Unternehmen arbeitet ia. mit Eigenkapital und mit Fremdkapital. Eigenkapital wird dem Unternehmen von Eigentümern zur Verfügung gestellt. Diese könnten allerdings dieses Kapital auch alternativ investieren, dh. nicht in das Unternehmen. Dadurch entgehen den Eigentümern Gewinne aus dieser alternativen Veranlagung. Diese entgangenen Gewinne sind Opportunitätskosten. Um diese Kosten in der Kalkulation zu berücksichtigen, werden sozusagen künstlich Zinsen angesetzt, ia. zum Kapitalmarktzinssatz (zB. Rendite langfristige Anleihen abzüglich Inflation). Die Eigenkapitalzinsen werden auf Basis des korrigierten Eigenkapitals berechnet (siehe Kapitel 3: Instrumente).

Die Zinsen für das Fremdkapital sind bereits in der Gewinn- und Verlustrechnung ausgewiesen und müssen nur übernommen werden.

Die kalkulatorischen Eigenkapitalzinsen sowie die Fremdkapitalzinsen ergeben die gesamten Zinskosten.

Beispiel 100: Kalkulatorische Zinsen

Ein Unternehmen weist eine Bilanzsumme von 100.000 € aus. Im Anlagevermögen ist ein nicht benötigtes Grundstück in Höhe von 20.000 € enthalten; das Gebäude hat einen Buchwert von 10.000 €, aber einen Marktwert von 14.000 €. Das Unternehmen erhielt Anzahlungen in Höhe von 3.000 €. Weiteres Fremdkapital neben den Anzahlungen beträgt 50.000 €. Der Kapitalmarktzinssatz beträgt 2 %. Die in der Gewinn- und Verlustrechnung ausgewiesenen Zinsen betragen 2.500 €.

Mit welchem Betrag können die gesamten Zinskosten angesetzt werden?

Vermögen des Unternehmens (Bilanzsumme)	100.000
– Nicht betriebsnotwendiges Vermögen	– 20.000
+ Aufwertungen (14.000 – 10.000)	+ 4.000
= Betriebsnotwendiges Vermögen	= 84.000
– Anzahlungen	– 3.000
= Betriebsnotwendiges Kapital	81.000
– Fremdkapital	– 50.000
= Korrigiertes Eigenkapital	= 31.000

Möglichkeit a)	
Eigenkapitalzinsen (31.000 · 2 %)	620
Fremdkapitalzinsen (lt. Gewinn- und Verlustrechnung)	2.500
Gesamte kalkulatorische Zinsen	3.120

Möglichkeit b)	
Gesamte kalkulatorische Zinsen (81.000 · 2 %)	1.620

- **Kalkulatorische Wagnisse**

Wagnis bedeutet in der Sprache des Rechnungswesens Risiko.

Allgemeine wirtschaftliche Wagnisse, zB. die Marktentwicklung, sind durch den Gewinnzuschlag abgedeckt und werden nicht extra als kalkulatorische Kosten verrechnet.

Spezifische Wagnisse, zB. Wetterschäden, Unfälle oder Produktionsausfälle, können einerseits durch Versicherungen abgedeckt sein und sind somit in der Gewinn- und Verlustrechnung als Aufwand enthalten. Sie müssen aber nicht durch Versicherungen abgedeckt sein; das Unternehmen kann sich entscheiden, ob es das Risiko selbst tragen möchte. In diesem Fall ist es sinnvoll, die potenziellen Schäden zu schätzen und in die Kalkulation als kalkulatorische Wagnisse einzubeziehen.

- **Kalkulatorische Miete**

Bei der kalkulatorischen Miete wird nicht die tatsächliche Miete in die Kalkulation übernommen, sondern ein Durchschnittswert. Dies ist zB. dann sinnvoll, wenn die Mieten nicht marktadäquat sind, nicht beeinflusst werden können oder nicht in der Buchhaltung vorhanden sind wie zB. bei für das Unternehmen genutzten Privaträumlichkeiten.

- **Kalkulatorischer Unternehmerlohn**

Ein Einzelunternehmer oder voll haftender Gesellschafter einer Personengesellschaft hat kein Vertragsverhältnis mit dem Unternehmen und bezieht kein Gehalt, das in der Gewinn- und Verlustrechnung aufscheint. Der kalkulatorische Unternehmerlohn ist der Ersatz für dieses nicht erhaltene Gehalt. Meist entspricht der kalkulatorische Unternehmerlohn der Höhe des Gehaltes eines potenziellen Geschäftsführers, der anstelle der betroffenen Person diesen Arbeitsplatz einnehmen würde.

9.2.2.1.9. Verhalten bei der Variation eines Kosteneinflussfaktors

Nach Verhalten bei der Variation eines Kosteneinflussfaktors unterscheidet man zwischen

- Fixkosten
- Variablen Kosten
- Sprungfixen Kosten

- **Fixkosten**

Fixkosten oder fixe Kosten sind unabhängig vom Ausmaß der Nutzung der in der Rechnungsperiode bereitgestellten Potenzialfaktoren.

Fixkosten werden auch Kosten der Verfügbarkeit genannt, die anfallen, damit man einen Gegenstand oder eine Leistung jederzeit abrufbar hat. Ein Beispiel ist die Grundgebühr bei Mobiltelefonen, die unabhängig von der tatsächlichen Gesprächsdauer anfällt. Fixkosten fallen auch bei null Stück Leistungserbringung, hier bei keiner telefonierten Minute, an! Weitere Beispiele sind die Abschreibungen eines Fließbandes zur Automobilerzeugung, die unabhängig von der darauf produzierten Menge an Fahrzeugen anfallen, oder Personalkosten für Mitarbeiterinnen und Mitarbeiter der Verwaltung.

- **Variable Kosten**

Variable Kosten sind beschäftigungsabhängig.

Variable Kosten werden auch Kosten des tatsächlichen Verbrauchs genannt, die nur dann anfallen, wenn man einen Gegenstand oder eine Leistung verwendet. Ein Beispiel ist die Gesprächsgebühr bei Mobiltelefonen, die abhängig von der tatsächlichen Gesprächsdauer anfällt. Weitere Beispiele sind Materialkosten, die für jedes einzelne erzeugte Stück anfallen, oder stundenweise bezahlte Mitarbeiterinnen und Mitarbeiter.

- **Sprungfixe Kosten**

Sprungfixe Kosten fallen am Ende einer definierten Kapazitätsstufe an, die von der Anzahl produzierter Stückmengen oder von einer zeitlich begrenzten Periode abhängen.

Beispiele sind Kosten, die immer nach einer genau definierten Anzahl produzierter Fahrzeuge anfallen, nach denen das Fließband stillgelegt und technisch gewartet werden muss, oder Personalkosten bei Einführung einer weiteren Arbeitsschicht. Ihre Höhe ist beschäftigungsunabhängig.

Die Zuteilung, welche Kosten als variabel oder als fix anzusehen sind, ist vom Zeitraum der betrachteten Periode abhängig. Je kurzfristiger die betrachtete Periode ist, desto mehr Kosten sind ia. fix, je länger die Periode ist, desto mehr Kosten sind variabel. Beispiele sind Abschreibungen von Gebäuden, die kurzfristig nicht geändert werden können, langfristig allerdings durch Umbauten oder Verkauf vom Gebäude sehr wohl variabel werden, oder Personalkosten für Mitarbeiterinnen und Mitarbeiter, die innerhalb des Kündigungszeitraumes fix sind, darüber hinaus als variabel gesehen werden.

Die folgenden Grafiken zeigen die Beschäftigungsabhängigkeit von Kosten und deren Zusammenhang.

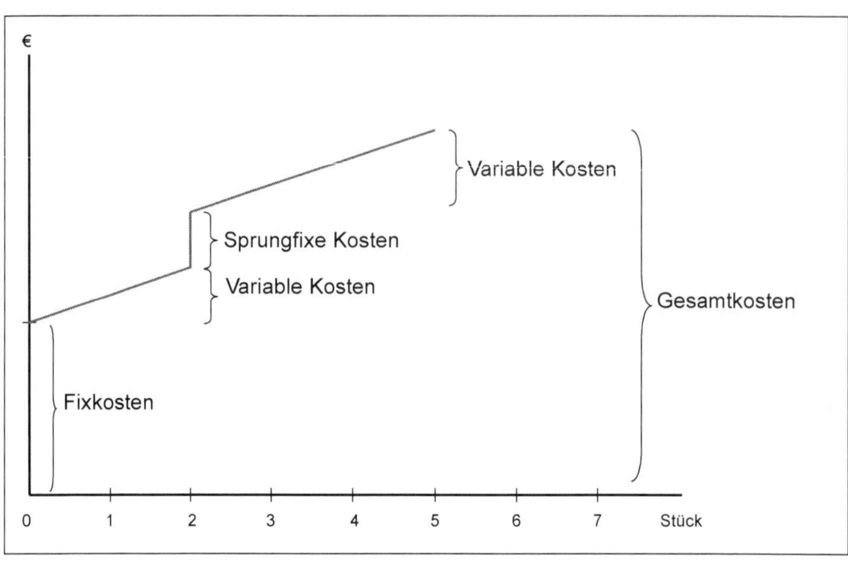

Abbildung 195: Beschäftigungsabhängigkeit von Kosten

Allgemein gilt: Die Gesamtkosten setzen sich aus den Fixkosten, gegebenenfalls den sprungfixen Kosten sowie den variablen Kosten pro Stück bzw. Einheit mal der Menge zusammen:

Gesamtkosten = Fixkosten + variable Kosten · Menge

Daraus wird ersichtlich, dass die Kenntnis, welche Kosten fix bzw. variabel sind, für die Berechnung der Gesamtkosten unverzichtbar für jede genaue Kalkulation ist, da je nach produzierter Menge die Gesamtkosten, aber auch die Gesamtkosten pro Stück variieren!

Mit dieser einfachen Formel stehen auch die Skaleneffekte (Economies of Scale) im Zusammenhang, die in der Betriebswirtschaft eine bedeutende Rolle spielen.

Skaleneffekte ergeben sich bei steigenden Ausbringungsmengen, die sinkende Kosten pro Stück bewirken.

Das bedeutet: Je mehr produziert wird, desto billiger wird jedes einzelne Stück, da sich die Fixkosten, die sich unabhängig von der Menge nicht ändern, auf mehrere Stück aufteilen. Die Economies of Scale werden aus folgender Abbildung deutlich:

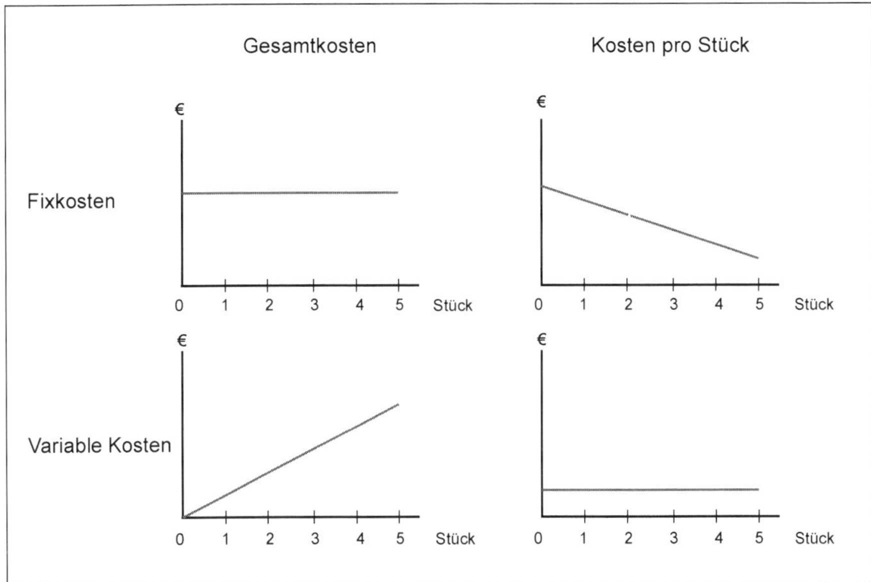

Abbildung 196: Verhalten von Gesamtkosten und Kosten/Leistungseinheit

Bei manchen Kostenarten ist die Unterscheidung zwischen fixen und variablen Bestandteilen einfach, da sie entweder zur Gänze fix oder variabel sind oder weil sie auf den Rechnungen getrennt ausgewiesen werden, zB. werden auf der Handyrechnung Grundgebühr und Gesprächsgebühr sowie sms-Kosten extra ausgewiesen. Wenn dies nicht der Fall ist und nur die Gesamtkosten bekannt sind, ist eine Trennung in fixe und variable Kosten nicht mehr exakt möglich und muss geschätzt bzw. errechnet werden. Dafür werden Daten aus mehreren vergangenen Perioden benötigt. Methoden zur Trennung von fixen und variablen Kostenbestandteilen sind zB. die Hoch-Tief-Methode, die buchtechnische Auflösung und va. die lineare Regression.

Beispiel 101: Economies of Scale

Ein Unternehmen produziert Produkt B auf einem Fließband. Das Fließband verursacht fixe Kosten in Höhe von 1.000 €. Die variablen Kosten pro Stück betragen 50 €. Immer nach

a) drei Stück
b) vier Stück

fallen Reinigungskosten in Höhe von 600 € an. Bei welcher Stückzahl sind die Kosten pro Stück am geringsten, wenn das Unternehmen maximal zehn Stück produzieren kann?

Erläuterung

	a) Sprungfixe Kosten nach jeweils drei Stück		b) Sprungfixe Kosten nach jeweils vier Stück	
	Gesamtkosten	Kosten/Stk	Gesamtkosten	Kosten/Stk
0	1.000 + 0*50	1.000	1.000 + 0*50	1.000
1	1.000 + 1*50	1.050	1.000 + 1*50	1.050
2	1.000 + 2*50	550	1.000 + 2*50	550
3	1.000 + 3*50	383,33	1.000 + 3*50	383,33
4	1.000 + 600 + 4*50	450	1.000 + 4*50	300
5	1.000 + 600 + 5*50	370	1.000 + 600 + 5*50	370
6	1.000 + 600 + 6*50	316,67	1.000 + 600 + 6*50	316,67
7	1.000 + 600 + 600 + 7*50	364,29	1.000 + 600 + 7*50	278,57
8	1.000 + 600 + 600 + 8*50	325	1.000 + 600 + 8*50	**250**
9	1.000 + 600 + 600 + 9*50	**294,44**	1.000 + 600 + 600 + 9*50	294,44
10	1.000 + 600 + 600 + 600 + 10*50	330	1.000 + 600 + 600 + 10*50	270

Abbildung 197: Economies of Scale – Beispiel

In Variante a) sind die Kosten pro Stück mit 294,44 € pro Stück bei einer Produktion von neun Stück am geringsten, in Variante b) mit 250 € bei einer Produktion von acht Stück.

Überlegen Sie, was diese Kostenverläufe bzgl. der Gesamtproduktion und die Häufigkeit von sprungfixen Kosten bedeuten!

Beachte: Hier wird ein linearer Kostenverlauf unterstellt, dh. die variablen Kosten pro Stück sind immer gleich hoch, egal, ob für das erste oder das letzte Stück. In der Praxis ist dies nicht immer der Fall. Man unterscheidet zwischen

- linearem
- progressivem
- degressivem

Kostenverlauf.

Beim **linearen Kostenverlauf**, auch proportionaler Kostenverlauf genannt, betragen die variablen Kosten für jedes weitere produzierte Stück gleich viel.

Beim **progressiven Kostenverlauf** steigen die variablen Kosten pro Stück mit jedem weiteren produzierten Stück.

Beim **degressiven Kostenverlauf** sinken die variablen Kosten pro Stück mit jedem weiteren produzierten Stück.

Es sind auch kombinierte Kostenverläufe denkbar.

Die blauen Linien der folgenden Abbildung zeigen die unterschiedliche Steigung der variablen Kosten pro Stück in Abhängigkeit vom Kostenverlauf.

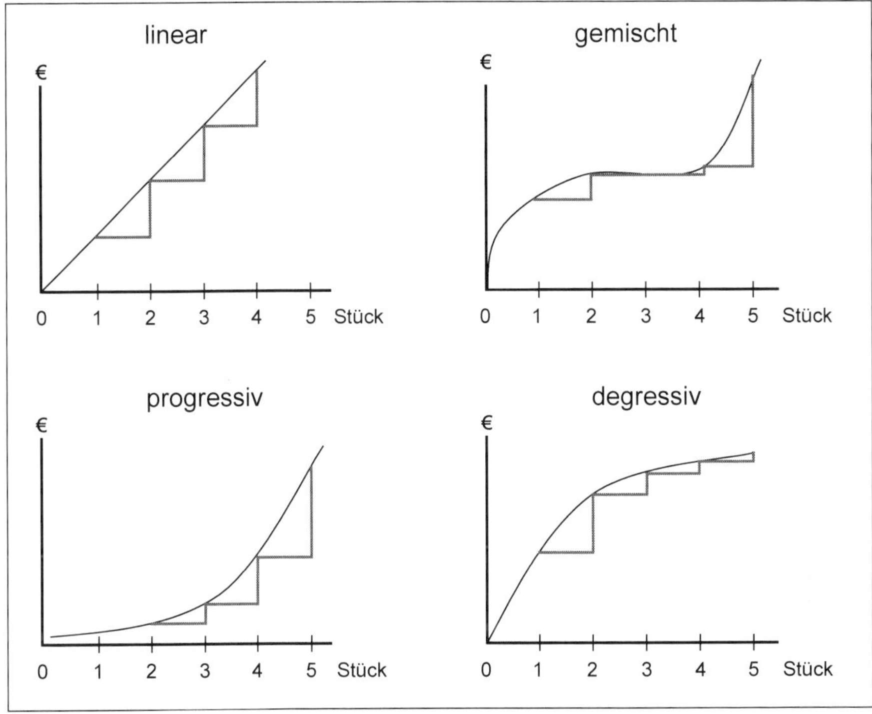

Abbildung 198: Kostenverläufe

9.2.2.1.10. Berechnungsart

Nach Berechnungsart unterscheidet man zwischen

- Vollkosten
- Teilkosten

Kostenarten-, Kostenstellen- und Kostenträgerrechnung können je nach Ziel der Berechnung sowohl auf Vollkosten als auch auf Teilkostenbasis durchgeführt werden.

- **Vollkosten**

Vollkosten sind Durchschnittskosten auf Basis der Gesamtkosten (keine Unterscheidung in Fixkosten und variable Kosten).

Langfristig müssen alle Kosten in die Kalkulation einfließen, damit sie über die entsprechenden Verlaufserlöse gedeckt werden, dh. dass der Verkaufspreis derart kalkuliert wird, dass die Umsatzerlöse höher sind als die Gesamtkosten.

- **Teilkosten**

Teilkosten umfassen nicht die vollen Durchschnittskosten, sondern stellen nur die kurzfristig entscheidungsrelevanten Kosten dar.

Die **Teilkostenrechnung** berücksichtigt daher nur die entscheidungsrelevanten Kosten.

Die Ermittlung von Teilkosten ist die Voraussetzung für die Einzelkostenrechnung, die Deckungsbeitragsrechnung und die Grenzkostenrechnung.

Bei der **Einzelkostenrechnung** gelten alle variablen Kosten als Einzelkosten.

Die **Deckungsbeitragsrechnung** ist eine Entscheidungsrechnung. Sie ermittelt, ab welcher Stückzahl der Break-EPoint, die Gewinnschwelle, erreicht wird.

Grenzkosten geben die Kostenänderung bei Variation der Beschäftigung um eine Einheit an.

Die Teilkostenrechnung benötigt die Informationen über Einzel- und Gemeinkosten sowie über fixe und variable Kosten und baut auf den Grenzkosten auf. Nur bei linearem Kostenverlauf sind die Stückkosten mit den Grenzkosten identisch.

Die Teilkostenrechnung ist ein wichtiges Instrument zur Entscheidungsfindung, zB. zur Kapazitätsplanung. Da die Teilkostenrechnung nicht alle Kosten einkalkuliert, ist sie langfristig nicht zur Deckung aller Kosten geeignet.

Eine Teilkostenrechnung zu Plankosten wird als Grenzplankostenrechnung bezeichnet.

9.2.2.1.11. Betriebsüberleitungsbogen

Im **Betriebsüberleitungsbogen**, meist BÜB abgekürzt, werden die pagatorischen (= buchhalterischen) Größen Ertrag und Aufwand in Leistungen und Kosten (= kalkulatorische) Größen übergeleitet.

Rechenbeispiele werden in Kapitel 9: Erfolg behandelt. Wiederholen Sie Kapitel 3.2.1.2.1. Rechengrößen!

- **Überleitung von Ertrag in Leistung**

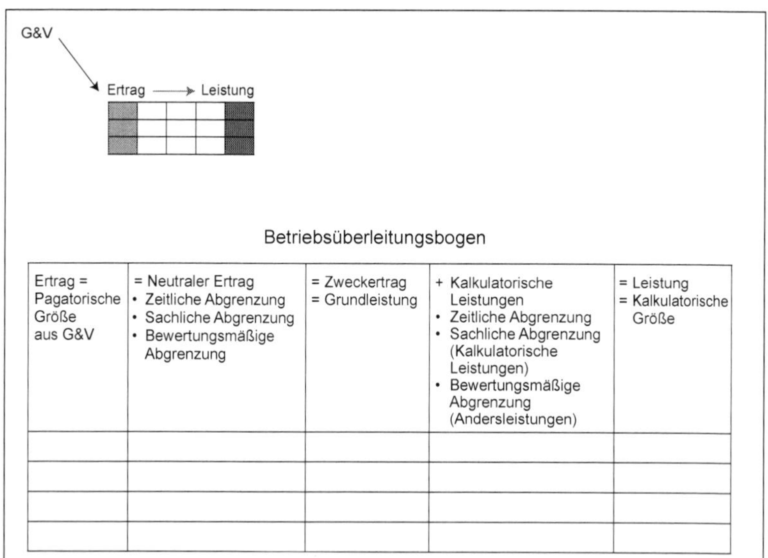

Abbildung 199: Überleitung von Ertrag in Leistungen

- Der Ertrag ist eine pagatorische Größe und wird aus der Gewinn- und Verlustrechnung übernommen. Er enthält betriebsnotwendige und nicht betriebsnotwendige Posten. Er kann in neutralen Ertrag und Zweckertrag (Leistung i.e.S.) unterteilt werden.

- Neutraler Ertrag
  Der neutrale Ertrag wird nicht zu den Leistungen gezählt, da er zeitlich, sachlich und/oder bewertungsmäßig nicht zu denjenigen Leistungen zählt, die aus einem bestimmten Geschäftsvorgang erwirtschaftet wurden. Diese Leistungen können jederzeit für andere Kalkulationen Zweckerträge bzw. Grundleistungen darstellen.
- Zweckertrag = Grundleistung
  Der Zweckertrag ist diejenige Leistung aus der Buchhaltung, die durch Tätigkeiten im Zusammenhang mit dem zu kalkulierenden Geschäftsgegenstand erbracht wurde. Er ist identisch mit dem Begriff „Grundleistung“.
- Kalkulatorische Leistungen
  Die kalkulatorischen Leistungen werden in der Buchhaltung nicht bzw. in anderer Höhe angesetzt. Sie setzen sich aus den Zusatzleistungen (ia. in der Buchhaltung nicht vorhanden) und den Andersleistungen (ia. andere Bewertung in der Buchhaltung) zusammen.
- Leistung
  Die Leistung lässt sich nun wie folgt aus dem Ertrag ableiten:

  Ertrag (Buchhaltung)
  – Neutraler Ertrag
  + Kalkulatorische Leistung
  = Leistung (Kostenrechnung)

- **Überleitung von Aufwand in Kosten**

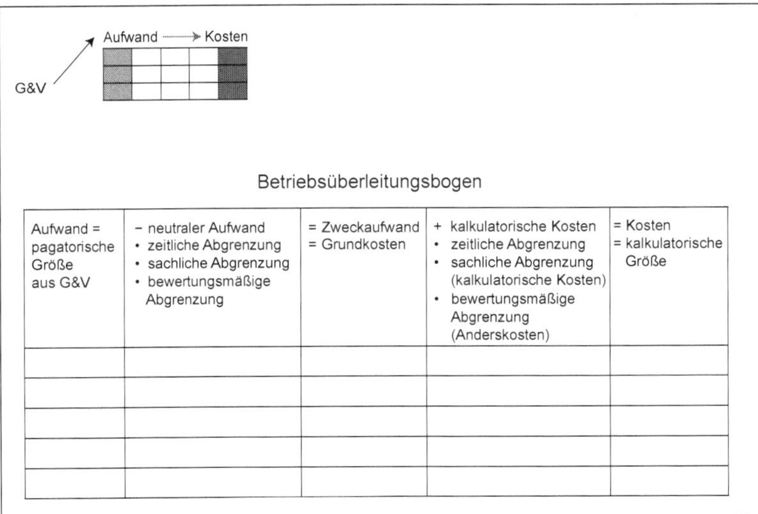

Aufwand = pagatorische Größe aus G&V	– neutraler Aufwand • zeitliche Abgrenzung • sachliche Abgrenzung • bewertungsmäßige Abgrenzung	= Zweckaufwand = Grundkosten	+ kalkulatorische Kosten • zeitliche Abgrenzung • sachliche Abgrenzung (kalkulatorische Kosten) • bewertungsmäßige Abgrenzung (Anderskosten)	= Kosten = kalkulatorische Größe

Abbildung 200: Überleitung von Aufwand in Kosten

- Aufwand
  Der Aufwand ist eine pagatorische Größe und wird aus der Gewinn- und Verlustrechnung übernommen. Er enthält betriebsnotwendige und nicht betriebsnotwendige Posten. Er kann in neutralen Aufwand und Zweckaufwand unterteilt werden.

- Neutraler Aufwand
  Der neutrale Aufwand wird nicht zu den Kosten gezählt, da er zeitlich, sachlich und/oder bewertungsmäßig nicht zu denjenigen Kosten zählt, die für eine bestimmte Kalkulation benötigt werden. Diese Kosten können jederzeit für andere Kalkulationen Zweckaufwand bzw. Grundkosten darstellen.
- Zweckaufwand = Grundkosten
  Der Zweckaufwand ist derjenige Aufwand aus der Buchhaltung, der zur Leistungserstellung im Sinne des zu kalkulierenden Geschäftsgegenstandes notwendig ist. Er ist identisch mit dem Begriff „Grundkosten".
- Kalkulatorische Kosten
  Die kalkulatorischen Kosten werden in der Buchhaltung nicht oder in anderer Höhe angesetzt. Sie setzen sich aus den Zusatzkosten (ia. in der Buchhaltung nicht vorhanden) und den Anderskosten (ia. andere Bewertung in der Buchhaltung) zusammen.
- Kosten: Die Kosten lassen sich nun wie folgt aus dem Aufwand ableiten:
  Aufwand (Buchhaltung)
  – Neutraler Aufwand
  + Kalkulatorische Kosten
  = Kosten (Kostenrechnung)

Beispiel 102: **Svenda AG – Betriebsüberleitungsbogen (Fortsetzung)**

Das Unternehmen hat folgende Gewinn- und Verlustrechnung erstellt:

Umsatzerlöse	3.000,00
+ Bestandsveränderungen	400,00
– Materialaufwand	909,09
– Personalaufwand	508,75
Löhne und Gehälter	*508,75*
– Abschreibungen Sachanlagen	80,00
– Sonstige betriebliche Aufwendungen	38,90
= Betriebsergebnis	1.863,26
Zinserträge	27,00
– Zinsaufwand	17,00
= Finanzergebnis	10,00
= Ergebnis vor Steuern	1.873,26
– Steuern vom Einkommen und vom Ertrag	24,00
= Ergebnis nach Steuern	1.849,26
= Jahresüberschuss	1.849,26
– Dotierung Gewinnrücklage	47,00
+ Gewinnvortrag	3,00
= Bilanzgewinn	1.805,26

Das Unternehmen kalkuliert zu Vollkosten. Zur Überleitung in Aufwendungen und Kosten stehen folgende Zusatzinformationen zur Verfügung:

- Die Umsatzerlöse stammen nur zu 80 % aus der Hauptgeschäftstätigkeit des Unternehmens.

- Die Bestandsveränderungen wurden in der Bilanzierung um 5 % unterbewertet.
- Die Materialaufwendungen stiegen während des laufenden Geschäftsjahres um 10 % (auf ganze Zahlen runden).
- Die Mitarbeiter waren durchschnittlich 2 Wochen in Krankenstand und drei Wochen in Urlaub. 7 gesetzliche Feiertage fielen auf einen Werktag. Die Mitarbeiter erhielten im Schnitt drei Wochen Sonderzahlungen und 2,5 Wochen Weihnachtsgeld. Produktionsausfälle durch Fehler von Mitarbeitern betragen durchschnittlich 71,25 €, die den Lohn- und Gehaltsnebenkosten zugerechnet werden.
- Der Index des Anlagevermögens in Höhe von 170 Punkten stieg um 10 %.
- Das betriebsnotwendige Eigenkapital des Unternehmens beträgt 2.000 €, der Kapitalmarktzinssatz 2 %.

a) Leiten Sie alle Erträge in Leistungen über!
b) Leiten Sie alle Aufwendungen in Kosten über!
c) In welcher Höhe differiert das Periodenergebnis zwischen Buchhaltung und Kostenrechnung?

Erläuterung

a) Überleitung Erträge in Leistungen

Ertrag = Pagatorische Größe aus G&V		– Neutraler Ertrag	+ Zusatzleistungen	= Leistung = Kalkulatorische Größe
Umsatzerlöse	3.000,00	600,00		2.400,00
Bestandsveränderungen	400,00		20,00	420,00
Zinserträge	27,00			27,00
Gewinnvortrag	3,00	3,00		0,00
Summe Erträge	3.430,00	– 603,00	+ 20,00	= 2.847,00

Abbildung 201: Beispiel Svenda AG: Überleitung Erträge – Leistungen

Erläuterung

- Umsatzerlöse: 3.000 – 600 = 2.400 €
- 20 % sind abzuziehen, da Umsatzerlöse nicht aus der Hauptgeschäftstätigkeit erworben wurden (sachliche Abgrenzung).
- Bestandsveränderungen: 400 + 20 = 420 €
- In der Kostenrechnung werden tatsächliche Werte angesetzt (bewertungsmäßige Abgrenzung).
- Zinserträge werden ohne Veränderung übernommen (sachliche Abgrenzung).
- Der Gewinnvortrag hat rein pagatorischen Charakter, dient der Berechnung der Gewinnverwendung und wird ausgeschieden (sachliche Abgrenzung).

b) Überleitung Aufwendungen in Kosten

Aufwand = Pagatorische Größe aus G&V		– Neutraler Aufwand	+ Zusatzkosten	= Kosten = Kalkulatorische Größe
Materialaufwand	909,09		90,91	1.000,00
Personalaufwand	508,75	508,75		0,00
Löhne	168,75	168,75	135,00	135,00
Gehälter	340,00	340,00	272,00	272,00
Lohn- und Gehaltsnebenkosten	–		101,75 + 71,25	173,00
Abschreibung	80,00		8,00	88,00
Sonstige betriebliche Aufwendungen	38,90			38,90
Zinsaufwand	17,00		40,00	57,00
Steuern vom Einkommen und Ertrag	24,00	24,00		0,00
Dotierung Gewinnrücklage	47,00	47,00		0,00
Summe Aufwendungen	2.133,49	– 1.088,50	+ 718,91	= 1.763,90

Abbildung 202: Beispiel Svenda AG: Überleitung Aufwendungen – Kosten

Erläuterung

- Materialaufwand: 909,09 + 90,91 (gerundet) = 1.000 €
- In der Kostenrechnung werden tatsächliche Werte angesetzt (bewertungsmäßige Abgrenzung).
- Personalaufwand (Löhne und Gehälter)

Die Produktionsausfälle sind nicht in den Personalaufwendungen enthalten, sondern repräsentieren kalkulatorische Wagnisse. Sie werden den Lohn- und Gehaltsnebenkosten zugeschlagen.

Jahreswochenzahl	52
– Krankenstand	– 2
– Urlaub	– 3
– Feiertage	– 1
= Anwesenheitszeit	46

Jahreswochenzahl	52
+ Sonderzahlungen	+3
+ Weihnachtsgeld	+2,5
= Bezahlte Zeit	57,5

$$\text{Nebenkostensatz} = \frac{\text{Bezahlte Zeit}}{\text{Leistungszeit}} = \frac{57{,}5}{46} = 1{,}25 = 125\ \%$$

$$\text{Lohnkosten} = \frac{168{,}75}{1{,}25} = 135\ €$$

$$\text{Gehaltskosten} = \frac{340}{1{,}25} = 272\ €$$

Alternativ: reziproke Berechnung des Nebenkostensatzes

$$\frac{\text{Leistungszeit}}{\text{Bezahlte Zeit}} = \frac{46}{57{,}5} = 0{,}8$$

$$\text{Lohnkosten} = 168{,}75 \cdot 0{,}8 = 135\ €$$

$$\text{Gehaltskosten} = 340 \cdot 0{,}8 = 272\ €$$

Lohn- und Gehaltsnebenkosten = (168,75 – 135) + (340 – 272) + 71,25 = 173 €

- Abschreibungen
  $\frac{80}{170} \cdot (170 + 10\,\%) = 88$ €
- Zinsaufwand
  Kalkulatorische Zinsen = Fremdkapitalzinsen + Eigenkapitalzinsen =
  17 + (2.000 · 2 %) = 57 €
  Die Eigenkapitalzinsen sind Opportunitätskosten.
- Die sonstigen Aufwendungen werden ohne Veränderung übernommen.
- Steuern vom Einkommen und Ertrag haben keinen Kostencharakter und werden ausgeschieden.
- Die Dotierung Gewinnrücklage hat rein pagatorischen Charakter, dient der Berechnung der Gewinnverwendung und wird ausgeschieden.

c) Vergleich Buchhaltung – Kostenrechnung

Ertrag = Pagatorische Größe aus G&V		– Neutraler Ertrag	+ Zusatzleistungen	= Leistung = Kalkulatorische Größe
Summe Erträge	3.430,00	– 603,00	+ 20,00	= 2.847,00

Aufwand = Pagatorische Größe aus G&V		– Neutraler Aufwand	+ Zusatzkosten	= Kosten = Kalkulatorische Größe
Summe Aufwendungen	1.624,74	– 579,75	+ 718,91	= 1.763,90

Differenz	1.805,26 Pagatorischer Gewinn	– 23,25	– 698,91	= 1.083,10 Kalkulatorischer Gewinn

Abbildung 203: Beispiel Svenda AG: Vergleich Buchhaltung – Kostenrechnung

Der ausgewiesene Gewinn in der Gewinn- und Verlustrechnung in Höhe von 1805,26 € ist durch die Überleitung um 23,25 € – 698,91 € = 722,16 € höher als der kalkulatorische Gewinn der Kostenrechnung in Höhe von 1.083,10 €. Die Differenz ergibt sich aus dem Ausscheiden des neutralen Ertrages von 603,00 € bzw. neutralen Aufwandes in Höhe von 579,75 € und Zusatzkosten von 718,91 €, denen nur 20,00 € an Zusatzleistungen gegenüberstehen.

9.2.2.2. Kostenstellenrechnung

Um aus den Kosten des Betriebsüberleitungsbogens die Kosten eines einzigen Kostenträgers auszurechnen, muss man als nächsten Schritt die Gemeinkosten behandeln. Im Rahmen der Kostenstellenrechnung werden die in der Kostenartenrechnung kalkulierten Kostenstellengemeinkosten (siehe Kapitel 3: Instrumente), nicht alle Gemeinkosten, auf diejenigen Kostenstellen verteilt, in denen sie anfallen.

Zur Wiederholung: Sind Gemeinkosten eindeutig einer Kostenstelle zugeordnet, werden sie dort genauso wie Einzelkosten behandelt. Die Gemeinkosten, die einer Kostenstelle NICHT genau zugeordnet werden können, werden als Kostenstellengemeinkosten nach einem zu definierenden Schlüssel auf die Kostenstellen verteilt.

Die Kostenstellenrechnung geht daher der Frage nach, WO diese Kostenstellengemeinkosten anfallen. Der Betriebsabrechnungsbogen, meist BAB abgekürzt, dient zur Lösung folgender Aufgaben:

- Verteilung der primären Gemeinkosten auf die Kostenstellen (Primärkostenverrechnung)
- Umlage der innerbetrieblichen Leistungserstellung (Sekundärkostenverrechnung)
- Ermittlung der Kalkulationssätze (Zuschlags- und Verrechnungssätze)

Die Erstellung der Kostenstellenrechnung erfolgt in 4 Teilschritten:
Schritt 1. Bildung von Kostenstellen
Schritt 2. Verteilung der Gemeinkosten auf die Kostenstellen
Schritt 3. Umlage der Hilfskostenstellen auf Hauptkostenstellen
Schritt 4. Bildung von Kalkulationssätzen für die Hauptkostenstellen und Überleitung zur Kostenträgerrechnung

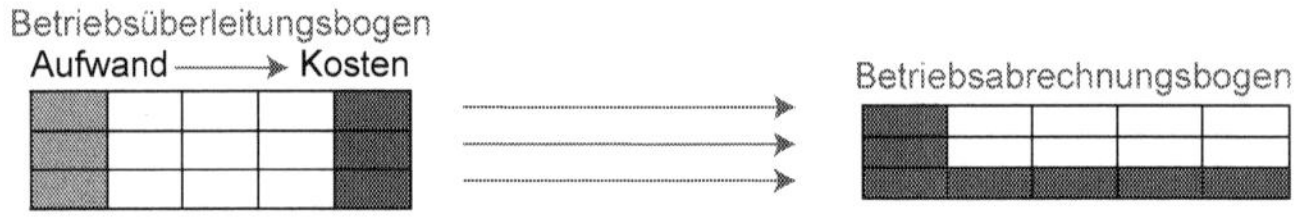

Betriebsüberleitungsbogen
Aufwand → Kosten

Betriebsabrechnungsbogen

Betriebsabrechnungsbogen

1. Kostenstellen / Gemeinkosten	Hauptkst. 1	Hauptkst. 2	Hauptkst. n	Hilfskst. 1	Hilfskst. 2	Hilfskst. n
Kostenart 1	2. Primärkostenverrechnung					
Kostenart n						
= Primäre Gemeinkosten						
Umlage 1	3. Sekundärkostenverrechnung (Innerbetriebliche Leistungsverrechnung)					
Umlage 2						
Umlage n						
Summe Umlagen = Sekundäre Gemeinkosten						
Summe primäre + sekundäre Gemeinkosten = Gesamte Gemeinkosten						
Zuschlags- und Verrechnungsbasis	4. Ermittlung der Kalkulationssätze					
Zuschlags- und Verrechnungssatz						

Abbildung 204: Kostenstellenrechnung

Schritt 1. Bildung von Kostenstellen

Kostenstellen sind Leistungsbereiche, die nach funktionalen, abrechnungstechnischen oder räumlichen Gesichtspunkten gegliedert werden. Ihnen werden die Gemeinkosten entsprechend ihrer Verursachung zugerechnet.

Folglich sind Kostenstellen Orte (zB. Filialen), Arbeitsplätze (zB. Rezeption), oder Tätigkeitsbereiche (zB. Buchhaltung), in denen Gemeinkosten anfallen. Kostenstellen werden im Kostenstellenplan erfasst und üblicherweise nach betrieblichen Funktionen gegliedert, die Tiefe der Gliederung ergibt sich nach dem Zweck der Kostenrechnung und der Struktur der Unternehmung. Die kleinste Kostenstelle ist ein Arbeitsplatz, die größte ein Betrieb. Im Unterschied zur Kostenartenrechnung, deren standardisierte Gliederung für verschiedene Unternehmen anwendbar ist, kann die Bildung von Kostenstellen nur maßgeschneidert für jeden Betrieb einzeln erfolgen und lässt sich nicht vereinheitlichen. Übliche Kostenstellen sind Materialstellen, Fertigungsstellen, Verwaltungsstellen, Vertriebsstellen oder Forschung und Entwicklung.

Zur Einteilung der Kostenstellen müssen folgende Grundsätze beachtet werden:

- Eine Kostenstelle muss als selbstständiger Bereich mit klaren Kompetenzaufteilungen eingerichtet sein, wobei keine Überschneidungen zwischen Kostenstellen auftreten dürfen.
- Für jede Kostenstelle muss eine Bezugsgröße gewählt werden (z.B. Materialkosten, Mannstunden).
- Alle Kostenarten müssen den vorhandenen Kostenstellen zugeordnet werden können.

Beispiel 103: Kostenstellengliederung Spedition

Eine Spedition hat fünf LKW mit zehn Fahrern. Sie betreibt damit an zwei Standorten internationale Übersiedelungen sowie regionale B2B (Business-to-Business) Transporte. Es gibt jeweils eine einheitliche Verwaltungs- und Vertriebsabteilung. Welche Kostenstellen können definiert werden?

Erläuterung

Mögliche Kostenstellengliederungen sind
a) LKW 1 bis LKW 5 je 1 Kostenstelle – Verwaltung/Vertrieb
b) Fahrer 1 bis Fahrer 10 je 1 Kostenstelle – Verwaltung/Vertrieb
c) Internationale Transporte – B2B – Verwaltung/Vertrieb
d) Standort 1 – Standort 2

Nach produktionstechnischen Gesichtspunkten können folgende Kostenstellen unterschieden werden:

- Hauptkostenstellen
- Hilfskostenstellen
- Nebenkostenstellen

Hauptkostenstellen, auch primäre Kostenstellen genannt, dienen der Erstellung von Marktleistungen. Ihre Leistungen gehen direkt in das am Markt angebotene Produkt oder die Dienstleistung ein.

Hilfskostenstellen, auch sekundäre Kostenstellen genannt, geben ihre Leistungen an andere Kostenstellen ab und sind nicht direkt mit der Erstellung von Marktleistungen befasst. Ihre Leistungen gehen somit nicht direkt, sondern nur indirekt, in das am Markt angebotene Produkt oder die Dienstleistung ein.

Nebenkostenstellen erzeugen absatzfähige Nebenprodukte, die nicht den Hauptzweck des Unternehmens darstellen. Nebenprodukte fallen bei Produktion eines Hauptproduktes an und werden selbständig verwertet anstatt entsorgt.

Beispiel 104: Kostenstellen

Ein Sägewerk produziert Bretter und verkauft die als Abfall anfallenden Sägespäne für Tierkäfige. Es hat ein Holzlager, eine Fertigungslinie mit den Maschinen zur Holzzerkleinerung, zwei Vertriebsabteilungen, Verwaltung und eine Werksküche. Welche Kostenstellen sind Haupt-, Hilfs- bzw. Nebenkostenstellen?

Erläuterung

Holzlager, Fertigungslinie, die Vertriebsabteilung für Holzbretter und die Verwaltung sind Hauptkostenstellen, da sie direkt mit Bretterproduktion und -vertrieb befasst sind. Die Vertriebsabteilung für die Sägespäne, die nicht weggeworfen, sondern als Nebenprodukt verkauft werden, ist eine Nebenkostenstelle. Die Werksküche ist eine Hilfskostenstelle, da sie nur die Mitarbeiter mit Speisen versorgt, aber nicht als Restaurant am Markt auftritt.

Schritt 2. Verteilung der Gemeinkosten auf die Kostenstellen

Im Rahmen der Primärkostenverrechnung werden die Gemeinkosten den in Schritt 1 gebildeten Kostenstellen zugeordnet, dh. die Gemeinkosten einer Kostenart, zB. Materialgemeinkosten, werden auf alle Kostenstellen verteilt, wo sie anfallen. Die Addition aller Gemeinkosten jeder Kostenstelle ergibt die primären Gemeinkosten.

Die **primären Gemeinkosten** sind die in Haupt-, Hilfs- und Nebenkostenstellen aufgeschlüsselten Gemeinkosten.

Beachte, dass in diesem Schritt zwischen Kostenstelleneinzelkosten und Kostenstellengemeinkosten unterschieden wird.

Kostenstelleneinzelkosten sind Einzelkosten und Gemeinkosten, die direkt einer Kostenstelle zugeordnet werden. **Kostenstellengemeinkosten** können nicht direkt zugeordnet werden.

Die Aufteilung der Kostenstellengemeinkosten auf die Kostenstellen erfolgt nach so genannten Schlüsseln.

Ein **Schlüssel** ist ein Verteilungsmechanismus von Kosten, dem Mengen- oder Wertmaßstäbe zugrunde liegen.

Beispiele sind m^2, Mitarbeiter pro Raum oder pro Kostenstelle oder Einzelkosten pro Kostenstelle. Jeder Schlüssel kann auch prozentuell umgerechnet werden. Die Aufteilung soll dem Kostenverursachungsprinzip entsprechen, wobei zwischen zugeteilten Kosten und der Bezugsgröße ein Ursache-Wirkungs-Zusammenhang bestehen soll, dh. es soll zB. der Verrechnungsschlüssel m^2 derart gewählt sein, dass die m^2 tatsächlich die Gemeinkosten, zB. Heizung, beeinflussen.

Schritt 3. Umlage der Hilfskostenstellen auf Hauptkostenstellen

Die Sekundärkostenverrechnung, oder meist innerbetriebliche Leistungsverrechnung genannt, verteilt die primären Gemeinkosten der Hilfskostenstellen auf die Hauptkostenstellen.

Innerbetriebliche Leistungen fallen in den Hilfskostenstellen an, dienen lediglich den Hauptkostenstellen und werden somit nicht direkt für den Markt erbracht.

Die **sekundären Gemeinkosten** sind die Summe der umgelegten Gemeinkosten der Hilfskostenstellen.

Innerbetriebliche Leistungen sind demnach Leistungen, die nicht am Absatzmarkt angeboten, sondern im Betrieb eingesetzt werden, zB. Werksküche, Betriebskindergarten, innerbetrieblicher Transport oder Betriebsarzt.

Umlage bedeutet die Verrechnung der innerbetrieblichen Leistungen von Hilfskostenstellen auf Hauptkostenstellen.

Es werden die Kosten der innerbetrieblichen Leistung einer Hilfskostenstelle auf die empfangenden Kostenstellen umgelegt, dh. weiterverrechnet, so als ob diese Leistungen von außerhalb des Unternehmens zugekauft worden wären. Den leistenden Stellen wird dieser Betrag gutgeschrieben, so als ob sie eine Leistung an den Markt verkauft hätten. Schlussendlich sind die umgelegten Hilfskosten mit 0 Kosten belastet. Für die Umlage sind wiederum Schlüssel notwendig. Die Berechnungen können sehr umfangreich sein. Grundsätzlich wird unterschieden zwischen dem

- Sukzessivansatz
- Simultanansatz

Sukzessivansatz

Beim Sukzessivansatz liegt ein einseitiger Leistungsaustausch vor. Dabei leistet eine Hilfskostenstelle an eine andere, empfängt aber von dieser nicht; zB. liefert die Werksküche an den Betriebskindergarten, der Betriebskindergarten erbringt aber für die Werksküche keine Leistung. Beide leisten für die Hauptkostenstellen. Folglich werden zuerst die Gemeinkosten der Werksküche umgelegt, anschließend die nun erhöhten Gemeinkosten des Betriebskindergartens.

Simultanansatz

Beim Simultanansatz liegt ein gegenseitiger Leistungsaustausch vor. Dabei leistet eine Hilfskostenstelle an eine andere und empfängt gleichzeitig von dieser; zB. liefert die Werksküche an den Betriebskindergarten, der Betriebskindergarten betreut ein Kind einer Mitarbeiterin der Werksküche. Beide leisten für die Hauptkostenstellen. Die Abrechnung der innerbetrieblichen Leistungen erfolgt mittels linearer Gleichung mit mehreren Unbekannten.

Die folgende Abbildung verdeutlicht diese Schritte: Die blauen Pfeile zeigen an, welche Kostenstelle innerbetriebliche Leistungen einer Hilfskostenstelle empfängt, dh. an welche Kostenstelle Leistungen weiterverrechnet werden müssen.

Hilfskostenstelle n leistet an alle Hauptkostenstellen sowie an die Hilfskostenstelle 1 und die Hilfskostenstelle 2. Die Gemeinkosten der Hilfskostenstelle n werden demnach mittels Sukzessivansatz auf diese empfangenden Kostenstellen umgelegt, dh. ihnen dazugerechnet. Dadurch erhöhen sich die Gemeinkosten aller Hauptkostenstellen sowie der Hilfskostenstelle 1 und der Hilfskostenstelle 2.

Hilfskostenstelle 1 und Hilfskostenstelle 2 leisten einander gegenseitig. Demnach werden die – durch die Umlage von Hilfskostenstelle n erhöhten – Gemeinkosten mittels Simultanansatz umgelegt. Eine Besonderheit weist Hilfskostenstelle 2 auf: Sie leistet an sich selbst, zB. isst ein Mitarbeiter der Werksküche in der Werksküche zu Mittag.

Beispiel 105: **Simultanansatz**

Ein Unternehmen hat zwei Hauptkostenstellen Produktion (P) und Verwaltung (VW) sowie zwei Hilfskostenstellen Werksküche (W) und Kindergarten (K). Die primären Gemeinkosten in der Produktion sind 700 €, in der Verwaltung 900 €, in der Werksküche betragen sie 500 € und im Kindergarten 200 €. Es werden für die Produktion 1 Menü, für die Verwaltung 1 Menü, für den Kindergarten acht Menüs und 1 Menü für die Werksküche selbst gekocht. Im Kindergarten werden acht Kinder aus der Produktion betreut, sieben Kinder aus der Verwaltung und fünf Kinder aus der Werksküche.

Wie hoch sind die sekundären Gemeinkosten in Produktion und Verwaltung nach Durchführung der innerbetrieblichen Leistungsverrechnung?

	Produktion	Verwaltung	Werksküche	Kindergarten
Primäre Gemeinkosten	700	800	500	200
Menüs	*1*	*1*	*1*	*8*
Kinder	*8*	*7*	*5*	*0*
Umlage: sekundäre Gemeinkosten Werksküche	1 · 68,75	1 · 68,75	–687,50	550
Sekundäre Gemeinkosten Kindergarten	8 · 37,50	7 · 37,50	5 · 37,50	–750
Sekundäre Gemeinkosten	**368,75**	**311,25**		
Gesamte Gemeinkosten	1.068,75	1.231,25	0	0

Abbildung 205: Simultanansatz – Beispiel

$$
\begin{array}{lrcl}
W: & 10W & = & 500 + 5K \qquad \cdot 4 \\
K: & 20K & = & 200 + 8W \\
\hline
 & 40W & = & 2.000 + 20K \\
 & 20K & = & 200 + 8W \\
\hline
 & -20K & = & 2.000 - 40W \\
 & 20K & = & 200 + 8W \\
\hline
 & 0 & = & 2.200 - 32W \\
 & W & = & 2.200/32 = 68,75 \\
 & K & = & (200 + 8 \cdot 68,75) : 20 \\
 & K & = & 37,50
\end{array}
$$

Betriebsabrechnungsbogen

Gemeinkosten	Hauptkst. 1	Hauptkst. 2	Hauptkst. n	Hilfskst. 1	Hilfskst. 2	Hilfskst. n
Kostenart 1						
Kostenart n						
= Primäre Gemeinkosten						
Umlage 1	↑	↑	↑	↑		
Umlage 2	↑	↑	↑	↑	↑	
Umlage n	↑	↑	↑	↑	↑	
Summe Umlagen = Sekundäre Gemeinkosten				0	0	0
Summe primäre + sekundäre Gemeinkosten = Gesamte Gemeinkosten						
Zuschlags- und Verrechnungsbasis						
Zuschlags- und Vorroohnungooatz						

Abbildung 206: Innerbetriebliche Leistungsverrechnung

Ergebnis der innerbetrieblichen Leistungsverrechnung ist die Umlage jeder Hilfskostenstelle bzw. die Berechnung der sekundären Gemeinkosten. Werden die primären und die sekundären Gemeinkosten addiert, erhält man die Summe aller Gemeinkosten in jeder Hauptkostenstelle. Die Hilfskostenstellen haben alle ihre Kosten umgelegt, dh. sie haben einen Wert von 0 und sind in der weiteren Berechnung nicht mehr zu berücksichtigen.

Schritt 4. Bildung von Kalkulationssätzen für die Hauptkostenstellen

Schritt 4 führt endlich zum Ziel des Betriebsabrechnungsbogens, dh. zur Ermittlung von Zuschlagssätzen bzw. Verrechnungssätzen. Dabei werden die gesamten Gemeinkosten jeder Hauptkostenstelle zu einer Berechnungsbasis in Verbindung gesetzt.

Zuschlagssätze sind die in % ausgedrückten, in einer Geldeinheit bewerteten Kostenstellengemeinkosten einer Hauptkostenstelle im Verhältnis zu einer anderen in einer Geldeinheit bewerteten Zuschlagsbasis.

Zuschlagssätze werden errechnet, indem man zwei monetäre Größen in Verbindung setzt. Ein typisches Beispiel ist der Zuschlagssatz für Materialgemeinkosten im Verhältnis zu Materialeinzelkosten =

$$\frac{\text{Materialgemeinkostensatz (€)}}{\text{Materialeinzelkosten (€)}} \cdot 100 = \text{Materialgemeinkostenzuschlag in \%.}$$

Verrechnungssätze sind Kostenstellengemeinkosten einer Hauptkostenstelle. Sie sind ein in einer Geldeinheit bewerteter Kostensatz im Verhältnis zu einer anderen nicht in einer Geldeinheit bewerteten Zuschlagsbasis.

Verrechnungssätze werden errechnet, indem man nicht-monetäre Maßgrößen mit den monetären Gemeinkosten in Verbindung setzt. Ein typisches Beispiel ist der Verrechnungssatz für Fertigungsgemeinkosten im Verhältnis zu Maschinenstunden =

$$\frac{\text{Fertigungsgemeinkostensatz (€)}}{\text{Maschinenstunden (h)}} = \text{Fertigungsgemeinkosten in € pro Maschinenstunde.}$$

Betriebsabrechnungsbogen

Gemeinkosten	Hauptkst. 1	Hauptkst. 2	Hauptkst. n	Hilfskst. 1	Hilfskst. 2	Hilfskst. n
Kostenart 1						
Kostenart n						
= Primäre Gemeinkosten						
Umlage 1	↑	↑	↑	↑		
Umlage 2	↑	↑	↑	↑	↑	
Umlage n	↑	↑	↑	↑	↑	
Summe Umlagen = Sekundäre Gemeinkosten						
Summe primäre + sekundäre Gemeinkosten = Gesamte Gemeinkosten	↓	↓	↓			
Zuschlags- und Verrechnungsbasis						
Zuschlags- und Verrechnungssatz						

Abbildung 207: Zuschlags- und Verrechnungssätze

Diese Zuschlags- und Verrechnungssätze gehen in weiterer Folge in die Kalkulation der Kostenträger und somit in die Erfolgsrechnung ein.

Vor Kalkulation des Betriebsabrechnungsbogens ist zu entscheiden, ob eine Vollkostenrechnung oder eine Teilkostenrechnung durchgeführt werden soll. Im Falle einer Vollkostenrechnung werden die gesamten Gemeinkosten ohne Trennung in fixe und variable Kosten in den Betriebsabrechnungsbogen eingetragen. Im Falle einer Teilkostenrechnung wird diese Spaltung in fixe und variable Kosten vorgenommen. Ausschließlich die variablen Kosten werden in den Betriebsabrechnungsbogen übernommen; die Fixkosten werden in einer eigenen Spalte eingetragen und vorerst nicht weiter behandelt. Sie werden später in der stufenweisen Fixkostendeckungsbeitragsrechnung im Zuge der Periodenerfolgsrechnung wieder hinzugefügt. Die folgende Abbildung zeigt den Unterschied zwischen den Betriebsabrechnungsbögen der Vollkosten- und Teilkostenrechnung. Der weitere Ablauf der Berechnungen ist identisch.

Im weiteren Verlauf dieses Kapitels werden zur Verknüpfung der Darstellung alle Gemeinkosten als Kostenstellengemeinkosten definiert.

	Fixe und variable Gemeinkosten			
Gemeinkosten	Gesamte Gemeinkosten	Kst 1	Kst 2	Kst 3
Kostenart 1				
Kostenart n				
Primäre Gemeinkosten				
Umlage 1				
Umlage 2				
Umlage n				
Sekundäre Gemeinkosten				
Gesamte Gemeinkosten				
Zuschlags- und Verrechnungsbasis				
Zuschlags- und Verrechnungssatz				

	Fixe Gemeinkosten		Variable Gemeinkosten		
Gemeinkosten	Gesamte Gemeinkosten	Fixe Gemeinkosten	Kst 1	Kst 2	Kst 3
Kostenart 1					
Kostenart n					
Primäre Gemeinkosten					
Umlage 1					
Umlage 2					
Umlage n					
Sekundäre Gemeinkosten					
Gesamte Gemeinkosten					
Zuschlags- und Verrechnungsbasis					
Zuschlags- und Verrechnungssatz					

Abbildung 208: Betriebsabrechnungsbogen auf Vollkostenbasis und Grenzkostenbasis

Beispiel 106: Svenda AG Betriebsabrechnungsbogen (Fortsetzung)

Das Unternehmen führt eine Vollkostenrechnung durch.

Schritt 1. Bildung von Kostenstellen
Das Unternehmen ist in die vier Hauptkostenstellen Material, Fertigung, Verwaltung, Vertrieb sowie die Nebenkostenstelle Werksküche unterteilt.

Schritt 2. Verteilung der Gemeinkosten auf die Kostenstellen

- Das Fertigungsmaterial gehört zur Materialstelle und betrifft ausschließlich Einzelkosten.
- Die Fertigungslöhne in der Materialstelle betragen 45 € und in der Fertigung 90 €, wobei die Kosten in der Fertigung Einzelkosten sind.
- Die Gehälter verteilen sich zu 62 € in der Fertigung, 117 € in der Verwaltung, 86 € im Vertrieb und 12 € in der Werksküche.
- Die lohn- und gehaltsabhängigen Kosten verteilen sich zu 23 € in Material, 79 € in der Fertigung, 39 € in der Verwaltung, 27 € im Vertrieb und 5 € in der Werksküche.
- Die kalkulatorischen Abschreibungen verteilen sich zu 9 € in Material, 33 € in der Fertigung, 25 € in der Verwaltung, 18 € im Vertrieb und 3 € in der Werksküche.
- Die kalkulatorischen Zinsen verteilen sich zu 7 € in Material, 21 € in der Fertigung, 19 € in der Verwaltung, 7 € im Vertrieb und 3 € in der Werksküche.
- Die sonstigen Kosten verteilen sich zu 10 € in Material, 11 € in der Fertigung, 8,90 € in der Verwaltung, 8 € im Vertrieb und 1 € in der Werksküche.

Schritt 3: Umlage der Hilfskostenstellen auf Hauptkostenstellen
Die Werksküche versorgt drei Mitarbeiter der Materialstelle, fünf Mitarbeiter der Fertigungsstelle sowie je zwei Mitarbeiter in Verwaltung und Vertrieb mit Menüs, der Koch isst ebenfalls im Betrieb.

Schritt 4: Bildung von Kalkulationssätzen für die Hauptkostenstellen und Überleitung zur Kostenträgerrechnung
Die Bezugsgrößen zur Berechnung der Zuschlags- und Verrechnungssätze sind die Fertigungsmaterialeinzelkosten in der Materialstelle, die Fertigungslohneinzelkosten in der Fertigungsstelle, die Herstellkosten in der Verwaltungsstelle und zehn Aufträge in der Vertriebsstelle.

Erstellen Sie den Betriebsabrechnungsbogen und berechnen Sie alle Zuschlags- bzw. Verrechnungssätze, wobei die Angaben bei den jeweiligen Schritten stehen!

	Gesamtkosten	Material	Fertigung	Verwaltung	Vertrieb	Werksküche
Fertigungsmaterial	1.000	[1.000]				
Fertigungslöhne	135	45	[90]			
Gehälter	272		62	117	86	12
Lohn- und gehaltsabhängige Kosten	173	23	79	39	27	5
Kalkulatorische Abschreibungen	88	9	33	25	18	3
Kalkulatorische Zinsen	57	7	21	19	7	3
Sonstige Kosten	38,90	10	11	8,90	8	1
Primäre Gemeinkosten		94	206	208,90	146	24
Umlage Werksküche		6	10	4	4	
Sekundäre Gemeinkosten						
Summe Gemeinkosten	1.763,90	100	216	212,90	150	
Bezugsgröße		Fertigungsmaterial 1.000	Fertigungslöhne 90	Herstellungskosten 1.406	Aufträge 10	
Gemeinkostenzuschlagsätze/ -verrechnungssätze		10 %	240 %	15 %	15 €/Auftrag	
Anzahl der Mitarbeiter		3	5	2	2	1

Abbildung 209: Svenda AG: Betriebsabrechnungsbogen

Erläuterung

Da das Unternehmen eine Vollkostenrechnung durchführt, ist eine Trennung in fixe und variable Kosten nicht notwendig.

Schritt 1. Bildung von Kostenstellen
Dieser Schritt ist durch die Angabe des Beispiels bereits vorgegeben. In der Praxis ist er eine sehr grundlegende Entscheidung, die dem Geschäftsprozess folgt und schwer revidierbar ist.

Schritt 2. Verteilung der Gemeinkosten auf die Kostenstellen
In diesem Beispiel ist die Aufschlüsselung in die einzelnen Kostenstellen bereits gegeben. Üblicherweise erfolgt diese über eine prozentuelle Verteilung oder einen Verteilungsschlüssel. Diese Art der Berechnung wird in Schritt 3 vorgezeigt. Die Addition aller Gemeinkosten pro Kostenstelle ergibt die primären Gemeinkosten pro Kostenstelle.

Beachte: Die Einzelkosten von 1.000 € in der Materialstelle und die 90 € in der Fertigung sind NICHT Bestandteil des Betriebsabrechnungsbogen. Sie sind dennoch (nur aus didaktisch-optischen Gründen in Klammern) darin vermerkt, um sie in weiterer Folge nicht zu vergessen.

Schritt 3. Umlage der Hilfskostenstellen auf Hauptkostenstellen
Dieser Schritt betrifft die innerbetriebliche Leistungsverrechnung. Es werden die primären Gemeinkosten der Hilfskostenstelle Werksküche in Höhe von 24 € auf die Hauptkostenstellen umgelegt. Da nur 1 Hilfskostenstelle existiert, wird ein Sukzessivansatz durchgeführt.

Insgesamt wurden Menüs für 13 Mitarbeiter zubereitet = drei in der Materialstelle, fünf in der Fertigungsstelle, zwei in der Verwaltung, zwei im Vertrieb und einer in der Werksküche. Der eine Mitarbeiter, der ein Menü in der Werksküche für sich selbst zubereitet, wird in weiterer Folge nicht berücksichtigt, um tatsächlich alle Kosten der Hilfskostenstelle umzulegen. Daraus folgen die sekundären Gemeinkosten pro Kostenstelle $\frac{24\text{ €}}{12\text{ Menüs}} = 2\text{ €}$ pro Mitarbeiter

Beachte: Die 2 € pro Mitarbeiter sind nicht die Kosten pro Menü oder pro Mitarbeiter, sondern ausschließlich die Umlage der Kostenstellengemeinkosten im Rahmen der innerbetrieblichen Leistungsverrechnung. Multipliziert mit der Anzahl der Mitarbeiter ergeben sich die sekundären Gemeinkosten in jeder Kostenstelle, 2 € · 3 Mitarbeiter = 6 € Umlage, etc.

Die Summe der primären und der sekundären Gemeinkosten pro Kostenstelle ergeben die gesamten Gemeinkosten pro Kostenstelle.

Schritt 4. Bildung von Kalkulationssätzen für die Hauptkostenstellen und Überleitung zur Kostenträgerrechnung

Erst jetzt kann die Summe der Gemeinkosten pro Kostenstelle errechnet werden. Um einen Kalkulationssatz zu erhalten, werden diese Gemeinkosten durch die Bezugsgröße dividiert. Die Bezugsgrößen sind 1.000 € Materialeinzelkosten in Material, 90 € Fertigungseinzelkosten in Fertigung, 1.406 € Herstellkosten und 10 Aufträge im Vertrieb.

Die Herstellkosten werden wie folgt kalkuliert:

Materialeinzelkosten	1.000 €
Materialgemeinkosten	100 €
Fertigungseinzelkosten	90 €
Fertigungsgemeinkosten	216 €
Herstellkosten	1.406 €

Die Zuschlagssätze und Verrechnungssätze werden wie folgt kalkuliert:

- Gemeinkostenzuschlag Fertigungsmaterial = $\frac{100\text{ €}}{1.000\text{ €}}$ = 10 %
- Gemeinkostenzuschlag Fertigungslöhne = $\frac{216\text{ €}}{90\text{ €}}$ = 240 %
- Gemeinkostenzuschlag Verwaltungsstelle = $\frac{212{,}90\text{ €}}{1.406\text{ €}}$ = 15 %
- Verrechnungssatz Vertriebsstelle = $\frac{150\text{ €}}{10\text{ Aufträge}}$ = 15 € pro Auftrag

Die Zuschlagssätze sind in % ausgedrückt, der Verrechnungssatz in € pro Auftrag. Die Zuschlagssätze und Verrechnungssätze bilden die Grundlage für die Berechnung der Selbstkosten in der Kostenträgerrechnung.

Im Beispiel Svenda AG: Betriebsabrechnungsbogen wurde im Zuge der interbetrieblichen Leistungsverrechnung ausschließlich ein Sukzessivansatz verwendet, da die Werksküche als Hilfskostenstelle Kosten abgibt, aber nicht empfängt. Ist zwischen zwei oder mehreren Hilfskostenstellen eine Abhängigkeit insofern gegeben, als sie gegenseitig sowohl Kosten geben als auch empfangen, muss ein Simultanansatz gewählt werden.

9.2.2.3. Erfolgsrechnung

Die Erfolgsrechnung ermittelt den Erfolg der Leistungserbringung. Im Unterschied zur Gewinn- und Verlustrechnung der Buchhaltung basiert diese Erfolgsermittlung auf den Werten der Kostenrechnung. Die grundlegenden Begriffe der Erfolgsrechnung wurden bereits in Kapitel 3: Instrumente definiert. Die Erfolgsermittlung ist eine wichtige Grundlage für die Entscheidungsrechnung, die auf den Grundlagen dieses Buches aufbaut und daher nur kurz behandelt wird.

Je nach Umfang kann bei der Erfolgsermittlung unterschieden werden:
9.2.2.3.1. Kostenträgerrechnung
9.2.2.3.2. Kostenträgererfolgsrechnung
9.2.2.3.3. Periodenerfolgsrechnung

9.2.2.3.1. Kostenträgerrechnung

In der **Kostenträgerrechnung** erfolgt die Zurechnung der Kosten auf die Kostenträger die Kosten, die jedes erzeugte Produkt bzw. jede Leistung verursacht.

Ein **Kostenträger** ist jede selbstständige Leistungseinheit, dh. das Produkt bzw. die Dienstleistung, die das Unternehmen erzeugt.

Die Kostenträgerrechnung erfüllt somit folgende Aufgaben:

- Kalkulation der Herstellkosten für die interne Bewertung der Halb- und Fertigerzeugnisbestände: Die Kalkulation ist an keinerlei Vorschriften gebunden und orientiert sich nur nach dem Zweck der Berechnung.
- Kalkulation der Herstellungskosten für die externe Bewertung in der Bilanz: Die Kalkulation hat sich im Rahmen der Bilanzierung an den gesetzlichen Vorschriften des Unternehmens- und Steuerrechtes zu orientieren (siehe Kapitel 4: Bewertung).
- Ermittlung von Selbstkosten für die kurzfristige Planung und Kontrolle des Periodenerfolges
- Aufbau der kurzfristigen Produktions- und Absatzplanung

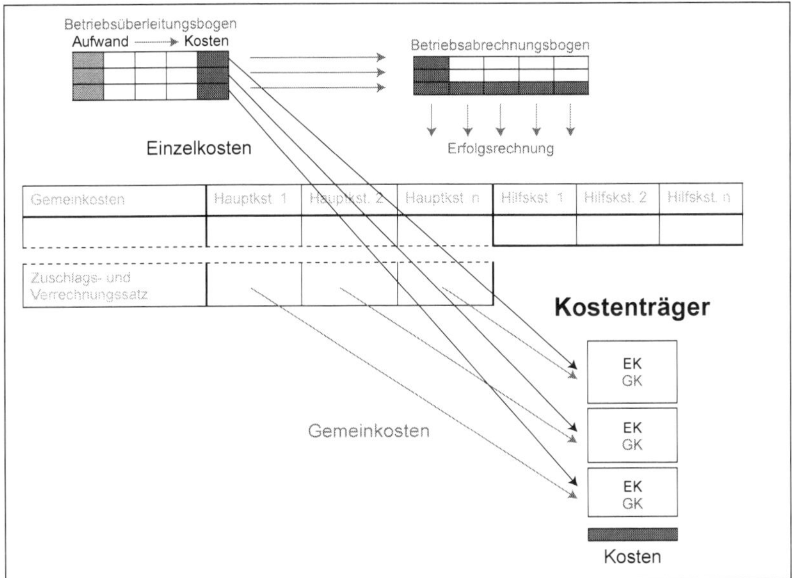

Abbildung 210: Kostenträgerrechnuung

Grundsätzlich existieren unterschiedliche Kalkulationsverfahren, mit deren Hilfe die angefallenen Kosten den verursachenden Kostenträgern zugeteilt werden. Je nach der Organisation des Betriebes, der Art der Fertigung und dem Fertigungsprogramm wird nach unterschiedlichen Verfahren gerechnet. Häufig angewandte Methoden sind:

- Divisionskalkulation
  Voraussetzung für die einfache Divisionskalkulation ist die Erzeugung einer Produktart in großen Mengen, wobei die produzierte Menge der verkauften Menge entspricht. Die Divisionskalkulation „Stückkosten/Gesamtkosten" ist somit nur für einen Ein-Produkt-Betrieb mit Massenfertigung anwendbar.
- Äquivalenzzahlenrechnung
  Die Äquivalenzzahlenrechnung wird bei der Massenproduktion gleichartiger Produkte (gleicher Ausgangsstoff, gleichartige Produktionsverfahren) angewandt, zB. Lager-Bier und Pils-Bier, wobei die Gesamtkosten mittels Äquivalenzziffern nach den im Verhältnis eingesetzten Anteilen auf die jeweiligen Produkte aufgeteilt werden.
- Kuppelproduktkalkulation
  Bei der Kuppelproduktion fallen bei einem Produktionsprozess mehrere Produkte an. Eine Zuordnung der Kosten auf die jeweiligen Produkte nach ihrer Verursachung ist daher nicht möglich. Es bestehen folgende Methoden:
  - Marktpreismethode: Die Gesamtkosten werden im Verhältnis zu den Marktpreisen zugeteilt.
  - Kostenverteilungsmethode: Die Kostenaufschlüsselung erfolgt nach bestimmten Merkmalseinheiten (Laufmeter Holz, Volumen).
  - Restwertrechnung: Es wird eine Unterscheidung in Haupt- und Nebenprodukte getroffen, wobei die Gesamtkosten um die Nettoerlöse der Nebenpro-

dukte (minus zusätzlich verursachte Kosten) vermindert und der Rest dem Hauptprodukt zugerechnet wird.

- Zuschlagskalkulation
  Die Zuschlagskalkulation wird va. bei der Einzelfertigung eingesetzt. Alle Einzelkosten werden den Produkten bzw. Aufträgen direkt zugeordnet, die Gemeinkostenberechnung erfolgt mittels prozentualer Zuschläge.

Im weiteren Verlauf des Buches wird ausschließlich auf die Zuschlagskalkulation eingegangen.
Sowohl auf Basis von Vollkosten als auch auf Basis von Grenzkosten können die Kosten jeder erbrachten Leistung bis zum Bruttoverkaufspreis nach folgendem Kalkulationsschema berechnet werden:

  Fertigungsmaterial
\+ Materialgemeinkosten
\+ Fertigungslöhne
\+ Fertigungsgemeinkosten
\+ Sonderkosten der Fertigung
= Herstellkosten
\+ Verwaltungsgemeinkosten
\+ Vertriebsgemeinkosten
= Selbstkosten
\+ Gewinnzuschlag
= Nettobarpreis
\+ Skonto
= Nettoverkaufspreis
\+ Umsatzsteuer
= Bruttoverkaufspreis

Im Rahmen der Vollkostenrechnung werden alle anfallenden Kosten für ein Produkt bzw. eine Leistung berücksichtigt, da die Gemeinkosten im Betriebsabrechnungsbogen und somit die ermittelten Verrechnungs- und Zuschlagssätze die Fixkosten inkludieren. Diese Kalkulation deckt somit langfristig alle Kosten ab. Folglich kann kein Verlust entstehen, wenn der Netto-Verkaufspreis über den Selbstkosten liegt. Diese sind somit die absolute Untergrenze bei der Kalkulation des Verkaufspreises, wenn verlustfrei kalkuliert werden soll.

Beachte: Aus strategischen Gründen kann selbstverständlich zu jedem Preis, nicht nur zum Bruttoverkaufspreis, verkauft werden, auch unter den Selbstkosten und somit mit Verlust! Dies sollte allerdings nur sehr kurzfristig und zumindest bewusst passieren!

Im Rahmen der Grenzkostenrechnung werden die Fixkosten, die im Betriebsabrechnungsbogen abgespalten wurden, hier nicht berücksichtigt, sondern erst in der Periodenerfolgsrechnung wieder systematisch hinzugefügt.

Beachte: Bei Kalkulation auf Grenzkostenbasis sind NICHT alle Kosten inkludiert, sondern nur die Grenzkosten! Daher ist diese Kalkulation nicht für eine langfristige Planung geeignet, sondern wird va. im Rahmen der Entscheidungsrechnung und bei freien Kapazitäten in der Produktion eingesetzt.

Beispiel 107: **Kostenträgerrechnung**

Das Unternehmen erhält den Auftrag, zehn Stück von Produkt X zu erzeugen. Das Fertigungsmaterial pro Stück kostet 8 €, die Fertigungslöhne betragen 5 €, Sonderkosten sind mit 2 € zu berücksichtigen.

Wie hoch muss der Verkaufspreis angesetzt werden, wenn der Gewinnzuschlag 100 % und der Skonto 3 % betragen?

Erläuterung

Fertigungsmaterial	8,00	
+ Materialgemeinkosten 10 %	0,80	
+ Fertigungslöhne	5,00	
+ Fertigungsgemeinkosten 240 %	12,00	
+ Sonderkosten der Fertigung	2,00	
= Herstellkosten pro Stück	27,80	
+ Verwaltungsgemeinkosten 15 %	4,17	
	31,97	1 Stück
	319,70	10 Stück
+ Vertriebsgemeinkosten	15,00	pro Auftrag
= Selbstkosten des Auftrages	334,70	
+ Gewinnzuschlag 100 %	334,70	
= Nettobarpreis	669,40	
+ Skonto 3 %	20,70	
= Nettoverkaufspreis	690,10	
+ Umsatzsteuer 20 %	138,02	
= Bruttoverkaufspreis	828,12	

9.2.2.3.2. Kostenträgererfolgsrechnung

In der **Kostenträgererfolgsrechnung**, auch Stückerfolgsrechnung genannt, wird der Erfolg eines Kostenträgers durch Gegenüberstellung der Kosten und Erträge ermittelt.

Erst in diesem Schritt kann kalkuliert werden, ob der Verkauf des Produktes bzw. der Dienstleistung ein Erfolg war bzw. wie hoch der Gewinn oder Verlust pro Einheit ist.

Subtrahiert man diese Kosten von den im Betriebsüberleitungsbogen ermittelten Leistungen, kann der Erfolg aus der Leistungserstellung ermittelt werden. Je nach Einbeziehung des Kostenumfanges unterscheidet man zwischen Reingewinn und Deckungsbeitrag:

- Bei der Kalkulation mit Vollkosten erhält man den Reingewinn bzw. -verlust.
- Bei der Kalkulation mit Grenzkosten erhält man den Deckungsbeitrag.

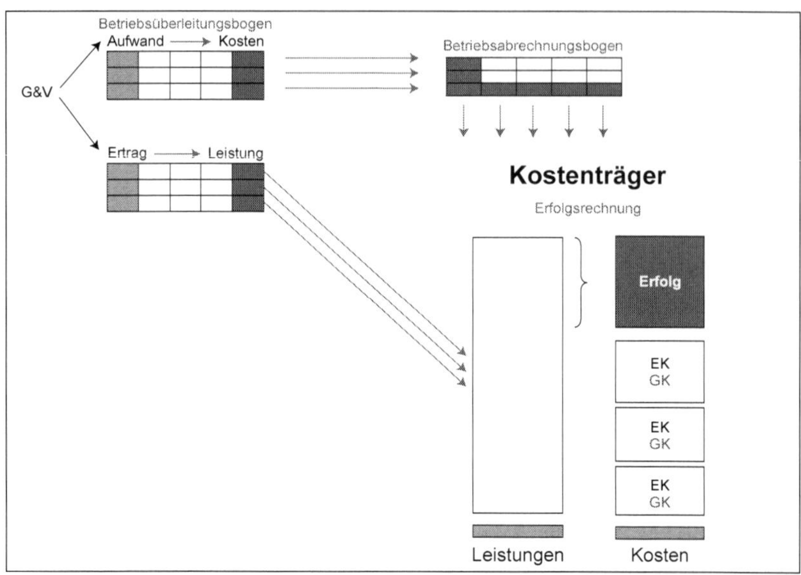

Abbildung 211: Kostenträgererfolgsrechnung

Der **Reingewinn** ist die Differenz zwischen allen Leistungen und allen korrespondierenden Kosten eines Leistungsträgers.

Der Reingewinn wird wie folgt berechnet:

Alle Leistungen
− Alle Kosten
= Reingewinn

Der **Deckungsbeitrag** gibt an, in welchem Ausmaß das Produkt die Fixkosten deckt und darüber hinaus zum Unternehmenserfolg beiträgt.

Der Deckungsbeitrag wird wie folgt berechnet:

Bruttoerlös
– Erlösschmälerungen (Rabatte, Skonti, …)
– Sonderkosten des Vertriebes (Transportkosten, Ausfuhrzölle, …)
= Nettoerlös
– Variable Kosten
– Variable Herstellkosten
= Deckungsbeitrag

9.2.2.3.3. Periodenerfolgsrechnung

In der **Periodenerfolgsrechnung** (auch Zeiterfolgsrechnung) wird der Gesamterfolg eines Unternehmens innerhalb einer Abrechnungsperiode durch systematische Gegenüberstellung der jeweiligen Kosten und Leistungen ermittelt.

In der Periodenerfolgsrechnung wird der Gesamterfolg einer Unternehmung innerhalb einer Abrechnungsperiode durch systematische Gegenüberstellung der jeweiligen Kosten und Erträge ermittelt.

Die Periodenerfolgsrechnung wird auch Zeiterfolgsrechnung genannt. Bei einer Grenzkostenbetrachtung wird der Periodenerfolg mittels stufenweiser Deckungsbeitragsrechnung ermittelt: Die Fixkosten werden so genau wie möglich aufgespalten und den Unternehmensbereichen zugeteilt, in denen sie anfallen. Dabei werden je nach Gliederungstiefe der Unternehmung stufenweise die anrechenbaren Fixkosten von den erzielten Deckungsbeiträgen abgezogen. Dieses Verfahren ermöglicht eine Übersicht über den Erfolg einzelner Produkte bzw. Produktgruppen und zeigt, wo Gewinne bzw. Verluste entstehen. Die nachfolgende Abbildung stellt eine stufenweise Deckungsbeitragsrechnung dar.

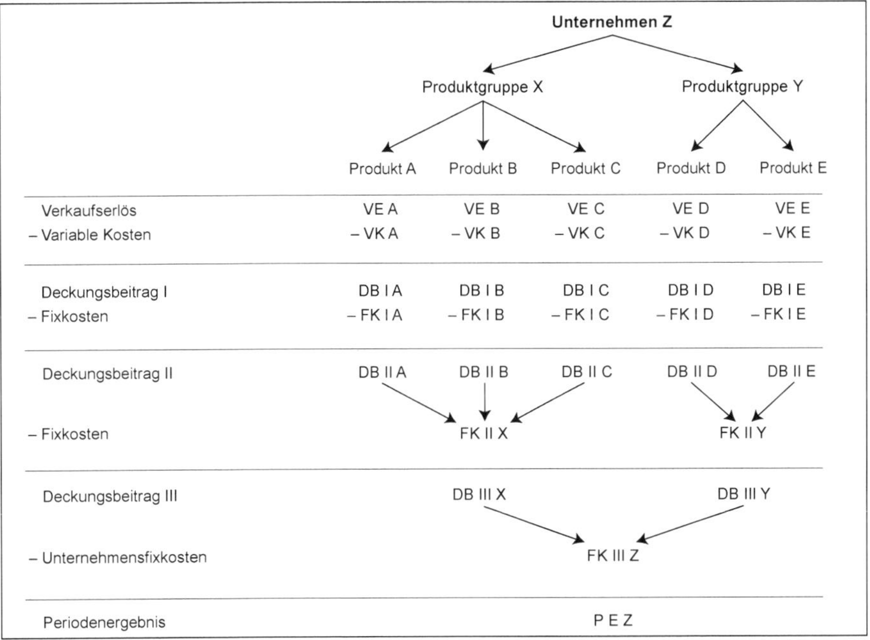

Abbildung 212: Stufenweise Fixkostendeckungsbeitragsrechnung

9.2.2.3.4. Break-Even-Point

Die Kostenrechnung ist eine Entscheidungsrechnung. Mit den bisher erarbeiteten Kenntnissen kann mit der Break-Even-Rechnung ein sehr wichtiges Instrument zur Entscheidungsfindung angewandt werden. Voraussetzung ist das Vorliegen einer Grenzkostenrechnung.

Bei der **Break-Even-Analyse** werden Erlöse und Kosten gleichgesetzt.

Der **Break-Even-Point**, auch Gewinnschwelle genannt, zeigt, ab welcher Menge die Umsatzerlöse die Kosten der abgesetzten Menge abdecken, dh. gleich hoch sind.

Die Break-Even-Rechnung geht von folgender Gleichung aus:

$$\text{Umsatzerlöse} = \text{Gesamtkosten}$$
$$\text{Verkaufspreis} \cdot \text{Menge} = \text{Fixkosten} + \text{Variable Kosten pro Einheit} \cdot \text{Menge}$$

Durch Umformung der Gleichung kann daher auch ermittelt werden, wie hoch der Verkaufspreis mindestens sein muss, um die gesamten Kosten abzudecken oder wie hoch eingehende Fixkosten oder variable Kosten pro Stück maximal sein dürfen.

Die Break-Even-Analyse kann auch zum Vergleich mehrerer Alternativen verwendet werden zB. welche Firma man ab wieviel Stunden Reinigungsaufwand beauftragt.

Beispiel 108: Break-Even-Point

Ein Unternehmen kann Kugelschreiber zu maximal 1,50 € pro Stück verkaufen. Die Fixkosten der Produktion betragen 2.400 €, die variablen Kosten pro Kugelschreiber 0,70 €.

a) Wie viele Kugelschreiber müssen verkauft werden, um keinen Verlust zu erwirtschaften?
b) Wenn das Unternehmen 3.500 Stück Kugelschreiber verkaufen könnte, um wieviel billiger könnte 1 Kugelschreiber angeboten werden?
c) Um wieviel müssen die variablen Kosten gesenkt werden, wenn die Konkurrenz 1 Kugelschreiber um 1,30 € anbietet und maximal 3.000 Stück verkauft werden können?
d) Um wieviel müssten langfristig die Fixkosten gesenkt werden, um künftig maximal 2.500 Kugelschreiber zu 1,50 € mit variablen Kosten von 0,70 € zu verkaufen?

Erläuterung:

a)
$1{,}50x = 2.400 + 0{,}70x$
$1{,}50x - 0{,}7x = 2.400$
$x = 2.400 : 0{,}8 = 3.000$
Es müssen zumindest 3.000 Kugelschreiber verkauft werden.

b)
$VP \cdot 3.500 = 2.400 + 0{,}70 \cdot 3.500$
$VP = (2.400 + 2.450) : 3.500$
$VP = 1{,}39$
1 Kugelschreiber könnte um 1,39 € verkauft werden.

c)
$1{,}30 \cdot 3.000 = 2.400 + Kv \cdot 3.000$
$Kv = (3.900 - 2.400) : 3.000$
$Kv = 0{,}50$
1 Kugelschreiber darf maximal 50 Cent variable Kosten verursachen; somit müssten die variablen Kosten um 20 Cent gesenkt werden.

d)
$1{,}50 \cdot 2.500 = FK + 0{,}70 \cdot 2.500$
$FK = 3.750 \cdot 1.750$
$FK = 2000$
Die künftigen Fixkosten dürfen maximal 2.000 € betragen und müssen um 400 € gesenkt werden.

9.2.3. Bilanzanalyse

Die Analyse des Erfolges eines Unternehmens und somit die Analyse der Gewinn- und Verlustrechnung steht für den Großteil der interessierten Bilanzleser im Vordergrund. Dabei sind 2 Schwerpunkte wesentlich:

9.2.3.1. Strukturanalyse der Gewinn- und Verlustrechnung
9.2.3.2. Erfolgsanalyse des Unternehmens

Im Folgenden wird aus mehreren Kategorien der Oesterreichischen Nationalbank eine Auswahl wichtiger Kennzahlen herausgegriffen, durch weitere in der Praxis häufige Kennzahlen ergänzt und anhand der Josef Manner & Comp. AG 2016 berechnet und interpretiert.

9.2.3.1. Gewinngrößen

Vorweg ist zu diskutieren, welche Gewinngrößen als Basis zur Kennzahlenberechnung im Sinne der Ergebnisermittlung sinnvoll herangezogen werden können. Kennzahlen mit negativen Ergebnissen, die sich aus negativen Erfolgsgrößen ergeben, zu präsentieren ist unüblich und meist sinnlos.

Der Bilanzgewinn enthält Größen der Gewinnverwendung, ist also zur Analyse der Gewinnermittlung nicht zielführend. Für Ausschüttungsdiskussionen etc. kann der Bilanzgewinn natürlich sinnvolle Ergebnisse liefern.

Sowohl Ergebnis vor Steuern und Ergebnis nach Steuern als auch der Jahresüberschuss umfassen Ergebnisse der Gewinnermittlung und sind somit grundsätzlich geeignet. Die Oesterreichische Nationalbank verwendete bisher das Ergebnis der gewöhnlichen Geschäftstätigkeit, das nicht mehr in der Gewinn- und Verlustrechnung ausgewiesen wird. Da Steuern EE verzerrend wirken können, wird hier im Folgenden das Ergebnis vor Steuern als Gewinngröße herangezogen, der korrekten Wiedergabe der OeNB-Kennzahlen halber allerdings nach wie vor das Ergebnis der gewöhnlichen Geschäftstätigkeit in den Formeln angegeben. Betriebsergebnis und das Finanzergebnis werden teilweise für Fragen der Struktur der Gewinn- und Verlustrechnung herangezogen, nicht aber zur Beurteilung der Gesamtsituation.

International sind EBT, EBIT und EBITDA gebräuchliche Erfolgsgrößen.

EBT steht für Earnings Before Tax.

EBIT steht für Earnings Before Interest and Tax.

EBITDA steht für Earnings Before Interest, Tax, Depreciation and Amortization.

Der Begriff Depreciation umfasst Abschreibungen auf Sachanlagevermögen, der Begriff Amortization die Abschreibungen auf die immateriellen Vermögenswerte.

9.2.3.2. Strukturanalyse der Gewinn- und Verlustrechnung

Die Strukturanalyse zeigt auf, wie einzelne Aufwands- und Ertragspositionen zueinander im Verhältnis stehen. Dadurch wird zB. rasch ersichtlich, wo die Schwerpunkte der Aufwendungen liegen, ob das Unternehmen personalintensiv oder vermehrt mit Maschinen arbeitet, wo mögliches Sparpotenzial liegt oder ob das Unternehmen eher mit der tatsächlichen Produktion oder mit Finanzveranlagungen Erträge erwirtschaftet. Die Strukturkennzahlen sind teilweise sehr branchenspezifisch und daher schwer vergleichbar.

Auf eine Analyse des Ertrages beziehen sich die Kennzahlen

- Betriebsergebnis in % des Umsatzes $= \frac{\text{Betriebsergebnis}}{\text{Umsatzerlöse}} \cdot 100$
- Finanzergebnis in % des Umsatzes $= \frac{\text{Finanzergebnis}}{\text{Umsatzerlöse}} \cdot 100$

Beide Kennzahlen zeigen das Verhältnis zwischen der eigentlichen betrieblichen Tätigkeit, zB. Produktion von Waren oder Erbringung von Dienstleistungen, und der Finanzierungstätigkeit des Unternehmens in Abhängigkeit zum Umsatz. Nicht als eigene Kennzahl definiert, aber dennoch für eine qualitative Analyse interessant sind das direkte Verhältnis zwischen Betriebsergebnis und Finanzergebnis sowie beide Ergebnisse im Verhältnis zum Ergebnis vor Steuern bzw. Jahresüberschuss, da diese wesentlich offensichtlicher aufzeigen, welche der Tätigkeiten mehr zum Erfolg des Unternehmens beiträgt.

Sind die Erträge aus dem Finanzbereich wesentlich höher als die Umsatzerlöse des Betriebsergebnisses oder existieren gar keine Umsatzerlöse, ist von Fall zu Fall zu unterscheiden, welche Erfolgsgröße als Basis für alle weiteren Berechnungen herangezogen wird. Die von der Oesterreichischen Nationalbank als Größe definierten Nettoerlöse werden ia. durch die in der Gewinn- und Verlustrechnung ersichtlichen Umsatzerlöse ersetzt.

Auf eine Analyse des Aufwandes beziehen sich nach Gesamtkostenverfahren die folgenden Kennzahlen

- Materialaufwand in % des Umsatzes $= \frac{\text{Materialaufwand}}{\text{Umsatzerlöse}} \cdot 100$
- Personalaufwand in % des Umsatzes $= \frac{\text{Personalaufwand}}{\text{Umsatzerlöse}} \cdot 100$
- Abschreibungen in % des Umsatzes $= \frac{\text{Abschreibungen}}{\text{Umsatzerlöse}} \cdot 100$

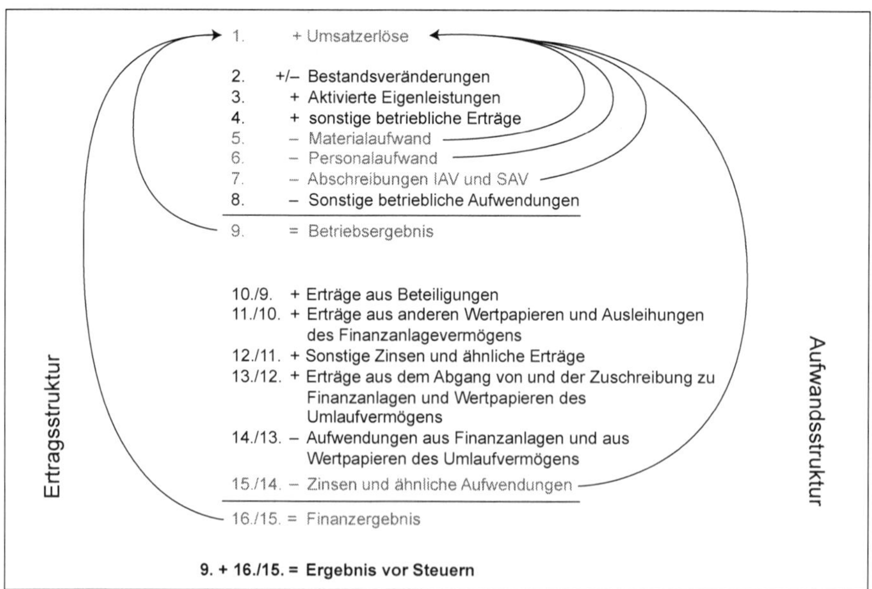

Abbildung 213: Analyse der Aufwands- und Ertragsstruktur – Gesamtkostenverfahren

Die letzten drei Kennzahlen sind nur beim Gesamtkostenverfahren berechenbar, da Materialaufwand, Personalaufwand und Abschreibungen im Umsatzkostenverfahren nicht ausgewiesen werden. Die Einbeziehung der Abschreibungen in dieser Analyse ist nicht Standard, kann aber bei anlageintensiven Unternehmen im Verhältnis zu den anderen Kennzahlen aussagekräftig sein; ia. werden die Abschreibungen herangezogen, die im Betriebsergebnis ausgewiesen werden. Wenn es aufgrund der Struktur des Unternehmens sinnvoll ist, können zusätzlich die Abschreibungen, die im Finanzergebnis enthalten sind, oder die Abschreibungen aus dem Anlagenspiegel herangezogen werden.

Auf eine Analyse des Aufwandes beziehen sich nach Umsatzkostenverfahren die Kennzahlen

- $\text{Herstellungsintensität} = \frac{\text{Herstellungskosten der abgesetzten Menge}}{\text{Umsatzerlöse}} \cdot 100$
- $\text{Vertriebsintensität} = \frac{\text{Vertriebskosten}}{\text{Umsatzerlöse}} \cdot 100$
- $\text{Verwaltungsintensität} = \frac{\text{Verwaltungskosten}}{\text{Umsatzerlöse}} \cdot 100$

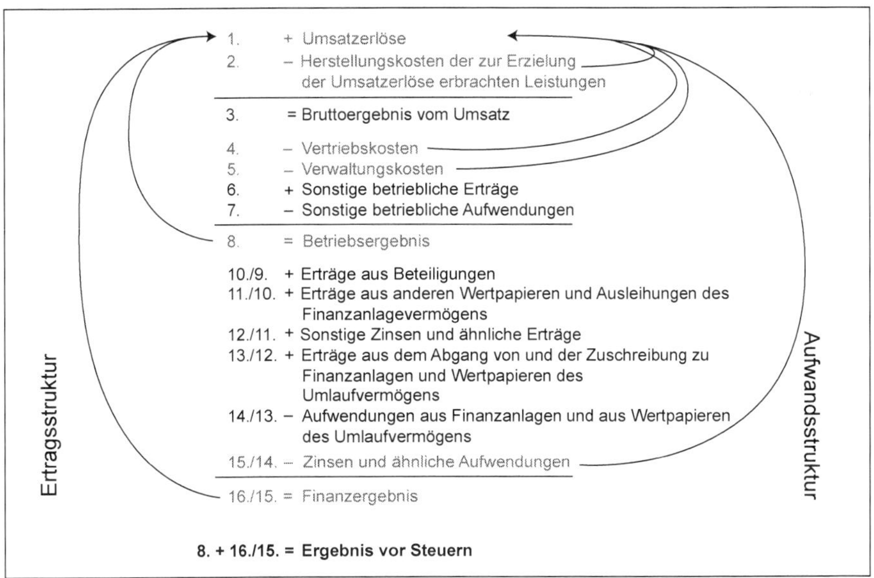

Abbildung 214: Analyse der Aufwands- und Ertragsstruktur – Umsatzkostenverfahren

Bei beiden Verfahren der Gewinn- und Verlustrechnung kann der Finanzierungsaufwand in % des Umsatzes berechnet werden:

- $\text{Finanzierungsaufwand in \% des Umsatzes} = \frac{\text{Zinsaufwand}}{\text{Umsatzerlöse}} \cdot 100$

Beispiel 109: Josef Manner & Comp. AG 2016 – Analyse der G&V-Struktur

Analysieren Sie die Strukturanalyse der Josef Manner & Comp. AG 2016!

- Betriebsergebnis in % des Umsatzes $= \frac{1.393.932,31}{199.536.488,56} \cdot 100 = 0,70\ \%$

  Beachten Sie, dass die Josef Manner & Comp. AG 2016 die Gewinn- und Verlustrechnung in Form eines Gesamtkostenverfahrens veröffentlicht. Die Werte zur Berechnung des Betriebsergebnisses in % des Umsatzes sind zu finden:

Betriebsergebnis	Gewinn- und Verlustrechnung 9.	1.393.932,31
Umsatzerlöse	Gewinn- und Verlustrechnung 1.	199.536.488,56

- Finanzergebnis in % des Umsatzes $= \frac{-316.199,40}{143.497.826,18} \cdot 100 = -0,16\ \%$

  Die Werte zur Berechnung des Finanzergebnisses in % des Umsatzes sind zu finden:

Finanzergebnis	Gewinn- und Verlustrechnung 14.	–316.199,40
Umsatzerlöse	Gewinn- und Verlustrechnung 1.	143.497.826,18

- Materialaufwand in % des Umsatzes $= \frac{112.794.548,12}{199.497.826,18} \cdot 100 = 56,53\ \%$

  Die Werte zur Berechnung des Materialaufwandes in % des Umsatzes sind zu finden:

Materialaufwand	Gewinn- und Verlustrechnung 5.	112.794.548,12
Umsatzerlöse	Gewinn- und Verlustrechnung 1.	199.497.826,18

- Personalaufwand in % des Umsatzes $= \frac{40.917.571,11}{199.536.488,56} \cdot 100 = 20,51\ \%$

  Die Werte zur Berechnung des Personalaufwandes in % des Umsatzes sind zu finden:

Personalaufwand	Gewinn- und Verlustrechnung 6.	40.917.571,11
Umsatzerlöse	Gewinn- und Verlustrechnung 1.	199.536.488,56

- Abschreibungen in % des Umsatzes $= \frac{7.096.477,83}{199.536.488,56} \cdot 100 = 3,56\ \%$

  Die Werte zur Berechnung der Abschreibungen in % des Umsatzes sind zu finden:

Abschreibungen	Gewinn- und Verlustrechnung 7.	7.096.477,83
Umsatzerlöse	Gewinn- und Verlustrechnung 1.	199.536.488,56

- Finanzierungsaufwand in % des Umsatzes $= \frac{480.619,04}{199.536.488,56} \cdot 100 = 0,24\ \%$

  Die Werte zur Berechnung des Finanzierungsaufwandes in % des Umsatzes sind zu finden:

Finanzierungsaufwand	Gewinn- und Verlustrechnung 13.	480.619,04
Umsatzerlöse	Gewinn- und Verlustrechnung 1.	199.536.488,56

9.2.3.3. Erfolgsanalyse des Unternehmens

Die Erfolgsanalyse zeigt auf, in welchem Verhältnis einzelne Erfolgspositionen zu Bilanzpositionen bzw. zum Umsatz stehen. Dadurch wird zB. rasch ersichtlich, wie rentabel oder produktiv das Unternehmen arbeitet. Die Erfolgsanalyse geht durch die Einbeziehung der Bilanz über Branchenspezifika hinaus und eignet sich durch ihre relative Erfolgsbeurteilung für Vergleiche besser als die Strukturkennzahlen.

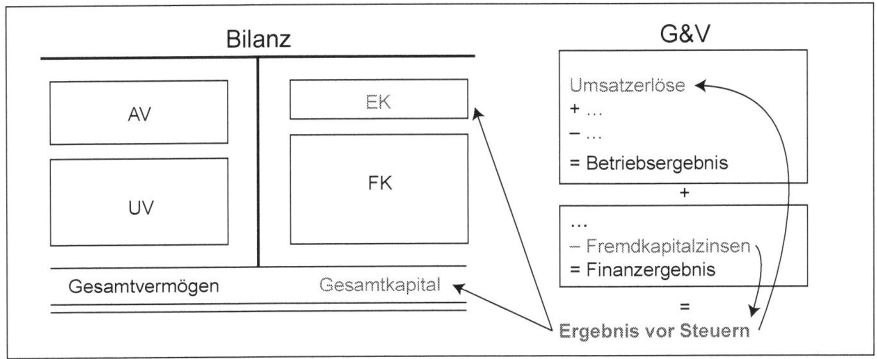

Abbildung 215: Erfolgsanalyse

Die **Rentabilität** misst das Verhältnis einer Ergebnisgröße zu einer diese Größe beeinflussenden Größe; meist als Verhältnis zwischen Gewinn und Vermögen oder Kapital.

Übliche Rentabilitätskennzahlen sind die Umsatzrentabilität und die Eigenkapitalrentabilität, die von der Oesterreichischen Nationalbank ausgegeben werden, sowie die Gesamtkapitalrentabilität bzw. der Return on Investment.

- $\text{Umsatzrentabilität} = \dfrac{\text{Ergebnis der gewöhnlichen Geschäftstätigkeit}}{\text{Umsatzerlöse}} \cdot 100$

Die **Umsatzrentabilität** zeigt die aus den Umsätzen erwirtschaftete Gewinnspanne an.

Demnach bedeutet eine Umsatzrentabiltität von 5 %, dass von 100 € Umsatz 5 € Gewinn verbleiben, der Rest sind Aufwendungen. Dabei ist zu beachten, welche Gewinngröße man heranzieht und somit welche Aufwendungen eingerechnet werden und welche nicht!

- $\text{Eigenkapitalrentabilität} = \dfrac{\text{Ergebnis der gewöhnlichen Geschäftstätigkeit}}{\text{Eigenkapital}} \cdot 100$

Die **Eigenkapitalrentabilität** zeigt die Verzinsung des Eigenkapitals an.

Bei der Berechnung der Kennzahl Eigenkapitalrentabilität sollte korrekterweise für das Eigenkapital – entgegen der Oesterreichischen Nationalbank – das durchschnittliche bereinigte Eigenkapital verwendet werden, also

$$\frac{\text{Eigenkapital Anfang Geschäftsjahr} + \text{Eigenkapital Ende Geschäftsjahr}}{2}$$

- $\text{Gesamtkapitalrentabilität} =$

$$\frac{\text{Ergebnis der gewöhnlichen Geschäftstätigkeit} + \text{Fremdkapitalzinsen}}{\text{Eigenkapital}} \cdot 100$$

Die **Gesamtkapitalrentabilität** zeigt die Verzinsung des Gesamtkapitals an.

Die Gesamtkapitalrentabilität wird um die Fremdkapitalzinsen in der Gewinn- und Verlustrechnung bereinigt. Man unterstellt, dass das Unternehmen vollständig mit Eigenkapital finanziert ist. Bereinigen bedeutet in diesem Fall hinzuzählen, da diese Position in der Gewinn- und Verlustrechnung als Aufwand abgezogen wurde und bei Unterstellung vollständiger Eigenkapitalfinanzierung keine Fremdkapitalzinsen anfallen, also das Finanzergebnis um diesen Betrag höher ist. Korrekterweise sollte für das Gesamtkapital das durchschnittliche Gesamtkapital verwendet werden, also

$$\frac{\text{Gesamtkapital Anfang Geschäftsjahr} + \text{Gesamtkapital Ende Geschäftsjahr}}{2}$$

Die Umsatzrentabilität und die Gesamtkapitalrentabilität stehen zueinander in Beziehung, indem sich die Gesamtkapitalrentabilität auch aus Umsatzrentabilität · Kapitalumschlag (siehe Kapitel 8: Kapital) errechnen lässt.

- Return on Investment (ROI) = Umsatzrentabilität · Kapitalumschlag = $\frac{\text{EBIT}}{\text{Umsatzerlöse}} \cdot \frac{\text{Umsatzerlöse}}{\text{Gesamtkapital}} = \frac{\text{EBIT}}{\text{Gesamtkapital}} \cdot 100$

Der **Return on Investment**, meist ROI abgekürzt, zeigt die Rendite des Gesamtkapitals an und entspricht inhaltlich der Gesamtkapitalrentabilität.

Er wird international verwendet, aber von der Oesterreichischen Nationalbank nicht verlangt. Er ist meist die Spitzenkennzahl in Kennzahlensystemen, zB. des DuPont'schen Kennzahlensystems. Der ROI errechnet sich aus Umsatzrentabilität · Kapitalumschlag; bei Herauskürzen der Umsatzerlöse verbleibt das Verhältnis von EBIT zu Gesamtkapital. Anstelle des EBIT kann in Österreich zB. das Ergebnis vor Steuern verwendet werden.

Die **Produktivität** misst die Leistungsfähigkeit eines Unternehmens. Sie bezeichnet in ihrer reinen Form das Verhältnis zwischen produzierten Leistungen und den dafür benötigten Produktionsfaktoren als Verhältnis zweier Mengen.

Die Oesterreichische Nationalbank definiert als Produktivitätskennzahlen die hier nicht weiters ausgeführte Wertschöpfung in Verhältnis zum Umsatz bzw. zu Personalaufwand und Personalkosten. Hier angeführt wird die Kennzahl

- Umsatz je Euro Personalaufwand = $\frac{\text{Umsatz}}{\text{Personalaufwand}}$

Der von der Oesterreichischen Nationalbank definierte Umsatz je Euro Personalkosten ist eine für die externe Bilanzanalyse nicht berechenbare Kennzahl.

Anstelle des Umsatzes je Euro Personalaufwand wird meist die folgende Kennzahl angegeben:

- Personalaufwand pro Mitarbeiter = $\frac{\text{Personalaufwand}}{\text{Mitarbeiter}}$

Beachte: Bei der Berechnung dieser Kennzahl kann wie bei allen anderen Kennzahlen gerundet werden, allerdings ist dies dann auch beim Ergebnis der Kennzahl anzugeben (zB. je tausend Mitarbeiter). Inhaltlich wesentlich bei dieser Kennzahl ist, dass die Anzahl der Mitarbeiter unterschiedlich angegeben werden kann, zB. Vollzeitäquivalente, pro Kopf, Angestellte und Arbeiter, inklusive oder exklusive Lehrlinge etc… Daher ist ein Vergleich nicht immer möglich bzw. es muss umgerechnet werden.

Der **Umsatz pro Mitarbeiter** wird von der Oesterreichischen Nationalbank nicht angegeben, aber in der Praxis sehr oft verwendet, zB. im Rahmen der Balanced Scorecard.

- Umsatz pro Mitarbeiter = $\frac{\text{Umsatz}}{\text{Miarbeiter}}$

Die **Exportquote** entspricht eigentlich eher einer Strukturkennzahl. Sie findet sich selten in Kennzahlenkategorien wieder, wird aber in der Praxis sehr häufig angegeben und daher am Ende der Erfolgskennzahlen angeführt.

- $\text{Exportquote} = \frac{\text{Exportumsatzerlöse}}{\text{Gesamtumsatzerlöse}}$

Die Umsatzerlöse aus dem Export werden meist im Anhang angegeben.

Beispiel 110: Josef Manner & Comp. AG 2016 – Analyse des Erfolgs

Analysieren Sie den Erfolg der Josef Manner & Comp. AG 2016!

Anstelle des Ergebnisses der gewöhnlichen Geschäftstätigkeit wird im Folgenden stets das Ergebnis vor Steuern verwendet.

- $\text{Umsatzrentabilität} = \frac{1.077.732{,}91}{199.536.488{,}56} \cdot 100 = 0{,}54\ \%$

  Die Werte zur Berechnung der Umsatzrentabilität sind zu finden:

Ergebnis vor Steuern	Gewinn- und Verlustrechnung 15.	1.077.732,91
Umsatzerlöse	Gewinn- und Verlustrechnung 1.	199.536.488,56

- $\text{Eigenkapitalrentabilität} = \frac{1.077.732{,}91}{45.870.644{,}47} \cdot 100 = 2{,}35\ \%$

  Die Werte zur Berechnung der Eigenkapitalrentabilität sind zu finden:

Ergebnis vor Steuern	Gewinn- und Verlustrechnung 15.	1.077.732,91
Eigenkapital	Bilanz Passiv A.	45.870.644,47

- $\text{Gesamtkapitalrentabilität} = \frac{1.077.732{,}91 + 480.619{,}04}{143.497.826{,}19} \cdot 100 = 1{,}09\ \%$

  Die Werte zur Berechnung der Gesamtkapitalrentabilität sind zu finden:

Ergebnis vor Steuern	Gewinn- und Verlustrechnung 15.	1.077.732,91
Finanzierungsaufwand	Gewinn- und Verlustrechnung 13.	480.619,04
Bilanzsumme	Bilanz Aktiv Summe Aktiva	143.497.826,19

- $\text{Return on investment (ROI)} = \frac{1.077.732{,}91}{143.497.826{,}19} \cdot 100 = 4{,}50\ \%$

  Die Werte zur Berechnung des Return on Investment sind zu finden:

Ergebnis vor Steuern	Gewinn- und Verlustrechnung 15.	1.077.732,91
Bilanzsumme	Bilanz Aktiv Summe Aktiva	143.497.826,19

- $\text{Umsatz je Euro Personalaufwand} = \frac{199.536.488{,}56}{40.917.571{,}11} = 4{,}88\ €$

  Die Werte zur Berechnung des Umsatzes je Euro Personalaufwand sind zu finden:

Personalaufwand	Gewinn- und Verlustrechnung 6.	40.917.571,11
Umsatzerlöse	Gewinn- und Verlustrechnung 1.	199.536.488,56

- $\text{Personalaufwand pro Mitarbeiter} = \frac{40.917.571{,}11}{734} = 55.746{,}01\ €$

  Die Werte zur Berechnung des Personalaufwandes pro Mitarbeiter sind zu finden:

Personalaufwand	Gewinn- und Verlustrechnung 6.	40.917.571,11
Anzahl Mitarbeiter	Lagebericht S. 8	734
		(365 Arbeiter, 369 Angstellte)

- Umsatz pro Mitarbeiter $= \frac{199.536.488{,}56}{734} = 271.848{,}08$ €

  Die Werte zur Berechnung des Umsatzes pro Mitarbeiter sind zu finden:

Umsatz	Gewinn- und Verlustrechnung 1.	199.536.488,56
Anzahl Mitarbeiter	Lagebericht S. 8	734

- Exportquote $= \frac{111.230 + 5.019}{199.536}$ (in Tsd. €) = 58,26 %

  Die Werte zur Berechnung der Exportquote sind zu finden:

Umsatzerlöse/Ausl.	Anhang S. 27 (in Tsd. €)	111.230 + 5.019
Umsatzerlöse	Gewinn- und Verlustrechnung 1.	199.536.488,56

9.3. Aufgaben

9.3.1. Theoriefragen

9/T-1: Welche Verfahren können im Rahmen der Gewinn- und Verlustrechnung angewendet werden?

A. Gemeinkostenverfahren
B. Umsatzkostenverfahren
C. Leistungskostenverfahren
D. Gesamtkostenverfahren

9/T-2: Welche der folgenden Aussagen gelten für das Umsatzkostenverfahren?

A. Gliederung nach Kostenarten
B. Gliederung nach Kostenstellen
C. Gegenüberstellung von Gesamtbetriebsleistungen und gesamten Aufwendungen
D. Gegenüberstellung von erzielten Erlösen und Aufwendungen für verkaufte Produkte

9/T-3: Gesamtkostenverfahren

A. Das Gesamtkostenverfahren ist typisch für die USA.
B. Im Gesamtkostenverfahren erfolgt eine Gegenüberstellung der Aufwendungen und Erträge eines Geschäftsjahres.
C. Das Gesamtkostenverfahren kann eine Bereinigung der Aufwendungen erfordern.
D. Das Gesamtkostenverfahren erfordert keine Korrekturbuchungen, Bestandsveränderung und Aktivierte Eigenleistung.

9/T-4: Welche Aussagen über Umsatzerlöse sind korrekt?

A. Es handelt sich um Nettoumsätze.
B. Umsatzerlöse werden abzüglich der Erlösschmälerungen ausgewiesen.
C. Zu den Umsatzerlösen werden in der Gewinn- und Verlustrechnung Preisnachlässe, Rabatte und Skonti hinzuaddiert.
D. Umsatzerlöse sind im Anhang in Inlands- und Auslandsumsätze sowie nach Tätigkeitsbereich aufzuschlüsseln.

9/T-5: Welche Aussagen zum Thema Personalaufwendungen qualifizieren Sie als richtig?

A. Das Entgelt umfasst den Lohn für Arbeiter, das Gehalt für Angestellte, sowie die Lehrlingsentschädigung für Lehrlinge, nicht jedoch die Aufwendungen für Abfertigungen und Pensionen.

B. Um den Nettobezug zu berechnen (=Auszahlungsbetrag), zieht man vom Bruttobezug die lohnabhängigen Abgaben ab.

C. Zu den lohnabhängigen Kosten gehören unter anderem: die Lohnsteuer, die Familienbeihilfe sowie die Kommunalsteuer.

D. Personalaufwendungen zählen zur Kontoklasse 7 (Betriebliche Aufwendungen).

9/T-6: Erträge

A. Erträge sind sowohl Einnahmen aus dem Verkauf von Fertigerzeugnissen als auch Bestandserhöhungen.

B. Bei der Leistungsrechnung sind betriebliche, betriebsfremde, betriebliche ordentliche und außerordentliche Erträge zu berücksichtigen.

C. Ein Beispiel für Finanzerträge ist der erfolgreiche Verkauf von Anlagegegenständen.

D. Betriebliche Nebenerträge sind grundsätzlich als Kostengutschriften zu behandeln.

9/T-7: Ertrag

A. Im betriebswirtschaftlichen Sinn bezeichnet der Ertrag den Wertezuwachs eines Unternehmens, der nach dem Prinzip der Erfolgswirksamkeit einem bestimmten Jahr zugeordnet wird.

B. Der Ertrag wird als das Ergebnis der wirtschaftlichen Leistung bezeichnet.

C. Der Betriebsertrag ist die Summe der Bruttobeträge, die den Kunden für Erzeugnisse und Dienstleistungen in Rechnung gestellt werden.

D. Aus dem Unterschied zwischen Aufwand und Ertrag ergibt sich der Gewinn.

9/T-8: Das Konto Aktivierte Eigenleistung

A. bezieht sich auf selbst erstelltes Anlagevermögen.

B. ist ein Aufwandskonto.

C. ist in Kontenklasse 4.

D. ist ein Bilanzkonto.

9/T-9: Eine Bestandsveränderung bezieht sich

A. auf Lagerveränderungen von Handelswaren des Umlaufvermögens.

B. auf Veränderungen des Anlagevermögens.

C. auf Lagerveränderungen von selbst erstellten Waren des Umlaufvermögens.

D. ausschließlich auf Bestandsabnahmen.

9/T-10: Welche Aussagen sind bezüglich der Bestandsveränderung korrekt?

A. Bestandsveränderung ist Teil des Umsatzkostenverfahrens.

B. Zur Bestandsveränderung gehört auch die Veränderung der Handelswaren.

C. Die Bestandsveränderung erfüllt eine Ausgleichsfunktion zwischen Aufwendungen der produzierten und verkauften Waren.

D. Neben Mengenänderungen können auch Wertänderungen des Lagers berücksichtig werden.

9/T-11: Welche Aussagen zum „Finanzergebnis“ würden Sie bejahen?

A. Das Finanzergebnis ist der Gewinn oder Verlust, der sich durch Finanzgeschäfte ergibt.

B. Um das Ergebnis vor Steuern zu ermitteln, muss man das Finanzergebnis zum Betriebsergebnis addieren.

C. Zum Finanzergebnis zählen keine Wertpapiererträge und Beteiligungen.

D. Der EBIT wird auch als „Gewinn vor Finanzergebnis“ bezeichnet.

9/T-12: EBIT steht für

A. Evaluation by interest and tax.

B. Earnings before interest and tax.

C. Evaluation before interest and tax.

D. Earnings by interest and tax.

9/T-13: Welche Aussagen sind richtig?

A. EBITDA steht für Earnings before interest, tax, depreciation and amortization.

B. Das EBITDA ist eine international weit verbreitete und eine der aussagekräftigsten Finanzierungskennzahlen.

C. Die Abschreibung wird bei der Berechnung der EBITDA nicht berücksichtigt.

D. Das EBITDA ist eine Erfolgskennzahl.

9/T-14: ROI

A. steht für Return on Investment.

B. ist mit der Gesamtkapitalrentabilität identisch.

C. berechnet sich als Umsatzrentabilität · Gesamtkapitalumschlag.

D. ist eine Liquiditätskennzahl.

9/T-15: Welche Aussage / welche Aussagen ist / sind richtig?

A. Die Einzelkosten sind abhängig von der Ausbringungsmenge eines Produktes.

B. Die Einzelkosten sind direkt auf das Produkt anrechenbar.

C. Die Einzelkosten können auch direkte Kosten genannt werden.

D. Einzelkosten sind Kosten, die einer Bezugsgröße direkt zugerechnet werden können.

9/T-16: Welche Aussage / welche Aussagen ist / sind korrekt?
A. Kosten werden mittels Betriebsüberleitungsbogen in Aufwendungen übergeleitet.
B. Kosten und Leistungen bilden ein Begriffspaar.
C. Unter direkten Kosten versteht man Kosten, die einem Kostenträger direkt zugerechnet werden können, sie werden auch Gemeinkosten genannt.
D. Personalkosten sind immer Gemeinkosten.

9/T-17: Welche Aussage / welche Aussagen ist / sind richtig?
A. Fixe Kosten sind beschäftigungsabhängig.
B. Ein Beispiel für fixe Kosten sind die Mietkosten, die für ein angemietetes Lager anfallen.
C. Fixkosten = Gesamtkosten – (variable Kosten * Menge)
D. Ein Beispiel für fixe Kosten sind die Energiekosten, die zur Herstellung eines Produkts anfallen.

9/T-18: Wie verhalten sich fixe Kosten?
A. Sie sinken mit der Produktionsmenge.
B. Sie steigen mit der Produktionsmenge.
C. Sind unabhängig von der Produktionsmenge.
D. Gesamtkosten zuzüglich variabler Kosten ergeben fixe Kosten.

9/T-19: Wodurch zeichnen sich Fixkosten aus?
A. Sie erhöhen sich analog zur Ausbringungsmenge.
B. Sie sind immer kalkulatorisch.
C. Fixkosten lassen sich durchschnittlich analog zur Ausbringungsmenge reduzieren.
D. Fixkosten stehen nicht in Abhängigkeit zum Beschäftigungsgrad.

9/T-20: Die fixen Gemeinkosten
A. verhalten sich proportional zur Beschäftigung in den Kostenstellen.
B. werden in der Teilkostenrechnung aus der Kostenstellenrechnung direkt in die Periodenerfolgsrechnung übernommen.
C. finden in der Periodenerfolgsrechnung nach Umsatzkostenverfahren keine Berücksichtigung.
D. sind in den Zuschlags- und Verrechnungssätzen zu Vollkosten enthalten.

9/T-21: Welche der folgenden Aussagen ist in Bezug auf variable Kosten korrekt?
A. Das Gegenteil der variablen Kosten stellen die Fixkosten da.
B. Im Gegensatz zu den Fixkosten lassen sich die variablen Kosten verursachungsgerecht auf die Produkteinheiten verteilen, um die Stückkosten zu ermitteln.
C. Die variablen Kosten werden unterteilt in Kosten, die proportional, progressiv oder regressiv verlaufen.
D. Erlöse – variable Kosten = Deckungsbeitrag (Bruttoergebnis) – Fixkosten = Ergebnis (Nettoergebnis)

9/T-22: Man unterscheidet bei variablen Kosten

A. proportionale Kosten (variieren nicht bei Veränderung der Ausbringung)
B. regressive Kosten (steigen langsamer als Ausbringung)
C. progressive Kosten (steigen stärker als Ausbringung)
D. degressive Kosten (sinken beim Anstieg des Beschäftigungsgrades)

9/T-23: Variable Kosten

A. sind Kosten der Verfügbarkeit.
B. sind Kosten des Verbrauches.
C. sind beschäftigungsabhängig.
D. sind zB. die Energiekosten für den Gebrauch eines Fließbandes zur Automobilerzeugung.

9/T-24: Wobei handelt es sich um sprungfixe Kosten?

A. Wartung von Flugzeugen
B. § 57 Plankette am PKW
C. Wertkartenhandy
D. Autokauf

9/T-25: Beschäftigungsabhängige Kosten

A. bezeichnen variable Kosten.
B. sind die Kosten der Verfügbarkeit.
C. können unter anderem mittels Regressionsanalyse ermittelt werden.
D. können Einzel- und Gemeinkosten umfassen.

9/T-26: Kostenfunktionen können sein

A. linear.
B. progressiv.
C. degressiv.
D. nicht linear.

9/T-27: Materialaufwand

A. ist eine Aufwandsart.
B. ist eine Kostenart.
C. kann in Buchhaltung und Kostenrechnung unterschiedlich hoch sein.
D. hat tendenziell mehr variablen als fixen Charakter.

9/T-28: Personalkosten

A. sind alle Kosten, die durch die Beschäftigung von Mitarbeitern und Lehrlinge durch die Tätigkeit des Unternehmens und gegebenenfalls von Familienangehörigen dem Betrieb erwachsen.
B. können entsprechend der Mitarbeitergruppe in folgende Arten aufgeteilt werden; zB. Angestellte, Lehrlinge, Arbeiter.
C. sind nur ein Teil der Nettoentgelte, die Mitarbeiter erhalten.
D. sind Nettoentgelt + Freiwillige Sozialleistungen inkl. Pensionen = Personalkosten.

9/T-29: Marketingkosten können sein
- A. Materialkosten.
- B. Personalkosten.
- C. Opportunitätskosten.
- D. Sunk costs.

9/T-30: Was zählt zur Nicht-Anwesenheitszeit?
- A. Geschäftsreise
- B. Beerdigung
- C. KFZ-Mechaniker wartet auf das nächste Fahrzeug
- D. Grippe

9/T-31: Wenn Sie in der Firma anstatt zu arbeiten ein Computerspiel spielen, handelt es sich um
- A. Anwesenheitszeit.
- B. Hilfszeit.
- C. Leistungszeit.
- D. Unbezahlten Urlaub.

9/T-32: Wenn sich ein Arbeitnehmer während der Arbeitszeit mit dem Facebook beschäftigt und die Zeitungen liest, ist es
- A. Anwesenheitszeit
- B. Abwesenheitszeit
- C. Leistungszeit
- D. keine Antwort ist richtig

9/T-33: Steuern
- A. sind eine eigene Kostenstelle.
- B. beinflussen die Standortentscheidung eines Unternehmens.
- C. aus Einkommen und Ertrag gehen in die Kostenrechnung ein.
- D. sind eine Kostenart.

9/T-34: Sie wollen in ein schönes Restaurant essen gehen. Unglücklicherweise fällt die Türe ins Schloss und Sie müssen einen Schlüsseldienst holen lassen. Sie gehen anschließend essen. Die für den Schlüsseldienst anfallenden Kosten sind
- A. entscheidungsrelevante Kosten.
- B. Sunk costs.
- C. gemeine Kosten.
- D. Einzelkosten.

9/T-35: Sunk costs können sein
- A. Irreversible, falsche Standortentscheidungen.
- B. Parkplätze.
- C. Software-Updates.
- D. Ausbildungskosten für untalentierte Mitarbeiter.

9/T-36: Welche Aussagen treffen zu?

A. Sunk costs sind die Markteinführungskosten für ein sehr erfolgreiches Produkt.
B. Sunk costs sind die Markteinführungskosten für ein erfolgloses Produkt.
C. Sunk costs sind Opportunitätskosten.
D. Sunk costs sind für alle Marktstrategien entscheidungsrelevant.

9/T-37: Opportunitätskosten

A. bewerten den entgangenen Grenznutzen der nicht realisierten Handlungsalternative.
B. sind nicht entscheidungsrelevant.
C. sind zB. der kalkulatorische Unternehmerlohn und die kalkulatorischen Eigenkapitalzinsen.
D. werden in der Buchhaltung als Aufwendungen berücksichtigt.

9/T-38: Was sind kalkulatorische Leistungen?

A. Nebenleistungen
B. Zusatzleistungen
C. Andersleistungen
D. Hauptleistungen

9/T-39: Kalkulatorische Eigenkapitalzinsen

A. sind Opportunitätskosten.
B. sind in der Buchhaltung im Finanzergebnis ausgewiesen.
C. werden üblicherweise mit dem Kapitalmarktzinssatz angesetzt.
D. beziehen sich auf das Eigenkapital.

9/T-40: Welche Aussagen zu Eigenkapitalzinsen sind richtig?

A. Eigenkapitalzinsen werden in der Kostenrechnung als kalkulatorische Zinsen bezeichnet. Zusammen mit den Fremdkapitalzinsen bilden sie die Opportunitätskosten eines Unternehmens.
B. Eigenkapitalzinsen verursachen Kosten in Form von Opportunitätskosten. Zusammen mit den Fremdkapitalkosten werden sie als kalkulatorische Zinsen bezeichnet.
C. In der Bilanz werden Eigenkapitalzinsen als Abzugskapital verbucht.
D. Da Eigenkapitalzinsen keine tatsächlichen Zahlungsströme darstellen und auch keine Kosten im herkömmlichen Sinn verursachen, werden sie in der Buchhaltung nicht ausgewiesen.

9/T-41: Kalkulatorische Abschreibungen stellen

A. neutrale Aufwendungen dar.
B. Anderskosten dar.
C. Zusatzkosten dar.
D. Keine Antwort ist richtig.

9/T-42: Was sind kalkulatorische Risken?
- A. Risken, die in der Kostenrechnung berücksichtigt werden sollen.
- B. Geschäfte, die riskant kalkuliert sind.
- C. Risken, die nicht von einer bestehenden Versicherung abgedeckt werden.
- D. Von der Versicherung berechnete Risken.

9/T-43: Kalkulatorische Wagnisse
- A. werden für leistungsbedingte Einzelwagnisse angesetzt.
- B. sind Gewährleistungswagnisse, Entwicklungswagnisse, Fertigungswagnisse.
- C. sind immer als Kosten in der Kostenrechnung umzurechnen.
- D. können als Zusatzkosten angesetzt werden, wenn sie durch Fremdversicherungen abgedeckt sind.

9/T-44: Kalkulatorische Wagnisse
- A. sind pagatorische Größen.
- B. sind in der Buchhaltung enthalten.
- C. bezeichnen alle Risiken, die man berechnen kann.
- D. können im Rahmen der Überleitung in die Kostenrechnung aufgenommen werden.

9/T-45: Kapitalkosten
- A. sind nur Kosten, die das Unternehmen an ein Kreditinstitut oder einen sonstigen Fremdkapitalgeber bezahlen muss.
- B. sind alle Kosten, die bei der Beschaffung von Kapital für eine bestimmte Investition entstehen.
- C. sind in der externen Rechnungslegung nie aktivierungspflichtig.
- D. sind Kosten, die einem Unternehmen dadurch entstehen, dass es sich für eine Investitionen Fremdkapital oder Eigenkapital beschafft.

9/T-46: Welche der folgenden Aussagen sind falsch?
- A. Zusatzkosten stehen keinerlei Aufwendungen gegenüber.
- B. Die kalkulatorischen Mieten für eigene Gebäude, für die keine Miete anfällt, sind Teil der pagatorischen Kosten.
- C. Für die Mitarbeit des Unternehmers darf in der Kostenrechnung ein kalkulatorischer Unternehmerlohn angesetzt werden.
- D. Zusatzkosten werden auch als Anderskosten bezeichnet.

9/T-47: Welche Aussagen bezüglich Plankosten treffen zu?
- A. Plankosten werden aufgrund von Erfahrungswerten und von Analysen des mengen- und wertmäßigen Einsatzes der Produktionsfaktoren ermittelt.
- B. Es gibt gesetzliche Vorschreibungen, mit welchem Wert diese anzusetzen sind.
- C. Geplant werden können Einzelkosten und Gemeinkosten.
- D. Wenn sie zu niedrig angesetzt werden, bieten sie keinen Leistungsanreiz mehr.

9/T-48: Welche Aussage / welche Aussagen zur „Plankostenrechnung“ würden sie bejahen?

A. Die relevanten Plandaten für die Plankostenrechnung werden über Schätzungen oder Berechnungen ermittelt.
B. Es wird zwischen der starren Plankostenrechnung und der flexiblen Plankostenrechnung unterschieden.
C. Die klassische Plankostenrechnung ist ein Verfahren der Vollkostenrechnung.
D. Die Plankostenrechnung ist ein zukunftsbezogenes Verfahren der Grenzkostenplanrechnung.

9/T-49: Teilkosten

A. umfassen nicht die vollen Durchschnittskosten, sondern stellen die kurzfristig entscheidungsrelevanten Kosten dar.
B. umfassen die vollen Durchschnittskosten und stellen die langfristig entscheidungsrelevanten Kosten dar.
C. bzw. die Teilkostenrechnung baut auf den Grenzkosten auf, die die Kostenänderung bei Variation der Beschäftigung um eine Einheit angeben.
D. sind alle entstehenden Kosten für eine im Rahmen eines Arbeitsverhältnisses erfolgende Arbeitsteilung.

9/T-50: Ursachen der Abweichungen zwischen Ist- und Normalkosten sind

A. Preisabweichungen.
B. Beschäftigungsabweichungen.
C. Verbrauchsabweichungen.
D. Fluktuation beim Personal.

9/T-51: Welche Aussagen treffen auf die Istkostenrechnung zu?

A. Strikter Gegenwartsbezug.
B. Verwendet vergangenheitsorientierte Durchschnitte früherer Normalkosten.
C. Dient zu Festsetzung der effektiven Kosten einer Kostenstelle oder eines Kostenträgers.
D. Wird im Voraus einer Rechnungsperiode erstellt und wird oft als Wirtschaftlichkeitskontrolle verwendet.

9/T-52: Plankosten

A. sind stets variable Kosten.
B. bezeichnen künftige Kosten.
C. können Einzelkosten und Gemeinkosten inkludieren.
D. werden meist mittels Prognoseverfahren berechnet.

9/T-53: Grenzkosten

A. sind Kosten, die man im absoluten Grenzfall in Kauf nimmt.
B. fallen bei der nächstproduzierten Einheit an.
C. können mit sprungfixen Kosten gleichgesetzt werden.
D. entstehen bei Grenzüberschreitungen im Falle einer Transaktion mit Auslandsbezug.

9/T-54: Welche Aussage / welche Aussagen in Bezug auf die Grenzkostenrechnung ist / sind nicht richtig?
A. Grenzkostenrechnung ist eine Vollkostenrechnung.
B. Grenzkostenrechnung ist eine Teilkostenrechnung.
C. Grenzkostenrechnung basiert nur auf den fixen Kosten.
D. Grenzkostenrechnung basiert nur auf den variablen Kosten.

9/T-55: Sie berechnen einen Betriebsüberleitungsbogen, um die Kosten von Produkt A zu bestimmen. Dafür greifen Sie auf vergangene Daten zurück. Die ermittelten Kosten weichen von den Aufwendungen aus der Buchhaltung ab. Welche Größen bestimmen diese Abweichung?
A. Alternative Bewertungen
B. Einzelkosten
C. Leistungen
D. Neutrale Aufwendungen

9/T-56: Welche Positionen finden üblicherweise nach der Kostenüberleitung keine Berücksichtigung mehr?
A. Dotierung versteuerter Rücklagen
B. Steuern vom Einkommen und vom Ertrag
C. Eigenkapitalzinsen
D. Kalkulatorisches Risiko

9/T-57: Ein Unternehmen vermittelt Kredite und Versicherungen. Um die Erlöse aus dem Versicherungsgeschäft zu ermitteln, werden
A. Informationen aus der Buchhaltung hinzugezogen.
B. sachliche Abgrenzungen vorgenommen.
C. Berechnungen im Betriebsüberleitungsbogen durchgeführt.
D. Krediterlöse als neutrale Erlöse abgegrenzt.

9/T-58: Neutrale Erträge können sein
A. nicht verbuchte Gewinne.
B. Zuschreibungen zu nicht benötigten Gebäuden.
C. Umsatzerlöse der vergangenen Kostenrechnungsperiode.
D. Erlöse aus Produkten, die nicht kalkuliert werden sollen.

9/T-59: Welche der folgenden Antworten bezüglich der zeitlichen Abgrenzung sind richtig?
A. Die Aufgabe der zeitlichen Abgrenzung ist die Periodenreinheit der Aufwendungen und Erträge herzustellen, die nicht in dem Geschäftsjahr verbucht wurden, in das sie wirtschaftlich gehören.
B. Den Rechnungsabgrenzungsposten gem. § 198 UGB entsprechen Transitorien und Antizipationen.
C. Transitorien und Antizipationen werden in der Bilanz unter sonstigen Forderungen bzw. unter sonstigen Verbindlichkeiten gebucht.
D. Passive Antizipationen betreffen Aufwendungen, die im laufenden Geschäftsjahr angefallen sind, aber erst im nächsten Geschäftsjahr gezahlt werden müssen.

9/T-60: Neutrale Kosten
- A. werden im Betriebsüberleitungsbogen berücksichtigt.
- B. sind eine Kostenart.
- C. erhöhen den Periodengewinn einer Firma.
- D. gehen nicht in den Betriebsabrechnungsbogen des zu berechnenden Produkts ein.

9/T-61: Der neutrale Aufwand
- A. ist eine kalkulatorische Größe.
- B. wird im Rahmen des Betriebsabrechnungsbogens aufgenommen.
- C. wird im Rahmen des Betriebsüberleitungsbogens ausgeschieden.
- D. kann betriebsfremd, aperiodisch, und / oder außerordentlich anfallen.

9/T-62: Im Jänner wurde eine neue Maschine im Wert von 600.000 € angeschafft. Sie wird in der Buchhaltung auf sechs Jahre abgeschrieben. Die tatsächliche Nutzung wird voraussichtlich zehn Jahre dauern. Welche Aussagen sind richtig?
- A. Die Zusatzkosten sind 40.000 €.
- B. Der neutrale Aufwand ist 40.000 €.
- C. Aufwand = Kosten = 40.000 €.
- D. Aufwand = Kosten = 60.000 €.

9/T-63: Wonach werden die Kostenarten der betrieblichen Funktion gegliedert?
- A. Kosten des Absatzes
- B. Kosten der Beschaffung
- C. Kosten der Produktion
- D. Kosten des Materials

9/T-64: Welche Aussagen sind richtig?
- A. Das bezogene Material, mit dem in einer Werkstatt Kugelschreiber hergestellt werden, stellt Primärkosten dar.
- B. Bei der internen Bilanzanalyse ist die Unterscheidung zwischen Primär- und Sekundärkosten sehr wichtig.
- C. Primärkosten entstehen durch die Selbsterzeugung der Güter im Betrieb.
- D. Primärkosten entstehen durch den Verbrauch von am Markt bezogenen Produktionsfaktoren.

9/T-65: Welche Aussagen sind richtig?
- A. Vergangenheitskosten sind die für eine geplante Leistungserstellung errechneten Kosten.
- B. Normalkosten werden auf der Basis der Istkosten als Durchschnittswert errechnet.
- C. Normalkosten werden von großen Schwankungen in einer Periode bereinigt.
- D. Istkosten werden während einer bestimmten Leistungsperiode errechnet.

9/T-66: Welche Aussagen sind richtig?

A. Einzelkosten werden mehreren Kostenträgern zugeordnet.
B. Gemeinkosten werden einem Kostenträger zugeordnet.
C. Sonderkosten werden bei jedem Auftrag unmittelbar einzelnen Kostenträgern zugerechnet.
D. Einzelkosten werden einer Dienstleistung direkt zugeordnet.

9/T-67: Betriebsnotwendiges Kapital

A. ist das zur Erreichung des Betriebszweckes notwendige Eigenkapital der Unternehmung.
B. wird mit den kalkulatorischen Zinsen verzinst.
C. wird berechnet, indem man das nicht betriebsnotwendige Vermögen absondert und das zinslose Fremdkapital abzieht.
D. wird auch bei der Kalkulation von Selbstkostenpreisen zur Ermittlung der Rentabilität zugrunde gelegt.

9/T-68: Wird ein Wirtschaftsgut, zB. ein PKW, zum Teil betrieblich und zum Teil privat genutzt, so ist das Wirtschaftgut

A. zur Gänze notwendiges Privatvermögen.
B. verbundenes Betriebsvermögen.
C. zur Gänze notwendiges Betriebsvermögen.
D. gemischt genutztes Wirtschaftgut.

9/T-69: Die Kostenartenrechnung

A. grenzt Aufwendungen und Kosten inhaltlich, zeitlich und bewertungsmäßig ab.
B. grenzt zwischen Betriebsbuchhaltung und Kostenrechnung ab.
C. bereinigt das Vermögen des Unternehmens unter anderem um Stille Reserven.
D. hilft bei der Ermittlung des kalkulatorischen Gewinnes.

9/T-70: Welche der folgenden Aussagen über die Kostenartenrechnung sind korrekt?

A. In der Kostenartenrechnung werden die angefallenen Kosten der untersuchten Perioden nach verschiedenen Gesichtspunkten erfasst, um sie im nächsten Schritt auf die einzelnen Kostenstellen umzulegen.
B. Die zentrale Frage der Kostenartenrechung lautet: Wo sind Kosten angefallen?
C. Die Kostenartenrechnung steht am Anfang des Kostenrechungssystems und ist für die systematische Erfassung, Bewertung und Klassifikation der während einer Abrechnungsperiode entstandenen Kosten verantwortlich.
D. Grundsätzlich soll versucht werden, dass möglichst viele Kosten als Einzelkosten erfasst werden.

9/T-71: Welche der folgenden Aussagen sind richtig?
A. Materialgemeinkosten dürfen nicht per Gesetz angesetzt werden, um die ansatzpflichtigen Herstellungskosten zu kalkulieren.
B. Die jährlichen Materialgemeinkosten gehen aus der jährlichen Kostenstellenplanung hervor.
C. In einer Kostenrechnung werden die Fertigungsgemeinkosten mit den Materialgemeinkosten addiert, um die Materialkosten zu errechnen.
D. Der Materialgemeinkostenzuschlag wird aus dem Verhältnis von den Materialgemeinkosten zu dem jährlichen Materialeinsatz errechnet.

9/T-72: Die Abkürzung BAB steht für
A. BetriebsAbrechnungsBlatt.
B. BuchhaltungsAbrechnungsBogen.
C. BetriebsAbrechnungsBogen.
D. BeArbeitungsBogen.

9/T-73: Welche Aussagen in Bezug auf den BAB sind korrekt?
A. Er dient der Erfassung der Einzelkosten und der Umlage von Gemeinkosten auf innerbetriebliche Kostenstellen.
B. Er wird verwendet, um Kosten, die den Kostenträgern nicht direkt zurechenbar sind, sog. Gemeinkosten, auf Kostenstellen zu verteilen.
C. Er enthält zeilenweise die Kostenarten und spaltenweise die Kostenstellen.
D. Er dient zur Überleitung der Aufwendungen aus der Finanzbuchhaltung in Kosten.

9/T-74: Eine Kostenstelle kann sein
A. ein Produkt.
B. ein Arbeitsplatz.
C. eine Abteilung.
D. eine Maschine.

9/T-75: Ein Verrechnungssatz ist zB.
A. 100 Mh
B. 29,3 %
C. 0,5 € / h
D. 3,5 € / Auftrag

9/T-76: Mit Hilfe von Zuschlagssätzen sollen
A. Gemeinkosten auf Kostenträger verrechnet werden.
B. Einzelkosten auf Kostenträger verrechnet werden.
C. Kostenträger untereinander verglichen werden.
D. Verrechnungspreise angepasst werden.

9/T-77: Für den Betriebsabrechnungsbogen können folgende Berechnungsarten gewählt werden
A. Teilkostenrechnung.
B. Grenzkostenrechnung.
C. Plankostenrechnung.
D. Einzelkostenrechnung.

9/T-78: Im Rahmen der innerbetrieblichen Leistungsverrechnung
A. werden die Kosten der Hilfskostenstellen auf die Hauptkostenstellen umgeschlagen.
B. werden Transferpreise berechnet.
C. benötigt man kostenunabhängige Größen wie zB. Menüs, km, Stunden als Grundlage für die Umlage.
D. werden die sekundären Gemeinkosten herangezogen.

9/T-79: Verrechnungssätze
A. werden im Betriebsüberleitungsbogen berechnet.
B. bezeichnen den Prozentsatz für Gemeinkosten.
C. benötigen einen Geldbetrag als Berechnungsbasis.
D. gehen in die Kostenträgerrechnung ein.

9/T-80: Wenn man in einem Betriebsabrechnungsbogen für eine Kostenstelle einen Verrechnungssatz von 5 errechnet, bedeutet das beispielsweise,
A. dass man 5 % Gemeinkosten auf die Einzelkosten der Kostenstelle aufschlägt.
B. dass man 500 % Gemeinkosten auf die Einzelkosten der Kostenstelle aufschlägt.
C. dass die Einzelkosten dieser Kostenstelle durchschnittlich 5 € betragen.
D. dass ein Betrag von 5 € als Gemeinkosten auf die Einzelkosten der Kostenstelle zugeschlagen werden.

9/T-81: Ein Unternehmen hat 2 Kostenstellen: Material und Personal. Die Gesamtkosten für Material betragen 400 €, davon sind 100 € Einzelkosten in Material, die anderen Kosten teilen sich im Verhältnis 2:1 auf Material und Personal auf. Die Personalkosten in Höhe von 500 sind zur Gänze fix. Welche Aussage ist bzw. welche Aussagen sind richtig?
A. Die gesamten Fixkosten betragen 500 €.
B. Die gesamten Gemeinkosten betragen 800 €.
C. Die gesamten Einzelkosten betragen 600 €.
D. Die gesamten Kosten in Material betragen 300 €.

9/T-82: In der Kostenstellenrechnung unterscheidet man als Ergebnis Verrechnungssätze und Zuschlagssätze. Welche der folgend genannten Ergebnissen sind Verrechnungssätze?
A. 40 € / Mh
B. 5 € / km
C. 60 % Fertigungsgemeinkosten
D. 20 % Verwaltungsgemeinkosten

9/T-83: Im Rahmen der innerbetrieblichen Leistungsverrechnung werden die Kosten der Hilfskostenstellen auf die Hauptkostenstellen umgelegt. Mit Hilfe welches Ansatzes muss gerechnet werden, wenn Hilfskostenstellen einander gegenseitig Leistungen erbringen?
A. Simultanansatz
B. Umlageansatz
C. Sukzessivansatz
D. Transferkostenansatz

9/T-84: Ein Unternehmen errechnet im Betriebsabrechnungsbogen 20 % Materialgemeinkosten in der Materialstelle, 10 € / Mh in der Produktion, 17 % Verwaltungsgemeinkosten in der Verwaltung und 3 € / Auftrag im Vertrieb. Welche dieser Werte werden als Zuschlagssätze bezeichnet?

A. 20 % Materialgemeinkosten
B. 17 % Verwaltungsgemeinkosten
C. 10 € / Mh
D. 3 € / Auftrag

9/T-85: Welche Reihenfolge für die Kalkulation im Rahmen der Produktkostenverrechnung wird von der Theorie vorgeschlagen?

A. Kostenartenrechnung – Kostenstellenrechnung – Kostenträgerrechnung – Kostenträgererfolgsrechnung
B. Kostenträgerrechnung – Kostenträgererfolgsrechnung – Kostenüberleitung – Kostenstellenrechnung
C. Periodenerfolgsrechnung – Kostenartenrechnung – Kostenstellenrechnung – Kostenträgerrechnung
D. Kostenstellenrechnung – Kostenträgerrechnung – Periodenerfolgsrechnung – Gewinn- und Verlustrechnung

9/T-86: Die Kostenstellenrechnung

A. ist nur in der Vollkostenrechnung sinnvoll.
B. ist unabdingbare Voraussetzung für die mehrstufige Divisionskalkulation.
C. setzt eine Ermittlung von geeigneten Bezugsgrößen voraus.
D. dient zur Ermittlung der Gemeinkostenzuschlags- und Verrechnungssätze.

9/T-87: Kosten einer Hilfskostenstelle

A. werden mittels Transferpreisen auf die Hauptkostenstellen umgelegt.
B. werden mittels innerbetrieblicher Leistungsverrechnung auf die Hauptkostenstellen umgelegt.
C. können zumindest teilweise outgesourct werden.
D. können Vollkosten und Teilkosten sein.

9/T-88: Welche Aussage / welche Aussagen über die Hilfskostenstellen ist / sind richtig?

A. Ein Beispiel einer Hilfskostenstelle ist der Betriebskindergarten.
B. Hilfskostenstellen sind primäre Kostenstellen.
C. Hilfskostenstellen dienen zur Unterstützung der Hauptkostenstellen.
D. Hilfskostenstellen erbringen sowohl innerbetriebliche als auch außerbetriebliche Leistungen.

9/T-89: Welche Aussage / welche Aussagen ist / sind bezüglich Kalkulationssätzen richtig?
- A. Kalkulationssätze werden gebildet, indem man die Kosten der Hauptstelle zur gewählten Bezugsgröße in Verbindung setzt.
- B. Kalkulationssätze spielen eine tragende Rolle bei der erfolgreichen Budgetierung von Bilanzkennzahlenanalysen.
- C. Zuschlagssätze werden errechnet, indem man zwei quantitative Größen in Verbindung setzt.
- D. Verrechnungssätze werden errechnet, indem man eine physikalische Maßgröße zu den Gemeinkosten in Verbindung setzt.

9/T-90: Stimmen die folgenden Aussagen zur Kostenstellenrechnung?
- A. Die Kostenstellenrechung wird mittels Betriebsüberleitungsbogen durchgeführt.
- B. In der Kostenstellenrechung werden die in der Kostenartenrechung angefallenen Gemeinkosten den Kostenstellen eines Unternehmens zugeführt.
- C. Die Kostenstellenrechung kann in Form der Plankostenrechnung und der Istkostenrechnung erfolgen.
- D. Nach dem Ansatz der Kosten unterscheidet man zwischen Vollkostenrechung und Teilkostenrechung.

9/T-91: Bei der Kostenträgererfolgsrechnung
- A. Sind Erlösschmälerungen wie Rabatte unwichtig.
- B. Werden die variablen Gemein- und die variablen Herstellungskosten von Nettoerlös abgezogen, um den Deckungsbeitrag zu erhalten.
- C. Ermittelt man den Reingewinn durch die Kalkulation mit Vollkosten.
- D. Wird der Erfolg eines Kostenträgers errechnet.

9/T-92: Welche Aussagen über die Kostenträgererfolgsrechnung sind richtig?
- A. Der Nettoerlös abzüglich der fixen Kosten ergibt den Deckungsbeitrag.
- B. Der Stückerfolg eines Kostenträgers wird aus Nettoerlös abzüglich der vollen Selbstkosten ermittelt.
- C. Einzelkosten finden in der Kostenträgererfolgsrechnung keine Berücksichtigung.
- D. Die variablen Herstellkosten beinhalten die Sonderkosten des Vertriebes.

9/T-93: Ein Kostenträger kann sein
- A. Consultingstunde.
- B. Glas eingelegte Paprika.
- C. eine zur eigenen Produktion benötigte Maschine.
- D. aufgenommener Kredit.

9/T-94: Der Gewinnzuschlag
- A. wird in der Kostenträgerrechnung berücksichtigt.
- B. wird im Allgemeinen auf die Selbstkosten aufgeschlagen.
- C. muss nicht in den Nettopreis einberechnet werden.
- D. ist immer ein positiver Wert.

9/T-95: In der Kostenträgerrechnung
A. können Opportunitätskosten berücksichtigt werden.
B. werden Skonti berücksichtigt.
C. können Fixkosten berücksichtigt werden.
D. wird Umlaufvermögen nach gesetzlichen Vorschriften kalkuliert.

9/T-96: Welche Aussagen sind richtig?
A. In der Periodenerfolgsrechnung wird der Gesamterfolg einer Unternehmung innerhalb einer Abrechnungsperiode durch systematische Gegenüberstellung der jeweiligen Kosten und Erträge ermittelt.
B. Die Periodenerfolgsrechnung wird auch Entscheidungsrechnung genannt.
C. Die Periodenerfolgsrechnung wird auch Zeiterfolgsrechnung genannt.
D. Bei einer Grenzkostenbetrachtung wird der Periodenerfolg mittels stufenweise Deckungsbeitragsrechnung ermittelt: Die Fixkosten werden so genau wie möglich aufgespaltet und den Unternehmensbereichen zugeteilt, in denen sie anfallen.

9/T-97: Ein Unternehmen kalkuliert, wie teuer das Verpacken eines Produktes ist. Wie bezeichnet man diese Rechnung in der Theorie?
A. Prozesskostenrechnung
B. Produktkostenrechnung
C. Kostenträgererfolgsrechnung
D. Kostenträgerrechnung

9/T-98: Es liegt folgende Kostenfunktion vor (K = Gesamtkosten, x = Stückzahl): $K = 200 + 10x$
A. In dem Betrag von 200 € können Zusatzkosten enthalten sein.
B. Der Verlauf der variablen Stückkosten ist linear.
C. Im Break-Even-Point beträgt die Summe der Deckungsbeiträge 200 €.
D. Der Fixkostenanteil pro Stück nimmt mit der Anzahl der Stücke zu.

9.3.2. Beispiele

9/1-1: Gewinn- und Verlustrechnung Gesamtkostenverfahren
Die Aufstellung von G&V-Posten einer Aktiengesellschaft zeigt folgendes Bild:

Abschreibungen IAV und SAV	1.735
Aktivierte Eigenleistung	220
Auflösung Kapitalrücklagen	370
Aufwendungen aus Beteiligungen	1.607
Bestandsveränderung	−471
Beteiligungserträge	3.223
Dotierung Gewinnrücklage	588
Materialaufwand	24.553
Personalaufwand	3.974
Sonstige betriebliche Erträge	200

Steuern EE	820
Umsatzerlöse	53.562
Verlustvortrag	17
Zinsaufwendungen	1.333

Erstellen Sie die Gewinn- und Verlustrechnung nach den gesetzlichen Vorschriften des UGB!

9/1-2: Gewinn- und Verlustrechnung Umsatzkostenverfahren
Die Aufstellung von G&V-Posten einer Aktiengesellschaft zeigt folgendes Bild:

Auflösung Gewinnrücklage	2.000
Aufwendungen aus Beteiligungen	1.432
Finanzerträge	1.276
Gewinnvortrag	38
Herstellungskosten	7.179
Steuern EE	127
Umsatzerlöse	9.132
Vertriebskosten	1.632
Verwaltungskosten	867

Erstellen Sie die Gewinn- und Verlustrechnung nach den gesetzlichen Vorschriften des UGB!

9/1-3: Betriebsüberleitungsbogen Erträge I
Ein kleiner Betrieb kalkuliert einen Betriebsüberleitungsbogen. Der Zinsertrag ist in der Gewinn- und Verlustrechnung mit 30 € ausgewiesen, enthält aber 5 % davon für nicht betriebszugehöriges Vermögen. Der Umsatz von 400 € sollte eigentlich um 60 € Schwarzgeld höher sein. Es wurden 20 € Gewinnrücklagen aufgelöst, der Gewinnvortrag beträgt 15 €. Das Gebäude ist um 17 € mehr wert als ausgewiesen. Wie hoch sind die kalkulatorischen Leistungen (unabhängig von ihrer juristischen Rechtmäßigkeit)?

9/1-4: Betriebsüberleitungsbogen Erträge II
Einem Unternehmen liegen folgende Informationen aus der Buchhaltung und aus der Kostenrechnung vor: Die pagatorischen Größen beziehen sich auf einen Zeitraum von einem Jahr, die kalkulatorischen auf ein Monat. Die Umsatzerlöse Kontoklasse 4 von 4800 € enthalten zu 20 % Nebenerlöse. Dafür wurden Erlöse von 2000 €, ebenfalls Kontoklasse 4, aus einer 100%-igen Tochtergesellschaft, nicht einbezogen. Das Gebäude wurde im Mai 20X2 um 6000 € gekauft, Nutzungsdauer = zehn Jahre. Der Gebäudeindex stieg um 10 %. Die Bestandsveränderungen in Höhe von 700 € beziehen sich auf Vorräte, die bis zum Bilanzstichtag im Wert um 5 % fielen. Die Erträge aus der Auflösung von Gewinnrücklagen betragen 170 € und der Gewinnvortrag 30 €. Wie hoch ist die Differenz von Erlösen und Leistungen für einen Monat?

9/1-5: Kalkulatorische Abschreibungen I
Ein Unternehmen hat im Jahr X3 pagatorische Abschreibungen von 100 €. Davon betreffen 60 € eine Maschine mit einer Nutzungsdauer von fünf Jahren. Die Maschine ist seit Anfang X1 in Nutzung. Der Wert der Maschine stieg, beginnend mit Anfang X1, jedes Jahr um 10 %. Wie hoch ist die kalkulatorische Abschreibung der Maschine in X4?

9/1-6: Kalkulatorische Abschreibungen II
Ein Unternehmen leitet seine pagatorischen Abschreibungen in Höhe von 8 €, Zeitraum 1/2 Jahr, Abschreibungsbasis 40 €, in Kosten über. In der Kostenrechnung wird mit einem Zeitraum von einem Monat gerechnet, die Anschaffungskosten wären zum Berechnungszeitpunkt 48 €, die Nutzungsdauer ist mit zehn Jahren geschätzt. Um wieviel weichen die kalkulatorischen Abschreibungen von der pagatorischen Abschreibung ab?

9/1-7: Kalkulatorische Abschreibungen III
Ein Unternehmen hat pagatorische Abschreibungen von 400 €. 300 € davon betreffen einen LKW, Nutzungsdauer = fünf Jahre, max. Fahrleistung, 200.000 km, Fahrleistung heuer 70.000 km. Wie hoch ist die leistungsabhängige Abschreibung?

9/1-8: Betriebsüberleitungsbogen Aufwand I
Ein Unternehmen leitet seine Aufwendungen in Kosten über. Die Materialaufwendungen in Höhe von 600 € stiegen um 10 %, die Abschreibungen in Höhe von 200 € beziehen sich auf ein Gebäude mit Anschaffungs- und Herstellungskosten 5.000 €, das um 15 % an Wert gestiegen ist. Die Dotierung von Gewinnrücklagen beträgt 130 €, die Steuern von Einkommen und Ertrag 30 €. Wie hoch ist die Differenz zwischen pagatorischen und kalkulatorischen Werten?

9/1-9: Betriebsüberleitungsbogen Aufwand II
Einem Unternehmen liegen folgende Informationen aus der Buchhaltung und aus der Kostenrechnung vor:

Aufwand	**€**	**Zusätzliche Informationen**
Materialaufwand	60.000	Das Material stieg bis zum Jahresende um 10 %.
Abschreibungen	100.000	40.000 € beziehen sich auf Gebäude, dessen Index von 128 auf 135 stieg. Die restlichen Abschreibungen beziehen sich auf eine Maschine mit einer Nutzungsdauer von sechs Jahren, welche im vorigen Jahr im September angeschafft wurde. Insgesamt können mit dieser Maschine 80.000 Stück produziert werden, wobei heuer 20.000 Stück produziert wurden.
Personalaufwand	200.000	¼ der Mitarbeiter sind Arbeiter, die restlichen ¾ sind Angestellte. Arbeiter sind zwei Wochen krank, vier Wochen auf Urlaub und erhalten drei Wochen Urlaubsgeld. Angestellte sind drei Wochen krank und fünf Wochen auf Urlaub und erhalten vier Wochen Urlaubsgeld.

Dotierung Gewinnrücklage	7.000	
Steuern EE	4.000	

Erstellen Sie den Betriebsüberleitungsbogen!

9/1-10: Betriebsüberleitungsbogen
Einem Unternehmen liegen folgende Informationen aus der Buchhaltung und aus der Kostenrechnung vor:

Abschreibungen	1.600
Erträge aus Beteiligungen	120
Erträge aus der Auflösung von Rücklagen	190
Gewinnvortrag	10
Materialaufwand	1.200
Personalaufwand	1.800
Umsatzerlöse	4.000
Versicherungsaufwand	60
Zinsaufwendungen	140

In den Abschreibungen ist eine Maschine enthalten, die um 2.400 € gekauft wurde, Nutzungsdauer = acht Jahre, geplante Höchststückzahl 3 Mio. Heuer wurden 0,2 Mio. Stück produziert. Die Materialien sanken am Weltmarkt um ca. 20 %. Das Unternehmen kaufte Anleihen im Wert von 300 €. Nicht versicherbare Schäden werden auf 40 € geschätzt. Die Eigenkapitalkosten sind 4 % des Nennkapitals von 2.000 €. Wie hoch ist die Differenz zwischen pagatorischem und kalkulatorischem Gewinn?

9/1-11: Zuschlagssatz
Ein Betriebsabrechnungsbogen zeigt an Gemeinkosten 20 € in Material, 30 € in der Fertigung, 40 € in der Verwaltung. Die Einzelkosten in Material betragen 40 €, in der Fertigung 20 € und in der Verwaltung 10 €. Wie hoch ist der Zuschlagssatz für die Verwaltung auf Basis Herstellkosten?

9/1-12: Variable Herstellkosten
Ein Unternehmen hat 3 Kostenstellen: Material, Personal und Verwaltung. Die Gesamtkosten des Materials betragen 600 €, davon sind 400 € fix, 100 € Einzelkosten in Material und der Rest verteilt sich mit 70 € auf Material, 20 € auf Personal und 10 € auf Verwaltung. Die gesamten Personalkosten betragen 800 €, davon sind 50 € fix, weitere 200 € sind Einzelkosten in Personal, der Rest verteilt sich im Verhältnis 1:2:7. Die Basis zur Errechnung des Zuschlagsatzes für die Materialstelle sind die Materialeinzelkosten, für die Personalstelle 50 Maschinenstunden und für die Verwaltung die variablen Herstellkosten. Wie hoch sind diese?

9/1-13: Primäre Gemeinkosten
Wie hoch sind die primären Gemeinkosten, wenn folgende Informationen in einer Kostenstelle vorliegen: Einzelkosten 8 €, Gemeinkosten: Abschreibung 5 €, Fertigung 7 €, Material 3 €, Zinsen 1 €, Umlage innerbetrieblicher Transport 2 €.

9/1-14: Umlage I

Ein Betriebsabrechnungsbogen zeigt an primären Gemeinkosten 20 € in Material, 30 € in der Fertigung, 40 € in der Verwaltung und 10 € in der Werksküche. Es werden vier Menüs in Material, fünf in der Fertigung, sechs in der Verwaltung und eines in der Werksküche gegessen. Wie hoch ist die gesamte Umlage?

9/1-15: Umlage II

Ein Unternehmen hat eine Werksküche, in der fünf Menüs für die Materialstelle, zwölf Menüs für die Produktion, drei Menüs für die Verwaltung und eines für die Werksküche zubereitet werden. Wie viele Menüs werden im Rahmen der innerbetrieblichen Leistungsverrechnung umgelegt?

9/1-16: Umlage III

Im Rahmen der innerbetrieblichen Leistungsverrechnung werden die Kosten der Transportabteilung in Höhe von 10.000 € auf die Hauptkostenstellen umgelegt. Material fährt 500 km, Fertigung 700 km, Vertrieb 3.000 km, Transport 100 km, Werksküche 200 km. Wie hoch ist die Umlage pro km?

9/1-17: Betriebsabrechnungsbogen

Ein Unternehmen hat 5 Kostenstellen: Material, Fertigung, Verwaltung, Vertrieb und Transport. Die gesamten Materialkosten betragen 900 €, davon sind 200 € fix und 100 € Einzelkosten in Material. Die restlichen Materialgemeinkosten verteilen sich auf Fertigung, Verwaltung, Vertrieb und Transport wie 4:5:3:2. Die gesamten Personalkosten betragen 1.600 €. Davon sind 320 € Lohnnebenkosten fix, 580 € in Fertigung sind Einzelkosten. Die restlichen Kosten verteilen sich zu 200 € in Material, 300 € in Fertigung, 150 € in Verwaltung und 50 € in Vertrieb. Die Abschreibungen von insgesamt 600 € sind Gemeinkosten und verteilen sich auf die Kostenstellen zu 8 %, 52 %, 17 %, 16 % und 7 %. Im Transport werden 10.000 km gefahren, davon 600 km für Material 1.000 km für Fertigung, 700 km für Verwaltung, 7.600 km für Vertrieb und 100 km für Transport. Die Zuschlags- und Verrechnungsbasis in Material sind die Einzelkosten, in der Fertigung 5.000 Maschinenstunden, in der Verwaltung die Herstellkosten und im Vertrieb 200 Aufträge.

Berechnen Sie die Zuschlags- und Verrechnungssätze für Material, Fertigung, Verwaltung und Vertrieb!

9/1-18: Kalkulation I

Zur Kalkulation eines Produktes liegen folgende Informationen vor: Materialeinzelkosten 5 €, Materialgemeinkosten 20 %, Fertigungseinzelkosten 3 €, Fertigungsgemeinkosten 100 %, Verwaltungsgemeinkosten 40 %, Sonderkosten 2 €, Gewinnzuschlag 10 %, USt 20 %. Wie hoch sind laut Kostenrechnung die Herstellkosten?

9/1-19: Kalkulation II
Ein Unternehmen kalkuliert pro Stück mit 20 € Materialeinzelkosten, 10 % Materialgemeinkosten, 30 € Fertigungseinzelkosten, 100 % Fertigungsgemeinkosten, 4 € Sonderkosten, 40 % Verwaltungsgemeinkosten, 3 € pro Auftrag Vertriebsgemeinkosten, wobei ein Auftrag durchschnittlich fünf Stück umfasst, 40 % Gewinnzuschlag, 5 % Skonto und 20 % USt. Wie hoch sind die Selbstkosten?

9/1-20: Kalkulation III
Ein Unternehmen kalkuliert ein Produkt wie folgt: 30 € Herstellkosten, 40 € Selbstkosten, 5 € Gewinnzuschlag, 3 € Rabatt, 20 % USt. Welcher Verkaufspreis kann bzw. welche Verkaufspreise können verlustfrei für Sonderangebote kalkuliert werden?

9/1-21: Kalkulation IV
Ein Unternehmen kalkuliert Selbstkosten von 200 €, einen Gewinnzuschlag von 40 €, Umsatzsteuer von 20 % und einen Skonto von 5 %. Wie hoch ist unter Berücksichtigung des Skontos der Nettoverkaufspreis?

9/1-22: Kalkulation V
Ein Unternehmen kalkuliert 20 € Selbstkosten/Stück. Der Gewinnzuschlag ist 40 % , Skonto 3 %. Wie hoch ist der Nettoverkaufspreis?

9/1-23: Teilkostenrechnung
Ein Unternehmen errechnet auf variabler Basis 20 % Materialgemeinkosten, 130 % Fertigungsgemeinkosten, 12 €/Mh, 15 % Verwaltungsgemeinkosten und 25 % Vertriebsgemeinkosten. Es gewährt bei Barzahlung 3 % Skonto und strebt intern einen Gewinnzuschlag von 20 % an. Die USt beträgt ebenfalls 20 %. Die variablen Materialeinzelkosten betragen pro Stück 2 €, die Fertigungseinzelkosten 2,50 €. Für die Fertigung benötigt man 20 Minuten Maschinenkapazität. Die Maschine kostet 600 € Fixkosten für 100 Stunden Produktion. Wie viel kostet ein Stück?

9/1-24: Deckungsbeitrag
Ein Fahrradverleih kalkuliert 1 Stunde Fahrradverleih für Luxusräder wie folgt: Materialeinzelkosten 1 €, anteilige Gemeinkosten 150 %, Personaleinzelkosten 3 € pro Verleihvorgang. Durchschnittlich werden zwei Räder pro Verleihvorgang verliehen. Die Personalgemeinkosten betragen 70 %. Luxusfahrräder erhalten einen kostenlosen Fahrradplan um 30 Cent. Die Verwaltungs- und Vertriebsgemeinkosten betragen 20 %. Bei Barzahlung wird ein Skonto von 5 % gewährt. Der Preis pro verliehene Stunde beträgt 15 €. Die USt beträgt 20 %. Wie hoch ist der Deckungsbeitrag mit/ohne Skonto?

9/1-25: Periodenerfolgsrechnung I

Ein Unternehmen verkauft Bausteine um je 4,30 € die Kiste und Puppen zu je 9,90 € das Stück. Die variablen Kosten der Bausteine betragen 2,30 €, die der Puppen 4,20 €. Es werden 3.000 Bausteine und 2.000 Puppen verkauft. Fixkosten für Bausteine betragen 7.000 €, für die Puppen 2.000 €, für das gesamte Unternehmen 1.000 €. Pro zwei Bausteinen wird eine Puppe verkauft. Die USt beträgt 20 %.

a) Wie hoch ist der Periodengewinn?
b) Wie hoch wäre längerfristig das Periodenergebnis, wenn negative Bereiche geschlossen würden?
c) Wie sähe das Periodenergebnis kurz nach Schließung der negativen Bereiche aus?

9/1-26: Periodenerfolgsrechnung II

Ein Fahrradverleih vermietet Luxusräder und Kinderräder. Die variablen Kosten für eine Stunde Luxusrad betragen 4 €, für eine Stunde Kinderrad 1,50 €. Für eine Stunde Luxusrad werden 7 € eingenommen, für eine Stunde Kinderrad 3 €. Insgesamt werden 1.000 Stunden Luxusräder und 400 Stunden Kinderräder vermietet. Durchschnittlich wird mit vier Stunden Kinderrad eine Stunde Luxusrad vermietet. Die Fixkosten für die Luxusstunden betragen 2.100 €, für die Kinderräder 800 €. Die Unternehmensführung kostet weitere 300 €. Die USt beträgt 20 %.

a) Wie hoch ist der Gewinn/Verlust der Periode?
b) Wie hoch ist der Gewinn/Verlust, wenn der Fahrradverleih eine Sortimentsbereinigung vornimmt?

9/1-27: Break-Even-Analyse

Eine Spedition überlegt, LKW I oder LKW II zu kaufen.

LKW I kostet 100.000 € Fixkosten und bis 300.000 km Fahrleistung 2,50 € variable Kosten pro km. Nach 200.000 km muss standardmäßig ein Service in Höhe von 4.000 € durchgeführt werden. Ab 300.000 km Fahrtleistung steigen die variablen Kosten auf 2,80 € pro km.

LKW II kostet 70.000 € Fixkosten und bis 250.000 km 3,10 € variable Kosten pro Kilometer, dann nur mehr 2,40 € pro km.

Bei welcher Fahrleistung ist welcher LKW günstiger?

10. Wie liquide ist das Unternehmen?

10.1. Lernziele

Dieses Kapitel umreißt grundlegende Aspekte des großen Themenbereiches der Liquidität. Da Liquiditätsfragen nicht in Buchhaltung, Kostenrechnung oder Investition und Finanzierung getrennt werden können, werden hier ausschließlich einige Kennzahlen aus dem Bereich Bilanzanalyse diskutiert, die in der Berichterstattung und Interpretation von Jahresabschlüssen häufig verwendet werden. Es gilt wie bei allen Diskussionen zur Bilanzanalyse: Es existieren keine gesetzlichen Vorschriften und keine allgemeingültigen Regelungen; es steht jedem Unternehmen und jedem Bilanzleser frei, eigene Berechnungsschemata zu wählen und Schlüsse aus den Ergebnissen zu ziehen!

10.2. Definitionen und Erläuterungen

Liquidität bedeutet Zahlungsfähigkeit eines Unternehmens, dh. die Möglichkeit eines Unternehmens, kurzfristige Verbindlichkeiten jederzeit zurückzahlen zu können.

Illiquidität bedeutet Zahlungsunfähigkeit.

Die Liquidität ist eine Grundvoraussetzung, um ein Unternehmen am Leben zu erhalten. Auch wenn ausreichend Anlagevermögen und Umlaufvermögen vorhanden sind, muss ausreichend Liquidität gegeben sein, um zumindest laufende Kosten abzudecken und langfristig auch zu reinvestieren, dh. zu erneuern. Denken Sie zB. an Sportvereine wie Fußballclubs, die über teure Anlagen verfügen, aber ihre Sportler nicht zahlen können, wie regelmäßig in Zeitungsberichten zu lesen ist! Kann aus den regelmäßigen Geschäftstätigkeiten keine Liquidität erzielt werden, dh. kommt beim Verkauf von Waren und Dienstleistungen weniger Geld herein als hinausgeht, muss entweder Fremdkapital aufgenommen und inklusive Zinsen zurückgezahlt oder Anlagevermögen verkauft werden, was logischerweise nur bis zu einem gewissen Grad möglich ist, da das Unternehmen ja Betriebsanlagen benötigt. In diesem Fall spricht man gerne – va. in der politischen Diskussion – vom Verscherbeln des Familiensilbers. Liquidität ist auch eine Voraussetzung für das Funktionieren von Staaten – denken Sie an die aktuelle Diskussion um Staatsfinanzen, Staatsbankrott und Rating-Agenturen!

Übrigens: Umgangssprachlich wird manchmal die Redewendung „Bist Du flüssig?" verwendet. Damit ist gemeint, ob man ausreichend Geld hat. An die Lateiner: liquidus = flüssig!

Die Fragestellungen bezüglich Liquidität beziehen sich va. auf 2 Aspekte:

10.2.1. Was sind liquide Mittel?

10.2.2. Wie viele liquide Mittel benötigt man?

10.2.1. Was sind liquide Mittel?

10.2.1.1. Liquide Mittel

Liquide Mittel sind finanzielle Mittel, die jederzeit zur Rückzahlung der kurzfristigen Schulden zur Verfügung stehen.

Üblicherweise bezeichnet man Mittel, die kürzer als ein Jahr im Unternehmen sind, als kurzfristig und folglich Mittel mit länger als ein Jahr im Unternehmen als langfristig. Manchmal wird die Kategorie mittelfristig beigefügt; sie bezieht sich auf Posten zwischen einem und fünf Jahren. Die Kurzfristigkeit der Posten, va. der Forderungen, Rückstellungen und Verbindlichkeiten, sollten in entsprechenden Spiegeln im Anhang angegeben sein. Ist dies nicht der Fall, müssen Annahmen getroffen werden. Übliche Annahmen sind

Kurzfristige Forderungen	Forderungen aus Lieferungen und Leistungen Sonstige Forderungen
Kurzfristige Rückstellungen	Steuerrückstellungen Sonstige Rückstellungen
Kurzfristige Verbindlichkeiten	Wechselverbindlichkeiten Verbindlichkeiten aus Lieferungen und Leistungen Sonstige Verbindlichkeiten

Aktive und passive Rechnungsabgrenzungen gelten immer als kurzfristig, latente Steuern als langfristig.

Fasst man mehrere Bilanzposten zusammen, spricht man von einem **Fonds**.

Ein Fonds muss sich folglich nicht nur auf die Zusammenstellung von Aktienpaketen beziehen, sondern umfasst auch die Zusammenstellung von liquiden Mitteln!

Es gibt keine einhellige Meinung in Literatur und Praxis, was liquide Mittel sind bzw. wie sie definiert sind. Es hängt von Fragestellung und Tradition ab, was man in die liquiden Mittel einbezieht. Der zurzeit gängigste Fonds ist das Networking Capital:

kurzfristiges Umlaufvermögen
– kurzfristiges Fremdkapital
= Networking Capital

Die Bilanzposition Kassa, dh. Kassa, Girokonto, Schecks, Wechsel uä. werden auch als Cash & Cash Equivalents bezeichnet. Im Gegensatz zum Networking Capital ist dieser Fonds sehr eng, aber eindeutig gefasst. Die wenigsten Unternehmen haben viel Bargeld in der Handkassa; viel Geld am Girokonto ist meist ineffizient wegen des geringen Zinsertrages! Diese Definition ist nicht umstritten, da es sich eindeutig um Bargeld und geldähnliche Werte handelt, die jederzeit in Bargeld umgewandelt werden können.

10.2.1.2. Cash Flow

Eine in der Bilanzanalyse und im Bereich Investition und Finanzierung oft verwendete Kennzahl ist der Cash Flow.

Der **Cash Flow** gibt an, wie viele finanzielle Mittel während des Jahres in das Unternehmen hineinflossen (Cash Inflow) bzw. wie viele finanzielle Mittel aus dem Unternehmen hinausflossen (Cash Outflow).

Der Cash Flow ist daher eine Kennzahl der Liquidität. Er gibt an, wie viel liquide Mittel während eines Geschäftsjahres für

- Investitionen
- Dividenden und
- Fremdkapitalzinsen

zur Verfügung standen. Der Cash Flow kennzeichnet somit die Veränderung der liquiden Mittel. Eine tiefer gehende Berechnung führt zur Kapitalflussrechnung, die von großen Kapitalgesellschaften zu veröffentlichen ist.

Es wird immer wieder unterstellt, dass der Cash Flow im Vergleich zum Bilanzgewinn eine zukunftsorientierte Größe sei. Er wird allerdings aus dem Bilanzgewinn heraus berechnet und ist somit ebenfalls eine Größe der Vergangenheit!

Der Cash Flow ist die Summe aller Cash Inflows und Cash Outflows. Da man als externer Bilanzleser diese Werte nicht kennt und den Cash Flow daher nicht direkt berechnen kann, muss man zur indirekten Berechnung als Hilfskonstruktion und Schätzung mit Annahmen greifen. Es existieren dadurch vom Cash Flow dermaßen viele unterschiedliche Definitionen in Praxis und Theorie, dass eine Interpretation eines veröffentlichten Cash Flows ohne angegebene Definition nicht sinnvoll ist. Um dieser Problematik abzuhelfen, wurde von der Österreichischen Vereinigung für Finanzanalyse und Anlageberatung der ÖVFA-Cash Flow als standardisierte Berechnungsmethode entwickelt.

Die indirekte Methode geht als Erfolgsgröße vom Bilanzgewinn, öfter vom Ergebnis der gewöhnlichen Geschäftstätigkeit, dem Ergebnis vor oder (wie die Oesterreichische Nationalbank) nach Steuern oder dem Jahresüberschuss aus und versucht abzuschätzen, welche Ertrags- und Aufwandsposten bar getätigt wurden. Die unterschiedlichen Definitionen beziehen sich darauf, was als bar, dh. Geld und geldwert, definiert wird und folglich auf die obig definierten Fonds der liquiden Mittel. Je nachdem, was man als liquide Mittel definiert, werden andere Posten in den Cash Flow einbezogen. (Weitere Varianten des Cash Flow können durch die Berücksichtigung zB. mit/ohne Steuern, mit/ohne Dividenden, entwickelt werden.)

Bei dieser Methode geht man davon aus, dass alle Aufwendungen und Erträge in Cash, also in bar, getätigt wurden. Diejenigen Aufwandsposten, die man als nicht-Cash, also unbar, definiert, werden zur gewählten Erfolgsgröße dazu gezählt, da man sie vorher bei der Berechnung der Gewinn- und Verlustrechnung abgezogen hat; die unbaren Erträge werden abgezogen.

Die Oesterreichische Nationalbank verwendet eine sehr einfache Cash Flow-Definition und bezeichnet daher fast alle Geschäftsvorgänge als Bargeschäfte. Daher muss das Ergebnis der gewöhnlichen Geschäftstätigkeit nur um die wenigen, eindeutig unbaren Geschäftsvorgänge bereinigt werden. Dazu zählen die Abschreibungen und die Erhöhung bzw. Verringerung des Sozialkapitals, also der Abfertigungs- und Pensionsrückstellungen, sowie weiterer langfristiger Rückstellungen.

Ergebnis der gewöhnlichen Geschäftstätigkeit
+ Abschreibungen auf immaterielle und Sachanlagen
+ Abschreibungen auf sonstige Finanzanlagen und Wertpapiere des Umlaufvermögens
+ Sozialkapital
– Sozialkapital des Vorjahres
+ Sonstige langfristige Rückstellungen
– Sonstige langfristige Rückstellungen des Vorjahres
= Cash Flow

Das Ergebnis der gewöhnlichen Geschäftstätigkeit wird im Folgenden durch das Ergebnis vor Steuern ersetzt.

Um den Einsatz des Cash Flow aufzuzeigen, gibt die Oesterreichische Nationalbank folgende Kennzahlen an:

- $\text{Cash Flow in \% des Umsatzes} = \frac{\text{Cash Flow}}{\text{Nettoerlöse}} \cdot 100$
- $\text{Cash Flow in \% des Fremdkapitals} = \frac{\text{Cash Flow}}{\text{Fremdkapital}} \cdot 100$
- $\text{Selbstfinanzierungsgrad der Investitionen in \%} = \frac{\text{Cash Flow}}{\text{Investitionen}} \cdot 100$

Sie sagen aus, in welchem Ausmaß der Umsatz zur Liquidität beiträgt, wie viel Fremdkapital kurzfristig in bar zurückgezahlt werden könnte bzw. welcher Anteil der Investitionen in Barzahlung möglich ist.

10.2.2. Wie viele liquide Mittel benötigt man?

Die Frage, wie viele liquide Mittel ein Unternehmen zum Überleben benötigt, ist nicht eindeutig gelöst und lösbar. Es existieren in der Literatur Richtlinien, die auf eine mögliche Illiquidität hinweisen, oder positiv formuliert, ab welchem Ausmaß ein Unternehmen als liquide gilt.

Grundsätzlich kann die Liquidität aus zwei Sichtweisen betrachtet werden, die zum identen Ergebnis kommen müssen:

a) Über den Vergleich von langfristigem Vermögen und langfristigem Kapital = Deckungsgrade
b) Über den Vergleich von kurzfristigem Vermögen und kurzfristigem Kapital = Liquiditätsgrade

Als grobe Richtlinie gilt die goldene Bilanzregel, dass ein Unternehmen sein langfristiges Vermögen mit langfristigem, ia. günstigerem, Kapital finanzieren soll.

International hat sich die (neuere) Sichtweise der Liquiditätsgrade durchgesetzt, wonach ein Unternehmen jederzeit seine kurzfristigen Schulden mit kurzfristigem Kapital zurückzahlen können sollte.

Der 20 %-Regel liegen die Cash & Cash Equivalents zugrunde. Dabei sollten die Cash & Cash Equivalents mindestens 20 % der kurzfristigen Verbindlichkeiten betragen.

$$20\,\%\text{-Regel} = \frac{\text{cash \& cash equivalents}}{\text{kurzfristige Verbindlichkeiten}} \cdot 100 > 20\,\%$$

Der Banker's Rule, auch Working Capital Ratio genannt, liegt das Net Working Capital zugrunde. Dabei sollten die liquiden Mittel zumindest 200 % der kurzfristigen Verbindlichkeiten betragen, also ungefähr doppelt hoch sein. Somit können alle kurzfristigen Schulden innerhalb eines Jahres in doppelter Höhe bzw. – rein theoretisch – innerhalb eines halben Jahres zurückbezahlt werden. Die Oesterreichische Nationalbank misst die Liquidität mittels der Working Capital Ratio.

$$\text{Working capital ratio} = \frac{\text{kurzfristiges Umlaufvermögen}}{\text{kurzfristige Fremdkapital}} \cdot 100 > 200\ \%$$

Beispiel 111: Josef Manner & Comp. AG 2016 – Analyse der Liquidität

Analysieren Sie die Liquidität der Josef Manner & Comp. AG 2016!

- Cash Flow

Ergebnis vor Steuern	1.077.732,91
+ Abschreibungen auf immaterielle und Sachanlagen	7.096.477,83
+ Abschreibungen aus Finanzanlagen	0
+ Veränderung des Sozialkapitals	125.319,92
= Cash Flow	8.299.530,66

  Das von der Oesterreichischen Nationalbank verwendete Ergebnis der gewöhnlichen Geschäftstätigkeit wird wie zuvor durch das Ergebnis vor Steuern ersetzt.

  Die Werte zur Berechnung des Cash Flow sind zu finden:

Ergebnis vor Steuern	G&V-Rechnung 15.	1.077.732,91
Abschreibungen	G&V-Rechnung 7	7.096.477,83
Veränderung Sozialkapital	Bilanz Passiv B.1. + B.2.	
	(5.519.520 – 5.138.935) + (4.081.053,82 – 4.336.318,90)	

- Cash Flow in % des Umsatzes $= \frac{8.299.530,66}{199.536.488,56} = 4,16\ \%$

  Die Werte zur Berechnung des Cash Flow in % des Umsatzes sind zu finden:

Cash Flow	siehe oben	8.299.530,66
Umsatz	Gewinn- und Verlustrechn. 1.	199.536.488,56

- Cash Flow in % des Fremdkapitals $= \frac{8.299.530,66}{97.627.181,72} = 8,50\ \%$

  Die Werte zur Berechnung des Cash Flow in % des Fremdkapitals sind zu finden:

Cash Flow	siehe oben	8.299.530,66
Fremdkapital	siehe Kapitel 8	97.627.181,72

- Selbstfinanzierungsgrad der Investitionen $= \frac{8.299.530,66}{15.409.980,34} = 53,86\ \%$

  Die Werte zur Berechnung des Selbstfinanzierungsgrads der Investitionen sind zu finden:

Cash Flow	siehe oben	8.299.530,66
Investitionen	Anhang S. 30, Anlagespiegel 3. Spalte	15.409.980,34

- $20\ \%\text{-Regel} = \dfrac{517.678{,}03}{61.094.904{,}26 + 521.676 + 5.345.314{,}60} \cdot 100 = 0{,}77\ \% \qquad < 20\ \%$

  Die Werte zur Berechnung der 20 %-Regel sind zu finden:

Barmittel	Bilanz Aktiv B. Kassa	517.678,03
Kurzfristige Verbindlichkeiten	Bilanz Passiv, Anhang S. 25	61.094.904,26
Kurzfristige Rückstellungen	Annahme: Steuerrück- stellungen, sonstige Rückst.	521.676 5.345.314,60

- Working capital ratio =

  $$= \frac{27.248.272{,}62 + 33.181.743{,}43 - 774.045 + 517.678{,}03 + 410.488{,}77}{61.094.904{,}26 + 521.676 + 5.345.314{,}60} \cdot 100 =$$

  $$= 90{,}48\ \% \qquad > 100\ \%$$

  Die Werte zur Berechnung der Working Capital Ratio sind zu finden:

Vorräte	Bilanz Aktiv B.I.	27.248.272,62
Kurzfristige Forderungen	Bilanz Aktiv B.II. exkl. langfristige Forderungen (davon-Vermerk)	33.181.743,43
Barmittel	Bilanz Aktiv B.III.	517.678,03
Aktive Rechnungsabgrenzungen	Bilanz Aktiv C.	410.488,77
Kurzfristige Verbindlichkeiten	Bilanz Passiv	61.094.904,26
Kurzfristige Rückstellungen	Bilanz Passiv, Anhang S. 25; Annahme: Steuer- und sonstige Rückstellungen	521.676 5.345.314,60

10.3. Aufgaben

10.3.1. Theoriefragen

10/T-1: Welche Aussagen bezüglich Cash Flow sind korrekt?

A. Der Cash Flow ist eine Bestandsgröße.

B. Der Cash Flow steht am Ende des Jahres für neue Investitionen zur Verfügung.

C. Der Cash Flow ist eine Kennzahl der Liquidität.

D. Der Cash Flow gibt an, wie viele liquide Mittel während des Geschäftsjahres für Investitionen, Dividenden und Fremdkapitalzinsen zur Verfügung standen.

10/T-2: Welche Aussagen bezüglich Cash Flow sind korrekt?

A. Der Cash Flow ist die Differenz zwischen Einzahlungen und Auszahlungen der Periode.

B. Der Cash Flow definiert sich als negativer, periodisierter Zahlungsmittelüberschuss der wirtschaftlichen Tätigkeit.

C. Insgesamt kann der Cash Flow für Investitionen, zur Schuldentilgung und zur Gewinnausschüttung herangezogen werden.

D. Zur direkten Ermittlung des Cash Flows werden alle betriebsnotwendigen, zahlungswirksamen Ausgaben einer Periode von den zahlungswirksamen Erträgen subtrahiert.

10/T-3: Eine sehr hohe Liquidität bedeutet, dass das Unternehmen

A. Jederzeit seine kurzfristigen Schulden zurückzahlen kann.

B. Viel Geld für Investitionen, Schuldenrückzahlung und Dividendenrückzahlung zur Verfügung hat.

C. Sein Liquiditätsmanagement überdenken sollte.

D. Opportunitätskosten zB. in Form entgangener Zinserträge hat.

10/T-4: Welche der folgenden Posten sind bei Berechnung des Net Working Capital langfristig?

A. Vorräte

B. Aktive latente Steuern

C. Passive Rechnungsabgrenzungsposten

D. Forderungen > ein Jahr

11. Schritt für Schritt – wie hängen die einzelnen Kapitel zusammen?

11.1. Lernziele

Im letzten Kapitel fügen sich nun alle Schritte zusammen. Es besteht ausschließlich aus Aufgaben und Beispielen, die die vorangegangenen Fragestellungen auf Praxisbeispiele und umfassende Geschäftsvorgänge anwenden.

11.2. Aufgaben

11.2.1. Theoriefragen

11/T-1 Transportunternehmen
Die folgenden Fragen beziehen sich auf ein österreichisches familieneigenes Transportunternehmen mit mehreren Lastkraftwagen.

T-1: Die kilometerabhängige Maut repräsentiert
- A. Fixkosten.
- B. variable Kosten.
- C. Opportunitätskosten.
- D. Gemeinkosten.

T-2: Welche Rechtsgrundlagen wird die Buchhaltung dieses Unternehmens mit großer Wahrscheinlichkeit anwenden?
- A. IFRS
- B. UGB
- C. HGB
- D. EStG

T-3: Welche Kennzahlenausprägung ist für ein solches Unternehmen typisch?
- A. Geringe Eigenkapitalquote
- B. Hohe Lagerintensität
- C. Hoher Forderungsumschlag
- D. Hohe Bankverschuldungsquote

T-4: In einer langfristigen Betrachtung benötigt ein solches Unternehmen
- A. Plankostenrechnung.
- B. Vollkostenrechnung.
- C. Grenzkostenrechnung.
- D. Prozesskostenrechnung.

T-5: Wenn das Transportunternehmen für rechtzeitige Bezahlung Skonti gewährt, können die Buchungen wie folgt lauten:

A. 2 Bank → 2 Forderungen
0 Anlagevermögen
2 VSt

B. 2 Bank → 2 Forderungen
2 VSt

C. 2 Bank → 2 Forderungen
5 Skontoaufwand
3 USt

D. 2 Bank → 2 Forderungen
4 Umsatzerlöse
3 USt

T-6: Welche Abschreibungsarten sind für die Lastkraftwagen des Unternehmens zielführend?

A. Degressiv
B. Linear
C. Progressiv
D. Leistungsabhängig

T-7: Wenn ein Lastkraftwagen-Fahrer aufgrund einer angekündigten Fahrzeugüberprüfung nicht weiterfahren kann, aber beim Fahrzeug sein muss, handelt es sich um

A. Abwesenheitszeit.
B. Hilfszeit.
C. Anwesenheitszeit.
D. Leistungszeit.

T-8: Wenn ein Lastkraftwagen eine Vorrichtung für einen Spezialanhänger zwei Jahre nach dem Kauf eingebaut bekommt, handelt es sich um

A. Materialaufwand.
B. nachträgliche Anschaffungs- und Herstellungskosten.
C. Zuschreibungen.
D. Reparaturkosten.

T-9: Substanzerhaltung bei einem Transportunternehmen bedeutet

A. Sofortiger Umstieg auf neue Lastkraftwagen-Modelle.
B. Ersatz eines Lastkraftwagens nach Beendung der Nutzungsdauer.
C. Fuhrpark durchschnittlich auf state-of-the-art halten.
D. Immer die Anzahl der Lastkraftwagen konstant halten.

T-10: Wenn ein Lastkraftwagen bei einem Unfall beschädigt wird, handelt es sich aus Sicht der Buchhaltung um

A. Auszahlung.
B. Aufwand.
C. Ausgabe.
D. Kosten.

T-11: Wenn die Rechtsform dieses Unternehmens eine Offene Gesellschaft ist, muss sie gemäß UGB erstellen
A. Bilanz
B. Gewinn- und Verlustrechnung
C. Anhang
D. Lagebericht

T-12: Falls das Unternehmen 2009 gegründet wurde und vier Mitarbeiter hat, müssen folgende Rückstellungen gebildet werden, wenn ein Anlass vorliegt:
A. Steuerrückstellungen
B. Abfertigungsrückstellungen
C. Instandhaltungsrückstellungen
D. Prozessrückstellungen

T-13: Die jährliche „Pickerlüberprüfung" gemäß § 57a österreichischem Kraftfahrgesetz stellt dar
A. sprungfixe Kosten.
B. Sunk costs.
C. entscheidungsrelevante Frage.
D. Grenzkosten.

T-14: Welche GoB gelten für dieses Unternehmen?
A. Going concern
B. Vorsicht
C. Maßgeblichkeit
D. Periodenreinheit

T-15: Wie wird ein Lastkraftwagen verbucht, wenn nach einem Unfall in einer Werkstätte repariert wird? Vernachlässigen Sie USt/VSt.

A.	0 LKW	→	4 Aktivierte Eigenleistung
B.	0 LKW	→	4 Bestandsveränderung
C.	5 Reparaturaufwand	→	0 Kumulierte Abschreibung
D.	5 Reparaturaufwand	→	2 Kassa

T-16: Ein Unternehmen mit vielen ausländischen Kunden, das risikoavers ist, wird seine Forderungen in folgender Währung bilanzieren wollen:
A. Euro
B. Franken
C. USD
D. Yen

T-17: Welche Kostenstellengliederung(en) sind für das Unternehmen sinnvoll?
A. LKW1 – LKW2 – … – LKWn – Vertrieb – Administration
B. Material – Personal – Fertigung – Vertrieb
C. Umsiedelungen – Kühltransporte – Vertrieb – Administration
D. Standort A – Standort B – Vertrieb – Administration – Werkstatt

T-18: Was wären typische Beispiele für normalisierte Kosten im Transportgewerbe?
A. Personalaufwand
B. Treibstoff
C. Abschreibungen
D. Zinsaufwendungen

T-19: In einem Betriebsüberleitungsbogen können folgende Aufwendungen und Erträge vom Unternehmen sachlich abgegrenzt werden:
A. Abrechnungsperiode jährlich – monatlich
B. Umsatz gesamt – Umsatz Kühltransporte
C. Materialaufwand gesamt – Materialaufwand Werkstatt
D. Abschreibung laut EStG – Abschreibung laut Kostenrechnung

T-20: Zur Bewertung eines Fahrzeuges in diesem Betrieb gelten allgemein folgende Prinzipien:
A. Anschaffungswertprinzip
B. Strenges Höchstwertprinzip
C. Gemildertes Niederstwertprinzip
D. Strenges Niederstwertprinzip

T-21: Zur Kostenträgerrechnung der Strecke Wien-Graz können folgende Kosten vom Unternehmen herangezogen werden:
A. Vertriebsgemeinkosten
B. Umsatzsteuer
C. Personalgemeinkosten
D. Gewährter Skonto

T-22: Kostenträger eines Transportunternehmens können sein
A. gefahrene Strecke.
B. Umschlag als Zusatzangebot.
C. Betriebsinterne Werkstatt.
D. Verpackungsmaterial.

T-23: Welche Gewinn- und Verlust-Positionen des Unternehmens werden von den Incoterms direkt beeinflusst?
A. Versicherungszahlungen
B. Personaleinzelkosten
C. Durchschnittlicher Vertriebsaufwand
D. Bankkreditzinsen

T-24: Wie wird das Unternehmen seine Buchhaltung führen?
A. Händisch
B. Über Buchungssätze
C. Über T-Konten
D. Elektronisch

T-25: Warum wäre für das Unternehmen eine Prozesskostenrechnung interessant?
A. Weil Transporte (Dienstleistungen) eher prozessorientiert sind als die Erzeugung von Produkten.
B. Weil es einfach zu rechnen ist.
C. Weil Informationen über Teilschritte in der Arbeit steuerungsrelevant sein können.
D. Weil Prozesskostenrechnung Standard in der Kostenrechnung ist.

T-26: Die kumulierten Abschreibungen eines Lastkraftwagens werden verbucht in Kontenklasse
A. 1
B. 5
C. 7
D. 0

T-27: Welche der folgenden Gründe erlauben rechtlich eine Aufwertung eines Lastkraftwagens?
A. Weil der Lastkraftwagen technisch sauber fährt.
B. Weil der Gesetzgeber Größengrenzen für eine Transportfirma vorteilhaft regelt.
C. Weil der Lastkraftwagen neu repariert ist.
D. Keine.

T-28: Was sind für das Unternehmen typische Fixkosten?
A. Abschreibungen Lastkraftwagen
B. Versicherungen
C. Werksfahrer
D. Energieaufwand

T-29: Auf welchen Konten ist ein Kunde des Unternehmens zu verbuchen?
A. 0
B. 1
C. 7
D. 4

T-30: Auf welchen Konten gibt es Auswirkungen, wenn das Unternehmen einen Kredit aufnimmt?
A. Bankverbindlichkeiten
B. Zinsaufwand
C. Girokonto
D. Eigenkapital

11/T-2 Schwimmbad

Die folgenden Fragen beziehen sich auf ein von der Gemeinde betriebenes Schwimmbad.

T-1: Das Schwimmbad ist verpflichtet, alle zwei Wochen das Wasser auszutauschen. Die dabei entstehenden Kosten sind

A. Opportunitätskosten.
B. Fixkosten.
C. Grenzkosten.
D. sprungfixe Kosten.

T-2: Einzelne Kinder zahlen 5 € Eintritt, Kindergruppen 3 € pro Kind. Gewährt das Schwimmbad damit

A. Mengenrabatt?
B. Skonto?
C. Preisnachlass?
D. Zinsen?

T-3: Das Schwimmbad hat voriges Jahr einen Gewinn von 60.000 € erwirtschaftet und nicht ausgeschüttet. Es handelt sich dabei um

A. entgangene Gewinne.
B. Gewinnthesaurierung.
C. Dotierung von Rücklagen.
D. Zuweisung zu Rückstellungen.

T-4: Eine Anlagenintensität von 80 % erscheint für ein Schwimmbad

A. zu hoch.
B. realistisch.
C. niedrig.
D. schlecht.

T-5: Das Schwimmbad muss im Folgejahr den Ablauf reparieren. Die wahrscheinlich anfallenden 400.000 € sind

A. Plankosten.
B. Rückstellungen.
C. Gewinnmindernd.
D. Gewinnneutral.

T-6: Das Schwimmbad wird in Form einer Aktiengesellschaft geführt. Laut Statuten soll sie gemeinnützig agieren. Wie wirkt sich dies auf die Bilanzierung aus?

A. Aufgrund der Gemeinnützigkeit ist nur eine Einnahmen-Ausgaben-Rechnung nötig.
B. Das Schwimmbad wird wie jede andere Aktiengesellschaft gemäß UGB behandelt.
C. Das Schwimmbad muss einen erweiterten Lagebericht vorlegen.
D. Das Schwimmbad ist einkommensteuerbefreit.

T-7: Das Schwimmbad errechnet sein Betriebsergebnis. Welche Positionen werden NICHT berücksichtigt?
A. Zinsaufwand
B. Steuern vom Einkommen und vom Ertrag
C. Materialaufwand
D. Abschreibung auf Wertpapiere

T-8: Wie wird das Schwimmbad den Eintrittspreis kalkulieren, wenn es gemeinnützig agieren soll? Zu
A. Herstellkosten.
B. Fertigungskosten.
C. Selbstkosten.
D. Nettobetriebskosten.

T-9: Wo bzw. wie kann man im Geschäftsbericht erkennen, ob das Schwimmbad zu 100 % der Gemeinde gehört?
A. Eigene Anteile
B. Nennkapital
C. Jahresabschluss
D. Gewinn- und Verlustrechnung

T-10: Ein Bademeister wischt auftragsmäßig auch die Stufen, anstatt auf das Becken aufzupassen. Das Aufwischen wird verrechnet als
A. Hilfszeit.
B. Leistungszeit.
C. Anwesenheitszeit.
D. Nebenkosten.

T-11: Ein gemeinnütziges Schwimmbad, das der Gemeinde gehört, wird wahrscheinlich welche Finanzkonditionen erhalten?
A. Bessere als rein private Bäder
B. Bessere als erfolgswirtschaftliche Gemeindebetriebe
C. Stets vorteilhafte Bedingungen
D. Bessere als non-profit private Unternehmen

T-12: Wenn ein Schwimmbad selber ein Kinderbecken baut und fertig gestellt, wird auf welchen Konten gebucht?
A. Bestandsveränderung
B. Aktivierte Eigenleistung
C. Konto des Sachanlagevermögens
D. Anlage in Bau

T-13: Wenn das Schwimmbad das Kinderbecken selber baut, wird für die Buchhaltung wie folgt kalkuliert?
A. Materialeinzelkosten + Materialgemeinkosten + Fertigungseinzelkosten + Fertigungsgemeinkosten + Sonderkosten
B. Materialeinzelkosten + Materialgemeinkosten + Fertigungseinzelkosten + Fertigungsgemeinkosten + Sonderkosten + Verwaltungsgemeinkosten
C. Materialeinzelkosten + Fertigungseinzelkosten + Sonderkosten
D. Materialeinzelkosten + Materialgemeinkosten + Fertigungseinzelkosten + Fertigungsgemeinkosten + Verwaltungsgemeinkosten + Fremdkapitalzinsen

T-14: Welche Kosten sind in einem Schwimmbad ganz bzw. Großteils variabel?
A. Abschreibungen
B. Bademeister
C. Eintrittskarten
D. Wasserverbrauch der Duschen

T-15: Ein Schwimmbad hat 500 Saisonkarten zur Fixkostendeckung verkauft. Wie könnte sinnvoll für Schulkinder kalkuliert werden?
A. Vollkosten
B. Grenzkosten
C. Istkosten
D. Sunk costs

T-16: Nach welchem Bewertungsverfahren ist das Speiseeis eines Schwimmbades am sinnvollsten zu bewerten?
A. Last-In-First-Out
B. Gleitendes Durchschnittspreisverfahren
C. Gewogenes Durchschnittspreisverfahren
D. Last-In-First-Out

T-17: Auf welche Kontenklassen werden folgende Aufwendungen und Erträge eines Schwimmbades verbucht?
A. Chlor = Kontenklasse 5
B. Eintritte = Kontenklasse 4
C. Reinigungsfirma = Kontenklasse 7
D. Steuern vom Einkommen und Ertrag = Kontenklasse 8

T-18: Wenn das Schwimmbad eine Sauna baut, die niemand benutzt, sind das
A. Rückstellungen.
B. Wertberichtigungen.
C. Fehlentscheidungen des Managements.
D. Sunk costs.

T-19: Welche Abschreibungsmethode macht bei einem Sportbecken mit einer Nutzungsdauer von 40 Jahren Sinn?
A. Progressiv
B. Degressiv
C. Leistungsabhängig
D. Linear

T-20: Welche Bilanzkennzahlen sind Ihrer Meinung nach für ein Gemeindeschwimmbad aussagekräftig?

A. Betriebsergebnis in Prozent des Umsatzes
B. Forderungsintensität
C. Bankverbindlichkeit in Prozent der Bilanzsumme
D. Reinvestitionsquote

T-21: Was könnten für ein Schwimmbad typische Hilfskostenstellen sein?

A. Restaurant
B. Sanitäter
C. Verwaltung
D. Solaranlage

T-22: Mit Hilfe welcher Methoden kann ein Schwimmbad berechnen, welcher Anteil des monatlichen Wasserverbrauchs durchschnittlich variabel ist?

A. Regressionsmethode
B. Hoch-Tief-Methode
C. Graphische Auflösung
D. Gleitendes Durchschnittsmengenverfahren

T-23: Welche Gründe könnten dafür sprechen, dass ein Gemeindeschwimmbad die Betreuung der 3.000 m² Grünflächen auslagert?

A. Abschreibungen des Rasenmähers
B. Anzahl der genehmigten Planposten
C. Günstiger Angebotspreis aufgrund Kostendegression des Gärtners
D. Wenige Öffnungstage aufgrund des Wetters

T-24: Warum sinken die Gesamtkosten pro Gast, wenn die Auslastung eines Schwimmbades steigt?

A. Economies of Scale
B. Fixkostendegression
C. Grenzkostenberechnung
D. Deckungsbeitragserhöhung

T-25: Welches immaterielle Anlagevermögen kann von einem Schwimmbad aktiviert werden?

A. Selbst entwickelte Formel einer Chemikalienmischung
B. Computersteuerung des Wellenbades
C. Motivation der Bademeister
D. Exklusivvertrag mit der Schwimmschule

T-26: Was wären Gründe für eine außerplanmäßige Abschreibung der Wasserrutsche?

A. Intensive Nutzung während eines wetterbegünstigten Sommers
B. Gesetzliche Einschränkung auf Kinder älter als 12 Jahre
C. Massiver Verlust der Attraktivität aufgrund neuer Innovationen
D. Ausschließliche Nutzung nur mehr im Sommer

T-27: Welche Gründe sprechen dafür, bei einem gemeindeeigenen Schwimmbad keinen Betriebsüberleitungsbogen zu rechnen?
A. Es wird ohnedies nach UGB bilanziert.
B. UGB und gemeindespezifische Kalkulationen sind identisch.
C. Preise werden ohnedies politisch festgesetzt.
D. Eine eigene Kostenrechnung für die kleine Gemeinde wäre unwirtschaftlich.

T-28: Warum veröffentlicht das gemeindeeigene Schwimmbad seine Bilanz im Internet? Weil
A. Transparenz immer gut ist.
B. es in der Satzung der Aktiengesellschaft so vorgesehen sein könnte.
C. es gesetzlich vorgeschrieben ist.
D. es einen Marketingeffekt für die Gemeinde haben könnte.

T-29: Ein Schwimmbad wird an einem Montagnachmittag wahrscheinlich deswegen wenig Bargeld in der Kassa haben, weil
A. viele Gäste Saisonkarten haben.
B. zu dieser Zeit generell wenig Besucher da sind.
C. die Gäste mit Kreditkarte bezahlen.
D. die Umsätze vom Wochenende bereits zur Bank gebracht wurden.

T-30: Warum haben Saisonkarten für ein Schwimmbad Vorteile? Weil
A. die Bezahlung am Anfang der Saison die Liquidität erhöht.
B. die Planbarkeit der Fixkostenabdeckung besser gegeben ist.
C. die Gäste vielleicht seltener kommen als sie es selbst glauben und dadurch die variablen Kosten verringert werden.
D. die Gäste häufiger kommen und Zusatzdienste, zB. Sauna oder Restaurant, in Anspruch nehmen.

11/T-3 Eissalon

Die folgenden Fragen beziehen sich auf einen Eissalon.

T-1: Die Milch im Speiseeis wird verrechnet als
A. variable Kosten.
B. Einzelkosten.
C. Gemeinkosten.
D. Fixkosten.

T-2: Auf welchem Konto bzw. welchen Konten wird die Milch für das Speiseeis verbucht?
A. Eigenkapital
B. Materialaufwand
C. Vorräte
D. Anlagevermögen

T-3: Nach welcher Methode bzw. nach welchen Methoden wird das Gebäude des Eissalons steuerrechtlich abgeschrieben?

A. Progressiv
B. Linear
C. Leistungsabhängig
D. Degressiv

T-4: Nach welcher Methode bzw. nach welchen Methoden wird der Lagerbestand an Speiseeis realistischerweise berechnet?

A. Identitätspreisverfahren
B. First-In-First-Out
C. Last-In-First-Out
D. Durchschnittspreisverfahren

T-5: Welche Kapitalstruktur ist für einen Eissalon vorteilhaft, der von einer Familie geführt wird?

A. 70 % Eigenkapital
B. 80 % Bankverschuldung
C. 20 % Gewinnrücklage
D. 30 % Rückstellungen für Sozialkapital

T-6: Handelt es sich bei einem Eis, das vom Eissalon produziert wird, um

A. selbsterstellte Erzeugnisse.
B. Handelsware.
C. Umsatz.
D. Vorräte.

T-7: Wenn ein Eissalon selbst erstellte Großpackungen und en detail verkauft, handelt es sich um

A. Kuppelprodukte.
B. Grenzprodukte.
C. unterschiedliche Kostenträger.
D. Bestandsveränderungen.

T-8: Was sind in einem Eissalon 50 Sessel und sieben Sonnenschirme, die bei Ersteinrichtung zu je 72 €, exklusiv 20 % Umsatzsteuer, eingekauft wurden?

A. Ein geringwertiges Wirtschaftsgut
B. Betriebs- und Geschäftsausstattung
C. Anlagevermögen
D. Umlaufvermögen

T-9: Ein Geschäftsjahr

A. ist der Zeitraum, für den der Eissalon das Ergebnis seiner geschäftlichen Tätigkeit in einem Jahresabschluss zusammenfasst.
B. beginnt immer am 1.1. und endet am 31.12.
C. kann zu jedem Stichtag beginnen.
D. mit Geschäftsjahresbeginn November ist für einen saisonalen Eissalon nicht ausgeschlossen.

T-10: Die Umsatzerlöse eines Eissalons
- A. müssen in der Gewinn- und Verlustrechnung um Erlösschmälerungen (Skonti, Rabatte) bereinigt werden.
- B. müssen in der Gewinn- und Verlustrechnung getrennt in Inlands- und Exportgeschäfte ausgewiesen werden.
- C. müssen in der Gewinn- und Verlustrechnung getrennt in- und ausländische Kunden ausgewiesen werden.
- D. werden im allgemein inklusive Umsatzsteuer verbucht.

T-11: Welche der folgenden Kosten eines Eissalons zählen zu den aktivierungspflichtigen Herstellungskosten?
- A. Logo des Eissalons am Stanitzel
- B. Energie zur Kühlung des Speiseeises
- C. Umsatzabhängiger Lohnbestandteil der Verkäuferin
- D. Früchte im Eis

T-12: Wie berechnet ein Eissalon seine planmäßigen Abschreibungen?
- A. Anschaffungs- oder Herstellungskosten / Nutzungsdauer
- B. Nutzungsdauer / Anschaffungs- oder Herstellungskosten
- C. Restbuchwert / Restnutzungsdauer
- D. Anschaffungs- oder Herstellungskosten / Restbuchwert

T-13: Mit Hilfe der Betriebsüberleitung wandelt der Eissalon Aufwendungen in Kosten und Erträge in Leistungen über. Welche der folgenden Größen werden dabei NICHT übernommen?
- A. Mietertrag aus der Vermietung eines nicht für den Eissalon genutztes Gebäudes
- B. Reparaturaufwand für den Privat-PKW
- C. Verkaufserlöse des Eises vom Salon
- D. Privatverkauf von Eis ohne Rechnung

T-14: Der Eissalon hatte wetterbedingt ein schlechtes Umsatzergebnis im Mai. Welche Aussage bzw. welche Aussagen sind in diesem Zusammenhang richtig?
- A. Die Kosten für das zusätzlich angestellte Personal sind Sunk costs.
- B. Der Gewinnentgang ist als Verlust zu verbuchen.
- C. Hätte man anstelle von Eis Glühwein verkauft, hätte man wahrscheinlich ein Ergebnis nach Steuern von 10 % des Umsatzes erwirtschaften können. Dieser Betrag repräsentiert Opportunitätskosten.
- D. Das Wetter ist für einen Eissalon in der Prognoserechnung zu berücksichtigen.

T-15: Kreuzen Sie die richtige Antwort bzw. die richtigen Antworten zum Thema sprungfixe Kosten in einem Eissalon an!

A. Ein Eissalon hat keine sprungfixen Kosten, da keine industrielle Produktion vorliegt.
B. Ein Beispiel sind zusätzliche Genehmigungen für Schanigarten-Plätze.
C. Sprungfixe Kosten betreffen sprunghafte, dh. nicht geplante Umsatzerlöse, wie zB. an einem unerwartet schönen Sommertag.
D. Sprungfixe Kosten sind in die Herstellkosten einer Portion Eis bei Vollkostenkalkulation einzukalkulieren.

T-16: Fixe Kosten eines Eissalons sind

A. beschäftigungsabhängig.
B. Sicherheitsbestand an Schokolade- und Vanilleeis.
C. für eine Grenzkostenbetrachtung nicht primär relevant.
D. nicht gegeben.

T-17: Ein Eissalon, der als Aktiengesellschaft gegründet wurde, mehr als 200 Mitarbeiter hat und mehr als 10.000.000 € umsetzt,

A. muss Buch führen.
B. muss einen Jahresabschluss erstellen.
C. muss eine Kostenrechnung haben.
D. wird vom Rechnungshof geprüft.

T-18: Ein Eissalon, der als Aktiengesellschaft gegründet wurde, mehr als 200 Mitarbeiter hat und mehr als 10.000.000 € umsetzt, muss folgende Berichte bzw. Informationen veröffentlichen:

A. Bilanz
B. Gewinn- und Verlustrechnung
C. Lagebericht
D. Wissensbilanz

T-19: Das Gesamtkostenverfahren eines Eissalons

A. lässt Aussagen darüber zu, wie einzelne Eissorten und Portionsgrößen zum Betriebserfolg beigetragen haben.
B. ermittelt alle Einnahmen und Aufwendungen und rechnet daraus den Gewinn aus.
C. bezieht die Bestandsveränderungen ein.
D. ist gut für die kurzfristige Erfolgskontrolle geeignet, da eine Trennung nach betrieblichen und betriebsfremden Aufwendungen und Erträgen möglich ist.

T-20: Ein Eissalon kann finanzielle Mittel lukrieren, indem er

A. Bankschulden aufnimmt.
B. Mobiliar verkauft.
C. Rezepturen verkauft.
D. Umsätze generiert.

T-21: Die Auslandsschulden eines Eissalons
- A. müssen in bar beglichen werden.
- B. können aus Materialeinkäufen aus dem Ausland resultieren.
- C. können durch ausländische Bankkredite verursacht werden.
- D. müssen nach strengem Höchstwertprinzip bewertet werden.

T-22: Die Privatentnahmen eines Eissalons
- A. verändern nicht den Gewinn.
- B. verändern nicht das Eigenkapital.
- C. können auch in Naturalien geschehen.
- D. sind abzuschreiben.

T-23: Ein Eissalon
- A. kann Produkte mit 10 % und 20 % USt-Belastung verkaufen.
- B. ist von den Steuern vom Einkommen und vom Ertrag ausgenommen.
- C. ist nicht vorsteuerabzugsfähig.
- D. hat einen ermäßigten Steuersatz für thesaurierte Gewinne.

T-24: In der Personalabteilung eines Eissalons ist interessant,
- A. wie hoch die variablen Lohn- bzw. Gehaltsbestandteile der Mitarbeiter und Mitarbeiterinnen sind.
- B. wie hoch die Abwesenheitszeiten der Mitarbeiter und Mitarbeiterinnen sind.
- C. wie hoch die lohn- und gehaltsabhängigen Abgaben für Mitarbeiter und Mitarbeiterinnen sind.
- D. wie hoch die Ausbildungskosten der Mitarbeiter und Mitarbeiterinnen sind.

T-25: Die Abschreibungen eines Eissalons können betreffen
- A. geleistete Anzahlungen.
- B. Betriebs- und Geschäftsausstattung.
- C. immaterielles Anlagevermögen.
- D. Forderungen.

T-26: Die Vollkostenrechnung eines Eissalons
- A. entspricht einer kurzfristig entscheidungsorientierten Kalkulation für eine Kugel Eis.
- B. verstößt gegen das strenge Niederstwertprinzip, mit dem das Lager bewertet wird.
- C. umfasst unter anderem alle Kosten von Erdbeereis einer Periode.
- D. Ist nur bei Vollauslastung der Produktion zielführend.

T-27: Die direkt anfallenden Kosten und Leistungen der Eisproduktion können in folgenden Kontenklassen verbucht werden:
- A. 1
- B. 4
- C. 5
- D. 6

11.2.2. Beispiele

11/0-1: Gesamtbeispiel Spielzeugproduzent

Das vorliegende Beispiel umfasst ein durchgängiges Beispiel. Aufgabe ist es,

a) die Eröffnungsbilanz und das Eröffnungsbilanzkonto zu erstellen (Ergänzen Sie gegebenenfalls fehlende Konten!)
b) die Konten zu eröffnen
c) die Verbuchungen aller angegebenen Geschäftsfälle vorzunehmen
d) die Abschlussbuchungen vorzunehmen
e) eine provisorische Bilanz und Gewinn- und Verlustrechnung zu erstellen
f) den Gewinn bzw. Verlust des Geschäftsjahres anzugeben

Gehen Sie von einem Bilanzstichtag 31.12. aus; alle Geschäftsvorgänge, die Ein- und Verkaufsbuchungen betreffen, sind exklusive 20 % USt angegeben. Alle Beträge in €.

Zur Vereinfachung des Beispiels werden USt und VSt erst am Jahresende verrechnet und noch nicht an das Finanzamt überwiesen/vom Finanzamt erhalten.

Die Posten der Eröffnungsbilanz eines Spielzeugproduzenten lauten wie folgt:

Gebäude	
Girokonto	3.000 €
Handelsware A	2.170 €
Kassa	4.000 €
PC	
Verbindlichkeiten geg. Banken	4.000 €
Verbindlichkeiten LL	6.950 €
Werkbank	

4.1. Der Anfangsbestand von Produkt A beträgt 500 Stück zu insgesamt 2.170 €. Am 4.1. werden 300 Stück zu je 4,70 € mittels Banküberweisung gekauft.

9.1. Das Unternehmen verkauft um 3.780 € seine Werkbank. Der Betrag wird auf das Girokonto überwiesen.

6.2. Es werden 620 Stück Produkt A um je 7 € gegen Barzahlung verkauft.

7.3. Das Unternehmen kauft eine neue Maschine um 5.000 €. Das Zahlungsziel beträgt 14 Tage, 3 % Skonto. Der Betrag wird eine Woche nach Kauf der Maschine überwiesen.
Die vom Unternehmen zu tragenden Transportkosten betragen 200 € und werden in bar beglichen.

29.3. Das Unternehmen nimmt einen weiteren Kredit in Höhe von 10.000 € auf, der auf das Girokonto überwiesen wird.

3.5. Das Unternehmen produziert 300 Stück von Produkt B. Der direkt zurechenbare Materialaufwand in Höhe von 1.500 € wird mittels Banküberweisung beglichen. (Weitere Aufwendungen des Produktionsvorganges wie zB. Personalaufwendungen sind im Rahmen dieses Beispiels nicht zu berücksichtigen.)

12.6. Es werden weitere 90 Stück Produkt A um je € 7,20 mittels Kreditkartenzahlung verkauft. Die Kreditkartenfirma überweist stets 1 Monat später und verrechnet 5 % Provision. Die Transportkosten in Höhe von 30 € werden lt. Vertrag vom Unternehmen übernommen und bar gezahlt.

5.8. Das Unternehmen verkauft 280 Stück Produkt B um je 25 € in bar.

Das Gebäude wurde um 22.000 € gekauft und hat eine Nutzungsdauer von fünf Jahren. Es wurde zu Beginn des Geschäftsjahres bereits zwei Jahre genutzt. Der PC wurde vor zwei Jahren im April um 4.000 € gekauft und hat eine Nutzungsdauer von vier Jahren. Die Werkbank wurde vor zwei Jahren im Mai um 4.500 € gekauft, die Nutzungsdauer beträgt neun Jahre. Die Nutzungsdauer der neuen Maschine wird mit fünf Jahren veranschlagt. Alle Gegenstände des Anlagevermögens werden indirekt abgeschrieben.
Es liegen gemäß Inventur 80 Stück A zu je 4,30 € und 15 Stück Produkt B auf Lager; das Material würde am Bilanzstichtag 4,90 € / Stück kosten.

11/0-2: Gesamtbeispiel Textilhändler

Das vorliegende Beispiel umfasst ein durchgängiges Beispiel. Aufgabe ist es,

a) die Eröffnungsbilanz und das Eröffnungsbilanzkonto zu erstellen (Ergänzen Sie gegebenenfalls fehlende Konten)
b) die Konten zu eröffnen
c) die Verbuchungen aller angegebenen Geschäftsfälle vorzunehmen
d) die Abschlussbuchungen vorzunehmen
e) eine provisorische Bilanz und Gewinn- und Verlustrechnung zu erstellen
f) den Gewinn bzw. Verlust des Geschäftsjahres anzugeben

Gehen Sie von einem Bilanzstichtag 31.12. aus; alle Geschäftsvorgänge, die Ein- und Verkaufsbuchungen betreffen, sind exklusive 20 % USt angegeben. Alle Beträge in €.

Zur Vereinfachung des Beispiels werden USt und VSt erst am Jahresende verrechnet und am 31.12. an das Finanzamt überwiesen/vom Finanzamt erhalten. Anlagevermögen wird indirekt abgeschrieben.

1.1. Die Posten der Eröffnungsbilanz X7 des Unternehmens lauten wie folgt:

Gebäude	Das Gebäude wurde im September X4 um 50.000 € gekauft, Nutzungsdauer 50 Jahre.
Girokonto	29.000 €
Handelsware	6.000 € (300 Stück Winterjacken zu je 20 €)
Kassa	2.000 €
Verbindlichkeiten geg. Banken	12.000 €
Verbindlichkeiten LL	4.000 €

7.7. Das Unternehmen kauft ein Regalsystem um 7.000 €, Nutzungsdauer 8 Jahre, Bezahlung per Banküberweisung, 14 Tage 3 % Skonto. Die Überweisung erfolgt nach zehn Tagen.
Der Transport wird von einer Spedition durchgeführt und kostet 600 €, die Verpackung kostet weitere 400 €. Die Verwaltungsgemeinkosten betragen 10 % des Anschaffungswertes. Alle Bezahlungen erfolgen in bar.

2.8. Das Unternehmen überweist die Rechnung der Reinigungsfirma in Höhe von 600 €.

18.8. Das Unternehmen verkauft 180 Stück Winterjacken zu je 60 €, Überweisung nach vier Tagen, 3 % Skonto.

21.8. Der Kunde schickt 40 Stück Winterjacken zurück, da sie schadhaft sind. Das Unternehmen nimmt sie zurück und scheidet sie sofort aus.

4.9. Das Unternehmen kauft 500 Stück Winterjacken zu je 25 €, Bezahlung per Überweisung.

12.10. Das Unternehmen verkauft 400 Stück Winterjacken zu je 70 € per Überweisung.

15.10. Das Unternehmen kauft 100 Stück Winterjacken zu je 24 €, Bezahlung per Überweisung.

31.10. Das Unternehmen überweist 1.000 € Kreditrückzahlung aus Verbindlichkeiten geg. Banken.

Die Zinsbelastung auf den Bankkredit beträgt 4 % per anno, aus Gründen der Vereinfachung Berechnung auf monatlicher Basis. Die Zinsen werden am 31.12. überwiesen.

Es liegen gemäß Inventur 280 Stück Winterjacken auf Lager. Die Winterjacken könnte am Bilanzstichtag um 22 € am Weltmarkt eingekauft werden.

11/0-3: Gesamtbeispiel Sporthändler

Das vorliegende Beispiel umfasst ein durchgängiges Beispiel. Aufgabe ist es,

a) die Verbuchungen aller angegebenen Geschäftsfälle vorzunehmen
b) die Abschlussbuchungen vorzunehmen
c) eine provisorische Bilanz und Gewinn- und Verlustrechnung zu erstellen
d) den Gewinn bzw. Verlust des Geschäftsjahres anzugeben
e) das neue Geschäftsjahr zu eröffnen

Gehen Sie von einem Bilanzstichtag 31.12. aus; alle Geschäftsvorgänge, die Ein- und Verkaufsbuchungen betreffen, sind exklusive 20 % USt angegeben. Alle Beträge in €.

Zur Vereinfachung des Beispiels werden USt und VSt erst am Jahresende verrechnet und am 31.12. an das Finanzamt überwiesen/vom Finanzamt erhalten. Anlagen werden indirekt abgeschrieben.

2.1. Herr Mayer gründet ein Unternehmen mit 200.000 € Eigenkapital, die er in bar einbringt. Er plant, als Großhändler mit Sportartikeln zu handeln und selber zu produzieren.

3.1.	Das Unternehmen eröffnet ein Bankkonto, in das 30.000 € aus der Kassa einbezahlt werden.
5.2.	Das Unternehmen kauft ein Grundstück um 10.000 €, Überweisung an den Verkäufer nach 14 Tagen, Überweisung der Grunderwerbsteuer in Höhe von 1.000 € an das Finanzamt nach 21 Tagen.
8.3.	Das Unternehmen baut im März eine Produktions- und Verkaufsstätte. Materialeinzelkosten 6.000 €, Materialgemeinkosten 40 %, Personaleinzelkosten 10.000 €, Nutzungsdauer zehn Jahre. Keine USt/VSt auf Personalkosten, Bezahlung in bar.
2.4.	Das Unternehmen kauft 200 Paar Schi um je 50 €, Bezahlung in bar.
5.6.	Das Unternehmen produziert 800 Schistecken zu folgenden Kosten: Materialeinzelkosten 10 €, Materialgemeinkosten 40 %, Personaleinzelkosten 7 €, Sonderaufdruck 3 €. Keine USt/VSt auf Personalkosten, Bezahlung in bar.
7.7.	Wienstrom schickt eine Rechnung für Strom und Wasser in Höhe von 800 €, die vorerst nicht beglichen wird.
15.8.	Das Unternehmen kauft weitere 100 Paar Schi um je 56 €, Überweisung nach 14 Tagen, 3 % Skonto.
9.10.	Es werden 260 Paar Schi mit Stecken verkauft, das Paar Schi zu je 120 €, das Paar Stecken zu je 40 €, Bezahlung in bar.
8.11.	Das Unternehmen kauft weitere 80 Paar Schi zu je 80 € und überweist sofort.
16.12.	Es werden 60 Paar Schi mit Stecken verkauft, das Paar Schi zu je 140 €, das Paar Stecken zu je 50 €. Der Betrag wird überwiesen.
31.12.	Laut Inventur sind noch 58 Paar Schi und 113 Stecken auf Lager. 1 Paar Schi würde im Einkauf 56 € kosten, ein einzelner Stecken 43 €.

11/1-1: Gesamtbeispiel Gartengeräteerzeuger

Das vorliegende Beispiel umfasst ein durchgängiges Beispiel eines Gartengeräteerzeugers, der ausschließlich Heckenscheren produziert. Errechnen Sie ausgehend von der Gewinn- und Verlustrechnung und aufgrund der vorliegenden Informationen den möglichen Verkaufspreis einer Heckenschere!

Umsatz	10.000 €
Bestandsveränderung	300 €
Materialaufwand	700 €
Personalaufwand	795 €
Abschreibung	400 €
Sonstige betriebliche Aufwendungen	60 €
= Betriebsergebnis	8.345 €
Erträge aus Beteiligungen	150 €
Zinserträge	30 €
Aufwendungen aus Beteiligungen	70 €

Zinsaufwendungen	90 €
= Finanzergebnis	20 €
= Ergebnis vor Steuern	8.365 €
Steuern EE	117 €
= Ergebnis nach Steuern	8.248 €
Auflösung Kapitalrücklagen	63 €
Dotierung Gewinnrücklagen	41 €
Gewinnvortrag	9 €
= Bilanzgewinn	8.201 €

- Im Umsatz sind Erlöse im Wert von 700 € aus einem Nebenprodukt enthalten, das nicht in die Kalkulation eingehen soll.
- Die Lagerzugänge haben einen Marktwert von zusätzlich 15 % der verbuchten Werte.
- In Höhe von 40 € wurden Spekulationsaktien gekauft.
- Die Kosten des Materialaufwands stiegen im Laufe des Jahres um 20 %.
- In der Kostenrechnung wird die Abschreibung leistungsmäßig verrechnet. Die Abschreibung in der Gewinn- und Verlustrechnung bezieht sich auf einen LKW mit einer Nutzungsdauer von fünf Jahren. Von den geplanten 100.000 km wurden heuer 30.000 km gefahren.
- Das betriebsnotwendige Eigenkapital ist 4.000 €, der Zinssatz beträgt 7 %.
- In der Buchhaltung kann ein nicht versicherbares Risiko für Hagelschäden in Höhe von 10 € nicht verbucht werden.
- Der nicht ansetzbare Unternehmerlohn für den Inhaber ist 600 €.
- Für ein in der Produktion nicht benötigtes Gebäude im Wert von 1.000 € müssen 7 % Zinsen gezahlt werden.
- Die Löhne im Personalaufwand betragen 495 €, die Gehälter 300 €. Der Arbeitsausfall der Mitarbeiter durch Krankheit beträgt vier Wochen, der Urlaub fünf Wochen, die gesetzlichen Feiertage drei Wochen; ausbezahlt wurden vier Wochen Urlaubsgeld, vier Wochen Freiwillige Sozialleistungen.
- Die Firma richtet die Kostenstellen Material (M), Fertigung (F) und Verwaltung (VW) sowie die Werksküche ein.
- Alle Gemeinkosten sind Kostenstellengemeinkosten.
- Von den Materialkosten sind 500 als Einzelkosten in M erfasst, als Gemeinkosten 300 € in F und je 20 € in VW und W.
- Von den Löhnen sind 40 Fixkosten, der Rest verteilt sich auf die Kostenstellen im Verhältnis 5:20:10:3. Die Lohnkosten in der Fertigung sind Einzelkosten.
- Die Gehälter sind zur Gänze Fixkosten.
- Die Lohn-/Gehaltsnebenkosten sind mit 45 € fix, der variable Rest verteilt mit 30 €, 140 €, 10 € und 20 €.
- Von den Abschreibungen sind 2/3 fix, der Rest verteilt mit 3 : 4 : 1,5 : 1,5.
- Alle übrigen Posten aus der Überleitung werden zu den Sonstigen Kosten zusammengefasst und sind fix.
- Die Mitarbeiter in M nehmen zwei Menüs, in F drei und in VW fünf in Anspruch.

- Die Basis für die Zuschlags- und Verrechnungssätze sind die Einzelkosten in M, 100 Maschinenstunden in F und die Herstellkosten in VW.
- Eine Heckenschere wird wie folgt kalkuliert:
  Die Materialeinzelkosten betragen 20 €, die Fertigungseinzelkosten 6 €, die Sonderkosten ebenfalls 6 €. Es werden zehn Maschinenstunden benötigt. Das Unternehmen kalkuliert mit 40 % Gewinnspanne und gewährt üblicherweise 3 % Rabatt.

11/1-2: Gesamtbeispiel Turbo AG

Das vorliegende Beispiel umfasst ein durchgängiges Beispiel. Errechnen Sie ausgehend von der Gewinn- und Verlustrechnung und aufgrund der vorliegenden Informationen den möglichen Verkaufspreis des Produktes!

Die Aufstellung von Bilanzposten der Turbo AG zeigt im Geschäftsjahr X3 folgendes Bild (Zahlen in Tsd.):

1 Drucker	10 €
10 Sessel	16 €
100 Reifen	120€
15 Kombifahrzeuge	3.000€
2 PKW für Pannenfahrten	400 €
20 PKW-Cabrio	4.500 €
4 PC	90 €
4 Schreibtische	20 €
Abfertigungsrückstellungen	260 €
Aktien der Fa. Risiko (zu Spekulationszwecken)	111€
ARA	2 €
Ausstehende Einlage	300 €
Bankguthaben (Girokonto)	4 €
Bilanzgewinn	?
Forderungen geg. Käufer Mayer	78 €
Forderungen geg. Käufer Müller	45€
Forderungen geg. Mitarbeiter Schmid	32 €
Freie Rücklage	560 €
Garage	900€
Gebundene Kapitalrücklage	400€
Hebebühne	600 €
Kassa	7 €
Mikrowellenherd	5 €
Nennkapital	7.000€
Patente (von IBN lizenziert für Turbo AG)	100 €
Pensionsrückstellung	190 €
PRA	3 €
Reservegrundstück f. eventuelle Erweiterungen	150 €
Selbsterstellte Patente	400 €
Staatsanleihen (f. Pensionsrückstellungen)	95 €
Verbindlichkeiten geg. Banken	3.200 €

Verbindlichkeiten geg. Finanzamt	62 €
Verbindlichkeiten geg. Grabner	196 €
Verbindlichkeiten geg. Hofer	246 €
Werkstatt und Büroräume	2.000 €
Werkzeug	240 €

Folgende Informationen liegen dem Buchhalter der Turbo AG zum Jahresabschluss X3 vor:

Erträge:

- Bestandsveränderung 200 €
- Beteiligungserträge 280 €
- Umsatzerlöse 3.500 €
- Zinserträge 120 €
- Zuschreibungen zum Anlagevermögen 60 €

Aufwendungen	Herstellungskosten (Mat. + Fert.)	Verwaltungskosten	Vertriebskosten	Gesamtkosten
Abschreibungen IAV + SAV	700 €	60 €	40 €	800 €
Steuern EE				260 €
Materialaufwendungen	400 €	50 €	25 €	475 €
Mietaufwand	100 €	5 €	5 €	110 €
Personalaufwendungen	300 €	250 €	600 €	1.150 €
Energieaufwand	90 €	65 €	55 €	210 €
Versicherungsaufwand	5 €	2 €	1 €	8 €
Zinsaufwendungen				75 €
Zuweisung an Rücklagen				?

Im Vorjahr wurde vom ausgewiesenen Bilanzgewinn von 54 € eine Dividende in Höhe von 50 € ausgeschüttet. Für X4 ist vorgesehen, den gesamten Bilanzgewinn auszuschütten.

a) Erstellen Sie die Bilanz!
b) Erstellen Sie die Gewinn- und Verlustrechnung!

Die Turbo AG reorganisiert die Abteilung Betriebsbuchhaltung. Als erster und wichtigster Schritt wird aufbauend auf der Gewinn- und Verlustrechnung ein Kalkulationsschema ausarbeitet, das der Turbo AG die Möglichkeit gibt, Berechnungen einzelner Auftrüge anzustellen.

Zur Umrechnung von Aufwendungen und Erträge in Kosten und Leistungen liegen folgende Zusatzinformationen vor:

- In den Erlösen sind Umsätze aus einer Nebentätigkeit des Unternehmens in Höhe von 600 € enthalten.
- Die Beteiligungserträge stammen zu einem Viertel aus Spekulationsgeschäften des Unternehmens.
- Die Zuschreibungen zum Anlagevermögen wurden vorgenommen, um in der Gewinn- und Verlustrechnung einen Gewinn ausweisen zu können.

- In der Fertigungs- und Materialstelle wird das Gebäude anteilig mit 600 € und die maschinellen Einrichtungen mit 100 € abgeschrieben.
- Der Baukostenindex betrug bei Kauf des Gebäudes 150 €, im laufenden Geschäftsjahr liegt er bei 170 €.
- Für die vor drei Jahren im Mai gekaufte Maschine wurde in der Finanzbuchhaltung aus steuerlichen Gründen eine Nutzungsdauer von vier Jahren angenommen. Der Wert der Maschine steigt jährlich um zehn Prozentpunkte. (Ende X1 = 100) Kalkulatorisch wird allerdings von einem nutzenabhängigen Werteverzehr von fünf Jahren ausgegangen. Die Auslastung der Maschine durch die Lackproduktion wird wie folgt prognostiziert: (3 = laufendes Geschäftsjahr):

Jahre	1	2	**3**	4	5
Produzierte Stück	1.720.000	2.750.000	**3.130.000**	1.890.000	510.000

- Die sonstigen Abschreibungen werden in Buchhaltung und Kostenrechung ident behandelt.
- Der Wert des Materials stieg um 20 %.
- Die zugemietete Fläche des Nebengebäudes wird zu 30 % als Partyraum für die Kinder des Geschäftsführers genutzt.
- Das Risiko von durch Mitarbeiter verursachten Produktionsstillständen ist versicherungsmäßig nicht gedeckt. Erfahrungsgemäß entsteht der Turbo AG dadurch jährlich ein Verlust von 2 €.
- Durchschnittlich betragen die Forderungsverluste 20 €.
- Im Jänner wurde ein Kredit in Höhe von 400 € aufgenommen, um einen Traktor für die landwirtschaftliche Nutzung einer nicht für die Lack-Produktion benötigten Fläche zu kaufen. 7 % Zinsen sind p.a. fällig.
- Der Kapitalmarktzinsfuß, der für die Berechnung der kalkulatorischen Zinsen auf Basis des oben berechneten Eigenkapitals der Turbo AG verwendet wird, liegt bei 2 % p.a.
- Die Personalaufwendungen setzen sich aus 420 Löhnen, 390 Gehälter, 40 Abgaben und 122 freiwillige Sozialleistungen zusammen. An den Geschäftsführer wurde weiters eine Gehaltsvorauszahlung von 178 überwiesen.
- Alle Arbeitnehmer der Turbo AG haben Anspruch auf sieben Wochen Urlaub, sieben Wochen Urlaubsgeld und eine Woche Weihnachtsremuneration. Sie sind durchschnittlich vier Wochen in Krankenstand, die gesetzlichen Feiertage des Geschäftsjahres ergeben eine Woche. Bei allen weiteren Personalberechungen wird das Entgeltfortzahlungsgesetz nicht berücksichtigt.
  - c) Leiten Sie im Betriebsüberleitungsbogen die Erträge in Leistungen über!
  - d) Leiten Sie im Betriebsüberleitungsbogen die Aufwendungen in Kosten über!
  - e) In welcher Höhe differiert der Periodenerfolg in Buchhaltung und Kostenrechnung?

Der Kostenstellenplan der Turbo AG zeigt folgenden Aufbau:

Die Materialstelle (M) ist für Einkauf und Verwaltung der Roh-, Hilfs- und Betriebsstoffe zuständig, die Fertigung (F) für die Produktion von Lack. Der innerbetriebliche Transport wurde der Kostenstelle Fuhrpark (Fp) unterstellt. Die erst kürzlich installierte Werkküche (Wk) versorgt die Mitarbeiter mit Mittagsmenüs.

Für die Direktion – hauptverantwortlich für die Organisation des Betriebs – wurde keine Kostenstelle gebildet, sie ist der Verwaltung (Vw) angeschlossen. Die Aufgabe des Vertriebes (Vt) umfasst Verkauf und Marketing.

- Die Betriebsbuchhaltung führt im laufenden Geschäftsjahr die Grenzkostenrechnung ein, die die Aufspaltung der Gesamtkosten in fixe und variable erfordert.
- Die Materialkosten sind zur Gänze variabel und werden in der Materialstelle pro Auftrag in Höhe von 300 € erfasst. Die restlichen Materialkosten verteilen sich auf 35 € Fuhrpark, 45 € Werksküche, 36 € Verwaltung und 58 € Vertrieb.
- Die Lohnkosten sind zu 30 % fix und werden in der Fertigung pro Auftrag erfasst. Sie verteilen sich auf die Kostenstellen im Verhältnis 7: 16: 5: 4: 11: 6.
- Die Gehaltskosten sind zu 100 % fix.
- Die Lohn- und Gehaltsnebenkosten sind in Höhe von 285 € fix, die variablen Kosten haben denselben Aufteilungsschlüssel wie die Lohnkosten.
- Aufgrund der geringen Aussagekraft werden alle übrigen Kostenarten zusammenfasst. Die Fixkosten betragen 131,67 €, die variablen sonstigen Kosten verteilen sich auf 227,8 € in der Materialstelle, 51,45 € in der Fertigung, 430 € im Fuhrpark, 27 € in der Werksküche, 586,53 € in der Verwaltung und 7,15 € im Vertrieb.

Der Fuhrpark steht dem gesamten Betrieb zur Verfügung, wobei die Kilometerleistung den Kostenstellen zugeordnet wird:

	Material	Fertigung	Fuhrpark	Werksküche	Verwaltung	Vertrieb
km	100	200	–	60	15	205

Die Menüs in der Werksküche werden pro Mitarbeiter berechnet: In der Materialstelle sind vier Mitarbeiter beschäftigt, in der Fertigung 17, im Fuhrpark fünf, in der Werksküche zwei, Verwaltung 16, Vertrieb acht. Alle Mitarbeiter nehmen dieses Service in Anspruch.

Die Leistungen sind in den empfangenden Kostenstellen variabel angesetzt.

Als Basis zur Errechnung der Gemeinkostenzuschlagssätze bzw. Verrechnungssätze werden in der Material- und Fertigungsstelle die Einzelkosten, in der Verwaltung die variablen Herstellkosten um im Vertrieb die Kosten pro Auftrag herangezogen. In dieser Abrechnungsperiode wurden 50 Aufträge bearbeitet.

f) Erstellen Sie den Betriebsabrechnungsbogen vor Umlage der sekundären Gemeinkosten!
g) Führen Sie die Innerbetriebliche Leistungsverrechnung durch!
h) Vervollständigen Sie den Betriebsabrechnungsbogen und berechnen Sie alle Gemeinkostenzuschlagssätze und Verrechnungssätze!

Die Turbo AG startete im vergangenen Geschäftsjahr die Erzeugung von Autolacken. Eine Dose Lack wird in der Buchhaltung (siehe C. Übung 1–16 in Kapitel 7: Vermögen) wie folgt kalkuliert:

Materialkosten	15
Personalkosten	9
Materialkostenzuschlag	10 %
Personalkostenzuschlag	120 %

In der Kostenrechnung wird eine Dose Lack wie folgt kalkuliert:

Materialkosten für eine Dose roten Lack liegen bei 15 €, die Fertigungskosten bei 9 €. Es fallen Sonderkosten in Höhe von 8,9 € für Material an. Das Unternehmen schlägt eine Gewinnspanne von 40 % auf, gewährt den Kunden 3 % Skonto bei einem Zahlungsziel von drei Tagen und muss 20 % Umsatzsteuer berücksichtigen. Ein Auftrag umfasst durchschnittlich fünf Dosen Lack.

i) Kalkulieren Sie die Kosten für eine Dose Lack!
j) Vergleichen Sie die Berechnungen in der Betriebs- und Finanzbuchhaltung und begründen Sie die Differenz!
k) Sind bei Kalkulation unter Zugrundelegung des Betriebsabrechnungsbogens alle Kosten berücksichtigt?
l) Welche Probleme treten bei Heranziehen der obigen Kalkulation für eine langfristige Preisbildungspolitik auf?

Die Turbo AG erhält von einem wichtigen Kunden eine Anfrage über zehn Dosen Lack. Das Konkurrenzangebot liegt bei 230 pro Stück.

m) Soll die Turbo AG das Angebot annehmen? Begründen Sie Ihre Entscheidung unter Zugrundelegung einer ausführlichen Kalkulation.
n) Welche Bedingungen wären Voraussetzung für die Annahme dieses Auftrages?

Die hergestellten Dosen Lack variieren in Größe und Qualität. Vergangenes Geschäftsjahr wurden fünf verschiedene Produkte auf den Markt gebracht: Autolack 1 l, Autolack ½ l (Autolack wird nur im Ausland abgesetzt, da er nicht den österreichischen Umweltgesetzten entspricht), Biolack 1 l, Biolack ½ l und Metallic ½ l (bei diesen drei Produkten erfolgte der Absatz ausschließlich in Österreich). Erfahrungsgemäß werden mit dem Kauf einer Dose Metallic zehn Dosen Biolack ½ l abgesetzt.

Die variablen Kosten betragen ohne Entsorgungskosten 36, 25, 14, 13 und 59 €. Der Anteil der umweltschädlichen Chemikalie, die getrennt entsorgt werden muss, ist für Autolack 1 l 7 Gramm, Autolack ½ l 5 Gramm, Biolack 1 l 3 Gramm, Biolack ½ l 1 Gramm und Metallic 4 Gramm. Die Gesamtkosten für diese Chemikalie betragen 9.600 €.

Es wurden 150 Dosen Autolack 1 l, 100 Dosen Autolack ½ l, 700 Dosen Biolack 1 l, 950 Dosen Biolack ½ l, 50 Dosen Metallic vertrieben. Die Verkaufspreise waren mit 60, 40, 50, 30 und 140 € je Dose festgesetzt.

Die Fixkosten für die Exportprodukte betrugen 2.700 €, für die Inlandsprodukte 17.000 €, wobei in einer weiteren Untergliederung die Biolacke 12.750 € Fixkosten verursachten, Metallic 4.250 € und der gemeinsame Fixkostenbetrag für Biolacke und Metallic weitere 5.000 €. Die Fixkosten für alle Halbliterdosen Lack betrugen 11.700 €, für alle Literdosen Lack 13.000 €. Sowohl die Export/Inlands-Fixkosten als auch die Fixkosten für Halbliter/Liter-Dosen Lack sind als Ganzen anzusehen. Die Unternehmensfixkosten machen weitere 600 € aus.

Die Firmenleitung überlegt aufgrund dieser Ergebnisse, die Exportproduktion einzustellen. Kurzfristig wären ein Drittel der Fixkosten abbaubar, die Stilllegungskosten betragen 1.000 €.

o) Berechnen Sie das Periodenergebnis des Vorjahres nach allen Möglichkeiten und interpretieren Sie die Ergebnisse!
p) Entscheiden Sie über Weiterproduktion oder Einstellung der einzelnen Produkte!

Kontenklassen

und die wesentlichen darin enthaltenen Konten

Quelle: Wilfried Schneider, Ingrid Dobrovits, Dieter Schneider: Einführung in die Buchhaltung im Selbststudium. Band 1: Informationsteil, 21. Auflage, facultas 2016; S. 358-362

ANLAGEVERMÖGEN

Klasse 0
Immaterielle Vermögensgegenstände
- Gewerbliche Schutzrechte wie Patente und Lizenzen
- DV-Programme
- Firmenwert
- Geleistete Anzahlungen für immaterielles Anlagevermögen

Sachanlagen
- Grundstücke
- Gebäude
- Maschinen
- Büromaschinen, EDV
- PKW und Kombi
- LKW
- Betriebs- und Geschäftsausstattung
- Geringwertige Vermögensgegenstände, wenn aktiviert
- Anlagen in Bau

Finanzanlagen
- Anteile an verbundenen Unternehmen
- Anteile an Kapitalgesellschaften ohne Beteiligungscharakter (Aktien etc.)
- Gläubigerpapiere des Anlagevermögens

UMLAUFVERMÖGEN
Klasse 1 Vorräte
- Rohstoffvorrat
- Hilfsstoffvorrat
- Vorrat Verpackungsmaterial
- Vorrat Betriebsstoffe
- Vorrat Heizöl
- Unfertige Erzeugnisse
- Fertigerzeugnisse
- Handelswarenvorrat

Klasse 2 Sonstiges Umlaufvermögen und Rechnungsabgrenzungsposten
- Forderungen aus Lieferungen und Leistungen (Sammelkonto)
- Einzel-WB zu Inlandsforderungen (scheinen nicht in der Bilanz auf)
- Pauschal-WB zu Inlandsforderungen (scheinen nicht in der Bilanz auf)
- Sonstige Forderungen (einschl. Antizipationen)
- Gewährte Darlehen

- Vorsteuer

- Anteile an Kapitalgesellschaften (Aktien etc.) im Umlaufvermögen
- Gläubigerpapiere des Umlaufvermögens

- Kassa
- Bank (Guthaben bei Kreditinstituten)

- Aktive Rechnungsabgrenzung (ARA)

FREMDKAPITAL
Klasse 3 Rückstellungen, Verbindlichkeiten und Rechnungsabgrenzungen
- Rückstellung für Abfertigungen
- Rückstellung für Pensionen
- Rückstellung für Körperschaftsteuer
- Rückstellungen für Rechts- und Beratungsaufwand
- Rückstellung für Gewährleistung und Schadenersatz
- Rückstellungen für Produkthaftung
- Rückstellung für nicht konsumierte Urlaube
- Sonstige Rückstellungen

- Verbindlichkeiten gegenüber Kreditinstituten (Bankkredit)
- Darlehen

- Erhaltene Anzahlungen

- Lieferverbindlichkeiten (Verbindlichkeiten aus Lieferungen und Leistungen)

- Umsatzsteuer
- Zahllast
- Verbindlichkeiten Finanzamt
- Verbindlichkeiten Sozialversicherung

- Sonstige Verbindlichkeiten (einschl. Antizipationen)

- Passive Rechnungsabgrenzung (PRA)

ERFOLGSKONTEN
Betriebliche Erträge
Klasse 4
- Umsatzerlöse (20% USt)
- Umsatzerlöse (10% USt)

- Erlösberichtigungen (20% USt)
- Erlösberichtigungen 10% USt)

- Bestandsveränderungen unfertige Erzeugnisse
- Bestandsveränderungen Fertigerzeugnisse
- Aktivierte Eigenleistungen

- Erlöse Anlagenverkauf
- Versicherungsentschädigungen im Zusammenhang mit dem Ausscheiden von Anlagen
- Erträge aus dem Abgang von Anlagen (Erlöse größer als BW)
- Erträge aus der Zuschreibung immaterieller Anlagengegenstände } Rückgängigmachen außerplanmäßiger Abschreibungen
- Erträge aus der Zuschreibung zu Sachanlagen } Rückgängigmachen außerplanmäßiger Abschreibungen

- Erträge aus der Auflösung von Rückstellungen

Eigenverbrauch
Mieterträge
Erträge aus der Auflösung von Wertberichtigungen
Sonstige betriebliche Erträge

Betriebliche Aufwendungen

Klasse 5 Materialaufwand und Aufwendungen für bezogene Leistungen

Handelswaren-Verbrauch
Verbrauch Rohstoffe
Verbrauch von Hilfsstoffen
Verbrauch von Betriebsstoffen
Verbrauch Reinigungsmaterial

Klasse 6 Personalaufwand

Löhne
Gehälter

Aufwendungen für Abfertigungen und Leistungen aus der betriebl. Mitarbeitervorsorge
Aufwendungen für Altersversorgung
Urlaubsentschädigung
Zuweisung zur Urlaubsrückstellung

Aufwendungen für gesetzl. vorgeschriebene Sozialabgaben und Pflichtbeiträge

sonstige Sozialaufwendungen

Klasse 7 Abschreibungen und sonstige betriebliche Aufwendungen

Planmäßige Abschreibung immaterieller Anlagengegenstände
Außerplanmäßige Abschreibung immaterieller Anlagengegenstände
Planmäßige Abschreibung von Sachanlagen
Außerplanmäßige Abschreibung von Sachanlagen
Geringwertige Wirtschaftsgüter
Grundsteuer

Instandhaltung durch Dritte

Transporte durch Dritte
PKW-Betriebsaufwand
LKW-Betriebsaufwand
Portogebühren
Telefon- und Internetgebühren
Miete, Pacht und Leasing (Mietaufwand)
Büromaterial
Werbeaufwand

Versicherungsaufwand
Rechts- und Beratungsaufwand
Spesen des Geldverkehrs

Abschreibung und Wertberichtigung von Vorräten
Abschreibung Forderungen
Zuweisung zur Einzel-WB zu Forderungen
Zuweisung zur Pauschal-WB zu Forderungen

Sonstige Schadensfälle
Buchwert abgegangener Anlagen
Verluste aus dem Abgang von Anlagen (Buchwert größer als Erlös)
Sonstiger betrieblicher Aufwand
Dotation diverser Rückstellungen

Finanzerträge und Finanzaufwendungen

Klasse 8

Zinserträge aus Wertpapieren
Sonstige Zinserträge (z.B. Bankguthaben)
Erträge aus der Zuschreibung zu Finanzanlagen (Aufwertung auf AW, Rückgängigmachen außerplanmäßiger Abschreibung)
Erträge aus der Zuschreibung zu WP des Umlaufvermögens
Abschreibungen auf Wertpapiere
Zinsaufwand für Bankkredite und Darlehen

Steuern vom Einkommen und vom Ertrag

Klasse 8

Körperschaftsteuer

Rücklagenbewegung

Klasse 8

Erträge aus der Auflösung unversteuerter Rücklagen
Erträge aus der Auflösung der Bewertungsreserve

(steuerfreie) Erträge aus der Auflösung gebundener Kapitalrücklagen
(steuerfreie) Erträge aus der Auflösung der gesetzlichen Rücklage

Zuweisung unversteuerte Rücklagen
Zuweisung zur Bewertungsreserve

Zuweisung Gewinnrücklagen

EIGENKAPITAL

Klasse 9

Eigenkapital (Grundkapital)
Gebundene Kapitalrücklage
Gesetzliche Rücklage (Gewinnrücklage)
Satzungsmäßige Rücklage (Gewinnrücklage)
Freie Rücklage (Gewinnrücklage)
Bilanzgewinn/Bilanzverlust

Bewertungsreserve zu ..
Sonstige unversteuerte Rücklagen

Privat

ABSCHLUSS- und ERÖFFNUNGSKONTEN

Klasse 9

EBK
SBK
G+V-Konto

Kontenplan

Quelle: Wilfried Schneider, Ingrid Dobrovits, Dieter Schneider: Einführung in die Buchhaltung im Selbststudium. Band 1: Informationsteil, 21. Auflage, facultas 2016; S. 358-362

Dieser Kontenplan beruht auf dem RLG und ist auf die 21. Auflage abgestimmt.

Klasse 0 Anlagevermögen und Aufwendungen für das Ingangsetzen, Erweitern und Umstellen eines Betriebes

0010 Aufwendungen für das Ingangsetzen, Erweitern und Umstellen eines Betriebes
0090 Kumulierte Abschreibung

0100 Konzessionen
0110 Patent- und Lizenzrechte
0120 DV-Programme
0180 Geleistete Anzahlungen für immaterielles Anlagevermögen
0190 Kumulierte Abschreibungen

0200 Unbebaute Grundstücke
0210 Bebaute Grundstücke (Grundwert)

0300 Betriebs- und Geschäftsgebäude auf eigenem Grund
0320 Betriebs- und Geschäftsgebäude auf fremdem Grund
0360 Bauliche Investitionen in gepachteten Betriebs- und Geschäftsgebäuden
0390 Kumulierte Abschreibungen

0400 Maschinen und maschinelle Anlagen
0450 Geringwertige Maschinen
0490 Kumulierte Abschreibungen

0510 Werkzeuge allgemein
0550 Geringwertige Werkzeuge
0590 Kumulierte Abschreibungen

0620 Büromaschinen, EDV
0630 PKW und Kombi
0640 LKW
0660 Betriebs- und Geschäftsausstattung
0680 Geringwertige Vermögensgegenstände (soweit nicht im Erzeugungsprozess verwendet)
0690 Kumulierte Abschreibungen

0700 Geleistete Anzahlungen für Sachanlagen
0710 Anlagen im Bau

0800 Beteiligungen an verbundenen Unternehmen
0830 Sonstige Beteiligungen
0870 Anteile an Kapitalgesellschaften ohne Beteiligungscharakter (Aktien etc.)

0920 Gläubigerpapiere des Anlagevermögens
0930 Geleistete Anzahlungen für Finanzanlagen
0990 Kumulierte Abschreibungen

Klasse 1 Vorräte

1000 Bezugsverrechnung

1100 Rohstoffvorrat

1200 Bezogene Teile

1300 Hilfsstoffvorrat
1340 Vorrat Verpackungsmaterial
1350 Vorrat Betriebsstoffe
1360 Vorrat Heizöl

1400 Unfertige Erzeugnisse

1500 Fertigerzeugnisse

1600 Handelswarenvorrat

1700 Noch nicht abrechenbare Leistungen

1800 Geleistete Anzahlungen auf Vorräte

Klasse 2 Sonstiges Umlaufvermögen und Rechnungsabgrenzungsposten

2000 Forderungen aus Lieferungen und Leistungen Inland (Sammelkonto)
2040 Forderungen aus Nachnahmelieferungen
2050 Besitzwechsel (auf Grund von Lieferungen, Leistungen und Krediten – werden in der Bilanz gemeinsam mit den Forderungen ausgewiesen)
2070 Interimskonto erhaltene Anzahlung
2080 Einzel-WB zu Inlandsforderungen (scheinen nicht in der Bilanz auf)
2090 Pauschal-WB zu Inlandsforderungen (scheinen nicht in der Bilanz auf)

2100 Forderungen aus Lieferungen und Leistungen Währungsunion (Sammelkonto)
2130 Einzel-WB zu Ford.L.u.L. Währungsunion (scheinen in der Bilanz nicht auf)
2140 Pauschal-WB zu Ford.L.u.L. Währungsunion (scheinen in der Bilanz nicht auf)
2150 Forderungen aus Lieferungen und Leistungen sonstiges Ausland (Sammelkonto)
2180 Einzel-WB zu Ford.L.u.L. sonst. Ausland (scheinen in der Bilanz nicht auf)
2190 Pauschal-WB zu Ford.L.u.L. sonst. Ausland (scheinen in der Bilanz nicht auf)

2300 Sonstige Forderungen (einschl. Antizipationen)
2350 Gewährte Darlehen
2390 Geleistete Anzahlungen (sonstige)

2500 Vorsteuer
2510 Vorsteuer aus ig. Erwerb (anrechenbare Erwerbsteuer)
2512 Vorsteuer Reverse Charge
2515 Einfuhrumsatzsteuer (EUSt) entrichtet
2516 Einfuhrumsatzsteuer geschuldet
2530 VSt-Evidenzkonto
2540 KESt (auf KöSt anrechenbar)
2550 Körperschaftsteuer (Vorauszahlungen, Guthaben)

2620 Anteile an Kapitalgesellschaften (Aktien etc.) im Umlaufvermögen
2630 Gläubigerpapiere des Umlaufvermögens
2680 indossierte und zedierte Besitzwechsel

2700 Kassa

2730	Postwertzeichen
2770	Verrechnungskonto Kassa-Bank
2780	(Erhaltene) Schecks
2785	Forderungen Kreditkarten
2786	Forderungen Bankomatkarten
2800	Bank
2810	PSK
2900	Aktive Rechnungsabgrenzung (ARA)
2950	Disagio

Klasse 3 Rückstellungen, Verbindlichkeiten und Rechnungsabgrenzungen

3000	Rückstellung für Abfertigungen
3010	Rückstellung für Pensionen
3030	Rückstellung für Körperschaftsteuer
3040	Rückstellungen für Rechts- und Beratungsaufwand
3060	Rückstellung für Gewährleistung und Schadenersatz
3065	Rückstellungen für Produkthaftung
3080	Rückstellung für nicht konsumierte Urlaube
3090	Sonstige Rückstellungen
3110	Bank (bei Kreditrahmen, auch wenn nicht immer ausgenützt)
3120	(Gegebene)Schecks
3150	Darlehen
3185	Verbindlichkeiten Kreditkarten
3186	Verbindlichkeiten Bankomatkarten
3200	Erhaltene Anzahlungen
3300	Verbindlichkeiten aus Lieferungen und Leistungen Inland (Sammelkonto)
3350	Interimskonto geleistete Anzahlung
3360	Verbindlichkeiten aus Lieferungen und Leistungen Währungsunion (Sammelkonto)
3370	Verbindlichkeiten aus Lieferungen und Leistungen sonstiges Ausland (Sammelkonto)
3380	Schuldwechsel
3500	Umsatzsteuer
3510	Umsatzsteuer aus ig. Erwerb (Erwerbsteuer)
3512	Umsatzsteuer Reverse Charge
3516	Verrechnung EUSt geschuldet
3520	Finanzamt-Zahllast
3530	USt-Evidenzkonto
3540	Finanzamt-Lohnsteuer, DB, DZ
3550	Verbindlichkeiten Kommunalsteuer
3560	Verbindlichkeiten Finanzamt (allgemeines Steuerverrechnungskonto)
3600	Verbindlichkeiten Sozialversicherung
3700	Sonstige Verbindlichkeiten (einschl. Antizipationen)
3750	Verbindlichkeiten gegenüber Mitarbeitern (noch nicht ausbezahlte Löhne und Gehälter)
3900	Passive Rechnungsabgrenzung (PRA)

Klasse 4 Betriebliche Erträge

4000	Umsatzerlöse Inland (20 % USt)
4010	Umsatzerlöse Inland (10 % USt)
4020	Umsatzerlöse Inland (13 % USt)
4030	Exporterlöse
4040	Erlöse aus innergemeinschaftlichen Lieferungen
4050	Nicht steuerbare Leistungserlöse Drittland
4060	Nicht steuerbare Leistungserlöse EU
4400	Erlösberichtigungen Inland (20 % USt)
4401	Erlösberichtigungen Inland (10 % USt)
4402	Erlösberichtigungen Inland (13 % USt)
4403	Erlösberichtigungen Export
4404	Erlösberichtigungen innergemeinschaftliche Lieferungen
4440	Skontoaufwand Inland (Kundenskonti 20 % USt)
4441	Skontoaufwand Inland (Kundenskonti 10 % USt)
4443	Skontoaufwand (Kundenskonti Export)
4442	Skontoaufwand Inland (13 % USt)
4444	Skontoaufwand (Kundenskonti aus innergemeinschaftlichen Lieferungen)
4500	Bestandsveränderungen unfertige Erzeugnisse
4550	Bestandsveränderungen Fertigerzeugnisse
4580	Aktivierte Eigenleistungen
4600	Erlöse Anlagenverkauf
4610	Versicherungsentschädigungen im Zusammenhang mit dem Ausscheiden von Anlagen
4630	Erträge aus dem Abgang von Anlagen (Erlöse größer als BW)
4640	Erträge aus der Zuschreibung immaterieller Anlagengegenstände } Rückgängigmachen außerplanmäßiger Abschreibungen
4650	Erträge aus der Zuschreibung zu Sachanlagen } Rückgängigmachen außerplanmäßiger Abschreibungen
4700	Erträge aus der Auflösung von Abfertigungsrückstellungen
4710	Erträge aus der Auflösung von Pensionsrückstellungen
4760	Erträge aus der Auflösung von sonstigen Rückstellungen
4800	Sonstige betriebliche Erträge
4810	Kassenüberschuss
4820	Eigenverbrauch (Sachbezug) 20 %
4821	Eigenverbrauch (Sachbezug) 10 %
4822	Eigenverbrauch (Sachbezug) 0 %
4823	Eigenverbrauch (Sachbezug) 13 %
4830	Mieterträge
4860	Spesenersatz (Nebenerlöse)
4865	Mahnspesenersatz
4880	FW-Kursgewinne
4890	sonstige Versicherungsentschädigungen
4900	Erträge aus der Auflösung von Wertberichtigungen

Klasse 5 Materialaufwand und Aufwendungen für bezogene Leistungen

5000 Bezugsverrechnung
5010 Handelswaren-Verbrauch

5100 Verbrauch Rohstoffe

5200 Verbrauch von bezogenen Teilen

5300 Verbrauch von Hilfsstoffen
5340 Verbrauch von Emballagen, Verpackungsmaterial

5400 Verbrauch von Betriebsstoffen
5450 Verbrauch von Reinigungsmaterial
5470 Verbrauch von Kleinmaterial

5600 Verbrauch von Brenn- u. Treibstoffen, Energie und Wasser

5700 Bezogene Leistungen (Materialbearbeitung durch Dritte)

5800 Abschreibung und Wertberichtigung von Vorräten (übliches Ausmaß)
5880 Skontoertrag (Lieferantenskonti 20 % USt)
5881 Skontoertrag (Lieferantenskonti 10 % USt)
5882 Skontoertrag (Lieferantenskonti 13 % USt)

5900 Aufwandstellenverrechnung (Umsatzkostenverfahren)

Klasse 6 Personalaufwand

6000 Löhne
6040 Nichtleistungslöhne

6200 Gehälter
6240 Nichtleistungsgehälter

6400 Abfertigungszahlungen
6405 Dotierung Abfertigungsrückstellung
6410 Betriebliche Mitarbeitervorsorge
6450 Pensionszahlungen
6455 Dotierung Pensionsrückstellung

6500 Gesetzlicher Sozialaufwand Arbeiter
6560 Gesetzlicher Sozialaufwand Angestellte

6600 Dienstgeberbeitrag zur Familienbeihilfe (DB)
6610 Zuschlag zum DB
6620 Kommunalsteuer
6630 Dienstgeberabgabe Wien

6700 Freiwilliger Sozialaufwand

6900 Aufwandstellenverrechnung (Umsatzkostenverfahren)

Klasse 7 Abschreibungen und sonstige betriebliche Aufwendungen

7000 Planmäßige Abschreibung immaterieller Anlagengegenstände
7010 Außerplanmäßige Abschreibung immaterieller Anlagengegenstände
7020 Planmäßige Abschreibung von Sachanlagen
7030 Außerplanmäßige Abschreibung von Sachanlagen
7040 Geringwertige Wirtschaftsgüter

7120 Grundsteuer
7130 Straßenbenützungsabgabe
7180 Gebühren

7200 Instandhaltung durch Dritte
7220 Reinigung durch Dritte
7230 Entsorgung durch Dritte

7300 Transporte durch Dritte
7320 PKW-Betriebsaufwand
7330 LKW-Betriebsaufwand
7340 Aufwand für Fahrten (öffentliche und private Verkehrsmittel) – Inland
7341 Aufwand für Fahrten (öffentliche und private Verkehrsmittel) – Ausland
7350 Kilometergeld
7360 Aufwand für Verpflegung (Tagesgeld) – Inland
7361 Aufwand für Verpflegung (Tagesgeld) – Ausland
7370 Aufwand für Nächtigung – Inland
7371 Aufwand für Nächtigung – Ausland
7380 Portogebühren
7381 Telefon- und Internetgebühren

7400 Miete, Pacht und Leasing

7540 Provisionen an Dritte

7600 Büromaterial
7630 Fachliteratur
7650 Werbeaufwand
7680 Bewirtung – Inland 20 % – abzugsfähiger Betrag
7681 Bewirtung – Inland 10 % – abzugsfähiger Betrag
7682 Bewirtung – Inland – nicht abzugsfähiger Betrag
7683 Bewirtung – Ausland – abzugsfähiger Betrag
7684 Bewirtung – Ausland – nicht abzugsfähiger Betrag
7690 Spenden und Trinkgelder

7700 Versicherungsaufwand
7750 Rechts- und Beratungsaufwand
7751 Dotation Rückstellung für Rechts- und Beratungsaufwand
7770 Aufwand Aus- und Fortbildung
7780 Kammerumlage
7790 Spesen des Geldverkehrs
7792 Provisionen Kredit- und Bankomatkarten
7795 Mahnspesen-Aufwand

7800 Abschreibung und Wertberichtigung von Vorräten (über das übliche Ausmaß)
7810 Abschreibung Forderungen Währungsunion (tatsächliche Wertminderung)
7811 Abschreibung Forderungen sonstiges Ausland
7812 Abschreibung Inlandsforderungen

7815 Zuweisung zur Einzel-WB zu Forderungen
7816 Zuweisung zur Pauschal-WB zu Forderungen
7817 Kassenmanko
7818 FW-Kursverlust
7819 sonstige Schadensfälle
7820 Buchwert abgegangener Anlagen
7830 Verluste aus dem Abgang von Anlagen (Buchwert größer als Erlös)
7850 Sonstiger betrieblicher Aufwand
7851 Dotation Rückstellung für Gewährleistungen
7852 Dotation Rückstellung für Schadenersatzzahlungen
7853 Dotation Rückstellung für Produkthaftung
7854 Dotation diverser Rückstellungen
7890 Skontoertrag (Lieferantenskonti 20 % USt)
7891 Skontoertrag (Lieferantenskonti 10 % USt)
7892 Skontoertrag (Lieferantenskonti 13 % USt)

7900 Aufwandstellenverrechnung (Umsatzkostenverfahren)

Klasse 8 Finanzerträge und Finanzaufwendungen (80 – 83) a.o. Erträge und a.o. Aufwendungen (84) Steuern vom Einkommen und vom Ertrag (85) Rücklagenbewegung (86 – 89)

8000 Erträge aus Beteiligungen
8060 Zinserträge aus Gläubigerpapiere des Anlagevermögens
8070 Dividendenerträge aus Aktien des Anlagevermögens

8100 Zinserträge aus Bankguthaben
8110 Zinserträge aus gewährten Darlehen
8115 Zinserträge aus Gläubigerpapiere des Umlaufvermögens
8116 Sonstige Wertpapiererträge Umlaufvermögen (Dividenden etc.)
8120 Weiterverrechnete Diskontzinsen
8130 Verzugszinsenerträge
8135 Sonstige Zinserträge
8150 Erlöse aus dem Abgang sonstiger Finanzanlagen
8160 Erlöse aus dem Abgang von Wertpapieren des Umlaufvermögens

8200 Erträge aus der Zuschreibung zu Finanzanlagen (Aufwertung auf AW, Rückgängigmachen außerplanmäßiger Abschreibung)
8210 Erträge aus der Zuschreibung zu WP des Umlaufvermögens
8250 Außerplanmäßige Abschreibung auf Finanzanlagen (WP des Anlagevermögens)
8260 Abschreibungen auf sonstige Finanzanlagen
8265 Abschreibungen auf Wertpapiere des Umlaufvermögens
8270 Verluste aus dem Abgang sonstiger Finanzanlagen
8280 Zinsaufwand für Bankkredite
8290 Zinsaufwand für Darlehen

8300 Abschreibung Disagio
8310 Diskontzinsen-Aufwand
8320 Verzugszinsen-Aufwand
8350 nicht ausgenützte Lieferantenskonti
8400 a.o. Erträge } alle Erträge und Aufwände, die nicht betriebsgewöhnlich sind und nicht regelmäßig wiederkehren
8450 a.o. Aufwände

8500 Körperschaftsteuer

8600 Erträge aus der Auflösung unversteuerter Rücklagen
8630 Erträge aus der Auflösung der Bewertungsreserve (RL § 12 EStG)
8640 Erträge aus der Auflösung der Bewertungsreserve gem. § 13 EStG (GWG)

8710 (steuerfreie) Erträge aus der Auflösung der gebundenen Kapitalrücklage
8720 (steuerfreie) Erträge aus der Auflösung der gesetzlichen Rücklage

8900 Zuweisung zur gesetzlichen Gewinnücklage
8910 Zuweisung zur satzungsmäßigen Gewinnrücklage
8920 Zuweisung zur freien Gewinnrücklage

Klasse 9: Eigenkapital, unversteuerte Rücklagen, Abschlusskonten

9000 Eigenkapital

9200 gebundene Kapitalrücklage

9300 gesetzliche Rücklage
9310 satzungsmäßige Rücklage
9320 freie Gewinnrücklage
9390 Bilanzgewinn/Bilanzverlust

9400 Bewertungsreserve zu ...
9490 Bewertungsreserve gem. § 13 EStG (GWG)

9520 Rücklage gem. § 12 EStG (Übertragungsrücklage)

9600 Privat

9800 EBK
9850 SBK
9890 G+V-Konto

Definition der Kennzahlen nach OeNB

https://www.oenb.at/Statistik/Standardisierte-Tabellen/Realwirtschaftliche-Indikatoren/Jahresabschlusskennzahlen-von-Unternehmen/Definition-der-Kennzahlen.html

Kennzahlen nach Kennzahlengruppen	Kennzahlendefinition	Zusätzliche Definitionen
Finanzierungsstrukturkennzahlen		
Eigenkapitalquote	Eigenkapital * 100 / Bilanzsumme	
Risikokapitalquote	Risikokapital * 100 / Bilanzsumme	Risikokapital = Eigenkapital + Sozialkapital + Sonstige langfristige Rückstellungen
Rückstellungen in % der Bilanzsumme	Rückstellungen * 100 / Bilanzsumme	Rückstellungen = Sozialkapital + Alle anderen Rückstellungen
Bankverschuldungsquote	Bankverbindlichkeiten * 100 / Bilanzsumme	
Verschuldungsquote	Kreditoren * 100 / Bilanzsumme	Kreditoren = Verbindlichkeiten aus Lieferung und Leistung + Wechselverbindlichkeiten
Vermögensstrukturkennzahlen		
Sachanlagevermögen in % der Bilanzsumme	Sachanlagevermögen * 100 / Bilanzsumme	
Finanzanlagevermögen in % der Bilanzsumme	Finanzanlagevermögen * 100 / Bilanzsumme	
Umlaufvermögen in % der Bilanzsumme	Umlaufvermögen * 100 / Bilanzsumme	
Lagerintensität	Vorräte * 100 / Bilanzsumme	
Forderungsintensität	Forderungen aus Lieferungen u. Leistungen * 100 / Bilanzsumme	
Barmittel und kurzfristige Veranlagungen in % der Bilanzsumme	Barmittel und kurzfristige Veranlagungen * 100 / Bilanzsumme	Barmittel und kurzfristige Veranlagungen = Sonstiges Umlaufvermögen (Wertpapiere und Anteile) + Liquide Mittel (Kassenbestand, Schecks, Guthaben bei Kreditinstituten)

Ertragskennzahlen

Betriebsergebnis vor AfA in % des Umsatzes	Betriebsergebnis vor AfA * 100 / Nettoerlöse	Betriebsergebnis vor AfA = Betriebsergebnis + Abschreibungen auf immaterielle und Sachanlagen
Betriebsergebnis in % des Umsatzes	Betriebsergebnis * 100 / Nettoerlöse	
Finanzergebnis in % des Umsatzes	Finanzergebnis * 100 / Nettoerlöse	
Betriebsergebnis in % der Bilanzsumme	Betriebsergebnis * 100 / Bilanzsumme	
Ergebnis der gewöhnlichen Geschäftstätigkeit in % des Eigenkapitals	Ergebnis der gewöhnlichen Geschäftstätigkeit * 100 / Eigenkapital	
Umsatzrentabilität	Ergebnis der gewöhnlichen Geschäftstätigkeit * 100 / Nettoerlöse	
Korrigierte Umsatzrentabilität	Korrigiertes Ergebnis der gewöhnlichen Geschäftstätigkeit * 100 / Nettoerlöse	Korrigiertes Ergebnis der gewöhnlichen Geschäftstätigkeit = Ergebnis der gewöhnlichen Geschäftstätigkeit korrigiert um kalk. Unternehmerlohn und kalk. Eigenkapitalzinsen

Aufwandsstrukturkennzahlen

Materialaufwand in % des Umsatzes	Materialaufwand * 100 / Nettoerlöse	
Personalaufwand in % des Umsatzes	Personalaufwand * 100 / Nettoerlöse	
Personalkosten in % des Umsatzes	Personalkosten * 100 / Nettoerlöse	Personalkosten = Personalaufwand + Kalk. Unternehmerlohn
Finanzierungsaufwand in % des Umsatzes	Finanzierungsaufwand * 100 / Nettoerlöse	

Selbstfinanzierungs- und Investitionskennzahlen

Cash-Flow in % des Umsatzes	Cash-Flow * 100 / Nettoerlöse	Cash-Flow = Ergebnis der gewöhnlichen Geschäftstätigkeit + Abschreibungen auf immaterielle und Sachanlagen + Abschreibungen auf sonstige Finanzanlagen und Wertpapiere des Umlaufvermögens + Sozialkapital – Sozialkapital des Vorjahres + Sonstige langfristige Rückstellungen – Sonstige langfristige Rückstellungen des Vorjahres
Korrigierter Cash-Flow in % des Umsatzes	Korrigierter Cash-Flow * 100 / Nettoerlöse	Korrigierter Cash Flow = (Ergebnis der gewöhnlichen Geschäftstätigkeit –/+ Kalkulatorische Werte + Abschreibungen auf immaterielle und Sachanlagen + Abschreibungen auf sonstige Finanzanlagen und Wertpapiere des Umlaufvermögens + Sozialkapital – Sozialkapital des Vorjahres + sonstige langfristige Rückstellungen – sonstige langfristige Rückstellungen des Vorjahres) – Kalkulatorischer Unternehmerlohn

Cash-Flow in % des Fremdkapitals	Cash-Flow * 100 / Fremdkapital	Cash-Flow = Ergebnis der gewöhnlichen Geschäftstätigkeit + Abschreibungen auf immaterielle und Sachanlagen + Abschreibungen auf sonstige Finanzanlagen und Wertpapiere des Umlaufvermögens + Sozialkapital – Sozialkapital des Vorjahres + Sonstige langfristige Rückstellungen – Sonstige langfristige Rückstellungen des Vorjahres Fremdkapital = Gesamtkapital – Eigenkapital – Sozialkapital – Rückstellungen
Korrigierter Cash-Flow in % des Fremdkapitals	Korrigierter Cash-Flow * 100 / Fremdkapital	korrigierter Cash Flow = (Ergebnis der gewöhnlichen Geschäftstätigkeit –/+ kalkulatorische Werte + Abschreibungen auf immaterielle und Sachanlagen + Abschreibungen auf sonstige Finanzanlagen und Wertpapiere des Umlaufvermögens + Sozialkapital – Sozialkapital des Vorjahres + Sonstige langfristige Rückstellungen – Sonstige langfristige Rückstellungen des Vorjahres) Fremdkapital = Gesamtkapital – Eigenkapital – Sozialkapital – Rückstellungen – sonstiges Umlaufvermögen – liquide Mittel

Selbstfinanzierungsgrad der Investitionen	Cash-Flow * 100 / Investitionen	Cash-Flow = Ergebnis der gewöhnlichen Geschäftstätigkeit + Abschreibungen auf immaterielle und Sachanlagen + Abschreibungen auf sonstige Finanzanlagen und Wertpapiere des Umlaufvermögens + Sozialkapital – Sozialkapital des Vorjahres + Sonstige langfristige Rückstellungen – Sonstige langfristige Rückstellungen des Vorjahres
Investitionsquote	Investitionen * 100 / Nettoerlöse	
Reinvestitionsquote	Investitionen * 100 / Abschreibungen	Abschreibungen = + Abschreibungen auf immaterielle und Sachanlagen + Abschreibungen auf sonstige Finanzanlagen und Wertpapiere des Umlaufvermögens

Produktivitätskennzahlen

Wertschöpfung in % des Umsatzes	Wertschöpfung * 100 / Nettoerlöse	Wertschöpfung = Betriebsleistung – Materialaufwand – Sonstiger Aufwand
Wertschöpfung je Euro Personalaufwand	Wertschöpfung / Personalaufwand	Wertschöpfung= Betriebsleistung – Materialaufwand – Sonstiger Aufwand
Wertschöpfung je Euro Personalkosten	Wertschöpfung / Personalkosten	Wertschöpfung = Betriebsleistung – Materialaufwand – Sonstiger Aufwand Personalkosten = Personalaufwand + Kalk. Unternehmerlohn
Umsatz je Euro Personalaufwand	Nettoerlöse / Personalaufwand	
Umsatz je Euro Personalkosten	Nettoerlöse / Personalkosten	Personalkosten = Personalaufwand + Kalk. Unternehmerlohn

Umschlagskennzahlen

Gesamtkapitalumschlag	Nettoerlöse / Aktiva	
Lieferforderungen in % des Umsatzes	Lieferforderungen * 100 / Nettoerlöse	
Lieferverbindlichkeiten in % des Umsatzes	Lieferverbindlichkeiten * 100 / Nettoerlöse	Lieferverbindlichkeiten = Verbindlichkeiten aus Lieferung und Leistung + Wechselverbindlichkeiten
Operatives working capital in % des Umsatzes	Operatives working capital * 100 / Nettoerlöse	Operatives working capital = Vorräte + Forderungen aus Lieferung und Leistung – (Verbindlichkeiten aus Lieferung und Leistung + Wechselverbindlichkeiten)

Liquidität

Working Capital Ratio	Umlaufvermögen/Kurzfristiges Fremdkapital	

Josef Manner & Comp. AG 2016

GESCHÄFTSBERICHT 2016

JOSEF MANNER & COMP. AG

A-1171 Wien, Wilhelminenstraße 6
Telefon: +43 (0)1-488 22-0
Telefax: +43 (0)1-486 21 55

www.manner.com

INHALT

Im Jahresabschluss 2016 wurde das Rechnungslegungsänderungsgesetz (BGBl. I Nr. 22/2015 vom 13.1.2015, kurz: RÄG 2014) erstmals angewendet. Da in diesem Zusammenhang unter anderem die Ausweis- und Gliederungsvorschriften in der Bilanz und Gewinn- und Verlustrechnung angepasst wurden, ändern sich auch Vorjahreswerte. Es wurden daher die Kennzahlen für das Jahr 2015 neu berechnet und sind nicht mit den im Vorjahr veröffentlichten Kennzahlen vergleichbar. Allfällig angeführte Werte vor 2015 wurden nicht angepasst.

UMSATZERLÖSE 2016 NACH REGIONEN (T€)

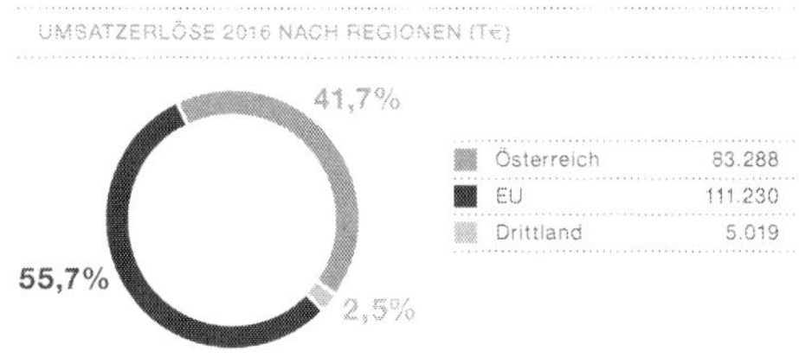

WESENTLICHE ENTWICKLUNGEN 2016

- Umsatz mit € 199,5 Mio gegenüber 2015 um 3,2% gesteigert
- Exportquote 58,3%
- Rohstoffpreise haben sich gesamt im Vergleich zum Vorjahr leicht entspannt
- Anlagen aus Perg in Wien wieder in Betrieb genommen
- Effizienzdefizite in der Produktion nach Teilgebäudeeinsturz
- Projektkosten des Standortprojekts beeinflussen EBT
- Eigenkapitalquote 32,0%
- EBT von € 1,1 Mio

WIRTSCHAFTLICHES UMFELD

Die Erholung der österreichischen Wirtschaft hat im Jahresverlauf 2016 angehalten und sich in der zweiten Jahreshälfte sogar noch beschleunigt. Im dritten Quartal hat sich das Wachstumstempo gesteigert. Im Gesamtjahr 2016 betrug der Anstieg des BIP ca. 1,5%. Das Wirtschaftswachstum wurde nahezu ausschließlich von der Inlandsnachfrage getragen.

Mit Jahresende war, bedingt durch die Verringerung des dämpfenden Effekts der Ölpreise, ein Anstieg der Inflation festzustellen. Die Teuerung hat trotz dieses Aufwärtstrends im Gesamtjahr 2016 nur 0,9% im Jahresdurchschnitt betragen und ist damit identisch mit jener des Vorjahres.

Im Jahr 2016 sank der FAO-Nahrungsmittelpreisindex um ca. 1,5%. Ursachen waren die Rekordernten für Getreide, die bei der Indexberechnung die Verteuerung von anderen Produkten wie Zucker und Palmöl kompensiert haben. Im Dezember erreichte der Pflanzenölindex den höchsten Stand seit 2014. Geringe globale Lagerbestände und ein anhaltend knappes Angebot im Verlauf des vergangenen Jahres sorgten für einen Auftrieb.

Unterstützt durch die Steuerreform und die niedrige Inflation hat sich der Einzelhandel anhaltend positiv entwickelt. Für das Gesamtjahr 2016 war ein reales Umsatzwachstum von ca. 1,5% festzustellen. Damit war der Anstieg 2016 etwas geringer als im Jahr davor (2015: 1,6%). Die deutlich verbesserte Konsumentenstimmung weist auf eine weiterhin gute Konsumlaune hin und auch die anhaltend starke Beschäftigungsdynamik sollte unterstützen, so dass die Umsätze im österreichischen Einzelhandel um rund 1% real im Jahr 2017 zulegen sollten.

Der österreichische Süßwarenmarkt konnte 2016 eine wertmäßige Steigerung von 1,3% erzielen, wobei mengenmäßig ein Rückgang von ebenso 1,3% gegeben ist. MANNER konnte in der Hauptkategorie Waffeln & Schnitten seine Position behaupten.

Die Konjunkturerholung im Jahr 2016 hat sich positiv auf den österreichischen Arbeitsmarkt ausgewirkt. Die Beschäftigung legte kräftig zu. Mit einem Plus um 1,6% im Jahresvergleich gelang es dem anhaltend starken Anstieg des Arbeitskräfteangebots soweit entgegenzusetzen, so dass die Arbeitslosenquote den Aufwärtstrend der vergangenen Jahre nicht mehr fortsetzte. Die Arbeitslosenquote stabilisierte sich bei 9,1% im Jahresdurchschnitt 2016. Für 2017 wird durch den weiteren Anstieg des Arbeitskräfteangebots eine leichte Erhöhung der Arbeitslosenquote auf 9,3% erwartet.

Die Binnennachfrage wird das Wirtschaftswachstum weiter antreiben. Nachdem 2016 ausschließlich die Inlandsnachfrage das Wirtschaftswachstum getragen hat, wird 2017 der Außenhandel wieder spürbar zum Wachstum in Österreich beitragen und leicht über der EURO-Zone liegen. Die Europäische Kommission geht für 2017 von einem BIP-Wachstum in der Eurozone um 1,5% aus. Hauptwachstumsmotor dürfte der Privatkonsum bleiben, der durch die Erwartung weiter leicht steigender Beschäftigungszahlen begünstigt wird.

Der Aufwärtstrend der Inflation wird sich zumindest für das erste Halbjahr fortsetzen. Für 2017 wird eine Verdoppelung der Inflation auf 1,8% erwartet. Mit der Preisdynamik der Rohstoffe und dem im Vergleich zum USD schwächeren EURO sind die Preissteigerungen überwiegend auf externe Faktoren zurückzuführen.

Der FAO-Preisindex näherte sich im Jänner 2017 einem Zweijahreshoch. Im Jahr 2017 dürften die Lebensmittelmärkte noch mehr durch wirtschaftliche Unsicherheiten einschließlich der Entwicklung der Wechselkurse beeinflusst werden.

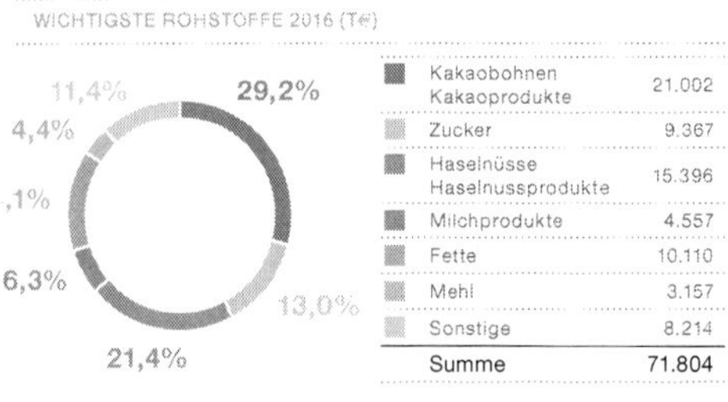

Kakaobohnen Kakaoprodukte	21.002
Zucker	9.367
Haselnüsse Haselnussprodukte	15.396
Milchprodukte	4.557
Fette	10.110
Mehl	3.157
Sonstige	8.214
Summe	71.804

UMSATZENTWICKLUNG

Trotz teilweise nach wir vor bestehender provisorischen Anlagenanordnungen aus den Folgewirkungen des Teilgebäudeeinsturzes, sowie Einschränkungen im Zusammenhang mit den Umbautätigkeiten, konnten mit T€ 199.536 (Vorjahr T€ 193.364) bzw. +3,2% die Umsätze gesteigert werden. Vorrangig beigetragen zu dieser Entwicklung haben Steigerungen der Umsätze am Heimatmarkt und in Deutschland.

Die Marke Manner konnte dank starker Zuwächse in Deutschland in absoluten Beträgen die stärkste Umsatzsteigerung im Markenportfolio erzielen.

Durch höhere Umsatzzuwächse im Inland sinkt die Exportquote von letztjährigen 59,1% auf nunmehr 58,3% in 2016.

ERTRAGSLAGE

Im Jahr 2016 ist sowohl beim EBT mit T€ 1.078 (Vorjahr: T€ 3.649) als auch beim EBIT (Ergebnis vor Zinsen und Steuern) mit T€ 1.394 (Vorjahr: T€ 4.093) ein Rückgang festzustellen.

Wie schon die Ergebnisse der letzten Geschäftsjahre, ist auch das diesjährige Ergebnis ganz erheblich von Verzerrungen beeinflusst. Neben den außergewöhnlichen Aufwendungen für den Umbau und die Neuausrichtung des Standortes Wien kamen noch Folgekosten im Rahmen des Teilgebäudeeinsturzes zu tragen. Verglichen zum Vorjahr konnte in 2016 keine entsprechende Versicherungsleistung beansprucht werden. Ertragsseitig wirkt sich in 2016 der Verkauf der Liegenschaft in Perg (Oberösterreich) als Einmaleffekt aus.

Trotz genannter Umsatzsteigerung ist die Betriebsleistung (-2,0%) in 2016 leicht gesunken. Die Erklärung dafür sind der im Vergleich zum Vorjahr geringere Lageraufbau, sowie die letztjährigen höheren sonstigen betrieblichen Erträge aus einer Versicherungsleistung. Bedingt durch die in Relation zur Umsatzsteigerung stärkeren Steigerung der Vorräte, ergibt sich im Vergleich zum Vorjahr eine Reduktion der Lagerumschlagshäufigkeit.

Die Gesamtsituation bezüglich der bei MANNER eingesetzten Rohstoffe hat sich, bedingt durch stärkere Volatilität, hinsichtlich Komplexität erheblich verschärft. Das Preisniveau ist insgesamt im Geschäftsjahr leicht zurückgegangen. Der Anteil an Rohstoffkosten in Prozent zur Betriebsleistung ergibt sich 2016 mit 35,3% (Vorjahr: 38,9%).

Aus den Gegebenheiten des Teilgebäudeeinsturzes war es notwendig, sowohl beim Standortprojekt als auch im normalen Produktionsbetrieb Kompromisse einzugehen. Es wurden Interimslösungen zur Sicherstellung der Versorgung installiert, die eine gewohnte Produktionseffizienz nicht zuließen. Nach wie vor wird teilweise mit entsprechenden Mehrkosten produziert.

Absolut ist eine Steigerung des Personalaufwandes gegeben, die in der vorliegenden Sondersituation und dem Umsatzzuwachs ihre Begründung haben. In Relation zu Veränderung der Betriebsleistung ist bei den Personalkosten eine überproportionale Steigerung festzustellen. Temporärem Mehrbedarf hinsichtlich Personalressourcen begegnete man damit, dass insbesondere der Leihpersonalstand quantitativ flexibel eingesetzt wurde.

Die Stärkung der Unternehmensmarken durch Werbung und Verkaufsförderungen wird als langfristiges, strategisches Investment erachtet. Im Vergleich zum Jahr 2015 wurden, bedingt durch eine geplante Schwerpunktsetzung, T€ 909 mehr aufgewendet.

Durch aktives Management ist es gelungen, trotz konstatiert erhöhter Bankverbindlichkeiten, die Zinsaufwände im Periodenvergleich zu reduzieren. Ein nach wie vor niedriges Zinsniveau wirkte sich vorteilhaft aus, wobei gegen Jahresende eine mögliche Trendwende zu erkennen war.

FINANZLAGE

Bedingt durch die Sondersituation aus Teilgebäudeeinsturz und geplanten Maschinenübersiedlungen war es zur Wahrung der Lieferfähigkeit notwendig, mit relativ hohen Lagerständen zu operieren. Insofern wurden auch 2016 die Vorratsbestände erhöht.

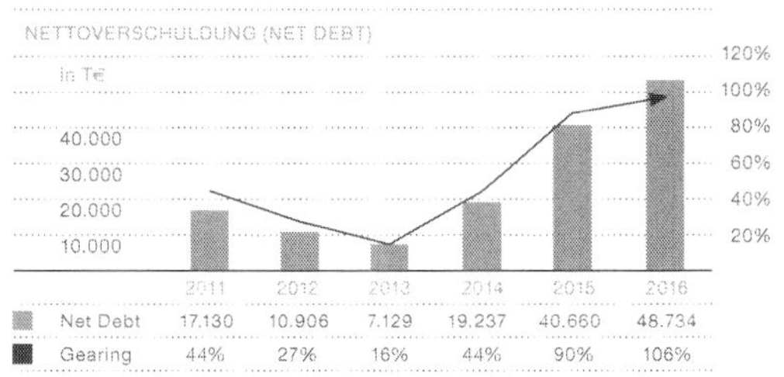

Unter anderem aus dem wie geplant fortgesetzten Standortprojekt wurden Investitionen in Höhe von T€ 15.410 getätigt. Unmittelbare Folgeerscheinung ist, dass der „Free" Cash Flow (= Summe aus Netto-Geldfluss aus laufender Geschäftstätigkeit und Netto-Geldfluss aus Investitionstätigkeit, nach Schema „KFS/BW II") mit T€ -6.563 negativ ist, aber um T€ 14.331 im Vergleich zum Vorjahr verbessert werden konnte.

Die getätigten Investitionen wurden wie geplant durch eine Erhöhung der Bankverbindlichkeiten finanziert. Die Verbindlichkeiten gegenüber Kreditinstituten wurden demnach von letztjährigen T€ 42.808 auf T€ 49.252 zum aktuellen Bilanzstichtag erhöht.

Durch diese konstatierten Maßnahmen stieg auch die Nettoverschuldung (Net Debt), der Saldo der Bankschulden und flüssigen Mittel von T€ 40.660 zum 31.12.2015 auf T€ 48.734 zum aktuellen Bilanzstichtag. Dementsprechend hat sich auch der Nettoverschuldungsgrad (Gearing), das Verhältnis der Nettoverschuldung zum Eigenkapital gem. § 23 URG, vor der Auszahlung von Dividenden von letztjährigen 89,7% auf aktuelle 106,2% erhöht.

VERMÖGENS- UND KAPITALSTRUKTUR

Nach einer Phase der Konsolidierung, in der getätigte Investitionen auf Effizienzsteigerungsmaßnahmen, Sicherheitsaspekte und Innovationsbestrebungen beschränkt waren, startete mit 2013 die operative Umsetzung des Standortprojektes als gänzliche Neuausrichtung nach modernsten Ansprüchen am Standort Wien. Als Resultat aus laufenden Abschreibungen und bereits zuvor genannten Investitionen ergibt sich 2016 eine Steigerung des Sachanlagevermögens um T€ 6.563.

Während wie erwähnt die Vorräte erhöht wurden, konnten die Forderungen deutlich gesenkt werden, was auch den Hauptgrund für die Reduktion des Umlaufvermögens um T€ 1.888 (-3,0%) darstellt.

Die Eigenkapitalquote (gem. § 23 URG) hat sich von 32,8% (2015) auf 32,0% (vor Auszahlung von Dividenden) als Folgeerscheinung der getätigten Investitionen leicht gesenkt.

Eine Eigenkapitalquote von über 40% ist weiterhin Bestandteil der Unternehmensplanung und des Risikomanagements von MANNER, um die finanzielle Stabilität des Unternehmens zu gewährleisten und wirtschaftlich schwierige Jahre unbeschadet überbrücken zu können. In der gegenwärtigen Phase des Standortprojektes wird - temporär und gezielt vorbereitet - von dieser Zielmarke abgewichen.

Das Nettoumlaufvermögen, die Differenz des kurzfristigen Umlaufvermögens und des kurzfristigen Fremdkapitals, hat sich von T€ -7.011 (2015) auf T€ -5.643 (2016) erhöht. Die hier vorliegende Entwicklung ist durch die Steigerung der Bankverbindlichkeiten bei gleichzeitiger Reduktion der Lieferforderungen gegeben.

MITARBEITER

Qualifizierte, engagierte Mitarbeiter haben in der Vergangenheit die Erfolge des Unternehmens ermöglicht. MANNER fördert die eigenen Mitarbeiter und ist bestrebt, ein motivierendes und leistungsorientiertes Arbeitsumfeld zu bieten. Bei der Auswahl von neuen Mitarbeitern wird neben hoher fachlicher Qualifikation auch insbesondere die soziale Kompetenz berücksichtigt. Bei Personalentscheidungen gelten ausschließlich fachliche Fähigkeiten und persönliche Kompetenz. Auf Gleichbehandlung von Geschlechtern und Nationalitäten wird hohes Augenmerk gelegt.

Geänderten Anforderungen an das Personal, sowohl im Produktionsbereich als auch in der Verwaltung, wurde mit entsprechenden Fortbildungsmaßnahmen begegnet. Der Aufwand für Schulung und Seminar wurde so gegenüber dem Vorjahr mehr als verdoppelt. Um gewährleisten zu können, dass die Mitarbeiter über das notwendige Fachwissen und die erforderlichen Kompetenzen verfügen, wird die gezielte Weiterbildung auch in den nächsten Jahren fortgesetzt.

Zusätzlich hat die Lehrlingsausbildung bei MANNER einen wichtigen Stellenwert. Im Jahr 2016 gab es im Unternehmen 7 Ausbildungsplätze (2015: 9) mit unterschiedlichen Berufsbildern. In Zusammenhang mit der Umsetzung des Standortkonzepts wurde vorübergehend die Anzahl der Lehrstellen reduziert. Im Jahr 2017 wird das Unternehmen den Weg einer kontinuierlichen Lehrlingsausbildung weiterverfolgen. Zur Sicherung des zukünftigen Fachkräftebedarfs wird 2017 eine detaillierte Ausbildungsplanung für Lehrberufe umgesetzt. Sie wird auch fachliche Weiterbildung und Persönlichkeitsbildung nach dem Lehrabschluss berücksichtigen.

Der durchschnittliche Mitarbeiterstand im Jahr 2016 betrug 365 Arbeiter (2015: 354) und 369 Angestellte (2015: 338). Mit Stichtag 31.12.2016 hat MANNER um 36 Mitarbeiter mehr beschäftigt als zum 31.12.2015. Dies entspricht einer Veränderung von plus 5,1%.

Die Betriebsleistung pro Beschäftigtem hat sich im Vergleich zum Vorjahr um 7,7% (exkl. Leihpersonal) bzw. um 9,5% (inkl. Leihpersonal) reduziert.

MARKETING

Das Jahr startete mit einer Markenkooperation im eigenen Hause der beiden starken Marken Manner und Napoli: Dragee Keksi à la Manner schaffte als Limited Edition 2016 den höchsten Absatz aller Saisonsorten bisher.

Unter www.meineschnitte.at konnten Konsumenten erstmals personalisierte Manner Packungen (mit 8 Stück Mannerschnitten) mit Vornamen oder Kosenamen online bestellen. Diese Namenspromotion in Kombination mit dem Manner Claim „mag man eben" fand großen Anklang und wird aus diesem Grund auch 2017 gemeinsam mit Aktionen im Handel (z.B. „Mama mag man eben") wiederholt.

Mit einem süßen „Manner Gruß aus Wien", der neben jeder Kaffeetasse Platz findet, wurde das Angebot von Manner für die Gastronomie erweitert. Zarte Original Manner Waffeln gefüllt mit feiner Haselnusscreme und dem einzigartigen „Manner Neapolitaner Geschmack", einzeln verpackt, das zeichnet das Neuprodukt aus. Mit ungefähr 4,2 Gramm pro Endverbrauchereinheit ist das kleine Täfelchen perfekt für den Genuss zwischendurch. Dieses Produkt wurde auch deutschlandweit in allen McCafé Stores bei McDonald's vertrieben und unterstützte somit die Bekanntmachung der Marke in Deutschland.

Neben digitalen Kommunikationskampagnen beschäftigte das Marketing in 2016 vor allem ein Trend: Gesundheit und Ernährung. Dem zufolge kam das Manner Müsli zur rechten Zeit. Mit 30% weniger Zucker, ballaststoffreich und mit über 50% Vollkorn sorgte das Manner Müsli in der Warengruppe „Frühstück" für Aufsehen und Verkaufszahlen über den Erwartungen.

Auch der Schwerpunkt auf das Thema „Vegan" unter dem Motto „Die Manner Schnitte war schon vegan, bevor man wusste, was das ist", wurde von den Verbrauchern vor allem in Österreich, Deutschland und Tschechien sehr gut angenommen.

Die neuen Manner Orangenherzen im Beutel sowie die 4er Packung Cocos Schnitten und der Lebkuchen Mandel-Krokant waren erfolgreiche Sortimentsergänzungen in 2016.

Bei Casali drehte sich viel um FAIRTRADE: Positive Reaktionen von Handel und Konsumenten zur Nachhaltigkeit der Casali Schoko-Banane verschaffte dem Produkt neue Impulse und das Produkt konnte auch in Deutschland wieder an Absatz zulegen.

Zahlreiche Aktivitäten zu den Saisonen Ostern (rund um die neue Figur, dem Osterhasen „Manni") und Nikolo (neue Nikolo Faltschachtel und der Nikolo Gruß im 9er Würfelpack) sowie neue Weihnachtsbaumbehänge fanden bei Handel und Konsumenten gleichermaßen positive Resonanz.

Dass die Marken des Hauses „fit für die Zukunft" sind, bewies eine sehr groß angelegte Marktforschung in Österreich. 25.000 Österreicher wurden zu Markenwerten wie Sympathie, Markenloyalität, Weiterempfehlung, Markennähe usw. befragt. Von 1.003 Marken konnte Manner den 2. Platz erreichen (Brand Future Index marketagent.com).

Weitere Auszeichnungen waren 2016 unter anderem:

- *„Cash"* Innovation des Jahres und Innovation des Jahres *„Handelszeitung"* in der Warengruppe Frühstück für Manner Müsli
- Dragee Keksi à la Manner Bronze Innovation des Jahres *„Handelszeitung"* Warengruppe Süßwaren
- German Design Award für das neue Manner Soundlogo
- Produkt des Jahres in der Kategorie Süßwaren für Cocos 400g Beutel und 4er Medium *„Regal"*
- Innovation Award 2016 von der Gesellschaft für Prozessmanagement für ***www.meineschnitte.at***
- Zum wiederholten Male *„Superbrand des Jahres"* in Tschechien
- Josef Manner & Comp. AG, Werk Wolkersdorf, wurde von der DLG (Deutsche Landwirtschafts-Gesellschaft) mit dem *„Preis für langjährige Produktqualität"* geehrt

Zur Stärkung der Markenbekanntheit und Markenwerte sponsert MANNER seit 2002 ausgewählte Skispringer und Events im Skisprungsport. In der Saison 2016/17 gingen die Österreicher Andreas Kofler, Manuel Fettner, Stefan Kraft sowie der deutsche Skispringer Severin Freund und der Pole Dawid Kubacki mit rosa Unterstützung und den markanten MANNER Helmen an den Start. Aber auch junge Talente wie der Österreicher Mika Schwann und der Deutsche Paul Winter behaupten sich erfolgreich im MANNER Team. Der ehemalige MANNER Springer und jetzige ORF-Experte Martin Koch ist ebenfalls MANNER-Sporttestimonial. Auch der 2016 schwer gestürzte Lukas Müller wird von MANNER unterstützt. Die MANNER Skispringer haben einen freundschaftlichen Bezug zum Unternehmen und sind weit mehr als reine Werbeträger. Sie sind Teil der MANNER Familie und MANNER ist stolz auf die Markenbotschafter.

Am 27. Mai 2016 eröffnete der Manner Shop im Einkaufszentrum Donaupark/Oberösterreich. Auf über 160m² bietet der Shop alles, was das süße Herz begehrt. Neben den beliebten Süßwaren von Manner, Casali, Napoli und Victor Schmidt bietet der neue Shop auch die etwas preisgünstigere Bruchware aus den Manner Werken. Darüber hinaus gibt es Fanartikel wie Hauben, Helme oder Babysachen im markanten Manner-Rosa.

Manner eröffnete am 29. Juli 2016 im Designer Outlet Parndorf/Burgenland den mittlerweile achten Shop. Der Manner-Outlet-Store lockt mit äußerst attraktiven Angeboten und bietet auch die beliebte „Bruchware“ im unvergleichlichen Preis-Leistungsverhältnis an. Die Manner-Begeisterten erwartet im größten Manner Shop ein einzigartiges Einkaufserlebnis mit zahlreichen Angeboten rund um das gesamte Markensortiment.

Zeitlich begrenzt – von Oktober bis Dezember 2016 öffnete auf der Mariahilferstraße 66/Wien der Manner Pop-up Store und bot Naschkatzen auf über 40m² ein besonderes Einkaufserlebnis. Durch multimediale Markeninszenierung präsentierte sich Manner auf der belebten Einkaufsstraße im modernen Ambiente.

FORSCHUNG UND ENTWICKLUNG

Die Berücksichtigung aktueller Ernährungstrends und die verstärkte Miteinbeziehung von Konsumentenwünschen sind wesentliche Faktoren bei der Festlegung unserer Innovationsziele und wichtige Voraussetzungen für den langfristigen Geschäftserfolg im internationalen Wettbewerb.

Ein Schwerpunkt der Forschungs- und Entwicklungsarbeit im Berichtsjahr war daher, innovative Produktkonzepte zu entwickeln, die einerseits den Anforderungen ernährungsbewusster Konsumenten gerecht werden, zugleich aber auch den markentypischen „rosa“ Genussmoment liefern, der von Kunden geschätzt wird.

Bei der Entwicklung des neuen Manner Müsli wurden beide Aspekte berücksichtigt und eine hochwertige Cerealienmischung mit 52% Vollkorn, wenig Zucker und hohem Ballaststoffgehalt sowie einem Anteil von über einem Drittel Manner Waffeln rezeptiert, die einen gesunden und genussvollen Start in den Tag sichert.

Im Innovationsbereich beschäftigt sich MANNER intensiv mit dem Thema Genuss & Gesundheit und wird nach dem sehr erfolgreichen Launch des Müsliprodukts weitere interessante Neuprodukte in dieser Range vorstellen.

CORPORATE SOCIAL RESPONSIBILITY (CSR) & UMWELTASPEKTE

MANNER lebt Nachhaltigkeit seit der Firmengründung. Josef Manner war mit der Qualität der Schokolade der damaligen Zeit nicht zufrieden und hatte den Gedanken, sie selbst zu produzieren: *„Jedes Kind, das einen Kreuzer für meine Sachen ausgibt“*, so seine Philosophie, *„soll dafür nicht bloß eine Nascherei, sondern auch ein wertvolles Nahrungsmittel haben.“* Qualität und Nachhaltigkeit waren somit die Eckpfeiler des Unternehmens und daran hat sich bis heute nichts geändert.

MANNER ist Mitglied bei respACT - austrian business council for sustainable development, der führenden Unternehmensplattform für CSR und nachhaltige Entwicklung in Österreich.

Die Nachhaltigkeitsbestrebungen von MANNER gliedern sich in die Bereiche „Mitarbeiter und Führung", „Qualität und Markt", „Umwelt und Nachhaltigkeit" sowie „Gesellschaft und Soziales".

Der Schwerpunkt der nachhaltigen Rohstoffe wurde auch 2016 weiter verfolgt. MANNER hat sich dazu verpflichtet, bis 2020 den gesamten Bedarf für alle Markenprodukte auf nachhaltigen Kakao umzustellen. Mit UTZ und FAIRTRADE kann MANNER dieses Ziel erreichen. 2016 konnte der Anteil von zertifizierten Kakao auf ca. 70 % gesteigert werden. Palmöl und Palmkernöl sind zu 100% RSPO-zertifiziert.

Als Partner des Netzwerks „Unternehmen für Familien" sieht MANNER es als Aufgabe, Bewusstsein und Akzeptanz für eine familienfreundliche Arbeits- und Lebenswelt im eigenen Verantwortungsbereich zu schaffen. Mit dem Beitritt zum Netzwerk „Unternehmen für Familien" bekennt sich MANNER dazu, die Familie in den Fokus des Handelns zu stellen. Als unterstützender Partner des Netzwerks leistet MANNER aktiv einen Beitrag, Österreich zum familienfreundlichsten Land Europas zu machen. MANNER sieht die Vereinbarkeit von Beruf und Familie als wichtigen Beitrag in der Gesellschaft und bekennt sich zur Wichtigkeit dieses Themas. Bei einem Frauenanteil von 39% ist es wichtig, entsprechende Maßnahmen und Rahmenbedingungen zu schaffen und diese auch kontinuierlich zu verbessern.

MANNER unterstützt seit 2016 den österreichischen Werberat. Der Trägerverein „Gesellschaft zur Selbstkontrolle der Werbewirtschaft" steht in seiner neuen Struktur für gleichberechtigte Partner, die in ihrer Funktion als Branchenvertreter agentur- und auftraggeberseitig und als Vertreter einzelner Mediengattungen, die Werbewirtschaft zur Selbstregulierung anregen und in ihren Funktionen wesentliche Hilfestellungen für die Branchen leisten sowie kompetente und sichere Stimmen der Branchen sind.

„Gemeinsam Kindern das Leben versüßen", so lautet das Motto der Kooperation von MANNER mit dem SOS Kinderdorf. Das Haus, das MANNER für eine Kinderdorf-Familie im SOS Kinderdorf Abobo Gare an der Elfenbeinküste finanziert hat, wurde bereits 2015 fertiggestellt, nun fand 2016 auch die offizielle Eröffnung des neu renovierten SOS-Kinderdorfs statt. Die Renovierungsarbeiten wurden unter anderem mit Hilfe von MANNER durchgeführt und dauerten von 2013 bis 2016. Die jährlichen Kosten für die dort lebende Familie sowie die Ausbildung und Versorgung der Kinder wird seit 2013 von MANNER übernommen.

Auch die Osteraktion dieses Jahr stand im Zeichen des SOS-Kinderdorfs. „Manni", der süße Osterhase von Manner lud Kinder und Prominente in seine Osterwerkstatt in der Porzellanmanufaktur Augarten. Beim Bauen der Osternester und Bemalen der Eier schwelgten die Gäste in Kindheitserinnerungen. 10 Euro pro bemaltes Ei gingen an das SOS-Kinderdorf für unbegleitete Jugendliche. In Summe wurden 3.000 Euro „ermalt". Mit der „Manner Nikoloaktion" unterstützte Manner ebenfalls Kinder der SOS-Kinderdörfer. Zum einen stellte Manner Nikolo Süßigkeiten für alle Kinder zur Verfügung. Zum anderen spendete Manner 10.000 Euro und übernahm so die Kosten der Nikolo-Besuche in allen 10 SOS-Kinderdörfern in Österreich.

Auch heuer war MANNER äußerst zahlreich beim „Rote Nasen Lauf" im Prater vertreten. Bei schönstem Herbstwetter waren 105 Teilnehmer von MANNER unterwegs. Es wurden 918 Kilometer gesammelt. Publikumsmagnet war auch einmal mehr der Ruderergometer, auf dem 85 Kilometer gerudert wurden. Jeder Kilometer wurde mit einem Euro, jeder Ruder-km mit zwei Euro von MANNER gesponsert. Mit den gesammelten Spenden können die Roten Nasen Lachen und Lebensfreude zu kranken und leidenden Menschen ins Spital bringen und großen wie kleinen Patienten mit regelmäßigen Clowndoctorbesuchen Kraft für ihre Genesung schenken.

Insgesamt wurden 2016 ca. 89,7 Tonnen Ware an karitative Vereine wie Sozialmärkte, Wiener Tafel, Volkshilfe etc. gespendet. Auch 2016 wurde die Kronen Zeitung und Caritas Aktion „Ein Funken Wärme" mit 10.000 Euro von MANNER unterstützt. Mit dieser Unterstützung wird Familien unter die Arme gegriffen, die finanzielle Unterstützung für

Heizkosten benötigen. Weiters wird das Ombudsfrau Marathon-Team unterstützt, das 2016 bereits zum vierten Mal mit der Unterstützung von MANNER für die gute Sache lief.

2016 nahm MANNER an dem von der WKO ins Leben gerufenen Programms „Mentoring für MigrantInnen" teil und unterstützte MigrantInnen auf ihrem Weg in den österreichischen Arbeitsmarkt.

Wien Energie und MANNER setzen gemeinsam auf energieeffiziente Wärmeversorgung. Die Abwärme aus dem Backprozess in Wien-Hernals wird seit Herbst 2016 in das lokale Fernwärmenetz der Wien Energie auf einer Länge von 3,5 Kilometern eingespeist und für Heizung und Warmwasser verwendet. Die Leistung beträgt 1 Megawatt. 600 Haushalte und Betriebe profitieren in unmittelbarer Nachbarschaft der Waffelproduktion in Hernals und Ottakring. MANNER wandelt darüber hinaus die überschüssige Abwärme des Herstellungsprozesses in Kälte um und verwendet diese für Kühlzwecke. 2016 wurden dafür eine Fernwärmeleitung am Fabriksgelände von MANNER, ein Wärmetauscher und die Verbindungen zum Wärmetauscher errichtet. Die „Schnitten-Heizung" reduziert den CO2-Ausstoß in Wien um weitere 1.000 Tonnen pro Jahr. Das entspricht der CO2-Emission von 240 Einfamilienhäusern.

STANDORTKONZEPT

Schwerpunkt der Umsetzung des Standortkonzepts im Jahr 2016 waren die Übersiedlung der Produktionsanlagen von Perg nach Wien und die Inbetriebnahme dieser Anlagen an ihrem neuen Standort. Die Übersiedlung wurde für einen Teil der Anlagen auch wie geplant für ein Generalservice genutzt mit dem Effekt einer Leistungssteigerung der betroffenen Anlagen. Die neuen automatisierten Transportsysteme sowie das neue Palletierzentrum haben erste Testläufe erfolgreich bewältigt. Die Anbindung der final platzierten Maschinen erfolgt in weiterer Folge Zug um Zug.

Parallel konnte auch die Nachnutzung des Standort Perg erfolgreich abgeschlossen werden. Der Standort wurde am 30.06.2016 an den neuen Eigentümer übergeben. Dieser hat bereits mit den Umbauarbeiten begonnen und plant eine neue Lebensmittelproduktion mit bis zu 200 Arbeitsplätzen aufzubauen.

Gekennzeichnet ist das Projekt auch noch immer von den Nachwehen des Teileinsturzes eines Gebäudes im Oktober 2014. Um die Nachnutzung Perg nicht zu gefährden und damit auch dem Prinzip der Schadensminimierung Folge leistend, hatte die Übersiedlung der Perger Anlagen oberste Priorität. Wiener Anlagen werden zu einem späteren Zeitpunkt als ursprünglich vorgesehen übersiedelt und die vom Einsturz betroffenen Anlagen befinden sich noch immer auf interimistischen Aufstellungsplätzen. Dies hatte im Jahr 2016 zur Folge, dass ein deutlich höherer manueller Arbeitsaufwand notwendig war, der mit Leiharbeitskräften abgedeckt werden musste. In Summe hat der Teileinsturz den Projektablauf um ca. 9 Monate verlängert.

Zur Klärung der Einsturzursache und zur Geltendmachung des Schadens hat MANNER beim Handelsgericht Wien Klage gegen die beiden Vertragspartner eingebracht. Das Gericht hat einen Sachverständigen beauftragt, der die Ursache des Einsturzes feststellen soll. Eine Entscheidung des Gerichts hinsichtlich Ursache wird für das Kalenderjahr 2017 erwartet.

Im Jahr 2017 werden schrittweise die Wiener Produktionsanlagen auf ihren endgültigen Aufstellungsplatz transferiert. Die Übersiedlungen sollten bis Ende des ersten Quartals 2018 abgeschlossen sein.

RISIKOBERICHT

Die Geschäftstätigkeit von MANNER ist unvermeidlich mit Risiken verbunden, die sich trotz aller Sorgfalt nicht vollständig ausschließen lassen. Das Handeln der am Risikomanagementprozess beteiligten Personen ist von der festgelegten Risikopolitik bestimmt. Die verfolgte Strategie basiert auf einer nachhaltigen Sicherung von Erfolg und Eigenständigkeit von MANNER als börsennotiertes, österreichisches Familienunternehmen. Dabei ist der Unternehmenswert die zentrale Steuerungs- und Messgröße des Unternehmenserfolgs. Dies bedeutet für die Risikopolitik, dass MANNER bereit ist, unternehmerische

Risiken einzugehen, sofern durch die damit eingeleiteten Geschäftsaktivitäten und den daraus resultierenden zusätzlichen Ertragschancen eine Steigerung des Unternehmenswertes zu erwarten ist. Im Rahmen des Risikomanagementprozesses werden somit unternehmerische Risiken durch ein Gegenüberstellen von Chancen und Gefahren abgewogen.

Die bewusste Auseinandersetzung mit Chancen und Risiken ist daher ein essentieller Teil der Unternehmensführung. Ziel ist es, Chancen und Risiken frühzeitig zu erkennen, sie zu bewerten und Maßnahmen einzuleiten. Die regelmäßige Sensibilisierung der Mitarbeiter resultiert in einer verantwortungsbewussten Risikokultur des Unternehmens. MANNER versteht damit Risikomanagement als integrierten Teil aller Prozesse und Abläufe. Für das Risikomanagement besteht daher keine eigene Aufbauorganisation, denn Risiko- & Krisenmanagement ist eine wesentliche Aufgabe aller Führungskräfte. Die Koordination erfolgt durch ein Risiko-Krisen-Management Team.

Unternehmerische Kernrisiken, insbesondere also die Risiken von Seiten des Marktes (z.B. Nachfrageschwankungen), trägt das Unternehmen selbst. Ebenso zu den Kernrisiken gehören die Risiken aus der Entwicklung neuer Produkte oder Märkte. Alle nicht zu diesen Kerntätigkeitsfeldern des Unternehmens gehörenden Risiken, wie z.B. Zinsänderungs-, Währungs-, Haftpflicht- oder Sachschadenrisiken, werden tendenziell auf Dritte (z.B. Versicherungen) übertragen.

Es besteht generell das Risiko von Kostensteigerungen bei Rohstoffen, Materialien und Energie, das nicht zeitgerecht oder im vollen Umfang an die Abnehmer weitergegeben werden kann. Diese Kostensteigerungen werden sich immer wieder auf Grund von Währungsschwankungen, Angebotsengpässen (Ernteausfälle oder erhöhte Nachfrage) oder Preisspitzen bei Rohöl und Erdgas ergeben. MANNER ist hier bestrebt, mit Vorkontrakten und rechtzeitiger Eindeckung gegenzusteuern.

Die fortgesetzte Konzentration im Bereich des Handels führt zu einem erhöhten Druck auf die Abgabepreise. Gleichzeitig ist aber auf Grund der Bonität aller großen Handelspartner das Ausfallsrisiko als gering einzustufen, überdies wird diesem durch entsprechendes Debitorenmanagement und marktübliche Absicherungen Rechnung getragen.

Gegen Elementarrisiken (z.B. Feuer, Wasser) besteht Versicherungsschutz, dasselbe gilt auch für Produktrisiken (Produkthaftpflicht).

Gegen Finanzrisiken wird laufend Vorsorge getroffen, etwa gegen das Risiko von Zinsänderungen durch entsprechende Vereinbarungen mit den finanzierenden Bankinstituten und durch eine hohe Eigenkapitalquote. Ein Fremdwährungsrisiko besteht derzeit nur in einem sehr geringen Ausmaß. Größere Fremdwährungsverbindlichkeiten werden durch Kurssicherungsgeschäfte abgesichert.

Durch den Einsatz einer integrierten Unternehmenssoftware (ERP) bestehen für das Unternehmen Risiken in Zusammenhang mit dem Ausfall des Systems (Verfügbarkeit, Datensicherheit), Performance des Systems sowie der Richtigkeit der Daten (Fehleingaben).
Um die Verfügbarkeit des Systems und die Datensicherheit zu gewährleisten, sind entsprechende Notfallsysteme implementiert. Das Risiko von Fehleingaben wird durch Schulung von Mitarbeitern und durch Plausibilitätsüberprüfungen eingeschränkt. Hinsichtlich der Performance von Systemen besteht ein permanenter Verbesserungsprozess, der gemeinsam mit externen EDV Partnern betrieben wird.

Das Personalrisiko ist durch die geringe Personalfluktuation und die lange Firmenzugehörigkeit von Mitarbeitern als gering einzustufen. Augenmerk wird auf das Übertragen von Unternehmenswissen und professionelle Aus- und Weiterbildung von Mitarbeitern gelegt.
Nur mit qualifizierten und motivierten Mitarbeitern sind die Herausforderungen der nächsten Jahre erfolgreich zu bewältigen.

KRISENMANAGEMENT

Nach wie vor gegebene Einschränkungen als Folge des Teileinsturzes des Produktionsgebäudes in Wien wurden auch mit externer Beteiligung im Jahr 2016 gut bewältigt. Sonst sind keine wesentlichen Ereignisse eingetreten, die das Krisenmanagement ausgelöst hätten.

	Umsatz in €	Kapitalisierung	Ultimo Preis	Umsatz Stück
2014	1.210.151	90.720.000	48.000	24.128
2015	325.096	93.498.300	49,470	6.932
2016	286.938	103.968.900	55,010	5.462

BÖRSEZAHLEN 2016

Das Unternehmen besitzt keine eigenen Aktien und hat auch keine eigenen Aktien erworben oder verkauft. Die dem Unternehmen bekannten Directors Dealing des Jahres 2016 wurden auf der Internetseite der FMA (Finanzmarktaufsicht) bzw. auf der Homepage der Gesellschaft sowie über ein elektronisches Informationsverbreitungssystem veröffentlicht.

CORPORATE GOVERNANCE BERICHT

Das Unternehmen hat gemäß § 243c UGB einen Corporate Governance Bericht erstellt, der auf der Homepage des Unternehmens veröffentlicht wurde. In diesem Bericht bekennen sich Vorstand und Aufsichtsrat zum Regelungsziel des Österreichischen Corporate Governance Kodex. Die im Kodex definierten Grundsätze sind Bestandteil der Unternehmenskultur. Die Erläuterungen und die Abweichungen zu den C-Regeln sind im Bericht dargestellt. Der Corporate Governance Bericht ist auf der Website des Unternehmens (www.manner.com) veröffentlicht.

AUSBLICK AUF DAS GESCHÄFTSJAHR 2017

Nach den ersten beiden Monaten liegt der Umsatz über dem Vorjahresniveau. Bei den Marken zeigt besonders die Marke Manner eine sehr gute Entwicklung. Erfreulich sind auch die Wachstumsraten in den benachbarten Ländern.

Dem Trend zu „doppeltem Schokolade Genuss" tragen die Einführungen Dragee Keksi Double Choc und Casali Schoko-Bananen Double Choc Rechnung.

Neben genussvollem Naschen wird aber auch das Angebot für bewusstes Naschen entsprechend beworben. So macht eine Print- und Online Kampagne auf Manner Vollkorn Schnitten mit weniger Zucker aufmerksam.

Unter dem Motto „Mission Manner" wird eine länderübergreifende Promotion im Sommer die Vorteile der Manner Schnitten für Outdoor Aktivitäten wie *„leicht zu öffnen, passt in jede Tasche, schmilzt nicht, gibt Energie, lässt sich gut teilen und vor allem schmeckt hervorragend"* am POS mit Gewinnspielen, Events und Verkostungen auf moderne und interaktive Art kommunizieren.

In 2017 werden bei den wichtigsten Rohstoffen die Einstandspreise deutlich über dem Niveau von 2016 liegen. Während Kakao- und Haselnussprodukte unter Vorjahr liegen, wird dies durch Preissteigerungen bei Fetten, Milchprodukten und Zucker mehr als ausgeglichen.

Es sind zu diesem Zeitpunkt noch nicht alle Bezugskosten einschätzbar, da die Frostgefahr bei Haselnüssen erst Mitte April überwunden ist und der Wegfall der Zuckerquoten eine Preisentwicklung in beide Richtungen offen lässt.

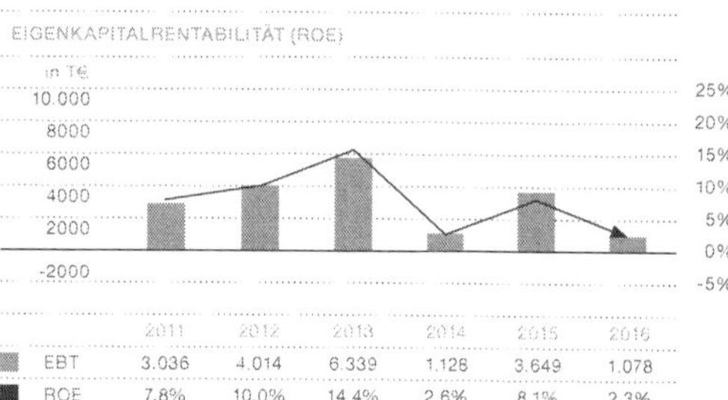

	2011	2012	2013	2014	2015	2016
EBT	3.036	4.014	6.339	1.128	3.649	1.078
ROE	7,8%	10,0%	14,4%	2,6%	8,1%	2,3%

In der Produktion liegt der Schwerpunkt auf die Umsetzung des Standortkonzepts in Wien. In 2017 werden schrittweise die Wiener Produktionsanlagen entsprechend dem neuen Fabrikslayout auf ihren endgültigen Aufstellungsplatz transferiert. Diese Übersiedlungen sollen dann bis Ende erstes Quartal 2018 abgeschlossen sein.

Bis zu diesem Zeitpunkt werden die Nachwehen des Gebäude-Teileinsturzes im Jahr 2014 das Unternehmen begleiten. Da die Anlagen nach dem Teileinsturz teilweise auf interimistischen Plätzen aufgestellt wurden, fallen bis zur endgültigen Übersiedlung zusätzliche manuelle Tätigkeiten an. Diese werden sich jedoch auch schrittweise mit Umsetzung des Übersiedlungsplans reduzieren. Neben den zusätzlichen Kosten und Investitionen hat der Teileinsturz auch zu einer Projektverzögerung von 6 - 9 Monaten geführt.

Zusätzlich wird in der Produktion an kontinuierlichen Effizienzverbesserungen gearbeitet. Ein neues Shop-Floor Management und Schulungen von Mitarbeitern werden dies unterstützen.

OFFENLEGUNG GEMÄSS §243a UGB

Das Grundkapital der Gesellschaft beträgt wie im Vorjahr € 13.740.300 und ist in 1.890.000 nennbetragslose Stückaktien zerlegt. Die Aktien der Gesellschaft lauten auf Inhaber (358.329 Stück) oder auf Namen (1.531.671 Stück). Die Inhaberaktien notieren an der Wiener Börse (amtlicher Handel im Marktsegment Standard Market Auction).

Folgende direkte Beteiligungen am Kapital, die zumindest 4% betragen, sind dem Unternehmen bekannt:

Privatstiftung Manner	503.961 Stück	(= 26,66%)
Andres Holding Gesellschaft m.b.H.	453.533 Stück	(=24,00%)
Dr. Carl Manner	260.268 Stück	(=13,77%)
Wawel S.A.	107.755 Stück	(=5,70%)

Mit Ausnahme der Wawel S.A. gehören diese Aktionäre dem „Manner"-Syndikat an. In Summe hat dieses Syndikat 1.670.870 Stammaktien (=88,41%). Entsprechend den Syndikatsverträgen unterliegen diese Aktien Beschränkungen, die das Stimmrecht und die Übertragung von Aktien betreffen.

Das weitere Aktienkapital von 11,59% (= 219.130 Stück) verteilt sich, soweit dem Unternehmen bekannt, auf Wawel S.A. und eine Vielzahl von Kleinaktionären.

Zu den weiteren Punkten des § 243a (2 bis 9) UGB bestehen keine Offenlegungsnotwendigkeiten.

HINWEIS

Dieser Lagebericht enthält unter anderem Aussagen über mögliche zukünftige Entwicklungen, die basierend auf derzeit zur Verfügung stehenden Informationen erstellt wurden. Diese Aussagen, welche die gegenwärtige Einschätzung des Vorstands hinsichtlich zukünftiger Ereignisse widerspiegeln, sind nicht als Garantien zukünftiger Leistungen zu verstehen und beinhalten schwer vorhersehbare Risiken und Unsicherheiten. Verschiedenste Ursachen könnten dazu führen, dass tatsächliche Ergebnisse oder Umstände grundlegend von den in den Aussagen getroffenen Annahmen abweichen.

DRAGEE KEKSI DES JAHRES 2016
Haselnuss a la Manner

AKTIVA

	€ 31.12.2016	€ 31.12.2015
A. ANLAGEVERMÖGEN		
I. Immaterielle Vermögensgegenstände		
1. gewerbliche Schutzrechte und ähnliche Rechte und Vorteile sowie Lizenzen	1.168.569,94	646.587,60
2. geleistete Anzahlungen	258.741,08	948.608,01
	1.427.311,02	1.595.195,61
II. Sachanlagen		
1. Grundstücke und Bauten	20.841.096,02	19.588.550,67
2. technische Anlagen und Maschinen	17.145.706,13	18.542.418,04
3. Betriebs- und Geschäftsausstattung	4.543.547,83	4.455.930,07
4. geleistete Anzahlungen und Anlagen in Bau	33.548.417,04	26.928.493,20
	76.078.767,02	69.515.391,98
III. Finanzanlagen		
1. Anteile an verbundenen Unternehmen	154.042,20	136.542,20
2. Wertpapiere des Anlagevermögens	3.325.469,56	3.231.721,64
	3.479.511,76	3.368.263,84
	80.985.589,80	**74.478.851,43**
B. UMLAUFVERMÖGEN		
I. Vorräte		
1. Roh-, Hilfs- und Betriebsstoffe	7.679.145,64	7.728.687,82
2. unfertige Erzeugnisse	4.302.042,72	4.218.512,77
3. fertige Erzeugnisse und Waren	15.267.084,26	12.424.644,32
	27.248.272,62	24.371.844,91
II. Forderungen und sonstige Vermögensgegenstände		
1. Forderungen aus Lieferungen und Leistungen	30.406.369,66	30.736.542,90
davon Restlaufzeit mehr als 1 Jahr	*0,00*	*0,00*
2. Forderungen gegenüber verbundenen Unternehmen	800.181,52	925.951,18
davon Restlaufzeit mehr als 1 Jahr	*0,00*	*0,00*
3. sonstige Forderungen und Vermögensgegenstände	1.975.192,25	4.652.972,16
davon Restlaufzeit mehr als 1 Jahr	*774.045,00*	*776.031,45*
	33.181.743,43	36.315.466,24
III. Kassenbestand und Guthaben bei Kreditinstituten	517.678,03	2.148.180,65
	60.947.694,08	**62.835.491,80**
C. RECHNUNGSABGRENZUNGSPOSTEN	**410.488,77**	**774.165,61**
D. AKTIVE LATENTE STEUERN	**1.154.053,54**	**0,00**
SUMME AKTIVA	**143.497.826,19**	**138.088.508,84**

PASSIVA

	€ 31.12.2016	€ 31.12.2015
A. EIGENKAPITAL		
I. Grundkapital	13.740.300,00	13.740.300,00
II. Kapitalrücklagen		
1. gebundene	675,00	675,00
III. Gewinnrücklagen		
1. gesetzliche Rücklagen	1.374.030,00	1.374.030,00
2. andere Rücklagen (freie Rücklagen)	29.995.816,06	28.685.816,06
	31.369.846,06	30.059.846,06
IV. Bilanzgewinn	759.823,41	1.516.961,54
(davon Gewinnvortrag)	*4.961,54*	*13.950,31*
	45.870.644,47	**45.317.782,60**
B. RÜCKSTELLUNGEN		
1. Rückstellungen für Abfertigungen	5.519.520,00	5.138.935,00
2. Rückstellungen für Pensionen	4.081.053,82	4.336.318,90
3. Steuerrückstellungen	521.676,00	511.240,36
4. sonstige Rückstellungen	5.345.314,60	6.248.402,96
	15.467.564,42	**16.234.897,22**
D. VERBINDLICHKEITEN		
1. Verbindlichkeiten gegenüber Kreditinstituten	49.251.723,47	42.807.702,31
davon Restlaufzeit mehr als 1 Jahr	*18.750.000,00*	*9.500.000,00*
davon Restlaufzeit bis 1 Jahr	*30.501.723,47*	*33.307.702,31*
2. Verbindlichkeiten aus Lieferungen und Leistungen	13.870.701,36	15.992.234,19
davon Restlaufzeit mehr als 1 Jahr	*0,00*	*0,00*
davon Restlaufzeit bis 1 Jahr	*13.870.701,36*	*15.992.234,19*
3. Verbindlichkeiten gegenüber verbundenen Unternehmen	2.617.889,98	2.652.689,21
davon Restlaufzeit mehr als 1 Jahr	*2.314.713,04*	*2.383.431,29*
davon Restlaufzeit bis 1 Jahr	*303.176,94*	*269.257,92*
4. sonstige Verbindlichkeiten	16.419.302,49	15.083.203,31
davon Restlaufzeit mehr als 1 Jahr	*0,00*	*0,00*
davon Restlaufzeit bis 1 Jahr	*16.419.302,49*	*15.083.203,31*
davon aus Steuern	*426.682,55*	*337.040,52*
davon im Rahmen der sozialen Sicherheit	*1.053.361,99*	*2.402.603,39*
	82.159.617,30	**76.535.829,02**
davon Restlaufzeit mehr als 1 Jahr	*21.064.713,04*	*11.883.431,29*
davon Restlaufzeit bis 1 Jahr	*61.094.904,26*	*64.652.397,73*
SUMME PASSIVA	**143.497.826,19**	**138.088.508,84**

GEWINN- UND VERLUSTRECHNUNG

	€ 2016	€ 2015
1. UMSATZERLÖSE	**199.536.488,56**	**193.363.619,05**
2. VERÄNDERUNG DES BESTANDES AN FERTIGEN UND UNFERTIGEN ERZEUGNISSEN	**2.174.507,48**	**4.768.517,32**
3. ANDERE AKTIVIERTE EIGENLEISTUNGEN	**126.749,64**	**109.253,69**
4. SONSTIGE BETRIEBLICHE ERTRÄGE		
a) Erträge aus dem Abgang vom Anlagevermögen mit Ausnahme der Finanzanlagen	1.109.846,03	80.372,13
b) Erträge aus der Auflösung von Rückstellungen	148.708,19	127.284,70
c) übrige	364.171,64	9.114.561,37
	1.622.725,86	**9.322.218,20**
5. AUFWENDUNGEN FÜR MATERIAL UND SONSTIGE BEZOGENE HERSTELLUNGSLEISTUNGEN		
a) Materialaufwand	-87.792.591,06	-96.869.890,11
b) Aufwendungen für bezogene Leistungen	-25.001.957,06	-22.171.992,87
	-112.794.548,12	**-119.041.882,98**
6. PERSONALAUFWAND		
a) Löhne	-10.037.085,52	-9.538.082,35
b) Gehälter	-19.999.776,55	-18.766.905,56
c) soziale Aufwendungen	-10.880.709,04	-9.511.043,82
davon Aufwendungen für Altersversorgung	-298.039,05	-200.499,87
aa) Aufwendungen für Abfertigungen und Leistungen an betriebliche Mitarbeitervorsorgekassen	-1.118.522,96	-953.988,87
bb) Aufwendungen für gesetzlich vorgeschriebene Sozialabgaben sowie vom Entgelt abhängige Abgaben und Pflichtbeiträge	-8.718.558,29	-7.797.822,23
	-40.917.571,11	**-37.816.031,73**
7. ABSCHREIBUNGEN		
a) auf immaterielle Gegenstände des Anlagevermögens und Sachanlagen	-7.096.477,83	-7.252.320,60
8. SONSTIGE BETRIEBLICHE AUFWENDUNGEN	**-41.257.942,17**	**-39.360.058,19**
a) Steuern, soweit sie nicht unter Z16 fallen	-98.549,21	-89.937,63
9. ZWISCHENSUMME aus Z1 bis 8 (Betriebsergebnis)	**1.393.932,31**	**4.093.314,76**

GEWINN- UND VERLUSTRECHNUNG

	€ 2016	€ 2015
10. ERTRÄGE AUS ANDEREN WERTPAPIEREN DES FINANZANLAGEVERMÖGENS	**58.680,01**	**75.860,61**
davon betreffend verbundene Unternehmen	0,00	0,00
11. SONSTIGE ZINSEN UND ÄHNLICHE ERTRÄGE	**11.991,71**	**1.123,66**
davon betreffend verbundene Unternehmen	0,00	0,00
12. ERTRÄGE AUS DEM ABGANG VON UND DER ZUSCHREIBUNG ZU FINANZANLAGEN UND WERTPAPIEREN DES UMLAUFVERMÖGENS	**93.747,92**	**0,00**
13. ZINSEN UND ÄHNLICHE AUFWENDUNGEN	**-480.619,04**	**-521.699,07**
davon betreffend verbundene Unternehmen	0,00	0,00
14. ZWISCHENSUMME aus Z10 bis 13 (Finanzergebnis)	**-316.199,40**	**-444.714,80**
15. ERGEBNIS VOR STEUERN (ZWISCHENSUMME AUS Z9 UND Z14)	**1.077.732,91**	**3.648.599,96**
16. STEUERN VOM EINKOMMEN UND VOM ERTRAG	**987.128,96**	**-724.453,00**
davon latente Steuern	1.655.758,90	0,00
17. JAHRESÜBERSCHUSS	**2.064.861,87**	**2.924.146,96**
18. ZUWEISUNG ZU GEWINNRÜCKLAGEN	**-1.310.000,00**	**-1.421.135,73**
19. GEWINNVORTRAG AUS DEM VORJAHR	**4.961,54**	**13.950,31**
20. BILANZGEWINN	**759.823,41**	**1.516.961,54**

JAHRESABSCHLUSS ZUM 31. DEZEMBER 2016

ANHANG

I. BILANZIERUNGS- UND BEWERTUNGSMETHODEN

Der Jahresabschluss wurde entsprechend den Grundsätzen ordnungsgemäßer Buchführung sowie der Generalnorm, ein möglichst getreues Bild der Vermögens-, Finanz- und Ertragslage der Gesellschaft zu vermitteln, aufgestellt.

Die Bilanzierungs- und Bewertungsmethoden blieben gegenüber dem Vorjahr im Wesentlichen unverändert.

Die immateriellen Vermögensgegenstände und das Sachanlagevermögen werden zu Anschaffungskosten abzüglich planmäßiger linearer Abschreibung bewertet. Bei voraussichtlich dauernder Wertminderung werden außerplanmäßige Abschreibungen vorgenommen. Geringwertige Wirtschaftsgüter werden im Jahr des Zugangs voll abgeschrieben. Die Sätze der Normalabschreibung entsprechen den unternehmensrechtlichen Vorschriften.

Das Finanzanlagevermögen wurde zu Anschaffungskosten bewertet. Wertpapiere des Anlagevermögens wurden zu den Anschaffungskosten bzw. niedrigeren Börsenkursen zum Bilanzstichtag bewertet. Die Wertpapiere des Anlagevermögens dienen zur Deckung der Rückstellungen für Pensionen.

Die Vorräte und Forderungen werden unter Beachtung des strengen Niederstwertprinzips bewertet.

Bei Berechnung der sonstigen Rückstellungen wird entsprechend den gesetzlichen Erfordernissen allen erkennbaren Risiken und ungewissen Verbindlichkeiten Rechnung getragen.

Verbindlichkeiten sind mit ihrem Rückzahlungsbetrag angesetzt.

Fremdwährungsforderungen und -verbindlichkeiten sind zu Anschaffungskosten oder zum niedrigeren bzw. höheren Kurs am Bilanzstichtag bewertet.

Im Jahresabschluss 2016 wurde das Rechnungslegungs-Änderungsgesetz (BGBl. I Nr. 22/2015 vom 13.1.2015, kurz: RÄG 2014) erstmals angewendet.

Da in diesem Zusammenhang unter anderem die Ausweis- und Gliederungsvorschriften in der Bilanz und Gewinn- und Verlustrechnung angepasst wurden, ändern sich auch Vorjahreswerte, wobei dies im Wesentlichen die Gewinnrücklage, die latenten Steuern und die Umsatz- und Ertragspositionen betrifft.

II. ERLÄUTERUNGEN ZUR BILANZ

ANLAGEVERMÖGEN

Bezüglich der Entwicklung des Anlagevermögens verweisen wir auf den Anlagenspiegel (siehe Seite 30).

IMMATERIELLE VERMÖGENSGEGENSTÄNDE UND SACHANLAGEN

Die Zugänge von T€ 15.410 (Vorjahr: T€ 25.429) betreffen zum überwiegenden Anteil in Bau befindliche technische Anlagen und Maschinen (T€ 7.716) aber auch das in Bau befindliche neue Fabrikgebäude in Wien (T€ 4.347). Der Grundwert in der Position Grundstücke und Bauten beträgt nach dem Verkauf der Liegenschaft in Perg T€ 3.173.

FINANZANLAGEN

Die Wertpapiere des Anlagevermögens betreffen ausschließlich Wertpapiere, die zur Deckung der Rückstellungen für Pensionen (§ 14 EStG) angeschafft wurden. Im Abschlussjahr wurden verpflichtende Zuschreibungen auf den Kurswert zum Bilanzstichtag in Höhe von T€ 94 vorgenommen (§ 208 Abs. 1 UGB).

ROH-, HILFS- UND BETRIEBSSTOFFE

Die Bewertung erfolgt zu den gewogenen durchschnittlichen oder den niedrigeren letzten Einstandspreisen. Für beschränkt verwendbare Vorräte wurden angemessene Wertberichtigungen vorgenommen.

UNFERTIGE UND FERTIGE ERZEUGNISSE

Der Wertansatz wurde aus den Herstellungskosten abgeleitet. Sofern die Herstellungskosten in geplanten Marktpreisen keine Deckung fanden, wurde die Bewertung ausgehend von diesen abzüglich anteiliger Kosten für Verwaltung und Vertrieb vorgenommen. Abwertungen für lang lagernde bzw. beschränkt verwendbare Erzeugnisse wurden in angemessener Höhe vorgenommen.

FORDERUNGEN UND SONSTIGE VERMÖGENSGEGENSTÄNDE

Sonstige Forderungen, mit einer Fälligkeit von mehr als einem Jahr, belaufen sich auf T€ 774 (Vorjahr: T€ 776). Die weiteren diesbezüglichen Positionen haben – wie im Vorjahr – im Wesentlichen eine Restlaufzeit von bis zu einem Jahr.

LATENTE STEUERN

Latente Steuerschulden und Steueransprüche werden auf Basis der erwarteten Steuersätze ermittelt, die im Zeitpunkt der Erfüllung der Steuerbelastung oder -entlastung voraussichtlich Geltung haben werden. Zwischen den unternehmensrechtlichen und steuerrechtlichen Wertansätzen bestehen folgende Unterschiedsbeträge bzw. Steuerlatenzen (siehe Tabelle Seite 25).

Die sich aus der erstmaligen Anwendung des RÄG 2014 per 1. Jänner 2016 ergebende aktive latente Steuerabgrenzung in Höhe von T€ 1.670 wurde im Geschäftsjahr in vollem Umfang nachgeholt. Die passiven Steuern iHv T€ 502 auf die unversteuerten Rücklagen wurden gemäß RÄG 2014 rückwirkend zum 31. Dezember 2015 erfolgsneutral eingestellt und in 2016 iHv T€ 41 ertragswirksam aufgelöst.

GRUNDKAPITAL

Das Grundkapital beträgt wie im Vorjahr € 13.740.300,- und ist in 1.890.000 nennbetragslose Stückaktien mit Stimmrecht zerlegt. Die Aktien der Gesellschaft lauten auf Inhaber oder auf Namen.

GESETZLICHE RÜCKLAGE

Die gesetzliche Rücklage ist in gefordertem Ausmaß dotiert.

RÜCKSTELLUNGEN FÜR ABFERTIGUNGEN

Details dazu sind unter I Bilanzierungs- und Bewertungsmethode betreffend Änderungen auf Basis des RÄG 2014 erörtert.

in T€	12/2016 Aktiv	12/2016 Passiv	12/2015 Aktiv	12/2015 Passiv	1-12/2016 Bewegungen
Anlagevermögen	327	1.842	313		-1.828
Unversteuerte Rücklagen				2.007	2.007
Abfertigungsrückstellung	1.656		1.711		-55
Pensionsrückstellung	781		870		-89
Sonstige Rückstellungen	174		194		-20
Verbindlichkeiten	3.520		3.593		-73
Summe aktive/passive Unterschiedsbeträge	**6.457**	**1.842**	**6.681**	**2.007**	**-58**
Aktive(+)/passive(-) latente Steuerabgrenzung 25%	**1.614**	**461**	**1.670**	**502**	
Aktive/passive Saldogröße	**1.154**		**1.169**		
Latenter Steueraufwand (-) /					
Steuerertrag (+)	**-56**	**41**	**0**	**0**	

RÜCKSTELLUNGEN FÜR PENSIONEN

Die Rückstellungen für Pensionen wurden nach versicherungsmathematischen Grundsätzen in Höhe des unternehmensrechtlichen Erfordernisses nach dem Teilwertverfahren unter Verwendung der Pensionstafeln AVÖ 2008 Pagler/Pagler und eines Rechnungszinssatzes von 2,0% (Vorjahr: 2,0%) errechnet.

SONSTIGE RÜCKSTELLUNGEN

Für nicht konsumierte Urlaube, Jubiläumsgelder und Zeitguthaben sind T€ 3.662 (Vorjahr: T€ 3.395) rückgestellt. Für Einkaufskontrakte musste in Höhe von T€ 706 (Vorjahr: T€ 46) Vorsorge getroffen werden. Wesentliche sonstige Rückstellungen sind auch jene für variable Bezüge in Höhe von T€ 237 (Vorjahr: T€ 771) und Sanierungen T€ 0 (Vorjahr: T€ 750). Weitere Vorsorgen wurden u.a. für Werbekostenzuschüsse und Verkaufsförderungen T€ 159 (Vorjahr: T€ 155), Rechts- und Beratungskosten T€ 140 (Vorjahr: T€ 75), behördliche Prüfverfahren T€ 0 (Vorjahr: T€ 33) und am Bilanzstichtag noch ausständige Eingangsrechnungen T€ 161 (Vorjahr: T€ 324) getroffen.

VERBINDLICHKEITEN

Verbindlichkeiten mit einer Restlaufzeit von mehr als fünf Jahren gegenüber Kreditinstituten belaufen sich auf T€ 0 (Vorjahr: T€ 1.900). Verbindlichkeiten gegenüber verbundenen Unternehmen mit einer Restlaufzeit von mehr als fünf Jahren betragen T€ 1.398 (Vorjahr: T€ 1.428). Die sonstigen Verbindlichkeiten umfassen im Wesentlichen Umsatzprämien und sonstige Vergütungen an Kunden mit T€ 11.352 (Vorjahr: T€ 9.954) sowie Verbindlichkeiten aus Personalverrechnung von T€ 1.704 (Vorjahr: T€ 2.822) und Sozialversicherungsbeiträge in Höhe von T€ 843 (Vorjahr: T€ 812).

Zum Bilanzstichtag bestehen zu Absicherungszwecken Interest Rate Swaps mit einem Nominalwert in Höhe von T€ 20.000 (Vorjahr: T€ 20.000) und einem negativen Marktwert in Höhe von T€ -660 (Vorjahr: T€ -448). Weiters bestehen Kaufoptionen in Höhe von 8,7 Mio. GBP (Vorjahr: 3,0 Mio. GBP) mit einem negativen Marktwert von T€ -439 (Vorjahr: T€ -156) und einer Laufzeit bis Dezember 2017. Die Marktwerte waren bilanziell nicht zu berücksichtigen.

III. ERLÄUTERUNGEN ZUR GEWINN- UND VERLUSTRECHNUNG

UMSATZERLÖSE

Umsatzerlöse	2016 T€	2015 T€	2014 T€	2013 T€
Österreich	83.288	79.073	77.218	77.742
EU	111.230	107.435	91.195	99.307
Drittländer	5.019	6.856	8.022	13.216
	199.536	**193.364**	**176.435**	**190.265**

STEUERN VOM EINKOMMEN UND VOM ERTRAG

Die Steuern vom Einkommen und vom Ertrag setzen sich wie folgt zusammen:

	€ Österreich	€ Deutschland
Körperschaftsteueraufwand 2016	5.315,00	318.502,00
Solidaritätszuschlag 2016	0,00	17.516,67
Gewerbesteuer 2016	0,00	343.406,00
	5.315,00	**679.424,67**

IV. SONSTIGES

ANGABEN ZU VERBUNDENEN UNTERNEHMEN BZW. BETEILIGUNGSUNTERNEHMEN

Eine Konsolidierung mit der Muttergesellschaft beziehungsweise die Erstellung eines Konzernabschlusses ist im Hinblick auf die Bestimmungen des § 249 Abs. 2 UGB nicht erforderlich. Mit der Tochtergesellschaft in Tschechien besteht eine Warenliefervereinbarung. Mit der Tochtergesellschaft in Slowenien besteht eine Provisionsvereinbarung für die Vermittlung von Handelsgeschäften.

ANTEILE AN VERBUNDENEN UNTERNEHMEN *(Vorjahreswerte in Klammern)*	Sitz	Beteiligungsquote %	Eigenkapital z. 31.12.2016 T€	Jahresergebnis 2016 T€
Unterstützungseinrichtung der JOSEF MANNER & COMP. Aktiengesellschaft, Gesellschaft m.b.H.	Wien, A	100 (100)	-1 (0)	-1 (0)
MANNER MANAGEMENT GMBH	Wien, A	100	18	0
JOSEF MANNER, marketinske storitve, d.o.o. *)	Ljubljana, SLO	100 (100)	422 (360)	63 (63)
Compliment Süsswaren Vertriebs Gesellschaft m.b.H.	Wolkersdorf, A	100 (100)	-1 (1)	-2 (-3)
JOSEF MANNER s.r.o. *)	Brno, CZ	100 (100)	74 (15)	59 (96)

*) *vorläufige Werte*

VERPFLICHTUNGEN AUS DER NUTZUNG NICHT IN DER BILANZ AUSGEWIESENER SACHANLAGEN

Die Verpflichtungen aus nicht in der Bilanz ausgewiesenem Sachanlagevermögen (Mietverträge) betragen für das kommende Geschäftsjahr T€ 1.354 (Vorjahr: T€ 1.047) und für die nächsten fünf Geschäftsjahre T€ 6.401 (Vorjahr: T€ 4.695).

SONSTIGE FINANZIELLE VERPFLICHTUNGEN

Aus bestehenden Sponsorenverträgen ergeben sich Verpflichtungen in Höhe von T€ 997 (Vorjahr: T€ 1.011), die die Wirtschaftsjahre 2017 bis 2019 betreffen.

AUFWENDUNGEN FÜR ABFERTIGUNGEN UND PENSIONEN

Aufwendungen für Abfertigungen und Pensionen	2016 T€	2015 T€	2014 T€
Vorstand und ehemalige Vorstände	367	522	96
Angestellte und Arbeiter	1.049	633	133
	1.417	**1.155**	**229**

In den Aufwendungen für Abfertigungen und Leistungen an betriebliche Mitarbeitervorsorgekassen sind Aufwendungen für Abfertigungen (Abfertigungszahlungen zuzüglich Veränderung der Abfertigungsrückstellung) in Höhe von T€ 818 (Vorjahr: T€ 704) enthalten.

Die Bezüge des Vorstands betrugen T€ 720 (Vorjahr: T€ 708). Weiters wurden variable Gehaltsbestandteile in Höhe von T€ 81 (Vorjahr: T€ 282) als Rückstellung berücksichtigt. Die Bezüge ehemaliger Vorstandsmitglieder beliefen sich auf T€ 403 (Vorjahr: T€ 402).

An die Mitglieder des Aufsichtsrates wurden im Geschäftsjahr 2016 Vergütungen für Vorjahre und Sitzungsgelder für das laufende Jahr in Höhe von T€ 97 (Vorjahr: T€ 66) ausgezahlt. Für das Jahr 2016 wurden Vergütungen ihn Höhe von T€ 43 (Vorjahr: T€ 41) rückgestellt.

AUFWENDUNGEN FÜR DEN ABSCHLUSSPRÜFER

Die Aufwendungen im Geschäftsjahr 2016 für die Prüfung des Jahresabschlusses 2016 belaufen sich auf T€ 50 (Vorjahr: T€ 50).

BESCHÄFTIGTE

Im Geschäftsjahr waren im Durchschnitt 734 Dienstnehmer (Vorjahr: 692), davon 369 Angestellte (Vorjahr: 338) und 365 Arbeiter (Vorjahr: 354) beschäftigt.

EREIGNISSE NACH DEM BILANZSTICHTAG

Die Josef Manner & Comp. AG plant, im Jahr 2017 ihre Mitarbeiter am Grundkapital im Rahmen eines Mitarbeiterprogramms zu beteiligen. Die Details des Mitarbeiterprogramms werden noch festgelegt und nach Beschlussfassung durch den Vorstand den gesetzlichen Vorgaben entsprechend veröffentlicht. Für die Umsetzung des möglichen Mitarbeiterprogramms hat die Josef Manner & Comp. AG am 31. Jänner 2017 einen Optionsvertrag mit der Privatstiftung Manner über 77.200 Stück Namensaktien (dies entspricht einem Anteil am Grundkapital von 4,08%) abgeschlossen. Die Josef Manner & Comp. AG wird eine entsprechende Beteiligungsmeldung gemäß den §§ 91 ff BörseG zeitgerecht veröffentlichen. Mit Stichtag 1. März 2017 hat die Josef Manner & Comp. AG die Liegenschaften Geblergasse 116, 118 und 120 sowie Kulmgasse 20 im Wege einer Sacheinlage an die neu gegründete Tochtergesellschaft, der „Geblergasse 116 GmbH & Co KG" übertragen.

VORSCHLAG ZUR VERWENDUNG DES ERGEBNISSES

Es wird vorgeschlagen, vom Bilanzgewinn des Geschäftsjahres 2016 in Höhe von € 759.823,41 eine Dividende in Höhe von € 756.000,00 auszuschütten und den Restbetrag von € 3.823,41 auf neue Rechnung vorzutragen.

ANLAGENSPIEGEL

	ENTWICKLUNG ZU ANSCHAFFUNGS- UND HERSTELLUNGSKOSTEN				
	€ Stand 01.01.2016	€ Zugang	€ Umbuchung	€ Abgang	**€ Stand 31.12.2016**
A. ANLAGEVERMÖGEN					
I. Immaterielle Vermögensgegenstände					
1. gewerbliche Schutzrechte und ähnliche Rechte und Vorteile sowie Lizenzen	7.204.806,87	111.148,04	999.786,44	78.878,29	8.236.863,06
2. geleistete Anzahlungen	948.608,01	309.919,51	-999.786,44	0,00	258.741,08
	8.153.414,88	421.067,55	0,00	78.878,29	8.495.604,14
II. Sachanlagen					
1. Grundstücke und Bauten	45.169.182,58	29.384,63	3.778.199,26	6.054.272,19	42.922.494,28
2. Maschinen	129.394.089,17	654.278,76	1.696.271,02	2.479.487,12	129.265.151,83
3. Betriebs- und Geschäftsausstattung	16.063.299,49	1.449.876,81	743.478,47	1.090.221,57	17.166.433,20
4. geleistete Anzahlungen und Anlagen in Bau	26.928.493,20	12.837.872,59	-6.217.948,75	0,00	33.548.417,04
	217.555.064,44	14.971.412,79	0,00	9.623.980,88	222.902.496,35
III. Finanzanlagen					
1. Anteile an verbundenen Unternehmen	136.542,20	17.500,00	0,00	0,00	154.042,20
2. Wertpapiere (Wertrechte) des Anlagevermögens	3.497.236,36	0,00	0,00	0,00	3.497.236,36
	3.633.778,56	17.500,00	0,00	0,00	3.651.278,56
SUMME ANLAGENSPIEGEL	**229.342.257,88**	**15.409.980,34**	**0,00**	**9.702.859,17**	**235.049.379,05**

	ENTWICKLUNG DER ABSCHREIBUNGEN					BUCHWERTE	
	€ Stand 01.01.2016	€ Zugang	€ Abgang	€ Zuschreibung	**€ Stand 31.12.2016**	€ Stand 31.12.2015	**€ Stand 31.12.2016**
A. ANLAGEVERMÖGEN							
I. Immaterielle Vermögensgegenstände							
1. gewerbliche Schutzrechte und ähnliche Rechte und Vorteile sowie Lizenzen	6.558.219,27	587.252,22	77.178,37	0,00	7.068.293,12	646.587,60	1.168.569,94
2. geleistete Anzahlungen	0,00	0,00	0,00	0,00	0,00	948.608,01	258.741,08
	6.558.219,27	587.252,22	77.178,37	0,00	7.068.293,12	1.595.195,61	1.427.311,02
II. Sachanlagen							
1. Grundstücke und Bauten	25.580.631,91	949.519,19	4.448.752,84	0,00	22.081.398,26	19.588.550,67	20.841.096,02
2. Maschinen	110.851.671,13	3.510.044,20	2.242.269,63	0,00	112.119.445,70	18.542.418,04	17.145.706,13
3. Betriebs- und Geschäftsausstattung	11.607.369,42	2.049.662,22	1.034.146,27	0,00	12.622.885,37	4.455.930,07	4.543.547,83
4. geleistete Anzahlungen und Anlagen in Bau	0,00	0,00	0,00	0,00	0,00	26.928.493,20	33.548.417,04
	148.039.672,46	6.509.225,61	7.725.168,74	0,00	146.823.729,33	69.515.391,98	76.078.767,02
III. Finanzanlagen							
1. Anteile an verbundenen Unternehmen	0,00	0,00	0,00	0,00	0,00	136.542,20	154.042,20
2. Wertpapiere (Wertrechte) des Anlagevermögens	265.514,72	0,00	0,00	93.747,92	171.766,80	3.231.721,64	3.325.469,56
	265.514,72	0,00	0,00	93.747,92	171.766,80	3.368.263,84	3.479.511,76
SUMME ANLAGENSPIEGEL	**154.863.406,45**	**7.096.477,83**	**7.802.347,11**	**93.747,92**	**154.063.789,25**	**74.478.851,43**	**80.985.589,80**

BESTÄTIGUNGSVERMERK

Bericht zum Jahresabschluss

Prüfungsurteil

Wir haben den Jahresabschluss der

Josef Manner & Comp. Aktiengesellschaft
Wien

bestehend aus der Bilanz zum 31. Dezember 2016, der Gewinn- und Verlustrechnung für das an diesem Stichtag endende Geschäftsjahr und dem Anhang, geprüft.

Nach unserer Beurteilung entspricht der beigefügte Jahresabschluss den gesetzlichen Vorschriften und vermittelt ein möglichst getreues Bild der Vermögens- und Finanzlage zum 31. Dezember 2016 sowie der Ertragslage der Gesellschaft für das an diesem Stichtag endende Geschäftsjahr in Übereinstimmung mit den österreichischen unternehmensrechtlichen Vorschriften.

Grundlage für das Prüfungsurteil

Wir haben unsere Abschlussprüfung in Übereinstimmung mit der EU-Verordnung Nr. 537/2014 (im Folgenden EU-VO) und mit den österreichischen Grundsätzen ordnungsmäßiger Abschlussprüfung durchgeführt. Diese Grundsätze erfordern die Anwendung der International Standards on Auditing (ISA). Unsere Verantwortlichkeiten nach diesen Vorschriften und Standards sind im Abschnitt „Verantwortlichkeiten des Abschlussprüfers für die Prüfung des Jahresabschlusses" unseres Bestätigungsvermerks weitergehend beschrieben.

Wir sind von der Gesellschaft unabhängig in Übereinstimmung mit den österreichischen unternehmensrechtlichen und berufsrechtlichen Vorschriften und wir haben unsere sonstigen beruflichen Pflichten in Übereinstimmung mit diesen Anforderungen erfüllt.

Wir sind der Auffassung, dass die von uns erlangten Prüfungsnachweise ausreichend und geeignet sind, um als Grundlage für unser Prüfungsurteil zu dienen.

Besonders wichtige Prüfungssachverhalte

Besonders wichtige Prüfungssachverhalte sind solche Sachverhalte, die nach unserem pflichtgemäßen Ermessen am bedeutsamsten für unsere Prüfung des Jahresabschlusses des Geschäftsjahres waren. Diese Sachverhalte wurden im Zusammenhang mit unserer Prüfung des Jahresabschlusses und bei der Bildung unseres Prüfungsurteils hierzu berücksichtigt und wir geben kein gesondertes Prüfungsurteil zu diesen Sachverhalten ab.

Nachfolgend stellen wir die aus unserer Sicht besonders wichtigen Prüfungssachverhalte dar:

- Existenz und Bewertung der Vorräte
- Existenz und Werthaltigkeit der Forderungen aus Lieferung & Leistungen, Umsatzrealisierung und Bonifikationsermittlung
- Rückstellungen und andere Bereiche mit Ermessensspielräumen

Unsere Darstellung dieser besonders wichtigen Prüfungssachverhalte haben wir wie folgt strukturiert:

- Risikofaktoren (Begründung, warum ein Prüfungssachverhalt als besonders wichtiger Aspekt für die Prüfung beurteilt wurde)
- Reaktion des Prüfers auf das Risiko (Darlegung, wie der Sachverhalt im Rahmen der Prüfung berücksichtigt wurde)

BERICHT ZUM LAGEBERICHT

Der Lagebericht ist auf Grund der österreichischen unternehmensrechtlichen Vorschriften darauf zu prüfen, ob er mit dem Jahresabschluss in Einklang steht und ob er nach den geltenden rechtlichen Anforderungen aufgestellt wurde.

Die gesetzlichen Vertreter sind verantwortlich für die Aufstellung des Lageberichts in Übereinstimmung mit den österreichischen unternehmensrechtlichen Vorschriften.

Wir haben unsere Prüfung in Übereinstimmung mit den Berufsgrundsätzen zur Prüfung des Lageberichts durchgeführt.

Urteil

Nach unserer Beurteilung ist der Lagebericht nach den geltenden rechtlichen Anforderungen aufgestellt worden, enthält die nach § 243a UGB zutreffenden Angaben, und steht in Einklang mit dem Jahresabschluss.

Erklärung

Angesichts der bei der Prüfung des Jahresabschlusses gewonnenen Erkenntnisse und des gewonnenen Verständnisses über die Gesellschaft und ihr Umfeld wurden wesentliche fehlerhafte Angaben im Lagebericht nicht festgestellt.

Sonstige Informationen

Die gesetzlichen Vertreter sind für die sonstigen Informationen verantwortlich. Die sonstigen Informationen beinhalten alle Informationen im Geschäftsbericht, ausgenommen den Jahresabschluss, den Lagebericht und den Bestätigungsvermerk. Der Geschäftsbericht wird uns voraussichtlich nach dem Datum des Bestätigungsvermerks zur Verfügung gestellt.

Unser Prüfungsurteil zum Jahresabschluss deckt diese sonstigen Informationen nicht ab und wir werden keine Art der Zusicherung darauf geben.

In Verbindung mit unserer Prüfung des Jahresabschlusses ist es unsere Verantwortung diese sonstigen Informationen zu lesen, sobald diese vorhanden sind und abzuwägen, ob sie angesichts des bei der Prüfung gewonnenen Verständnisses wesentlich in Widerspruch zum Jahresabschluss stehen, oder sonst wesentlich falsch dargestellt erscheinen.

Zusätzliche Angaben nach Artikel 10 der EU-VO

Wir wurden von der Hauptversammlung am 24. Mai 2016 als Abschlussprüfer gewählt.

Wir wurden am 22. Dezember 2016 vom Aufsichtsrat beauftragt.

Wir sind ununterbrochen seit dem Geschäftsjahr 2010 Abschlussprüfer.

Wir erklären, dass wir keine verbotenen Nichtprüfungsleistungen erbracht haben, und dass wir bei der Durchführung der Abschlussprüfung unsere Unabhängigkeit von den Konzernunternehmen gewahrt haben.

Auftragsverantwortlicher Wirtschaftsprüfer

Der für die Abschlussprüfung auftragsverantwortliche Wirtschaftsprüfer ist Herr Mag. Thomas Schaffer.

Wien, 21. März 2017

TPA Wirtschaftsprüfung GmbH

Mag. Thomas Schaffer
Wirtschaftsprüfer

Literaturverzeichnis

Verordnung des Bundesministers für Finanzen mit der Form und Gliederung der Voranschläge und Rechnungsabschlüsse der Länder, der Gemeinden und von Gemeindeverbänden geregelt werden (VRV 2015), BGBl. II Nr. 93/2023

Bertl, R., Deutsch-Goldoni, E., Hirschler, K.: Buchhaltungs- und Bilanzierungshandbuch, Wien 2022

Bundesgesetz über besondere zivilrechtliche Vorschriften für Unternehmen (Unternehmensgesetzbuch – UGB), StF: dRGBl. S 219/1897 idF BGBl. I Nr. 186/2022

Bundesgesetz über die Besteuerung der Umsätze (Umsatzsteuergesetz 1994 – UStG 1994) StF: BGBl. Nr. 663/1994 idF BGBl. I Nr. 110/2023

Bundesgesetz vom 7. Juli 1988 über die Besteuerung des Einkommens natürlicher Personen (Einkommensteuergesetz 1988 – EStG 1988), StF: BGBl. Nr. 400/1988 idF BGBl. I Nr. 111/2023

Coenenberg, A., Fischer, T., Günther, T.: Kostenrechnung und Kostenanalyse. Stuttgart 2016/2024

Coenenberg, A., Haller, A., Schultze, W.: Jahresabschluss und Jahresabschlussanalyse, Stuttgart 2021

Deimel, K., Erdmann, G., Isemann, R., Müller, S.: Kostenrechnung, Das Lehrbuch für Bachelor, Master und Praktiker, München 2017

Dokalik, D.: RÄG 2014 Rechnungslegungs-Änderungsgesetz 2014, Wien 2015

Horvath, P., Gleich, R., Seiter, M.: Controlling, München 2020/2024

Kemmetmüller, W.: Einführung in die Kostenrechnung, Wien 2004

Kilger, W.: Einführung in die Kostenrechnung, Wiesbaden 2013

Koller, W., Lattner C.: Vom Beleg zur Bilanz, Wien 2011

Küting, K., Weber, C.: Die Bilanzanalyse, Stuttgart 2015

Lechner, K., Egger, A., Schauer, R.: Einführung in die Allgemeine Betriebswirtschaftslehre, Wien 2016

Müller-Marques Berger, T.: IPSAS Explained: A summary of International Public Sector Accounting Standards, Cornwall 2015

Oesterreichische Nationalbank: Jahresabschlusskennzahlen, Internetrecherche 29.08.2023

Prell-Leopoldseder, S.: Grundlagen der Kostenrechnung, Wien 2014

Röhrenbacher, H., Fleischer, W.: Von der Bilanz zur Kapitalflußrechnung, Wien 1989

Röhrenbacher, H.: Kosten- und Leistungsrechnung, Wien 1987

Schaffhauser-Linzatti, M.: Grundzüge ABWL: Teilgebiet Rechnungswesen, Wien 2017

Schaffhauser-Linzatti, M., Baumüller, J.: Nichtfinanzielle Erklärung oder nichtfinanzieller Bericht? Abwägung zur Ausübung des Wahlrechts in § 243b Abs 6 UGB, in CFOaktuell 2017, 102, Wien 2017

Schneider, W., Dobrovits, I., Schneider, D.: Einführung in die Buchhaltung im Selbststudium, Wien 2022

Schneider, W., Dobrovits, I., Schneider, D.: Einführung in die Buchhaltung im Selbststudium, Übungsteil Wien 2022

Seicht, G., Seicht, M.: Moderne Kosten- und Leistungsrechnung, Wien 2001

Swoboda, P., Stepan, A., Zechner, J.: Kostenrechnung und Preispolitik, Wien 2004

Wagenhofer, A., Ewert, R., Rohlfing-Bastian, A.: Interne Unternehmensrechnung, Berlin 2023

Wagenhofer, A.: Bilanzierung und Bilanzanalyse, Wien, 2022

Walsh, C.: Key Management Ratios, Edinburgh 2010

Verzeichnis der Abbildungen

Verzeichnis der Beispiele

Index

C

D

L

M

N

O

P